KSEA 553-23
KCI-B-22-002

제4판

철근콘크리트 배근상세

KSFA DETAILING MANUAL - 2022

(사)한국건축구조기술사회
(사)한국콘크리트학회

- 구조도면 작성 일반사항(구조기준 포함)
- 철근콘크리트 배근상세도
- 철근 규격 및 참고자료
- 구조도면 작성 예제

사단법인 한국건축구조기술사회
THE KOREAN STRUCTURAL ENGINEERS ASSOCIATION

사단법인 한국콘크리트학회
Korea Concrete Institute

Publication 발간사

지난 2010년에 KBC2009를 적용한 『철근콘크리트 배근상세』가 처음으로 발간된 이 후 이번에 KDS 2019에 부합하도록 수정 보완하여 제4판을 발간하게 되었습니다. 이번 『철근콘크리트 배근상세』는 (사)한국건축구조기술사회에서 단독으로 집필한 제3판까지와는 달리 철근콘크리트기준을 개정하고 관리하는 (사)한국콘크리트학회의 검토를 통해 배근상세와 기준과의 적합성에 문제가 없도록 최대한 노력하였습니다.

철근콘크리트구조 배근상세는 구조기준과 구조설계자의 의도대로 시공할 수 있도록 해주는 역할을 하기 때문에 중요성이 매우 크다고 하겠습니다. 특히 지난 2017년 포항지진에서 발생한 필로티 구조물의 1층 기둥의 파괴 양상은 배근상세가 얼마나 중요한지를 보여주는 대표적인 사례라 할 수 있습니다. 이를 계기로 2019년에 개정된 건축물 내진설계기준에서 필로티 기둥의 배근상세에 대해 자세하게 규정하게 되었습니다. 이와같은 배근상세 관련 규정들을 이 상세집에 수록함으로서 구조설계자 뿐만 아니라 시공자와 시공상세도 작성자, 공사감리자 등이 철근 배근상세를 보다 정확하게 이해하고 적용하는데 도움을 주고자 하였습니다.

이 제4판은 제3판까지 유지해 온 목차를 과감하게 수정하였습니다. 특히 구조설계자가 철근배근관련 규정을 쉽게 찾고 확인할 수 있도록 하였습니다. 이 상세집에 수록된 배근상세가 모든 철근배근 방법을 포함할 수 없기 때문에 공사 현장에서 발생하는 애매하고 다양한 철근배근방법을 책임구조기술자가 신속하게 판단할 수 있도록 상세집 앞부분에 배근관련 규정을 해설없이 KDS 2019 본문을 그대로 수록하였습니다. 이와같이 전체적으로 보다 실질적인 상세집이 되도록 노력하였습니다.

끝으로 이 책의 출간을 위해 바쁜 시간에도 많은 수고와 노력을 해주신 집필위원 여러분과 훌륭한 상세집이 되도록 마지막까지 면밀한 검토를 해주신 (사)한국콘크리트학회 검토위원님들의 노고에 진심으로 감사드립니다.

김상식(17대), **고창우**(18대)

한국건축구조기술사회 회장

2022.12

Publication

『철근콘크리트 배근상세』는 지난 2010년에 건축구조기준(KBC2009)을 근거하여 처음 발간되었습니다. 초판에 대한 건축구조 실무자들의 관심에 힘입어 2018년에 제2판이 건축구조기준(KBC2016)에 근거하여 개정 발간되었습니다. 이후 국토교통부 고시 2016-438호에 따라 새로운 형태로 개편된 「건축구조기준(KDS 41 00 00)」과 「콘크리트구조 설계기준(KDS 14 20 00)」에 따라 2020년 제3판이 개정되었습니다.

이처럼 『철근콘크리트 배근상세』는 철근콘크리트 관련 설계기준 개정에 따라 지속적으로 보완, 발전되어 왔습니다. 최근 들어 한국콘크리트학회 주관하에 2021년과 2022년에 「콘크리트구조 설계기준(KDS 14 20 00)」이 개정되었고, 「건축구조기준(KDS 41 00 00)」도 2022년 개정 고시되었습니다. 이에 한국콘크리트학회와 건축구조기술사회에서는 개정된 설계기준을 근거하여 『철근콘크리트 배근상세』 제4판을 공동으로 발간하게 되었습니다.

금번 개정된 철근배근 상세집은 처음으로 기준 개정을 주관하는 한국콘크리트학회와 기준을 직접 실무에 적용하는 한국건축구조기술사회가 공동으로 집필함으로써 실무에 실질적으로 적용이 될 수 있는 책자가 될 수 있도록 집필진 모두가 노력하였습니다. 이를 위해 개정 초기단계부터 집필진이 수차례 협의를 통하여 기존 ACI 배근상세의 틀에서 벗어나 우리나라의 실정에 맞게 개정함으로써 독자들이 철근배근에 대한 이해를 높이고 적용할 수 있도록 재구성하였습니다. 이외에도 개정된 콘크리트구조 설계기준에 근거하여 배근상세도 및 구조설계도 등이 수정되었습니다. 최근 철근콘크리트 구조물이 대형화되고 복잡해짐에 따라 철근배근의 중요성이 점점 더 커지고 있는 시점에, 이번에 발간되는 책자가 현업에 종사하는 많은 건축구조기술사, 시공상세도작성자, 시공기술사, 공사감리자, 철근 조립 및 가공자 등에게 철근배근 상세에 대한 길라잡이 역할을 할 것으로 기대합니다.

끝으로 철근배근 상세집 집필을 성공적으로 마무리하여 주신 한국콘크리트학회와 한국건축구조기술사회 공동 집필 위원장을 비롯한 집필진 여러분들의 지난 2년간 노고에 한국콘크리트학회의 모든 회원을 대신해서 진심으로 감사드립니다. 또한, 이번 개정판을 계기로 향후 두 단체의 보다 유기적이고 활동적인 협력과 교류를 통하여 콘크리트구조 설계기준개정에 맞추어 지속적으로 보완될 수 있기를 기대합니다.

박홍근

한국콘크리트학회 회장

2022.12

머리말

『철근콘크리트 배근상세』가 건축구조관련 도서 중에 베스트셀러로 알고 있는데 이번에 제4판을 출간하면서 이 도서 애용자들의 기대에 미치지 못할까 두려움도 있었지만 집필위원들간 여러번의 회의를 거쳐 보다 실용적인 배근상세집이 되도록 노력하였습니다.

기존의 배근상세집도 구조실무자나 건설시공자 및 감리자에게 많은 도움을 줄 수 있도록 잘 짜여져 있긴 하지만 앞서 말씀드린 바대로 보다 실용적인 배근상세집으로 보완하기 위해 다음과 같이 몇가지 수정했습니다.

1. 지금까지의 배근상세는 ACI 배근상세집형식과 매우 흡사했으나 이번에는 실제로 국내에서 주로 사용하는 상세 위주로 목차와 내용을 수정했습니다.
2. 이 배근상세에 적용한 건축구조기준상의 철근배근규정을 원문(KDS 2019) 그대로 수록하여 배근상세집에서 표현하지 못한 부분에 대해서 책임구조기술자가 신속하게 판단할 수 있도록 했습니다.
3. 제3판의 제1부에 속해있는 전형적 배근상세와 제2부의 배근상세가 중복되는 부분이 많아 제4판에서는 제2부로 통합했습니다.
4. 기본적인 구조일반상세도와 함께 복잡한 구조일반상세도에 비해 보다 이해하기 쉬운 간략구조일반상세도를 추가하였고 구조도면 에제와 함께 제4부에 배치했습니다.
5. 그밖에 KDS 2019에 따라 내진상세등을 검토했고 특히 PC상세는 최근에 실무에서 많이 적용되는 상세로 수정했습니다.

이 배근상세집은 특히 건축구조기술사회와 콘크리트학회가 공동으로 집필하고 검토하여 여러 오류들을 고치고 보완할 수 있었습니다. 물론 기준에 적합하다면 이 책의 배근상세와 다른 상세를 사용할 수도 있습니다. 그래서 이 책을 보시는 여러 독자께서 기준이나 공학적으로 부적절한 부분이 있거나 더 합리적인 배근상세가 있다면 언제든지 건축구조기술사회로 지적 또는 제시를 해주기를 부탁드립니다.

끝으로 바쁘신 일과중에도 철근배근상세집의 출판을 위해 애쓰신 건축구조기술사회와 콘크리트학회의 모든 집필위원들께 진심으로 감사드립니다.

윤병익

철근콘크리트 배근상세 집필위원장

2022.12

Contents
목차

제 I 부 구조도면 작성 일반사항

제Ⅱ부 철근의 갈고리, 허용오차 및 배근

제Ⅲ부 철근 규격 및 기타 참고자료

제IV부 구조도면 작성 예제

철근콘크리트 배근상세

KSEA DETAILING MANUAL-2022

철근콘크리트 배근상세

제 I 부
구조도면 작성 일반사항

제1장 구조설계도

1.1 일반사항

구조설계도는 책임구조기술자가 작성하여 건축주/발주자에게 제공하는 엔지니어링 서비스의 성과품이다.

구조설계도와 구조체공사 시방서는 건축주/발주자가 건설사와 맺는 계약도서의 한 부분을 차지한다.

구조설계도에는 공사에 필요한 적절한 주기사항이 포함되어야 하며 신속정확하게 찾아볼 수 있게 정해진 양식 속에 모든 관련 정보를 표현하여야 한다. 이러한 도면들은 책임구조기술자의 구조설계 의도를 명확히 전달하고 배근시공도 작성을 위한 배근형태의 지침이 되어야 한다.

책임구조기술자의 기본책임은 시공상세도작성자에게 구조설계의 취지와 요구사항을 정확하게 제시하는 것이다. 책임구조기술자가 작성한 구조설계서 또는 구조설계도에는, 단지 구조기준의 조항만을 언급하는데 그쳐서는 안 되고, 시공상세도 작성자가 배근시공도를 작성하는데 필요한 모든 정보를 포함하여야 한다.

이러한 정보들은 책임구조기술자가 명쾌하게 설명하여 시공상세도작성자가 이에 따를 수 있도록 특정설계상세 또는 주기(notes)의 형태로 표현하여야 한다.

생략된 사항, 애매한 부분, 서로 다른 부분이 발견되었을 경우, 시공상세도작성자는 추가적인 정보와 설명 또는 수정을 요구하여야 하고, 책임구조기술자는 이에 답하여야 한다. 책임구조기술자는 배근시공도 등 시공상세도서를 검토승인용으로 제출하도록 구조설계도서에 명기해야 한다.

구조설계도는 건축구조기준(이하 기준 또는 KDS) 제1장 총칙 「구조설계도의 작성」에 따라 작성하여야 하며, 철근의 정착길이와 그 위치 그리고 겹침이음의 길이, 철근의 기계적이음과 용접이음의 위치 등을 표시하여야 한다.

KDS 41 10 05 (4.3.4)에 따르면 구조설계도에 포함할 내용은 다음과 같다.

① 구조기준
② 활하중 등 주요설계하중
③ 구조재료 강도
④ 구조부재의 크기 및 위치
⑤ 철근과 앵커의 규격, 설치 위치
⑥ 철근정착길이, 이음의 위치 및 길이
⑦ 강부재의 제작·설치와 접합부 설계에 필요한 전단력, 모멘트, 축력 등의 접합부 소요강도

⑧ 기둥중심선과 오프셋, 워킹 포인트
⑨ 접합의 유형
⑩ 치올림이 필요할 경우 위치, 방향 및 크기
⑪ 부구조체의 시공상세도 작성에 필요할 경우 상세기준
⑫ 기타 구조시공상세도 작성에 필요한 상세와 자료
⑬ 책임구조기술자, 자격명 및 소속회사명, 연락처
⑭ 구조설계 연월일

1.2 도면의 표준

1.2.1 재료

구조설계도의 제작을 위한 최소 표현수단은 트레이싱지에 연필로 작성하는 것이다. 반복재현성 또는 내구성을 향상시킨 다른 수단, 예를 들어 전자파일 등으로 작성하여 제출할 수 있으며, 수록 내용을 임의로 수정할 수 없도록 작성하여야 한다.

1.2.2 크기

도면은 표준크기로 만들어야 하며, 한 세트의 모든 도면들은 같은 크기로 작성하여야 한다.

(1) 표준도면의 크기는 KS A 5201에 규정하는 A0 ~ A2를 표준규격으로 하되, A1 사용을 원칙으로 한다. 다만 A1으로 작성이 곤란한 경우에는 A0를 사용할 수 있으며, 필요에 따라 길이방향으로 연장할 수 있다.

(2) 도면의 규격별 크기는 다음과 같다.

① A0 : 841 × 1189 mm
② A1 : 594 × 841 mm
③ A2 : 420 × 594 mm
④ A3 : 297 × 420 mm

(3) 도면은 그 긴변방향이 좌우방향으로 놓이는 것을 정위치로 한다.

모든 도면의 크기는 절단선을 기준으로 하며 윤곽선의 바깥쪽에 여백이 있다. 배근시공도(placing drawings = shop drawings)에 대한 요구사항은 제2편에 있으며, 시공상세도작성자가 이를 잘 지켜야 한다.

1.2.3 방위

평면도에는 북쪽을 가리키는 화살표 등과 같은 방위표를 그려 넣어야 한다.

1.2.4 도면의 축척

사용한 모든 축척은 모든 구조설계도에 기재하되, 되도록 제목 바로아래에 있어야 한다. 출력 또는 복사할 때 확대되거나 축소될 수 있는 도면은 이러한 축척과 함께 그림축척으로도 표현한다.

표준도면의 축척은 다음을 기준으로 목적에 따라 적당한 것을 선택한다. 다만 그림의 모양이 치수에 비례하지 않아 착각할 우려가 있을 때에는 축척없음(None Scale)으로 할 수 있다.

(1) 일반도 : 1/100, 1/200, 1/500, 1/1000
(2) 구조물도 : 1/20, 1/30, 1/40, 1/50, 1/100
(3) 상세도 : 1/5, 1/10, 1/20, 1/30, 1/40, 1/50

1.2.5 글자쓰기

모든 글자는 명확하고 알아볼 수 있어야 한다. 만약 들고 다니기 편하게 축소된 축척으로 출력하는 경우, 육안으로 알아 볼 수 있게 글씨의 크기가 충분히 커야 한다.

1.3 구조도면

1.3.1 개요

작은보, 큰보, 기둥, 벽 그리고 기초와 같은 구조부재도면에는 사용된 철근의 종류와 강도, 특수도장의 필요여부, 적용된 활하중, 칸막이벽하중, 천정하중과 매달림하중, 그리고 자중이 아닌 특별고정하중과 콘크리트강도를 표기한다.

구조설계도에는 콘크리트부재치수, 철근정착길이, 그리고 겹침이음의 위치와 길이, 철근의 기계적이음과 용접이음의 종류와 위치, 피복두께, 필요한 조인트 그리고 배근시공도작성에 필요한 그 밖의 정보를 나타내어야 한다. 슬리브 위치와, 슬리브 주위나 개구부의 특별보강은 책임구조기술자가 명시해야 한다. 이러한 요구사항과 함께 작은보, 큰보, 기둥의 구조설계도에는 다음에 표현되는 정보를 표현하여야 한다.

1.3.2 작은보와 큰보

작은보와 큰보의 목록에는 보의 부호, 부재의 크기, 직선철근과 절곡철근의 수량과 크기, 절곡의 특기사항, 그리고 스터럽 또는 스터럽 타이의 간격, 상부철근의 위치, 그리고 기타 특이사항, 예를 들어 2단 배근의 필요성 등이 포함되어야 한다. 필요할 경우 보-기둥 접합부의 단면을 보여주어야 한다.

연속보에서, 구조설계상 균열조절을 위하여 필요하면, T형보 플랜지에 배치할 상부근의 수량과 간격을 보여주어야 한다.

1.3.3 기둥

기둥설계는 기둥의 크기, 철근의 수량, 위치, 강도, 크기를 표현하여야 하며 기둥단면 또는 배근이 변화하는 곳의 모든 필요한 상세를 표현하여야 한다. 철근의 이음방법은 항상 명확해야 한다. 이음의 배열과 유형(겹침이음, 가스압접, 용접이음, 기계적이음 등), 겹침이음일 경우 이음길이 및 엇배치를 명확히 보여주어야 한다. 2방향 대칭기둥에서 철근이 2방향으로 대칭이 아닐 경우에는 철근의 배치를 명확히 나타내주어야 한다.

제2장 적용기준

2.1 일반사항

이 장에서는 설계의 전개 과정에서 책임구조기술자가 적용하여야 할 최소한의 기준을 정하고 있으며, 여기에 규정한 모든 사항은 구조설계기준(KDS 14)과 건축구조기준(KDS 41)에 따른 것이다.

2.2 철근가공 (KDS 14 20 50 (4.1))

2.2.1 표준갈고리

(1) 주철근의 표준갈고리는 다음과 같이 180°표준갈고리와 90°표준갈고리로 분류되며, 각 표준갈고리는 다음 규정을 만족하여야 한다.

① 180°표준갈고리는 구부린 반원 끝에서 $4d_b$ 이상, 또한 60 mm 이상 더 연장되어야 한다.

② 90°표준갈고리는 구부린 끝에서 $12d_b$ 이상 더 연장되어야 한다.

(2) 스터럽과 띠철근의 표준갈고리는 90°표준갈고리와 135°표준갈고리로 분류되며, 다음과 같이 제작하여야 한다.

① 90°표준갈고리

가. D16 이하의 철근은 구부린 끝에서 $6d_b$ 이상 더 연장하여야 한다.

나. D19, D22 및 D25 철근은 구부린 끝에서 $12d_b$ 이상 더 연장하여야 한다.

② 135°표준갈고리

D25 이하의 철근은 구부린 끝에서 $6d_b$ 이상 더 연장하여야 한다.

2.2.2 구부림의 최소 내면 반지름

(1) 주철근의 180°표준갈고리와 90°표준갈고리의 구부림 최소 내면 반지름은 표 2.2.1의 값 이상으로 하여야 한다.

〈표 2.2.1〉 구부림의 최소 내면 반지름

철근 크기	최소 내면 반지름
D10 ~ D25	$3d_b$
D29 ~ D35	$4d_b$
D38 이상~	$5d_b$

(2) 스터럽과 띠철근용 표준갈고리의 내면 반지름은 다음 규정을 따라야 한다.

① D16 이하의 철근을 스터럽과 띠철근으로 사용할 때, 표준갈고리의 구부림 내면 반지름은 $2d_b$ 이상으로 하여야 한다.

② D19 이상의 철근을 스터럽과 띠철근으로 사용할 때, 표준갈고리 구부림 내면 반지름은 표 2.2.1에 따라야 한다.

(3) 스터럽 또는 띠철근으로 사용되는 용접철망(원형 또는 이형)에 대한 표준갈고리의 구부림 내면 반지름은 지름이 7 mm 이상인 이형철선은 $2d_b$, 그 밖의 철선은 d_b 이상으로 하여야 한다. 또한 $4d_b$보다 작은 내면 반지름으로 구부리는 경우에는 가장 가까이 위치한 용접 교차점부터 $4d_b$ 이상 떨어져서 철망을 구부려야 한다.

(4) 표준갈고리 외의 모든 철근의 구부림 내면 반지름은 표 2.2.1의 값 이상이어야 한다.

2.3 철근배치 (KDS 14 20 50 (4.2))

2.3.1 원칙

(1) 철근, 긴장재 및 덕트는 2.3.1의 허용오차 이내에서 규정된 위치에 배치하여야 한다. 다만, 책임구조기술자가 특별히 승인한 경우에는 허용오차를 벗어날 수 있다.

① 휨부재, 벽체, 압축부재에서의 유효깊이 d에 대한 허용오차와 콘크리트의 최소 피복 두께에 대한 허용오차는 표 2.3.1에 따라야 한다.

〈표 2.3.1〉 허용오차 (단위 mm)

유효깊이(d)	허용범위	콘크리트 최소 피복 두께[1]
$d \leq 200$	±10	−10
$d > 200$	±13	−13

주 1) 다만, 하단 거푸집까지의 순거리에 대한 허용오차는 −7 mm이다. 또한 모든 경우의 피복 두께 허용오차는 도면 또는 구조기준에서 요구하는 최소 피복 두께의 −1/3을 초과하지 않아야 한다.

② 종방향으로 철근을 구부리거나 철근이 끝나는 단부의 허용오차는 ±50 mm이다. 다만, 브래킷과 내민받침의 불연속단에서 허용오차는 ±13 mm이며 그 밖의 부재의 불연속단에서 허용오차는 ±25 mm이다. 또한 부재의 불연속단에서도 상기 ①의 최소 피복 두께 규정을 적용하여야 한다.

③ 철근이 설계된 도면상의 배치 위치에서 d_b 이상 벗어나야 할 경우에는 책임구조기술자의 승인을 받아야 한다.

(2) 경간이 3.0 m 이하인 슬래브에 사용되는 지름이 6.4 mm 이하인 용접철망이 받침부를 지나 연속되어 있거나 받침부에 확실하게 정착되어 있는 경우, 이 용접철망은 받침부 위의 슬래브 상단 부근의 한 점부터 경간 중앙의 슬래브 바닥 부근의 한 점까지 구부릴 수 있다.

(3) 철근조립을 위해 교차되는 철근은 용접할 수 없다. 다만, 책임구조기술자가 승인한 경우에는 용접할 수 있다.

2.3.2 간격 제한

(1) 동일 평면에서 평행한 철근 사이의 수평 순간격은 25 mm 이상, 철근의 공칭지름 이상으로 하여야 하며, 또한 KDS 14 20 01 (3.1.1(2)④)의 규정도 만족하여야 한다.

(2) 상단과 하단에 2단 이상으로 배치된 경우 상하 철근은 동일 연직면 내에 배치되어야 하고, 이때 상하 철근의 순간격은 25 mm 이상으로 하여야 한다.

(3) 나선철근 또는 띠철근이 배근된 압축부재에서 축방향 철근의 순간격은 40 mm 이상, 또한 철근 공칭 지름의 1.5배 이상으로 하여야 하며, KDS 14 20 01 (3.1.1(2)④)의 규정도 만족하여야 한다.

(4) 철근의 순간격에 대한 규정은 서로 접촉된 겹침이음 철근과 인접된 이음철근 또는 연속철근 사이의 순간격에도 적용하여야 한다.

(5) 벽체 또는 슬래브에서 휨 주철근의 간격은 벽체나 슬래브 두께의 3 배 이하로 하여야 하고, 또한 450 mm 이하로 하여야 한다. 다만, 콘크리트 장선구조의 경우 이 규정이 적용되지 않는다.

(6) 다발철근은 다음의 규정에 따라야 한다.

① 2개 이상의 철근을 묶어서 사용하는 다발철근은 이형철근으로, 그 개수는 4개 이하이어야 하며, 이들은 스터럽이나 띠철근으로 둘러싸여져야 한다.

② 휨부재의 경간 내에서 끝나는 한 다발철근 내의 개개 철근은 $40d_b$ 이상 서로 엇갈리게 끝나야 한다.

③ 다발철근의 간격과 최소 피복 두께를 철근지름으로 나타낼 경우, 다발철근의 지름은 등가단면적으로 환산된 한 개의 철근지름으로 보아야 한다.

④ 보에서 D35를 초과하는 철근은 다발로 사용할 수 없다.

(7) 긴장재와 덕트는 다음 규정에 따라야 한다.

① 부재단에서 프리텐셔닝 긴장재의 중심 간격은 강선의 경우 $5d_b$, 강연선의 경우 $4d_b$ 이상이어야 한다. 다만 프리스트레스를 도입할 때 콘크리트의 설계기준압축강도가 27 MPa보다 크면 공칭지

름이 13 mm 이하인 강연선에 대하여 최소 중심 간격 45 mm를, 공칭지름이 15 mm 이상인 강연선에 대하여 최소 중심 간격 50 mm를 확보하여야 하고, 또한 KDS 14 20 01 (3.1.1(2)④)의 규정도 만족하여야 한다. 경간 중앙부의 경우 긴장재간의 수직 간격을 부재단의 경우보다 좁게 하거나 다발로 사용할 수 있다.

② 포스트텐셔닝 부재의 경우 콘크리트를 치는 데 지장이 없고 긴장할 때 긴장재가 덕트를 파손하지 않도록 조치한 경우, 덕트를 다발로 사용할 수 있다.

2.4 최소 피복 두께 (KDS 14 20 50 (4.3))

〈표 2.4.1〉 최소 피복 두께 (단위 mm)

<table>
<tr><th colspan="3">구분</th><th>프리스트레스 하지 않는 부재의 현장치기콘크리트</th><th>프리스트레스 하는 부재의 현장치기콘크리트</th><th>프리캐스트 콘크리트</th></tr>
<tr><td colspan="3">① 수중에서 치는 콘크리트</td><td>100</td><td>–</td><td>–</td></tr>
<tr><td colspan="3">② 흙에 접하여 콘크리트를 친 후 영구히 흙에 묻혀 있는 콘크리트</td><td>75</td><td>75</td><td>–</td></tr>
<tr><td rowspan="5">③ 흙에 접하거나 옥외의 공기에 직접 노출되는 콘크리트</td><td colspan="2">D19 이상의 철근</td><td>50</td><td>–</td><td>–</td></tr>
<tr><td colspan="2">D16 이하의 철근</td><td>40</td><td>–</td><td>–</td></tr>
<tr><td colspan="2">벽체</td><td>–</td><td>30</td><td>D35초과 및 40 초과 긴장재 : 40
그 외 : 20</td></tr>
<tr><td colspan="2">슬래브, 장선구조</td><td>–</td><td>30</td><td rowspan="2">D35초과 및 40 초과 긴장재 : 50
D19이상 및 40 이하 긴장재 : 40
그 외 : 30</td></tr>
<tr><td colspan="2">기타 부재</td><td>–</td><td>40</td></tr>
<tr><td rowspan="8">④ 옥외의 공기나 흙에 직접 접하지 않는 콘크리트</td><td rowspan="3">슬래브
벽체
장선</td><td>D35초과 철근</td><td>40</td><td rowspan="3">20</td><td>30</td></tr>
<tr><td>D35이하 철근</td><td rowspan="2">20</td><td>20</td></tr>
<tr><td>지름 16이하 철선</td><td>15</td></tr>
<tr><td rowspan="2">보
기둥</td><td>주근</td><td rowspan="2">40</td><td>40</td><td>d_b</td></tr>
<tr><td>전단철근</td><td>30</td><td>10</td></tr>
<tr><td rowspan="3">쉘
절판
부재</td><td>긴장재</td><td>–</td><td>–</td><td>20</td></tr>
<tr><td>D19 이상</td><td rowspan="2">20</td><td>d_b</td><td>15 와 $0.5d_b$ 중 큰값</td></tr>
<tr><td>D16 이하</td><td>10</td><td>10</td></tr>
</table>

2.4.1 프리스트레스하지 않는 부재의 현장치기콘크리트

(1) 프리스트레스하지 않는 부재의 현장치기콘크리트의 최소 피복 두께는 다음 규정을 따라야 하며, 또한 2.4.6의 규정을 만족하여야 한다.

① 수중에서 치는 콘크리트 100 mm

② 흙에 접하여 콘크리트를 친 후 영구히 흙에 묻혀 있는 콘크리트 75 mm

③ 흙에 접하거나 옥외의 공기에 직접 노출되는 콘크리트

가. D19 이상의 철근 50 mm

나. D16 이하의 철근, 지름 16 mm 이하의 철선 40 mm

④ 옥외의 공기나 흙에 직접 접하지 않는 콘크리트

가. 슬래브, 벽체, 장선

(가) D35 초과하는 철근 40 mm

(나) D35 이하인 철근 20 mm

나. 보, 기둥 40 mm

콘크리트의 설계기준압축강도 f_{ck}가 40 MPa 이상인 경우 규정된 값에서 10 mm 저감시킬 수 있다.

다. 쉘, 절판부재 20 mm

2.4.2 프리스트레스하는 부재의 현장치기콘크리트

(1) 프리스트레스하는 부재의 현장치기콘크리트의 최소 피복 두께는 다음 규정을 따라야 하며, 또한 2.4.6의 규정을 만족하여야 한다.

① 흙에 접하여 콘크리트를 친 후 영구히 흙에 묻혀 있는 콘크리트 75 mm

② 흙에 접하거나 옥외의 공기에 직접 노출되는 콘크리트

가. 벽체, 슬래브, 장선구조 30 mm

나. 기타 부재 40 mm

③ 옥외의 공기나 흙에 직접 접하지 않는 콘크리트

가. 슬래브, 벽체, 장선 20 mm

나. 보, 기둥

(가) 주철근 40 mm

(나) 띠철근, 스터럽, 나선철근 30 mm

다. 쉘, 절판부재

(가) D19 이상의 철근 d_b

(나) D16 이하의 철근, 지름 16 mm 이하의 철선 10 mm

2.4.3 프리캐스트콘크리트

(1) 공장제품 생산조건과 동일한 조건으로 제작되는 프리캐스트 콘크리트의 최소 피복두께는 프리스트레스에 관계없이 다음 규정을 따라야 하며, 또한 2.4.6의 규정을 만족하여야 한다.

① 흙에 접하거나 옥외의 공기에 직접 노출된 콘크리트

가. 벽체

(가) D35를 초과하는 철근 및 지름 40 mm를 초과하는 긴장재 40 mm

(나) D35 이하의 철근, 지름 40 mm 이하인 긴장재 및 지름 16 mm 이하의 철선 20 mm

나. 기타 부재

(가) D35를 초과하는 철근 및 지름 40 mm를 초과하는 긴장재 50 mm

(나) D19 이상, D35 이하의 철근 및 지름 16 mm를 초과하고 지름 40 mm 이하인 긴장재 40 mm

(다) D16 이하의 철근, 지름 16 mm 이하의 철선 및 지름 16 mm 이하인 긴장재 30 mm

② 옥외의 공기나 흙에 직접 접하지 않는 콘크리트

가. 슬래브, 벽체, 장선구조

(가) D35를 초과하는 철근 및 지름 40 mm를 초과하는 긴장재 30 mm

(나) D35 이하의 철근 및 지름 40 mm 이하인 긴장재 20 mm

(다) 지름 16 mm 이하의 철선 15 mm

나. 보, 기둥

(가) 주철근 d_b

다만, 15 mm 이상이어야 하고, 40 mm 이상일 필요는 없다.

(나) 띠철근, 스터럽, 나선철근 10 mm

다. 쉘, 절판부재

(가) 긴장재 20 mm

(나) D19 이상의 철근 15 mm 또는 $0.5d_b$ 중 큰 값

(다) D16 이하의 철근, 지름 16 mm 이하의 철선 10 mm

2.4.4 다발철근

(1) 다발철근의 피복두께는 50 mm와 다발철근의 등가지름 중 작은 값 이상이라야 한다. 다만, 흙에 접하여 콘크리트를 친 후 영구히 흙에 묻혀 있는 경우는 피복두께를 75 mm 이상, 수중에서 콘크리트를 친 경우는 100 mm 이상으로 하여야 한다.

2.4.5 확대머리 전단 스터드

(1) 확대머리 전단 스터드의 피복 두께는 확대머리 전단 스터드가 설치되는 부재의 철근에 요구되는 피복 두께 이상이 되어야 한다.

2.4.6 특수 환경에 노출되는 콘크리트

(1) 해수 또는 해수 물보라, 제빙화학제 등 염화물에 노출되어 철근 또는 긴장재의 부식이 우려되는 환경 (KDS 14 20 40 (4.1.3)에서 규정하고 있는 노출범주 ES)에서는 다음 값 이상의 피복두께를 확보하여야 한다. 다만, 실험이나 기존 실적으로 입증된 별도의 부식 방지 대책을 적용하는 경우에는 2.4.1~2.4.3의 규정을 적용할 수 있다.

① 현장치기콘크리트

가. 벽체, 슬래브	50 mm
나. 가. 외의 모든 부재	
노출등급 ES1, ES2	60 mm
노출등급 ES3	70 mm
노출등급 ES4	80 mm

② 프리캐스트콘크리트

가. 벽체, 슬래브	40 mm
나. 가 외의 모든 부재	50 mm

③ KDS 14 20 60 (4.1.2(3))에 정의된 부분균열등급 또는 완전균열등급의 프리스트레스트콘크리트 부재는 최소 피복 두께를 2.4.2와 2.4.3에서 규정된 최소 피복 두께의 50% 이상 증가시켜야 한다. 다만, 프리스트레스된 인장영역이 지속하중을 받을 때 압축응력을 유지하고 있는 경우에는 최소 피복 두께를 증가시키지 않아도 된다.

(2) 유수 등에 의한 심한 침식이나 심한 마모가 우려되는 환경에서는 필요한 만큼 피복두께를 증가시키거나 침식 또는 마모를 방지하기 위한 별도의 조치를 강구하여야 한다.

(3) 내화를 필요로 하는 구조물의 피복 두께는 화열의 온도, 지속시간, 사용골재의 성질 등을 고려하여 정하여야 하며, 2.4에 규정된 최소 피복 두께보다 더 큰 값이 요구될 때에는 동등한 내화성능의 재료나 피복 재료를 사용하거나 피복 두께의 값을 증가시켜야 한다.

(4) 증축 또는 확장을 위해 노출된 철근 또는 매입 철물은 부식이 되지 않도록 조치하여야 한다.

2.5 부재의 횡철근 (KDS 14 20 50 (4.4))

2.5.1 휨부재의 횡철근

(1) 보의 압축철근은 띠철근이나 스터럽 또는 등가의 단면적을 갖는 용접철망으로 둘러싸여져야 한다. 이때 띠철근이나 스터럽의 크기와 간격은 2.5.2(2)의 규정을 만족하여야 한다. 또한 이러한 띠철근이나 스터럽은 압축철근이 배치되는 전 구간에 배치되어야 한다.

(2) 받침부에서 응력의 반전 또는 비틀림을 받는 휨 골조부재의 횡철근은 휨보강철근 주위까지 연장시킨 폐쇄띠철근, 폐쇄스터럽 또는 나선철근으로 하여야 한다.

(3) 폐쇄띠철근 또는 폐쇄스터럽은 종방향 철근 주위를 한 가닥의 스터럽 또는 띠철근으로 한 바퀴 돌려서 종방향 철근 위치에서 교차시키면서 표준갈고리로 중첩시켜 만들거나, 한 가닥 또는 두 가닥의 철근을 KDS 14 20 52 (4.5.2(1))의 B급 이음(1.3 l_d 이음)으로 겹침이음한 형태로 만들거나 또는 KDS 14 20 52 (4.4.4)에 따라 정착시켜 만들어야 한다.

2.5.2 압축부재의 횡철근

(1) 압축부재에 사용되는 나선철근은 다음 규정을 따라야 한다.

① 현장치기콘크리트 공사에서 나선철근 지름은 10 mm 이상으로 하여야 한다.

② 나선철근의 순간격은 25 mm 이상, 75 mm 이하이어야 한다.

③ 나선철근의 정착은 나선철근의 끝에서 추가로 1.5 회전만큼 더 확보하여야 한다.

④ 나선철근의 이음은 다음 두 가지 방법 중에 하나를 따라야 한다.

가. (가)~(마) 중에 정의된 길이 이상이며 최소 300 mm 길이 이상인 겹침이음

(가) 이형철근 또는 이형철선 $48d_b$

(나) 원형철근 또는 원형철선 $72d_b$

(다) 에폭시 도막 이형철근 또는 철선 $72d_b$

(라) 2.5.1(2)를 만족하는 표준갈고리를 가지는 비도막 원형 철근 또는 철선 $48d_b$
다만, 갈고리는 나선철근으로 형성되는 심부콘크리트에 정착되어야 함.

(마) 2.5.1(2)를 만족하는 표준갈고리를 가지는 에폭시 도막 이형 철근 또는 철선 $48d_b$
다만, 갈고리는 나선철근으로 형성되는 심부콘크리트에 정착되어야 함.

나. KDS 14 20 52 (4.5.1(3))을 만족하는 기계적이음 또는 용접이음

⑤ 나선철근은 확대기초판 또는 기초 슬래브의 윗면에서 그 위에 지지된 부재의 최하단 수평철근까지 연장되어야 한다.

⑥ 보 또는 브래킷이 기둥의 모든 면에 연결되어 있지 않을 때에는 나선철근이 끝나는 점부터 슬래

브 또는 지판, 기둥전단머리 밑면까지 추가 띠철근을 배치하여야 한다.

⑦ 기둥머리가 있는 기둥의 나선철근은 기둥머리의 지름이나 폭이 기둥의 지름이나 폭의 2배가 되는 곳까지 연장되어야 한다.

⑧ 나선철근은 수직간격재에 의해 제 위치에 단단하고 곧게 조립되어야 한다.

(2) 압축부재에 사용되는 띠철근은 다음 규정을 따라야 한다.

① 기초판 또는 슬래브의 윗면에 연결되는 압축부재의 첫 번째 띠철근 간격은 다른 띠철근 간격의 1/2 이하로 하여야 하고, 슬래브나 지판, 기둥전단머리에 배치된 최하단 수평철근 아래에 배치되는 첫 번째 띠철근도 다른 띠철근 간격의 1/2 이하로 하여야 한다.

② 보 또는 브래킷이 기둥의 4면에 연결되어 있는 경우에 가장 낮은 보 또는 브래킷의 최하단 수평철근 아래에서 75 mm 이내에서 띠철근 배치를 끝낼 수 있다. 단, 이때 보의 폭은 해당 기둥면 폭의 1/2 이상이어야 한다.

③ 앵커볼트가 기둥 상단이나 주각 상단에 위치한 경우에 앵커볼트는 기둥이나 주각의 적어도 4개 이상의 수직철근을 감싸고 있는 횡방향 철근에 의해 둘러싸여져야 한다. 횡방향 철근은 기둥 상단이나 주각 상단에서 125 mm 이내에 배치하고 적어도 2개 이상의 D13 철근이나 3개 이상의 D10 철근으로 구성되어야 한다.

2.6 기둥 및 접합부 철근의 특별 배치 상세 (KDS 14 20 50 (4.5))

2.6.1 옵셋굽힘철근

(1) 기둥 연결부에서 단면 치수가 변하는 경우 다음 규정에 따라 옵셋굽힘철근을 배치하여야 한다.

(2) 옵셋굽힘철근의 굽힘부에서 기울기는 1/6을 초과할 수 없다.

(3) 옵셋굽힘철근의 굽힘부를 벗어난 상·하부철근은 기둥 축에 평행하여야 한다.

(4) 옵셋굽힘철근의 굽힘부에는 띠철근, 나선철근 또는 바닥구조에 의해 수평지지가 이루어져야 한다. 이때 수평지지는 옵셋굽힘철근의 굽힘부에서 계산된 수평분력의 1.5 배를 지지할 수 있도록 설계되어야 하며, 수평지지로 띠철근이나 나선철근을 사용하는 경우에는 이들 철근을 굽힘점으로부터 150 mm 이내에 배치하여야 한다.

(5) 옵셋굽힘철근은 거푸집 내에 배치하기 전에 굽혀 두어야 한다.

(6) 기둥 연결부에서 상·하부의 기둥면이 75 mm 이상 차이가 나는 경우는 축방향 철근을 구부려서 옵

셋굽힘철근으로 사용할 수 없다. 이러한 경우에 별도의 연결철근을 옵셋되는 기둥의 축방향 철근과 겹침이음하여 사용하며, 겹침이음은 KDS 14 20 52 (4.7)의 규정을 따라야 한다.

2.6.2 접합부

(1) 보, 기둥과 같은 주요 골조부재의 접합부에서 연속철근의 이음과 접합부에서 끝나는 철근의 정착을 위해 둘레 보강이 마련되어야 한다.

(2) 둘레 보강은 외부 콘크리트나 내부 폐쇄띠철근, 나선철근 또는 스터럽으로 구성되어야 한다.

2.7 구조일체성 요구조건 (KDS 14 20 50 (4.7))

2.7.1 현장치기콘크리트 구조

(1) 장선구조에서 적어도 하나의 하부철근은 연속되거나 받침부를 지나 B급 인장겹침이음 또는 KDS 14 20 52 (4.5.1(3))을 만족하는 기계적이음 또는 용접이음으로 이어져야 하고, 불연속받침부에서 항복강도를 발휘할 수 있도록 KDS 14 20 52 (4.1.5)를 만족하는 표준갈고리나 KDS 14 20 52 (4.1.6)을 만족하는 확대머리 이형철근으로 정착되어야 한다.

(2) 구조물의 테두리보에는 다음으로 구성되는 연속철근을 기둥의 축방향 철근으로 둘러싸인 부분을 지나서 전 경간에 걸쳐 배치하여야 한다. 그리고 불연속받침부에서는 ①, ②의 철근이 받침부 면에서 항복강도를 발휘할 수 있도록 KDS 14 20 52 (4.1.5)를 만족하는 표준갈고리나 KDS 14 20 52 (4.1.6)을 만족하는 확대머리 이형철근으로 정착되어야 한다.

① 적어도 받침부에서 요구되는 부모멘트 철근의 1/6 이상이며 두 개 이상인 인장철근

② 적어도 경간 중앙부에서 요구되는 정모멘트 철근의 1/4 이상이며 두 개 이상인 인장철근

(3) 2.7.1(2)에서 요구되는 연속철근은 KDS 14 20 22 (4.5.3)에서 제시된 형태의 횡방향 철근에 의하여 둘러싸여야 하며, 횡방향 철근은 KDS 14 20 22 (4.5.3(2))에 따라 정착되어야 한다. 이때 횡방향 철근을 접합부내까지 연속시켜 배치할 필요는 없다.

(4) 연속성을 확보하기 위해서 이음이 필요할 때 상부철근의 이음은 경간 중앙 또는 그 부근에서, 하부철근은 받침부 또는 그 부근에서 B급 인장겹침이음 또는 KDS 14 20 52 (4.5.1(3))을 만족하는 기계적이음 또는 용접이음으로 이어져야 한다.

(5) 테두리보 이외의 부재로서 2.7.1(3)에서 규정된 횡방향 철근이 배치되지 않은 경우에는 다음 규정

을 따라야 한다.

① 경간 중앙부에서 요구되는 정모멘트 철근의 1/4 이상이며 두 개 이상의 인장철근이 기둥의 축방향 철근으로 둘러싸인 부분을 지나야 한다.

② ①의 철근은 연속되거나 받침부 주변에서 B급 인장겹침이음 또는 KDS 14 20 52 (4.5.1(3))을 만족하는 기계적이음 또는 용접이음으로 이어져야 한다.

③ ①의 철근은 불연속받침부 면에서 항복강도를 발휘할 수 있도록 KDS 14 20 52 (4.1.5)를 만족하는 표준갈고리나 KDS 14 20 52 (4.1.6)을 만족하는 확대머리 이형철근으로 정착되어야 한다.

(6) 2방향 슬래브 구조의 경우는 KDS 14 20 70 (4.1.5.4(5))의 규정을 따라야 한다. 다만, 프리스트레스트콘크리트 2방향 슬래브 구조의 경우는 KDS 14 20 60 (4.7.2(6))과 KDS 14 20 60 (4.7.2(7))의 규정을 따라야 한다.

2.8 철근의 정착 (KDS 14 20 52 (4.4))

2.8.1 휨철근의 정착 일반

(1) 휨부재에서 최대 응력점과 경간 내에서 인장철근이 끝나거나 굽혀진 위험단면에서 철근의 정착에 대한 안전을 검토하여야 한다. 이때 2.8.2((3) 및 (4))의 규정도 만족하여야 한다.

(2) 휨철근은 휨모멘트를 저항하는 데 더 이상 철근을 요구하지 않는 점에서 부재의 유효깊이 d 또는 12 d_b 중 큰 값 이상으로 더 연장하여야 한다. 다만, 단순경간의 받침부와 캔틸레버의 자유단에서 이 규정은 적용되지 않는다.

(3) 연속철근은 구부러지거나 절단된 인장철근이 휨을 저항하는 데 더 이상 필요하지 않은 점에서 정착길이 l_d 이상의 묻힘길이를 확보하여야 한다.

(4) 인장철근은 구부려서 복부를 지나 정착하거나 부재의 반대 측에 있는 철근 쪽으로 연속하여 정착시켜야 한다.

(5) 철근응력이 직접적으로 휨모멘트에 비례하지 않는 휨부재의 인장철근은 적절한 정착을 마련하여야 한다. 이와 같은 부재는 경사형, 계단형 또는 변단면 기초판, 브래킷, 깊은보 또는 인장철근이 압축면에 평행하지 않는 부재들이다. 깊은보에 대해서는 4.4.2(5)와 4.4.3(4)에 따라야 한다.

(6) 휨철근은 다음 조건 중 하나를 만족하지 않는 한 인장구역에서 절단할 수 없으며, 원칙적으로 전체 철근량의 50%를 초과하여 한 단면에서 절단할 수 없다.

① 절단점에서 V_u가 $(2/3)\phi V_n$을 초과하지 않는 경우

② 절단점에서 $(3/4)d$ 이상의 구간까지 절단된 철근 또는 철선을 따라 전단과 비틀림에 대해 필요한양을 초과하는 스터럽이 배치되어 있는 경우. 이때 초과되는 스터럽의 단면적 A_v는 $0.42 b_w s/f_y$ 이상이어야 하고 간격 s는 $d/(8\beta_b)$ 이내이어야 한다.

③ D35 이하의 철근이며, 연속철근이 절단점에서 휨모멘트에 필요한 철근량의 2배 이상 배치되어 있고, V_u가 $(3/4)\phi V_n$을 초과하지 않는 경우

2.8.2 정모멘트 철근의 정착

(1) 단순부재에서 정모멘트 철근의 1/3 이상, 연속부재에서 정모멘트 철근의 1/4 이상을 부재의 같은 면을 따라 받침부까지 연장하여야 한다. 보의 경우는 이러한 철근을 받침부 내로 150 mm 이상 연장하여야 한다.

(2) 휨부재가 횡하중을 지지하는 주 구조물의 일부일 때, (1)에 따라 받침부 내로 연장되어야 할 정모멘트 철근은 받침부의 안쪽 면에서 설계기준항복강도 f_y를 발휘할 수 있도록 정착하여야 한다.

(3) 단순받침부와 변곡점의 정모멘트 철근은 4.1.2에 따라 f_y에 대하여 계산된 정착길이 l_d가 식 (4.4-1)을 만족하도록 철근지름을 제한하여야 한다.

$$l_d \le \frac{M_n}{V_u} \qquad (4.4\text{-}1)$$

여기서, M_n/V_u의 값은 철근의 끝부분이 압축 반력으로 눌려서 구속을 받는 경우 30% 증가시킬 수 있다.

(4) 단순받침부의 중심선을 지나 절단되는 철근에서 표준갈고리 또는 적어도 표준갈고리와 동등한 성능을 갖는 기계적 정착에 의해 정착되는 경우 식 (4.4-1)을 만족하지 않아도 되며, 직선철근으로 정착하는 경우 다음 식을 만족하여야 한다.

$$\frac{V_u - 0.5\phi V_s}{M_n} \le \frac{l_a}{l_d jd} \qquad (4.4\text{-}2)$$

(5) 깊은보의 단순 받침부에서 정모멘트 철근은 받침부 전면에서 f_y를 발휘할 수 있도록 정착하여야 한다. KDS 14 20 24에 따라 설계하는 경우 정모멘트 철근은 KDS 14 20 24 (4.3.3)에 따라 정착하여야 한다. 또한, 깊은보의 내부 받침부에서 정모멘트 철근은 연속되거나 인접 경간의 정모멘트 철근과 겹침이음이 되도록 설계하여야 한다.

2.8.3 부모멘트 철근의 정착

(1) 연속되거나 구속된 부재, 캔틸레버 부재 또는 강결된 골조의 어느 부재에서나 부모멘트 철근은 묻힘길이, 갈고리 또는 기계적 정착에 의하여 받침부 내에 정착되거나 받침부를 지나서 정착하여야 한다.

(2) 부모멘트 철근은 2.8.1(2)에 의한 소요묻힘길이를 경간 내에 확보하여야 한다.

(3) 받침부에서 부모멘트에 대해 배치된 전체 인장철근량의 1/3 이상은 변곡점을 지나 부재의 유효깊이 d, $12d_b$ 또는 순경간의 1/16 중 제일 큰 값 이상의 묻힘길이를 확보하여야 한다.

(4) 깊은보의 내부 받침부에서 부모멘트 철근은 인접경간의 부모멘트 철근과 연속되도록 설계하여야 한다.

2.8.4 복부철근의 정착

(1) 복부철근은 피복 두께 요구 조건과 다른 철근과 간격이 허용하는 한 부재의 압축면과 인장면 가까이까지 연장하여야 한다.

(2) 단일 U형 또는 다중 U형 스터럽의 단부는 다음 중 한 가지 방법으로 정착시켜야 한다.
① D16 이하 철근 또는 지름 16 mm 이하 철선으로 종방향 철근을 둘러싸는 표준갈고리로 정착하여야 한다.
② f_{yt}가 300 MPa 이상인 D19, D22 및 D25 스터럽은 종방향 철근을 둘러싸는 표준갈고리 외에 추가로 부재의 중간 깊이에서 갈고리 단부의 바깥까지 $0.17d_b f_{yt}/\sqrt{f_{ck}}$ 이상의 묻힘길이를 확보하여 정착하여야 한다.

(3) 폐쇄형으로 배치된 한 쌍의 U형 스터럽 또는 띠철근은 겹침이음길이가 $1.3\,l_d$ 이상일 때 적절하게 이어진 것으로 볼 수 있다. 깊이가 450 mm 이상인 부재에서 스터럽의 가닥들이 부재의 전 깊이까지 연장된다면 폐쇄스터럽의 이음이 적절한 것으로 볼 수 있다. 이때 한 가닥의 이음부에서 발휘할 수 있는 인장력, $A_b f_{yt}$는 40 kN 이하이어야 한다.

2.9 철근의 이음 (KDS 14 20 52 (4.5))

2.9.1 이음 일반

(1) 철근은 설계도 또는 시방서에서 요구하거나 허용한 경우 또는 책임구조기술자가 승인하는 경우에만

이음을 할 수 있으며, 이음은 가능한 한 최대 인장응력점부터 떨어진 곳에 두어야 한다.

(2) 겹침이음은 다음 규정에 따라야 한다.

① D35를 초과하는 철근은 겹침이음을 할 수 없다. 다만, 2.9.3(1)와 KDS 14 20 70 (4.2.3.2(4))는 이 규정을 적용하지 않는다.

② 다발철근의 겹침이음은 다발 내의 개개 철근에 대한 겹침이음길이를 기본으로 하여 결정하여야 하며, 각 철근은 KDS 14 20 70 (4.1.4)에 따라 겹침이음길이를 증가시켜야 한다. 그러나 한 다발 내에서 각 철근의 이음은 한 군데에서 중복하지 않아야 한다. 또한 두 다발철근을 개개 철근처럼 겹침이음을 할 수 없다.

③ 휨부재에서 서로 직접 접촉되지 않게 겹침이음된 철근은 횡방향으로 소요 겹침이음길이의 1/5 또는 150 mm 중 작은 값 이상 떨어지지 않아야 한다.

(3) 용접이음과 기계적이음은 다음 강도 규정에 따라야 한다.

① 용접이음은 용접용 철근을 사용해야 하며, 철근의 설계기준항복강도 f_y의 125 % 이상을 발휘할 수 있는 용접이어야 한다.

② 기계적이음은 철근의 설계기준항복강도 f_y의 125 % 이상을 발휘할 수 있는 기계적이음이어야 한다.

③ 상기 ① 또는 ②의 요구 조건을 만족하지 않는 용접이음이나 기계적이음은 2.9.2(3)를 만족하여야 하며, D16 이하의 철근에만 허용된다.

(4) 철근이 굽혀진 부위에서는 용접이음할 수 없으며, 굽힘이 시작되는 부위에서 철근지름의 2배 이상 떨어진 곳에서부터 용접이음을 시작할 수 있다.

(5) 겹침 용접이음은 한 면에만 철근 바깥까지 용접되어야 하고, 이 경우 설계 용접목두께는 $0.3d_b$로 한다. 용접길이는 강구조 연결 설계기준(하중저항계수설계법) (KDS 14 31 25) 또는 시설물별 기준에 따라 산정한다. 단, 용접봉의 강도가 철근의 인장강도에 적합한 경우 KS B ISO 17660-1 용접길이를 사용할 수 있다.

(6) 지름이 22 mm 이상인 철근을 겹침 용접이음할 때는 사용하중 상태에서 철근 이음부 주변 콘크리트에 유해한 균열이 발생되지 않도록 횡보강철근을 배치하여야 하며, 횡보강철근의 적절성이 입증되는 경우에만 책임구조기술자의 승인을 얻은 후에 사용할 수 있다.

(7) 기존 콘크리트에 묻혀 있는 철근에 새로운 철근을 잇고자 할 때, 기존 콘크리트에 묻혀 있는 철근이 용접용 철근이 아니더라도 설계기준항복강도가 500 MPa 이하인 철근은 다음에 따라 용접용 철근과 겹침 용접이음할 수 있다. 단, 피로하중을 받는 교량의 최대 모멘트 위치에는 적용할 수 없다.

① 탄소당량이 0.55 % 이하인 경우 지름이 22 mm 이상 32 mm 이하인 철근은 10 ℃로 예열한 후에

지름이 19 mm 이하인 철근은 예열 없이 용접용 철근과 겹침 용접이음할 수 있다.

② 탄소당량이 0.55 %를 초과하고 0.65 % 이하인 경우 지름이 22 mm 이상 32 mm 이하인 철근은 90 ℃로 예열한 후에, 지름이 19 mm 이하인 철근은 40 ℃로 예열한 후에 용접용 철근과 겹침 용접이음할 수 있다.

③ 탄소당량이 0.65 %를 초과하고 0.75 % 이하인 경우 지름이 22 mm 이상 32 mm 이하인 철근은 200 ℃로 예열한 후에, 지름이 19 mm 이하인 철근은 150 ℃로 예열한 후에 용접용 철근과 겹침 용접이음할 수 있다.

④ 탄소당량이 0.75 %를 초과하는 경우 지름이 22 mm 이상 32 mm 이하인 철근은 260 ℃로 예열한 후에, 지름이 19 mm 이하인 철근은 150 ℃로 예열한 후에 용접용 철근과 겹침 용접이음할 수 있다.

2.9.2 인장 이형철근 및 이형철선의 이음

(1) 서로 다른 크기의 철근을 인장 겹침이음하는 경우 이음길이는 크기가 큰 철근의 정착길이와 크기가 작은 철근의 겹침이음길이 중 큰 값 이상이어야 한다.

(2) 이음부에 배치된 철근량이 해석결과 요구되는 소요철근량의 2배 미만인 경우에 용접이음 또는 기계적이음은 2.9.1(3)① 또는 2.9.1(3)②의 요구 조건을 만족시켜야 한다. 단, 기계적이음은 가능한 경우 이음 위치를 축방향으로 서로 어긋나게 하여 동일 단면에 집중되지 않도록 하여야 하며, 공사감독자 또는 책임기술자는 시공성을 고려하여 엇갈림 길이를 정할 수 있다.

(3) 2.9.1(3)① 또는 2.9.1(3)②를 만족하지 않더라도 이음부에 배치된 철근량이 해석결과 요구되는 소요철근량의 2배 이상이고, 다음의 ①과 ②의 요구조건을 따르는 경우 D16 이하의 철근에 대해서 용접이음 또는 기계적이음을 할 수 있다.

① 각 철근의 이음부는 서로 600 mm 이상 엇갈려야 하고, 이음부에서 계산된 인장응력의 2배 이상을 발휘할 수 있도록 이어야 한다. 또한 배치된 전체 철근이 140 MPa 이상의 응력을 발휘할 수 있어야 한다.

② 각 단면에서 발휘하는 인장력을 계산할 때 이어진 철근은 규정된 이음강도를 발휘하는 것으로 보아야 하나 f_y보다 크지 않아야 한다. 이어지지 않은 연속철근의 인장응력은 설계기준항복강도 f_y를 발휘할 수 있도록 계산된 정착길이 l_d에 대한 짧게 배치된 정착길이의 비에 f_y를 곱하여 사용하여야 하나 f_y보다 크지 않아야 한다.

(4) 인장연결재의 철근이음은 2.9.1(3)① 또는 2.9.1(3)②에 따라 완전용접이나 기계적이음으로 이루어져야 한다. 이때 인접철근의 이음은 750 mm 이상 떨어져서 서로 엇갈리게 하여야 한다.

2.9.3 압축 이형철근의 이음

(1) 서로 다른 크기의 철근을 압축부에서 겹침이음하는 경우 이음길이는 크기가 큰 철근의 정착길이와 크기가 작은 철근의 겹침이음길이 중 큰 값 이상이어야 한다. 이때 D41과 D51 철근은 D35 이하 철근과의 겹침이음을 할 수 있다.

(2) 압축부에서 사용하는 용접이음 또는 기계적이음은 2.9.1(3)① 또는 2.9.1(3)②의 요구 조건을 만족하여야 한다.

(3) 철근이 압축력만을 받을 경우는 철근과 직각으로 절단된 철근의 양끝을 적절한 장치에 의해 중심이 잘 맞도록 접촉시킴으로써 압축응력을 직접 지압에 의해 전달할 수 있다. 이때 철근의 양 단부는 철근 축의 직각면에 1.5° 내의 오차를 갖는 평탄한 면이 되어야 하고, 조립 후 지압면의 오차는 3° 이내이어야 한다.

(4) 단부 지압이음은 폐쇄띠철근, 폐쇄스터럽 또는 나선철근을 배치한 압축부재에서만 사용하여야 한다.

2.9.4 기둥 철근이음에 관한 특별 규정

(1) 겹침이음, 맞댐용접이음, 기계적이음 또는 단부 지압이음은 다음 (2)에서 (6)까지 규정의 제한조건에 따라 사용하여야 한다. 이와 같은 철근의 이음은 기둥의 모든 하중 조합에 대한 요구 조건을 만족하여야 한다.

(2) 계수하중에 의해 철근이 압축응력을 받는 경우 겹침이음은 KDS 14 20 70 (4.5.3)의 (1)과 (2)에 따라야 하며, 해당되는 경우에는 다음 ①과 ②에도 따라야 한다.

① 띠철근 압축부재의 경우 겹침이음길이 전체에 걸쳐서 띠철근의 유효단면적이 각 방향 모두 $0.0015hs$ 이상이면 겹침이음길이에 계수 0.83을 곱할 수 있다. 그러나 겹침이음길이는 300 mm 이상이어야 한다. 여기서, 유효단면적은 부재의 치수 h에 수직한 띠철근 가닥의 전체 단면적이다.

② 나선철근 압축부재의 경우 나선철근으로 둘러싸인 축방향 철근의 겹침이음길이에 계수 0.75를 곱할 수 있다. 그러나 겹침이음길이는 300 mm 이상이어야 한다.

(3) 계수하중이 작용할 때 철근이 $0.5f_y$ 이하의 인장응력을 받고 어느 한 단면에서 전체 철근의 1/2을 초과하는 철근이 겹침이음되면 B급 이음으로, 전체 철근의 1/2 이하가 겹침이음되고 그 겹침이음이 교대로 l_d 이상 서로 엇갈려 있으면 A급 이음으로 하여야 한다.

(4) 계수하중이 작용할 때 철근이 $0.5f_y$보다 큰 인장응력을 받는 경우 겹침이음은 B급 이음으로 하여야 한다.

(5) 기둥 철근의 용접이음 또는 기계적이음은 2.9.1(3)① 또는 2.9.1(3)②의 요구 조건을 만족하여야 한다.

(6) 4.5.3(4)와 (5)에 따른 단부 지압이음은 이음이 서로 엇갈려 있거나 이음 위치에서 추가철근이 배치된 경우 압축을 받는 기둥 철근에 적용할 수 있다. 기둥 각 면에 배치된 연속철근은 그 면에 배치된 수직철근량에 설계기준항복강도 f_y의 25%를 곱한 값 이상의 인장강도를 가져야 한다.

2.10 보가 없는 슬래브의 배근 (KDS 14 20 70 (4.1.5))

2.10.1 철근의 정착

(1) 불연속 단부에 직각방향인 정모멘트에 대한 철근은 슬래브의 끝까지 연장하여 직선 또는 갈고리로 150 mm 이상 테두리보, 기둥 또는 벽체 속에 묻어야 한다.

(2) 불연속 단부에 직각방향인 부모멘트에 대한 철근은 KDS 14 20 52의 규정에 따라 구부림, 갈고리 또는 다른 방법으로, 받침부 면에서 테두리보, 기둥 또는 벽체 속으로 정착하여야 한다.

(3) 불연속 단부에서 슬래브가 테두리보나 벽체로 지지되어 있지 않은 경우 또는 슬래브가 받침부를 지나 캔틸레버로 되어 있는 경우에는 철근을 슬래브 내부에 정착할 수 있다.

2.10.2 외부 모퉁이의 보강철근

(1) 외부 모퉁이 슬래브를 α값이 1.0보다 큰 테두리보가 지지하는 경우, 모퉁이 부분의 슬래브 상, 하부에 다음 (2)에서 (4)에 따라 모퉁이 보강철근을 배치하여야 한다.

(2) 슬래브 상, 하부에 배치하는 특별 보강철근은 슬래브 단위폭당 최대 정모멘트와 같은 크기의 휨모멘트에 견딜 만큼 충분하여야 한다.

(3) 이 휨모멘트는 슬래브 상부에서는 모퉁이에서 그은 대각선에 직각인 축에, 슬래브 하부에서는 대각선에 평행한 축에 대하여 작용한다고 가정할 수 있다.

(4) 특별 보강철근은 모퉁이부터 긴 경간의 1/5 길이만큼 각 방향에 배치하여야 한다.

(5) 특별 보강철근은 슬래브 상부에서 대각선에 평행한 방향으로 배치하고 슬래브 하부의 경우 대각선에 직각방향으로 배치하여야 한다. 또는 특별 보강철근은 슬래브 상부와 하부에서 각각 슬래브 각 모서리에 평행하게 두 층으로 배치할 수 있다.

2.10.3 보가 없는 슬래브의 배근 상세

(1) 보가 없는 슬래브의 철근은 2.10의 모든 요구 조건과 더불어 [그림 2.10.1]에 표시한 최소 연장길이도 확보하여야 한다.

(2) 인접한 경간의 길이가 다를 경우, 받침부부터 부모멘트에 대한 철근의 최소 연장은 [그림 2.10.1]에 보인 바와 같이 하되 그 기준은 긴 경간으로 하여야 한다.

(3) 2방향 슬래브에서 굽힘철근은 슬래브 두께와 경간의 비가 굽힘철근의 굽힘각도가 45° 이하가 될 수 있는 경우에만 사용하여야 한다.

(4) 횡력을 지지하는 2방향 슬래브는 구조해석에 의하여 철근의 길이를 결정하여야 하며, [그림 2.10.1]의 최소 연장길이 이상으로 하여야 한다.

(5) 각 방향의 주열대 내의 모든 하부 철근이나 철선이 연속이거나 [그림 2.10.1]에 위치한 것과 같은 A급 겹침이음으로 이어야 한다. 각 방향으로 적어도 2개의 주열대 하부철근이나 철선이 기둥 위를 지나야 하며 외부 받침부에 정착하여야 한다.

(6) 전단머리가 있는 슬래브나 리프트-슬래브의 시공에서는 적어도 각 방향으로 2개의 부착된 하부 철근이나 철선이 가능한 한 기둥에 근접하게 전단머리나 리프팅 칼라를 지나도록 하여야 하며, 연속이거나 A급 겹침이음으로 이어야 한다. 외부 기둥에서는 이 철근을 전단머리나 리프팅 칼라에 정착시켜야 한다.

설계대	위치	최소 철근량 A0(%)	지판이 없는 경우	지판이 있는 경우
주열대	상부	50 나머지	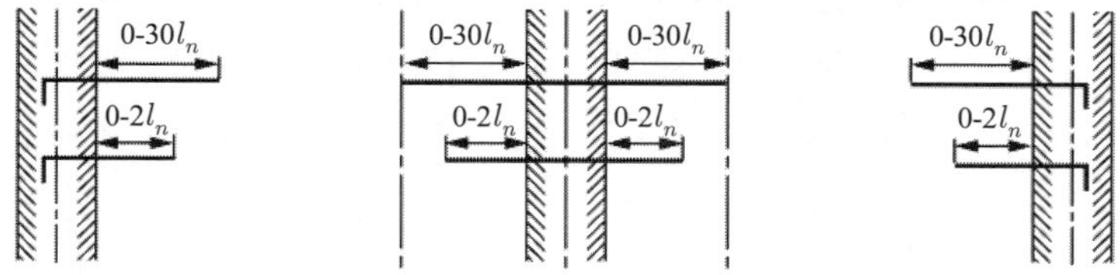	
	하부	100	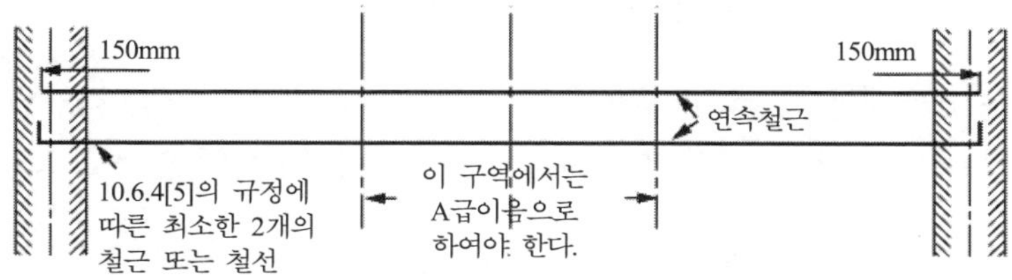	
중간대	상부	100	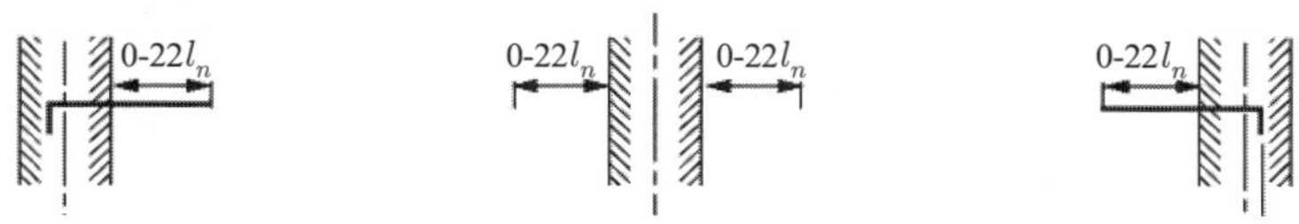	
	하부	50 나머지	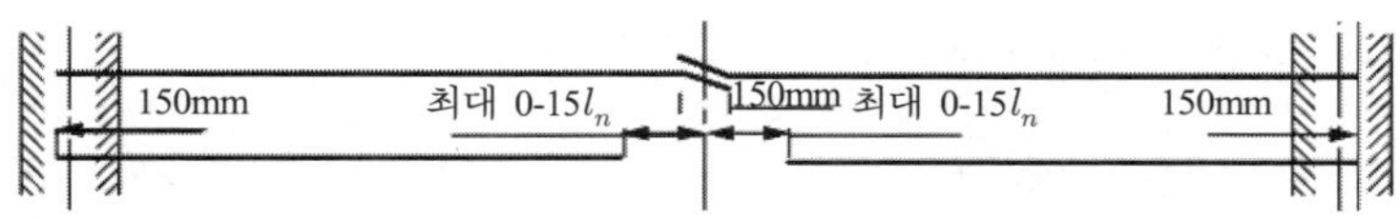	

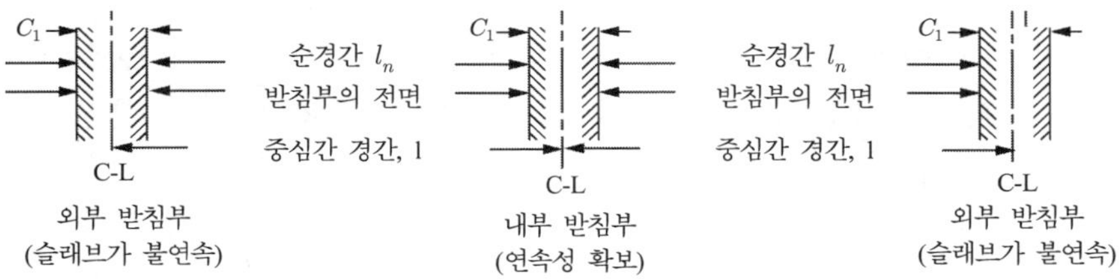

[그림 2.10.1] 보가 없는 슬래브에서 철근의 최소 정착길이 (KDS 14 20 52 (4.4.2(1))

2.10.4 슬래브 시스템의 개구부

(1) 구조해석에 의하여 설계강도가 소요강도 이상이고 처짐제한을 포함하여 모든 사용성을 만족할 경우, 어떤 크기의 개구부도 슬래브 시스템 내에 둘 수 있다.

(2) (1)에 따른 해석을 하지 않는다면, 보가 없는 슬래브 시스템은 다음에 따라 개구부를 둘 수 있다.

① 양 방향의 중간대가 겹치는 부분은 개구부가 없을 때의 소요철근량을 유지한다면 어떤 크기의 개구부도 둘 수 있다.

② 양 방향의 주열대가 겹치는 부분은 어느 쪽의 경간에서나 주열대 폭의 1/8 이상이 개구부에 의해 절단되지 않아야 한다. 개구부에 의해 절단된 철근량은 개구부 주변에 추가 배치하여야 한다.

③ 주열대와 중간대가 겹치는 부분은 어느 설계대에 대해서도 개구부에 의하여 절단되는 철근이 1/4 이하이어야 한다. 개구부에 의해 절단된 철근량은 개구부 주변에 추가 배치하여야 한다.

④ KDS 14 20 22 (4.11.6)의 전단에 대한 규정을 만족시켜야 한다.

(3) 개구부 크기가 슬래브 판 크기에 비해 상대적으로 작은 경우 개구부에 의해 절단되는 철근과 같은 단면적의 철근을 개구부 양쪽에 보강하여야 한다.

(4) 개구부가 슬래브 판 크기에 비해 상대적으로 큰 경우 각 모서리에서 캔틸레버 슬래브로 가정하여 설계할 수 있으며, 인접 슬래브를 설계할 때는 개구부의 영향을 고려하여야 한다.

(5) 개구부가 크고 한쪽으로 치우쳐서 위치한 경우 3변 연속이고 1변 자유인 슬래브로 취급할 수 있으며, 인접 슬래브를 설계할 때는 개구부의 영향을 고려하여야 한다.

2.10.5 기초판 철근의 정착

(1) 기초판의 철근정착은 KDS 14 20 52의 규정에 따라야 한다.

(2) 각 단면에서 계산된 철근의 인장력 또는 압축력이 단면의 양측에서 발휘될 수 있도록 묻힘길이, 표준갈고리나 기계적 장치 또는 이들의 조합에 의하여 철근을 정착하여야 한다.

(3) 철근정착에 대한 위험단면은 최대 계수휨모멘트에 대해 KDS 14 20 70 (4.2.2.1(2))에 규정한 위험단면과 같은 위치로 가정하며, 단면이나 철근이 변하는 수직면도 위험단면으로 보아야 한다. 또한 KDS 14 20 52 (4.4.1(5))의 규정도 따라야 한다.

2.11 필로티 및 1층이 약층인 기둥 (KDS 41 17 00 (9.8))

2.11.1 필로티 기둥에 대한 고려사항

(1) 필로티 기둥에서는 전 길이에 걸쳐서 후프와 연결철근(cross tie)으로 구성되는 횡보강근의 수직 간격은 단면최소폭의 1/4 이하아어야 한다. 단 150 mm 보다 작을 필요는 없다. 횡보강근에는 135° 갈고리정착을 사용하는 내진상세를 사용하여야 한다.

(2) 횡보강근으로 외부후프철근과 더불어 각 방향 최소 1개 이상의 단면내부 연결철근을 설치하여야 한다. 연결철근의 정착을 위하여 한쪽은 135° 갈고리정착을, 그리고 다른 쪽은 90° 갈고리 정착을

사용할 수 있으며, 이때 각 정착은 수직적으로 교차로 배치되어야 한다.

2.11.2 1층이 약층인 모멘트골조에 대한 고려사항

(1) 1층 기둥에서는 전 길이에 걸쳐서 후프와 연결철근으로 구성되는 횡보강근의 수직 간격은 단면최소폭의 1/4 이하아어야 한다. 단 150 mm보다 작을 필요는 없다. 횡보강근에는 135° 갈고리정착을 사용하는 내진상세를 사용하여야 한다.

(2) 횡보강근으로 외부후프철근과 더불어 각 방향 최소 1개 이상의 단면내부 연결철근을 설치하여야 한다. 연결철근의 정착을 위하여 한쪽은 135° 갈고리정착을, 그리고 다른 쪽은 90° 갈고리 정착을 사용할 수 있으며, 이때 각 정착을 수직적으로 교차로 배치하여야 한다.

제3장 배근시공도

3.1 정의

배근시공도는 철근의 개수·크기·길이 그리고 배근위치를 나타낸 시공도면으로서 배근과 가공작업을 위하여 작성한다. 배근시공도는 평면도·상세도·입면도·일람표·자재목록 그리고 구부림상세도로 구성된다. 도면은 수작업 또는 컴퓨터로 작성할 수 있다.

3.2 범위

배근시공도는 계약도서에 포함된 책임구조기술자의 의도를 전달하기 위한 것이다. 계약도서와 책임구조기술자가 작성한 부속서(계약체결 후 작성하면 계약서에 합당한 경우)만이 배근시공도 작성에 필요한 정보를 제공하는 유일한 권한을 가진다. 배근시공도는 모든 철근의 완벽한 가공과 배근에 필요한 모든 정보를 포함하여야 한다.

3.3 작성절차

배근시공도는 계약도서에 포함된 책임구조기술자의 지시에 따라 시공상세도작성자가 작성한다. 현장상태·현장치수·시공조인트·콘크리트타설 순서에 관한 모든 필요한 추가정보는 시공자가 제공하여야 한다. 필요한 수정사항을 포함하여, 책임구조기술자의 승인을 받은 도면만이 철근가공 및 배근작업에 사용할 수 있다.

3.4 도면의 표준

배근시공도는 구조설계도와 동일한 기준에 따라 제작한다.

3.4.1 도면 배치

배근시공도는 보통 평면도, 입면도, 단면도 및 구조상세도 순으로 보여주고, 이어서 기초·기둥·보 및 슬래브의 일람표를 표시한다. 일반적으로 평면도는 좌측상단에, 입면도와 상세도는 평면도의 하부와 우측에 배치하고, 일람표와 구부림상세는 우측상단에 배치한다. 참조자료 편에 있는 배치가 일반적인 배치형태이다. 북쪽을 나타내는 화살표는 매 평면도마다 표현하여야 한다.

3.4.2 기호와 약어

배근시공도에서 사용하는 일반적인 기호와 약어는 제 III부 철근 규격 및 기타 참고자료에 수록하였다. 일반적이지 않은 상세나 조건 때문에 특수한 기호나 약어를 사용한 경우에는, 도면상에 이에 대한 설명을 하여야 한다.

3.4.3 일람표

철근은 일반적으로 일람표 형식으로 나타낼 수 있다. 철근일람표는 모든 철근의 개수・형상・크기・길이・기호・등급・도막정보 그리고 구부림상세를 완벽하게 요약한 것으로서, 이로 부터 철근목록을 쉽게 작성할 수 있다. 굽힘철근의 구부림상세는 철근일람표에 포함하는 것이 일반적이지만 별도의 일람표를 사용할 수도 있다.

3.4.4 도막철근

도막철근을 일반철근과 함께 도서에 표시하는 경우에는 에폭시도막철근은 (E) 또는 (*), 도금철근은 (G)를 접미어로 표시하고, 이러한 표시가 에폭시도막철근 또는 도금철근이라는 사실을 명기하여야 한다.

3.5 도면

일반적으로 철근가공자가 작성하는 배근시공도에는 철근가공을 위한 상세와 배근을 위한 상세를 표현한다. 배근시공도는 거푸집제작을 위한 것이 아니므로 철근의 적절한 위치를 나타내는 치수만 표기하면 된다. 건물치수는 시공상세도작성자가 정확한 치수를 제공하여야 할 필요가 있을 경우에만 배근시공도에 표시한다. 배근시공도는 반드시 구조도면과 같이 사용하여야 한다. 구부림상세는 배근시공도에 표시하지 않고 별도의 도면에 표시할 수 있다.

3.5.1 일반 요구사항

배근시공도를 수령하면 철근가공자는 다음의 조치를 취하여야 한다.

(1) 구부림상세를 포함한 배근시공도 작성

(2) 공사시방서에서 요구시, 책임구조기술자에게 검토·승인용 배근시공도 제출
(3) 철근목록표 작성
(4) 철근가공
(5) 명시된 경우, 도막철근 준비
(6) 요구조건에 따라 철근 고임재 준비
(7) 가공한 철근을 다발로 묶어 식별표를 달아 현장에 배달

이 지침에서 사용하는 용어 '철근가공자'는 시공상세도작성자, 견적자 및 가공작업자를 고용한 회사를 의미한다는 점에 주목하여야 한다. 이러한 점에서 볼 때, 실제로 (1), (2) ,(3)단계는 시공상세도작성자가 (4), (5), (6), (7)단계는 가공작업자가 수행한다.

배근시공도에는 철근의 크기·형상·등급 및 구조물 내의 설치위치를 명시하여야하며, 철근가공자가 철근 고임재를 공급한다면 이를 포함하여야 한다. 배근시공도는 또한 철근목록표 작성의 근거가 된다.

배근시공도의 승인이 필요한 경우에는 철근을 가공하기 전에 이를 제출하여야 한다.

시공자와 철근가공자의 편의를 위하여 기초, 벽, 기둥, 각 층 바닥부재 등과 같이 일반적인 건물 요소 단위로 상세도를 작성하고 철근을 가공하여 배달하여야 한다. 배근시공도와 철근목록표는 각 요소 단위로 구성되는 것이 일반적이다. 소규모 구조물의 경우에는 모든 철근을 하나의 단위로 관리할 수 있다. 대규모 공사의 경우에는 시공자는 공정에 맞추어 각 층 단위로 구분하여 관리하기를 원할 것이다. 시공자와 제작자 사이의 이러한 조정은, 상세도 작성을 시작하기 전에 책임구조기술자의 승인을 받아 이루어져야 한다. 철근의 중복이 우려되는 경우에는, 특별히 상세도를 크게 작성하여 철근을 가공하는 것이 더 경제적이기 때문에, 모든 단면도는 실질적으로 쓰이도록 크게 작성하여야 한다.

3.5.2 부재부호

구조설계도상에서 서로 같은 슬래브·장선·작은보·큰보·기초는 동일한 부재부호를 붙인다. 가능하면 배근시공도의 부재부호는 구조설계도와 동일한 것을 사용하도록 한다. 구조설계도에서는 동일한 부재가 배근시공도에서 미묘한 차이를 보일 때, 이를 구별하기 위하여 부재부호 뒤에 문자를 추가한다. 즉, 구조설계도에 2B3로 지정된 보 중에서 몇 개가 실제로는 다르다면, 배근시공도에는 이를 2B3A로 표시한다.

기둥과 기초는 일련의 부재부호를 붙이거나 구조설계도상의 좌표 체계에 따라 부재부호를 지정할 수 있으며, 배근시공도에도 동일한 부재부호를 사용하여야 한다.

이러한 부호체계는 구조물 내의 콘크리트 부재를 개별적으로 식별하도록 하기 위함이다. 배근시공도에서는 반드시 철근을 개별적으로 식별할 수 있도록 하여야 한다. 철근공이 각 부재에 적절한 철근을

쉽게 선택할 수 있도록 굽힘철근은 별도의 표시를 한다. 직선철근은 크기와 길이로 식별한다.

3.5.3 일람표

배근시공도에서 구조요소의 철근은 평면도, 입면도 또는 단면도에 그리거나 일람표로 표현할 수 있다. 일람표에 기초·기둥·보·슬래브를 표현하는 것은 관행적으로 허용된다. 일람표의 형식은 정해진 것이 없다. 일람표는 보 입면도에서 처럼 모든 철근이 정확히 어디에 어떻게 배치되는지를 분명하게 지정하여야 한다.

3.5.4 시공상세도작성자의 의무

시공상세도작성자의 의무는 계약도서 상의 모든 지시사항을 수행하여 배근시공도를 작성하는 것이다. 책임구조기술자는 요구사항을 명료하게 기술하여 시공상세도작성자에게 제공하여야하며, 시공상세도작성자는 책임구조기술자로 부터 받은 요구사항을 수행하여야 한다.

책임구조기술자는 공사시방서 또는 구조설계도에 시공상세도작성자가 설계기준을 참조한 정보를 사용하여 배근시공도를 작성하도록 하여서는 아니 된다. 이러한 정보는 반드시 책임구조기술자가 설계기준을 해석하여 상세도 또는 주기의 형태로 구조설계도에 명시하여야 한다.

3.5.5 보와 장선

보·장선·큰보의 철근은 일반적으로 일람표로 표현한다. 구부림상세는 일람표와 별도로 표현하거나, 일람표에 같이 표현할 수 있다. 시공상세도작성자는 부재의 번호·부호·크기, 직선철근의 번호·지름·길이, 굽힘철근과 스터럽의 번호·지름·부호·길이, 스터럽의 간격, 철근의 옵셋, 겹침이음, 철근 고임재 그리고 여타 가공·조립에 필요한 특별한 정보를 표현하여야 한다.

배근시공도에 반드시 명기하여야 할 특별한 항목은 다음과 같다.

(1) 철근의 전체길이
(2) 갈고리의 높이에 의하여 좌우되는 경우, 그 높이
(3) 겹침이음길이
(4) 옵셋이 있는 경우, 그 치수
(5) 받침부 양면의 철근치수가 대칭이 아닌 경우, 받침부를 기준으로 한 철근의 위치

3.5.6 슬래브

슬래브철근은 평면도, 일람표 또는 단면도에 표현할 수 있다. 슬래브의 일람표와 구부림상세는 앞에서

기술한 보와 유사하다.

완전히 동일한 슬래브 판은 동일한 부재부호를 부여하고 하나의 판에만 철근을 표현한다.

1/4원호와 같이 비스듬한 판의 경우에는, 철근을 부채꼴로 펼쳐서, 보통 경간중간과 같은 특정한 위치에 필요한 철근간격을 표현한다. 개구부 주변의 추가보강근이 필요하다면, 이를 반드시 표현하여야 한다.

3.5.7 기둥

기둥의 배근시공도에서는 일반적으로 일람표 형식의 상세를 사용한다. 시공상세도작성자는 구조설계도를 해석하여야 할 뿐 아니라, 또한 이를 시공자에게 명료하게 전달하여야 한다. 시공상세도작성자는 다우얼·수직근·띠철근 등을 포함하여 모든 철근의 수량·지름·길이·부호를 표현하여야 한다. 시공상세도작성자는 모든 조건에 대한 일반적인 철근의 배열을 평면도 상에 도시하여야 하며, 겹침이음의 길이·위치, 기계적이음 또는 용접이음과 옵셋철근의 위치를 명확히 표현하여야 한다.

3.5.8 다우얼

다우얼은 먼저 시공되는 부재의 철근과 함께 상세도를 작성하여야하며, 적절한 시기에 그러한 부재와 함께 발주하여야 한다.

3.5.9 철근 고임재

계약도서에 명시된 철근 고임재는 수량 및 설명을 포함하여 배근시공도에도 표현할 수 있다.

일반적인 판에 대한 철근 고임재의 설치도는 2방향철근을 배치하는 경우와 설치순서나 필요한 수량을 명백히 하여야 하는 경우에 필요하다. 필요할 경우, 철근 고임재는 배근시공도에 확인이 가능하도록 명확하게 표시하여야 한다.

제4장 철근가공의 실무

4.1 가공철근

가공철근이란 KS D 3504 규격에 따른 철근콘크리트용 봉강으로서 명시된 길이로 절단하거나 명시된 길이와 형상으로 절단하여 구부린 이형 또는 원형 철근을 말한다. 여기에는 나선철근과 KS D 7017 규격을 만족하는 용접철망도 포함된다. 절단과 구부림을 제외한 다른 방법으로 가공하여 콘크리트 보강에 사용하는 자재는 여기에 포함하지 않는다.

4.2 추가비용

철근은 배근시공도, 철근목록표 또는 구매주문서에 따라 그 길이를 산정하여, KS규격에서 제시한 단위중량으로 계산한 이론적 중량에 근거하여 판매한다. 굽힘철근의 중량을 산정할 때는 철근의 외곽치수를 기준으로 갈고리 구간을 포함한 모든 상세치수를 합하여 가공에 필요한 철근길이를 산정하는 것이 실무관행이다. 추가비용은 철근의 톤당 기준단가에 더하여야 하며, 주요 추가비용은 다음과 같다.

(1) 크기에 따른 추가비용 - 철근의 크기에 따라 달라진다.

(2) 등급에 따른 추가비용 - 일부 등급의 철근에서는 증가한다.

(3) 철근가공에 따른 추가비용 - 공장가공인 경우 증가한다.
철근가공에 따른 추가비용은 다음의 3가지 등급으로 분류한다.

① 경가공 - 모든 D10철근, 스터럽, 후프철근, 보조띠철근, 띠철근, 한 평면에서 굽힘점이 6개를 초과하거나 2개 이상의 평면으로 구부린 D13 이상의 모든 철근으로서 아래의 특수가공에 해당하지 않는 경우, 한 평면에서 2~3개의 반지름으로 구부리거나 한 평면에서 내부 반지름 300 mm 이상의 반지름굽힘과 다른 유형의 굽힘이 조합된 모든 철근.

② 중가공 - 한 평면에서 굽힘점이 6개 이하인 D13 이상의 철근으로서 경가공 또는 특수가공에 해당되지 않는 경우와 단일 반지름굽힘.

③ 특수가공 - II부 [그림 2.1.1] 및 II부 [그림 2.2.1]의 값보다 더 엄격한 허용오차를 요구하는 특수허용오차에 대한 모든 구부림, 2개 이상의 평면에 대한 반지름굽힘, 반지름굽힘을 포함한 다중평면에 대한 굽힘, 프리캐스트 구성단위를 위한 모든 구부림.

(4) 용역과 특별가공 - 용역과 특별가공에 대한 추가비용은 다음과 같은 항목에 대한 각 제품의 조건

에 적합하게 개별적으로 평가할 수 있다.

① 상세도 작성, 목록표 작성 또는 양자
② 발주자의 품질보증 및 품질관리 요구사항
③ 운송
④ 에폭시도막 및 아연도금
⑤ 도장 및 도막
⑥ 나선철근 및 연속 후프철근
⑦ 특수허용오차에 대한 전단가공
⑧ 톱날절단 단부
⑨ 경사절단 단부 또는 정의되어 있지 않은 단부
⑩ 철근 나사가공
⑪ 특수한 묶음과 특수 식별표 달기
⑫ 철근의 초과길이, 철근의 초과너비 또는 둘 다
⑬ 용접

4.3 허용오차

공사시방서나 구조설계도에 별도로 명시하지 않을 때 적용하는 철근가공에 대한 표준허용오차가 정립되어 있다. II부 [그림 2.1.1] 및 II부 [그림 2.2.1]은 일반적 철근구부림에 대한 허용오차를 보여주고 있다. 더 엄격한 허용오차를 적용한다면 추가비용이 발생할 수 있음을 유념하여야 한다.

제5장 철근의 고임재와 간격재

5.1 일반사항

철근의 고임재와 간격재에 대한 사항은 기본적으로 KCS 14 20 11를 따라야 하며, 일반적으로 계약도서에는 철근 고임재에 대한 필요성과 요구조건을 개략적으로 기술한다. 다음의 요구조건들은 철근의 고임재에 적용 가능하며, 철선 및 용접철망의 고임재에도 적용할 수 있다.

5.1.1 일반 요구조건

계약도서에 단지 "철근은 콘크리트타설 전에 정확한 위치에 배근하고 적절히 지지하여 허용오차범위내에서 이동하도록 하여야 한다."라고 되어있을 경우, 시공자는 각 부분의 고임재의 유형과 종류를 철선 고임재, 콘크리트블록 또는 기타의 재료 중에서 자유롭게 선정하여 구매할 수 있다.

5.1.2 특별 요구조건

계약도서에 위치별로 철근 고임재의 유형 또는 재료가 명시되어 있을 경우, 공급자 측의 상세도작성자는 이러한 재료의 위치・개수・크기・유형・배치・필요수량을 명시하여야 한다. 이러한 고임재의 배치상세는 개략적인 윤곽으로 표시하거나, 일반적으로 사용하는 관련 도서를 참조하도록 하여야 한다.

5.2 철근 고임재의 종류

5.2.1 철선 고임재

철선 고임재에 대한 설명과 그 사용법에 대한 예는 제조업체의 자료를 참조할 수 있다.
다만, 현저히 무거운 여러 겹의 철근을 지지하는 철선 고임재는 고임재의 다리가 거푸집을 관통하지 않도록 철선 고임재의 개수를 늘리는 것이 필요할 수도 있다. 특히 그 표면이 눈에 띄는 곳이거나 부식이 일어나기 쉬운 곳일 때 주의를 요한다.

5.2.2 콘크리트 고임재

현장조건에 맞추기 위하여 콘크리트 고임재의 질감과 색채에 대한 요구조건이 있는 경우에는, 이를 명시하여야 한다.

5.2.3 기타의 철근 고임재

기타의 형태인 플라스틱 고임재에 대해서는 제조업체의 자료를 참조한다.

5.3 거푸집 측면 간격재와 보 철근 고임재

모든 철근은 콘크리트타설 전에 콘크리트 고임재, 금속 또는 플라스틱 고임재, 간격재, 철선 또는 기타의 장치로 견고하게 고정하여 시공 중 이동을 방지하고 거푸집까지의 적절한 거리를 유지할 수 있도록 하여야 한다.

시공자가 간격재의 유형을 선정하는 것이 관례이다. 거푸집 측면 간격재의 상세도 작성은 일반적인 요구조건이 아니므로, 계약도서에 명시하여 요구할 때에만 수행한다. 철근가공자는 오로지 배근시공도에 따라 거푸집 측면 간격재를 공급할 책임이 있다. 이때 5.2절의 표준 철근 고임재를 참조한다.

보 철근 고임재는 일반적으로 보의 횡방향으로 설치한다. 시공자와 공급자가 합의하고, 책임구조기술자가 승인한다면, 보의 종방향으로 보 철근 고임재를 설치할 수 있다.

5.4 철근 고임재의 설치

5.4.1 일반사항

철근은 콘크리트타설 전에 거푸집 내에 정확하게 위치시키고 제자리에 단단히 고정하여야 한다. 시공 중 철근의 이동을 방지하고 철근과 거푸집 사이의 간격을 유지하기 위하여 적절한 고임재가 필요하다. 철근 고임재는 "철근을 적절히 지지할 수 있도록 충분한 개수와 강도를 지녀야 한다"라고 명시할 수도 한다. 필요하면 시공상세도작성자는 철근 고임재를 표시하여야 한다. 콘크리트장선구조의 상부슬래브의 수축·온도철근에 대한 고임재는 계약도서에서 특별히 요구할 때에만 표시한다. 철근 고임재는 콘크리트 운반용 수레 등의 운반로를 지지하기 위한 것이 아니며 그러한 용도로 사용하여서도 아니 된다.

5.4.2 지면에 타설하는 콘크리트

두께 1200 mm 이하인 지면에 접하는 슬래브(S.O.G.), 지중보, 기초판 등에서는 상부근에 대해서만 고임재 상세를 작성하고, 고임재의 간격은 양방향 모두 평균 간격이 1200 mm 이하가 되도록 한다.

주철근을 받침대로 사용하는 것으로 가정하였을 경우에, 분리 철근 고임재는 책임구조기술자의 지시가 있거나 시공자와 특별합의가 있을 때에만 상세도를 작성한다.

지중보 및 지면슬래브의 하부근과 단근배근 지면슬래브에 대한 고임재는, 계약도서에서 특별히 요구하는 경우에만 철근가공자가 이를 공급한다.

두께 1200 mm를 초과하는 기초판의 상부근을 지지하는 방법은 너무 다양하므로 철근가공자는 특별합의에 의하여 그 목적에 맞는 고임재를 공급하도록 한다.

제6장 컴퓨터를 이용한 배근시공도 작성

6.1 개요

컴퓨터시스템을 이용한 배근시공도 작성은 과거 수작업 방식에 비해 도면작업의 속도와 정확도를 향상시키며, 도면 작성의 효율성과 생산성을 높이는데 큰 도움을 줄 수 있다. 또한, 작업오류나 변경 발생 시 도면수정이 자유롭고 편리하며, 수작업에 의한 종이 도면에 비해 장기적인 보관 및 관리가 용이하여 CAD(Computer-Aided Drafting) 소프트웨어를 이용한 배근시공도 작성은 현업에서도 많은 부분 보편화 되었다. 최근 들어 2D CAD시스템을 넘어 BIM을 이용한 3차원 배근모델링과 이를 통한 배근시공도 작성 사례도 늘어나고 있다.

6.2 배근시공도

통상적으로 시공상세도 작성자는 컴퓨터를 이용해 배근시공도의 그래픽 영역에 대한 작업을 수행하며, 컴퓨터출력장치(Plotter, Matrix Printer, Laser Printer)를 이용해 인쇄 작업이 수행된다.

시공상세도 작성자는 배근시공도를 작성하면서 직접 또는 간접적으로 컴퓨터에 관련정보를 입력하게 되며, 입력된 데이터가 처리되어 최종 출력물로 옮겨지게 되면 도면이 완성되게 된다. 배근시공도면은 구부림상세 등의 철근 형상 정보와 함께 철근가공과 시공에 필요한 자세한 정보를 포함하게 된다.

"라벨시스템(Label System)"은 도면에 철근의 참조사항을 달기위하여 사용되며, 시공상세도 작성자는 각각의 배근공정을 고려하여 개별철근이나 그룹철근에 대하여 라벨번호를 할당한다. 특정철근을 지시하는 이 라벨번호는 도면에 표기되고 철근 크기 및 단면적과 같은 데이터와 함께 입력시트에도 표기된다.

라벨번호가 부여된 컴퓨터출력물에는 각 라벨에 따른 철근의 상세도 일람표를 표시하여, 도면의 상세 내용이 명확하고 신속하게 인지되고 사용될 수 있도록 한다.

6.3 주문절차

배근시공도 승인 후, 공장주문 작업은 기둥·보·슬래브 등의 부재 일람표와 함께 CAD시스템을 이용한 도면작업 시 이미 생성된 디지털정보를 사용함으로써 훨씬 단순하고 효율적으로 이루어질 수 있다.

시공상세도 작성자는 주문되어야 할 철근의 라벨과 수량을 표기한 도면과 함께 철근리스트에 강도·크기·구부림 형태. 길이 등의 항목별로 재료의 중량을 표시하고 목록화하며, 운송 시 이용되는 태그(tag)와 적하목록(Manifest Documents) 등을 작성한다.

6.4 BIM 개요

BIM(Building Information Modeling: 건축정보모델링)은 가시성을 가진 3D 디지털 정보를 이용하여 설계・엔지니어링・자재제작・시공・유지관리 등 건축물의 전 생애주기에 걸친 건설프로젝트 참여자 간의 원활한 정보교환과 협업을 가능하게 하는 유용한 도구로 알려져있다.

최근 들어 BIM을 통해 기존 2D CAD기반 도면과 수작업 위주의 작업 환경에서 3D모델 형식의 디지털 정보를 사용하는 환경으로 점차 변화가 이루어짐에 따라, 건물의 설계・분석・제조・시공・운영 등을 위해 모델로부터 필요로 하는 형상정보나 속성정보, 가공정보 등을 추출하여 업무에 활용하는 사례가 늘어나고 있다.

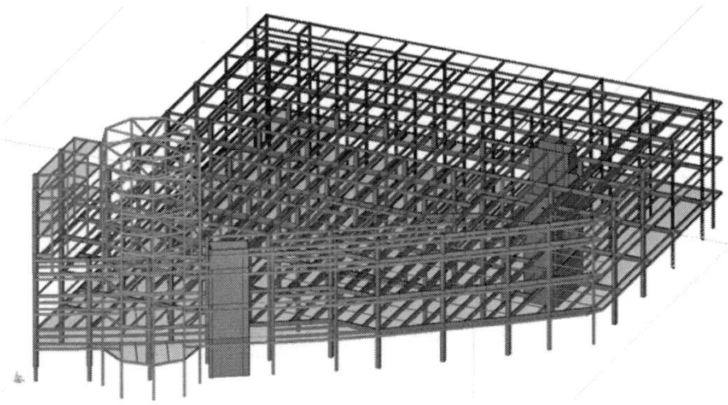

(a) 3D 솔리드 모델 생성

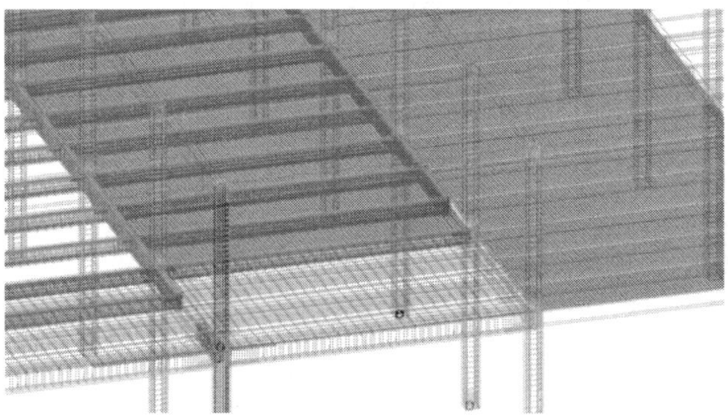

(b) 배근 정보 모델링 작업

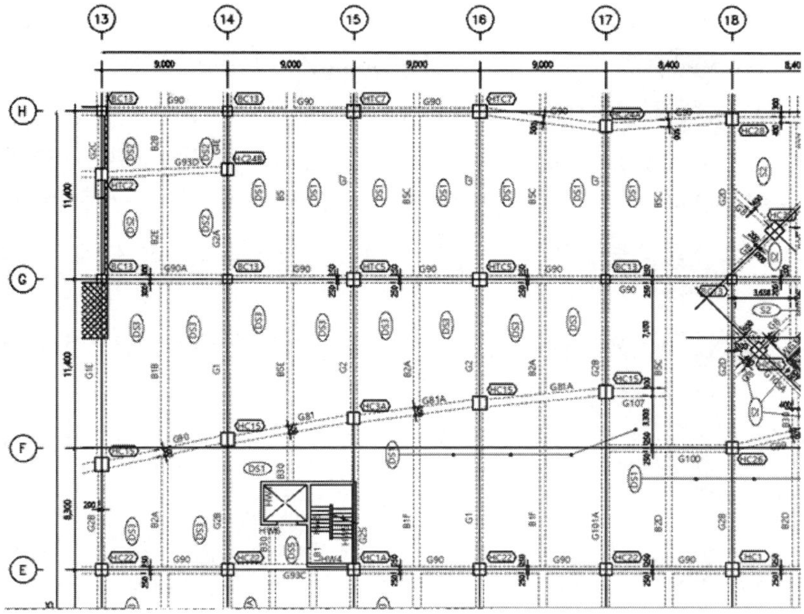

(c) BIM 모델 기반 2D 도면 생성

(d) 3D 철근 상세모델 (정착·이음 적용)

[그림 6.4.1] RC구조 BIM 적용 예

파라메트릭(Parametric) 기술을 기반으로 하는 BIM은 시간적·공간적으로 분산된 환경에서 타 공종 간의 협업과 통합적 업무수행에 효과적으로 사용될 수 있는 도구로, BIM에 대한 정의와 특성은 여러 기관과 단체, 협회 등에서 다양하게 설명되고 있다.

일반적으로 BIM은 건축물의 전 생애주기 동안에 생산되는 복잡하고 다양한 데이터를 저장하고 활용할 수 있게 해주고 기하학적 형상정보와 속성정보를 연계하여 관리하는 프로세스를 의미하며, 단순히 하나의 3D 형상모델이 아닌 건축물의 수명주기동안 생산되는 정보를 공유하고 재사용하며 관리하는 전 과정을 말한다.

BIM은 컴퓨터를 활용한 지능적인 3차원 건축정보모델로, 다음과 같은 핵심적인 특성을 가지고 있다.

- 디지털 정보
- 3차원 공간적
- 객체 특성 측정가능
- 정보 포괄적
- 정보의 상호운용 가능
- 정보의 지속성

(1) 파라메트릭 기술

BIM의 실제 적용을 위해서 3D형태의 모델을 생성하여야 하며, 이때 객체기반 파라메트릭(Object-based Parametric)기술이 적용된 소프트웨어를 사용하게 된다.

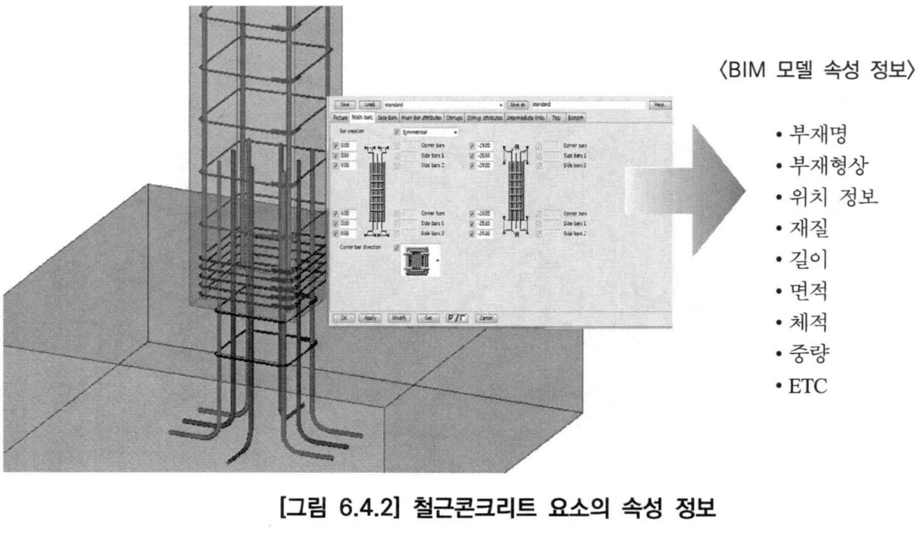

[그림 6.4.2] 철근콘크리트 요소의 속성 정보

BIM의 특성 중 매우 중요한 파라메트릭기술은 모델 객체(모델 구성요소)가 사용자에 의해 처음 지정된 형상과 속성으로 고정되지 않고, 사용자가 속성을 변경할 경우 파라미터 간의 규칙을 이용하여, 사용자의 변경내용에 따라 전체 모델이 자동으로 조정되도록 한다.

파라메트릭 요소는 기하학적인 속성과 연관된 데이터가 규칙으로 구성되어있기 때문에 기하학 정보가 중복되지 않으며, 이에 따라 모델로부터 생성된 결과물에서 정보의 불일치성이 일어나지 않는다.

파라메트릭 요소가 BIM 모델에 삽입되거나 자신과 연결된 다른 요소가 수정되었을 때, 해당 요소와 관련된 파라메트릭 규칙들에 의해 기하 정보가 자동으로 수정된다. 즉, 3차원 모델을 이용해 평면에서 특정 요소를 추가하거나 길이, 크기 등을 변경한 경우 입면을 생성했을 때도 변경된 요소 속성이 자동으로 반영되어 변경된 입면형상이 출력되는 일관성을 가진다.

이러한 파라메트릭 기술은 전통적인 3D 캐드와 달리 모델링되는 객체의 지능화된 동작으로 효율적인 모델링 작업과 함께 각각의 도면을 개별적으로 생성하고 수정하는 2D 캐드 기반 작업에서 발생되는 오류를 방지할 수 있다.

파라메트릭기술과 함께 객체들의 속성정보를 이용한 BIM 적용에 따라 과거 2D기반 도면과 수작업 위주의 업무방식에서 디지털 정보모델 기반 업무방식으로 전환하여, 건물의 설계・분석・시공・제조・운영 등의 업무에서 3차원 정보모델로부터 형상이나 속성에 관련된 정보를 추출해서 활용할 수 있게 되었다.

(2) BIM 정보의 상호운용

효과적인 BIM의 적용을 위해 요구되는 주요사항 중 하나로, BIM을 지원하는 소프트웨어들 사이의 정보 교환, 즉 상호운용성(Interoperability)을 들 수 있다.

BIM의 적용은 각 단계별 업무의 분절로 인해 해당 업무를 진행하는데 발생하는 데이터를 순차적으로 전달하는 형태를 취하고 있는 건설 프로세스를 3차원 기반의 3D 객체 정보를 중심으로 관련 데이터를 통합 관리함으로써, 각 관련 분야에서 발생되는 정보의 불확실성, 부정확성, 표현에 대한 인식 오류 등을 최소화하고, 도면의 부정확성 및 불일치로 인해 발생되는 비용의 증가, 공기 연장 및 품질 저하 등의 문제를 최소화하는데 그 목적이 있다.

이러한 점에서 각 단계별 업무를 수행하는데 사용되는 BIM 소프트웨어들 사이의 원활한 정보 교환이 요구된다.

상호 운용성(Interoperability)이란 소프트웨어 사이의 데이터 교환을 통해 업무를 수행하는 다수의 참여자들이 편리하게 공동으로 정보를 공유하며 작업할 수 있도록 해주는 것에 대한 필요성을 말하며, 소프트웨어 사이의 상호 운용성을 확보함으로써 이전에 생성된 데이터를 다른 소프트웨어에서 중복해서 입력하는 일을 방지할 수 있으며 업무의 흐름을 개선하고 자동화를 용이하게 할 수 있다.

데이터 교환방식은 다음과 같이 크게 3가지 방법으로 나뉜다.

■ 특정 소프트웨어 간 직접 연결

특정 소프트웨어 간의 입출력 데이터 형식을 고려하여, 직접적으로 데이터를 교환하는 방식으로, 보통 내보내기/가져오기(Export/Import) 방식으로 불린다.

소프트웨어 개발사에서 특정프로그램 간의 데이터교환을 위해 입출력 기능을 만들어놓는 전통적인 데이터 교환방식으로, 한쪽 소프트웨어에서 데이터 변경 시 매회 변경사항을 업데이트하고 반영해야 하는 번거로움이 있다.

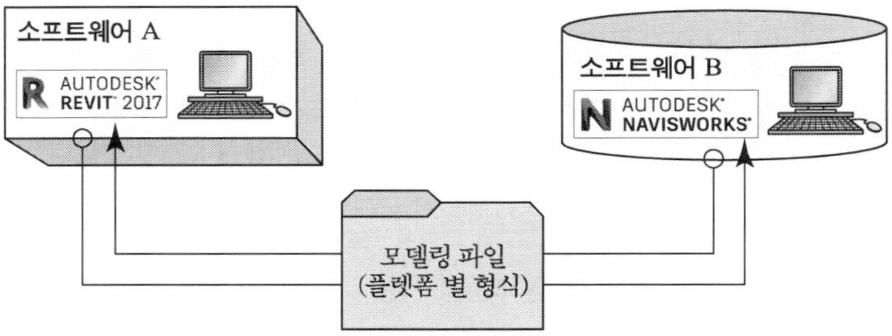

[그림 6.4.3] 특정 소프트웨어 플렛폼 간 직접 연결 방식 예

■ 표준 파일 포맷 이용

표준 파일 포맷(Standard File Formats)을 이용한 데이터 호환방식은 특정 소프트웨어에 종속되지 않고, 중간파일 형식으로 표준교환포맷을 정해 이에 맞춰 정보를 교환하며, STEP 기반의 IFC, CIS/2, SDNF(Steel Detailing Neutral File)와 같은 국제 표준 건축정보모델링 파일형식을 이용하여 서로 다른 소프트웨어들 사이의 정보 교환을 수행하는 방법이다.

표준 파일 포맷 이용방식의 경우, 많은 BIM 모델링 소프트웨어가 표준 파일 포맷의 입, 출력을 지원하고 있어 각 플랫폼 특성에 관계없이 정보 교환이 가능한 장점이 있다.

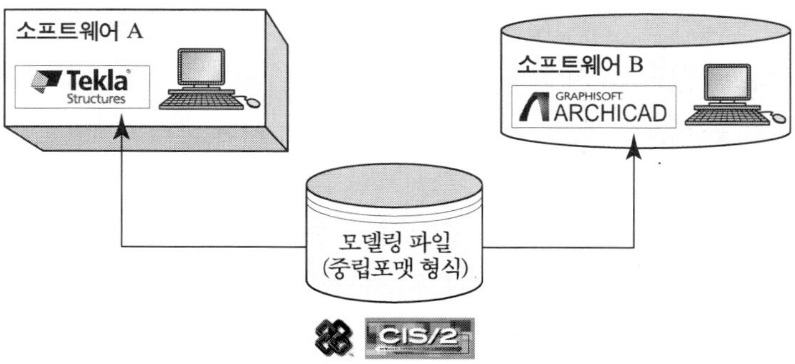

[그림 6.4.4] 표준 파일 포맷을 이용한 연결방식 예

이 방식의 경우 적용 초기에는 데이터 교환 과정에서 발생되는 3D 객체 정보의 손실, 부정확한 정보 전달 등의 문제점들이 생기는 경우가 있어, 실무에 적용에 다소 어려운 경우가 있었으나 지속적인 연구와 개선으로 현재 개방형 BIM을 목적으로 많은 사용이 이루어지고 있다.

■ 소프트웨어 간 연결 모듈 이용

서로 다른 BIM 소프트웨어들 사이의 정보 교환을 일대일로 수행하는 방식으로, 서로 다른 소프트웨어 간 정보 교환을 위해 소프트웨어 내부에 애드온(Add-on)되어 있거나 외부에서 독립적으로 실행되는 형태의 프로그램 모듈을 만들어 이용한다.

이러한 방식은 보통 소프트웨어 판매자가 오픈소스를 제공하는 경우에 적용이 가능하며, 애드온 프로그램은 주로 판매자에 의해 개발되어 사용자에게 적용되는 것이 일반적이나, 제공되는 오픈소스를 이용하여 사용자에 의해 개발되어 사용되기도 한다.

이러한 연결방식은 특정 소프트웨어 간 일대일 데이터를 직접 전달하는 방식을 취하므로 정보의 교환과정에서 데이터가 손실되거나 변질될 확률이 비교적 낮은 특징이 있으며, 사용자 요구에 맞도록 기능을 추가하거나 변경할 수도 있다.

하지만 이 방식은 C#과 같이 프로그램 개발을 위한 프로그래밍 지식이 일정수준 이상 요구되므로 일반 사용자들이 개발하여 사용하기는 다소 어려운 점이 있으며, 프로그램 개발 시점 이후 소프트웨어의 환경이 바뀌거나 버전 상향 등이 생길 경우 적용이 어려울 수 있어 지속적인 업데이트 및 유지보수가 필요하다.

직접연결방식은 소프트웨어 사이에 정의된 응용 프로그램 인터페이스(Application Programing Interface) 방식을 통해 이루어지며, 소프트웨어 간의 데이터 교환과정에서 필요로 하는 정보만을 선별하여 추출하고 사용할 수 있어 효율적인 정보의 운용이 가능하다.

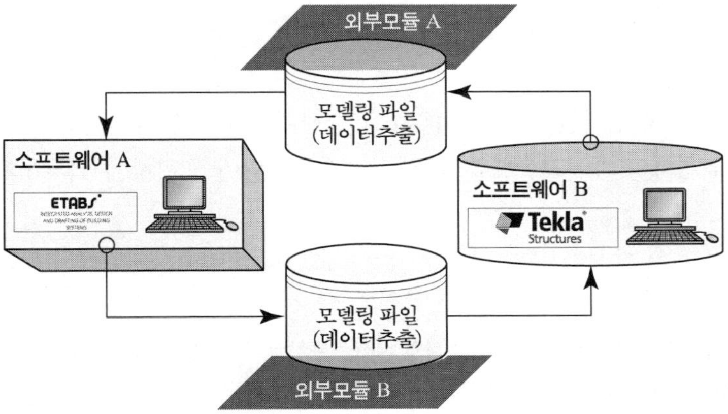

[그림 6.4.5] 외부모듈을 이용한 연결 방식 예

6.5 3D BIM기반 배근시공도 작성

BIM기반 배근시공도 작성은 구조설계 결과로 주어지는 3차원 구조물 형상과 단면 정보에서 출발하여 철근의 이음・정착・정척길이 등을 반영한 철근형상과 배치를 결정하고, 각 철근이 배근되는 부재와 연계하여 관리되도록 배근상세정보를 생성하는 과정이다.

이와 같이 생성된 BIM기반 배근상세정보는 이후 다음과 같은 시공 각 단계에서 적절한 형태로 변환・시각화되어 활용된다.

(1) 배근상세 설계

골조를 구성하는 각 부재단면에 소요되는 철근량이 충족될 수 있도록 철근을 배근한다. 이 정착길이를 초과하는 철근의 이음위치・길이, 철근단부에서의 정착형상・길이가 건축구조기준(KDS 41)에서 요구하는 이음・정착규정을 만족시키도록 한다. 또한 각 부재의 내진성능확보를 위한 내진배근상세 등 부재내력과 별도로 규정된 각 배근상세규정을 반영하여야 한다.

(2) 철근가공도・가공조합표 작성

각 부재에 배근된 결과를 취합하여 각 철근형상과 개수를 정리하여 철근가공도를 작성한다. 이때 골조공사공정에 따른 가공계획이 필요하다. 또한 철근가공도 작성 시 각 철근의 절단길이를 고려하여 철근손실율을 최소화할 수 있는 가공조합에 대한 고려가 있어야 한다.

(3) 현장관리

가공된 철근을 현장에서 적재적소에 배치하고 조립하기 위한 관리방안에 대한 조치가 필요하다. 이를 위하여 각 가공철근의 묶음과 “라벨시스템” 설계가 필요하며, 이를 각 부위별 배근시공도와 연계하여 현장철근관리와 조립이 원활하게 이루어지도록 하여야 한다.

(4) 조립

부위별 배근시공도를 작업자들이 쉽게 이해하고 철근조립에 임할 수 있도록 배근시공도를 작성한다. 이때 필요한 경우 3차원 배근시공도를 병용하여 철근조립이 원활하게 이루어지도록 하여야 한다.

(5) 물량산출

BIM 모델의 철근객체는 배근상세정보를 함께 구축 저장하여, 필요에 따라 부위별, 철근지름 및 길이별, 부재유형별, 공정별 등 다양한 관점에서 물량산출 및 관련 도서를 BIM 정보로부터 추출할 수 있도록 모델정보를 구축한다.

(6) 시공일정 연계

철근 객체정보에 공사일정을 연계・구축하여 시공단계별 소요물량과 산출도서를 BIM 모델로부터 추출하여 사용할 수 있도록 모델정보를 구축한다.

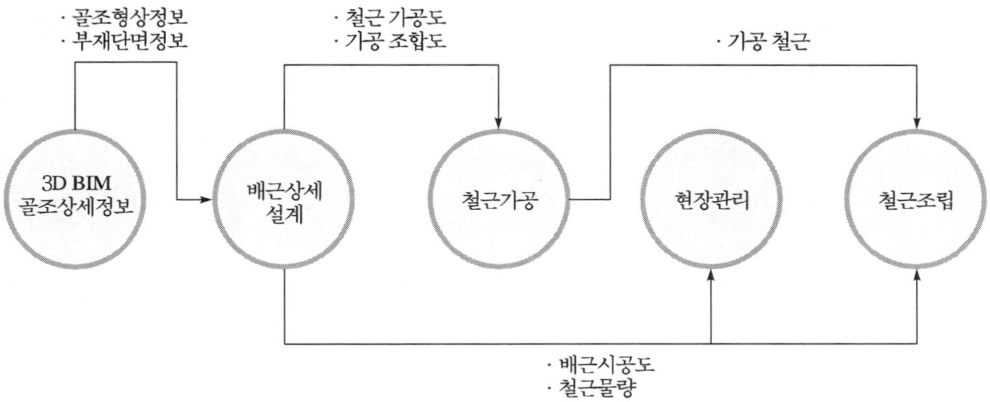

[그림 6.5.1] 3D BIM기반 배근시공도 작성절차

6.6 국내 BIM 프로그램의 현황

실무에서 BIM을 수행하기 위해서는 보통 국내외 개발사가 출시한 BIM 소프트웨어를 사용하게 된다. BIM 소프트웨어는 적용분야의 사용용도에 따라 서로 다른 기능들을 포함하고 있다.

현재 국내에서 범용으로 사용되는 구조용 BIM 프로그램은 Trimble사의 Tekla Structures와 Autodesk사의 Revit, Bentley의 Bentley Structural Modeler, Graphisoft의 ArchiCad, Gehry Tecknologies의 Digatal Project, SDS/2, Structureworks 등의 소프트웨어들이 있다.

각 BIM 소프트웨어는 기본적인 BIM 도구로서의 역할 외에도 구조 BIM 모델 생성을 위한 모델링 지원 기능과 구조 해석 프로그램과의 데이터 호환성, BIM 적용 단계별 활용성 등이 프로그램 선정 시 중요한 기준이 된다. 예를 들어 설계단계에 특화된 소프트웨어의 경우 3D설계에 유용한 기능 위주의 모델링 환경을 주로 지원하고, 제작 및 시공단계에 특화된 소프트웨어의 경우 구조상세 모델링 기능과 함께 제작도 자동 생성, 기계제작을 위한 CNC 데이터 생성 등 제작・시공단계에 특화된 기능을 가지고 있어 BIM 도구 선정 시 이에 대한 고려가 필요하다.

BIM 도구 선정 기준은 다음과 같다.

- 데이터 호환성
- 상세설계 지원의 효율성

- 구조상세 모델링 기능 지원
- 큰 모델링 데이터 운용 능력

BIM 수행을 위해 소프트웨어를 선정할 경우 각 소프트웨어 개발사의 홈페이지 내용을 참조하여 사용목적에 적합한지를 확인하고, 추가적으로 실제 프로젝트에 사용 경험이 있는 실무자의 조언을 얻어 소프트웨어별 특성과 장·단점을 비교하여 결정하는 과정도 필요하다.

제 Ⅱ 부
철근의 갈고리, 허용오차 및 배근

제1장 표준갈고리 및 내진갈고리

1.1 주철근 표준갈고리

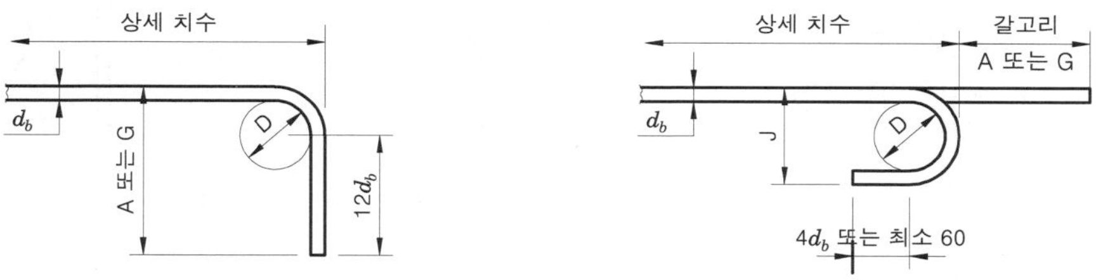

(a) 90° 갈고리 (b) 180° 갈고리

[그림 1.1.1] 주근 표준갈고리

〈표 1.1.1〉 주철근 표준갈고리 (KDS 14 20 50) (단위 mm)

철근종류	공칭지름 db	구부림 최소직경		여장				비고
		조건	A	조건	B	조건	C	
D10	9.53	$6d_b$	60	$12d_b$	115	$4d_b$ 또는 60 이상	60	
D13	12.7		80		155		60	
D16	15.9		100		195		65	
D19	19.1		115		230		80	
D22	22.2		135		270		90	
D25	25.4		155		305		105	
D29	28.6	$8d_b$	230		345		115	
D32	31.8		255		385		130	
D35	34.9		280		420		140	
D38	38.1	$10d_b$	385		460		155	
D42	41.3		415		500		170	

- 철근의 항복강도와는 무관함
- 철근의 공칭지름을 사용하였으며, 5 mm 단위로 잘라 올림한 값임.

1.2 스터럽 · 띠철근 표준갈고리 및 내진갈고리

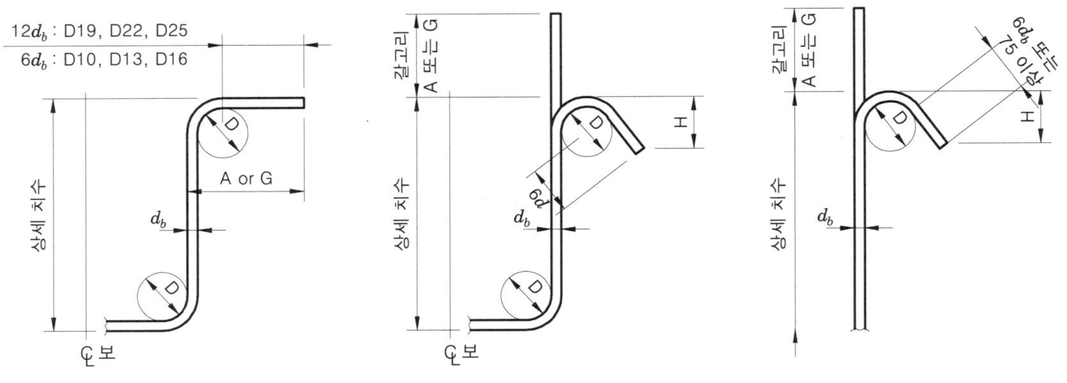

(a) 스터럽·띠철근 90° 갈고리 (b) 스터럽·띠철근 135° 갈고리 (c) 135° 내진갈고리

[그림 1.2.1] 스터럽 · 띠철근 표준갈고리 및 내진갈고리

〈표 1.2.1〉 스터럽 · 띠철근 표준갈고리 및 내진갈고리 (단위 mm)

철근종류	공칭지름 db	구부림 최소직경		표준갈고리				내진갈고리
		조건	A	조건	B	조건	C	C*
D10	9.53	$4d_b$	40	$6d_b$	60	$6d_b$	60	75
D13	12.7		55		80		80	80
D16	15.9		65		100		100	100
D19	19.1	$6d_b$	115	$12d_b$	230		115	115
D22	22.2		135		270		135	135
D25	25.4		155		305		155	155

- 표준갈고리는 KDS 14 20 50 (4.1.1)에 따른다.
- 내진갈고리는 KDS 14 20 80 (4.3.3)에 따른다.

제2장 철근의 가공 · 조립 허용오차

2.1 D10~35 철근의 가공 · 조립 허용오차

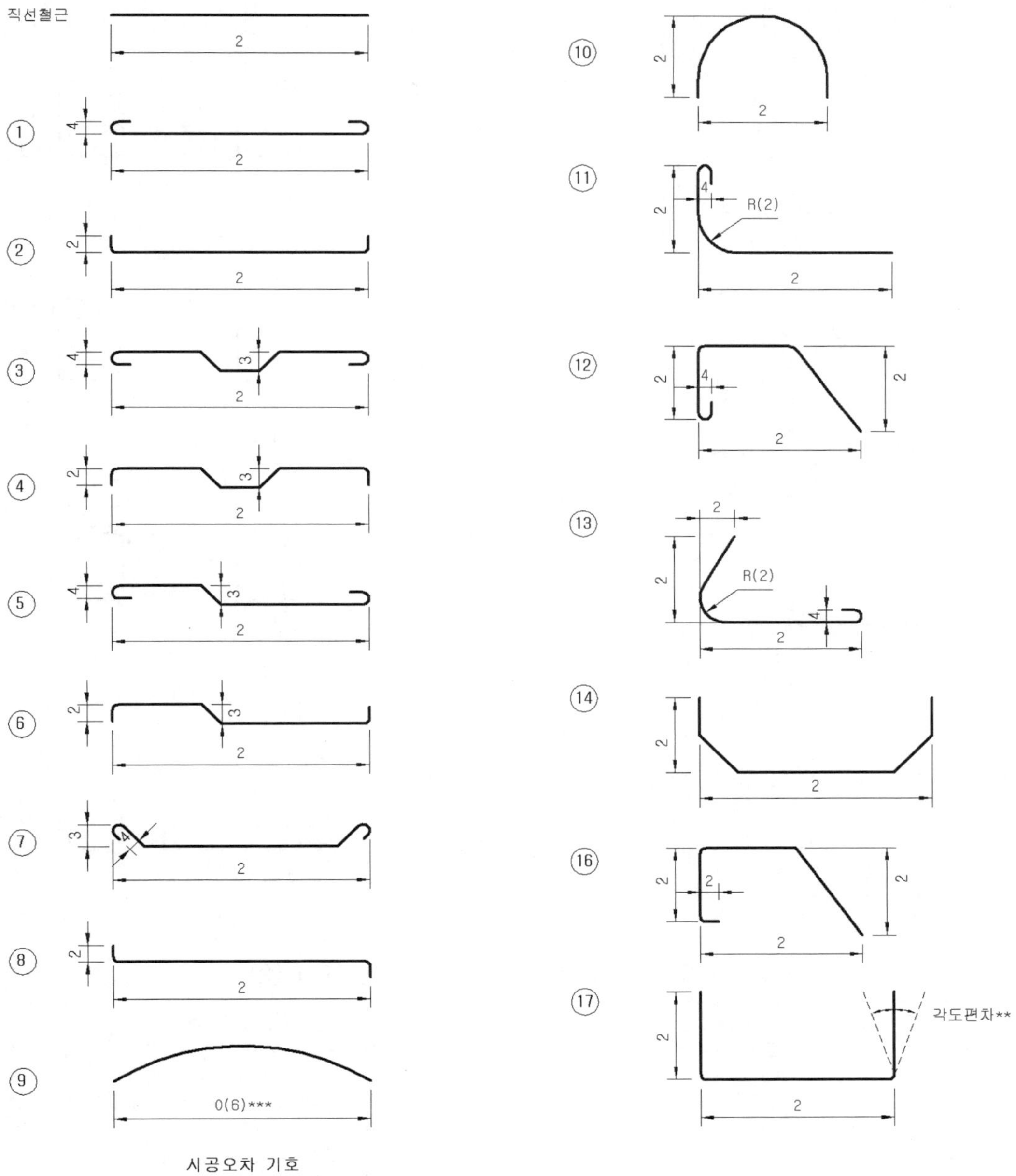

[그림 2.1.1] D10~35 철근의 가공 · 조립 허용오차

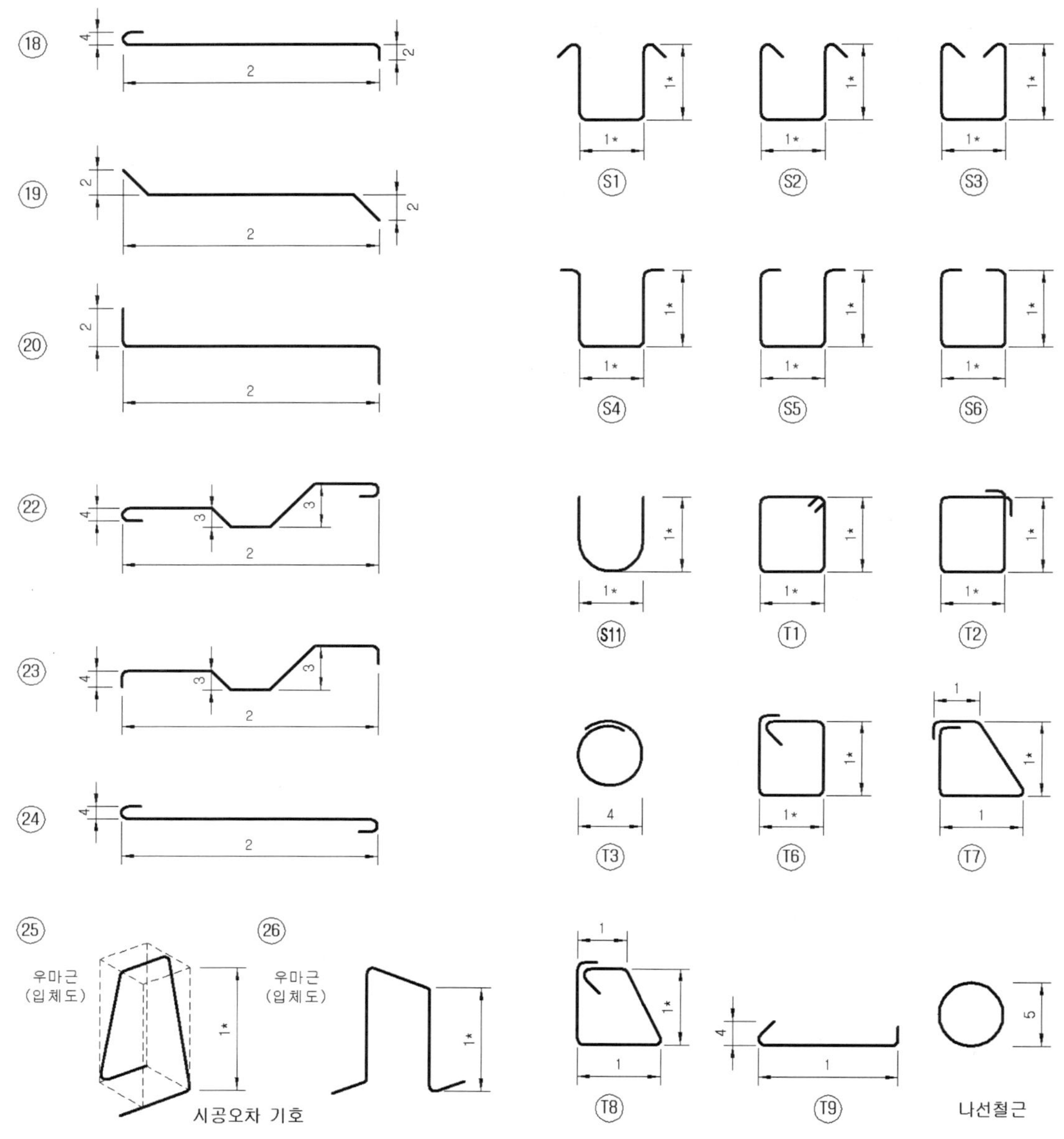

[그림 2.1.1] D10~35 철근의 가공 · 조립 허용오차 (계속)

1 = ±15 mm, D10~D16 철근 중 길이 3600 mm 이하
1 = ±25 mm, D10~D16 철근 중 길이 3600 mm 초과
1 = ±25 mm, D19~D25 철근
2 = ±25 mm
3 = +0, −15 mm
4 = ±15 mm
5 = ±15 mm, 직경 750 mm 이하
5 = ±25 mm, 직경 750 mm 초과
6 = ±1.5% x "O", ≤ ±50 mm

■■ 주기 : 시공오차는 다음에 따른다.

* 치수는 허용오차 내에 있어야 하지만, 서로 평행한 치수끼리는 15 mm 이상 차이가 나면 안된다.

** 각도편차 − 최대 ±2.5° 혹은 ±40 mm/m, 90°갈고리와 굽힘철근은 15 mm 이하.

*** ⑨에서 시공오차를 포함한 부재길이가 철근길이보다 길다면 직선철근으로 운반한다.

Ⓢ1 ~ Ⓢ6, Ⓢ11, Ⓣ1 ~ Ⓣ3, Ⓣ6 ~ Ⓣ9 시공오차는 D10~D25 철근에만 적용한다.

2.2 D38~57 철근의 가공 · 조립 허용오차

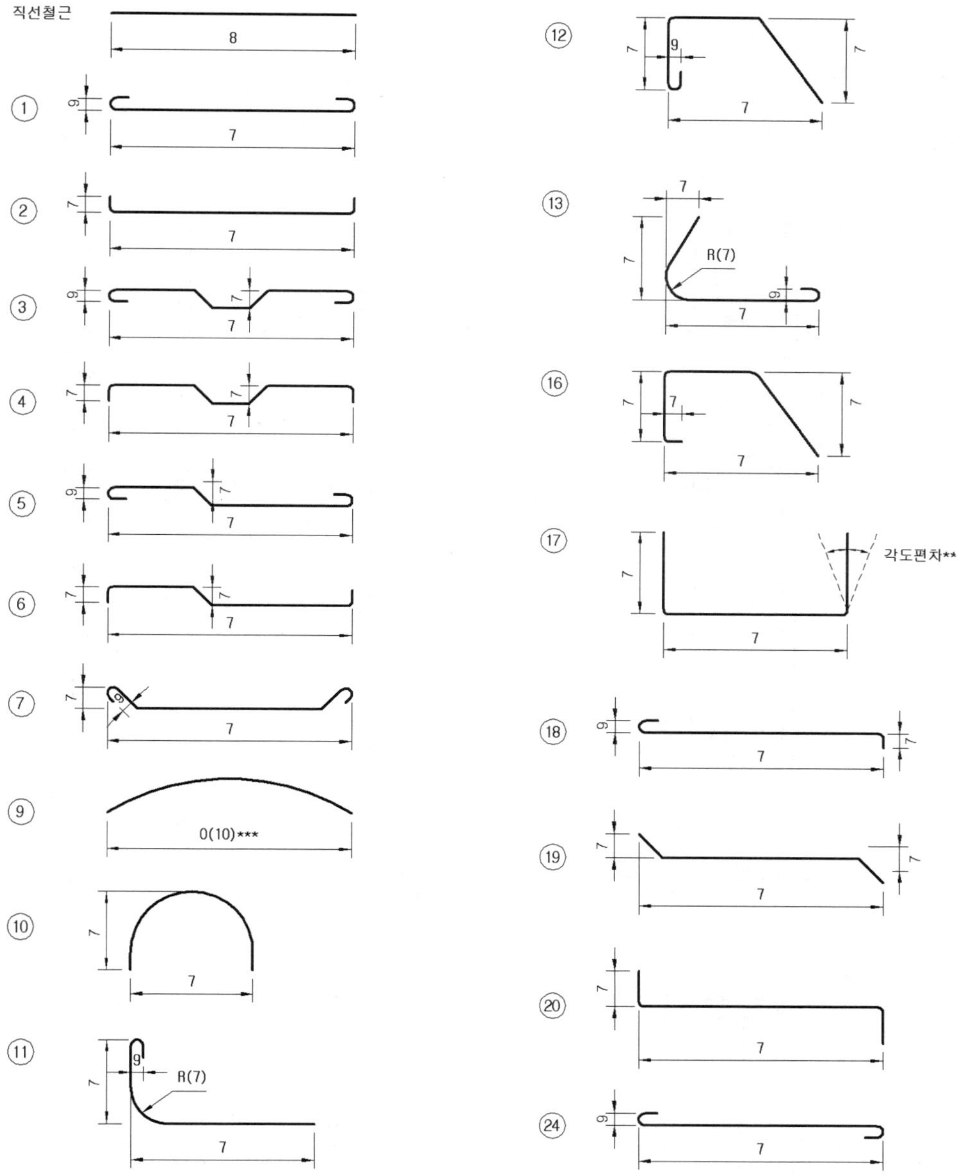

[그림 2.2.1] D38~57 철근의 가공 · 조립 허용오차

7 = 65 mm (D38), 90 mm (D57) 8 = 50 mm (D38), 50 mm (D57) 9 = 40 mm (D38), 50 mm (D57) 10 = 2% x "O" (D38 최소 65 mm, D57 최소 90 mm)

■■ 주기 : 시공오차는 다음에 따른다.

* 양단부 톱날 절단 – 전체길이 ±15 mm

** 각도편차 – 최대 ±2.5°혹은 ±40 mm/m, 90°갈고리와 굽힘철근은 15 mm이하.

*** ⑨에서 시공오차를 포함한 부재길이가 철근길이보다 길다면 직선철근으로 운반한다.

제3장 슬래브 배근

3.1 1방향 슬래브

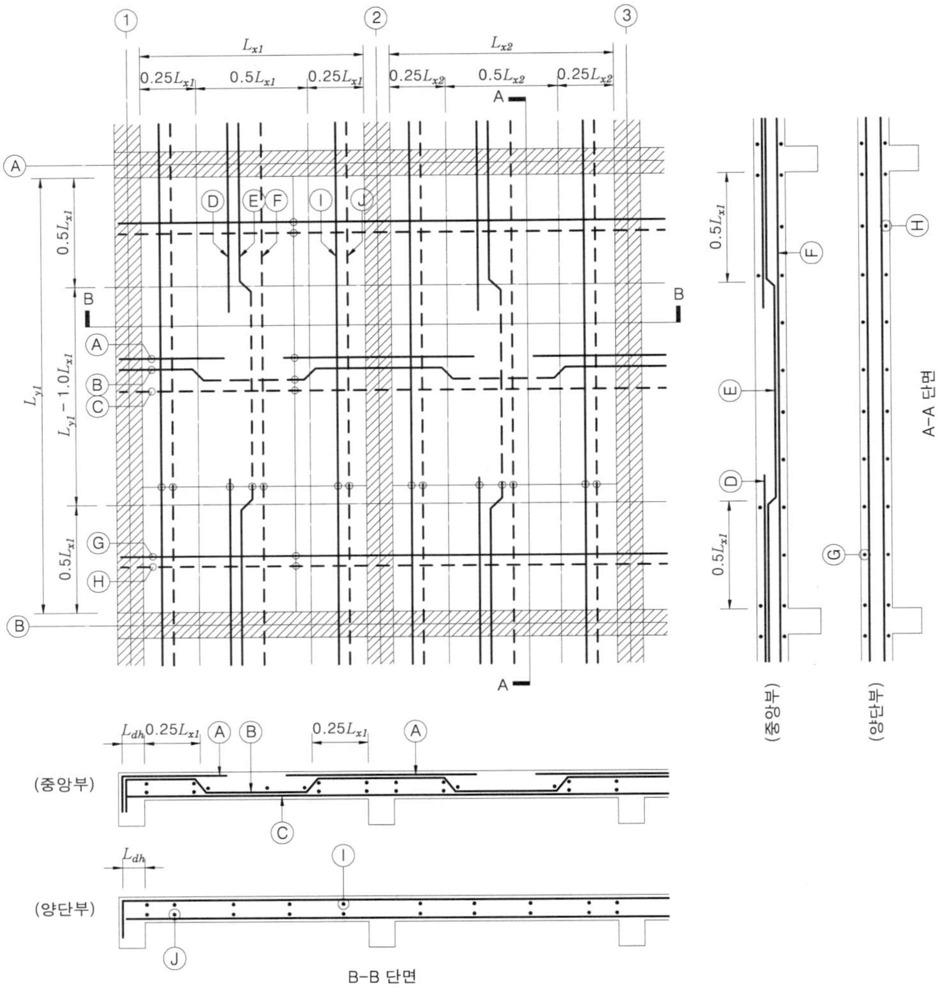

[그림 3.1.1] 4변지지 절곡형 배근

■■ 주기 1) 상부 절단근(CUT BAR)의 배근길이

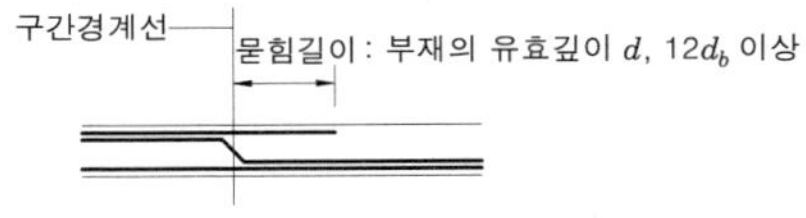

2) 철근 Ⓐ~Ⓒ, Ⓓ~Ⓕ 는 구조계산에 의해 철근종류 및 간격이 결정되지만 슬래브의 주철근 및 부철근의 중심간격은 최대휨모멘트가 일어나는 단면에서는 슬래브 두께의 2배 이하이어야 하고, 또한 300 mm 이하로 한다.

3) 철근 Ⓘ, Ⓙ, Ⓖ, Ⓗ 의 주철근 및 부철근의 중심간격은 슬래브 두께의 3배 이하이어야 하고, 또한 450 mm 이하로 하여야 한다.

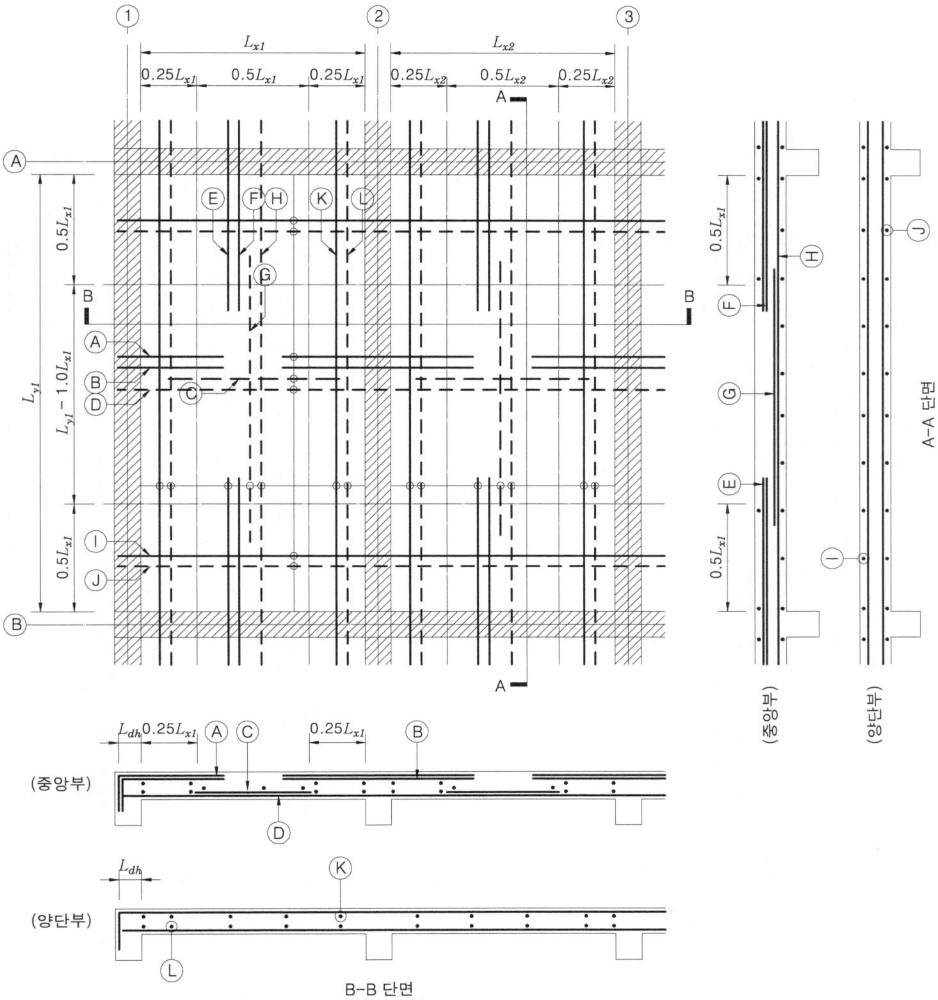

[그림 3.1.2] 4변지지 절단형 배근

■■ 주기 1) 상부 및 하부 절단근(CUT BAR)의 배근길이

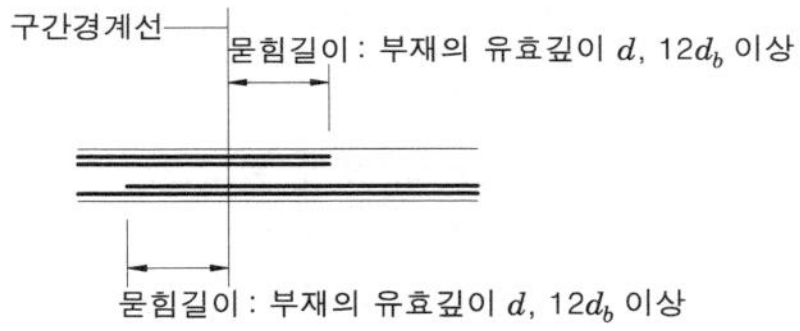

2) 철근 Ⓐ~Ⓓ, Ⓔ~Ⓕ 는 구조계산에 의해 철근종류 및 간격이 결정되지만 슬래브의 주철근 및 부철근의 중심간격은 최대 휨모멘트가 일어나는 단면에서는 슬래브 두께의 2배 이하이어야 하고, 또한 300 mm 이하로 한다.

3) 철근 Ⓘ, Ⓙ, Ⓚ, Ⓛ 의 주철근 및 부철근의 중심간격은 슬래브 두께의 3배 이하이어야 하고, 또한 450 mm 이하로 하여야 한다.

3.2 2방향 슬래브

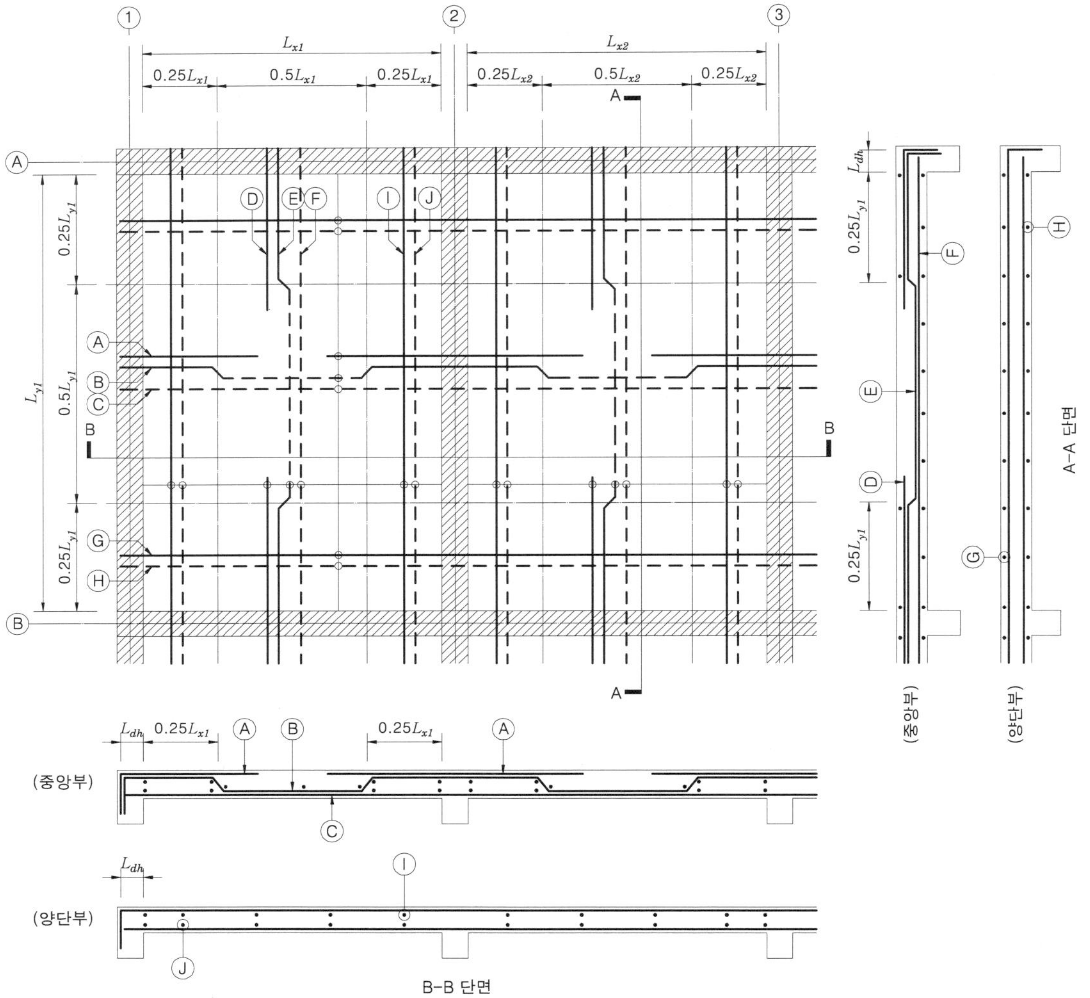

[그림 3.2.1] 4변지지 절곡형 배근

■■ 주기 1) 상부 절단근(CUT BAR)의 배근길이

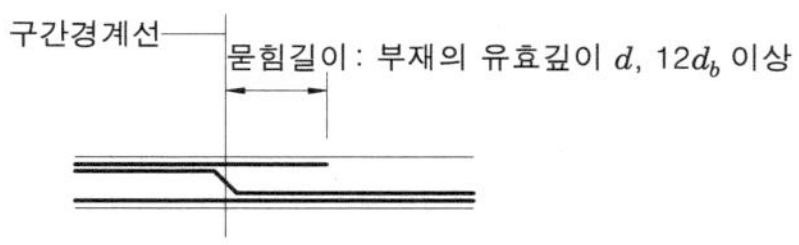

2) 철근 Ⓐ~Ⓒ, Ⓓ~Ⓕ 는 구조계산에 의해 철근종류 및 간격이 결정되지만 슬래브의 주철근 및 부철근의 중심간격은 최대휨모멘트가 일어나는 단면에서는 슬래브 두께의 2배 이하이어야 하고, 또한 300 mm 이하로 한다.

3) 철근 Ⓘ, Ⓙ, Ⓖ, Ⓗ 의 주철근 및 부철근의 중심간격은 슬래브 두께의 3배 이하이어야 하고, 또한 450 mm 이하로 하여야 한다.

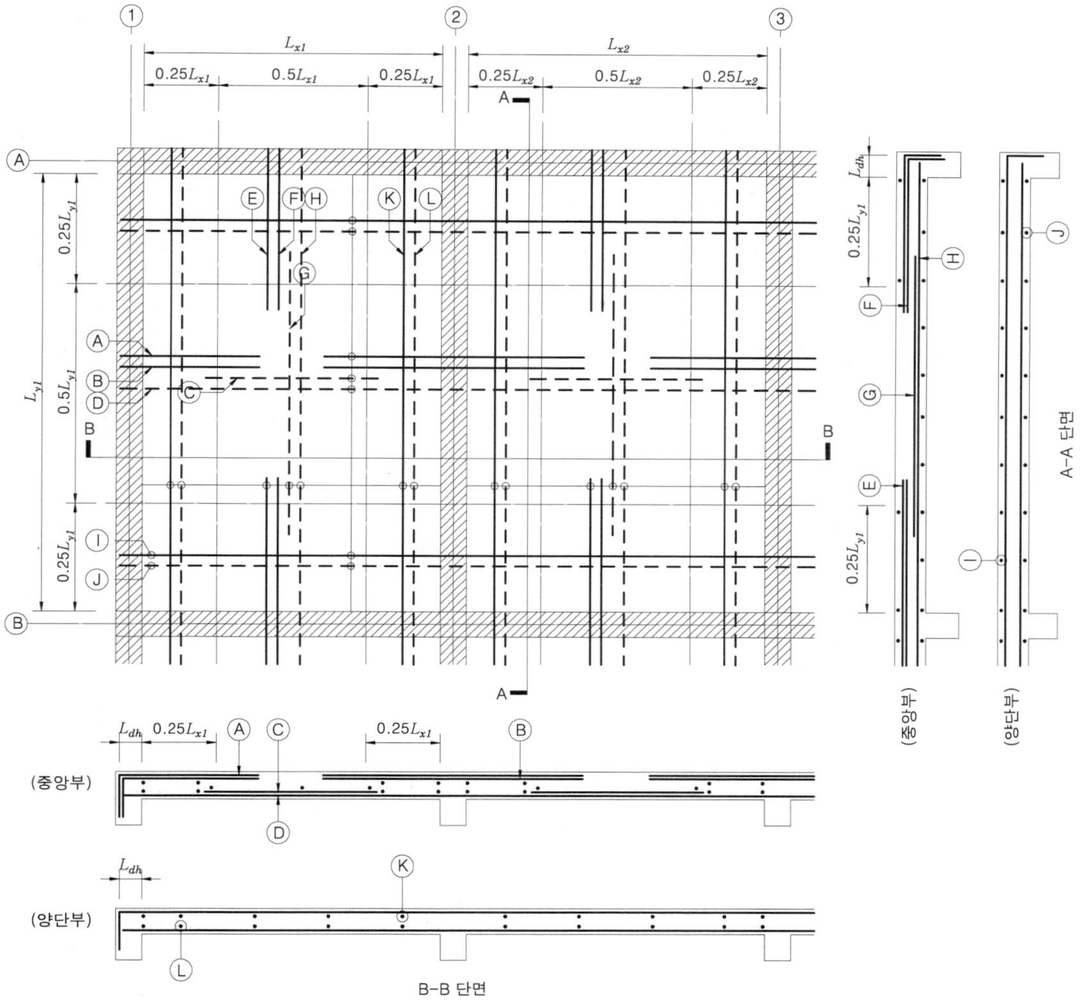

[그림 3.2.2] 4변지지 절단형 배근

■■ 주기 1) 상부 및 하부 절단근(CUT BAR)의 배근길이

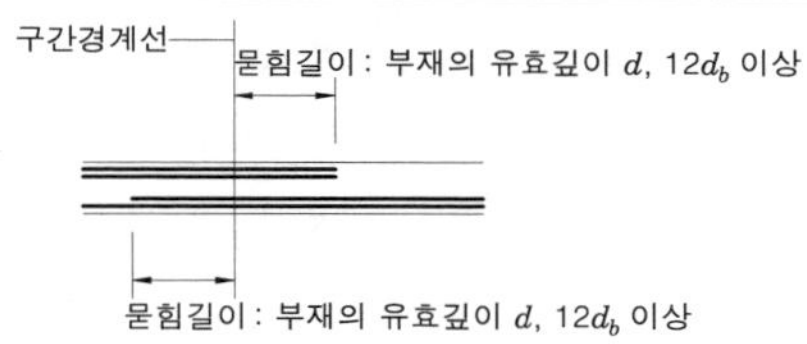

2) 철근 Ⓐ~Ⓓ, Ⓔ~Ⓕ 는 구조계산에 의해 철근종류 및 간격이 결정되지만 슬래브의 주철근 및 부철근의 중심간격은 최대 휨모멘트가 일어나는 단면에서는 슬래브 두께의 2배 이하이어야 하고, 또한 300 mm 이하로 한다.
3) 철근 Ⓘ, Ⓙ, Ⓚ, Ⓛ 의 주철근 및 부철근의 중심간격은 슬래브 두께의 3배 이하이어야 하고, 또한 450 mm 이하로 하여야 한다.

3.3 보가 없는 슬래브의 철근 상세

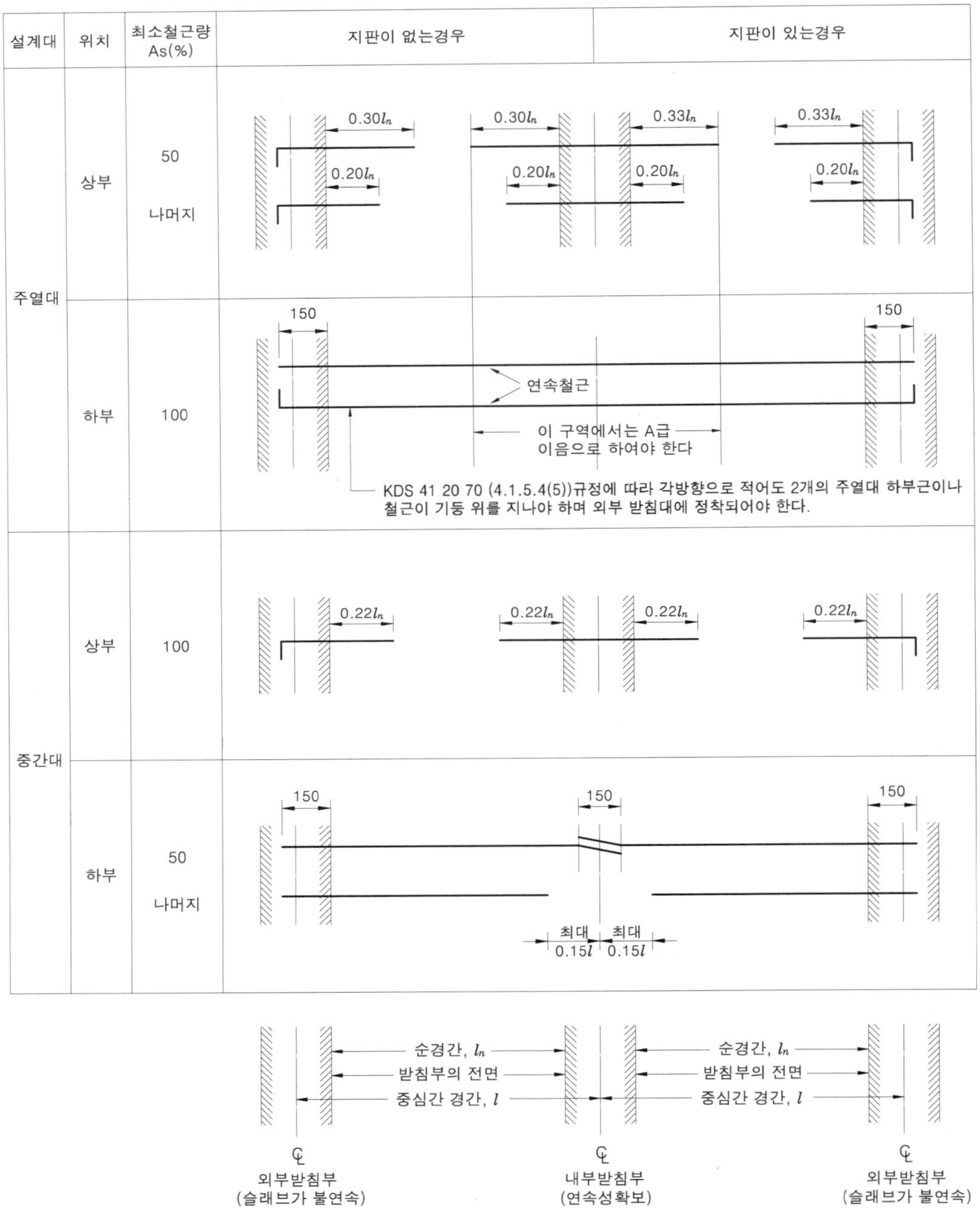

[그림 3.3.1] 보가 없는 슬래브에서 철근의 최소 정착길이

■■ 주기 1) KDS 14 20 52 (4.4.2(1))의 받침부의 정착 참조

3.4 플랫 슬래브

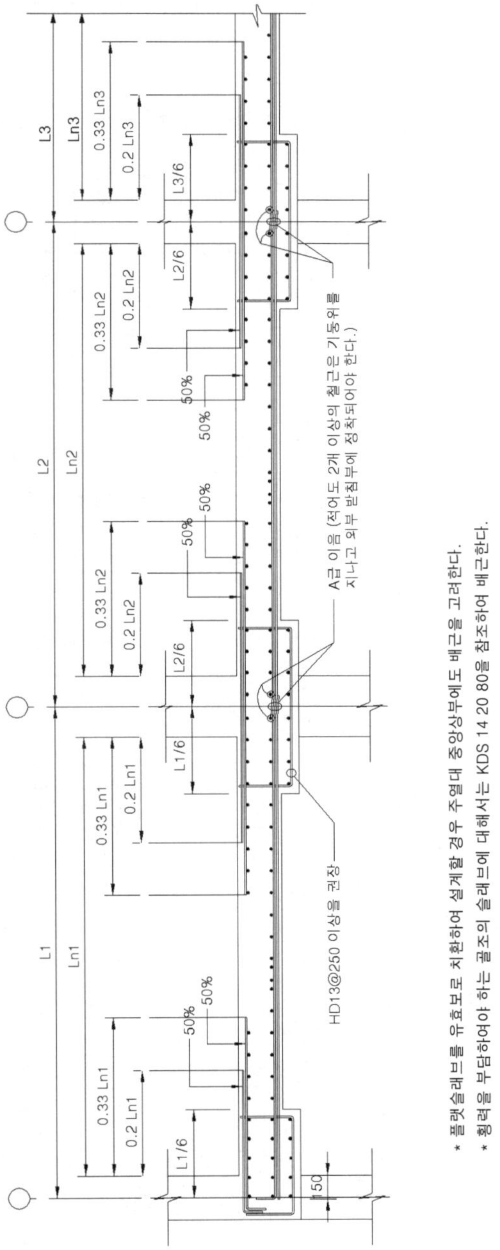

[그림 3.4.1] 주열대 배근상세

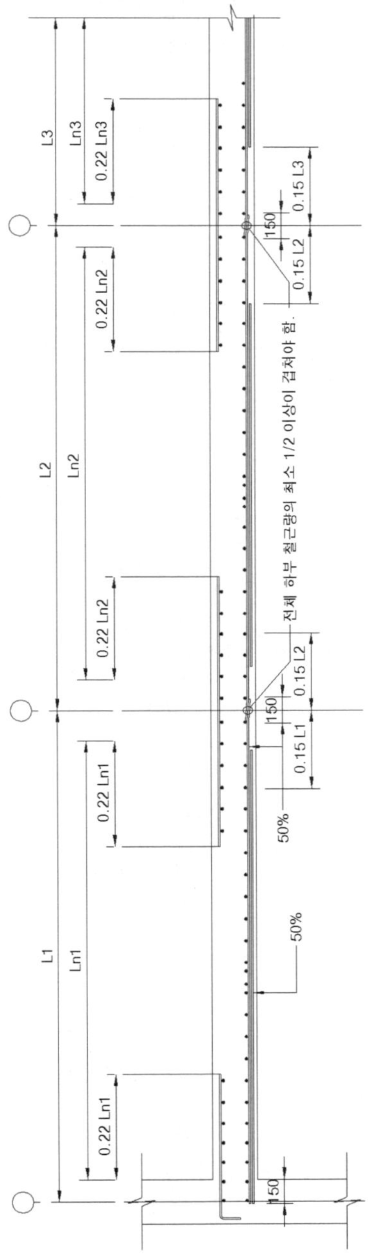

[그림 3.4.2] 중간대 배근상세

■■ 주기 1) 인접한 경간의 길이가 다를 경우, 받침부부터 부모멘트에 대한 철근의 최소 연장은 긴 경간으로 한다.

3.5 플랫 플레이트 전단보강

플랫 플레이트(Flat plate) 슬래브에 전단보강 형식 중 전단철근에 의한 보강방법은 기둥의 위치에 따라 다음 3가지 형태가 있다.

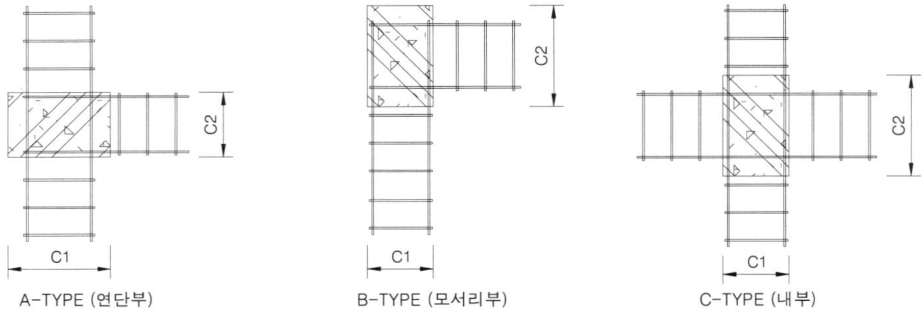

(a) 평 면

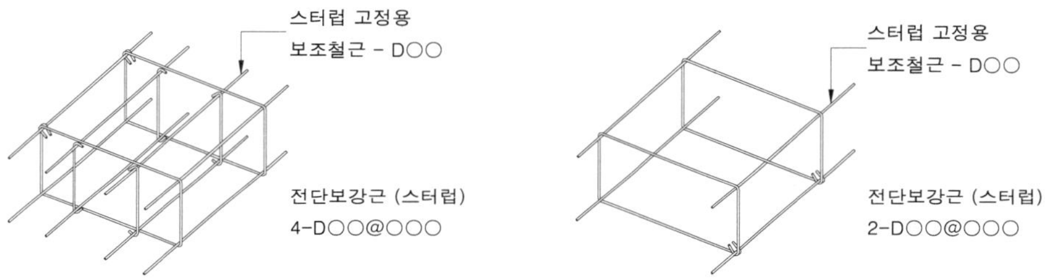

(b) 투시도

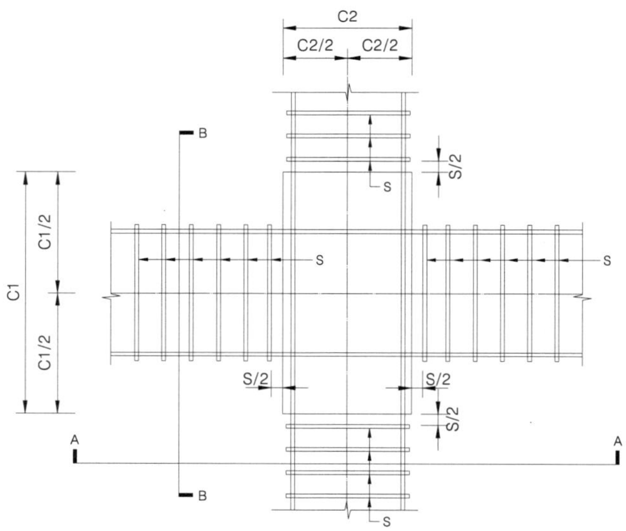

(c) 확대 평면도

[그림 3.5.1] 전단보강근 배근상세

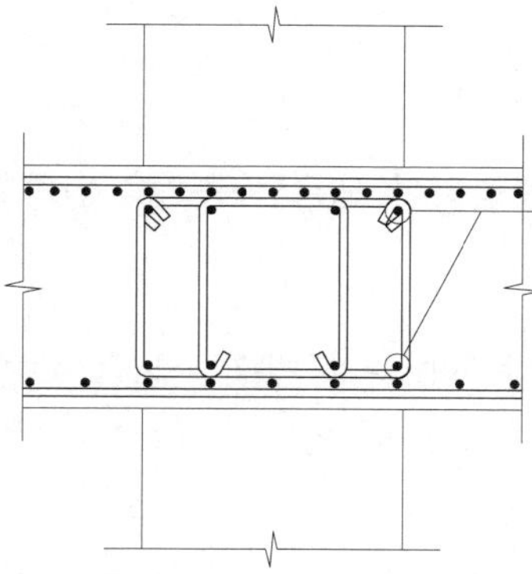

(a) 전단보강근 (스터럽) 4-D○○@○○○

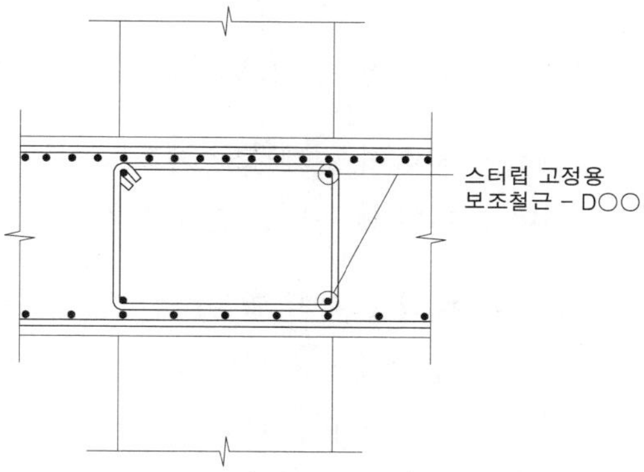

(b) 전단보강근 (스터럽) 2-D○○@○○○

[그림 3.5.2] 전단보강근 배근상세 단면도 A-A단면

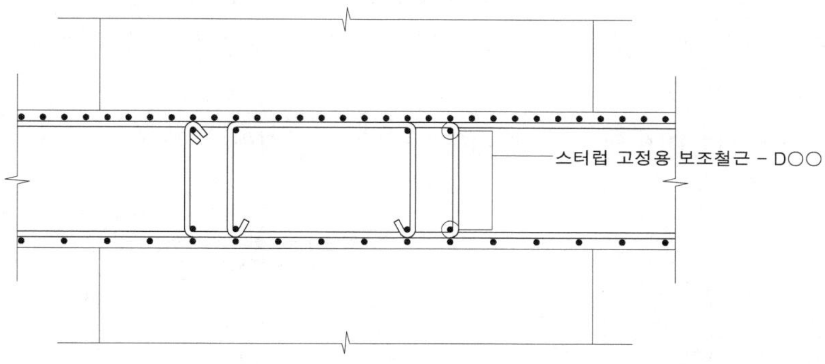

(a) 전단보강근 (스터럽) 4-D○○@○○○

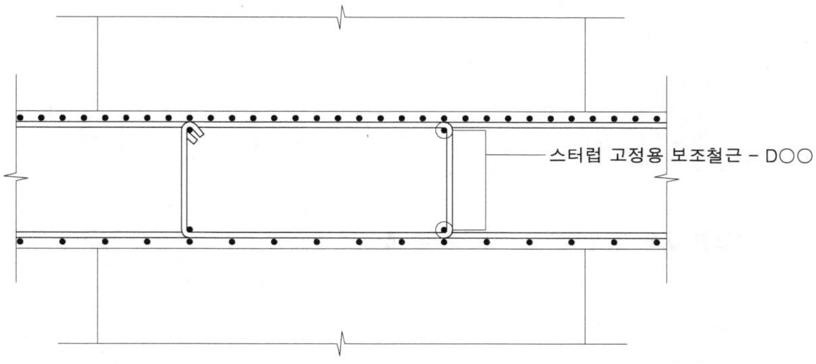

(b) 전단보강근 (스터럽) 2-D○○@○○○

[그림 3.5.3] 전단보강근 배근상세 단면도 B-B단면

3.6 슬래브 개구부 보강

KDS 14 20 70 (4.1.6)에 따르면 슬래브 개구부에 대한 요구 사항은 다음과 같다.

(1) 구조해석에 의하여 설계강도가 소요강도 이상이고 처짐제한을 포함하여 모든 사용성을 만족할 경우, 어떤 크기의 개구부도 슬래브 시스템 내에 둘 수 있다.

(2) (1)에 따른 해석을 하지 않는다면, 보가 없는 슬래브 시스템은 다음에 따라 개구부를 둘 수 있다.

① 양 방향의 중간대가 겹치는 부분은 개구부가 없을 때의 소요철근량을 유지한다면 어떤 크기의 개구부도 둘 수 있다. (그림 3.6.2의 구역 (1))

② 양 방향의 주열대가 겹치는 부분은 어느 쪽의 경간에서나 주열대 폭의 1/8 이상 이 개구부에 의해 절단되지 않아야 한다. 개구부에 의해 절단된 철근량은 개구부 주변에 추가 배치하여야 한다. (그림 3.6.2의 구역 (2))

③ 주열대와 중간대가 겹치는 부분은 어느 설계대에 대해서도 개구부에 의하여 절단되는 철근이 1/4 이하이어야 한다. 개구부에 의해 절단된 철근량은 개구부 주변에 추가 배치하여야 한다. (그림 3.6.2의 구역 (3))

④ KDS 14 20 22 (4.11.6)의 전단에 대한 규정을 만족시켜야 한다.

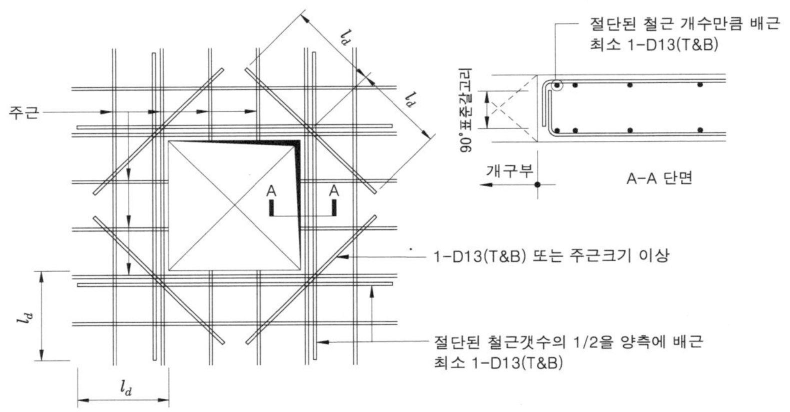

[그림 3.6.1] 일반적인 개구부의 보강

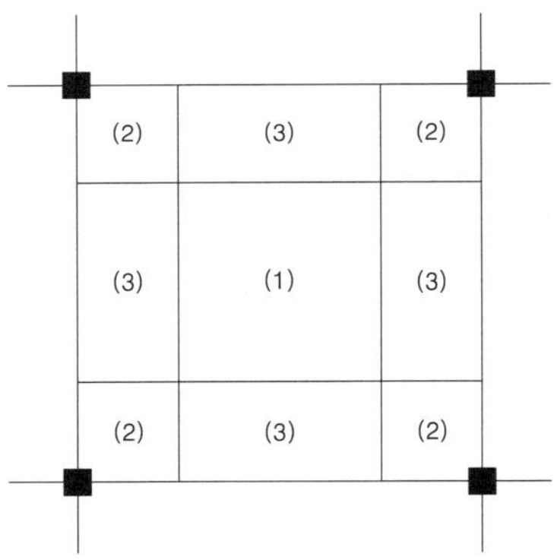

[그림 3.6.2] 슬래브 구역 표기

■■ 주기 1) 구조도면상에 개구부(OPENING) 표기가 없는 부분에 대한 개구부 설치나 구조도면상의 개구부 크기와 상이한 개구부 설치 시에는 책임기술자와 협의한 후 시공한다.
2) 횡력을 부담하여야 하는 골조의 슬래브에 대해서는 KDS 14 20 80을 참조하여 배근한다.

3.7 슬래브 단차부분

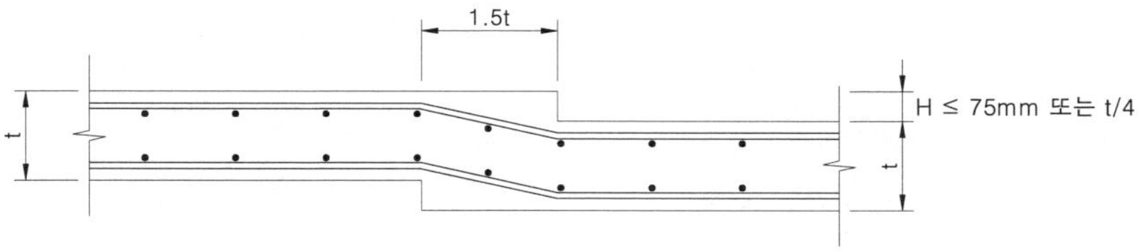

[그림 3.7.1] H ≤ 75 mm 또는 t/4인 경우

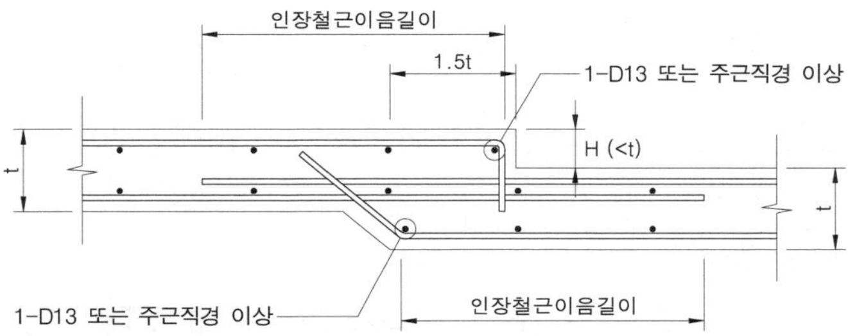

[그림 3.7.2] t/4 ≤ H ≤ t이고 75 mm ≤ H ≤ 150 mm인 경우

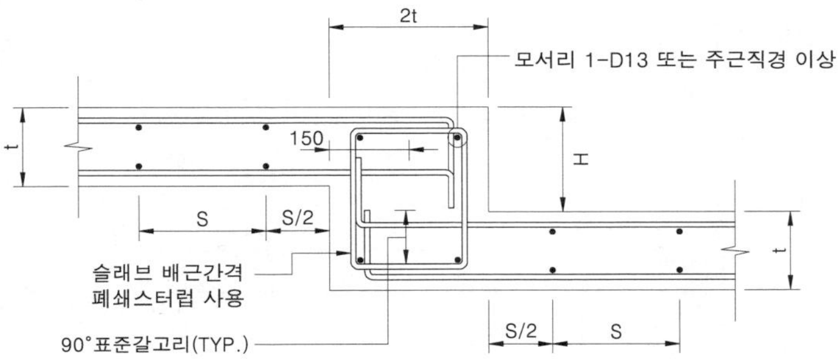

* H > 2t인 경우는 구조설계자와 협의를 하여야 한다.
* 슬래브 중앙부에서 단차가 있을 경우는 슬래브 하부근도 90°표준갈고리를 사용하여 정착한다.

[그림 3.7.3] t 〈 H ≤ 2t인 경우

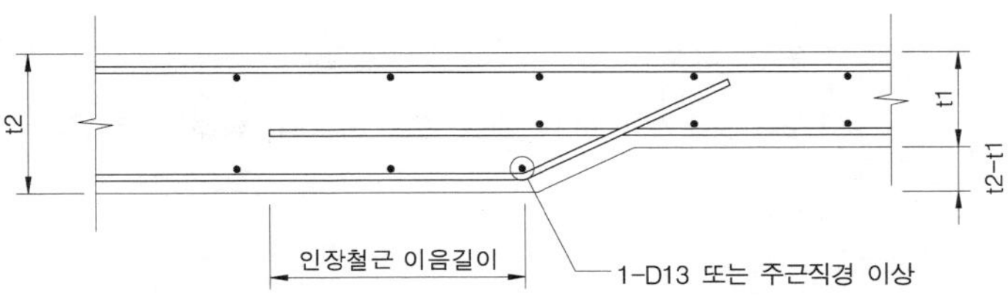

[그림 3.7.4] t1 〈 t2인 슬래브 단차

3.8 지면에 접하는 슬래브

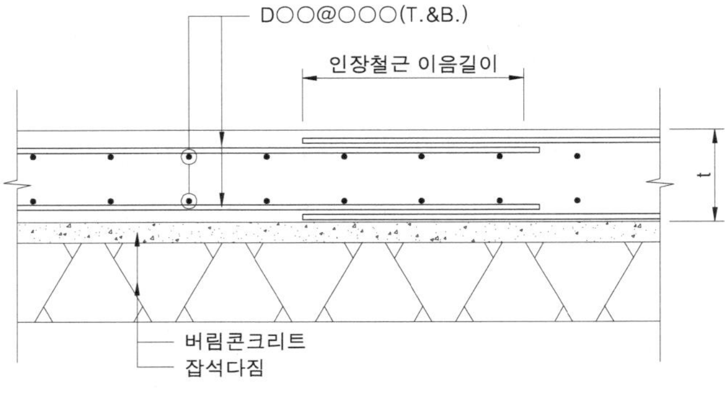

*허용 지내력 $q_a \geq$○○○KPa 이상 확보할 것

[그림 3.8.1] S.O.G.(Slab On Grade) 슬래브

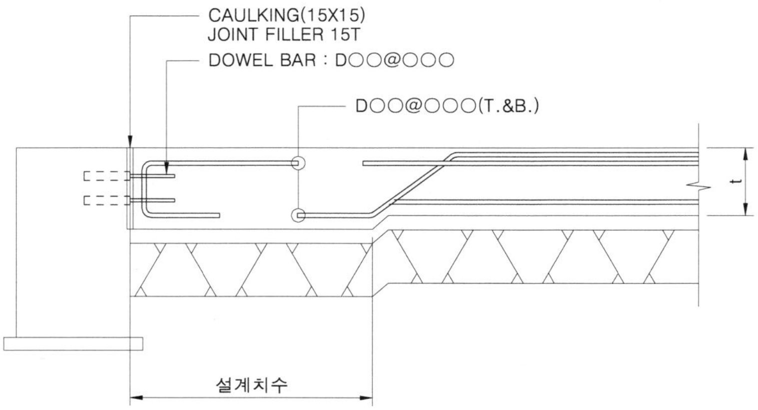

*허용 지내력 $q_a \geq$○○○KPa 이상 확보할 것

[그림 3.8.2] S.O.G.(Slab On Grade) 슬래브 연결부

제4장 보 배근

4.1 보 배근 - 일반(중간모멘트골조 및 특수모멘트골조 제외)

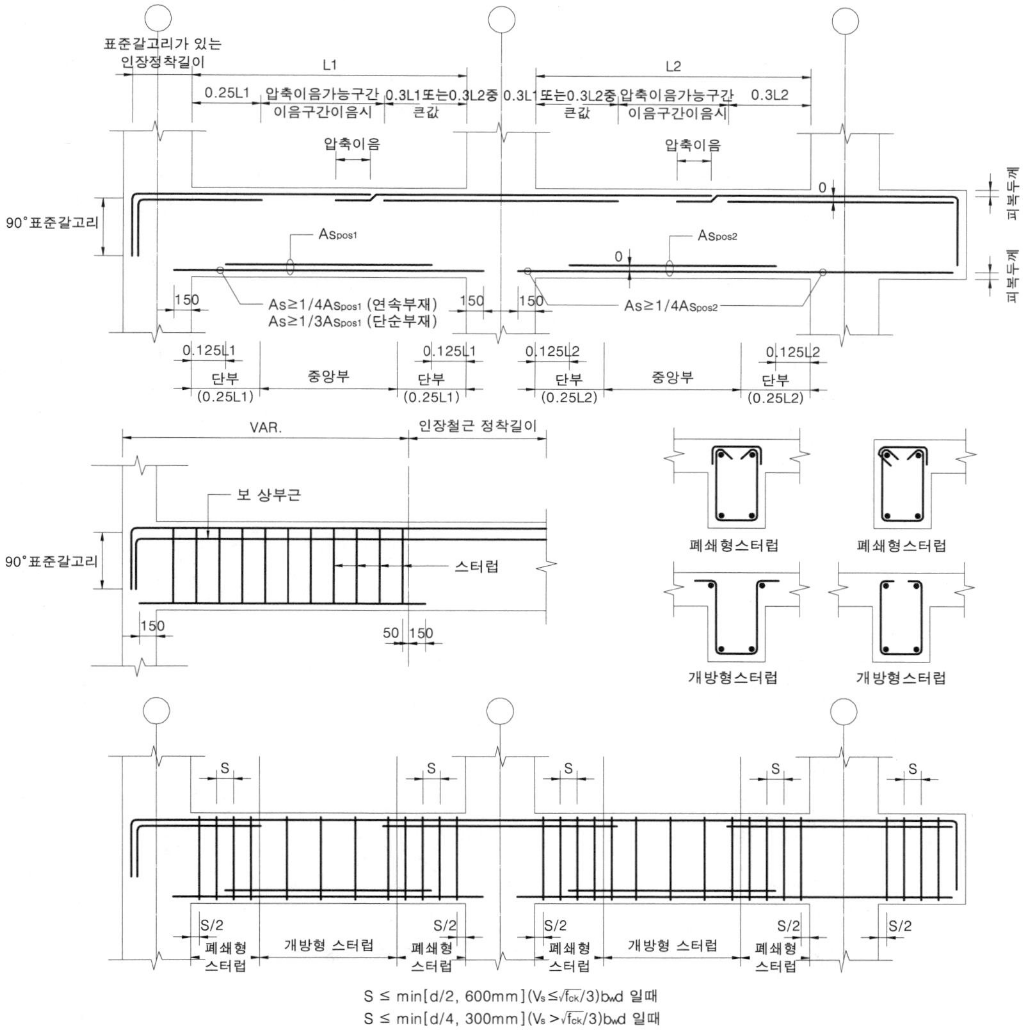

[그림 4.1.1] 내부보 - 폐쇄스터럽 사용

■■ 주기 1) 보주근: 단순부재에서 정모멘트 철근의 1/3 이상, 연속부재에서 정모멘트 철근의 1/4 이상을 부재와 같은 면을 따라 받침부까지 연장한다. 보의 경우는 이러한 철근을 받침부 내로 150 mm 이상 연장한다. (KDS 14 20 52 (4.4.2(1)))

2) 스터럽: (1) V_s가$(\sqrt{f_{ck}}/3)b_w d$ 이하일 경우 스터럽 간격은 d/2 이하, 또한 600 mm 이하로 한다. (KDS 14 20 22 (4.3.2(1)))

(2) V_s가$(\sqrt{f_{ck}}/3)b_w d$ 초과하는 경우 스터럽 간격은 d/4 이하, 또한 300 mm 이하로 한다. (KDS 14 20 22 (4.3.2(3)))

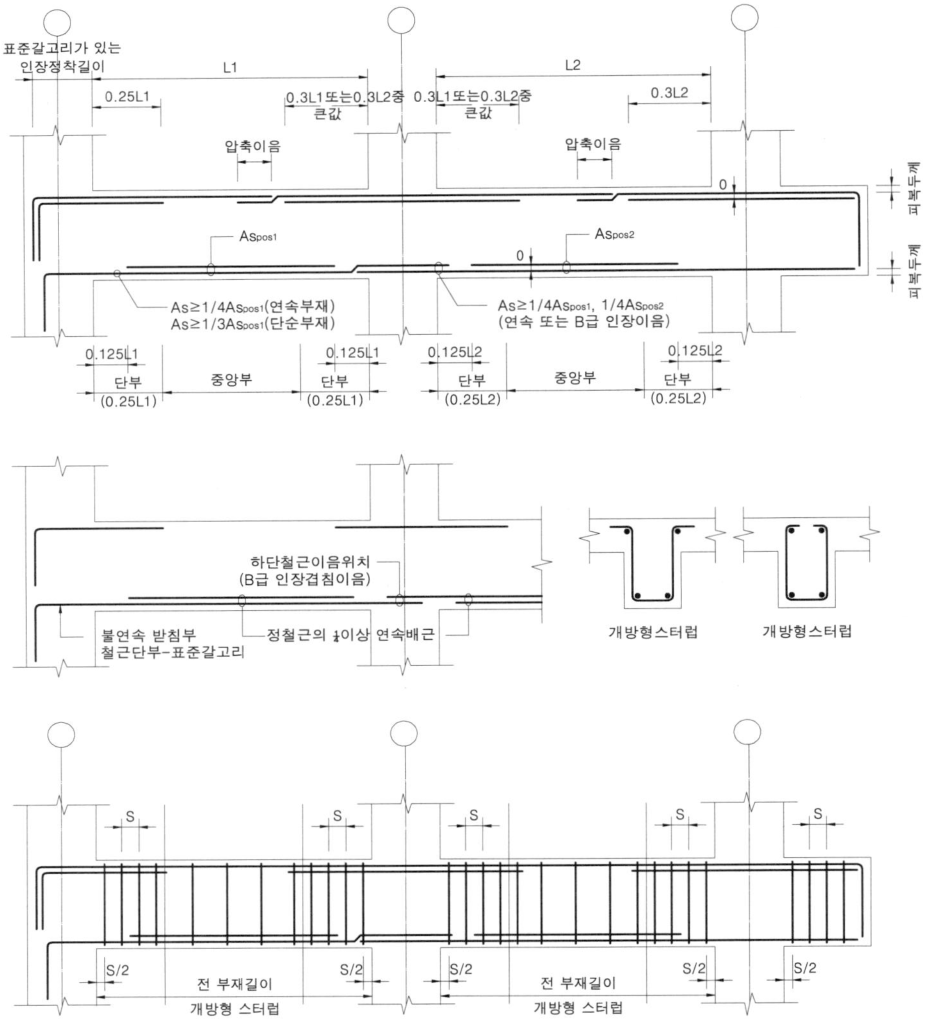

$S \leq \min[d/2,\ 600\text{mm}]$ $(V_s \leq \sqrt{f_{ck}}/3)b_w d$ 일때

$S \leq \min[d/4,\ 300\text{mm}]$ $(V_s > \sqrt{f_{ck}}/3)b_w d$ 일때

[그림 4.1.2] 내부보 - 개방스터럽 사용

■■ 주기 1) 보주근: 경간 중앙부에서 요구되는 정모멘트 철근의 1/4 이상은 연속되거나 받침부를 지나 B급 인장겹침이음으로 이어져야 하고, 불연속 받침부에서는 표준갈고리로 끝나야 한다. (KDS 14 20 50 (4.7.1))

2) 스터럽: (1) V_s가$(\sqrt{f_{ck}}/3)b_w d$ 이하일 경우 스터럽 간격은 d/2 이하, 또한 600 mm 이하로 한다. (KDS 14 20 22 (4.3.2(1)))

(2) V_s가$(\sqrt{f_{ck}}/3)b_w d$ 초과하는 경우 스터럽 간격은 d/4 이하, 또한 300 mm 이하로 한다. (KDS 14 20 22 (4.3.2(3)))

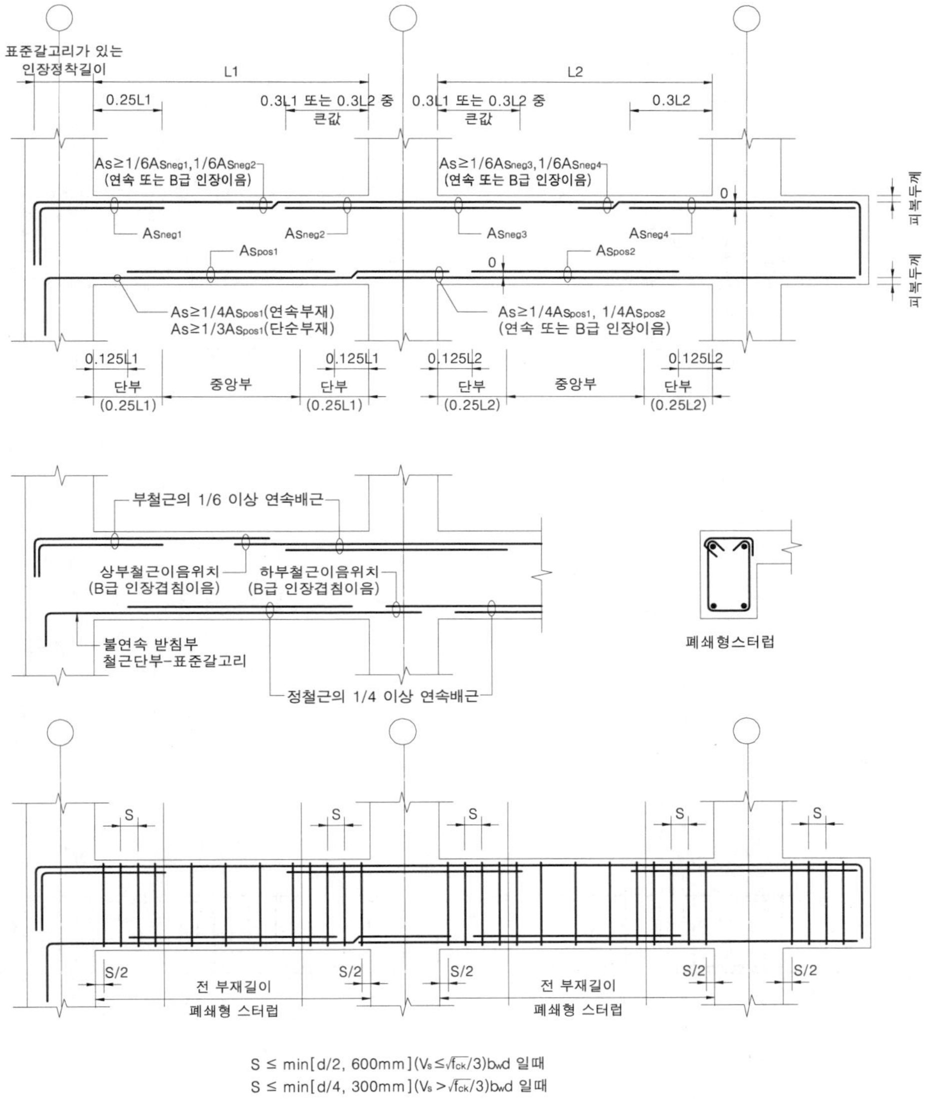

[그림 4.1.3] 테두리보 - 폐쇄스터럽 사용

■■ 주기 1) 보주근: (1) 받침부 부모멘트 철근의 1/6, 경간 중앙부 정모멘트 철근의 1/4 이상의 전체 경간에 연속되어야 한다. (KDS 14 20 50 (4.7.1))

(2) 상부철근의 이음은 경간 중앙부, 하부철근의 이음은 받침부 부근에서 B급 인장겹침이음 한다. (KDS 14 20 50 (4.7.1))

2) 스터럽: (1) V_s가$(\sqrt{f_{ck}}/3)b_w d$ 이하일 경우 스터럽 간격은 d/2 이하, 또한 600 mm 이하로 한다. (KDS 14 20 22 (4.3.2(1)))

(2) V_s가$(\sqrt{f_{ck}}/3)b_w d$ 초과하는 경우 스터럽 간격은 d/4 이하, 또한 300 mm 이하로 한다. (KDS 14 20 22 (4.3.2(3)))

4.2 보 배근 - 중간모멘트골조

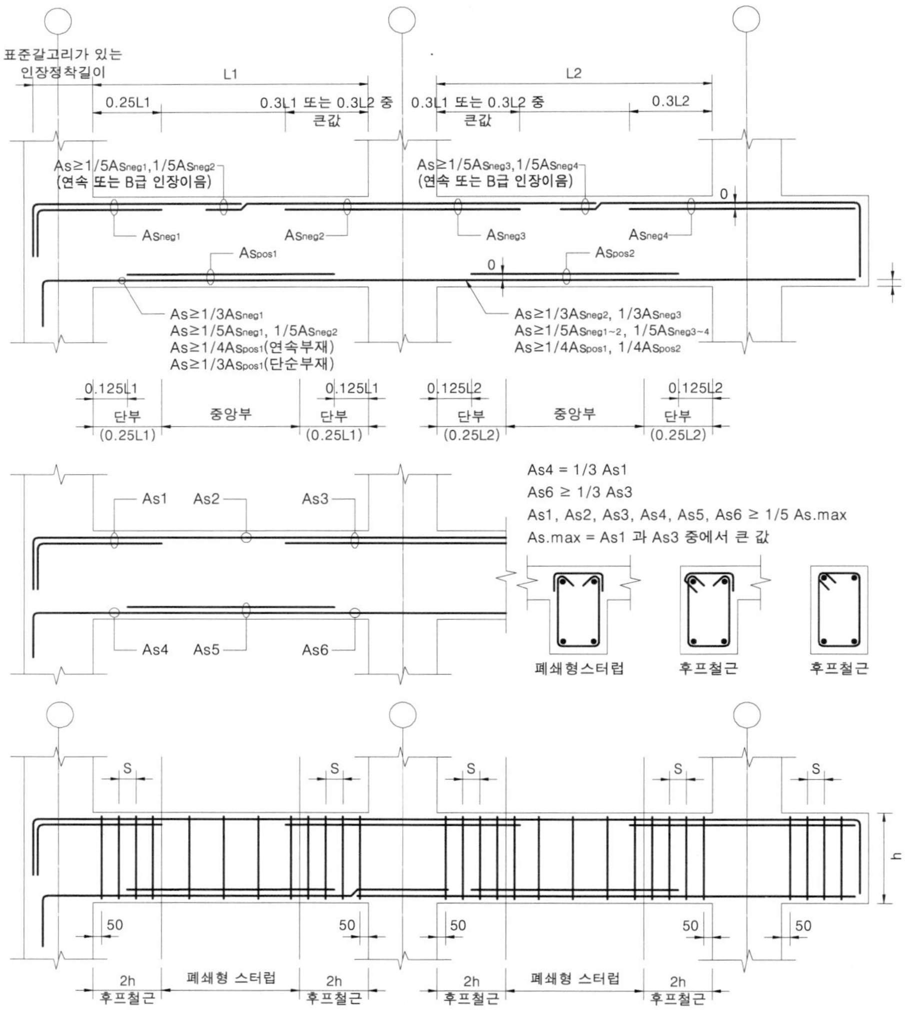

[그림 4.2.1] 내부보 또는 테두리보 - 폐쇄스터럽 사용

■■ 주기 1) 보주근: (1) 접합면에서 정모멘트 강도는 부모멘트 강도의 1/3 이상 (KDS 14 20 80 (4.9.4))

(2) 부재 모든 단면에서 정 또는 부모멘트 강도는 양측 접합면의 최대 모멘트 강도의 1/5 이상 (KDS 14 20 80 (4.9.4))

2) 스터럽: (1) 받침부면에서 부재 중앙으로 부재 높이의 2배 구간. (KDS 14 20 80 (4.9.4))

ⓐ 첫번째 스터럽은 받침부면에서 50 mm 이내에 배근

ⓑ 스터럽 간격은 d/4, 주근지름의 8배, 스터럽지름의 24배, 300 mm 중 최소값 이하

(2) (1)에서 규정한 구간을 제외한 나머지 구간 : 스터럽 간격은 d/2 이하 (KDS 14 20 80 (4.9.4))

3) 보의 소성힌지구간에서는 겹침이음과 용접이음이 허용되지 않는다. (KDS 41 17 00 (9.3.2))

4) 모멘트골조부재에 사용되는 주철근은 한국산업규격의 내진용 철근(SD400S, SD500S, SD600S)을 사용해야 한다. (KDS 41 17 00 (9.3.1))

4.3 보 배근 - 특수모멘트골조

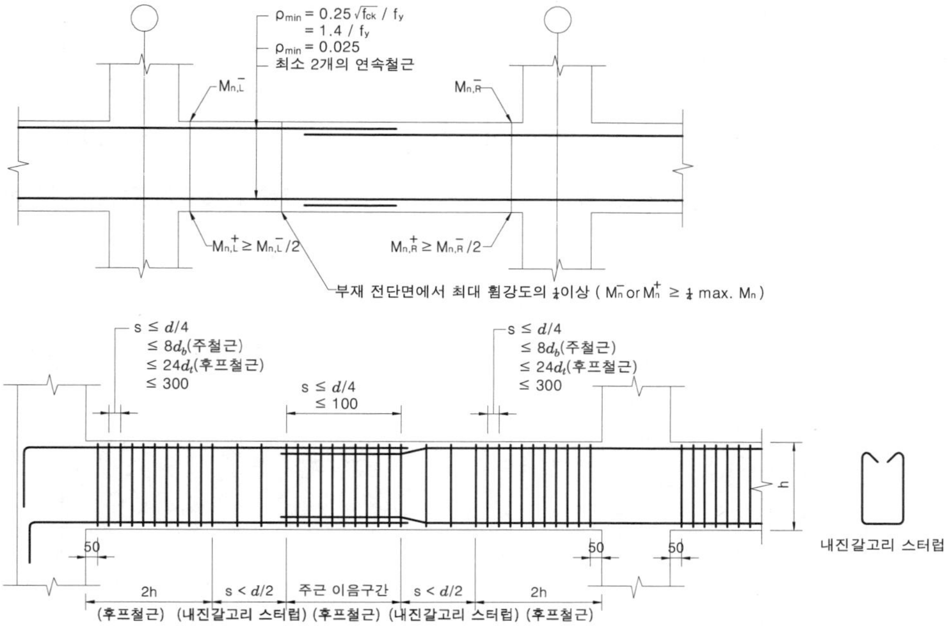

[그림 4.3.1] 내부보 또는 테두리보 - 폐쇄스터럽 사용

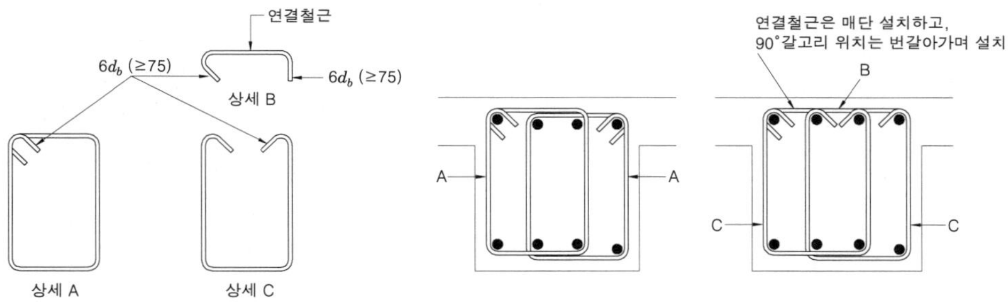

[그림 4.3.2] 후프철근의 상세

■■ 주기 1) 보단면 : (1) 부재의 계수축력은 $A_g \cdot f_{ck}$ / 10 이하 (KDS 14 20 80 (4.2.1))

(2) 부재의 순경간은 유효깊이의 4배 이상 (KDS 14 20 80 (4.2.1))

(3) 깊이에 대한 폭의 비는 0.3 이상 (KDS 14 20 80 (4.2.1))

(4) 부재의 폭은 250 mm 이상이고, 휨부재 지지부재의 폭에 받침부 양측면으로 휨부재 깊이의 3/4를 더한 값 이하

2) 스터럽 : (1) 전단저항이 요구되는 스터럽은 KDS 14 20 80 (4.2.3) (4.3.4) 및 (4.4.2)에 규정된 부재 길이에 걸쳐 후프철근을 사용

(2) 축방향 철근이 휨부재 한쪽면에서만 슬래브로 구속되어 있으면 90°표준갈고리는 그 슬래브가 있는 곳에 위치 (KDS 14 20 80 ((4.2.3)))

3) 보의 소성힌지구간에서는 겹침이음과 용접이음이 허용되지 않는다. (KDS 41 17 00 (9.3.2))

4) 특수모멘트골조부재, 벽체의 경계요소, 연결보에 사용되는 주철근에 대해서는 한국산업규격의 내진용 철근 (SD400S, SD500S, SD600S)을 사용해야 한다. (KDS 41 17 00 (9.3.1))

4.4 스터럽의 형상

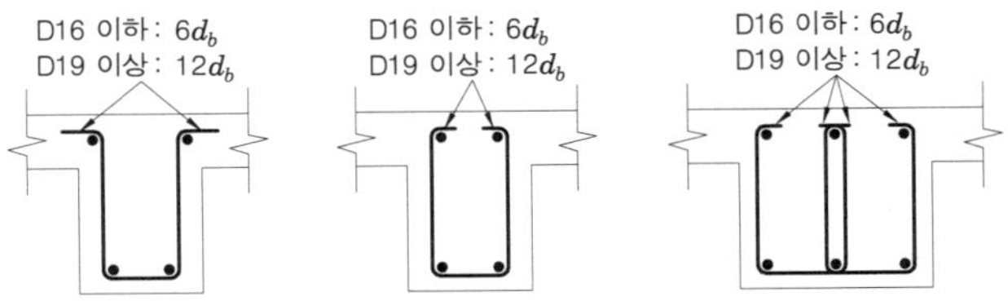

[그림 4.4.1] 개방스터럽

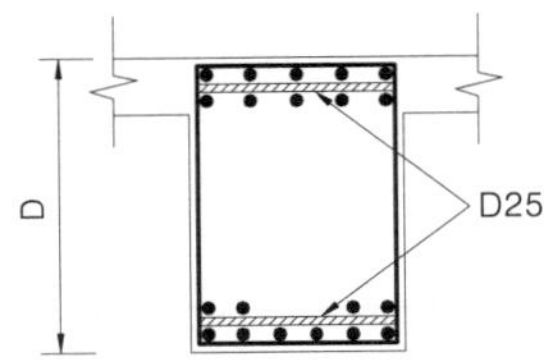

[그림 4.4.2] 2단근 간격유지용 간격재

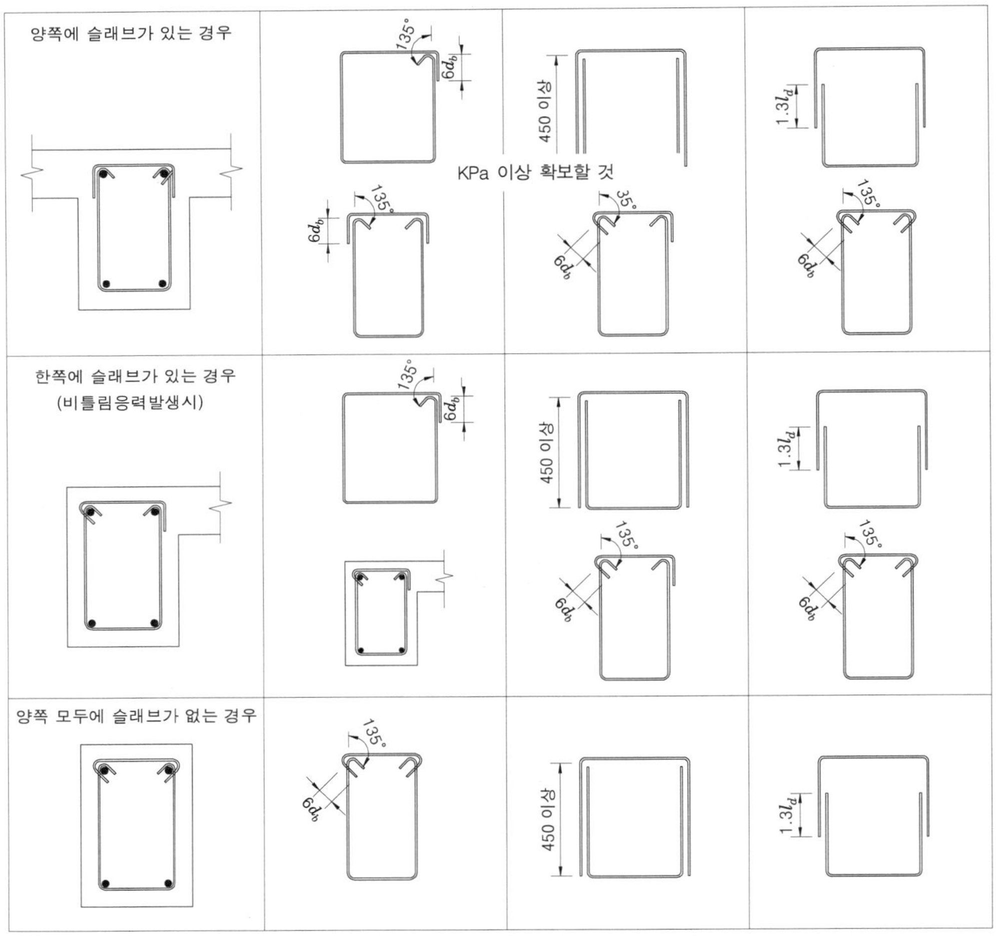

[그림 4.4.3] 폐쇄스터럽

■■ 주기 1) 폐쇄형으로 배치된 한쌍의 U형 스터럽 또는 띠철근은 겹침이음길이가 $1.3l_d$ 이상일때 적절하게 이어진 것으로 볼 수 있다. (KDS 14 20 52 (4.4.4))

2) 깊이가 450 mm 이상인 부재에서 스터럽이 부재 전 깊이까지 연장되고, 한 가닥의 이음부에서 발휘할 수 있는 인장력이 ($A_g \cdot f_{ck}$) 40 kN 이하이면 폐쇄스터럽 이음은 적절한 것으로 볼 수 있다. (KDS 14 20 52 (4.4.4))

4.5 표피철근

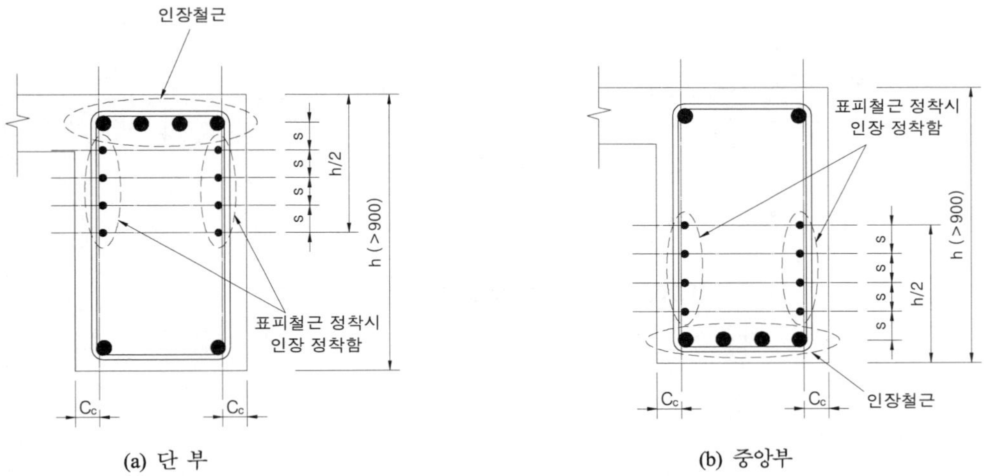

■ 표피철근의 간격(s)

$$s \le \min \begin{cases} 375\left(\dfrac{k_{cr}}{f_s}\right) - 2.5\,C_c \\ 375\left(\dfrac{k_{cr}}{f_s}\right) \end{cases}$$

여기서, cc : 표피철근의 표면에서 부재 측면까지 최단거리이며, 변형률 적합조건에 따라 해석하는 경우 표피철근은 강도 계산에 포함될 수 있다.

Kcr : KDS 14 20 30(부록)에 정의된 건조환경에 노출되는 경우에는 280이고, 그 외의 환경에 노출되는 경우에는210이다.

fs : 사용하중 상태에서 인장연단에서 가장 가까이에 위치한 철근의 응력이다. 다만 간단한 방법으로 균열을 검증하고자 할 때 fs는 fy의 2/3를 근사적으로 사용할 수 있다.

[그림 4.5.1] 표피철근의 배치

■■ 주기 1) 보나 장선의 깊이 h가 900 mm를 초과하면 종방향 표피철근을 인장연단으로부터 h/2 받침부까지 부재 양측면을 따라 균일하게 배치한다. (KDS 14 20 20 (4.2.3(6)))

4.6 보 철근의 정착

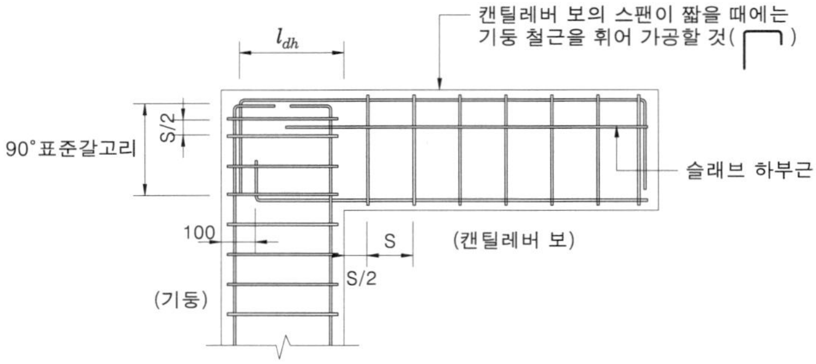

[그림 4.6.1] 캔틸레버보의 정착

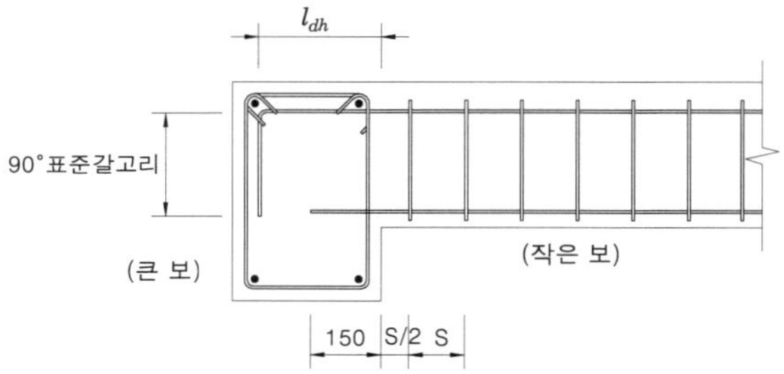

[그림 4.6.2] 큰 보에서 작은 보의 정착

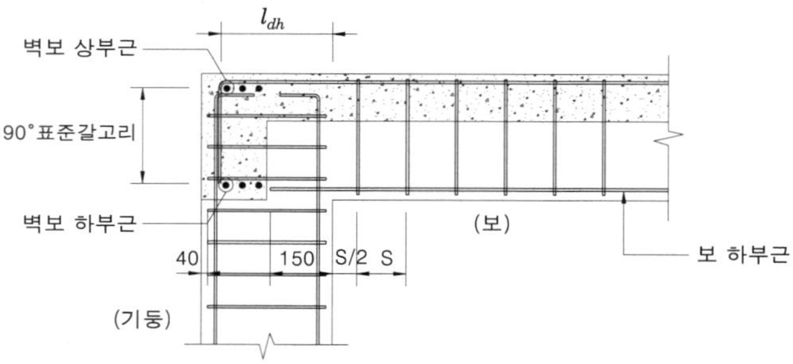

[그림 4.6.3] 보-기둥 접합부 상세

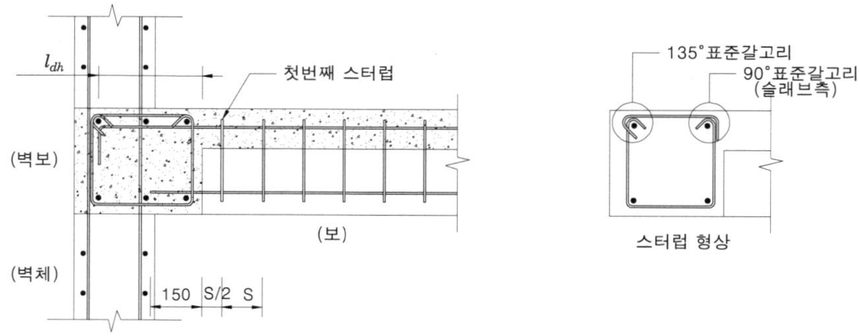

[그림 4.6.4] 보-벽체 접합부 상세

4.7 보 철근의 이음 위치

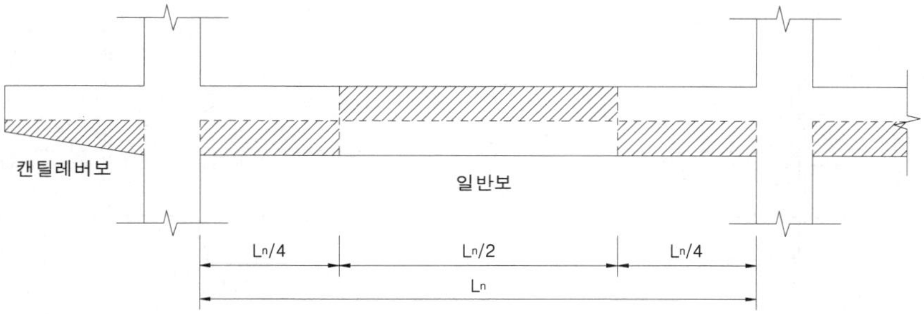

[그림 4.7.1] 일반보

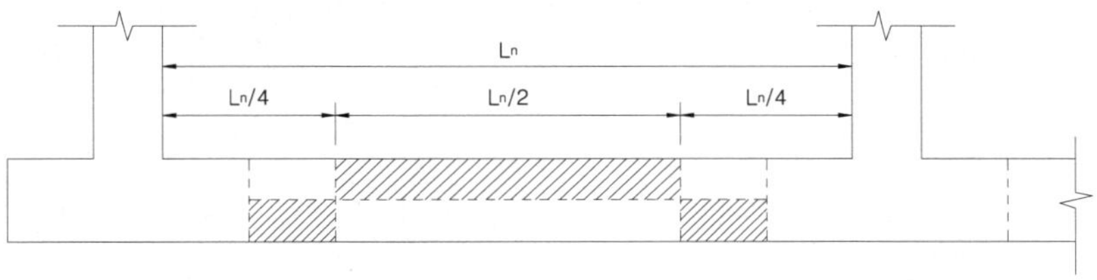

[그림 4.7.2] 지반력 및 수압을 받지 않는 지중보 (자중 〉 수압)

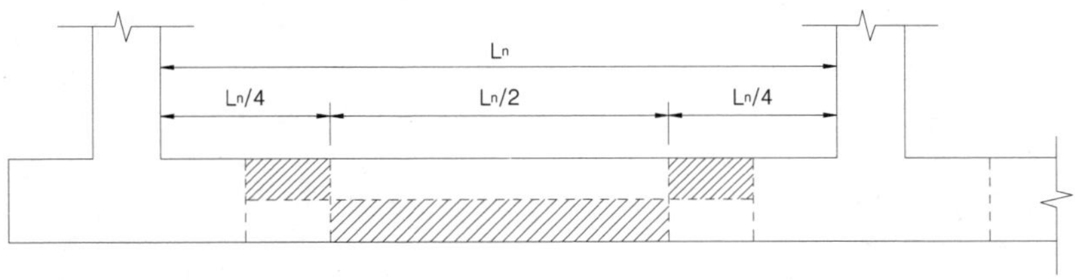

[그림 4.7.3] 지반력 및 수압을 받는 지중보 (자중 〈 수압)

이음갯수가 반수이상 초과하지 않도록 할것.
단, 초과할 경우 철근의 간격제한을 만족하도록 할것.

바람직한 이음 위치

■■ 주기 1) 보의 소성힌지구간에서는 겹침이음과 용접이음이 허용되지 않는다. (KDS 41 17 00 (9.3.2))

4.8 지중보 철근의 정착

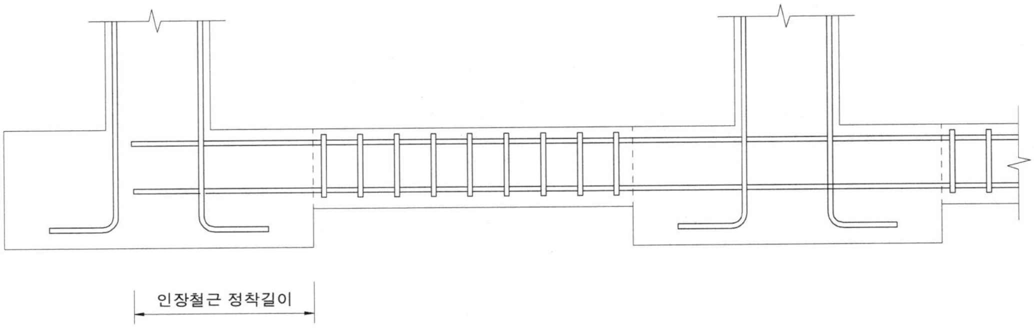

[그림 4.8.1] 지중보 철근의 정착

■■ 주기 1) 지중보 철근의 기초 정착으로 휨모멘트가 전달되는 경우 기초에 보강철근을 배치하여야 한다.

4.9 보 이어치기

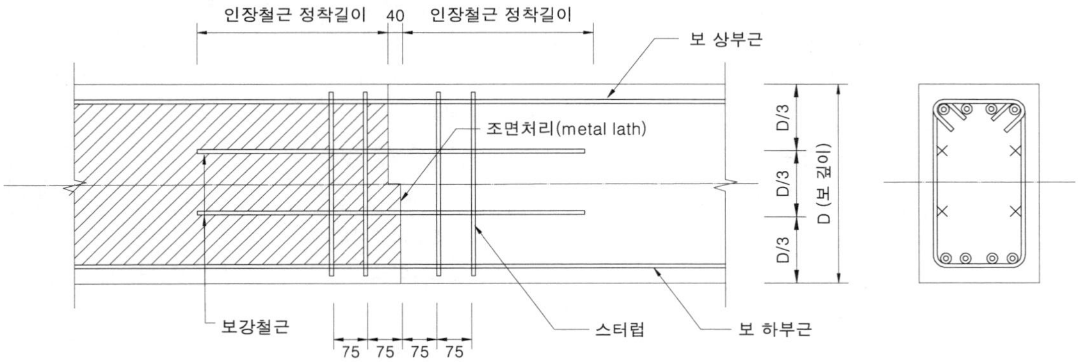

[그림 4.9.1] 수평이어치기

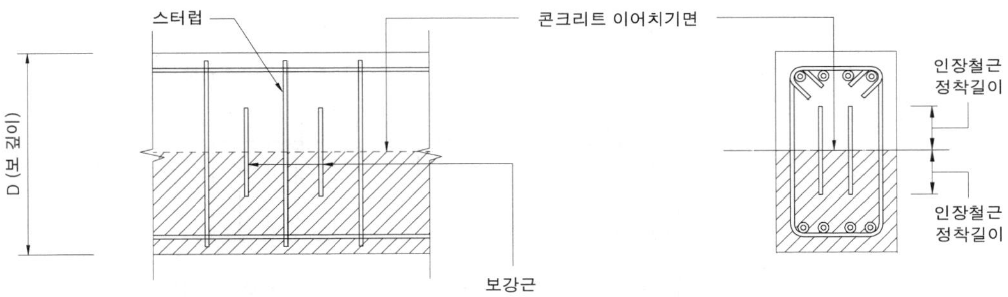

[그림 4.9.2] 수직이어치기

■■ 주기 1) 이어치기면 전단 검토 후 전단철근이 필요한 경우의 상세이다.

4.10 단차가 있는 보

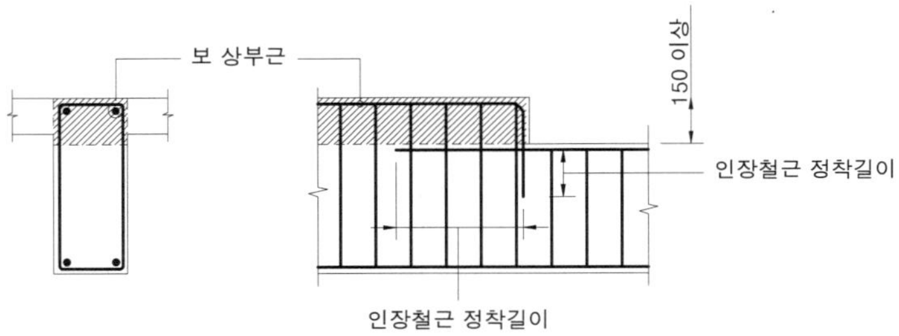

[그림 4.10.1] 보 상단에 단차가 있는 경우 (중앙부)

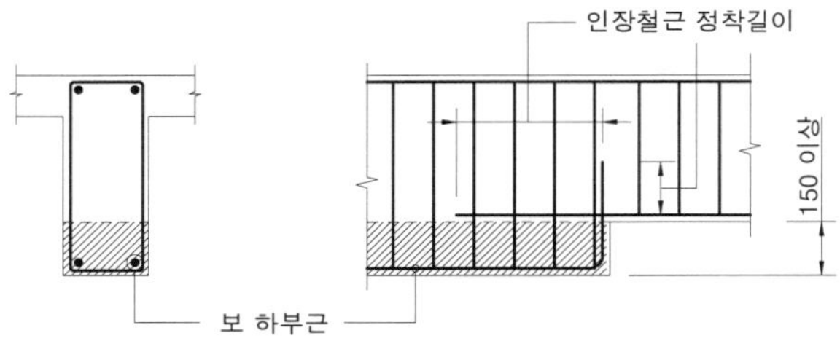

[그림 4.10.2] 보 하단에 단차가 있는 경우 (양단부)

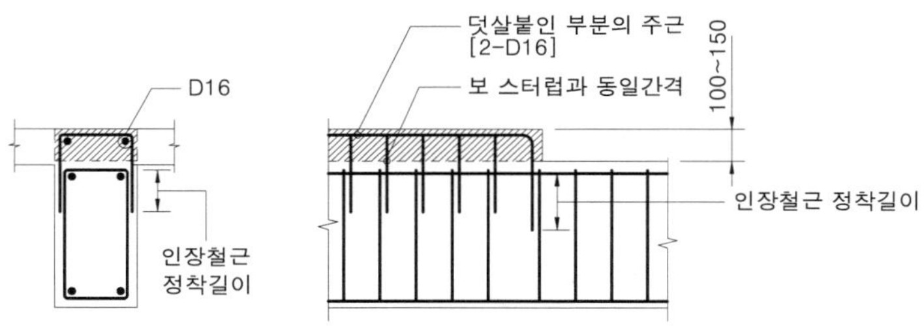

[그림 4.10.3] 보 상단에 덧살을 붙이는 경우 (중앙부)

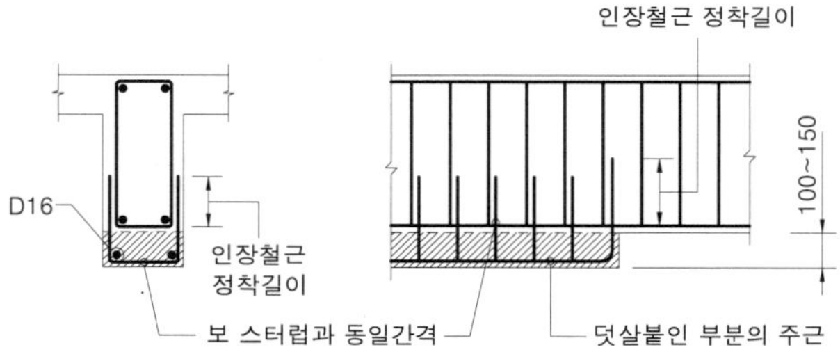

[그림 4.10.4] 보 하단에 덧살을 붙이는 경우 (양단부)

■■ 주기 1) 인장측에 해당되며 인장측일 경우 책임구조기술자의 확인을 받아야 한다.

4.11 헌치 보

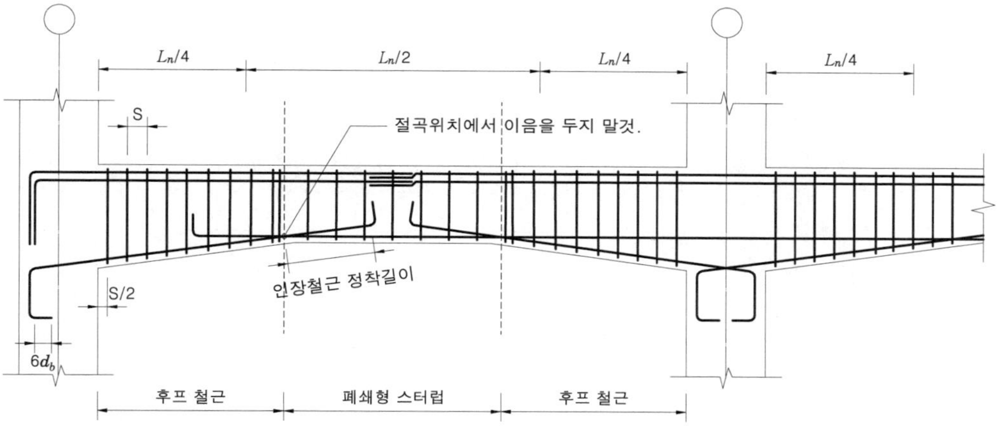

[그림 4.11.1] 헌치(Haunch) 보의 배근상세

■■ 주기 1) 단부와 중앙부의 스터럽 간격이 다른 경우 Ln/4 을 지난 지점까지 단부스터럽 간격으로 배근한다.
2) 헌치(Haunch)가 Ln/4를 초과하는 경우 헌치내의 스터럽은 단부스터럽 간격으로 배근하고 헌치 사이는 중앙부 스터럽 간격으로 배근한다.
3) 스터럽 간격(S)은 지진력저항시스템별 요구사항을 만족하여야 한다.

4.12 보를 관통하는 슬리브 주변 보강

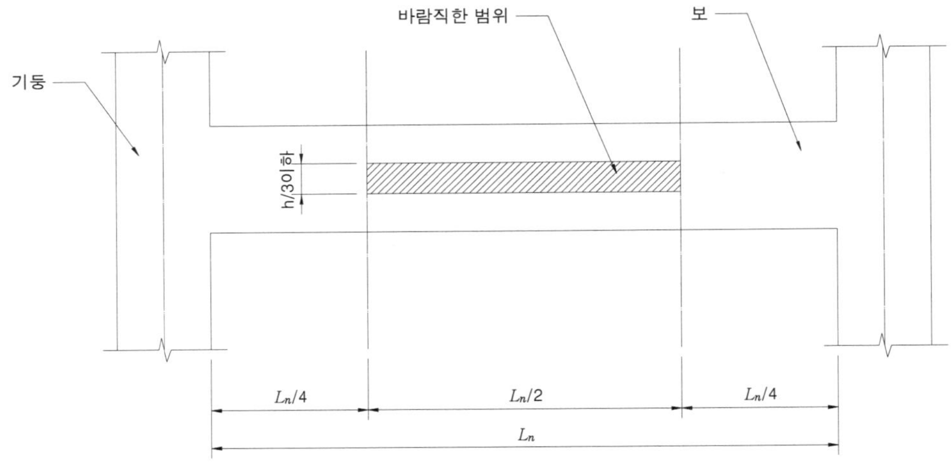

[그림 4.12.1] 보를 관통하는 슬리브의 바람직한 위치

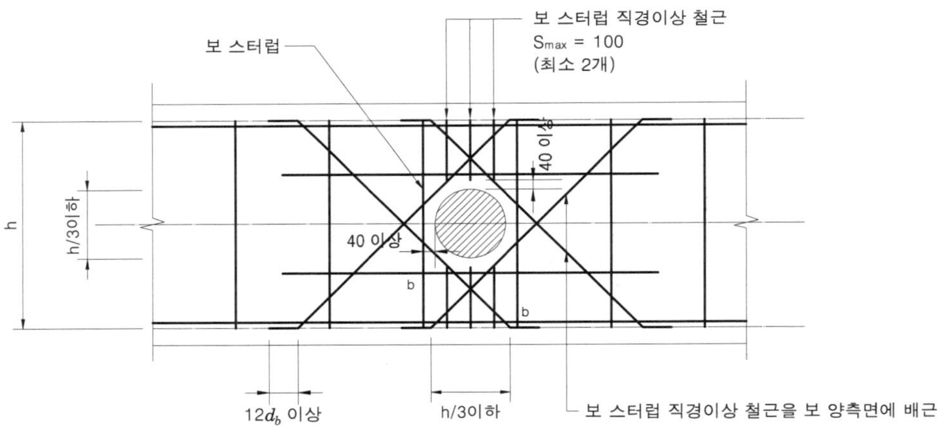

[그림 4.12.2] 보를 관통하는 슬리브 주변 보강 상세

■■ 주기 1) 보 관통 슬리브 최대직경은 h/3 이하로 한다.
2) 슬리브 중심간격은 슬리브 직경 또는 폭의 3배 이상 이격하여야 한다.
3) 슬리브 최대직경이 h/10 이하인 경우는 보강하지 않을 수 있다.
4) 위 사항은 책임구조기술자와 협의한 후에 적용 가능하다.

제5장 기둥 배근

5.1 기둥 배근 - 일반(중간모멘트골조 및 특수모멘트골조 제외)

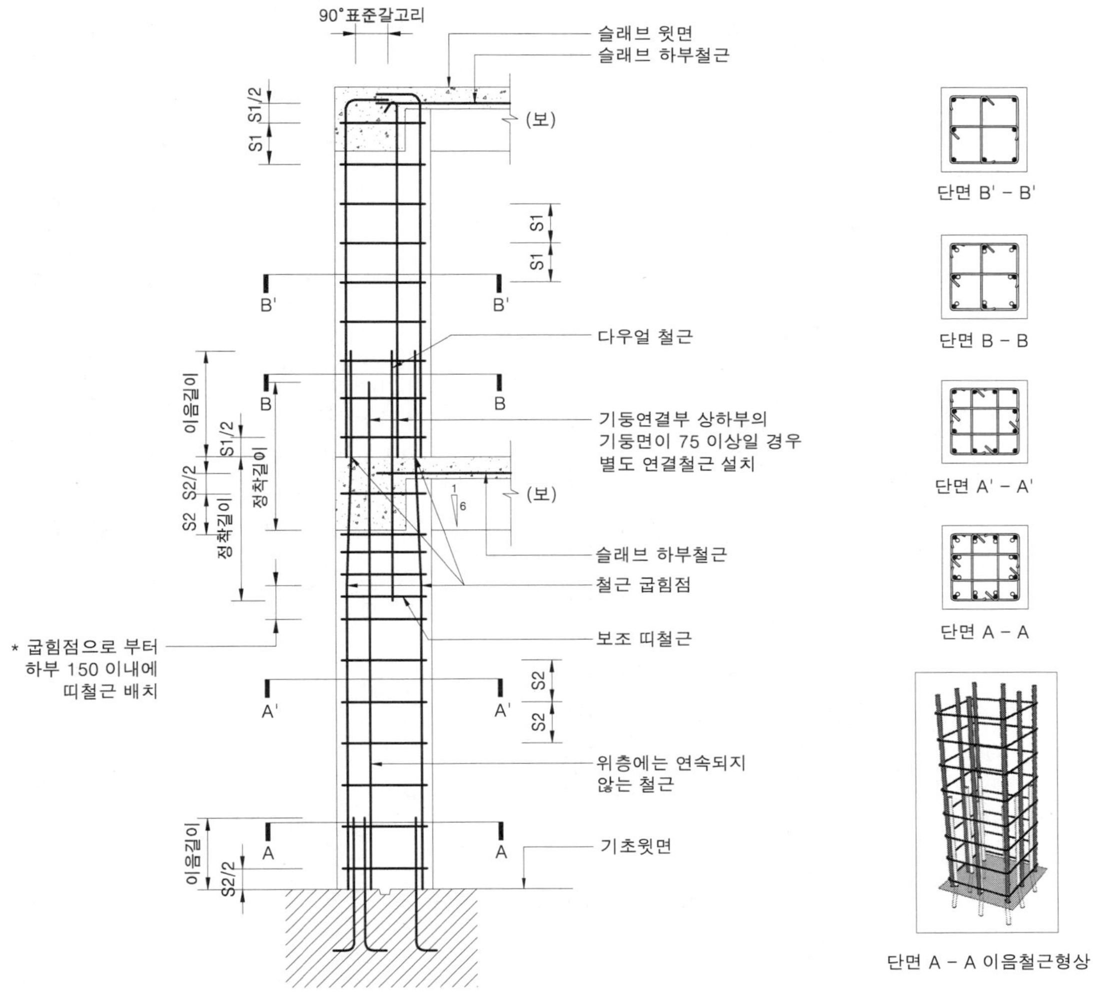

[그림 5.1.1] 외부 띠철근 기둥

■■ 주기 1) s_{max} (띠철근 최대간격 s1, s2) ≤ min[16d_b, 48d_{b1}, min(b, h)] (KDS 14 20 50 (4.4.2(3)))

2) 기둥 연결부에서 단면치수가 변하는 경우 옵셋 굽힘철근을 배근하며, 굽힘부 경사는 1/6 이하로 한다.

3) 기둥 연결부에서 상하부의 기둥면이 75 mm 이상 차이가 나는 경우는 별도의 연결철근(dowel bar)을 사용하여야 한다. (KDS 14 20 50 (4.5.1(6)))

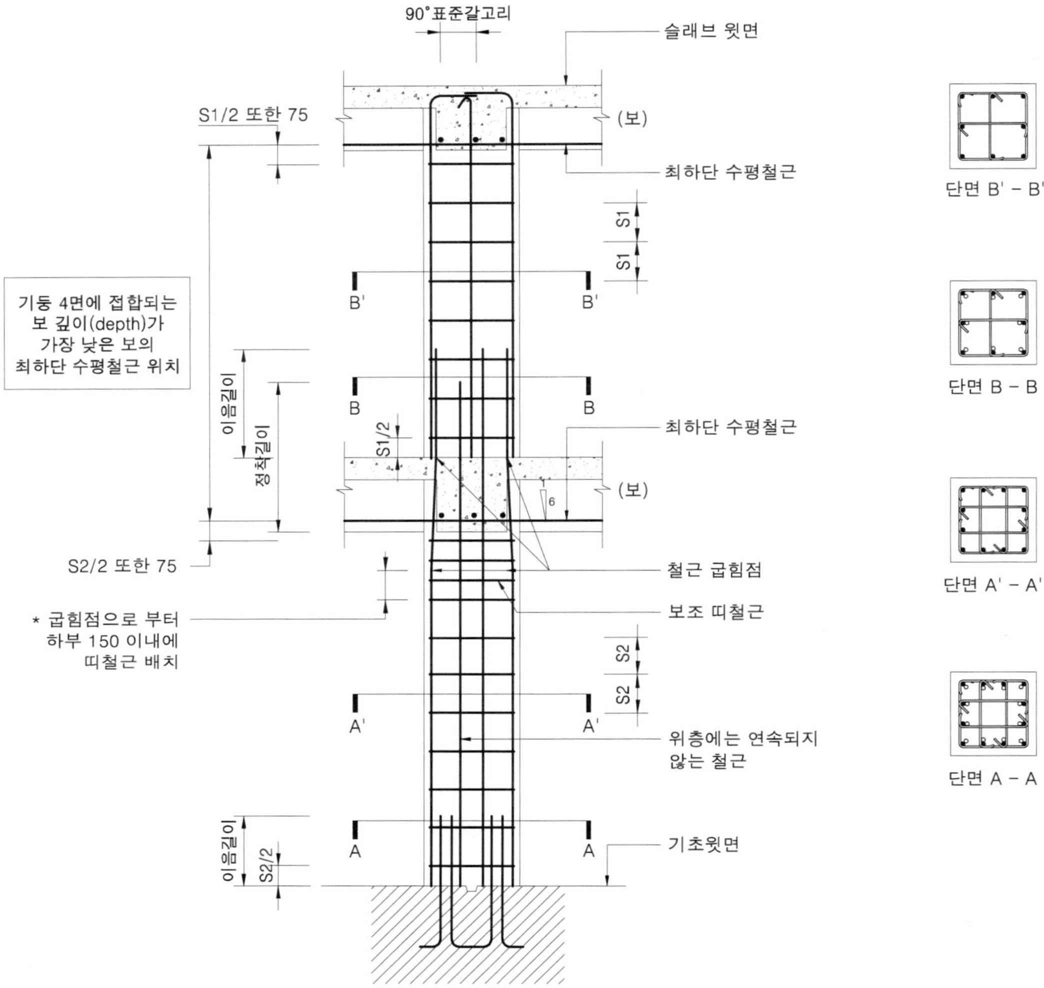

[그림 5.1.2] 내부 띠철근 기둥

■■ 주기 1) s_{max} (띠철근 최대간격 s1, s2) ≤ min[16d_b, 48d_{b1}, min(b, h)] (KDS 14 20 50 (4.4.2(3)))

2) 확대기초판 또는 슬래브의 상면에 배근되는 첫번째 띠철근 간격은 다른 띠철근 간격의 1/2 이하로 하여야 하고, 슬래브나 지판에 배근된 최하단 수평철근 아래에 배근되는 첫번째 띠철근도 다른 띠철근 간격의 1/2 이하로 하여야 한다. (KDS 14 20 50 (4.4.2(3)))

3) 기둥의 인장 또는 압축철근의 이음 및 정착길이의 구분은 책임구조기술자가 판단한다.

4) 내부 기둥은 기둥 4면에 보가 접합되는 기둥을 말한다. 평면 배치에서 내부에 위치하는 기둥일지라도 4면 중 한면이라도 보가 없으면 외부 기둥 배근에 따르며, 또한 책임구조기술자의 판단에 따른다.

5) 보 또는 브래킷이 기둥의 4면에 연결되어 있는 경우에 가장 낮은 보 또는 브래킷의 최하단 수평철근 아래에서 75 mm 이내에서 띠철근 배치를 끝낼 수 있다. 단, 이때, 보의 폭은 해당 기둥면 폭의 1/2 이상이어야 한다. (KDS 14 20 50 (4.4.2(3)))

5.2 기둥 배근 - 중간모멘트골조 내진상세

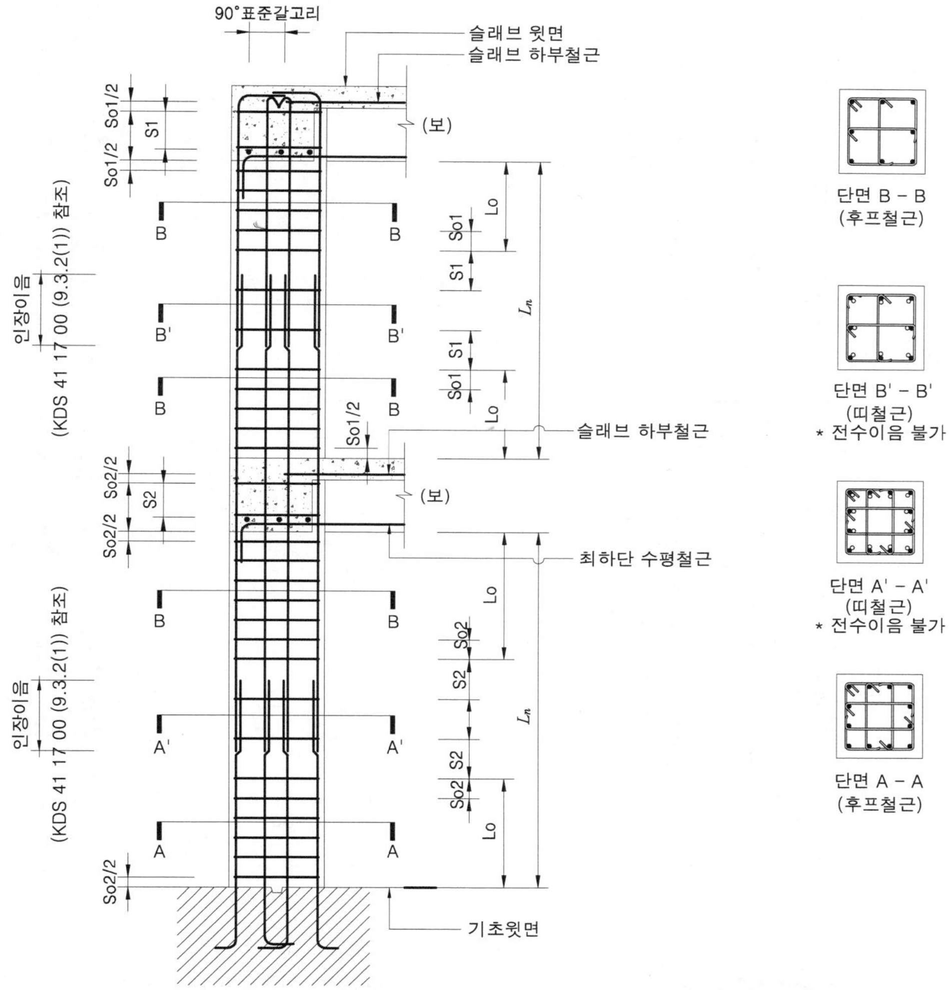

[그림 5.2.1] 외부 기둥 (4면 보 구속형이 아닌 경우)

■■ 주기 1) Lo_{max} (횡방향 철근배근 최소구간) ≥ [1/6Ln, min(b, h), 450 mm] (KDS 14 20 80 (4.3))

2) s_{max1} (횡방향 철근배근 최소구간(Lo)에서 띠철근 최대간격 So1, So2) ≤ [$8d_b$, $24d_{b1}$, 1/2 (b 또 는h), 300 mm]

3) s_{max2} (띠철근 최대간격 s1, s2) ≤ [$16d_b$, $48d_{b1}$, min(b, h), 2So1, 2So2]

4) 띠철근의 최대간격은 접합면으로부터 길이 Lo구간에 걸쳐서 So를 초과하지 않아야 한다.

5) 첫번째 띠철근의 접합면으로부터 거리 So/2이내에 있어야 한다. (KDS 14 20 80 (4.3))

6) 띠철근 간격은 전 구간에서의 So의 2배를 초과하지 않아야 한다. (KDS 14 20 80 (4.3))

7) 기둥의 인장 또는 압축철근의 이음 및 정착길이의 구분은 책임구조기술자가 판단한다.

8) 특수모멘트골조의 횡방향 철근배근은 별도참조 바람. (KDS 14 20 80 (4.4))

9) 기둥의 소성힌지 구간에서는 주철근의 겹침이음과 용접이음이 허용되지않고 기계식이음은 허용한다. (KDS 41 17 00 (9.3.2))

10) 중간 및 특수모멘트골조부재, 벽체의 경계요소, 연결보에 사용되는 주철근은 한국산업규격의 내진용 철근(SD400S, SD500S, SD600S)을 사용해야 한다. (KDS 41 17 00 (9.3.1))

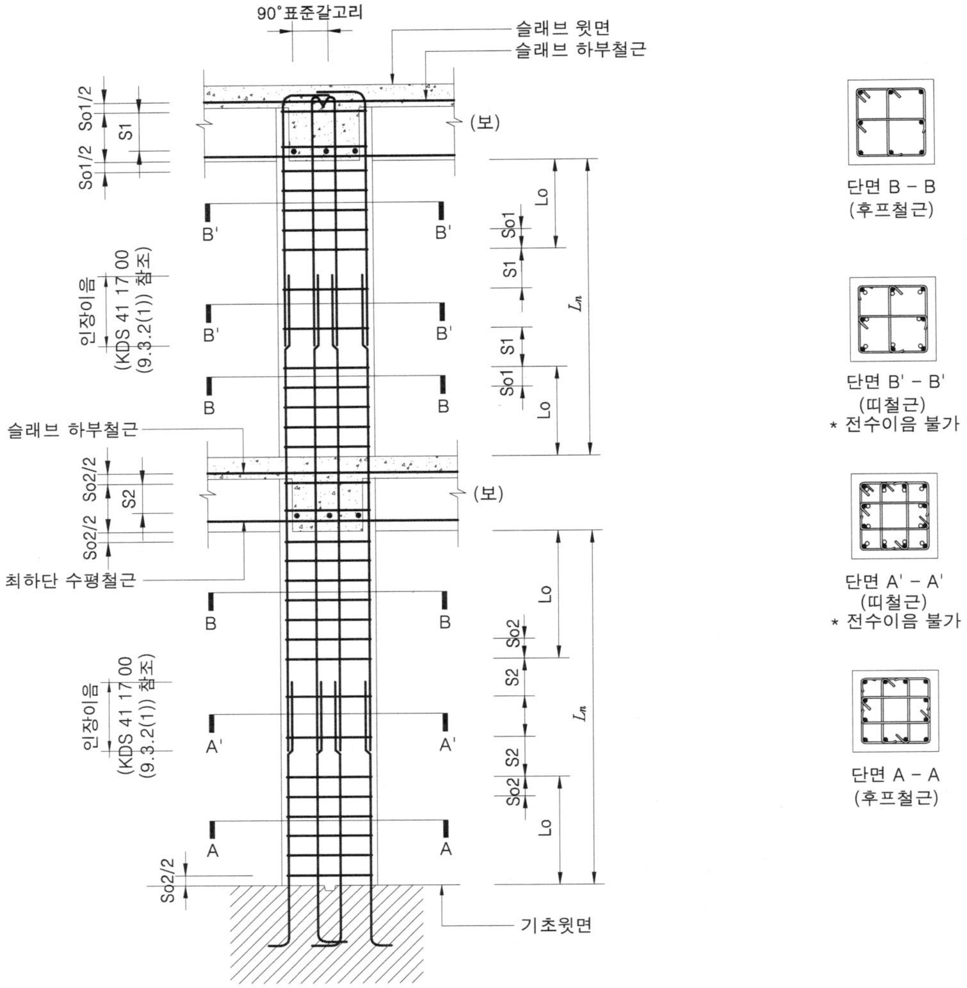

[그림 5.2.2] 내부 기둥 (4면 보 구속형인 경우)

- 기둥의 접합부 4면에 보 부재가 연결되어 각 부재폭이 기둥폭의 3/4 이상 -

■■ 주기

1) Lo_{max} (횡방향 철근배근 최소구간) ≥ [1/6Ln, min(b, h), 450 mm] (KDS 14 20 80 (4.9))
2) s_{max1} (횡방향 철근배근 최소구간(Lo)에서 띠철근 최대간격 So1, So2) ≤ [$8d_b$, $24d_{b1}$, 1/2 (b 또는 h), 300 mm]
3) s_{max2} (띠철근 최대간격 S1, S2) ≤ [$16d_b$, $48d_{b1}$, min(b, h), 2So1, 2So2]
4) 내부 기둥은 기둥 4면에 보가 접합되는 기둥을 말한다. 평면 배치에서 내부에 위치하는 기둥일지라도 4면 중 한면이라도 보가 없으면 외부 기둥 배근에 따르며, 또한 책임구조기술자의 판단에 따른다.
5) 기둥의 소성힌지 구간에서는 주철근의 겹침이음과 용접이음이 허용되지않고 기계식이음은 허용한다. (KDS 41 17 00 (9.3.2))
6) 중간 및 특수모멘트골조부재, 벽체의 경계요소, 연결보에 사용되는 주철근은 한국산업규격의 내진용 철근 (SD400S, SD500S, SD600S)을 사용해야 한다. (KDS 41 17 00 (9.3.1))
7) 접합부 내에 배치하여야 할 기둥의 횡방향 수평철근은 비슷한 깊이의 보 또는 슬래브로 4면이 구속되고 주요 지진하중저항 구조시스템의 일부가 아닌 경우 횡철근을 배치할 필요는 없다. (KDS 14 20 22 (4.10(2)))

5.3 기둥 배근 - 특수모멘트골조 내진상세

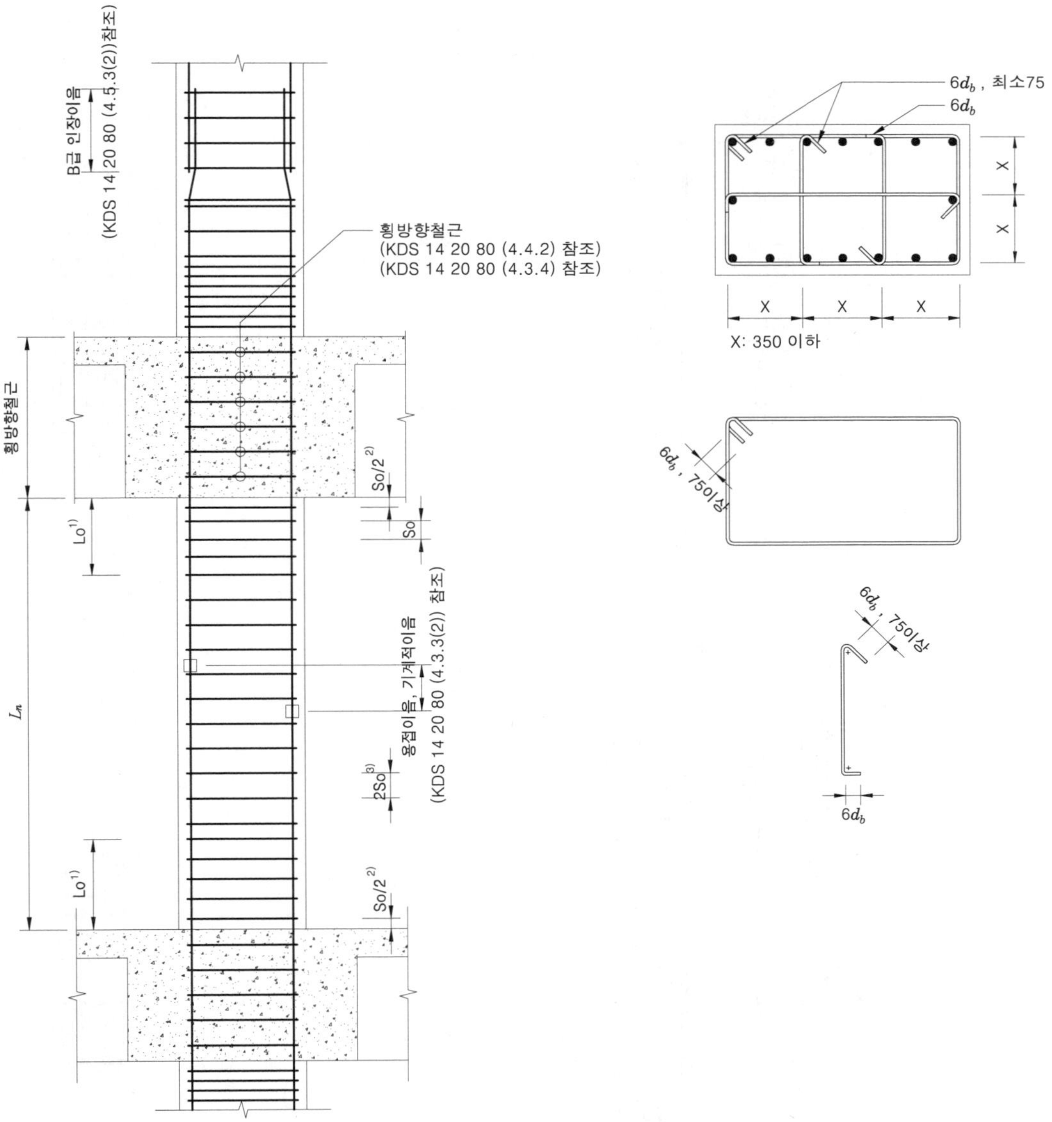

[그림 5.3.1] 특수모멘트골조 기둥

■■ 주기 1) Lo_{max} (횡방향 철근배근 최소구간) ≥ [1/6Ln, min(b, h), 450 mm] (KDS 14 20 80 (4.3.4(4)))

2) s_{max1} (횡방향 철근배근 최소구간(Lo)에서 최대간격 So) ≤ [$6d_b$, 1/4 (b 또는 h), Sx = 100+[(350−hx)/3] (KDS 14 20 80 (4.3.4(2)))

3) s_{max1} (띠철근 최대간격 2So) ≤ [$12d_b$, 1/2 min(b, h) , 2Sx]

4) 용접이음 또는 기계적이음에서 각 철근의 이음부는 서로 750 mm 이상 엇갈려야 하고, 철근의 설계기준항복강도 fy의 125% 이상을 발휘할 수 있는 이음이어야 한다. (KDS 14 20 80 (4.4.1(1)))

5) 중간 및 특수모멘트골조부재, 벽체의 경계요소, 연결보에 사용되는 주철근은 한국산업규격의 내진용 철근(SD400S, SD500S, SD600S)을 사용해야 한다. (KDS 41 17 00 (9.3.1))

5.4 기둥 배근 - 전이기둥 (특별지진하중을 적용하는 기둥)

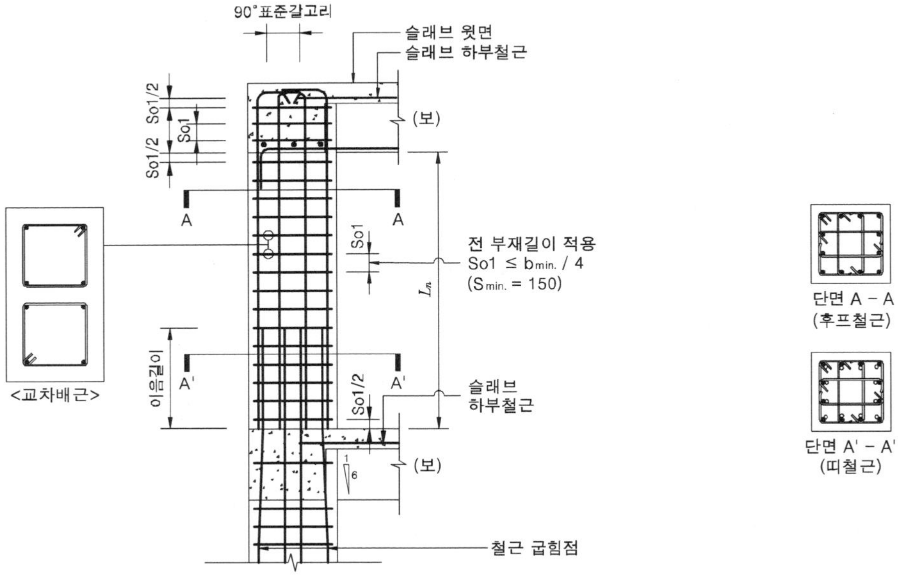

(a) 외부 기둥 (4면 보 구속형이 아닌 경우)

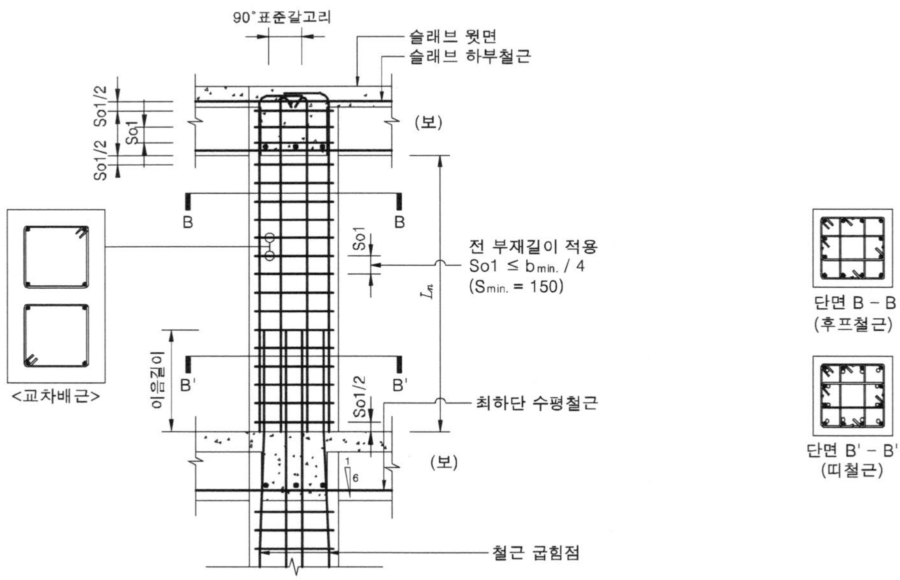

(b) 내부 기둥 (4면 보 구속형인 경우)

[그림 5.4.1] 특별지진하중을 적용하는 기둥배근 상세 (전이기둥)

■■ 주기 1) s_{max} (후프와 연결철근 최대간격 So1, So2) ≤ [min(b, h) / 4, 150 mm 보다 작을 필요는 없다.]

2) 첫번째 띠철근의 접합면으로부터 거리 So/2이내에 있어야 한다. (KDS 41 17 00 (9.8.4))

3) 후프 철근 및 띠철근 간격은 전 구간에서의 s_{max}를 초과하지 않아야 한다. (KDS 41 17 00 (9.8.4))

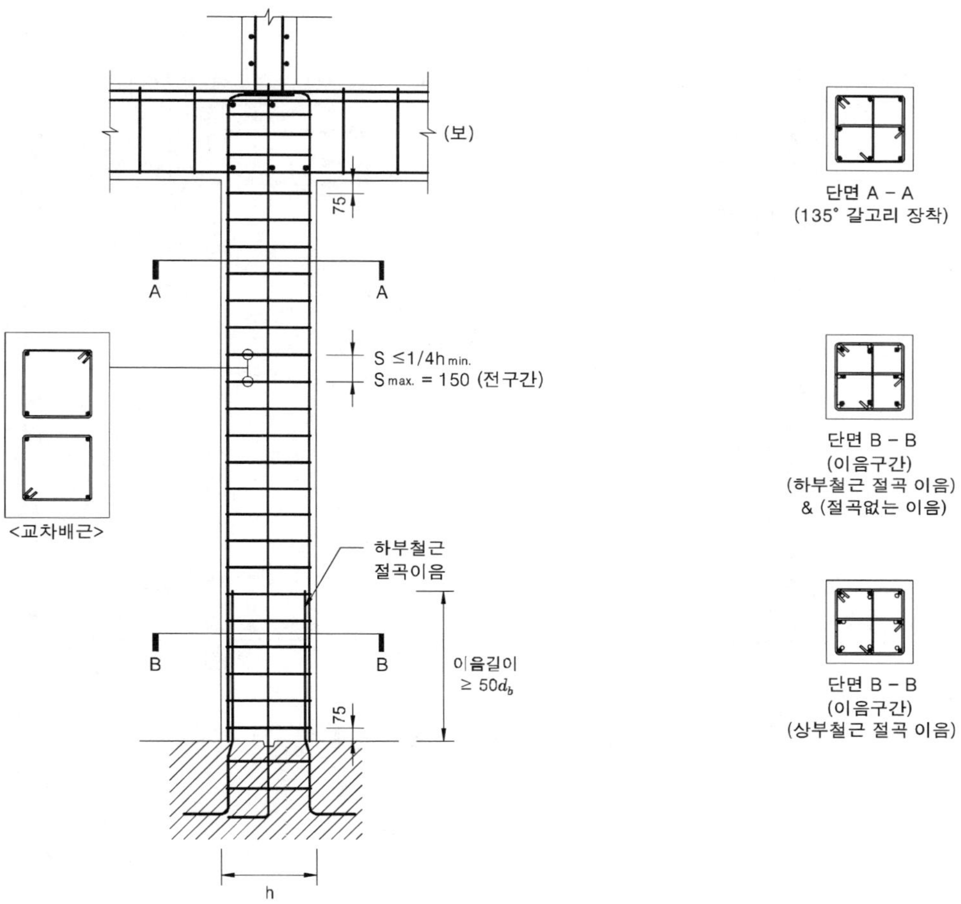

[그림 5.4.2] 필로티 기둥 상세

■■ 주기 1) s_{max} (후프와 연결철근 최대간격 So1, So2) ≤ [min(b, h) / 4, 150 mm 보다 작을 필요는 없다.]

2) 첫번째 띠철근의 접합면으로부터 거리 So/2이내에 있어야 한다. (KDS 41 17 00 (9.8.4))

3) 후프 철근 및 띠철근 간격은 전 구간에서의 s_{max}를 초과하지 않아야 한다. (KDS 41 17 00 (9.8.4))

5.5 전이기둥과 전이보 및 전이슬래브의 접합부

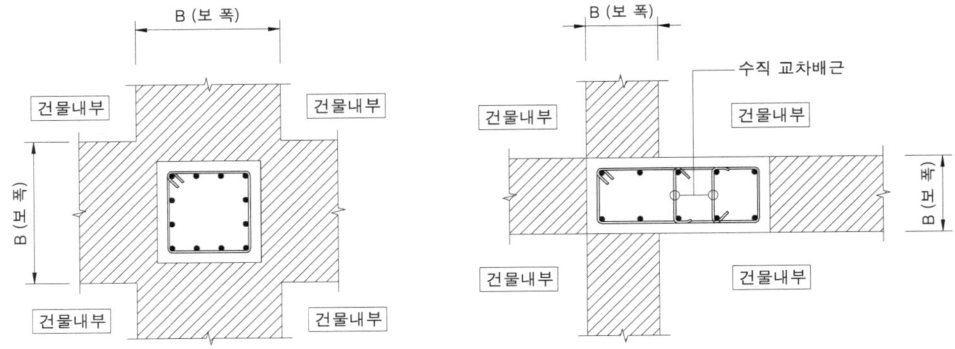

[그림 5.5.1] 내부 접합부 상세

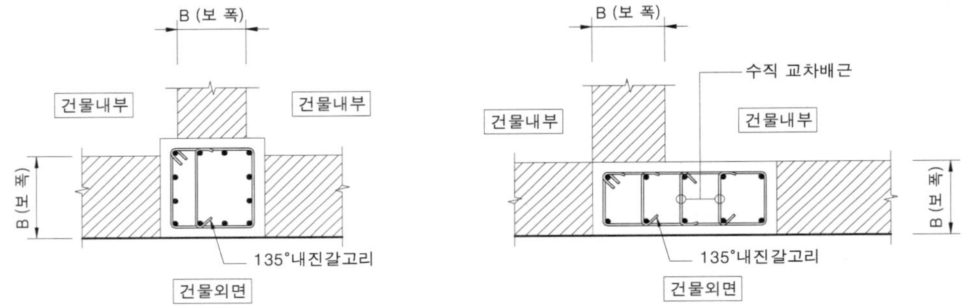

[그림 5.5.2] 외부 접합부 상세

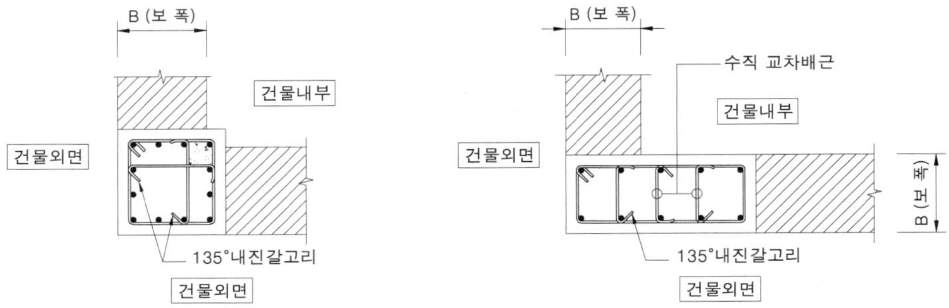

[그림 5.5.3] 모서리 접합부 상세

■■ 주기 1) 전이보 또는 전이슬래브와 필로티기둥의 접합부에는 필로티 기둥에 사용되는 횡보강근의 간격과 동일한 횡보강근을 설치하여야 한다.

2) 접합부에는 90°갈고리를 가진 후프의 사용이 허용된다.
단, 외부 접합부와 모서리 접합부에서는 90°갈고리정착이 건물외부에 위치하지 않아야 한다. (KDS 41 17 00 (9.8.4(9)))

3) 접합부면 내에 기둥주철근의 위치가 보폭내에 위치하여 보에의해 횡구속되는 수직철근에는 연결철근(cross tie)을 설치하지 않아도 된다. (KDS 41 17 00 (9.8.4(9)))

5.6 나선철근 배근 (중간 및 특수모멘트 골조 제외)

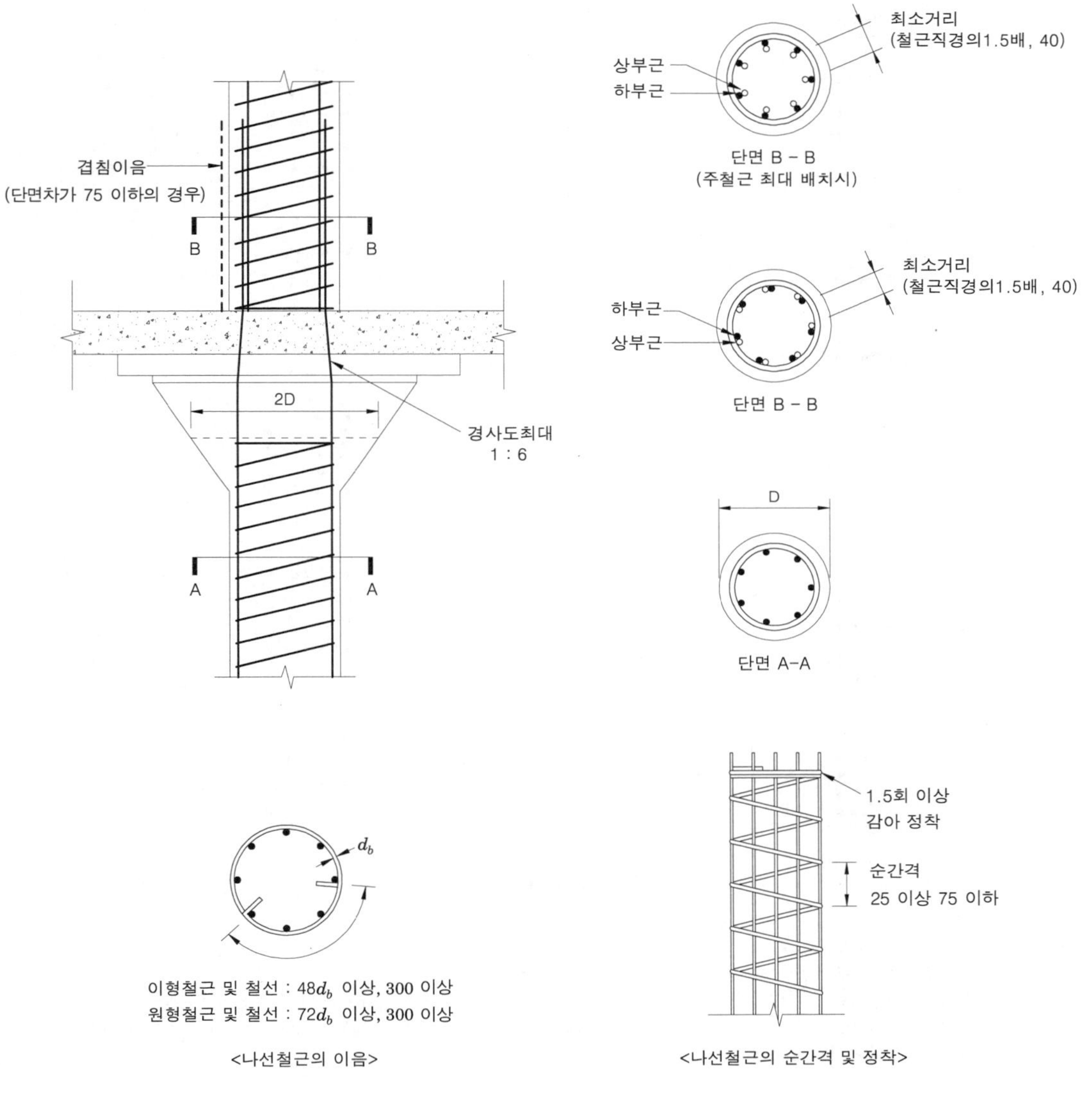

[그림 5.6.1] 나선철근 상세

■■ 주기 1) 나선철근의 순간격은 25mm 이상, 75 mm 이하이어야 한다.
2) 나선철근의 정착은 나선철근의 끝에서 추가로 심부 주위를 1.5 회전만큼 더 확보하여야 한다.
3) 나선철근의 이음은 이형철근 또는 철선인 경우 지름의 48배 이상, 원형철근 또는 철선인 경우 지름 72배 이상이고, 또 300 mm 이상의 겹침이음으로 한다.
4) 기둥의 소성힌지 구간에서는 주철근의 겹침이음과 용접이음이 허용되지않고 기계적이음은 허용한다. (KDS 41 17 00 (9.3.2))

5.7 띠철근 배근 일반

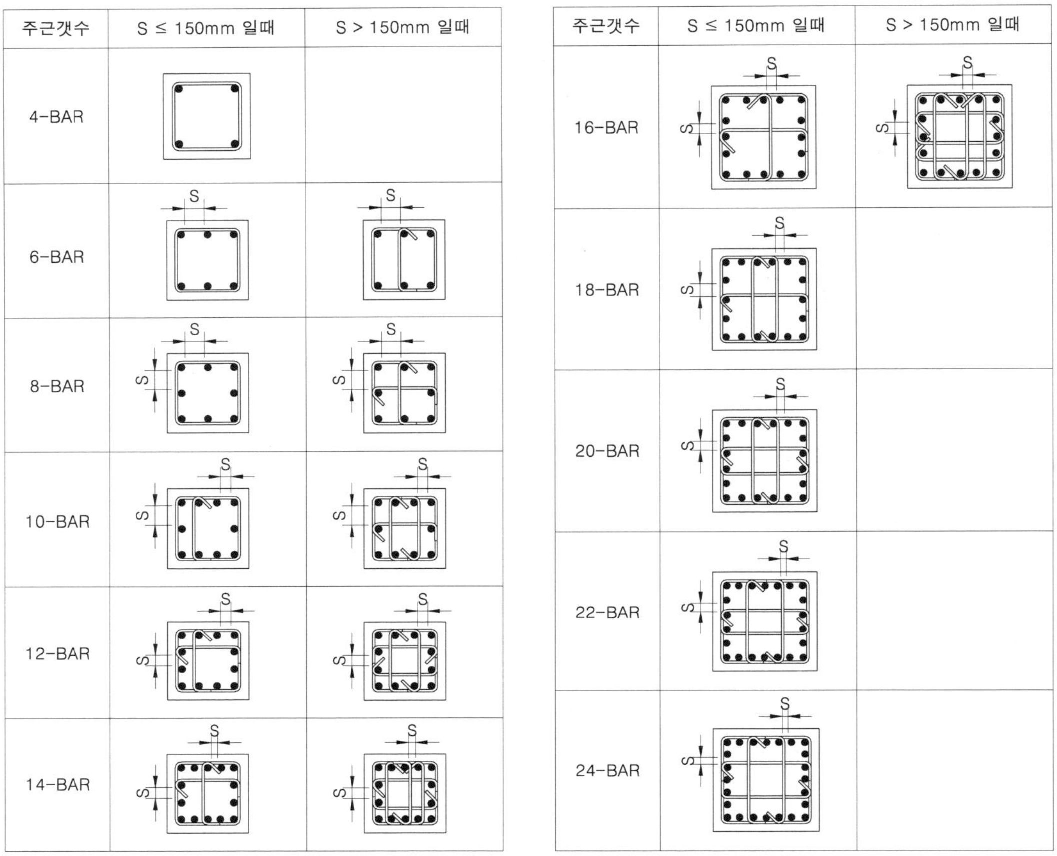

[그림 5.7.1] 띠철근 상세

■■ 주기
1) S : 띠철근에 의해 횡지지된 종방향 철근과 인접철근과의 순간격
2) 모든 모서리에 있는 축방향 철근과 하나 건너 있는 축방향 철근이 135° 이하로 구부린 철근의 모서리에 의해 횡지지되도록 띠철근을 배치하여야 하며, 띠철근 주위에 있는 축방향 철근은 횡방향으로 지지된 철근으로부터 그 순간격이 150 mm 이상 되어서는 안된다. (KDS 14 20 50 (4.4))

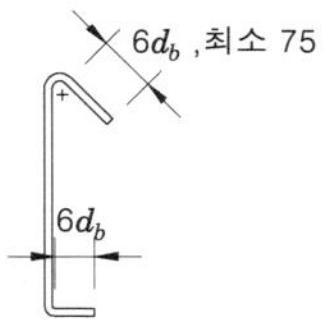

띠철근이 반복된 경우 90°표준갈고리는
기둥의 반대면에 엇갈리게 배치

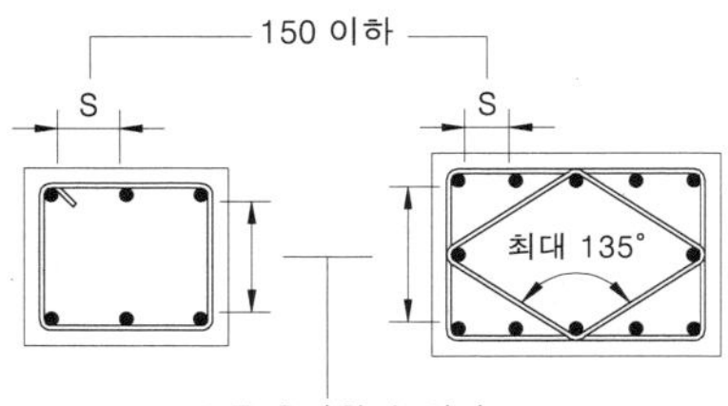

150 를 초과할 수 있다.
횡방향 띠철근이 필요 없다.

5.8 기둥 철근의 이음 위치

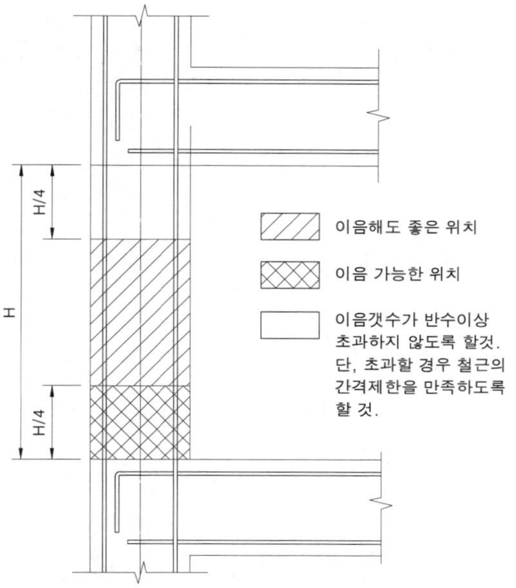

[그림 5.8.1] 일반 기둥

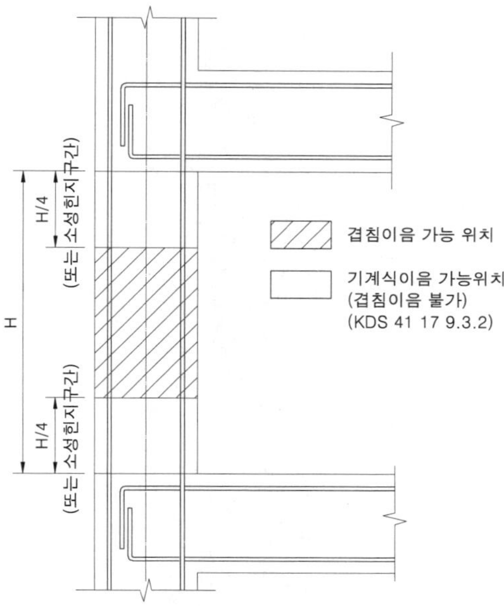

[그림 5.8.2] 중간모멘트골조 기둥

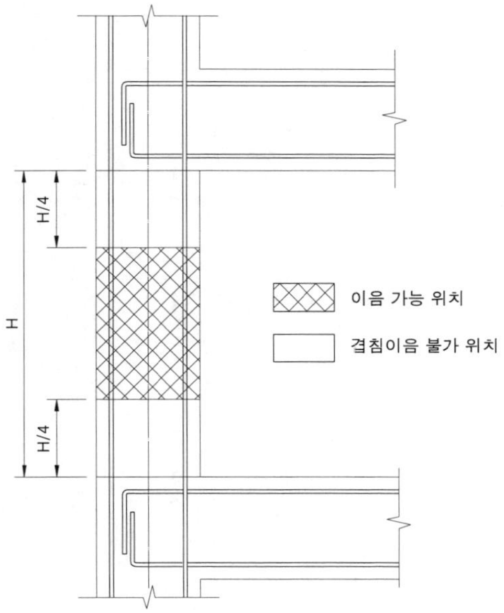

[그림 5.8.3] 특수모멘트골조 기둥

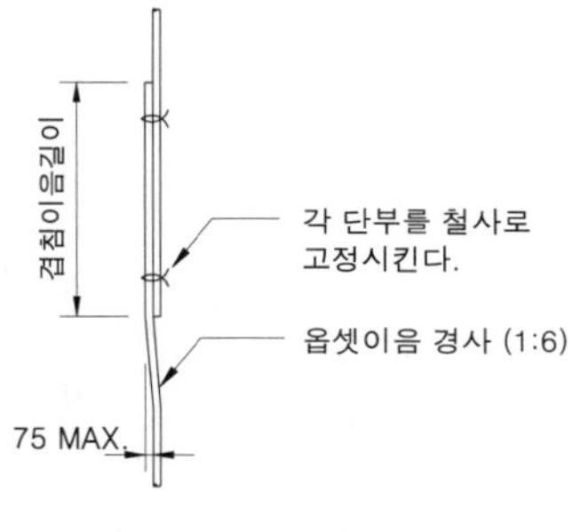

[그림 5.8.4] 기둥철근의 겹침이음

■■ 주기 1) 특수모멘트 골조의 겹침이음은 부재의 중앙부에서 부재길이 1/2구역 내에서만 할 수 있고 인장이음으로 설계해야 하며, 또한 횡방향 철근간격과 연결철근이나 겹침후프철근 간격제한의 규정을 따르는 횡방향철근으로 둘러싸야 한다.

2) 중간 및 특수모멘트골조 이음은 소성힌지구간에서는 겹침이음과 용접이음이 허용되지 않고 기계적이음은 가능하다. (KDS 41 17 00 (9.3.2))

5.9 기둥 철근의 이음 상세 (중간 및 특수모멘트 골조 제외)

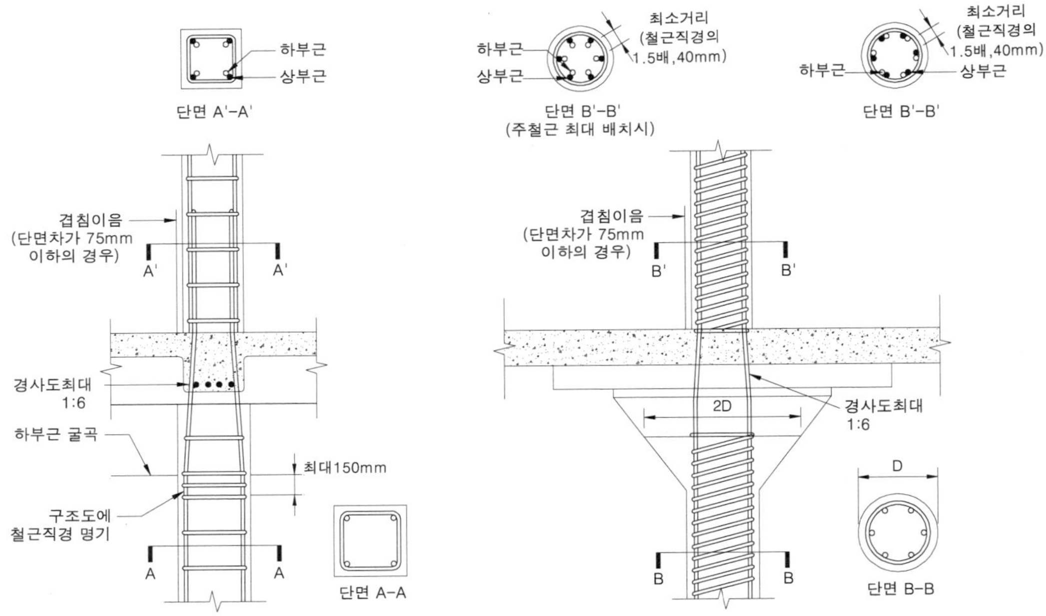

(a) 내부 사각기둥 (b) 내부 원형기둥

[그림 5.9.1] 기둥 철근의 이음 상세 (내부기둥)

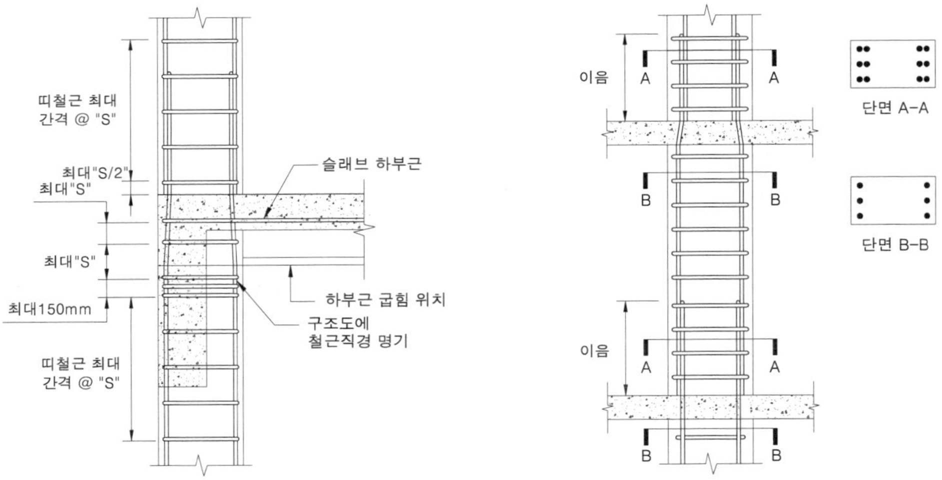

(a) 외부 사각기둥 표준상세(테두리보가 있는 경우) (b) 전모멘트 이음상세

[그림 5.9.2] 기둥 철근의 이음 상세 (외부기둥)

■■ 주기 1) 축방향철근의 순간격은 KDS 14 20 01 (3.1.1 (2)④) 의 규정도 만족하여야 한다.

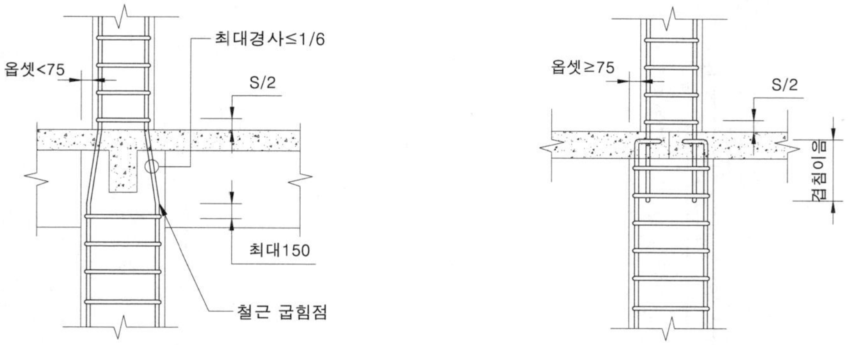

(a) 옵셋 굽힘철근 (b) 별도 연결철근

[그림 5.9.3] 단면이 변하는 기둥 철근의 이음

■■ 주기 1) s_{max} (띠철근 최대간격 S1, S2) ≤ [$16d_b$, $48d_h$, min(b, h)] (KDS 14 20 50 (4.4.2(3)))
2) 기둥 연결부에서 단면치수가 변하는 경우 옵셋 굽힘철근을 배근하며, 굽힘부 경사는 1/6 이하로 한다.
3) 기둥연결부에서 상하부의 기둥면이 75 mm 이상 차이가 나는 경우는 별도의 연결철근(dowel bar)을 사용하여야 한다. (KDS 14 20 50 (4.5.1(6)))

5.10 철근압접에 관한 유의사항

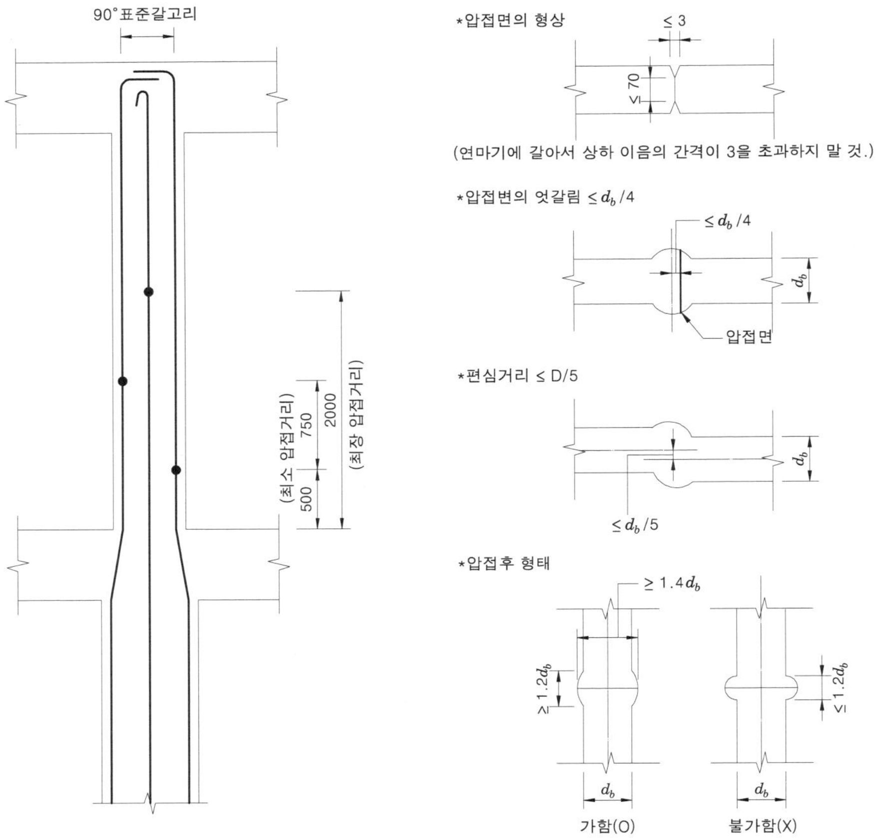

[그림 5.10.1] 철근압접에 관한 유의사항

■■ 주기 1) 철근의 이음 중 가스압접이음을 적용할 경우에는 사전에 준비된 이음 지침을 따라야 한다. 그러나 이와 같은 것이 구비되지 않은 경우에는 아래의 항목에 따르고 그 성능을 사전에 시험 등으로 확인하여야 한다.

2) 철근의 압접은 철근상세도 및 시공계획서에 위치를 표기하여 책임구조기술자 승인을 받아야 한다.

3) 압접완료시 검사는 아래의 항목에 따르고, 검사 성적서를 책임구조기술자에게 제출하여 승인을 받아야 한다.

종류	항목	시험 · 검사 방법	시기 · 횟수	판정 기준
가스압접 이음	위치	외관 관찰, 필요에 따라 스케일, 버니아캘리퍼스 등에 의한 측정	전체 개소	철근상세도와 일치할 것
	외관검사			사용목적을 당성하기 위해 정한 별도의 것
	초음파탐사 검사	KS D 0273	1검사 로트[1] 마다 30개소 발취	
	인장 시험	KS D 0244	1검사 로트[1] 마다 3개	설계기준 항복강도의 125%

주 [1] 1검사 로트는 원칙적으로 동일 작업반이 동일한 날에 시공 압접개소로서 그 크기는 200개소 정도를 표준으로 함.

4) 가스압접사용 철근콘크리트 봉강은 SD600 이하, SD400W, SD500W에 적용한다.(KS B 0554)

5) 건축구조기준은 용접용 철근으로 제한하고 있으나 국가표준은 용접철근과 일반용철근의 SD600 이하도 포함하고 있으므로, 모든 조건을 포함한 일반적인 범주 검증 및 확인이 필요한 부분으로 전문학회의 답변이 필요하다.

제6장 벽체 배근

6.1 내력벽 수직철근의 이음

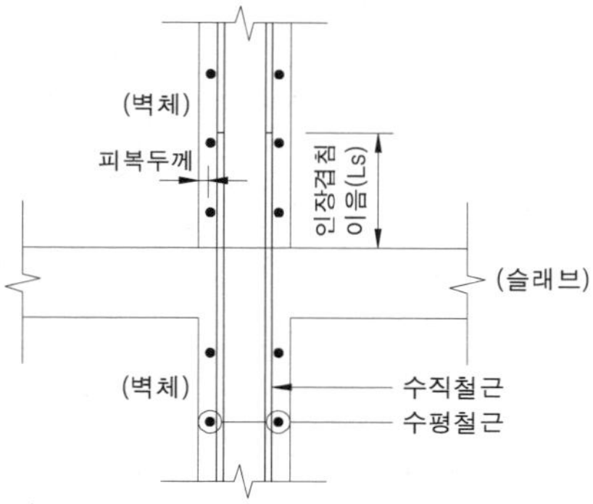

[그림 6.1.1] 일반적인 경우

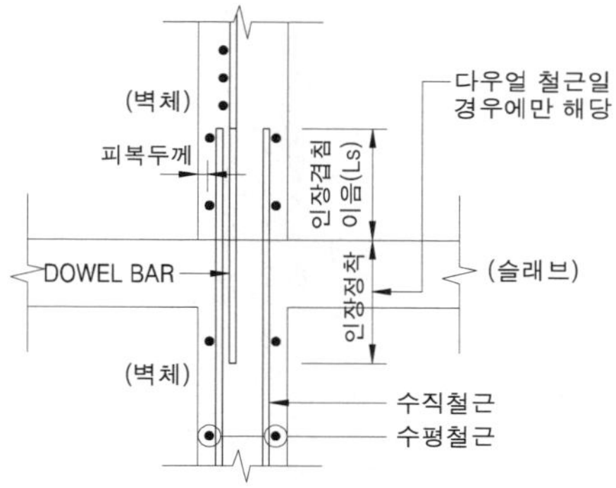

[그림 6.1.2] 복배근에서 단배근으로 바뀔 경우

① s≤Ls/5 이고 S≤150 mm일 경우

② s>Ls/5 또는 S>150 mm일 경우

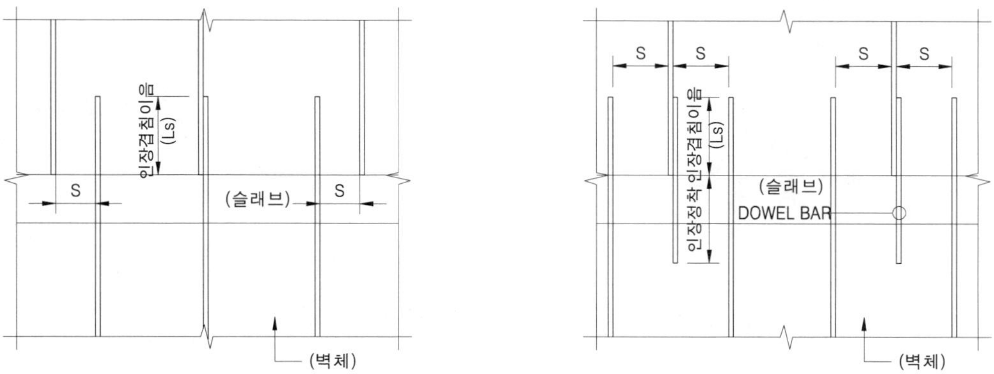

[그림 6.1.3] 철근 간격이 다를 경우

■■ 주기 1) 벽체는 이에 작용하는 편심하중, 수평하중 및 기타하중에 대하여 안전하게 저항할 수 있도록 설계해야 한다. (KDS 14 20 (72 4.1))

2) 벽체 철근 간격제한 (lw : 벽체길이, h : 벽체두께)

- 수직 및 수평철근의 간격은 벽체두께의 3배 이하, 또는 450 mm 이하로 하여야 한다. (KDS 14 20. (72 4.2))
- 수평전단철근 간격 S_h는 lw/5 이하, 3h 이하 또는 450 mm 이하로 하여야 한다. (KDS 14 20 22 (4.9.3))
- 수직전단철근 간격 S_v는 lw/3 이하, 3h 이하 또는 450 mm 이하로 하여야 한다. (KDS 14 20 22 (4.9.3))

6.2 내력벽 두께가 변할 경우

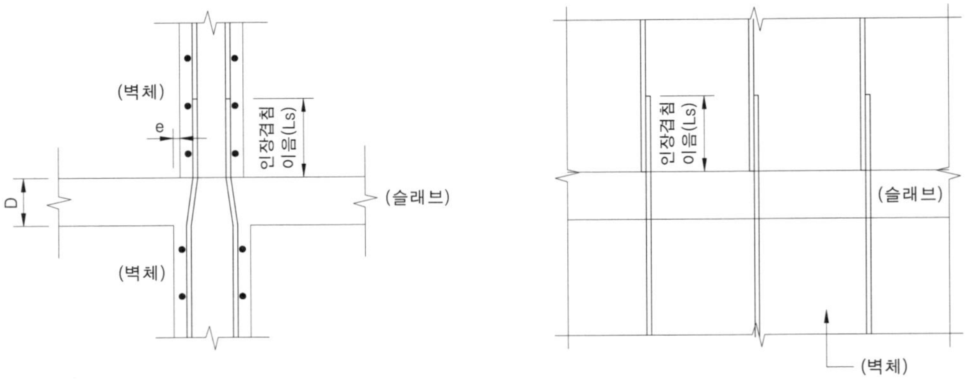

[그림 6.2.1] e/D≤1/6, e≤75 mm인 경우

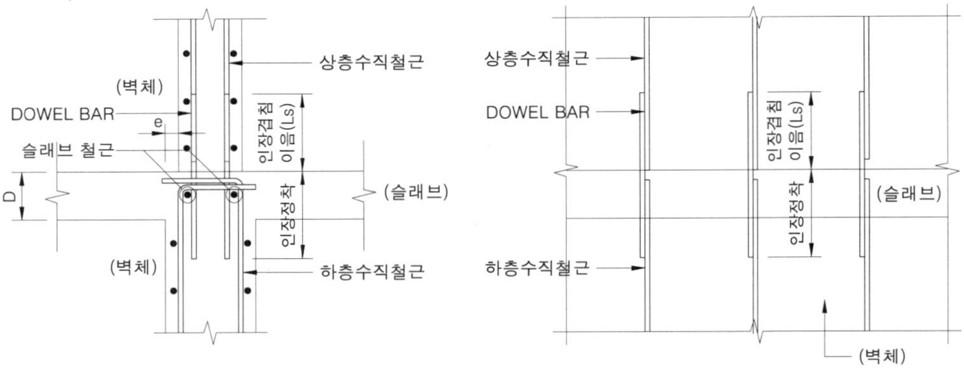

[그림 6.2.2] e/D>1/6, e>75 mm인 경우

■■ 주기 1) 벽체의 최소두께는 다음과 같아야 한다. (KDS 14 20 72 (4.3.2(3)))
- 벽체의 두께는 수직 또는 수평지점 간 거리 중에서 작은 값의 1/25 이상이어야 하고, 또한 100 mm 이상이어야 한다.
- 지하실 외벽 및 기초벽체의 두께는 200 mm 이상으로 하여야 한다.

2) 비내력벽과 지중보 : (KDS 14 20 72 (4.4))
- 비내력벽의 두께는 100 mm 이상이어야 하고, 또한 이를 수평으로 지지하고 있는 부재 간 최소 거리의 1/30 이상이 되어야 한다.
- 지중보로 설계하는 벽체의 휨모멘트에 소요되는 철근을 벽체의 상단 및 하단에 배근하여야 한다.

6.3 벽체단부의 보강

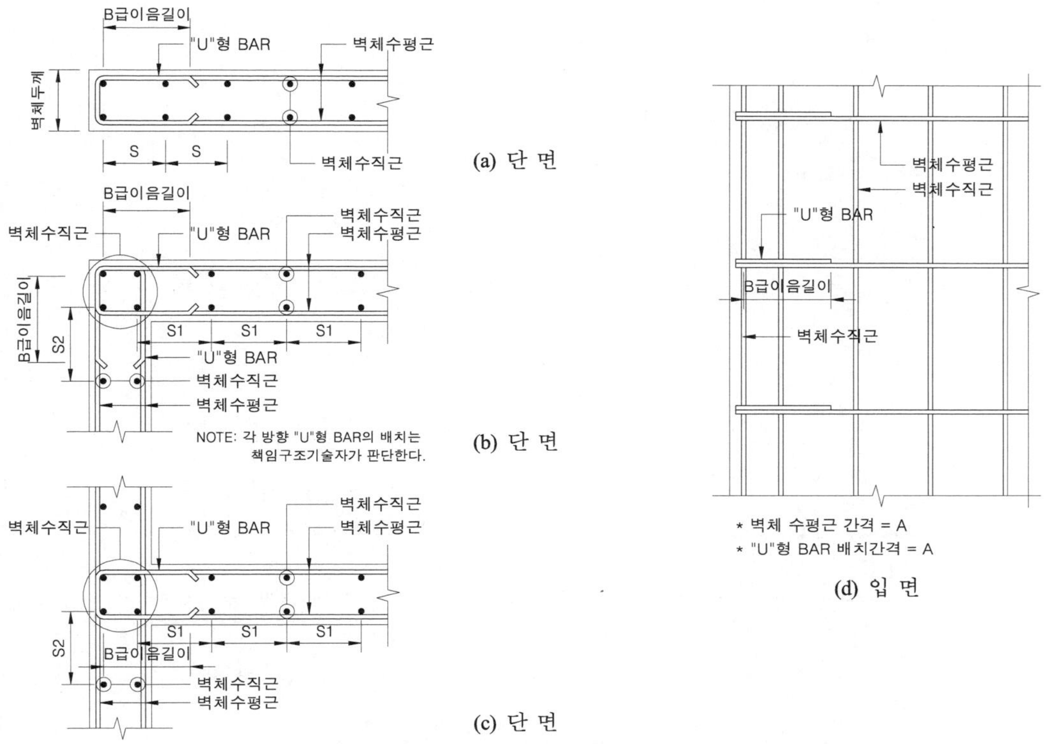

[그림 6.3.1] 벽체단부의 보강

6.4 벽체개구부의 보강

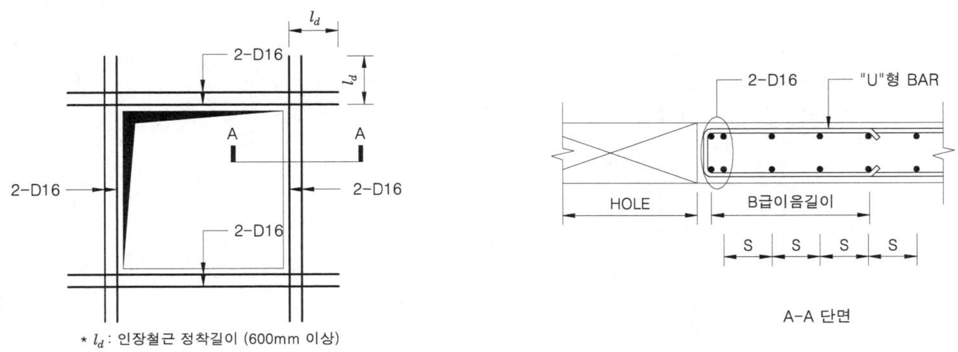

[그림 6.4.1] 벽체개구부의 보강

■■ 주기 1) 주근이 개구부에 의해 끊어지지 않을 경우에는 철근을 보강하지 않아도 된다.
2) 보강근은 양방향 모두 보강하고, 최소 철근량은 2열 배근된 벽체는 2개의 D16이상 철근, 1열 배근된 벽체는 1개의 D16이상 철근 배근한다. (KDS 14 20 72 (4.2(7)))
3) 개구부에 의해 절단되는 철근의 1/2씩을 개구부 양측에 배근하며, 철근 단면적은 책임구조기술자가 판단한다.
4) A–A 단면의 개구부 단부에서 철근까지의 피복두께는 20 mm 확보해야 한다.
5) 사선 보강 유무는 책임구조기술자의 판단에 따른다.

6.5 특수경계요소 상세 - 1

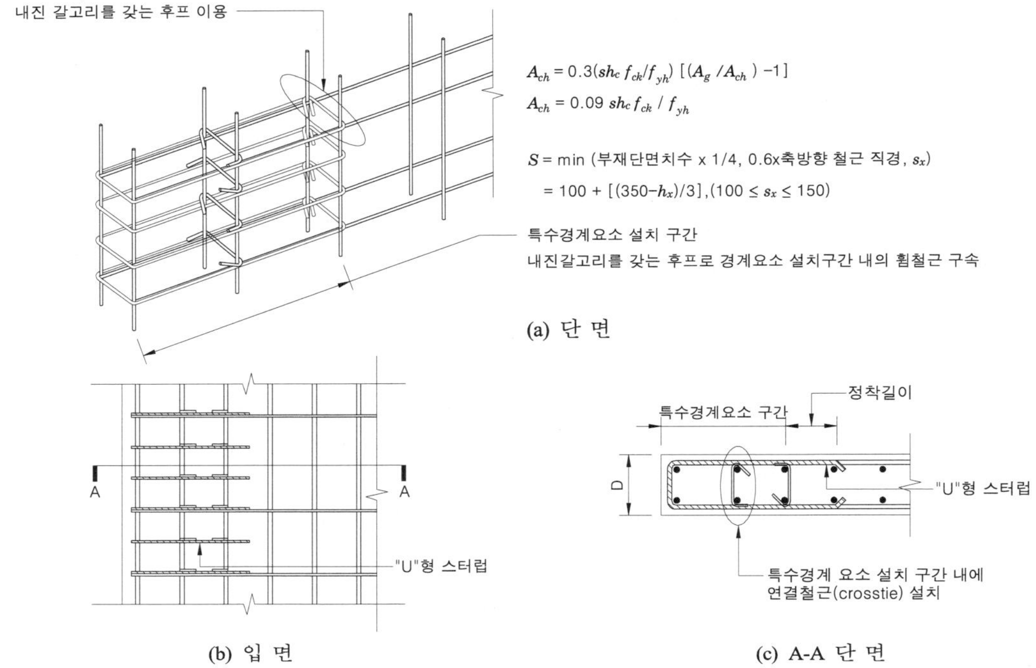

[그림 6.5.1] 특수경계요소 상세

6.6 특수경계요소 상세 - 2

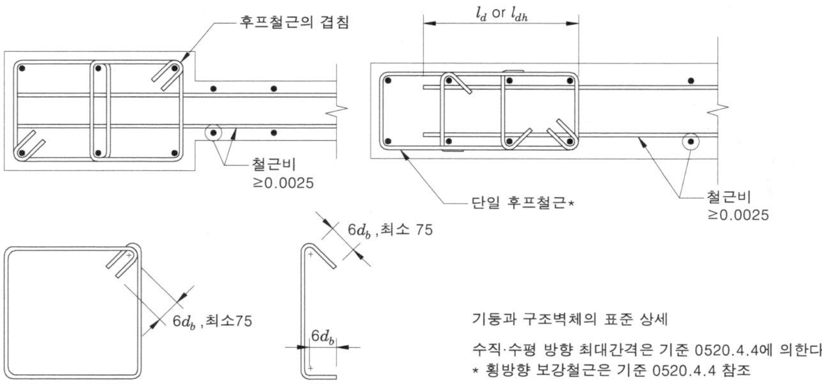

[그림 6.6.1] 특수경계요소 상세

■■ 주기 1) 지진하중에 의해서 벽체의 경계 부위 혹은 개구부 연단에 설계기준에서 요구하는 압축변형율 또는 압축응력을 이상일 때 벽체 단부에 특수경계요소 상세를 적용한다. (KDS 14 20 80 (4.7.6(2),(3)))

2) 특수경계요소의 횡방향 철근은 벽체 최외단부를 감싸는 폐쇄형 후프 형태로서, 경계요소 설치구간을 넘어 벽체복부 안으로 철근의 정착길이 만큼 연장된 U형 스터럽과 연결철근으로 구성할 수 있다. (KDS 14 20 80 (4.7.6(4)))

6.7 특수경계요소 : 연결보 상세

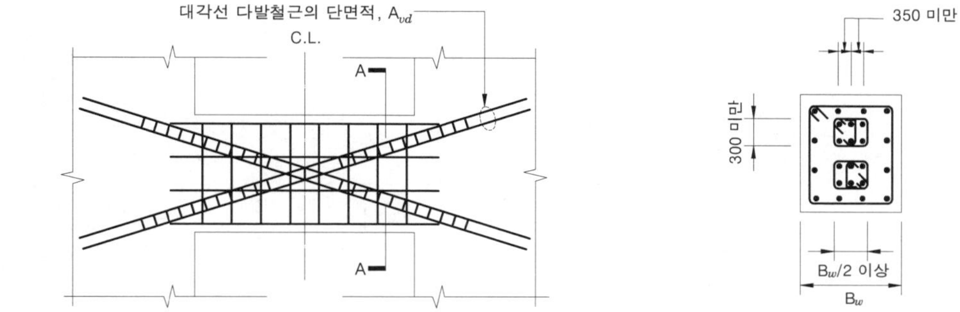

(a) 입 면　　(b) A-A 단 면

[그림 6.7.1] 연결보 상세 : 개별대각선 철근의 횡구속

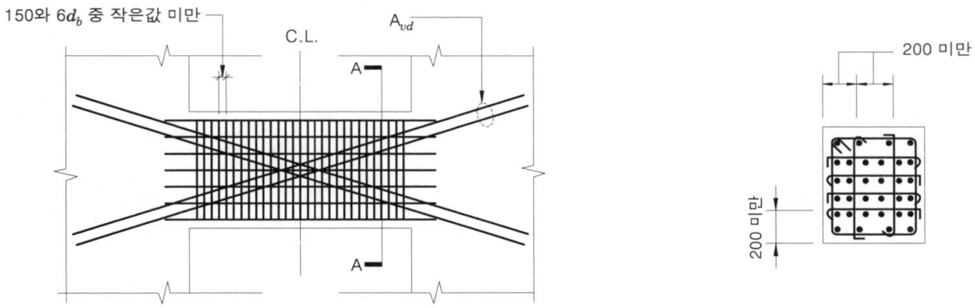

(a) 입 면　　(b) A-A 단 면

[그림 6.7.2] 연결보 상세 : 대각 보강된 보 전체단면의 횡구속

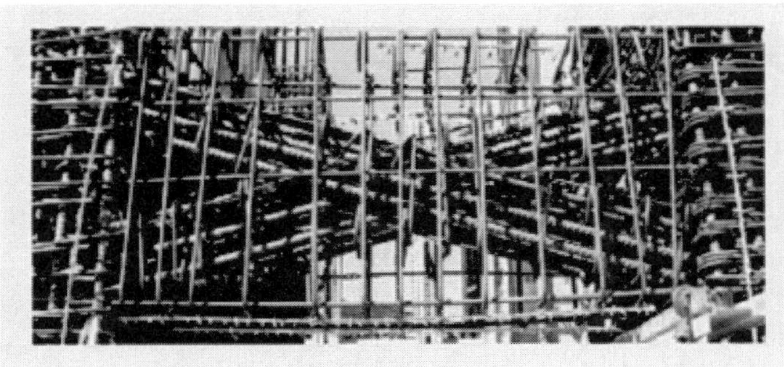

[그림 6.7.3] 연결보 시공사진

■■ 주기 1) 대각선 다발철근은 최소한 4개의 철근으로 이루어져야 하며, 각 대각선 철근은 벽체 안으로 인장정착길이를 확보해야 한다. (KDS 14 20 80 (4.7.7(4)))
2) 횡철근은 상세별로 요구하는 간격 조건을 만족하여야 한다. (KDS 14 20 80 (4.7.7(4)))

제7장 기초 배근

7.1 직접기초

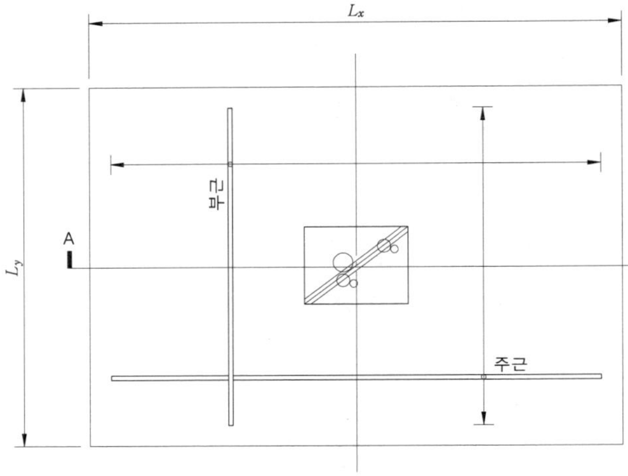

(a) 평 면

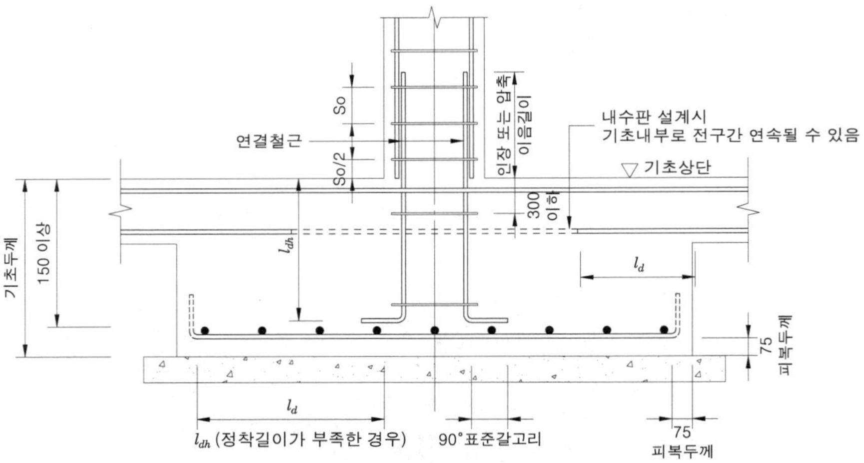

(b) A-A 단 면

[그림 7.1.1] 직접기초

■■ 주기 1) 침하를 고려한 허용지내력은 설계도서에 명시된 설계허용지내력(fe) 이상이어야 한다.
2) 설계허용지내력이 부족한 경우, 또는 fe 이상 이지만 서로 다른 경우 책임구조기술자와 협의한다.
3) 기초 내부 시공용 횡방향 철근은 책임구조기술자의 판단에 따른다.
4) 기초철근이 인장철근정착길이가 부족한 경우 90°표준갈고리를 갖는 인장철근 정착길이를 확보한다.
5) 기초와 기초보 및 슬래브를 일체로 하기 위한 보강상세는 책임구조기술자의 확인을 받아야 한다.
6) 버림 콘크리트 타설 후 기초 철근을 배근하는 경우에는 피복두께를 [흙에 접하거나 옥외 공기에 직접 노출되는 콘크리트]로 설계할 수 있다.
7) 슬래브 하단에서 기초를 수평 이어치기하는 경우에는 책임구조기술자와 협의하여 전단마찰철근량을 산정한다.

7.2 고강도 콘크리트 말뚝기초 (PHC 말뚝기초)

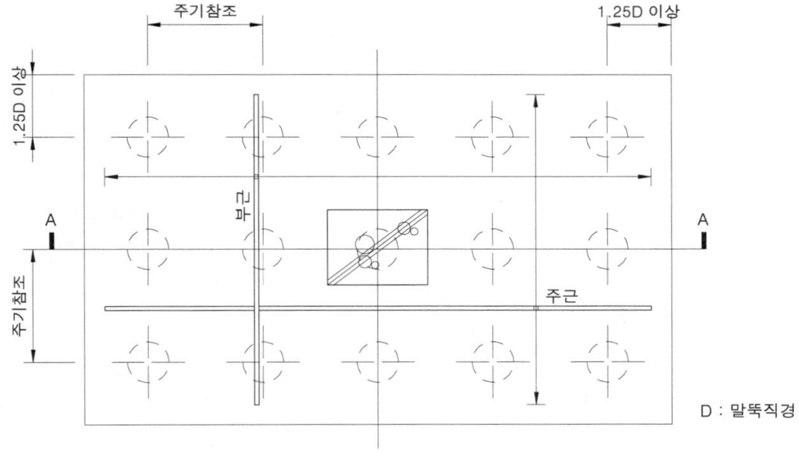

(a) 평 면

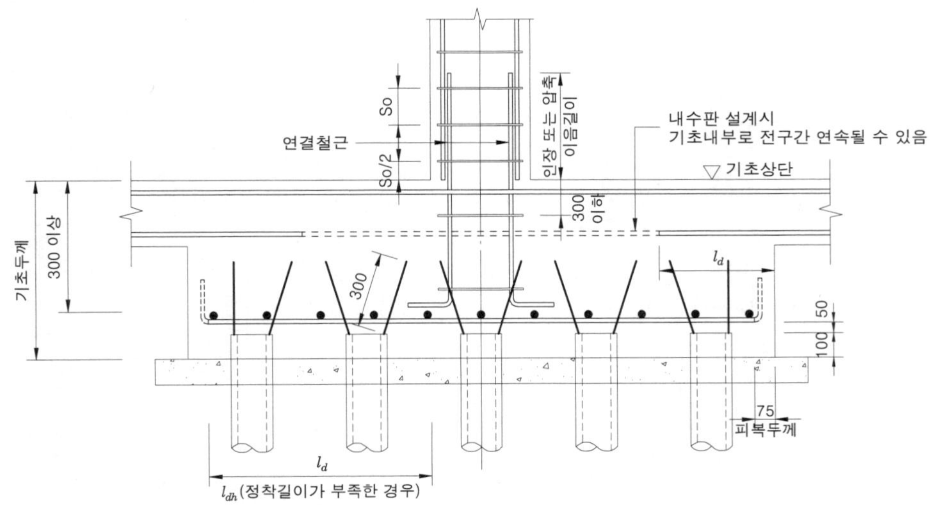

(b) A-A 단 면

[그림 7.2.1] PHC 말뚝기초

■■ 주기 1) 침하를 고려한 말뚝의 허용지지력은 설계도서에 명시된 설계허용지지력(fp) 이상이어야 한다. (KDS 41 20 00 (1.3))
매입말뚝은 재하시험을 실시하여 허용지내력 확인 후 시공한다. (KDS 41 20 00 (4.4.2.2))
2) 지반침하가 예상되는 15 m 이상 압밀층을 관통하는 지지말뚝은 부마찰력을 검토해야 한다. (KDS 41 20 00 (4.4.8))
3) 표기되지 않은 말뚝 중심간격은 타입말뚝의 경우 2.5D 이상 또는 750mm 이상 (KDS 41 20 00 (4.4.10.2))
매입말뚝은 2.0D 이상으로 한다. (KDS 41 20 00 (4.4.10.5))
기초측면과 말뚝 중심까지 간격은 1.25D 이상으로 한다. (KDS 41 20 00 (4.4.11))
4) 기초 내부 시공용 횡방향철근은 책임구조기술자의 판단에 따른다.
5) 기초와 기초보 및 슬래브를 일체로 하기 위한 보강상세는 책임구조기술자의 확인을 받아야 한다.
6) 말뚝두부 상세는 책임구조기술자의 승인을 득한 후 시공한다.
7) 슬래브 하단에서 기초를 수평 이어치기하는 경우에는 책임구조기술자와 협의하여 전단마찰철근량을 산정한다.

7.3 강관 말뚝기초

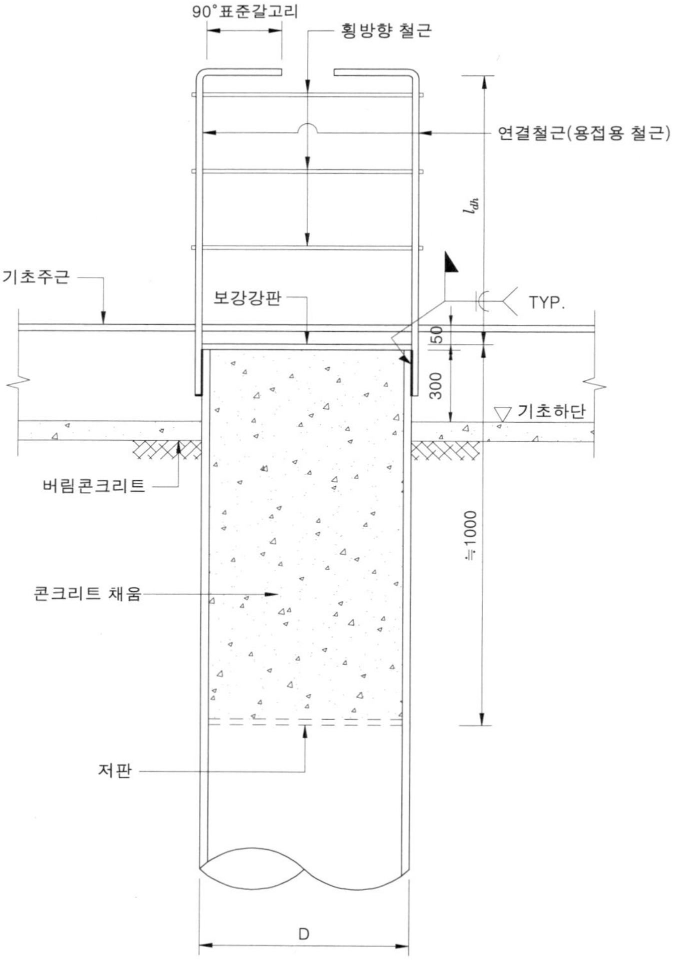

[그림 7.3.1] 철근용접 접합방법

■■ 주기 1) 말뚝의 허용지지력은 설계도서에 명시된 설계허용지지력(fp) 이상이어야 한다.
2) 말뚝의 중심간격은 2.0D 이상(단, 폐단강관말뚝은 2.5D 이상)으로 한다. (KDS 41 20 00 (4.4.10.3))
3) 강관말뚝의 부식량은 각 부식면에 대하여 1년에 0.02 mm 이상으로 한다.(대한건축학회 건축기술지침)
4) 연결철근, 모래충진 등 기타 상세는 책임구조기술자가 판단한다.
5) 말뚝두부 상세 및 고력볼트에 의한 연결방법 등 신기술, 신공법은 책임구조기술자의 승인을 득한 후 시공한다.

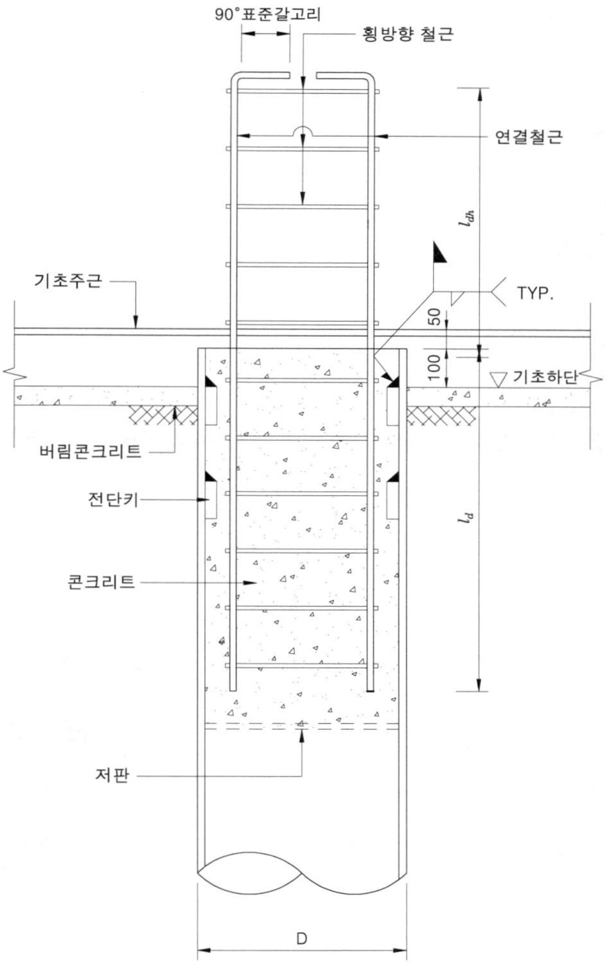

[그림 7.3.2] 속채움 접합방법

■■ 주기 1) 말뚝의 허용지지력은 설계도서에 명시된 설계허용지지력(fp) 이상이어야 한다.
2) 말뚝의 중심간격은 2.0D 이상(단, 폐단강관말뚝은 2.5D 이상)으로 한다. (KDS 41 20 00 (4.4.10.3))
3) 강관말뚝의 부식량은 각 부식면에 대하여 1년에 0.02 mm 이상으로 한다.(대한건축학회 건축기술지침)
4) 연결철근, 모래충진 등 기타 상세는 책임구조기술자가 판단한다.
5) 말뚝두부 상세 및 고력볼트에 의한 연결방법 등 신기술, 신공법은 책임구조기술자의 승인을 득한 후 시공한다.

7.4 PHC 말뚝

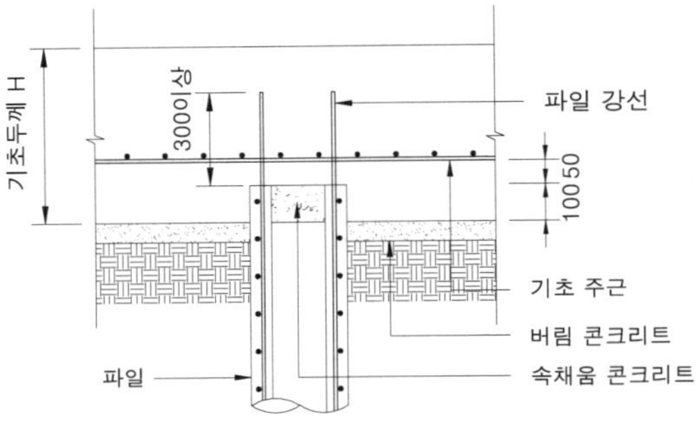

[그림 7.4.1] PHC 말뚝 두부상세 (압축력 작용)

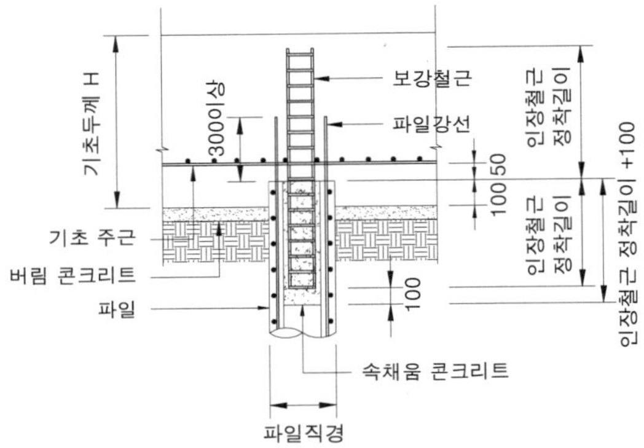

[그림 7.4.2] PHC 말뚝 두부상세 (압축, 인장력 작용)

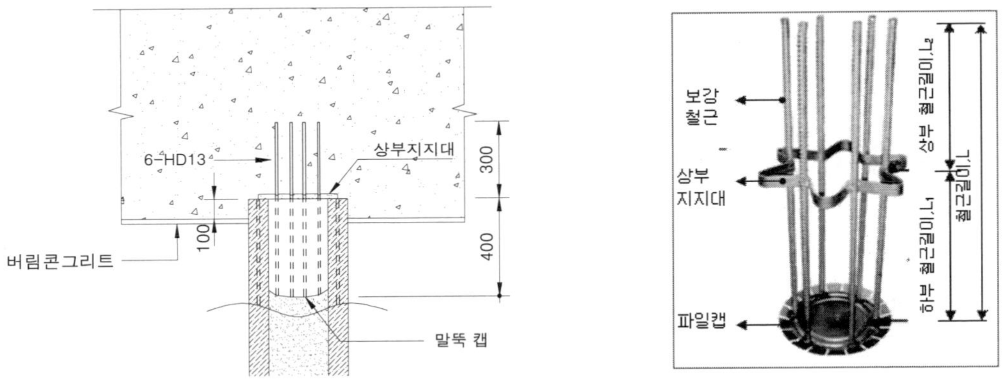

[그림 7.4.3] PHC 말뚝 보강철근 기성제품

■■ 주기 1) 인장력이 작용할 경우 보강 철근량은 책임구조기술자가 판단한다.

제8장 기타 배근

8.1 계단

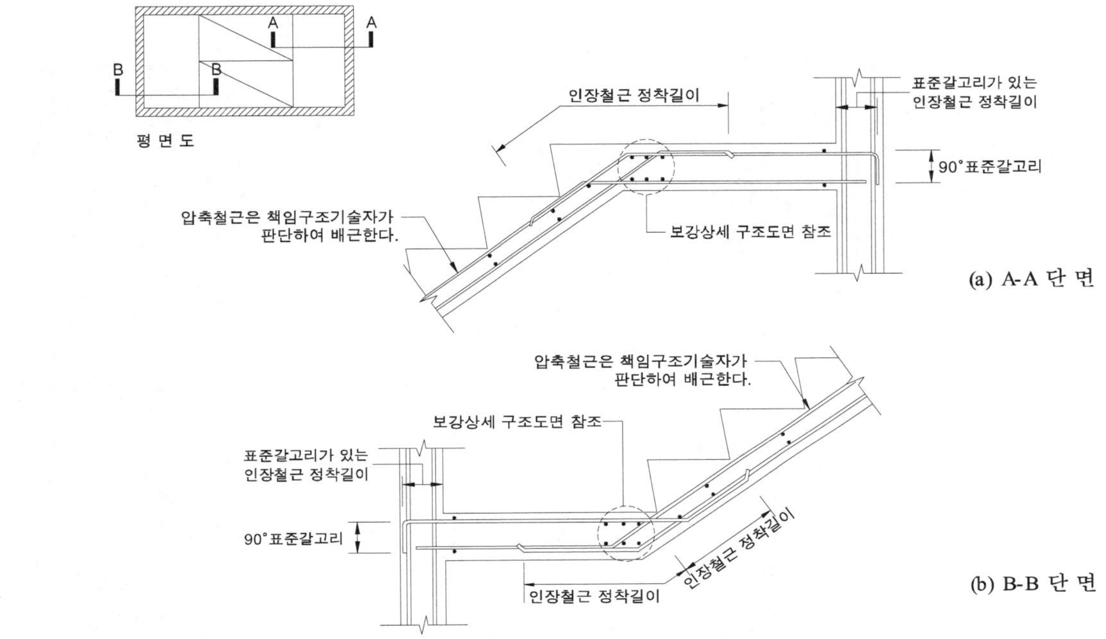

[그림 8.1.1] 양단지지 계단 슬래브

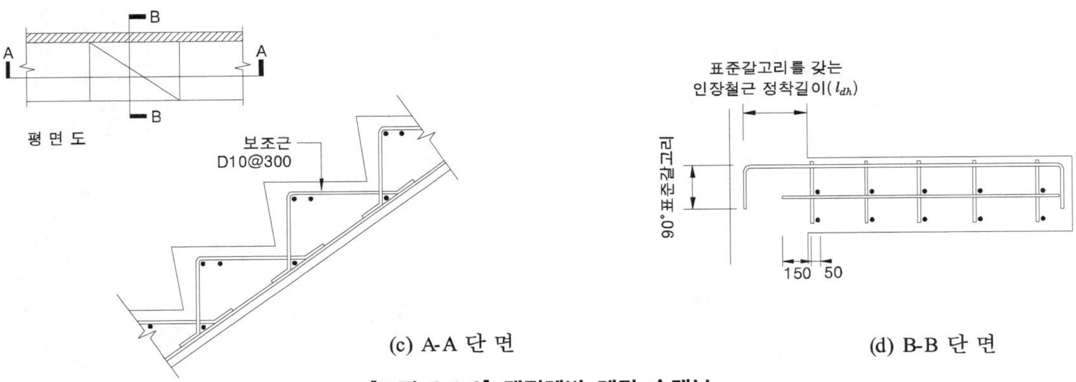

[그림 8.1.2] 캔틸레버 계단 슬래브

■■ 주기 1) 슬래브 주철근의 간격은 위험단면에서는 슬래브 두께의 2배 이하, 또한 300 mm 이하로 하고, 기타 단면에서는 슬래브 두께의 3배 이하, 또한 450 mm 이하로 하여야 한다. (KDS 14 20 70 (4.1.1.3))

2) 불연속 단부 모서리에 직교 방향인 철근은 150mm 이상 테두리보, 기둥 또는 벽체 속에 묻어야 한다. (KDS 14 20 70 (4.1.5.2))

3) 수축・온도철근으로 배치되는 이형철근의 최소철근비는 $f_y \leq 400$ MPa인 경우 0.0020 이상, $f_y > 400$ MPa인 경우 $0.002 \times 400/f_y$ 이상이어야 하며, 어떤 경우에도 0.0014 이상이어야 한다. (KDS 14 20 50 (4.6.2))

8.2 집수정

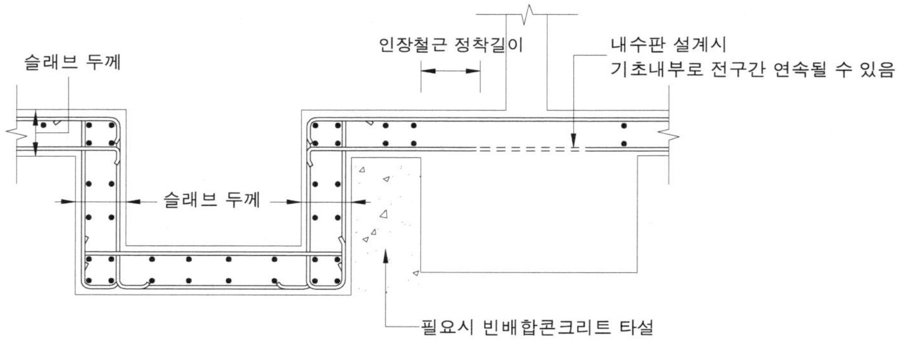

[그림 8.2.1] 슬래브 집수정 상세

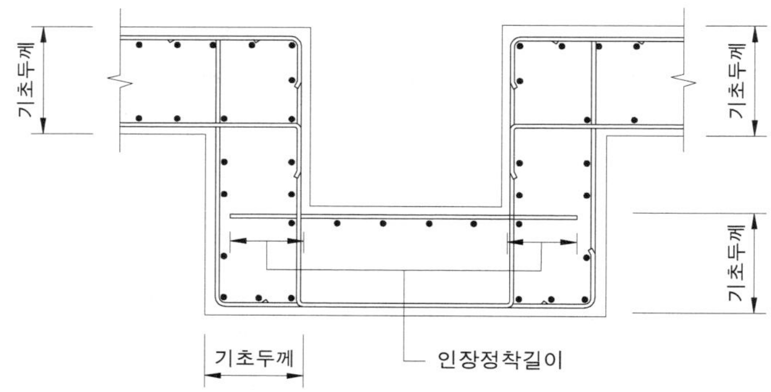

[그림 8.2.2] 온통기초 집수정 상세

■■ 주기

1) 수축 · 온도철근이 된 슬래브의 최소철근비($f_y \le 400$ MPa인 경우)는 0.0020 이상이고, $f_y > 400$ MPa인 경우 $0.002 \times 400/f_y$ 이상이고 어떤 경우에도 0.0014 이상으로 한다, (KDS 14 20 50 (4.6.2))
2) 슬래브 주철근의 간격은 위험단면에서는 슬래브 두께의 2배 이하, 또한 300 mm 이하로 하고, 기타 단면에서는 슬래브 두께의 3배 이하, 또한 450 mm 이하로 하여야 한다. (KDS 14 20 70 (4.1.1.3))
3) 온통기초(매트기초)에 부력이 작용하는 경우 이에 대한 방지대책을 마련하여야 한다,
4) 상부구조물의 하중이 큰 경우 단차부위는 빈배합 콘크리트를 타설하여야 한다.

8.3 트렌치

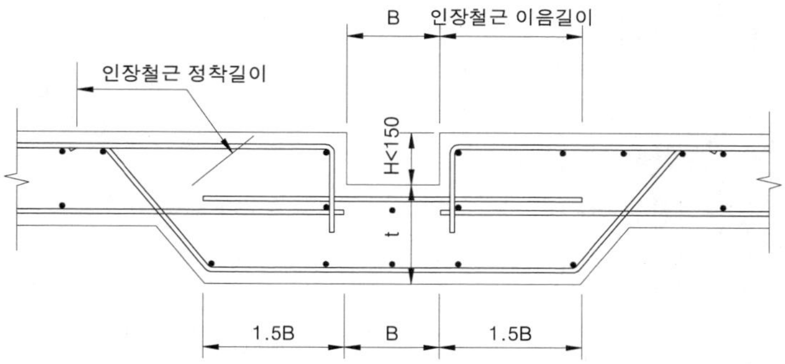

[그림 8.3.1] H 〈 150 mm인 트렌치 배근상세

■■ 주기 1) 이형철근의 겹침이음길이는 A급이음 $1.0l_d$ 이상, B급 이음 $1.3l_d$ 이상이어야 하며, 300 mm 이상이어야 한다. (KDS 14 20 52 (4.5.2))

8.4 난간

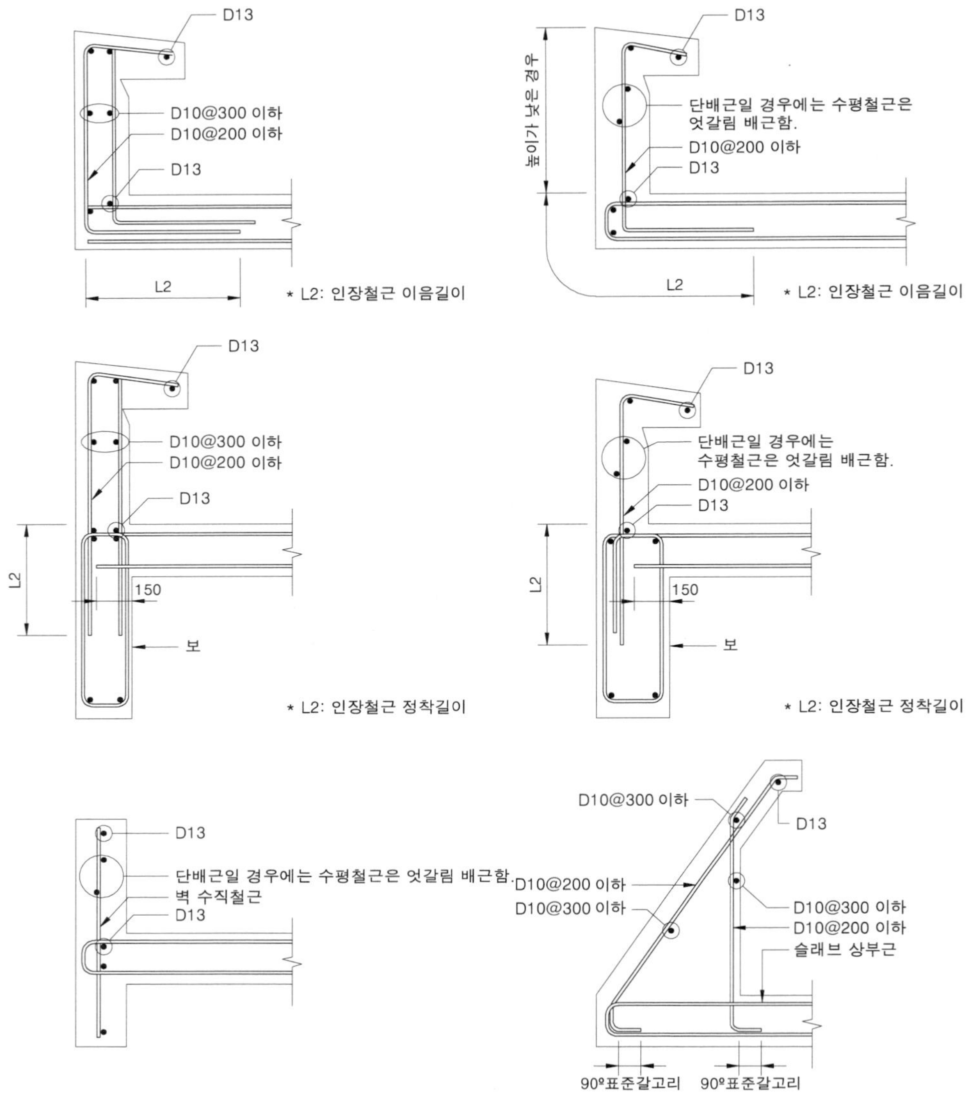

[그림 8.4.1] 난간 상세

■■ 주기 1) 벽체 혹은 파라펫의 수직 및 수평철근 간격은 벽두께의 3배 이하, 또한 450 mm 이하로 하여야 한다. (KDS 14 20 72 (4.2))

2) 비내력벽의 두께는 100 mm 이상, 또한 횡방향으로 지지된 부재간 최소거리 1/30 이상이 되어야 한다. (KDS 14 20 72 (4.4))

3) 벽체의 최소 수직철근비는 $f_y \geq 400$ MPa인 경우 D16 이하의 이형철근은 0.0012 이상, 그 외에는 0.0015 이상 배근하여야 한다. (KDS 14 20 72 (4.2(2)))

4) 벽체의 최소 수평철근비는 $f_y \geq 400$ MPa인 경우 D16 이하의 이형철근은 $0.0020 \times 400/f_y$, 다만, f_y는 500 MPa를 초과할 수 없다. (KDS 14 20 72 (4.2(3)))

8.5 캐노피

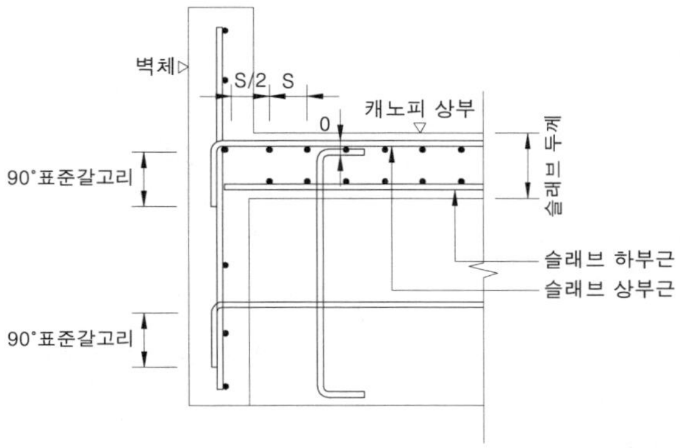

[그림 8.5.1] 단부 캐노피 상세

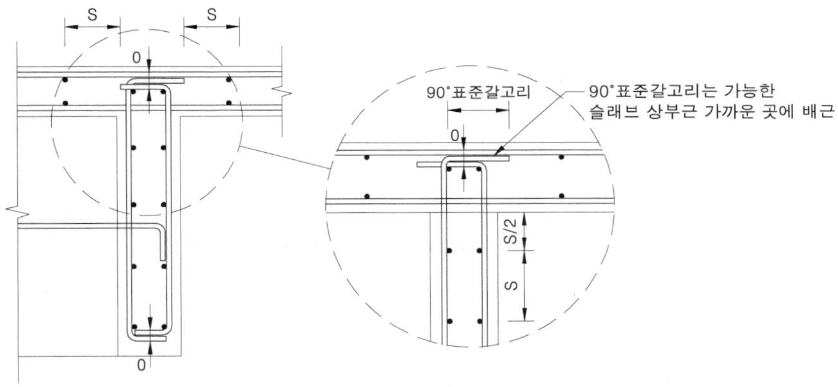

[그림 8.5.2] 중앙부 캐노피 상세

■■ 주기 1) 벽체 혹은 파라펫의 수직 및 수평철근 간격은 벽두께의 3배 이하, 또한 450 mm 이하로 하여야 한다. (KDS 14 20 72 (4.2))

2) 비내력벽의 두께는 100 mm 이상, 또한 횡방향으로 지지된 부재간 최소거리 1/30 이상이 되어야 한다. (KDS 14 20 72 (4.4))

3) 벽체의 최소 수직철근비는 $f_y \geq 400$ MPa인 경우 D16 이하의 이형철근은 0.0012 이상, 그 외에는 0.0015 이상 배근하여야 한다. (KDS 14 20 72 (4.2(2)))

4) 벽체의 최소 수평철근비는 $f_y \geq 400$ MPa인 경우 D16 이하의 이형철근은 $0.0020 \times 400/f_y$, 다만, f_y는 500 MPa를 초과할 수 없다. (KDS 14 20 72 (4.2(3)))

8.6 경사로

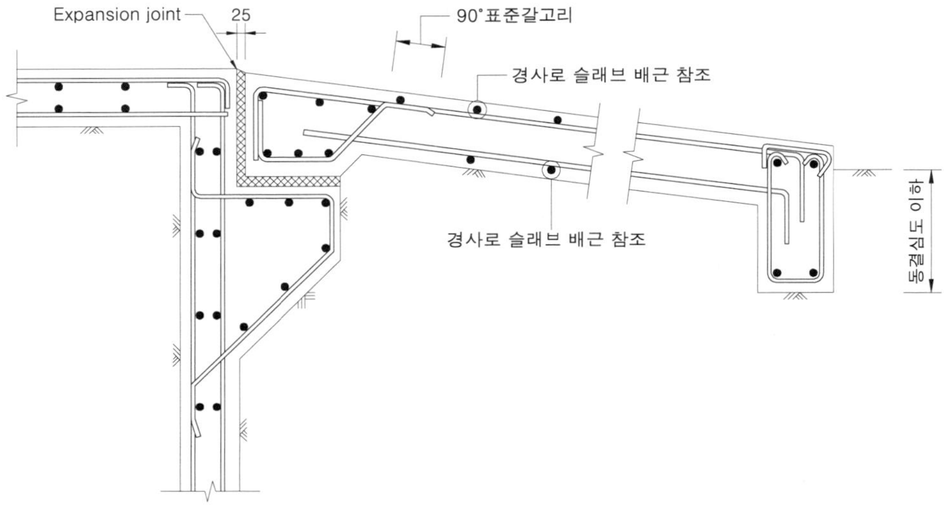

[그림 8.6.1] 경사로 상세 1

■■ 주기 1) 익스펜션조인트에 설치는 본 건물과 일체화될 경우 생략할 수 있다.
2) 경사로 끝은 지내력 확보가 가능하도록 기초를 설치하며, 결사로 슬래브 외곽부 및 기초저면은 동결심도 이하가 되도록 하여야 한다.
3) 브래킷 단면 배근은 구조설계에 의한다.

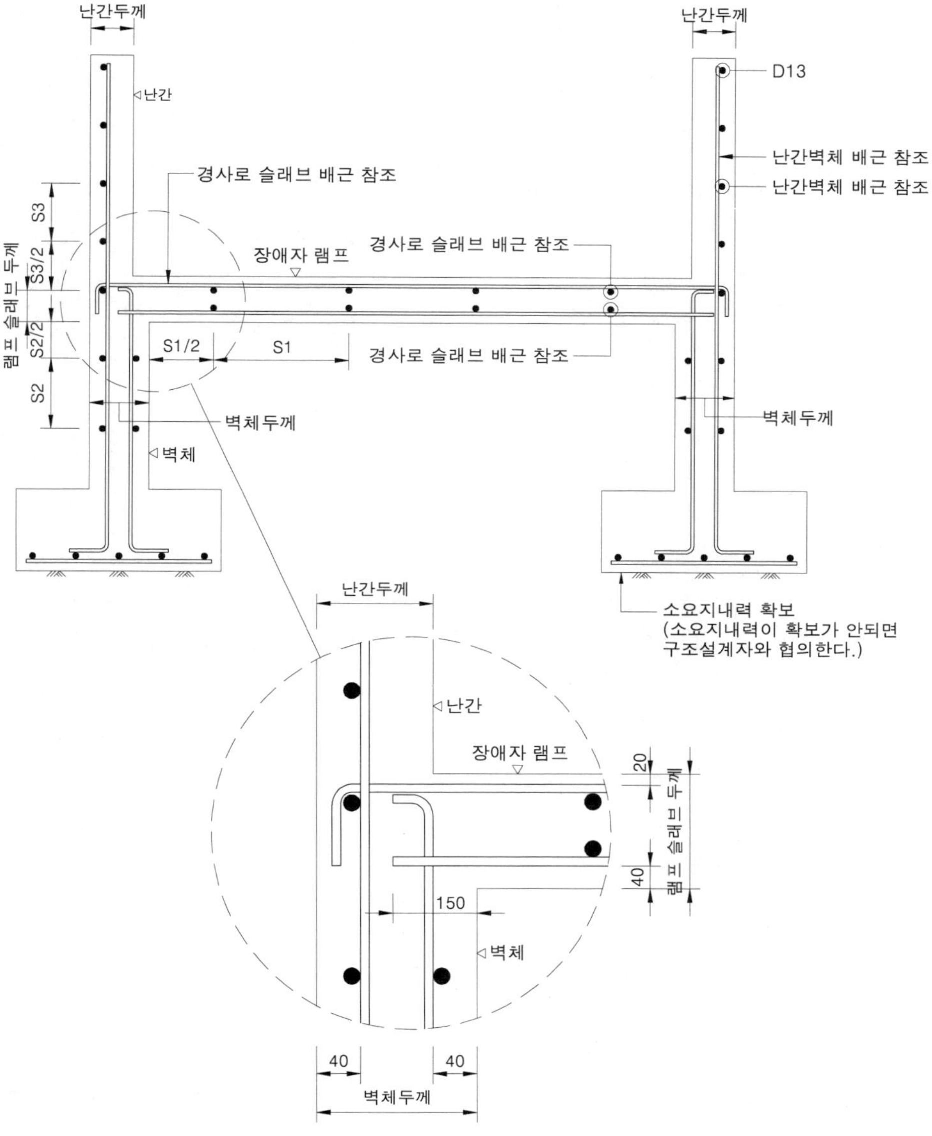

[그림 8.6.2] 경사로 상세 2 (장애자 램프 부분)

8.7 공동구

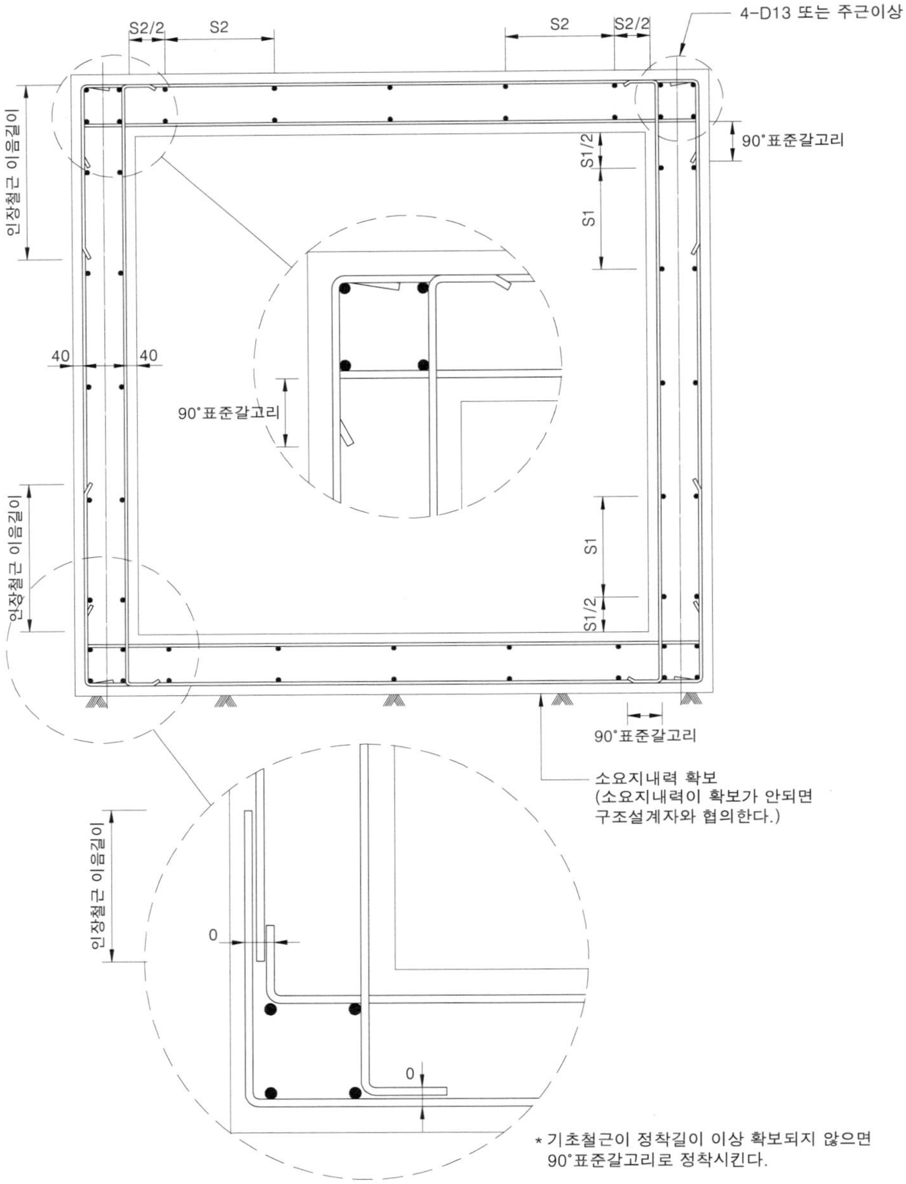

[그림 8.7.1] 공동구 상세

■■ 주기 1) 건물의 기초와 옹벽에 간섭되지 않게 배치한다.
2) 경사로 끝은 지내력 확보가 가능하도록 기초를 설치하며, 결사로 슬래브 외곽부 및 기초저면은 동결심도 이하가 되도록 하여야 한다.
3) 브래킷 단면 배근은 구조설계에 의한다.

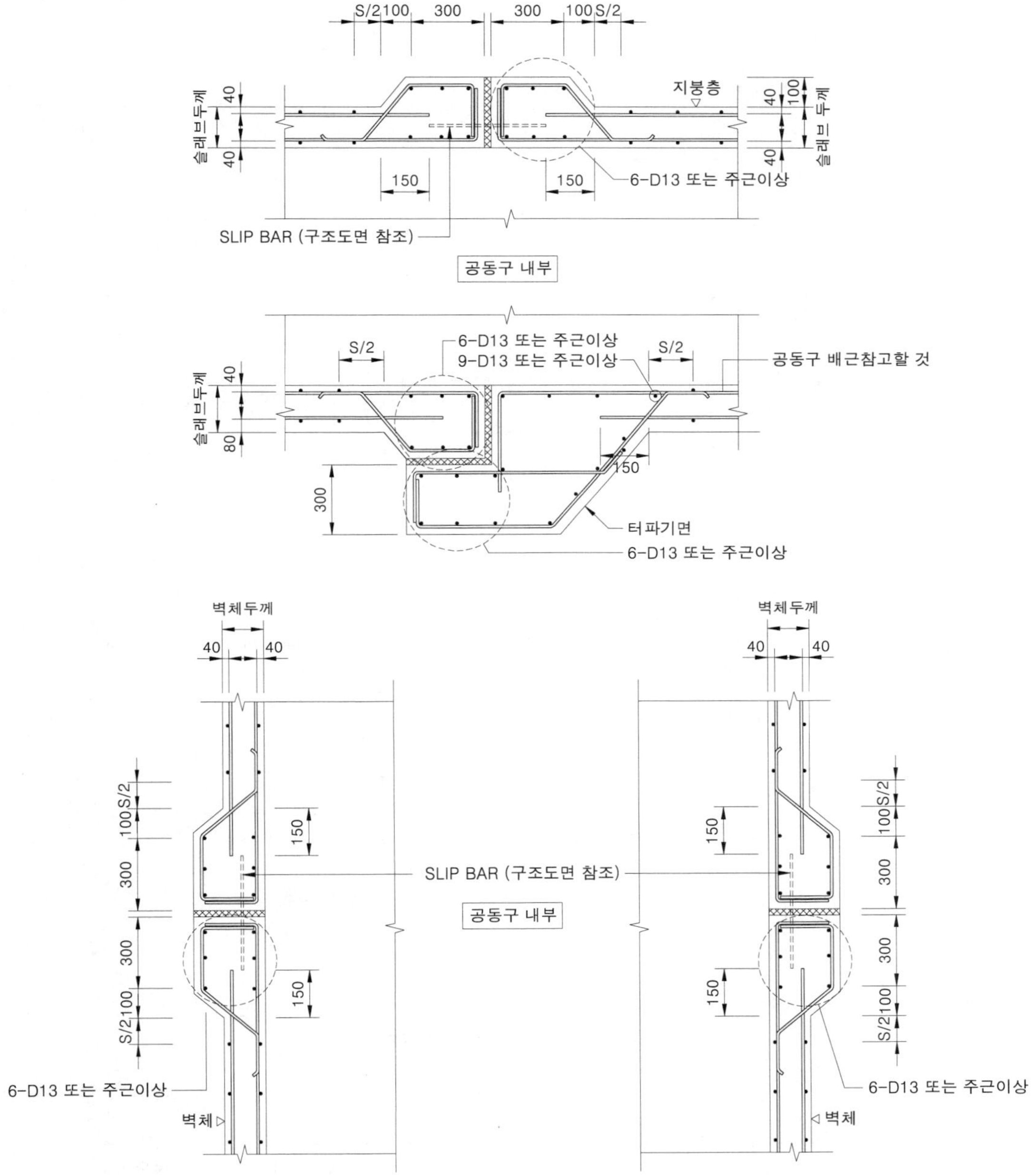

[그림 8.7.2] 공동구 이음 접합 상세

8.8 브래킷

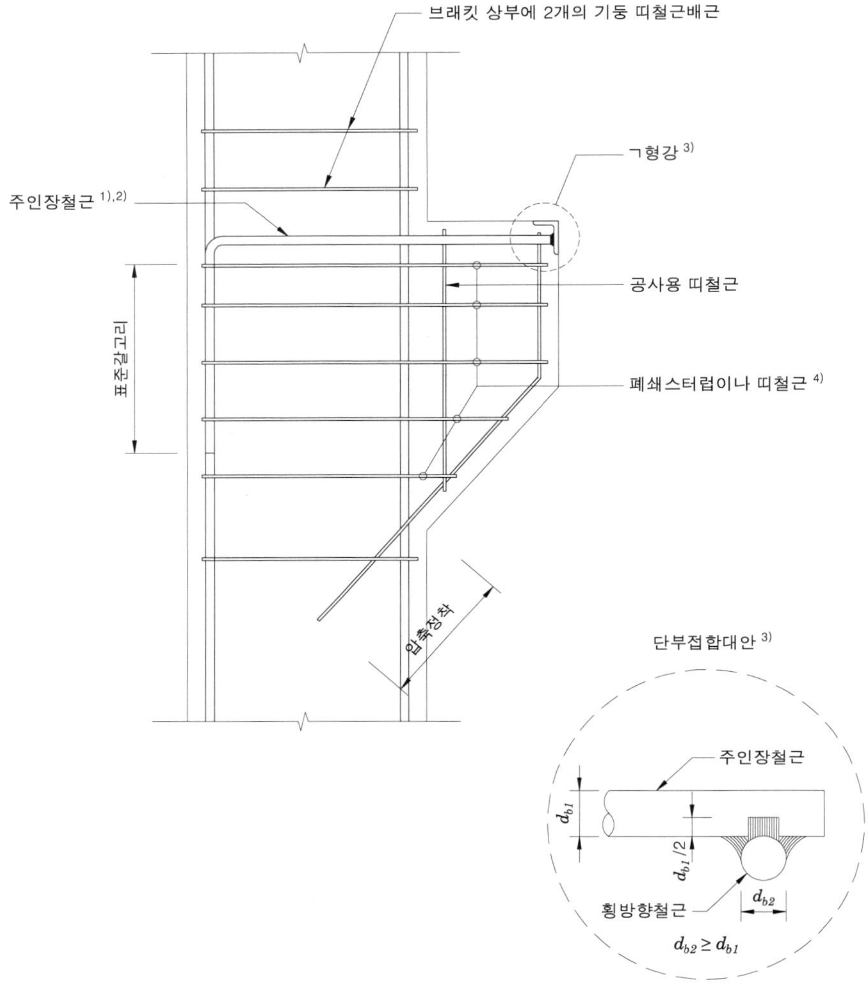

[그림 8.8.1] 브래킷 배근상세

■■ 주기 1) 주인장철근의 철근비 A_s/bd는 0.04x(f_{ck}/f_y) 이상으로 하여야 한다. (KDS 14 20 22 (4.8.3))

2) 주인장철근의 단면적은 (A_f+A_n)와 ($2A_{vf}/3+A_n$) 중에서 큰 값 이상이어야 한다. (KDS 14 20 22 (4.8.2))

3) 주인장철근은 적어도 같은 크기의 횡방향 철근에 구조적으로 용접되어야 하며, 주인장철근 A_s의 설계기준 항복강도를 발휘할 수 있도록 설계되어야 한다. (KDS 14 20 22 (4.8.3))

4) 주인장 철근의 폐쇄스터럽이나 띠철근은 0.5x(As-An) 이상이어야 하고, 주인장철근에 인접한 유효깊이의 2/3 내에 균등하게 배치해야 한다. (KDS 14 20 22 (4.8.3))

8.9 옹벽

-높이 5m 역T형 옹벽 배근상세 예-

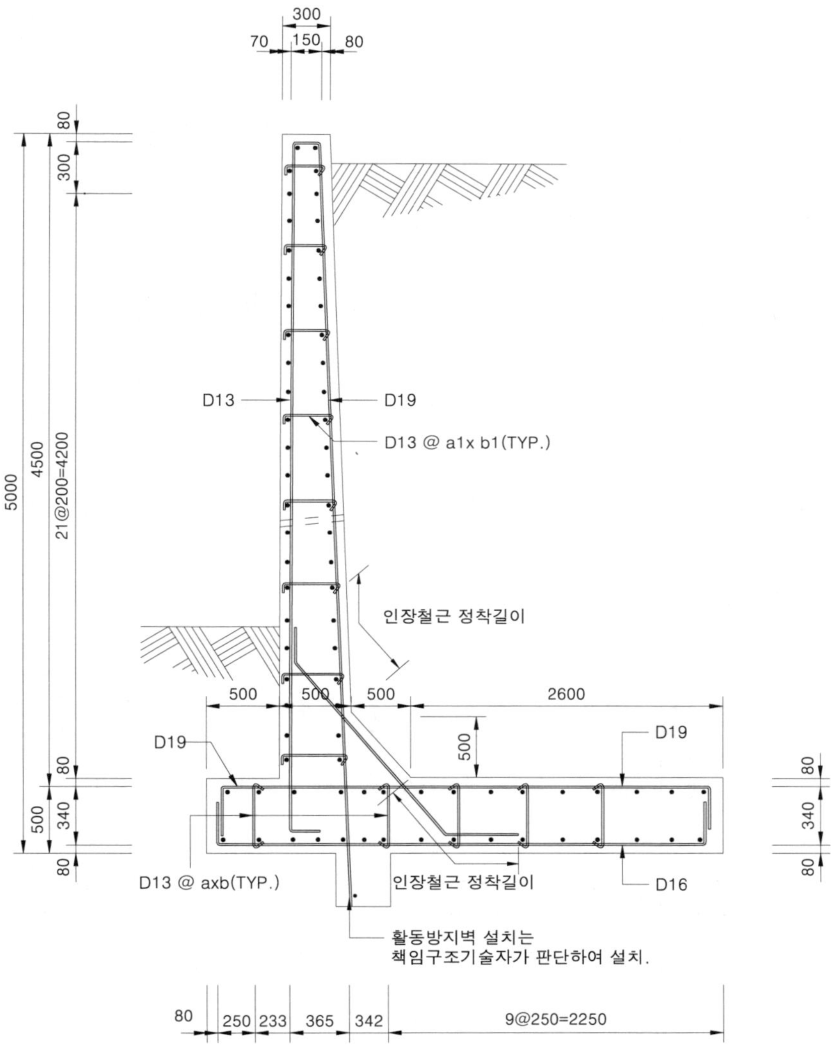

[그림 8.9.1] 역T형 옹벽 상세

■■ 주기 1) 활동에 대한 저항력은 옹벽에 작용하는 수평력의 1.5배 이상이어야 한다. (KDS 14 20 74 (4.1.1.2))
2) 활동에 대한 효과적인 저항을 위하여 저판의 하면에 활동방지벽을 설치하는 경우 활동방지벽과 저판을 일체로 만들어야 한다. (KDS 14 20 74 (4.1.3))
3) 전도에 대한 저항모멘트는 횡토압에 대한 전도휨모멘트의 2.0배 이상이어야 한다. (KDS 14 20 74 (4.1.1.2))

8.10 양수기함 및 계량기함

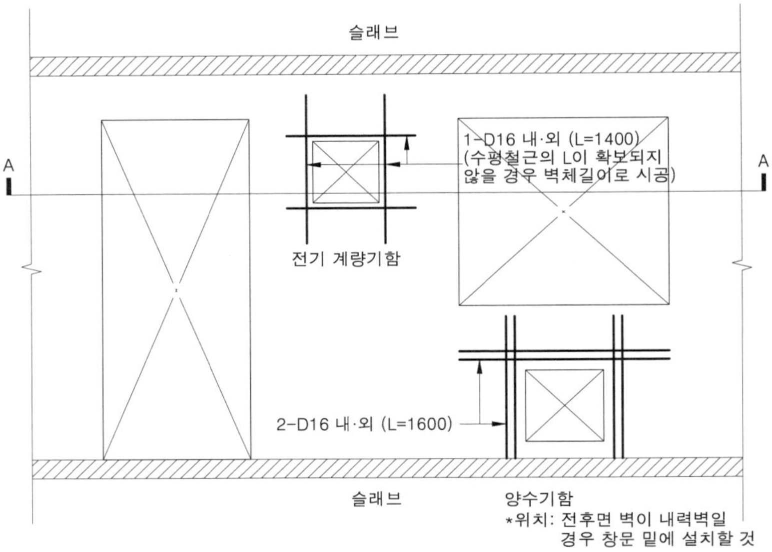

(a) 입 면

- 전기 계량기함 벽체 수직철근이 D16 이상인 경우 수직 보강근 생략

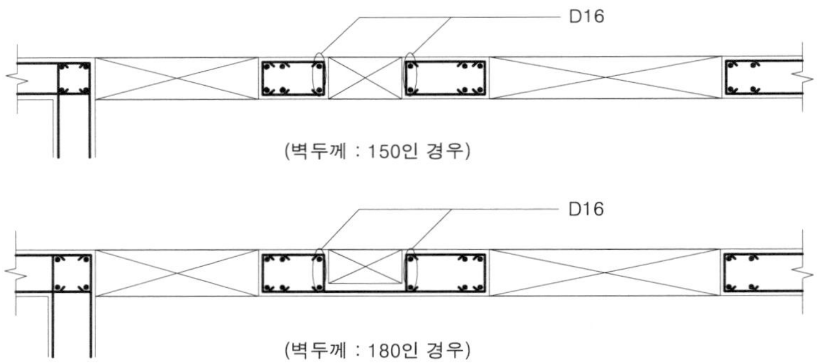

(b) A-A 단 면

[그림 8.10.1] 양수기함, 계량기함 단면 보강상세

■■ 주기 1) 보강근은 양방향 모두 보강하여야 한다.
2) 개구부에 의해 절단되는 철근의 1/2씩을 개구부 양측에 배근하며, 철근 단면적은 책임구조기술자가 판단한다.
3) 개구부의 크기가 300 mm를 초과하는 경우에는 책임구조기술자의 확인 후 시공하여야 한다.

8.11 전기함

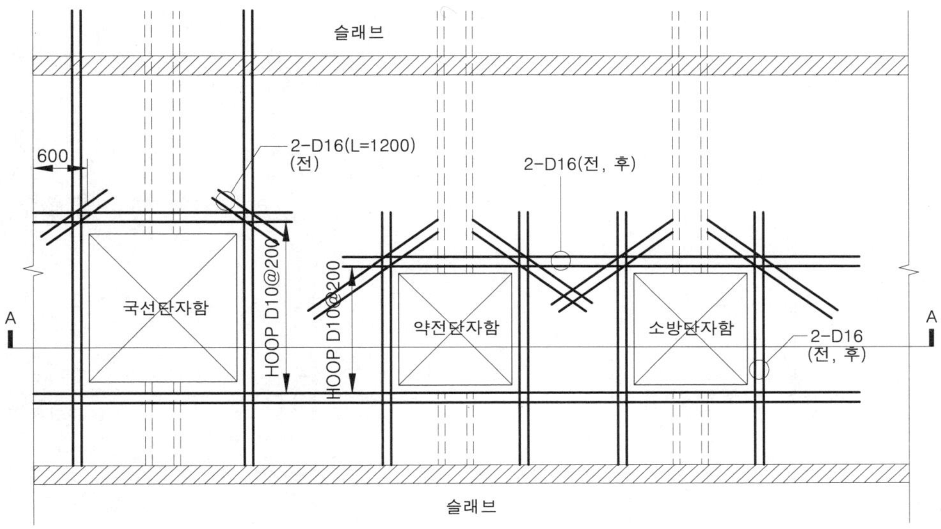

(a) 입 면

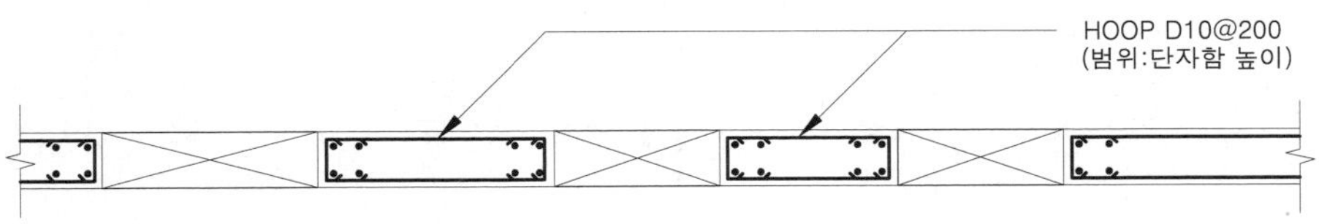

(b) A-A 단 면

[그림 8.11.1] 전기함 보강상세

■■ 주기 1) 보강근은 양방향 모두 보강하여야 한다.
2) 개구부에 의해 절단되는 철근의 1/2씩을 개구부 양측에 배근하며, 철근 단면적은 책임구조기술자가 판단한다.
3) 개구부의 크기가 300 mm 초과하는 경우에는 책임구조기술자의 확인 후 시공하여야 한다.

8.12 락 앵커

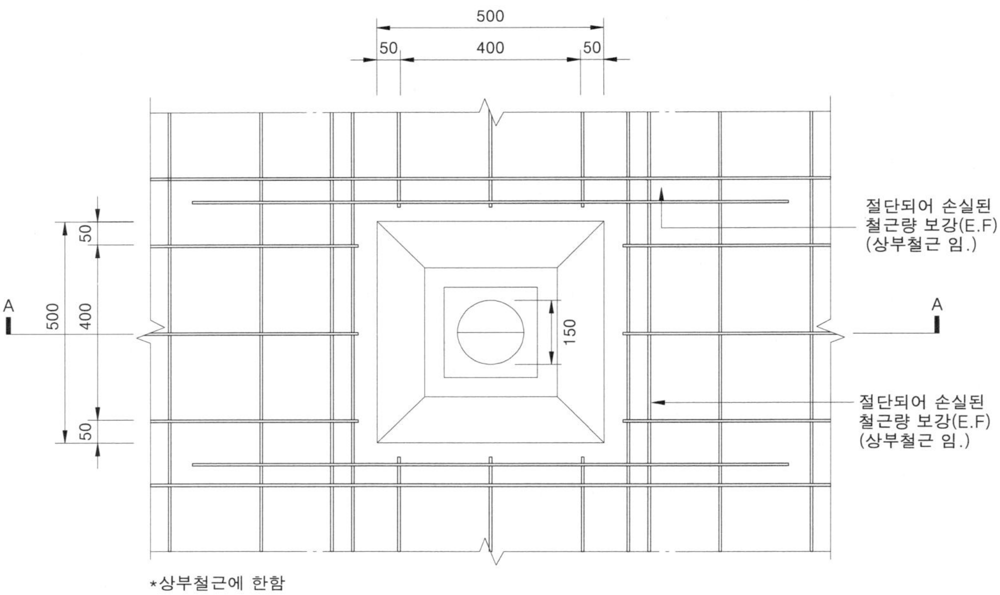

(a) 입 면

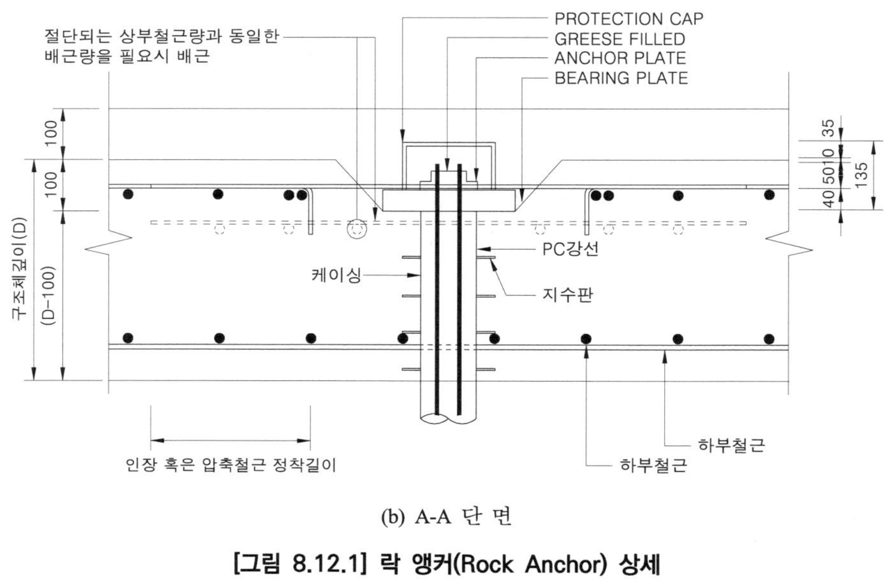

(b) A-A 단 면

[그림 8.12.1] 락 앵커(Rock Anchor) 상세

■■ 주기 1) 지압판은 설계도면에 제시된 규격의 강재를 사용한다.
2) PC강선은 냉간 인발되어 응력 제거된 7연선으로 KSD7002 SWPC 7B 사양에 의한다.
3) 그라우트재의 품질은 28일 강도가 21 MPa 이상이 되도록 하며, 현장배합 후 일축압축강도를 확인하고 사용한다.

제9장 PC 배근

9.1 PC 슬래브

9.1.1 중공형 PC 슬래브

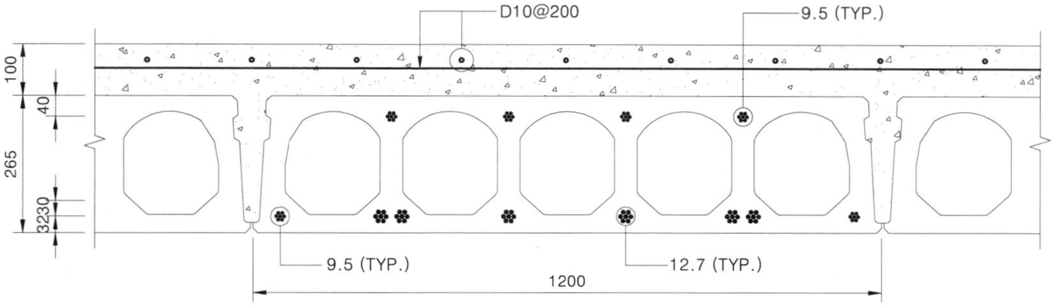

상부강선 : 4 - Φ9.5
하부강선 : 6 - Φ12.7 + 2-Φ9.5

[그림 9.1.1] 할로우 코어 슬래브(Hollow Core Slab, HCS) 배근상세 예

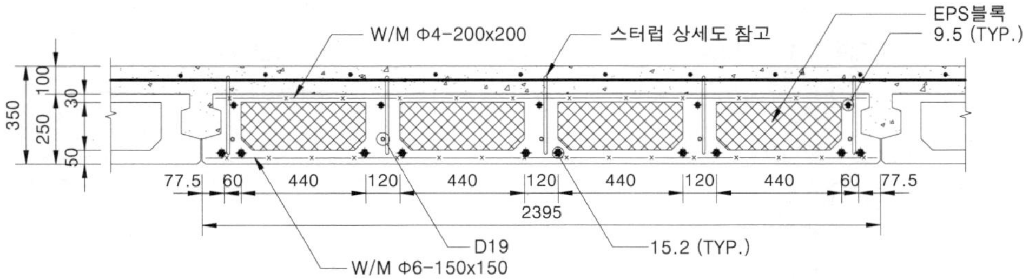

[그림 9.1.2] 리브 플러스 슬래브(Rib Plus Slab, RPS) 배근상세 예

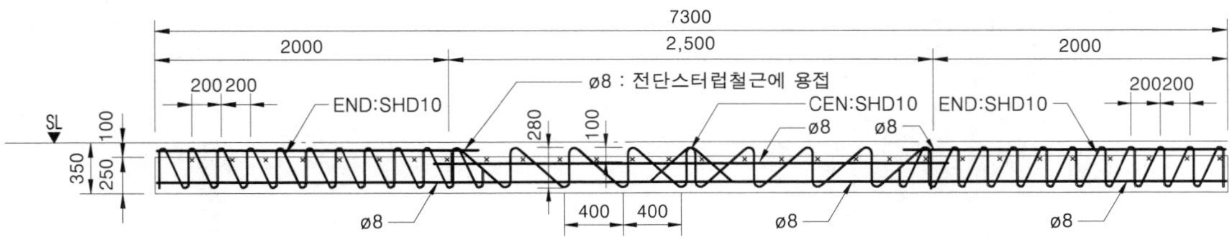

[그림 9.1.3] 리브 플러스 슬래브(Rib Plus Slab, RPS) 스터럽 상세

9.1.2 리브형 PC 슬래브

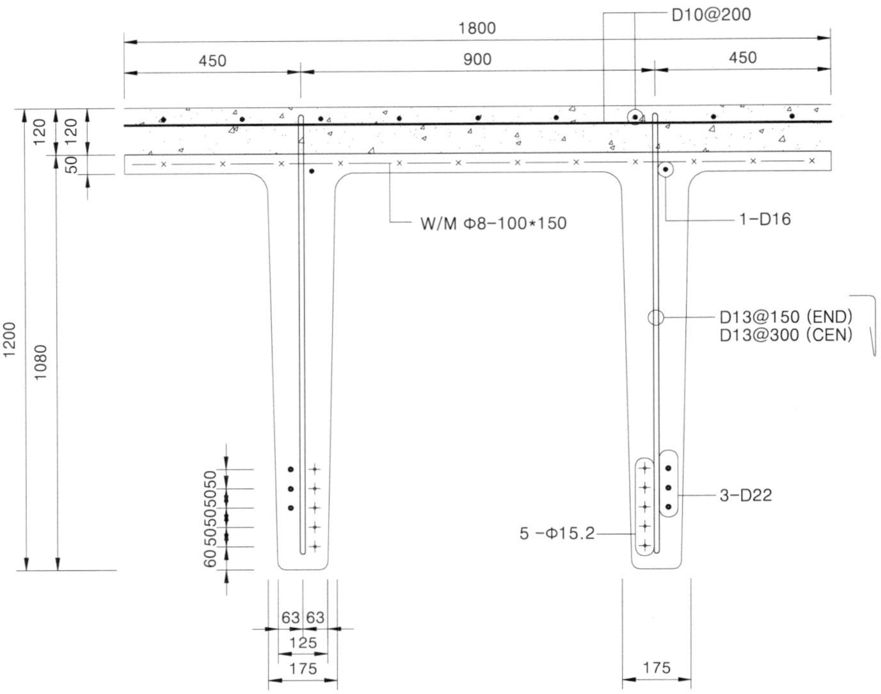

[그림 9.1.4] 더블 T 슬래브(Double Tee Slab, DTS) 배근상세 예 1

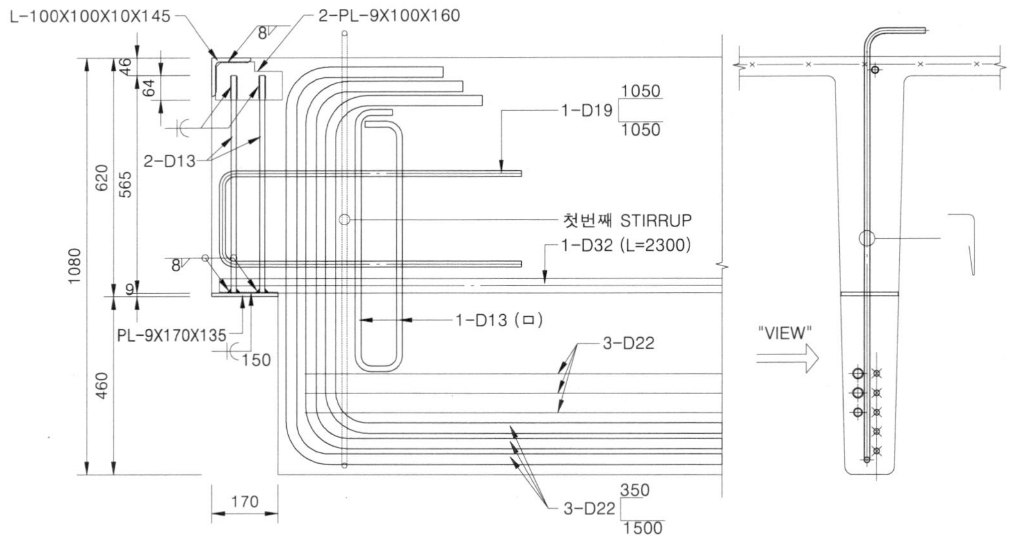

[그림 9.1.5] 더블 T 슬래브(Double Tee Slab, DTS) 배근상세 예 2

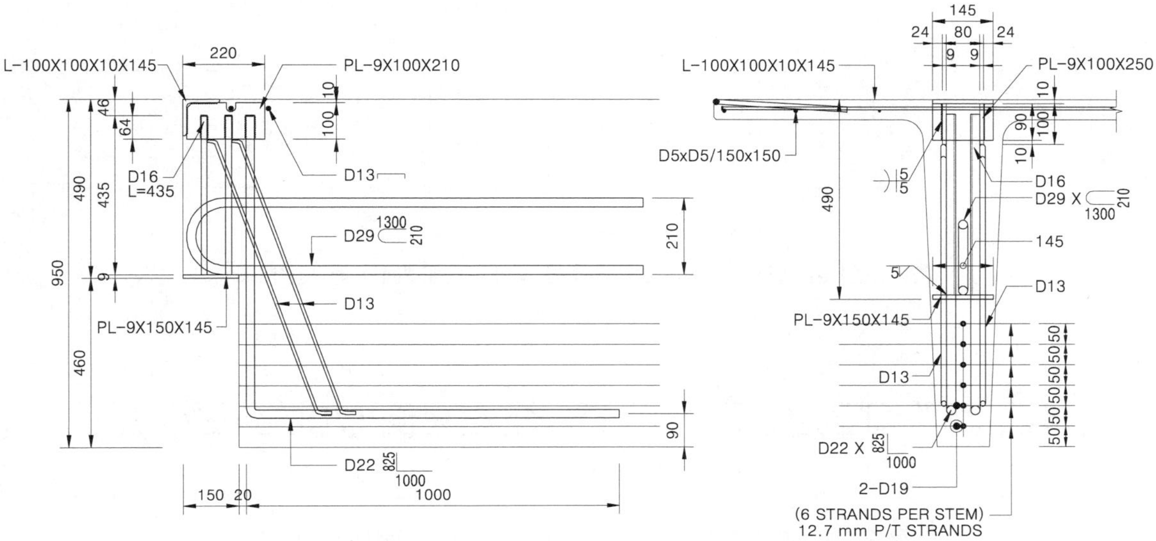

[그림 9.1.6] 더블 T 슬래브(Double Tee Slab, DTS) 배근상세 예 3

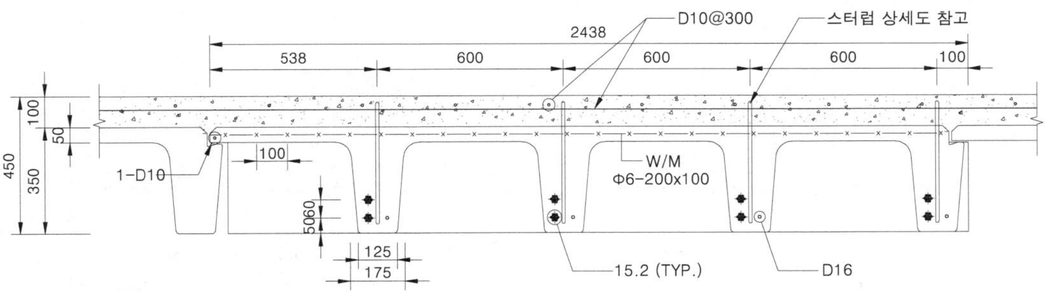

[그림 9.1.7] 조인트리스 리브드 슬래브(Jointless Ribbed Slab, JRS) 배근상세 예

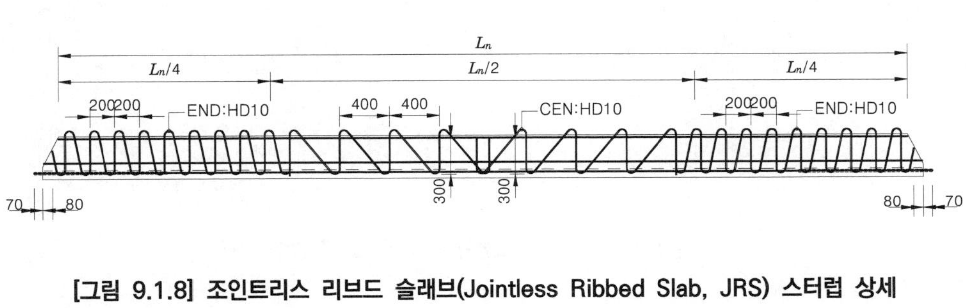

[그림 9.1.8] 조인트리스 리브드 슬래브(Jointless Ribbed Slab, JRS) 스터럽 상세

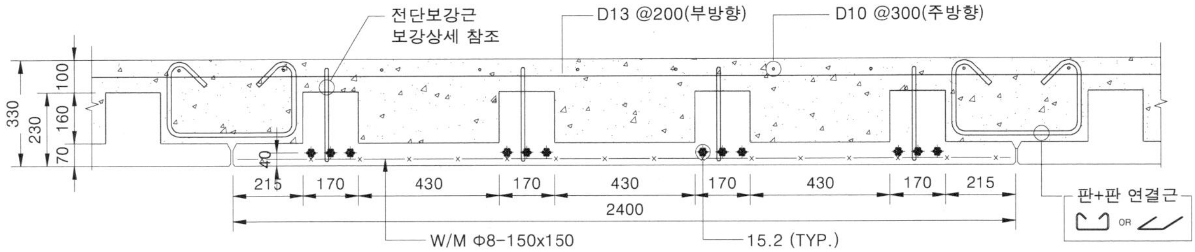

[그림 9.1.9] 역리브형 슬래브(Inverted Multi-Tee, IMT) 배근상세 예

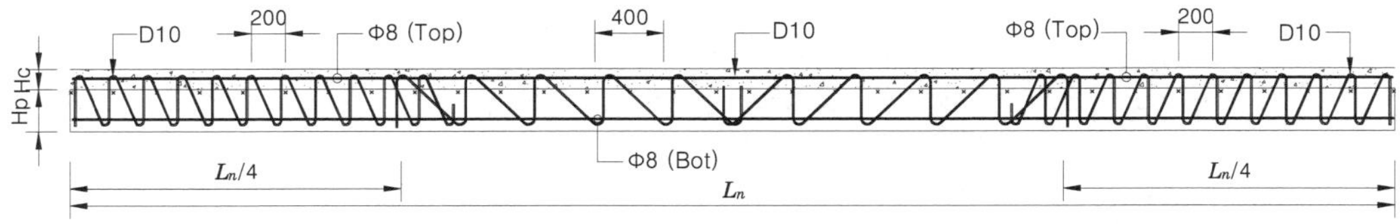

[그림 9.1.10] 역리브형 슬래브(Inverted Multi-Tee, IMT) 스터럽 상세

9.1.3 PC 슬래브 접합부

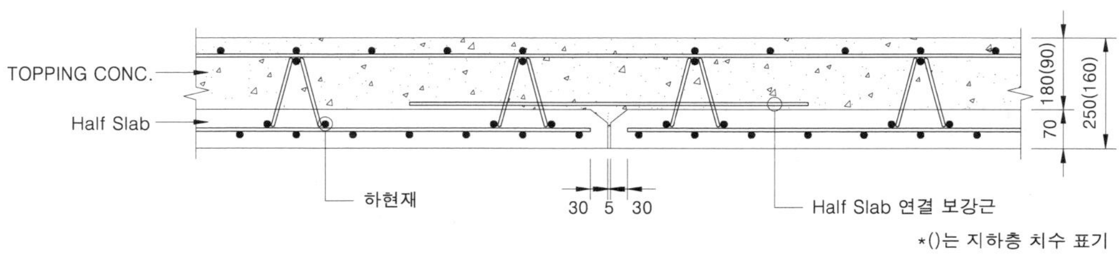

[그림 9.1.11] 하프슬래브 + 하프슬래브 접합부 상세

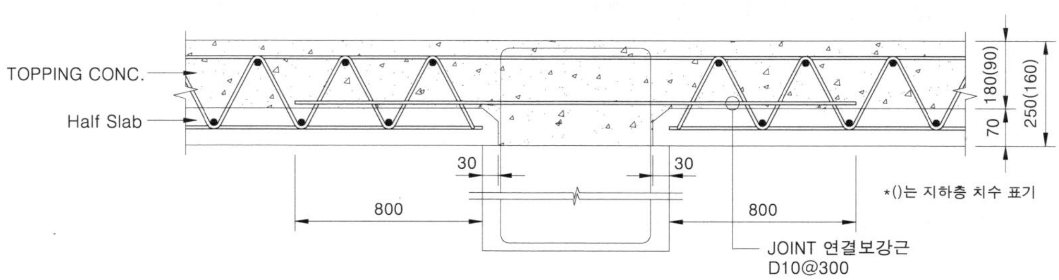

[그림 9.1.12] 하프슬래브 + PC보 접합부 상세

9.2 PC 보

9.2.1 Half PC보

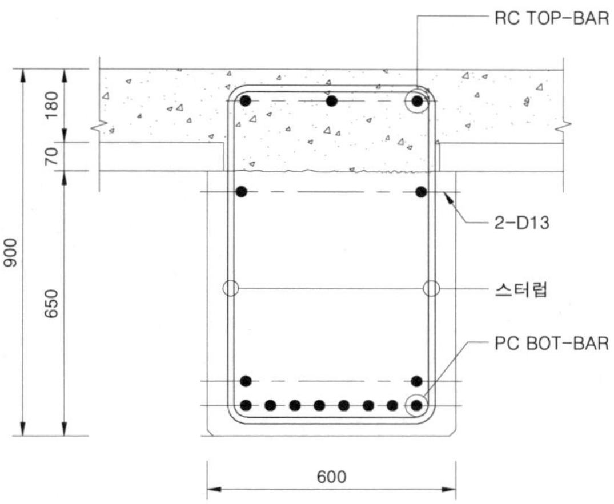

[그림 9.2.1] PC보 배근 예 1

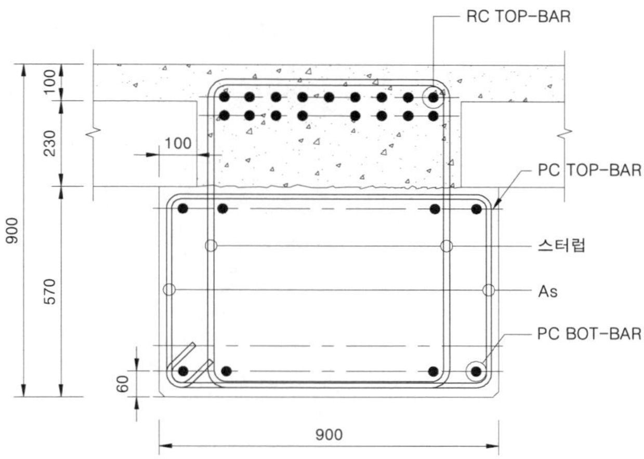

[그림 9.2.2] PC보 배근 예 2

9.2.2 역보

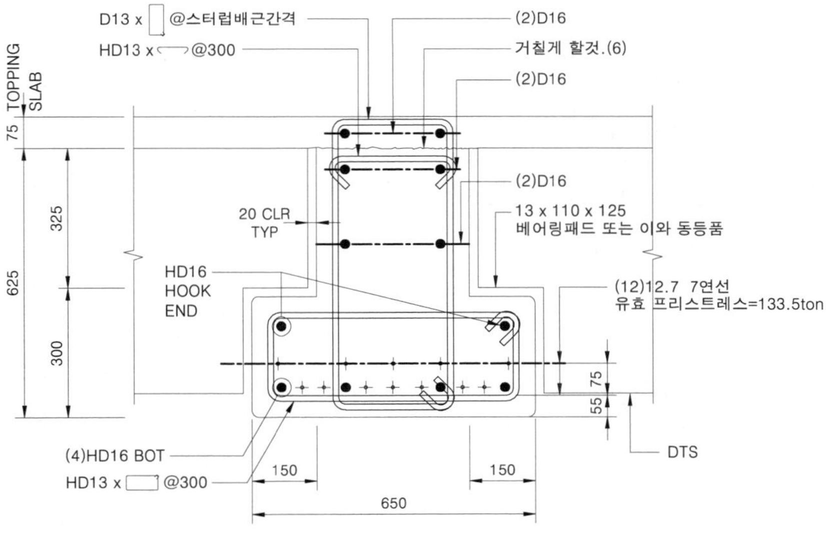

[그림 9.2.3] 역보 배근 예

■■ 주기 1) 스터럽 배근 간격 : 단부 1000 mm 구간은 150 mm, 중앙부는 200 mm로한다.

9.2.3 댑단부 및 중앙부

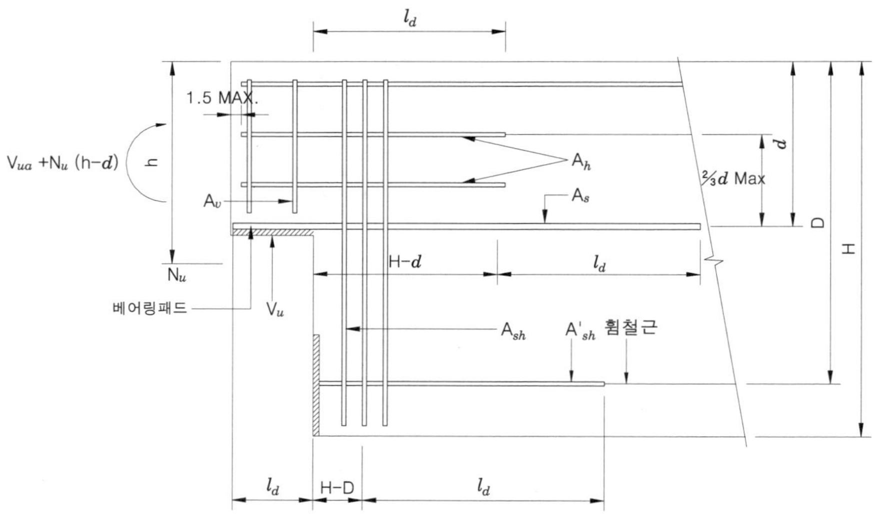

[그림 9.2.4] 댑단부 연결부 예 1

■■ 주기 1) 돌출 단부의 휨(캔틸레버 휨)과 축방향 인장. 휨 철근 A 에 더하여 축 인장철근(A)을 배치한다.

2) 부재와 댑단부의 연결부의 직접 전단. A 와 A 로 구성된 전단 마찰철근과 축 인장 철근, A 을 배치한다.

3) 댑단부의 오목한 구석에서 사인장 철근. 전단 철근, A 배치

4) 댑단부에서의 사인장력. A 와 A 로 구성된 전단철근 배치

5) 원래 단면의 부재에서 사인장력. 이것은 잠재적인 균열을 넘어서 배치되는 A 의 정착길이에 의해서 저항된다.

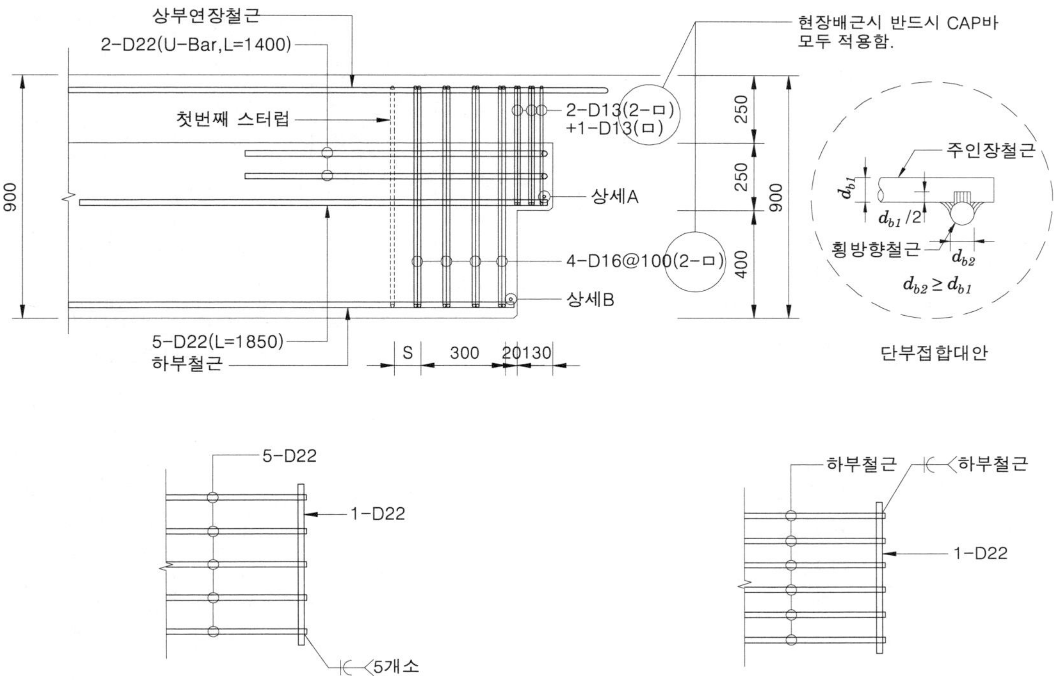

(a) 상 세 A (b) 상 세 B

[그림 9.2.5] 댑단부 상세 예 1

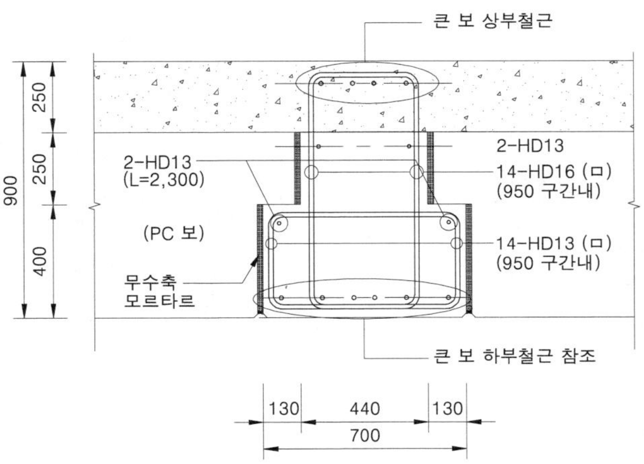

[그림 9.2.6] 중앙부 상세 예 1

■■ 주기 1) 주인장철근은 적어도 같은 크기의 횡방향 철근에 구조적으로 용접되어야 하며, 주인장철근의 설계기준항복강도를 발휘할 수 있도록 설계되어야 한다. (KDS 14 20 22 (4.8.3))

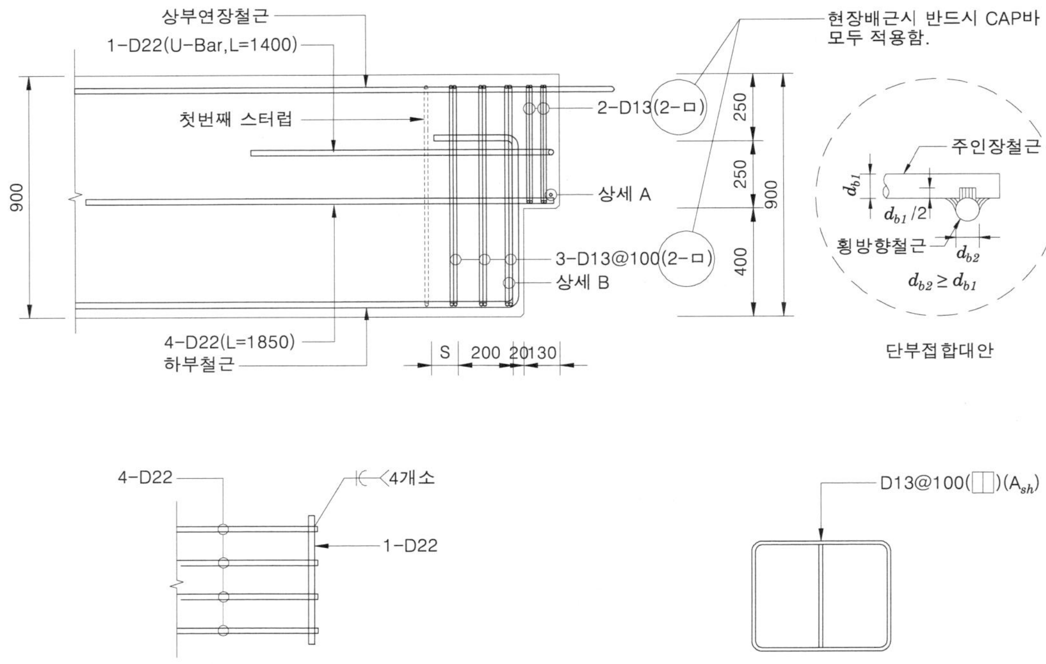

(a) 상 세 A (b) 상 세 B

[그림 9.2.7] 댑단부 상세 예 2

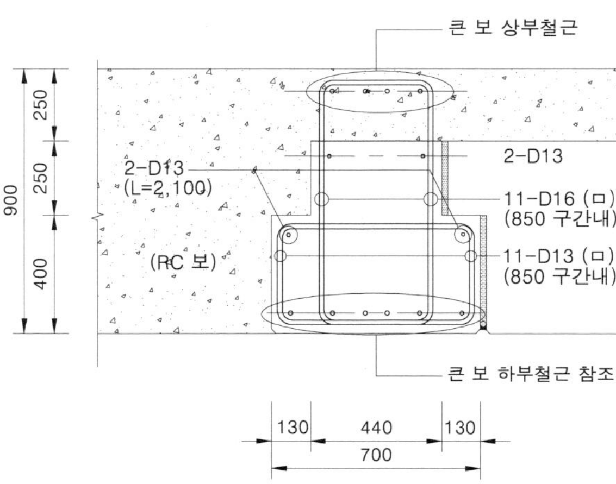

[그림 9.2.8] 중앙부 상세 예 2

■■ 주기 1) 주인장철근은 적어도 같은 크기의 횡방향 철근에 구조적으로 용접되어야 하며, 주인장철근의 설계기준항복강도를 발휘할 수 있도록 설계되어야 한다. (KDS 14 20 22 (4.8.3))

9.3 PC 보-기둥 접합

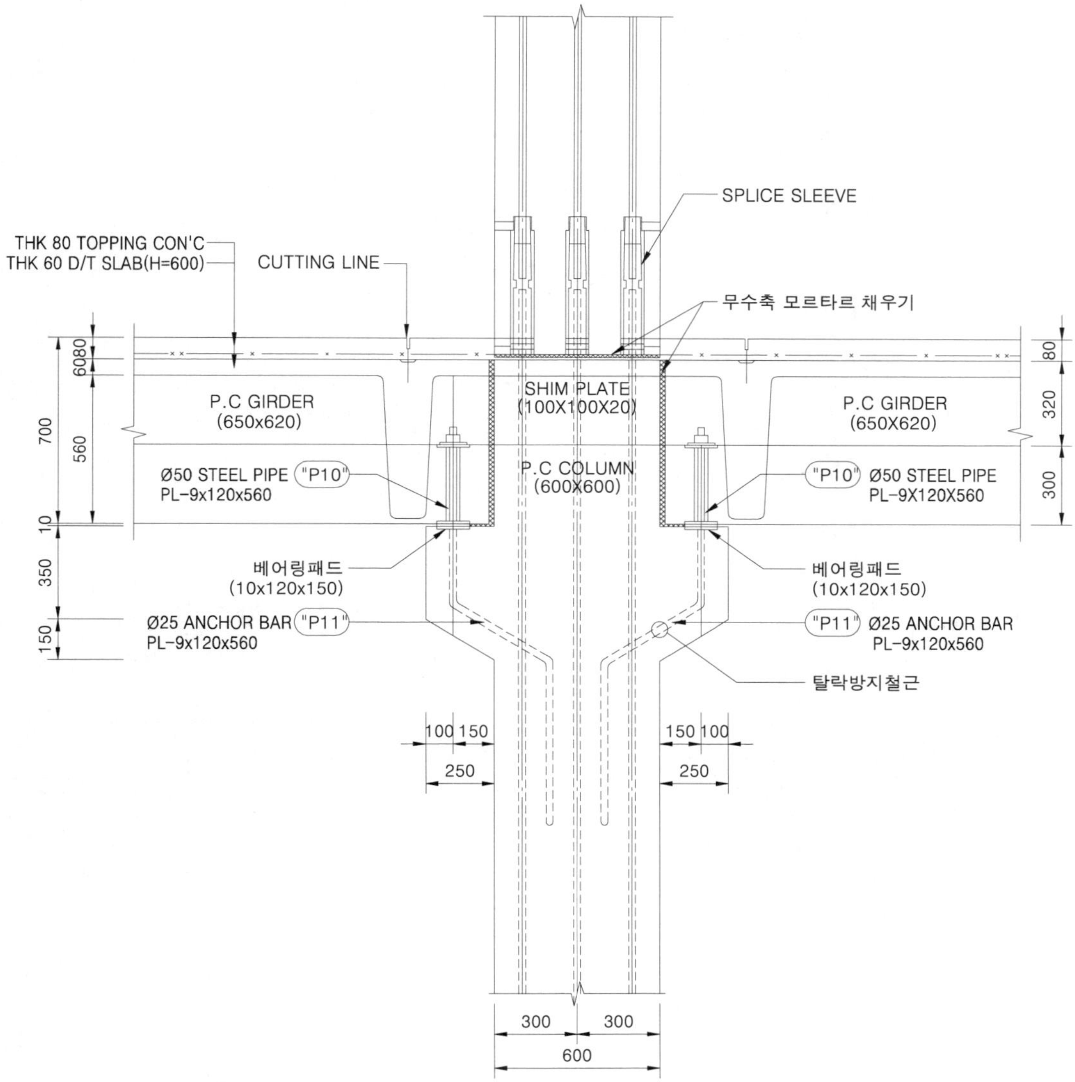

(a) 입 면

[그림 9.3.1] 기둥 · 보 접합부 상세 예 1

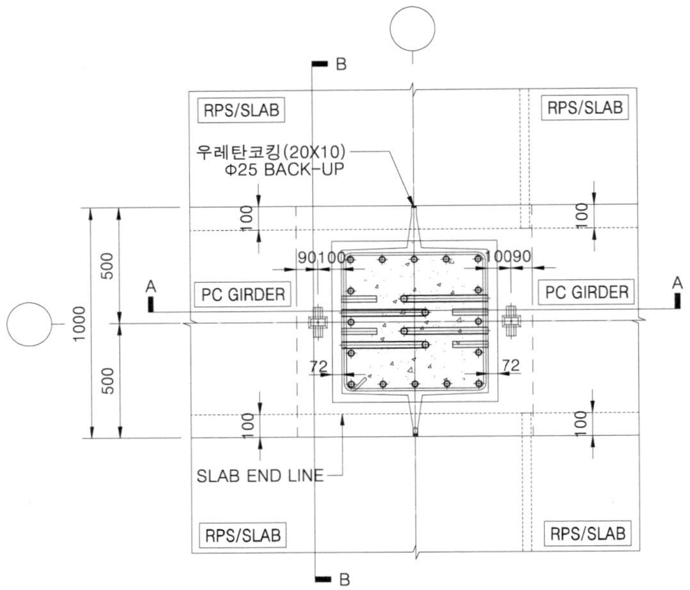

(a) 평 면

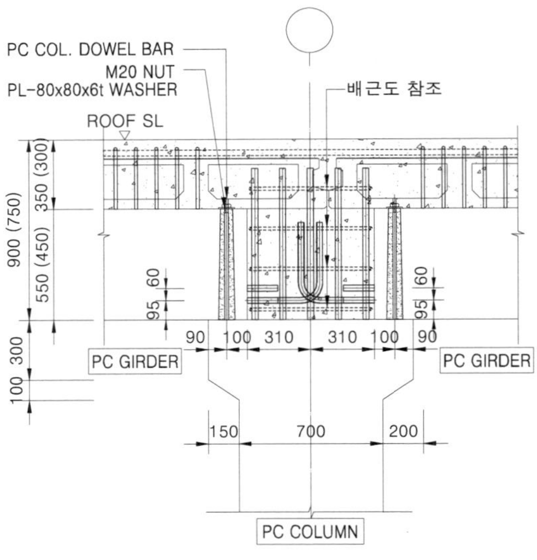

(b) A-A 단 면

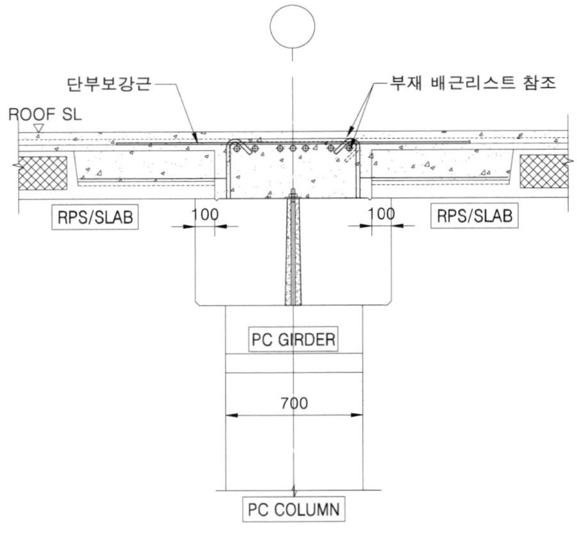

(c) B-B 단 면

[그림 9.3.2] 기둥 · 보 접합부 상세 예 2

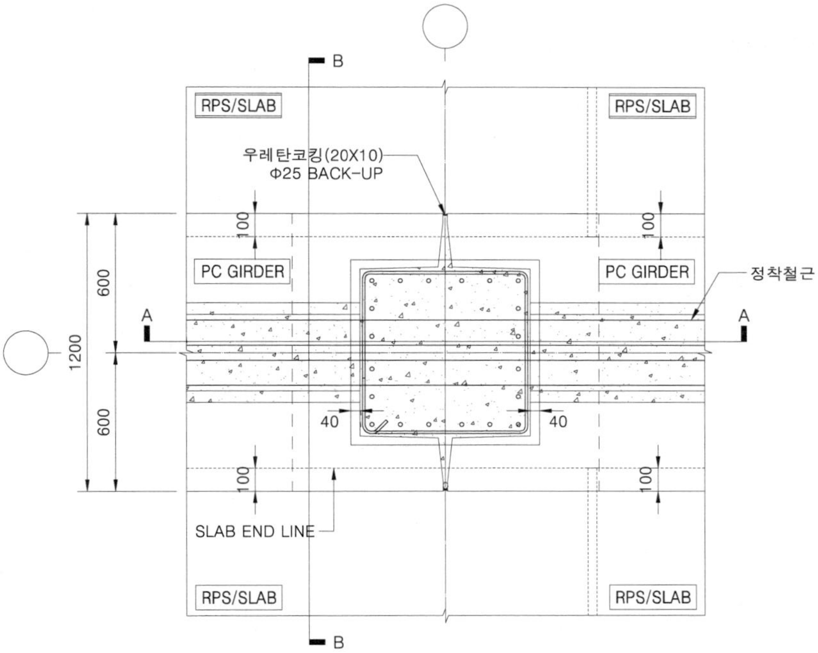

(a) 평 면

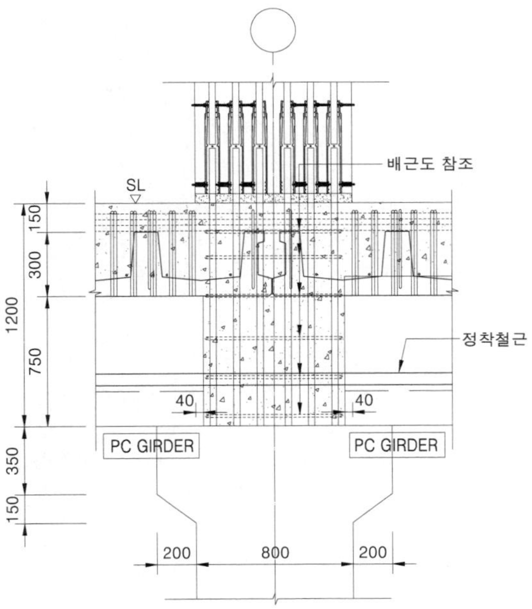

(b) A-A 단 면

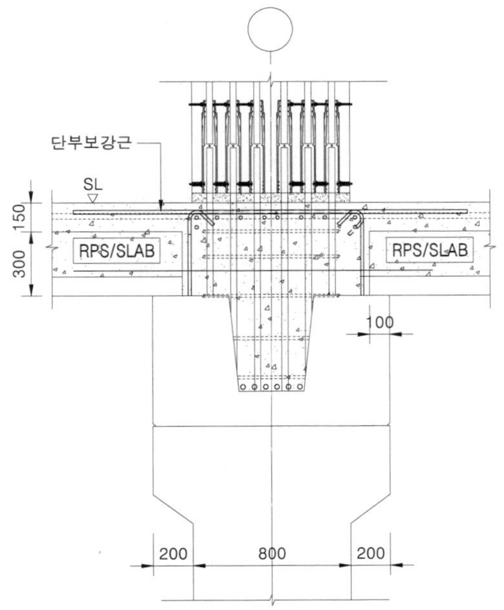

(c) B-B 단 면

[그림 9.3.3] 기둥 · 보 접합부 상세 예 3

9.4 PC 기둥-기초 접합

9.4.1 PC 기둥 주각 (슬리브 타입)

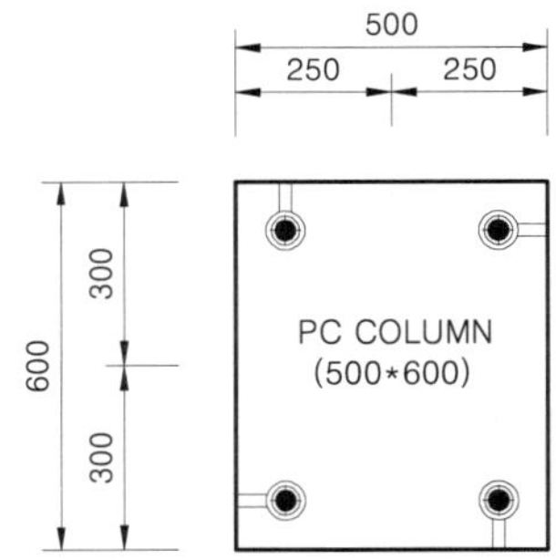

(a) 평 면

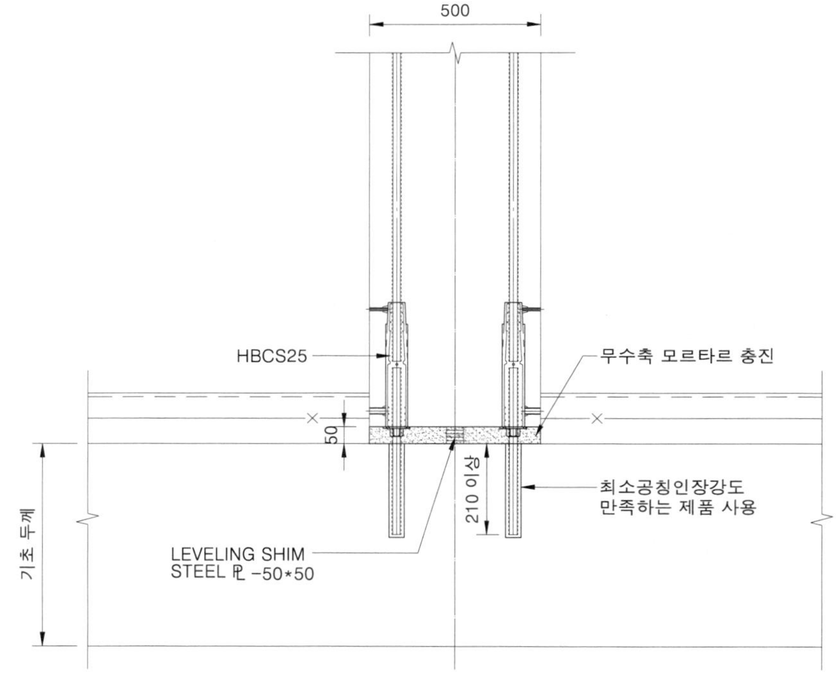

(b) 단 면

[그림 9.4].1 PC기둥-기초 접합부 상세 예 1

9.4.2 PC 기둥 주각 (앵커 타입)

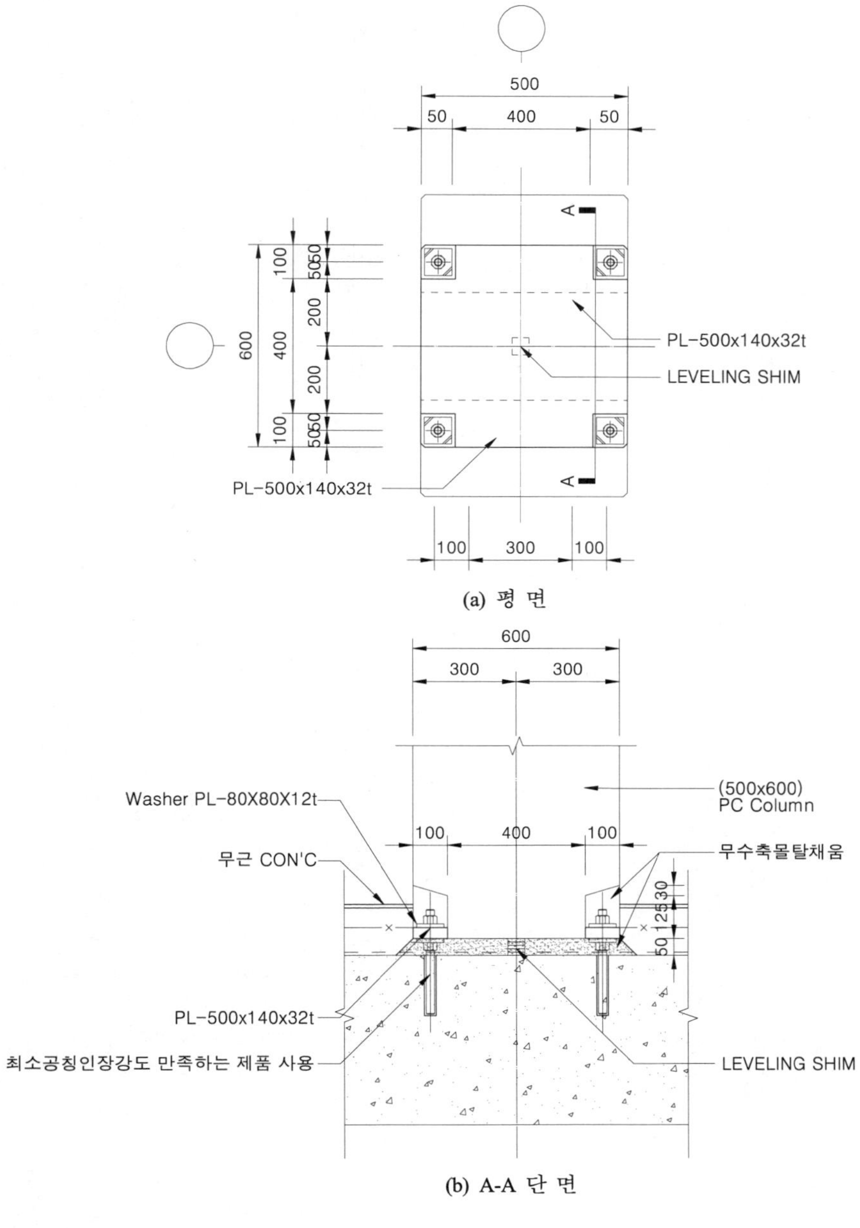

[그림 9.4.2] PC기둥-기초 접합부 상세 예 2

■■ 주기 1) 케미컬 앵커 등 부재치수 등에 따라 별도로 설계한다.

9.4.3 기둥 하부 앵커프레임 적용

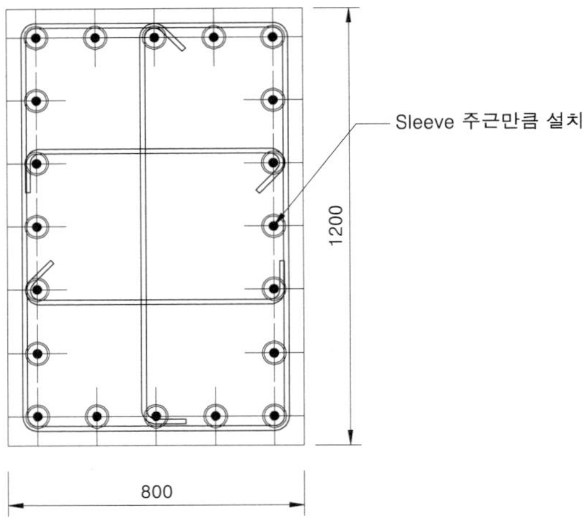

(a) 평 면

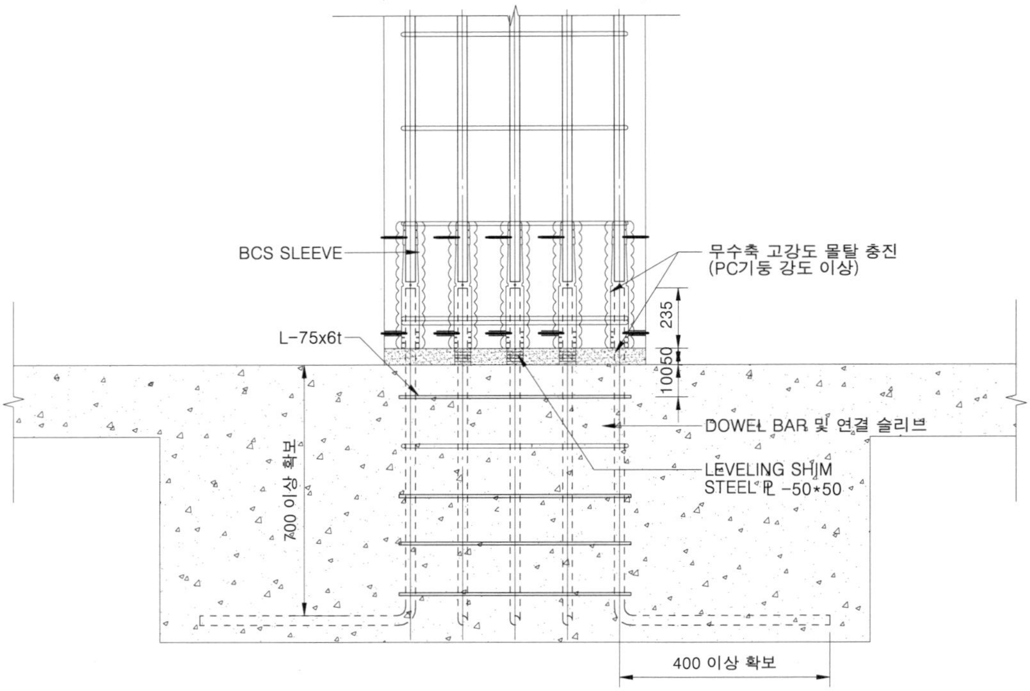

(b) 단 면

[그림 9.4.3] PC기둥-기초 접합부 상세 예 3

9.5 PC 브래킷

9.5.1 지붕층 브래킷

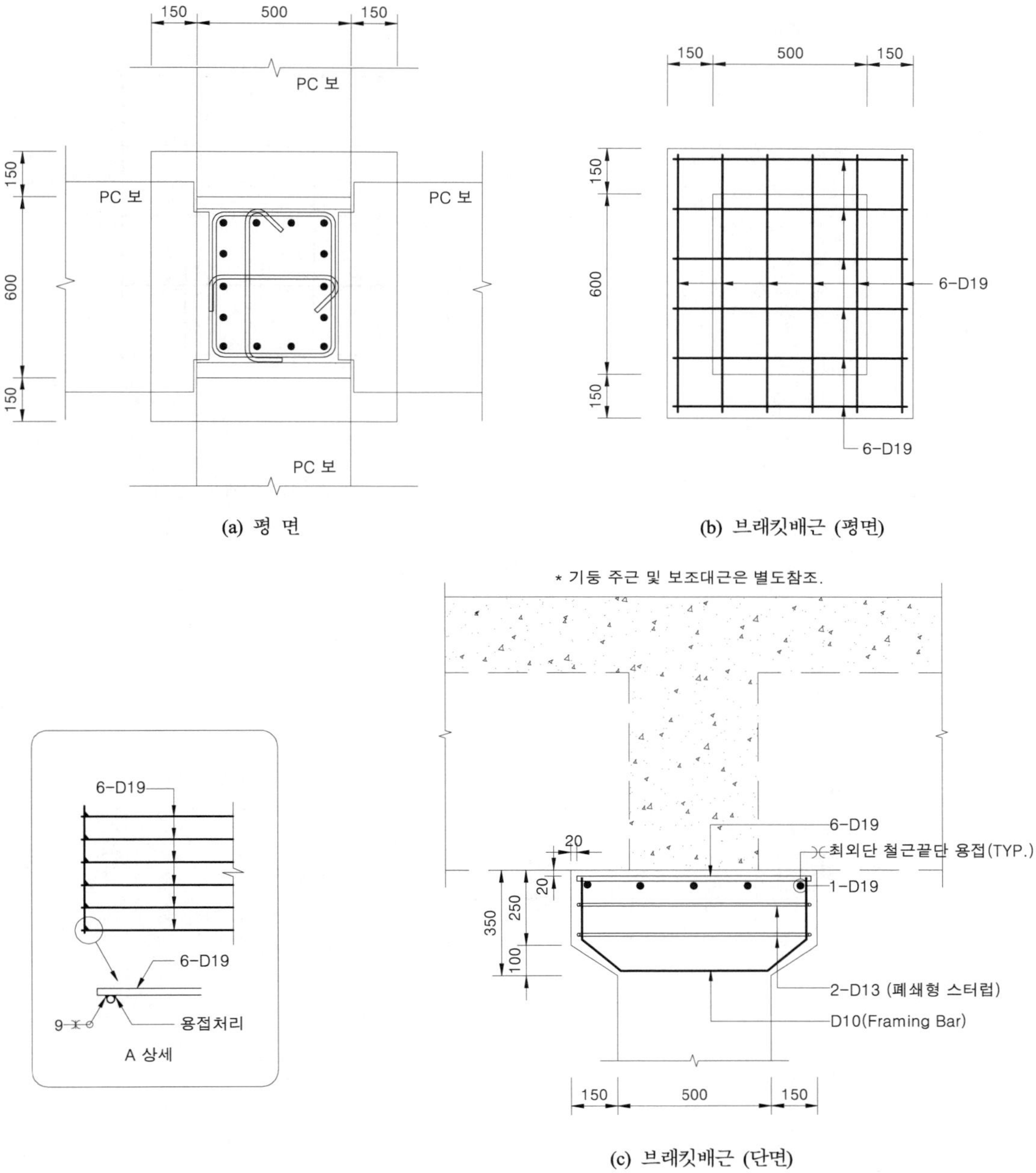

[그림 9.5.1] PC 브래킷 상세 예 1

9.5.2 지하층 브래킷

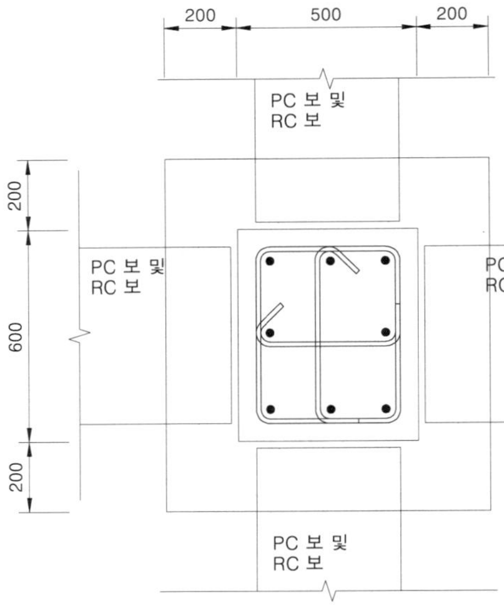

(a) 평 면

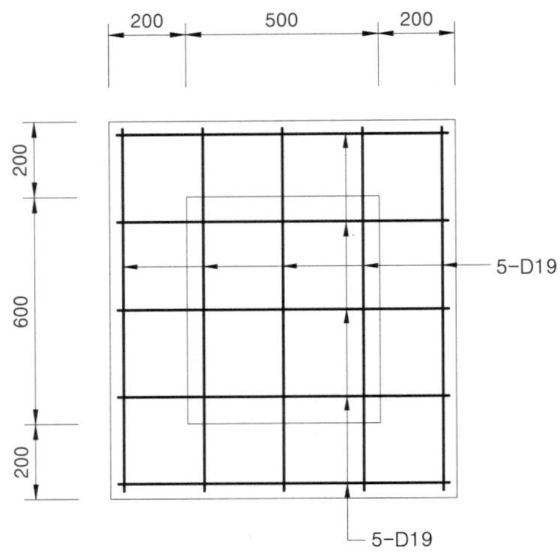

(b) 브래킷배근 (평면)

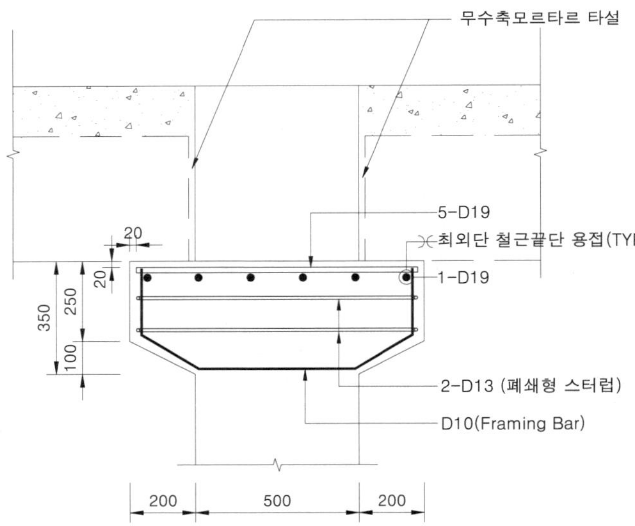

(c) 브래킷배근 (단면)

[그림 9.5.2] PC 브래킷 상세 예 2

철근콘크리트 배근상세

제Ⅲ부 철근 규격 및 기타 참고자료

제1장 철근

1.1 철근의 규격

철근은 이형철근을 사용하여야 한다. 다만, 나선철근이나 강선으로 원형철근을 사용할 수 있다. 철근, 철선 및 용접철망의 품질, 형상, 치수는 KS D 3504, KS D 3552와 KS D 7017의 각 규격에 적합하여야 한다. 철근, 철선 및 용접철망의 응력-변형률 곡선에서 항복점이 뚜렷하게 나타나는 경우에 는 항복점에서의 응력을 항복강도 f_y로 결정한다. 항복점이 뚜렷하게 나타나지 않는 경우에는 0.2 % 오프셋법을 적용하여, 0.002의 변형률에서 강재의 탄성계수와 같은 기울기로 직선을 그은 후 응력-변형률 곡선과 만나는 점의 응력을 항복강도 f_y로 결정하여야 한다. 철근은 아연도금 또는 에폭시수지 도막이 가능하며, 이들 철근은 KS D 3629의 규정을 따라야 한다. 또한, 긴장재는 다음의 규정을 따라야 한다.

(1) 프리스트레스트콘크리트에 사용되는 강선은 KS D 7002의 규정에 따른다.

(2) 강봉에 관한 것은 KS D 3505의 규정에 따른다.

(3) 강선, 강연선 및 강봉이 KS D 7002와 KS D 3505에 특별히 제시되지 않은 사항이 있는 경우 이들 재료가 공사시방서의 최소 규정에 적합한 것, 그리고 어느 경우에도 상기 규정된 품질 이상의 경우에만 사용할 수 있다.

구조용 강재, 강관, 튜브는 품질, 치수, 형상에 있어서 KS D 3503의 규격 이상이어야 하며, 특수한 경우에 책임구조기술자가 입회하여 소정의 품질 및 강도시험을 시행한 후 사용할 수 있다. <표 1.1.1>~<표 1.1.5>은 KS D 3504의 이형철근의 호칭, 치수, 무게 및 횡방향 리브의 허용차를 표현하고 있다.

<표 1.1.1> 이형철근의 호칭, 치수, 무게 및 횡방향 리브의 허용차

호칭명	단위 무게 (kg/m)	공칭 지름 d (mm)	공칭 단면적 S (mm^2)	공칭 둘레 l (mm)	횡방향 리브의 평균간격 최댓값 (mm)	횡방향 리브의 평균 높이		횡방향 리브의 틈 합계의 최댓값 (mm)	횡방향 리브와 축선과의 각도
						최솟값 (mm)	최댓값 (mm)		
D 4	0.110	4.23	14.05	13.3	3.0	0.2	0.4	3.3	45° 이상
D 5	0.173	5.29	21.98	16.6	3.7	0.2	0.4	4.3	
D 6	0.249	6.35	31.67	20.0	4.4	0.3	0.6	5.0	
D 7	0.302	7.00	38.48	22.0	4.9	0.3	0.6	5.5	
D 8	0.389	7.94	49.51	24.9	5.6	0.3	0.6	6.3	
D 10	0.560	9.53	71.33	29.9	6.7	0.4	0.8	7.5	

〈표 1.1.1〉 이형철근의 호칭, 치수, 무게 및 횡방향 리브의 허용차 (계속)

호칭명	단위 무게 (kg/m)	공칭 지름 d (mm)	공칭 단면적 S (mm^2)	공칭 둘레 l (mm)	횡방향 리브의 평균간격 최댓값 (mm)	횡방향 리브의 평균 높이		횡방향 리브의 틈 합계의 최댓값 (mm)	횡방향 리브와 축선과의 각도
						최솟값 (mm)	최댓값 (mm)		
D 13	0.995	12.7	126.7	39.9	8.9	0.5	1.0	10.0	45° 이상
D 16	1.56	15.9	198.6	50.0	11.1	0.7	1.4	12.5	
D 19	2.25	19.1	286.5	60.0	13.4	1.0	2.0	15.0	
D 22	3.04	22.2	387.1	69.8	15.5	1.1	2.2	17.5	
D 25	3.98	25.4	506.7	79.8	17.8	1.3	2.6	20.0	
D 29	5.04	28.6	642.4	89.9	20.0	1.4	2.8	22.5	
D 32	6.23	31.8	794.2	99.9	22.3	1.6	3.2	25.0	
D 35	7.51	34.9	956.6	109.7	24.4	1.7	3.4	27.5	
D 38	8.95	38.1	1,140	119.7	26.7	1.9	3.8	30.0	
D 41	10.5	41.3	1,340	129.8	28.9	2.1	4.2	32.5	
D 43	11.4	43.0	1,452	135.1	30.1	2.2	4.4	33.8	
D 51	15.9	50.8	2,027	159.6	35.6	2.5	5.0	40.0	
D 57	20.3	57.3	2,579	180.0	40.1	2.9	5.8	45.0	

(비고 1) 공칭 단면적, 공칭 둘레 및 단위 무게의 산출 방법은 다음에 따른다.
공칭 단면적 (S) = $0.7854 \times d^2$: 유효 숫자 넷째 자리에서 끝맺음 한다.
공칭 둘레(l) = $3.142 \times d$: 소수점 이하 첫째 자리에서 끝맺음 한다.
단위 무게 = $0.0785 \times S$: 유효 숫자 셋째 자리에서 끝맺음 한다.
1개 무게 = 단위 무게 × 길이 : 소수점 이하 둘째 자리에서 끝맺음 한다.
1조 무게 = 1개 무게 × 개수 : 정수로 끝맺음 한다.
(비고 2) 횡방향 리브의 간격은 그 공칭 지름의 70% 이하로서, 산술값은 소수점 이하 첫째 자리에서 끝맺음 한다.
(비고 3) 이형 봉강의 횡방향 리브의 틈의 합계는 공칭 둘레의 25% 이하로 하고, 산술값은 소수점 이하 첫째 자리에서 끝맺음 한다.
(비고 4) 횡방향 리브의 평균 높이는 다음 표에 따르고, 산술값은 소수점 이하 첫째 자리에서 끝맺음 한다.

치수	횡방향 리브의 평균 높이	
	최소	최대
호칭명 D13 이하	공칭 지름의 4.0%	최솟값의 2배
호칭명 D13 초과 D19 미만	공칭 지름의 4.5%	최솟값의 2배
호칭명 D19 이상	공칭 지름의 5.0%	최솟값의 2배

〈표 1.1.2〉 이형철근의 표준길이 (단위 m)

3.5, 4.0, 4.5, 5.0, 5.5, 6.0, 6.5, 7.0, 8.0, 9.0, 10.0, 11.0, 12.0
(비고 1) 코일의 경우에는 적용하지 않는다. (비고 2) 표준 길이 이외의 치수는 주문자와 제조자 사이의 협의에 따른다.

〈표 1.1.3〉 이형철근의 길이 허용차

길이	길이의 허용차
7 m 이하	0 ~ 40 mm
7 m 초과	길이 1 m 또는 그 단수가 증가할 때마다 위의 적은 허용차에 5 mm를 더한다. 다만, 최댓값은 120 mm까지로 한다.

(비고 1) 코일의 경우에는 적용하지 않는다.
(비고 2) 주문자는 표기 이외의 허용차를 지정할 수 있다.

〈표 1.1.4〉 이형철근 1개의 무게 허용차

치수	무게의 허용차	적용
호칭명 D10 미만	+규정하지 않음 −8 %	시험재의 채취 방법 및 허용차의 산출 방법은 KS D 3504 9.4의 규정에 따른다.
호칭명 D10 이상 D16 미만	±6 %	
호칭명 D16 이상 D29 미만	±5 %	
호칭명 D29 이상	±4 %	

〈표 1.1.5〉 이형철근 1조의 무게 허용차

치수	무게의 허용차	적용
호칭명 D10 미만	±7 %	시험재의 채취 방법 및 허용차의 산출 방법은 KS D 3504 9.4의 규정에 따른다.
호칭명 D10 이상 D16 미만	±5 %	
호칭명 D16 이상 D29 미만	±4 %	
호칭명 D29 이상	±3.5 %	

이형철근은 KS D 3504 9.2에 의해 시험하고 항복점 또는 0.2% 항복 강도, 인장 강도, 연신율 및 굽힘성은 〈표 1.1.6〉에 따른다. 또한, 굽힘성의 경우는 그 외측에 균열이 생겨서는 안 된다. 다만, 주문자와 제조자가 합의한 경우에는 기계적 성질 값을 변경할 수도 있다.

〈표 1.1.6〉 이형철근의 기계적 성질

종류 기호	항복점 또는 항복 강도 (MPa)	인장 강도[a] (MPa)	인장 시험편	연신율[b] (%)	굽힘성	
					굽힘 각도	안쪽 반지름
SD300	300 ~ 420	항복 강도의 1.15배 이상	2호에 준한 것	16 이상	180°	D16 미만 : 공칭 지름의 2배 D16 이상 D22 미만 : 공칭 지름의 2.5배 D22 이상 D29 미만 : 공칭 지름의 3배 D29 이상 D38 미만 : 공칭 지름의 4배 D38 이상 : 공칭 지름의 5배
			3호에 준한 것	18 이상		
SD400	400 ~ 520		2호에 준한 것	16 이상	180°	
			3호에 준한 것	18 이상		
SD500	500 ~ 650	항복 강도의 1.08배 이상	2호에 준한 것	12 이상	135°	
			3호에 준한 것	14 이상		
SD600	600 ~ 780		2호에 준한 것	10 이상	90°	
			3호에 준한 것			
SD700	700 ~ 910		2호에 준한 것	10 이상	90°	
			3호에 준한 것			
SD400W	400 ~ 520	항복 강도의 1.15배 이상	2호에 준한 것	16 이상	180°	
			3호에 준한 것	18 이상		
SD500W	500 ~ 650		2호에 준한 것	12 이상	180°	
			3호에 준한 것	14 이상		
SD400S	400 ~ 520	항복 강도의 1.25배 이상	2호에 준한 것	16 이상	180°	
			3호에 준한 것	18 이상		
SD500S	500 ~ 620		2호에 준한 것	12 이상	180°	
			3호에 준한 것	14 이상		
SD600S	600 ~ 720		2호에 준한 것	10 이상	90°	
			3호에 준한 것			
SD700S	700 ~ 820		2호에 준한 것	10 이상	90°	
			3호에 준한 것			

[a] 인장 강도는 실측한 항복 강도의 비율로서 규정된 비율 이상이어야 한다.

[b] 이형 봉강에서 치수가 호칭명 D32를 초과하는 것에 대해서는 호칭명 3을 증가할 때마다 〈표 1.1.6〉의 연신율의 값에서 각각 2를 감한다. 다만, 감하는 한도는 4로 한다.

1.2 철근의 용접

철근을 용접하는 경우 그 위치와 용접 방법을 명기하여야 한다. 필요한 용접기호는 KS B 0052에 따르며, 용접 검사는 KS B 0816, KS B 0845, KS B 0896, KS D 0213, KS B ISO17660-1, KS B ISO17660-2 중 해당되는 검사를 실시한다.

1.3 철근의 외측지름

이형철근의 공칭지름은 이형철근의 외측에서 측정된 전체지름에 비해 작다. 외측 최대지름은 구조용 강재를 관통하는 구멍을 천공할 때나 보-기둥 접합부에서의 외곽치수를 고려할 때 중요하다. 〈표 1.3.1〉에 규정된 지름은 이형철근의 대략적인 외곽치수에 해당한다.

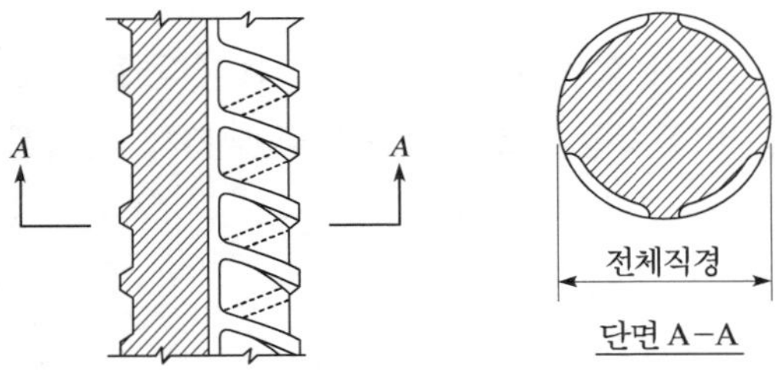

[그림 1.3.1] 이형철근 전체지름

〈표 1.3.1〉 이형철근의 외측지름

호칭명	외측지름(mm)
D10	11
D13	14
D16	17
D19	22
D22	25
D25	29
D29	32
D32	37
D35	41
D43	48
D57	64

1.4 절단된 철근단부의 조립오차

적절한 구조적 성능을 발휘하기 위해서는 단부 압축연결 시 철근단부각의 편차는 3°를 넘지 않도록 해야 하며 이를 [그림 1.4.1(a)]와 〈표 1.4.1〉에 나타내었다.

현장에서의 적절한 접합을 위해 철근의 단부는 절단면이 평활하도록 기계절단하거나 그에 상당한 절단방법으로 가공해야 한다. 압축연결에서 철근단부의 접합면도는 [그림 1.4.1(b)]와 〈표 1.4.1〉에서와 같이 단부 직각면에서 300 mm를 기준으로 1.5°를 넘지 않는 것이 권장된다. 철근조립 시 권장된 철근 간격 및 각도를 만들기 위해 현장에서의 각도조정이 필요할 수 있다. 하지만 규정된 최대 단부접합각도에 부합하는 기계적 인장이음에는 기계절단을 적용하지 않아도 무방하다.

〈표 1.4.1〉 철근절단면의 최대한계편차

철근지름	철근 간의 벌어짐편차(mm)	철근단부의 수직편차(mm)
D25	1.2	0.8
D29	1.6	0.8
D32	1.6	0.8
D35	2.0	0.8
D43	2.4	1.2
D57	3.2	1.6

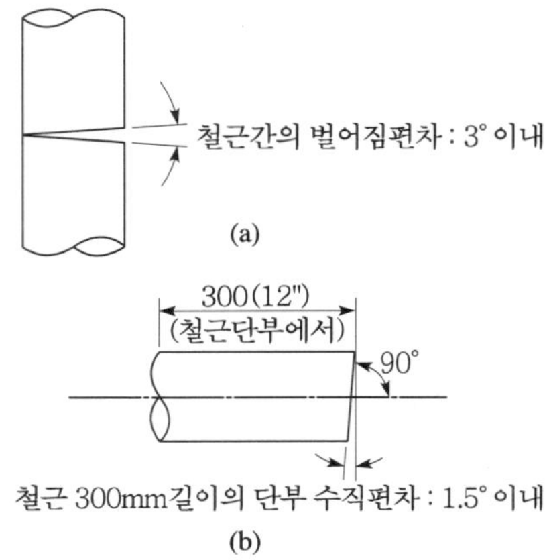

[그림 1.4.1] 철근절단면의 한계편차

1.5 도막철근

철근콘크리트구조물의 부식을 방지하는 방법은 여러 가지가 있는데, 그 중 1가지는 철근을 적절한 재료로 도막하는 것이다. 도막재료는 에폭시수지와 같은 비금속성 재료나 아연도금과 같이 금속성 재료를 사용할 수 있다. 여기서는 에폭시수지 도막과 아연도금만을 다룬다.

1.6 도막철근에 대한 규격

에폭시수지 도막은 KS D 3629에 따라 적용하며, 아연도금은 KS D ISO 14657 또는 ISO 14657에 따라 적용할 수 있다. 참고로 아연도금에 대한 KS 규격인 KS D ISO 14657은 2013년에 폐지되었으나(폐지사유: 국내에서 활용도가 낮고 철강시장 및 기술발전을 반영하지 못함) KS 14에 아연도금에 대한 내용이 여전히 존재하며, 국제 규격인 ISO 14657도 여전히 유지되고 있다.

1.6.1 에폭시피복철근 (KS D 3629 : 2019)

(1) 적용범위 : 이 규격은 해수의 분위기에 사용되는 철근콘크리트보강용 이형철근을 정전 스프레이 방법에 의해 피복한 에폭시피복철근(이하 피복철근이라 한다)에 대하여 규정한다.
(2) 종류 및 기호 : KS D 3629 : 2019에 따른 에폭시피복철근의 종류 및 기호는 〈표 1.6.1〉와 같다.

〈표 1.6.1〉 피복철근 종류 및 기호

종류	기호	용도
피복철근	SD300-FBE	일반용 피복 철근
	SD400-FBE	
	SD500-FBE	
	SD600-FBE	
	SD700-FBE	
	SD400W-FBE	용접용 피복 철근
	SD500W-FBE	
	SD400S-FBE	특수내진용 피복 철근
	SD500S-FBE	
	SD600S-FBE	

주) 종류 기호는 KS D 3504의 이형철근 기호 뒤에 FBE(Fusion bonded epoxy)의 뜻이다.

(3) 품질

① 겉모양 : 피복면은 경화 후 균일하여야 하며 육안으로 식별되는 구멍·기포·갈라짐·미피복면이 없어야 한다.

② 피복두께 : 피복두께는 경화 후 KS D 3629 7.1의 시험을 실시하여 180±50 μm 이어야 한다. 다만, 손상된 피복 수리부분은 KS D 3629 6.4에 따라 보수하고, 보수된 부분은 이 한계를 적용시키지 않는다.

③ 핀홀 : 피복철근의 핀홀[(1)] 빈도는 KS D 3629 6.2의 시험을 실시하여 1 m당 5개 이하여야 한다. 이 때 핀홀은 육안으로 식별할 수 없고 핀홀 시험기로 감지되는 작은 구멍을 말한다.

④ 굽힘성 : 피복철근의 굽힘성은 KS D 3629 7.3의 시험을 실시하여 구부러진 철근의 바깥면에 피복의 갈라짐이나 벗겨짐이 없어야 한다. 피복철근의 열특성은 KS D 3629 7.4의 시험을 실시하여 ΔT_g의 값이 ±5℃ 이내이어야 한다.

(4) 재료

① 철근 : 피복철근에 사용하는 철근은 KS D 3504의 이형철근에 따른다. 다만, 그 이외의 철근을 필요로 할 때는 인수·인도 당사자 사이의 협정에 따른다.

② 에폭시수지 분체도료 : 피복철근에 사용하는 에폭시수지 분체도료는 KS D 3629 부속서 A에 따른다.

1.6.2 콘크리트보강용 아연도금강 (KS D ISO 14657 : 2006)

(1) 적용범위 : 해당 규격은 콘크리트의 보강에 이용되는 보강용 강봉·강선·용접철망에 대한 용융아연도금의 요구사항을 규정한다. 이 규격은 도금질량이 다른 등급 A, 등급 B, 등급 C인 3등급에 대하여 규정한다. (KS D ISO 14657 6.2.3) 이 규격은 용융아연도 프리스트레싱의 보강재나 이들 보강재의 부품에는 적용하지 않는다.

(2) 용어 및 정의 : 이 규격의 이해를 돕기 위하여 KS D ISO 16020에 나와 있는 용어 및 정의와 다음과 같은 용어 및 정리를 적용한다.

① 용융아연도금 : 제품을 용융아연조에 침적하는 모든 공정

② 번들(bundle) : 서로가 적절히 용접결합된 2이상의 봉 또는 시트

③ 제조자 : 도금보강용 강봉・강선・용접철망을 생산하는 모든 기구

(3) 재료

① 보강용 강 : 아연도금보강용 강의 구매자가 규정하는 대로 제조규격을 따라야 한다. 만약 구매자에 의해서 제조규격이 규정되지 않았다면 보강용 강은 ISO 6935-1, ISO 6935-2, ISO 6935-3 또는 KS D ISO 10544를 따라야 한다.

② 도금용 아연도금에 사용되는 아연은 KS D ISO 752를 따라야 한다.

③ 보수용 재료 : 손상된 도금층 및 도금되지 않은 부분의 보수를 위한 재료는 적절히 아연이 함유된 재료이어야 한다. (손상된 도금층 및 도금되지 않은 부분의 보수를 위한 적절한 형태의 재료는 ASTM A 780에 소개되어있다.)

(4) 제조공정(아연도금) : 아연도금 전체 공정으로부터 선적할 때까지 강 보강재가 동일하도록 유지하는 것은 제조자의 책임이다. (제조자는 취성에 민감한 강 보강재를 아연도금할 때 아연도금 중 일어날 수 있는 강 보강재의 변형 및 균열발생을 피할 수 있도록 주의를 기울여야 한다.)

(5) 아연도금 강봉·강선·용접철망의 요구사항

① 기계적 및 기하도형적 물성 : 강의 기계적 및 기하도형적 물성에 대해서는 도금되지 않은 강에 적용할 수 있는 제품의 표준규격에 대한 요구조건을 아연도금된 강에도 적용한다.

② 아연도금 특성 : 마무리 및 외관, 부착성, 단위면적당 부착된 아연의 질량 등은 KS D ISO 14657에 따라야 한다.

(6) 아연도금강의 검사, (7) 허용할 수 있는 손상된 도금층의 양 및 손상된 도금층의 보수, (8) 포장·취급·저장·운송, (9) 표시(labelling), (10) 구매자가 제공하여야 할 정보 등은 KS D ISO 14657에 준한다.

1.7 철근의 설계자료 및 정착 · 이음 길이

〈표 1.7.1〉~〈표 1.7.14〉은 정착, 이음을 포함한 철근에 대한 일반적인 설계자료를 나타내고 있다. [그림 1.7.1]은 정착길이를 취하는 방법을 도시한다.

일반 인장정착과는 달리 확대머리 인장정착의 경우 해당 접합부에서 압축 스트럿이 형성된 구간 안에 정착이 이루어져야 하는 중요한 조건이 있으나, 기준의 내용만으로는 이러한 필수 조건이 명확하지 않아 단순하게 정착길이 결과만을 제시하는 경우 확대머리 정착이 오용될 위험성이 높다. 따라서, 여기에서 확대머리 철근의 인장정착길이를 대상에서 제외하였다.

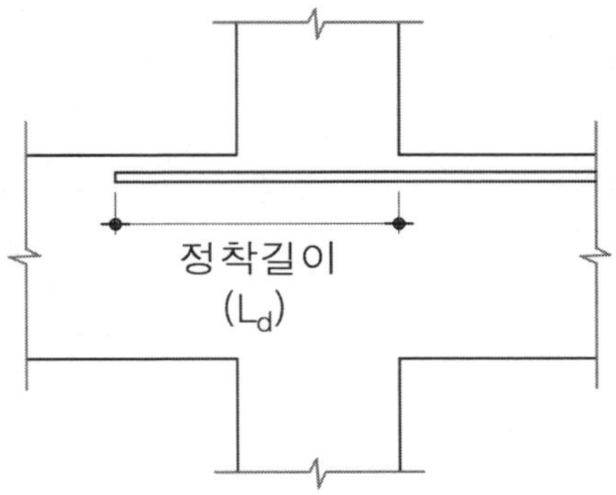

(a) 인접보에 정착하는 경우

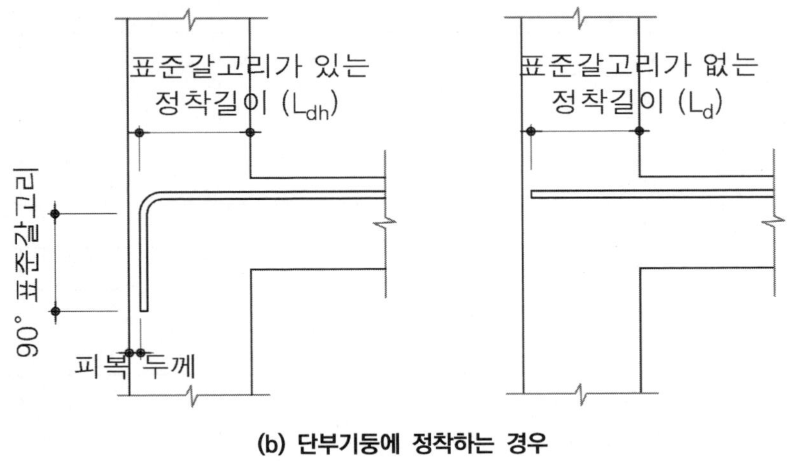

(b) 단부기둥에 정착하는 경우

[그림 1.7.1] 정착길이를 취하는 방법

〈표 1.7.1〉 철근규격별 단면적산정

(단위 mm^2/m)

간격(mm) \ 철근규격	D10	D13	D16	D19	D22	D25	D29	D32	D35	D43	D57
75	951	1,689	2,648	3,820	5,161	6,756	8,565	10,589	12,755	19,360	34,387
100	713	1,267	1,986	2,865	3,871	5,067	6,424	7,942	9,566	14,520	25,790
125	571	1,014	1,589	2,292	3,097	4,054	5,139	6,354	7,653	11,616	20,632
150	476	845	1,324	1,910	2,581	3,378	4,283	5,295	6,377	9,680	17,193
175	408	724	1,135	1,637	2,212	2,895	3,671	4,538	5,466	8,297	14,737
200	357	634	993	1,433	1,936	2,534	3,212	3,971	4,783	7,260	12,895
225	317	563	883	1,273	1,720	2,252	2,855	3,530	4,252	6,453	11,462
250	285	507	794	1,146	1,548	2,027	2,570	3,177	3,826	5,808	10,316
275	259	461	722	1,042	1,408	1,843	2,336	2,888	3,479	5,280	9,378
300	238	422	662	955	1,290	1,689	2,141	2,647	3,189	4,840	8,597
325	219	390	611	882	1,191	1,559	1,977	2,444	2,943	4,468	7,935
350	204	362	567	819	1,106	1,448	1,835	2,269	2,733	4,149	7,369
375	190	338	530	764	1,032	1,351	1,713	2,118	2,551	3,872	6,877
400	178	317	497	716	968	1,267	1,606	1,986	2,392	3,630	6,448

〈표 1.7.2〉 기둥수직철근의 묶음철근

묶음철근	철근수량	철근지름	단면적 (mm^2)	유효직경 (mm)	최소 유효거리(mm)	
					철근간 거리	철근단부거리
2EA	2	D25	1,020	36.1	55	40
		D29	1,290	40.6	65	45
		D32	1,640	45.7	70	50
		D36	2,010	50.8	75	50
3EA	3	D25	1,530	44.2	55	45
		D29	1,940	49.5	75	50
		D32	2,460	55.9	90	55
		D36	3,020	62.0	95	65
4EA	4	D25	2,040	51.1	85	55
		D29	2,580	57.4	90	65
		D32	3,280	64.8	100	70
		D36	4,030	71.6	100	75

〈표 1.7.3〉 이형철근의 정착길이 : f_y = 400 MPa

(단위 mm)

f_{ck} (MPa)	철근		표준갈고리 인장 정착길이		인장 정착길이							압축 정착 길이
	호칭	공칭 지름	피복두께		슬래브, 벽체		보		기둥	기초		
			미확보	확보	일반	상부	일반	상부		일반	상부	
21	D10	9.53	200	150	300	320	340	430	300	300	320	210
	D13	12.7	270	190	390	510	540	700	390	320	420	280
	D16	15.9	340	240	570	740	780	1020	570	400	520	350
	D19	19.1	410	290	780	1010	1040	1360	780	490	630	420
	D22	22.2	470	330	1250	1620	1650	2140	1250	780	1010	490
	D25	25.4	540	380	1550	2020	2000	2600	1550	1020	1320	560
	D29	28.6	600	420	1880	2440	2250	2930	1800	1290	1680	630
	D32	31.8	670	470	2220	2880	2500	3250	2000	1590	2070	700
	D35	34.9	740	520	2560	3330	2750	3570	2200	1920	2490	770
24	D10	9.53	190	150	300	300	310	410	300	300	300	200
	D13	12.7	250	180	360	470	510	660	360	300	390	260
	D16	15.9	320	220	540	700	730	950	540	380	490	330
	D19	19.1	380	270	730	950	980	1270	730	450	590	390
	D22	22.2	440	310	1170	1520	1540	2000	1170	730	950	460
	D25	25.4	500	350	1450	1890	1870	2430	1450	950	1240	520
	D29	28.6	570	400	1760	2280	2110	2740	1690	1210	1570	590
	D32	31.8	630	440	2070	2700	2340	3040	1870	1490	1940	650
	D35	34.9	690	480	2390	3110	2570	3340	2060	1800	2330	720
27	D10	9.53	180	150	300	300	300	380	300	300	300	200
	D13	12.7	240	170	340	450	480	620	340	300	370	250
	D16	15.9	300	210	510	660	690	900	510	360	460	310
	D19	19.1	360	250	690	890	920	1200	690	430	560	370
	D22	22.2	420	290	1100	1430	1450	1890	1100	690	890	430
	D25	25.4	470	330	1370	1780	1760	2290	1370	900	1170	490
	D29	28.6	530	370	1660	2150	1990	2580	1590	1140	1480	560
	D32	31.8	590	420	1960	2540	2210	2870	1770	1410	1830	620
	D35	34.9	650	460	2260	2930	2420	3150	1940	1690	2200	680

〈표 1.7.3〉 이형철근의 정착길이 : f_y = 400 MPa (계속)

(단위 mm)

f_{ck} (MPa)	철근		표준갈고리 인장 정착길이		인장 정착길이							압축 정착 길이
	호칭	공칭 지름	피복두께		슬래브, 벽체		보		기둥	기초		
			미확보	확보	일반	상부	일반	상부		일반	상부	
30	D10	9.53	170	150	300	300	300	360	300	300	300	200
	D13	12.7	230	160	330	420	450	590	330	300	350	240
	D16	15.9	280	200	480	620	660	850	480	340	440	300
	D19	19.1	340	240	650	850	870	1140	650	410	530	350
	D22	22.2	390	280	1050	1360	1380	1790	1050	650	850	410
	D25	25.4	450	320	1300	1690	1670	2180	1300	850	1110	470
	D29	28.6	510	360	1570	2040	1880	2450	1510	1080	1400	530
	D32	31.8	560	400	1860	2410	2100	2720	1680	1330	1730	590
	D35	34.9	620	430	2140	2780	2300	2990	1840	1610	2090	640
35	D10	9.53	160	150	300	300	300	340	300	300	300	200
	D13	12.7	210	150	300	390	420	550	300	300	330	220
	D16	15.9	260	190	450	580	610	790	450	310	410	280
	D19	19.1	310	220	610	790	810	1050	610	380	490	330
	D22	22.2	370	260	970	1260	1280	1660	970	600	780	390
	D25	25.4	420	290	1210	1570	1550	2010	1210	790	1030	440
	D29	28.6	470	330	1460	1890	1750	2270	1400	1000	1300	500
	D32	31.8	520	370	1720	2230	1940	2520	1550	1240	1600	550
	D35	34.9	570	400	1980	2580	2130	2770	1700	1490	1930	610
40	D10	9.53	150	150	300	300	300	320	300	300	300	200
	D13	12.7	200	150	300	370	390	510	300	300	310	220
	D16	15.9	250	170	420	540	570	740	420	300	380	280
	D19	19.1	290	210	570	740	760	980	570	350	460	330
	D22	22.2	340	240	910	1180	1190	1550	910	570	730	390
	D25	25.4	390	270	1130	1460	1450	1880	1130	740	960	440
	D29	28.6	440	310	1360	1770	1630	2120	1310	940	1220	500
	D32	31.8	490	340	1610	2090	1820	2360	1450	1160	1500	550
	D35	34.9	530	380	1860	2410	1990	2590	1590	1390	1810	610

〈표 1.7.3〉 이형철근의 정착길이 : f_y = 400 MPa (계속) (단위 mm)

f_{ck} (MPa)	철근		표준갈고리 인장 정착길이		인장 정착길이							압축 정착 길이
	호칭	공칭 지름	피복두께		슬래브, 벽체		보		기둥	기초		
			미확보	확보	일반	상부	일반	상부		일반	상부	
45	D10	9.53	150	150	300	300	300	300	300	300	300	200
	D13	12.7	190	150	300	350	370	480	300	300	300	220
	D16	15.9	230	160	390	510	540	690	390	300	360	280
	D19	19.1	280	200	540	690	720	930	540	330	430	330
	D22	22.2	320	230	860	1110	1130	1460	860	530	690	390
	D25	25.4	370	260	1060	1380	1370	1780	1060	700	910	440
	D29	28.6	410	290	1280	1670	1540	2000	1230	880	1150	500
	D32	31.8	460	320	1520	1970	1710	2220	1370	1090	1420	550
	D35	34.9	500	350	1750	2270	1880	2440	1500	1310	1700	610
50	D10	9.53	150	150	300	300	300	300	300	300	300	200
	D13	12.7	180	150	300	330	350	460	300	300	300	220
	D16	15.9	220	160	370	480	510	660	370	300	340	280
	D19	19.1	260	190	510	660	680	880	510	320	410	330
	D22	22.2	310	220	810	1050	1070	1390	810	510	660	390
	D25	25.4	350	250	1010	1310	1300	1690	1010	660	860	440
	D29	28.6	390	280	1220	1580	1460	1900	1170	840	1090	500
	D32	31.8	440	310	1440	1870	1620	2110	1300	1030	1340	550
	D35	34.9	480	340	1660	2160	1780	2310	1430	1250	1620	610

주 1) 정착길이는 $l_d = \dfrac{0.90 d_b f_y}{\lambda \sqrt{f_{ck}}} \dfrac{\alpha\beta\gamma}{\left(\dfrac{c+K_{tr}}{d_b}\right)} \geq 300\,\text{mm}$ 적용 (KDS 14 20 52 (식 4.1-2)).

2) 정착길이 산정 시 d_b는 KS D 3504의 공칭지름을 적용.

3) $\lambda = 1$ (일반콘크리트) 적용, $\beta = 1$ (철근도막 없음) 적용, 횡방향 철근지수 K_{tr}은 보수적으로 0 적용.

4) 표준갈고리 인장 정착길이에서 "피복두께 확보"는 측면 피복 두께가 70 mm 이상이고, 90도 갈고리를 넘어선 철근 피복두께가 50 mm 이상인 경우를 의미.

5) 슬래브와 벽체는 피복 20 mm 이상, 철근 중심간격 100 mm 이상 적용.

6) 보는 피복 40 mm 이상, 철근 순간격은 25 mm (또한 $1.0d_b$) 이상 적용.

7) 기둥은 피복 40 mm 이상, 철근 순간격은 40 mm (또한 $1.5d_b$) 이상 적용.

8) 기초는 피복 40 mm 이상, 철근 중심간격 100 mm 이상 적용.

9) 인장 정착길이에서 "상부"는 정착길이 아래 300 mm를 초과되게 굳지 않은 콘크리트를 친 수평철근을 의미.

〈표 1.7.4〉 이형철근의 정착길이 : f_y = 400 MPa (단위 d_b)

f_{ck} (MPa)	철근		표준갈고리 인장 정착길이		인장 정착길이							압축 정착 길이
	호칭	공칭 지름 (mm)	피복두께		슬래브, 벽체		보		기둥	기초		
			미확보	확보	일반	상부	일반	상부		일반	상부	
21	D10	9.53	21.0	15.8	31.5	32.7	34.7	45.1	31.5	31.5	32.7	21.9
	D13	12.7	21.0	14.7	30.3	39.4	42.4	55.1	30.3	25.2	32.7	21.9
	D16	15.9	21.0	14.7	35.8	46.5	48.9	63.6	35.8	25.2	32.7	21.9
	D19	19.1	21.0	14.7	40.7	52.9	54.5	70.8	40.7	25.2	32.7	21.9
	D22	22.2	21.0	14.7	56.1	73.0	73.9	96.1	56.1	34.9	45.4	21.9
	D25	25.4	21.0	14.7	61.1	79.4	78.6	102.2	61.1	40.0	51.9	21.9
	D29	28.6	21.0	14.7	65.6	85.2	78.6	102.2	62.9	45.0	58.5	21.9
	D32	31.8	21.0	14.7	69.6	90.5	78.6	102.2	62.9	50.0	65.0	21.9
	D35	34.9	21.0	14.7	73.3	95.2	78.6	102.2	62.9	54.9	71.3	21.9
24	D10	9.53	19.6	15.8	31.5	31.5	32.5	42.2	31.5	31.5	31.5	21.0
	D13	12.7	19.6	13.8	28.4	36.9	39.7	51.5	28.4	23.7	30.6	20.5
	D16	15.9	19.6	13.8	33.5	43.5	45.8	59.5	33.5	23.6	30.6	20.5
	D19	19.1	19.6	13.8	38.0	49.4	51.0	66.2	38.0	23.6	30.6	20.5
	D22	22.2	19.6	13.8	52.5	68.2	69.2	89.9	52.5	32.7	42.5	20.5
	D25	25.4	19.6	13.8	57.1	74.3	73.5	95.6	57.1	37.4	48.6	20.5
	D29	28.6	19.6	13.8	61.3	79.7	73.5	95.6	58.8	42.1	54.7	20.5
	D32	31.8	19.6	13.8	65.1	84.7	73.5	95.6	58.8	46.8	60.8	20.5
	D35	34.9	19.6	13.8	68.5	89.1	73.5	95.6	58.8	51.3	66.7	20.5
27	D10	9.53	18.5	15.8	31.5	31.5	31.5	39.8	31.5	31.5	31.5	21.0
	D13	12.7	18.5	13.0	26.8	34.8	37.4	48.6	26.8	23.7	28.9	19.3
	D16	15.9	18.5	13.0	31.6	41.0	43.1	56.1	31.6	22.2	28.9	19.3
	D19	19.1	18.5	13.0	35.9	46.6	48.1	62.5	35.9	22.2	28.9	19.3
	D22	22.2	18.5	13.0	49.5	64.3	65.2	84.8	49.5	30.8	40.0	19.3
	D25	25.4	18.5	13.0	53.9	70.0	69.3	90.1	53.9	35.2	45.8	19.3
	D29	28.6	18.5	13.0	57.8	75.1	69.3	90.1	55.5	39.7	51.6	19.3
	D32	31.8	18.5	13.0	61.4	79.8	69.3	90.1	55.5	44.1	57.3	19.3
	D35	34.9	18.5	13.0	64.6	84.0	69.3	90.1	55.5	48.4	62.9	19.3

〈표 1.7.4〉 이형철근의 정착길이 : f_y = 400 MPa (계속)

(단위 d_b)

f_{ck} (MPa)	철근		표준갈고리 인장 정착길이		인장 정착길이							압축 정착 길이
	호칭	공칭 지름 (mm)	피복두께		슬래브, 벽체		보		기둥	기초		
			미확보	확보	일반	상부	일반	상부		일반	상부	
30	D10	9.53	17.6	15.8	31.5	31.5	31.5	37.8	31.5	31.5	31.5	21.0
	D13	12.7	17.6	12.3	25.4	33.0	35.5	46.1	25.4	23.7	27.4	18.3
	D16	15.9	17.6	12.3	30.0	38.9	40.9	53.2	30.0	21.1	27.4	18.3
	D19	19.1	17.6	12.3	34.0	44.2	45.6	59.3	34.0	21.1	27.4	18.3
	D22	22.2	17.6	12.3	47.0	61.0	61.9	80.4	47.0	29.2	38.0	18.3
	D25	25.4	17.6	12.3	51.1	66.4	65.8	85.5	51.1	33.4	43.5	18.3
	D29	28.6	17.6	12.3	54.9	71.3	65.8	85.5	52.6	37.6	48.9	18.3
	D32	31.8	17.6	12.3	58.3	75.7	65.8	85.5	52.6	41.9	54.4	18.3
	D35	34.9	17.6	12.3	61.3	79.7	65.8	85.5	52.6	45.9	59.7	18.3
35	D10	9.53	16.3	15.8	31.5	31.5	31.5	35.0	31.5	31.5	31.5	21.0
	D13	12.7	16.3	11.9	23.7	30.6	32.8	42.7	23.7	23.7	25.4	17.2
	D16	15.9	16.3	11.4	27.7	36.1	37.9	49.3	27.7	19.5	25.4	17.2
	D19	19.1	16.3	11.4	31.5	41.0	42.2	54.9	31.5	19.5	25.4	17.2
	D22	22.2	16.3	11.4	43.5	56.5	57.3	74.5	43.5	27.1	35.2	17.2
	D25	25.4	16.3	11.4	47.3	61.5	60.9	79.2	47.3	31.0	40.2	17.2
	D29	28.6	16.3	11.4	50.8	66.0	60.9	79.2	48.7	34.9	45.3	17.2
	D32	31.8	16.3	11.4	54.0	70.1	60.9	79.2	48.7	38.8	50.4	17.2
	D35	34.9	16.3	11.4	56.8	73.8	60.9	79.2	48.7	42.5	55.3	17.2
40	D10	9.53	15.8	15.8	31.5	31.5	31.5	32.7	31.5	31.5	31.5	21.0
	D13	12.7	15.2	11.9	23.7	28.6	30.7	39.9	23.7	23.7	23.7	17.2
	D16	15.9	15.2	10.7	26.0	33.7	35.5	46.1	26.0	18.9	23.7	17.2
	D19	19.1	15.2	10.7	29.5	38.3	39.5	51.3	29.5	18.3	23.7	17.2
	D22	22.2	15.2	10.7	40.7	52.9	53.6	69.7	40.7	25.3	32.9	17.2
	D25	25.4	15.2	10.7	44.3	57.5	57.0	74.0	44.3	29.0	37.6	17.2
	D29	28.6	15.2	10.7	47.5	61.8	57.0	74.0	45.6	32.6	42.4	17.2
	D32	31.8	15.2	10.7	50.5	65.6	57.0	74.0	45.6	36.3	47.1	17.2
	D35	34.9	15.2	10.7	53.1	69.0	57.0	74.0	45.6	39.8	51.7	17.2

〈표 1.7.4〉 이형철근의 정착길이 : f_y = 400 MPa (계속) (단위 d_b)

f_{ck} (MPa)	철근		표준갈고리 인장 정착길이		인장 정착길이							압축 정착 길이
	호칭	공칭 지름 (mm)	피복두께		슬래브, 벽체		보		기둥	기초		
			미확보	확보	일반	상부	일반	상부		일반	상부	
45	D10	9.53	15.8	15.8	31.5	31.5	31.5	31.5	31.5	31.5	31.5	21.0
	D13	12.7	14.4	11.9	23.7	27.0	29.0	37.7	23.7	23.7	23.7	17.2
	D16	15.9	14.4	10.1	24.5	31.8	33.4	43.4	24.5	18.9	22.4	17.2
	D19	19.1	14.4	10.1	27.8	36.1	37.2	48.4	27.8	17.2	22.4	17.2
	D22	22.2	14.4	10.1	38.4	49.9	50.5	65.7	38.4	23.9	31.0	17.2
	D25	25.4	14.4	10.1	41.7	54.2	53.7	69.8	41.7	27.3	35.5	17.2
	D29	28.6	14.4	10.1	44.8	58.2	53.7	69.8	43.0	30.7	40.0	17.2
	D32	31.8	14.4	10.1	47.6	61.8	53.7	69.8	43.0	34.2	44.4	17.2
	D35	34.9	14.4	10.1	50.1	65.1	53.7	69.8	43.0	37.5	48.7	17.2
50	D10	9.53	15.8	15.8	31.5	31.5	31.5	31.5	31.5	31.5	31.5	21.0
	D13	12.7	13.6	11.9	23.7	25.6	27.5	35.7	23.7	23.7	23.7	17.2
	D16	15.9	13.6	9.6	23.2	30.2	31.7	41.2	23.2	18.9	21.2	17.2
	D19	19.1	13.6	9.6	26.4	34.3	35.3	45.9	26.4	16.3	21.2	17.2
	D22	22.2	13.6	9.6	36.4	47.3	47.9	62.3	36.4	22.7	29.4	17.2
	D25	25.4	13.6	9.6	39.6	51.5	51.0	66.2	39.6	25.9	33.7	17.2
	D29	28.6	13.6	9.6	42.5	55.2	51.0	66.2	40.8	29.2	37.9	17.2
	D32	31.8	13.6	9.6	45.1	58.7	51.0	66.2	40.8	32.4	42.1	17.2
	D35	34.9	13.6	9.6	47.5	61.7	51.0	66.2	40.8	35.6	46.2	17.2

주 1) 정착길이는 $l_d = \dfrac{0.90 d_b f_y}{\lambda\sqrt{f_{ck}}}\dfrac{\alpha\beta\gamma}{\left(\dfrac{c+K_{tr}}{d_b}\right)} \geq 300\text{ mm}$ 적용 (KDS 14 20 52 (식 4.1-2)).

2) 정착길이 산정 시 d_b는 KS D 3504의 공칭지름을 적용.

3) $\lambda = 1$ (일반콘크리트) 적용, $\beta = 1$ (철근도막 없음) 적용, 횡방향 철근지수 K_{tr}은 보수적으로 0 적용.

4) 표준갈고리 인장 정착길이에서 "피복두께 확보"는 측면 피복 두께가 70 mm 이상이고, 90도 갈고리를 넘어선 철근 피복두께가 50 mm 이상인 경우를 의미.

5) 슬래브와 벽체는 피복 20 mm 이상, 철근 중심간격 100 mm 이상 적용.

6) 보는 피복 40 mm 이상, 철근 순간격은 25 mm (또한 $1.0d_b$) 이상 적용.

7) 기둥은 피복 40 mm 이상, 철근 순간격은 40 mm (또한 $1.5d_b$) 이상 적용.

8) 기초는 피복 40 mm 이상, 철근 중심간격 100 mm 이상 적용.

9) 인장 정착길이에서 "상부"는 정착길이 아래 300 mm를 초과되게 굳지 않은 콘크리트를 친 수평철근을 의미.

〈표 1.7.5〉 이형철근의 이음길이 : f_y = 400 MPa (단위 mm)

f_{ck} (MPa)	철근		인장 이음길이 (B급)							압축 이음 길이
	호칭	공칭 지름	슬래브, 벽체		보		기둥	기초		
			일반	상부	일반	상부		일반	상부	
21	D10	9.53	320	410	430	560	320	320	410	300
	D13	12.7	510	660	700	910	510	420	540	370
	D16	15.9	740	970	1020	1320	740	520	680	460
	D19	19.1	1010	1320	1360	1760	1010	630	820	560
	D22	22.2	1620	2110	2140	2780	1620	1010	1310	640
	D25	25.4	2020	2620	2600	3380	2020	1320	1720	740
	D29	28.6	2440	3170	2930	3800	2340	1680	2180	830
	D32	31.8	2880	3740	3250	4230	2600	2070	2690	920
	D35	34.9	3330	4320	3570	4640	2860	2490	3240	1010
24	D10	9.53	300	380	410	530	300	300	380	300
	D13	12.7	470	610	660	860	470	390	510	370
	D16	15.9	700	900	950	1230	700	490	640	460
	D19	19.1	950	1230	1270	1650	950	590	760	560
	D22	22.2	1520	1970	2000	2600	1520	950	1230	640
	D25	25.4	1890	2460	2430	3160	1890	1240	1610	740
	D29	28.6	2280	2970	2740	3560	2190	1570	2040	830
	D32	31.8	2700	3500	3040	3950	2440	1940	2520	920
	D35	34.9	3110	4040	3340	4340	2670	2330	3030	1010
27	D10	9.53	300	360	380	500	300	300	360	300
	D13	12.7	450	580	620	810	450	370	480	370
	D16	15.9	660	850	900	1160	660	460	600	460
	D19	19.1	890	1160	1200	1550	890	560	720	560
	D22	22.2	1430	1860	1890	2450	1430	890	1160	640
	D25	25.4	1780	2320	2290	2980	1780	1170	1520	740
	D29	28.6	2150	2800	2580	3350	2070	1480	1920	830
	D32	31.8	2540	3300	2870	3730	2300	1830	2370	920
	D35	34.9	2930	3810	3150	4090	2520	2200	2860	1010

〈표 1.7.5〉 이형철근의 이음길이 : f_y = 400 MPa (계속) (단위 mm)

f_{ck} (MPa)	철근		인장 이음길이 (B급)							압축 이음 길이
	호칭	공칭 지름	슬래브, 벽체		보		기둥	기초		
			일반	상부	일반	상부		일반	상부	
30	D10	9.53	300	340	360	470	300	300	340	300
	D13	12.7	420	550	590	770	420	350	460	370
	D16	15.9	620	810	850	1100	620	440	570	460
	D19	19.1	850	1100	1140	1480	850	530	680	560
	D22	22.2	1360	1770	1790	2320	1360	850	1100	640
	D25	25.4	1690	2200	2180	2830	1690	1110	1440	740
	D29	28.6	2040	2650	2450	3180	1960	1400	1820	830
	D32	31.8	2410	3130	2720	3540	2180	1730	2250	920
	D35	34.9	2780	3620	2990	3880	2390	2090	2710	1010
35	D10	9.53	300	320	340	440	300	300	320	300
	D13	12.7	390	510	550	710	390	330	420	370
	D16	15.9	580	750	790	1020	580	410	530	460
	D19	19.1	790	1020	1050	1370	790	490	630	560
	D22	22.2	1260	1630	1660	2150	1260	780	1020	640
	D25	25.4	1570	2030	2010	2620	1570	1030	1330	740
	D29	28.6	1890	2460	2270	2950	1810	1300	1690	830
	D32	31.8	2230	2900	2520	3280	2020	1600	2080	920
	D35	34.9	2580	3350	2770	3590	2210	1930	2510	1010
40	D10	9.53	300	300	320	410	300	300	300	300
	D13	12.7	370	480	510	660	370	310	400	370
	D16	15.9	540	700	740	960	540	380	490	460
	D19	19.1	740	960	980	1280	740	460	590	560
	D22	22.2	1180	1530	1550	2010	1180	730	950	640
	D25	25.4	1460	1900	1880	2450	1460	960	1250	740
	D29	28.6	1770	2300	2120	2760	1700	1220	1580	830
	D32	31.8	2090	2710	2360	3060	1890	1500	1950	920
	D35	34.9	2410	3130	2590	3360	2070	1810	2350	1010

〈표 1.7.5〉 이형철근의 이음길이 : f_y = 400 MPa (계속)

(단위 mm)

f_{ck} (MPa)	철근		인장 이음길이 (B급)							압축 이음 길이
	호칭	공칭 지름	슬래브, 벽체		보		기둥	기초		
			일반	상부	일반	상부		일반	상부	
45	D10	9.53	300	300	300	390	300	300	300	300
	D13	12.7	350	450	480	630	350	300	370	370
	D16	15.9	510	660	690	900	510	360	470	460
	D19	19.1	690	900	930	1210	690	430	560	560
	D22	22.2	1110	1440	1460	1900	1110	690	900	640
	D25	25.4	1380	1790	1780	2310	1380	910	1180	740
	D29	28.6	1670	2170	2000	2600	1600	1150	1490	830
	D32	31.8	1970	2560	2220	2890	1780	1420	1840	920
	D35	34.9	2270	2950	2440	3170	1950	1700	2210	1010
50	D10	9.53	300	300	300	370	300	300	300	300
	D13	12.7	330	430	460	590	330	300	350	350
	D16	15.9	480	630	660	860	480	340	440	440
	D19	19.1	660	850	880	1140	660	410	530	520
	D22	22.2	1050	1370	1390	1800	1050	660	850	610
	D25	25.4	1310	1700	1690	2190	1310	860	1120	700
	D29	28.6	1580	2060	1900	2470	1520	1090	1410	780
	D32	31.8	1870	2430	2110	2740	1690	1340	1750	870
	D35	34.9	2160	2800	2310	3010	1850	1620	2100	950

주 1) A급 인장 이음길이는 $1.0l_d$ (인장 정착길이와 동일), 급 인장 이음길이는 $1.3l_d$.
(A급 조건 : 겹침이음 구간에서 철근량이 소요철근량의 2배 이상 + 겹침이음되는 철근량이 전체 철근량의 1/2 이하)

2) 정착길이는 $l_d = \dfrac{0.90 d_b f_y}{\lambda\sqrt{f_{ck}}} \dfrac{\alpha\beta\gamma}{\left(\dfrac{c+K_{tr}}{d_b}\right)} \geq 300$ mm 적용 (KDS 14 20 52 식 (4.1-2)).

3) 정착길이 l_d 산정 시 d_b는 KS D 3504의 공칭지름을 적용.

4) $\lambda=1$ (일반콘크리트) 적용, $\beta=1$ (철근도막 없음) 적용, 횡방향 철근지수 K_{tr}은 보수적으로 0 적용.

5) 슬래브와 벽체는 피복 20 mm 이상, 철근 중심간격 100 mm 이상 적용.

6) 보는 피복 40 mm 이상, 철근 순간격은 25 mm (또한 $1.0d_b$) 이상 적용.

7) 기둥은 피복 40 mm 이상, 철근 순간격은 40 mm (또한 $1.5d_b$) 이상 적용.

8) 기초는 피복 40 mm 이상, 철근 중심간격 100 mm 이상 적용.

9) 인장 이음길이에서 "상부"는 겹침이음부 아래 300 mm를 초과되게 굳지 않은 콘크리트를 친 수평철근을 의미.

〈표 1.7.6〉 이형철근의 이음길이 : f_y = 400 MPa

(단위 d_b)

f_{ck} (MPa)	철근		인장 이음길이 (B급)							압축 이음 길이
	호칭	공칭 지름 (mm)	슬래브, 벽체		보		기둥	기초		
			일반	상부	일반	상부		일반	상부	
21	D10	9.53	32.7	42.5	45.1	58.7	32.7	32.7	42.5	31.5
	D13	12.7	39.4	51.2	55.1	71.6	39.4	32.7	42.5	28.8
	D16	15.9	46.5	60.5	63.6	82.6	46.5	32.7	42.5	28.8
	D19	19.1	52.9	68.7	70.8	92.1	52.9	32.7	42.5	28.8
	D22	22.2	73.0	94.8	96.1	124.9	73.0	45.4	59.0	28.8
	D25	25.4	79.4	103.2	102.2	132.8	79.4	51.9	67.5	28.8
	D29	28.6	85.2	110.8	102.2	132.8	81.8	58.5	76.0	28.8
	D32	31.8	90.5	117.7	102.2	132.8	81.8	65.0	84.5	28.8
	D35	34.9	95.2	123.8	102.2	132.8	81.8	71.3	92.7	28.8
24	D10	9.53	31.5	39.8	42.2	54.9	31.5	31.5	39.8	31.5
	D13	12.7	36.9	47.9	51.5	67.0	36.9	30.6	39.8	28.8
	D16	15.9	43.5	56.6	59.5	77.3	43.5	30.6	39.8	28.8
	D19	19.1	49.4	64.3	66.2	86.1	49.4	30.6	39.8	28.8
	D22	22.2	68.2	88.7	89.9	116.9	68.2	42.5	55.2	28.8
	D25	25.4	74.3	96.5	95.6	124.2	74.3	48.6	63.1	28.8
	D29	28.6	79.7	103.6	95.6	124.2	76.5	54.7	71.1	28.8
	D32	31.8	84.7	110.1	95.6	124.2	76.5	60.8	79.0	28.8
	D35	34.9	89.1	115.8	95.6	124.2	76.5	66.7	86.7	28.8
27	D10	9.53	31.5	37.5	39.8	51.8	31.5	31.5	37.5	31.5
	D13	12.7	34.8	45.2	48.6	63.2	34.8	28.9	37.5	28.8
	D16	15.9	41.0	53.3	56.1	72.9	41.0	28.9	37.5	28.8
	D19	19.1	46.6	60.6	62.5	81.2	46.6	28.9	37.5	28.8
	D22	22.2	64.3	83.6	84.8	110.2	64.3	40.0	52.0	28.8
	D25	25.4	70.0	91.0	90.1	117.1	70.0	45.8	59.5	28.8
	D29	28.6	75.1	97.7	90.1	117.1	72.1	51.6	67.0	28.8
	D32	31.8	79.8	103.8	90.1	117.1	72.1	57.3	74.5	28.8
	D35	34.9	84.0	109.2	90.1	117.1	72.1	62.9	81.8	28.8

〈표 1.7.6〉 이형철근의 이음길이 : f_y = 400 MPa (계속)

(단위 d_b)

f_{ck} (MPa)	철근		인장 이음길이 (B급)							압축 이음길이
	호칭	공칭 지름 (mm)	슬래브, 벽체		보		기둥	기초		
			일반	상부	일반	상부		일반	상부	
30	D10	9.53	31.5	35.6	37.8	49.1	31.5	31.5	35.6	31.5
	D13	12.7	33.0	42.9	46.1	59.9	33.0	27.4	35.6	28.8
	D16	15.9	38.9	50.6	53.2	69.1	38.9	27.4	35.6	28.8
	D19	19.1	44.2	57.5	59.3	77.0	44.2	27.4	35.6	28.8
	D22	22.2	61.0	79.3	80.4	104.5	61.0	38.0	49.4	28.8
	D25	25.4	66.4	86.3	85.5	111.1	66.4	43.5	56.5	28.8
	D29	28.6	71.3	92.7	85.5	111.1	68.4	48.9	63.6	28.8
	D32	31.8	75.7	98.4	85.5	111.1	68.4	54.4	70.7	28.8
	D35	34.9	79.7	103.6	85.5	111.1	68.4	59.7	77.6	28.8
35	D10	9.53	31.5	33.0	35.0	45.5	31.5	31.5	33.0	31.5
	D13	12.7	30.6	39.7	42.7	55.5	30.6	25.4	33.0	28.8
	D16	15.9	36.1	46.9	49.3	64.0	36.1	25.4	33.0	28.8
	D19	19.1	41.0	53.2	54.9	71.3	41.0	25.4	33.0	28.8
	D22	22.2	56.5	73.5	74.5	96.8	56.5	35.2	45.7	28.8
	D25	25.4	61.5	79.9	79.2	102.9	61.5	40.2	52.3	28.8
	D29	28.6	66.0	85.8	79.2	102.9	63.3	45.3	58.9	28.8
	D32	31.8	70.1	91.1	79.2	102.9	63.3	50.4	65.5	28.8
	D35	34.9	73.8	95.9	79.2	102.9	63.3	55.3	71.8	28.8
40	D10	9.53	31.5	31.5	32.7	42.5	31.5	31.5	31.5	31.5
	D13	12.7	28.6	37.1	39.9	51.9	28.6	23.7	30.8	28.8
	D16	15.9	33.7	43.8	46.1	59.9	33.7	23.7	30.8	28.8
	D19	19.1	38.3	49.8	51.3	66.7	38.3	23.7	30.8	28.8
	D22	22.2	52.9	68.7	69.7	90.5	52.9	32.9	42.8	28.8
	D25	25.4	57.5	74.8	74.0	96.2	57.5	37.6	48.9	28.8
	D29	28.6	61.8	80.3	74.0	96.2	59.2	42.4	55.1	28.8
	D32	31.8	65.6	85.3	74.0	96.2	59.2	47.1	61.2	28.8
	D35	34.9	69.0	89.7	74.0	96.2	59.2	51.7	67.2	28.8

〈표 1.7.6〉 이형철근의 이음길이 : f_y = 400 MPa (계속) (단위 d_b)

f_{ck} (MPa)	철근		인장 이음길이 (B급)							압축 이음 길이
	호칭	공칭 지름 (mm)	슬래브, 벽체		보		기둥	기초		
			일반	상부	일반	상부		일반	상부	
	D10	9.53	31.5	31.5	31.5	40.1	31.5	31.5	31.5	31.5
	D13	12.7	27.0	35.0	37.7	48.9	27.0	23.7	29.1	28.8
	D16	15.9	31.8	41.3	43.4	56.5	31.8	22.4	29.1	28.8
	D19	19.1	36.1	46.9	48.4	62.9	36.1	22.4	29.1	28.8
45	D22	22.2	49.9	64.8	65.7	85.4	49.9	31.0	40.3	28.8
	D25	25.4	54.2	70.5	69.8	90.7	54.2	35.5	46.1	28.8
	D29	28.6	58.2	75.7	69.8	90.7	55.9	40.0	51.9	28.8
	D32	31.8	61.8	80.4	69.8	90.7	55.9	44.4	57.7	28.8
	D35	34.9	65.1	84.6	69.8	90.7	55.9	48.7	63.4	28.8
	D10	9.53	31.5	31.5	31.5	38.0	31.5	31.5	31.5	31.5
	D13	12.7	25.6	33.2	35.7	46.4	25.6	23.7	27.6	27.2
	D16	15.9	30.2	39.2	41.2	53.6	30.2	21.2	27.6	27.2
	D19	19.1	34.3	44.5	45.9	59.7	34.3	21.2	27.6	27.2
50	D22	22.2	47.3	61.5	62.3	81.0	47.3	29.4	38.3	27.2
	D25	25.4	51.5	66.9	66.2	86.1	51.5	33.7	43.8	27.2
	D29	28.6	55.2	71.8	66.2	86.1	53.0	37.9	49.3	27.2
	D32	31.8	58.7	76.3	66.2	86.1	53.0	42.1	54.8	27.2
	D35	34.9	61.7	80.2	66.2	86.1	53.0	46.2	60.1	27.2

주 1) A급 인장 이음길이는 $1.0l_d$ (인장 정착길이와 동일), 급 인장 이음길이는 $1.3l_d$.
(A급 조건 : 겹침이음 구간에서 철근량이 소요철근량의 2배 이상 + 겹침이음되는 철근량이 전체 철근량의 1/2 이하)

2) 정착길이는 $l_d = \dfrac{0.90 d_b f_y}{\lambda\sqrt{f_{ck}}} \dfrac{\alpha\beta\gamma}{\left(\dfrac{c+K_{tr}}{d_b}\right)} \geq 300\,\text{mm}$ 적용 (KDS 14 20 52 (식 4.1-2)).

3) 정착길이 l_d 산정 시 d_b는 KS D 3504의 공칭지름을 적용.

4) $\lambda=1$ (일반콘크리트) 적용, $\beta=1$ (철근도막 없음) 적용, 횡방향 철근지수 K_{tr}은 보수적으로 0 적용.

5) 슬래브와 벽체는 피복 20 mm 이상, 철근 중심간격 100 mm 이상 적용.

6) 보는 피복 40 mm 이상, 철근 순간격은 25 mm (또한 $1.0d_b$) 이상 적용.

7) 기둥은 피복 40 mm 이상, 철근 순간격은 40 mm (또한 $1.5d_b$) 이상 적용.

8) 기초는 피복 40 mm 이상, 철근 중심간격 100 mm 이상 적용.

9) 인장 이음길이에서 "상부"는 겹침이음부 아래 300 mm를 초과되게 굳지 않은 콘크리트를 친 수평철근을 의미.

〈표 1.7.7〉 이형철근의 정착길이 : f_y = 500 MPa

(단위 mm)

f_{ck} (MPa)	철근		표준갈고리 인장 정착길이		인장 정착길이							압축 정착 길이
	호칭	공칭 지름	피복두께		슬래브, 벽체		보		기둥	기초		
			미확보	확보	일반	상부	일반	상부		일반	상부	
21	D10	9.53	250	180	300	390	420	540	300	300	390	260
	D13	12.7	340	240	490	630	680	880	490	400	520	350
	D16	15.9	420	300	720	930	980	1270	720	500	650	440
	D19	19.1	510	360	970	1270	1300	1690	970	610	790	530
	D22	22.2	590	410	1560	2030	2060	2670	1560	970	1260	610
	D25	25.4	670	470	1940	2520	2500	3250	1940	1270	1650	700
	D29	28.6	750	530	2350	3050	2810	3660	2250	1610	2090	790
	D32	31.8	840	590	2770	3600	3130	4060	2500	1990	2590	870
	D35	34.9	920	640	3200	4160	3430	4460	2750	2400	3110	960
24	D10	9.53	240	170	300	370	390	510	300	300	370	250
	D13	12.7	320	220	450	590	630	820	450	380	490	330
	D16	15.9	390	280	670	870	910	1190	670	470	610	410
	D19	19.1	470	330	910	1180	1220	1590	910	570	730	490
	D22	22.2	550	390	1460	1900	1920	2500	1460	910	1180	570
	D25	25.4	630	440	1820	2360	2340	3040	1820	1190	1550	650
	D29	28.6	710	500	2200	2850	2630	3420	2110	1510	1960	730
	D32	31.8	780	550	2590	3370	2930	3800	2340	1860	2420	820
	D35	34.9	860	600	2990	3890	3210	4170	2570	2240	2910	900
27	D10	9.53	230	160	300	350	370	480	300	300	350	230
	D13	12.7	300	210	430	560	600	780	430	360	460	310
	D16	15.9	370	260	630	820	860	1120	630	450	580	390
	D19	19.1	450	310	860	1120	1150	1500	860	530	690	460
	D22	22.2	520	360	1380	1790	1810	2360	1380	860	1110	540
	D25	25.4	590	420	1710	2230	2200	2860	1710	1120	1460	620
	D29	28.6	670	470	2070	2690	2480	3220	1990	1420	1850	690
	D32	31.8	740	520	2440	3180	2760	3590	2210	1760	2280	770
	D35	34.9	810	570	2820	3670	3030	3930	2420	2110	2750	840

〈표 1.7.7〉 이형철근의 정착길이 : f_y = 500 MPa (계속) (단위 mm)

f_{ck} (MPa)	철근		표준갈고리 인장 정착길이		인장 정착길이							압축 정착 길이
	호칭	공칭 지름	피복두께		슬래브, 벽체		보		기둥	기초		
			미확보	확보	일반	상부	일반	상부		일반	상부	
30	D10	9.53	210	150	300	330	350	450	300	300	330	220
	D13	12.7	280	200	410	530	570	740	410	340	440	290
	D16	15.9	350	250	600	780	820	1060	600	420	550	370
	D19	19.1	420	300	820	1060	1090	1420	820	510	660	440
	D22	22.2	490	350	1310	1700	1720	2240	1310	810	1060	510
	D25	25.4	560	390	1630	2110	2090	2720	1630	1070	1380	580
	D29	28.6	630	440	1960	2550	2350	3060	1880	1350	1750	660
	D32	31.8	700	490	2320	3010	2620	3400	2100	1670	2170	730
	D35	34.9	770	540	2680	3480	2870	3730	2300	2010	2610	800
35	D10	9.53	200	150	300	310	330	420	300	300	310	210
	D13	12.7	260	190	380	490	530	680	380	310	410	280
	D16	15.9	330	230	560	720	760	980	560	390	510	350
	D19	19.1	390	280	760	980	1010	1310	760	470	610	420
	D22	22.2	460	320	1210	1570	1590	2070	1210	750	980	480
	D25	25.4	520	370	1510	1960	1940	2520	1510	990	1280	550
	D29	28.6	590	410	1820	2360	2180	2830	1750	1250	1620	620
	D32	31.8	650	460	2150	2790	2420	3150	1940	1540	2000	690
	D35	34.9	710	500	2480	3220	2660	3460	2130	1860	2410	760
40	D10	9.53	190	150	300	300	300	390	300	300	300	210
	D13	12.7	250	170	350	460	490	640	350	300	380	280
	D16	15.9	310	220	520	670	710	920	520	370	480	350
	D19	19.1	370	260	710	920	950	1230	710	440	570	420
	D22	22.2	430	300	1130	1470	1490	1940	1130	710	920	480
	D25	25.4	490	340	1410	1830	1810	2350	1410	920	1200	550
	D29	28.6	550	380	1700	2210	2040	2650	1630	1170	1520	620
	D32	31.8	610	430	2010	2610	2270	2950	1820	1440	1880	690
	D35	34.9	670	470	2320	3010	2490	3230	1990	1740	2260	760

〈표 1.7.7〉 이형철근의 정착길이 : f_y = 500 MPa (계속) (단위 mm)

f_{ck} (MPa)	철근		표준갈고리 인장 정착길이		인장 정착길이							압축 정착 길이
	호칭	공칭 지름	피복두께		슬래브, 벽체		보		기둥	기초		
			미확보	확보	일반	상부	일반	상부		일반	상부	
45	D10	9.53	180	150	300	300	300	370	300	300	300	210
	D13	12.7	230	160	330	430	460	600	330	300	360	280
	D16	15.9	290	200	490	640	670	870	490	350	450	350
	D19	19.1	350	240	670	870	890	1160	670	420	540	420
	D22	22.2	400	280	1070	1390	1410	1830	1070	670	860	480
	D25	25.4	460	320	1330	1730	1710	2220	1330	870	1130	550
	D29	28.6	520	360	1600	2080	1920	2500	1540	1100	1430	620
	D32	31.8	570	400	1890	2460	2140	2780	1710	1360	1770	690
	D35	34.9	630	440	2190	2840	2350	3050	1880	1640	2130	760
50	D10	9.53	170	150	300	300	300	350	300	300	300	210
	D13	12.7	220	160	320	410	440	570	320	300	340	280
	D16	15.9	270	190	470	600	630	820	470	330	430	350
	D19	19.1	330	230	630	820	850	1100	630	390	510	420
	D22	22.2	380	270	1010	1320	1330	1730	1010	630	820	480
	D25	25.4	440	310	1260	1640	1620	2110	1260	830	1070	550
	D29	28.6	490	340	1520	1980	1830	2370	1460	1050	1360	620
	D32	31.8	540	380	1800	2340	2030	2640	1620	1290	1680	690
	D35	34.9	600	420	2070	2700	2230	2890	1780	1560	2020	760

주 1) 정착길이는 $l_d = \dfrac{0.90 d_b f_y}{\lambda \sqrt{f_{ck}}} \dfrac{\alpha\beta\gamma}{\left(\dfrac{c+K_{tr}}{d_b}\right)} \geq 300$ mm 적용 (KDS 14 20 52 (식 4.1-2)).

2) 정착길이 산정 시 d_b는 KS D 3504의 공칭지름을 적용.

3) $\lambda = 1$ (일반콘크리트) 적용, $\beta = 1$ (철근도막 없음) 적용, 횡방향 철근지수 K_{tr}은 보수적으로 0 적용.

4) 표준갈고리 인장 정착길이에서 "피복두께 확보"는 측면 피복 두께가 70 mm 이상이고, 90도 갈고리를 넘어선 철근 피복두께가 50 mm 이상인 경우를 의미.

5) 슬래브와 벽체는 피복 20 mm 이상, 철근 중심간격 100 mm 이상 적용.

6) 보는 피복 40 mm 이상, 철근 순간격은 25 mm (또한 $1.0d_b$) 이상 적용.

7) 기둥은 피복 40 mm 이상, 철근 순간격은 40 mm (또한 $1.5d_b$) 이상 적용.

8) 기초는 피복 40 mm 이상, 철근 중심간격 100 mm 이상 적용.

9) 인장 정착길이에서 "상부"는 정착길이 아래 300 mm를 초과되게 굳지 않은 콘크리트를 친 수평철근을 의미.

〈표 1.7.8〉 이형철근의 정착길이 : f_y = 500 MPa (단위 d_b)

f_{ck} (MPa)	철근		표준갈고리 인장 정착길이		인장 정착길이							압축 정착 길이
	호칭	공칭 지름 (mm)	피복두께		슬래브, 벽체		보		기둥	기초		
			미확보	확보	일반	상부	일반	상부		일반	상부	
21	D10	9.53	26.2	18.4	31.5	40.9	43.4	56.4	31.5	31.5	40.9	27.3
	D13	12.7	26.2	18.4	37.9	49.3	53.0	68.9	37.9	31.5	40.9	
	D16	15.9	26.2	18.4	44.7	58.1	61.1	79.5	44.7	31.5	40.9	
	D19	19.1	26.2	18.4	50.8	66.1	68.1	88.5	50.8	31.5	40.9	
	D22	22.2	26.2	18.4	70.1	91.2	92.4	120.1	70.1	43.6	56.7	
	D25	25.4	26.2	18.4	76.3	99.2	98.2	127.7	76.3	49.9	64.9	
	D29	28.6	26.2	18.4	81.9	106.5	98.2	127.7	78.6	56.2	73.1	
	D32	31.8	26.2	18.4	87.0	113.1	98.2	127.7	78.6	62.5	81.2	
	D35	34.9	26.2	18.4	91.6	119.0	98.2	127.7	78.6	68.6	89.2	
24	D10	9.53	24.5	17.2	31.5	38.3	40.6	52.8	31.5	31.5	38.3	25.6
	D13	12.7	24.5	17.2	35.5	46.1	49.6	64.4	35.5	29.4	38.3	
	D16	15.9	24.5	17.2	41.9	54.4	57.2	74.3	41.9	29.4	38.3	
	D19	19.1	24.5	17.2	47.5	61.8	63.7	82.8	47.5	29.4	38.3	
	D22	22.2	24.5	17.2	65.6	85.3	86.5	112.4	65.6	40.8	53.1	
	D25	25.4	24.5	17.2	71.4	92.8	91.9	119.5	71.4	46.7	60.7	
	D29	28.6	24.5	17.2	76.6	99.6	91.9	119.5	73.5	52.6	68.4	
	D32	31.8	24.5	17.2	81.4	105.8	91.9	119.5	73.5	58.5	76.0	
	D35	34.9	24.5	17.2	85.7	111.3	91.9	119.5	73.5	64.2	83.4	
27	D10	9.53	23.1	16.2	31.5	36.1	38.3	49.8	31.5	31.5	36.1	24.1
	D13	12.7	23.1	16.2	33.4	43.5	46.7	60.7	33.4	27.8	36.1	
	D16	15.9	23.1	16.2	39.5	51.3	53.9	70.1	39.5	27.8	36.1	
	D19	19.1	23.1	16.2	44.8	58.3	60.1	78.1	44.8	27.8	36.1	
	D22	22.2	23.1	16.2	61.9	80.4	81.5	106.0	61.9	38.5	50.0	
	D25	25.4	23.1	16.2	67.3	87.5	86.7	112.6	67.3	44.0	57.2	
	D29	28.6	23.1	16.2	72.3	93.9	86.7	112.6	69.3	49.6	64.4	
	D32	31.8	23.1	16.2	76.8	99.8	86.7	112.6	69.3	55.1	71.7	
	D35	34.9	23.1	16.2	80.8	105.0	86.7	112.6	69.3	60.5	78.6	

〈표 1.7.8〉 이형철근의 정착길이 : f_y = 500 MPa (계속)

(단위 d_b)

f_{ck} (MPa)	철근		표준갈고리 인장 정착길이		인장 정착길이							압축 정착 길이
	호칭	공칭 지름 (mm)	피복두께		슬래브, 벽체		보		기둥	기초		
			미확보	확보	일반	상부	일반	상부		일반	상부	
30	D10	9.53	22.0	15.8	31.5	34.2	36.3	47.2	31.5	31.5	34.2	22.9
	D13	12.7	22.0	15.4	31.7	41.2	44.3	57.6	31.7	26.3	34.2	
	D16	15.9	22.0	15.4	37.4	48.7	51.2	66.5	37.4	26.3	34.2	
	D19	19.1	22.0	15.4	42.5	55.3	57.0	74.1	42.5	26.3	34.2	
	D22	22.2	22.0	15.4	58.7	76.3	77.3	100.5	58.7	36.5	47.5	
	D25	25.4	22.0	15.4	63.9	83.0	82.2	106.9	63.9	41.8	54.3	
	D29	28.6	22.0	15.4	68.6	89.1	82.2	106.9	65.8	47.0	61.1	
	D32	31.8	22.0	15.4	72.8	94.7	82.2	106.9	65.8	52.3	68.0	
	D35	34.9	22.0	15.4	76.6	99.6	82.2	106.9	65.8	57.4	74.6	
35	D10	9.53	20.3	15.8	31.5	31.7	33.6	43.7	31.5	31.5	31.7	21.5
	D13	12.7	20.3	14.2	29.4	38.2	41.0	53.3	29.4	24.4	31.7	
	D16	15.9	20.3	14.2	34.7	45.1	47.4	61.6	34.7	24.4	31.7	
	D19	19.1	20.3	14.2	39.4	51.2	52.8	68.6	39.4	24.4	31.7	
	D22	22.2	20.3	14.2	54.3	70.6	71.6	93.1	54.3	33.8	44.0	
	D25	25.4	20.3	14.2	59.1	76.9	76.1	98.9	59.1	38.7	50.3	
	D29	28.6	20.3	14.2	63.5	82.5	76.1	98.9	60.9	43.6	56.6	
	D32	31.8	20.3	14.2	67.4	87.6	76.1	98.9	60.9	48.4	62.9	
	D35	34.9	20.3	14.2	70.9	92.2	76.1	98.9	60.9	53.1	69.1	
40	D10	9.53	19.0	15.8	31.5	31.5	31.5	40.9	31.5	31.5	31.5	21.5
	D13	12.7	19.0	13.3	27.5	35.7	38.4	49.9	27.5	23.7	29.6	
	D16	15.9	19.0	13.3	32.4	42.1	44.3	57.6	32.4	22.8	29.6	
	D19	19.1	19.0	13.3	36.8	47.9	49.4	64.1	36.8	22.8	29.6	
	D22	22.2	19.0	13.3	50.8	66.1	67.0	87.1	50.8	31.6	41.1	
	D25	25.4	19.0	13.3	55.3	71.9	71.2	92.5	55.3	36.2	47.0	
	D29	28.6	19.0	13.3	59.4	77.2	71.2	92.5	57.0	40.7	53.0	
	D32	31.8	19.0	13.3	63.1	82.0	71.2	92.5	57.0	45.3	58.9	
	D35	34.9	19.0	13.3	66.4	86.2	71.2	92.5	57.0	49.7	64.6	

〈표 1.7.8〉 이형철근의 정착길이 : f_y = 500 MPa (계속) (단위 d_b)

f_{ck} (MPa)	철근		표준갈고리 인장 정착길이		인장 정착길이							압축 정착 길이
	호칭	공칭 지름 (mm)	피복두께		슬래브, 벽체		보		기둥	기초		
			미확보	확보	일반	상부	일반	상부		일반	상부	
45	D10	9.53	17.9	15.8	31.5	31.5	31.5	38.6	31.5	31.5	31.5	21.5
	D13	12.7	17.9	12.6	25.9	33.7	36.2	47.1	25.9	23.7	28.0	
	D16	15.9	17.9	12.6	30.6	39.7	41.8	54.3	30.6	21.5	28.0	
	D19	19.1	17.9	12.6	34.7	45.1	46.5	60.5	34.7	21.5	28.0	
	D22	22.2	17.9	12.6	47.9	62.3	63.2	82.1	47.9	29.8	38.8	
	D25	25.4	17.9	12.6	52.2	67.8	67.1	87.3	52.2	34.1	44.4	
	D29	28.6	17.9	12.6	56.0	72.8	67.1	87.3	53.7	38.4	49.9	
	D32	31.8	17.9	12.6	59.5	77.3	67.1	87.3	53.7	42.7	55.5	
	D35	34.9	17.9	12.6	62.6	81.3	67.1	87.3	53.7	46.9	60.9	
50	D10	9.53	17.0	15.8	31.5	31.5	31.5	36.6	31.5	31.5	31.5	21.5
	D13	12.7	17.0	11.9	24.6	31.9	34.4	44.6	24.6	23.7	26.5	
	D16	15.9	17.0	11.9	29.0	37.7	39.6	51.5	29.0	20.4	26.5	
	D19	19.1	17.0	11.9	33.0	42.8	44.2	57.4	33.0	20.4	26.5	
	D22	22.2	17.0	11.9	45.5	59.1	59.9	77.9	45.5	28.3	36.8	
	D25	25.4	17.0	11.9	49.5	64.3	63.7	82.8	49.5	32.4	42.1	
	D29	28.6	17.0	11.9	53.1	69.0	63.7	82.8	51.0	36.5	47.4	
	D32	31.8	17.0	11.9	56.4	73.3	63.7	82.8	51.0	40.5	52.7	
	D35	34.9	17.0	11.9	59.4	77.1	63.7	82.8	51.0	44.5	57.8	

주 1) 정착길이는 $l_d = \dfrac{0.90 d_b f_y}{\lambda\sqrt{f_{ck}}}\dfrac{\alpha\beta\gamma}{\left(\dfrac{c+K_{tr}}{d_b}\right)} \geq 300\,\text{mm}$ 적용 적용 (KDS 14 20 52 (식 4.1-2)).

2) 정착길이 산정 시 d_b는 KS D 3504의 공칭지름을 적용.

3) $\lambda = 1$ (일반콘크리트) 적용, $\beta = 1$ (철근도막 없음) 적용, 횡방향 철근지수 K_{tr}은 보수적으로 0 적용.

4) 표준갈고리 인장 정착길이에서 "피복두께 확보"는 측면 피복 두께가 70 mm 이상이고, 90도 갈고리를 넘어선 철근 피복두께가 50 mm 이상인 경우를 의미.

5) 슬래브와 벽체는 피복 20 mm 이상, 철근 중심간격 100 mm 이상 적용.

6) 보는 피복 40 mm 이상, 철근 순간격은 25 mm (또한 $1.0d_b$) 이상 적용.

7) 기둥은 피복 40 mm 이상, 철근 순간격은 40 mm (또한 $1.5d_b$) 이상 적용.

8) 기초는 피복 40 mm 이상, 철근 중심간격 100 mm 이상 적용.

9) 인장 정착길이에서 "상부"는 정착길이아래 300 mm를 초과되게 굳지 않은 콘크리트를 친 수평철근을 의미.

〈표 1.7.9〉 이형철근의 이음길이 : f_y = 500 MPa (단위 mm)

f_{ck} (MPa)	철근		인장 이음길이 (B급)							압축 이음길이
	호칭	공칭 지름	슬래브, 벽체		보		기둥	기초		
			일반	상부	일반	상부		일반	상부	
21	D10	9.53	390	510	540	700	390	390	510	400
	D13	12.7	630	820	880	1140	630	520	680	530
	D16	15.9	930	1210	1270	1650	930	650	850	660
	D19	19.1	1270	1640	1690	2200	1270	790	1020	790
	D22	22.2	2030	2630	2670	3470	2030	1260	1640	920
	D25	25.4	2520	3280	3250	4220	2520	1650	2150	1050
	D29	28.6	3050	3960	3660	4750	2930	2090	2720	1180
	D32	31.8	3600	4680	4060	5280	3250	2590	3360	1310
	D35	34.9	4160	5400	4460	5800	3570	3110	4050	1440
24	D10	9.53	370	480	510	660	370	370	480	400
	D13	12.7	590	770	820	1070	590	490	640	530
	D16	15.9	870	1130	1190	1540	870	610	790	660
	D19	19.1	1180	1540	1590	2060	1180	730	950	790
	D22	22.2	1900	2470	2500	3250	1900	1180	1540	920
	D25	25.4	2360	3070	3040	3950	2360	1550	2010	1050
	D29	28.6	2850	3710	3420	4440	2740	1960	2540	1180
	D32	31.8	3370	4380	3800	4940	3040	2420	3140	1310
	D35	34.9	3890	5050	4170	5420	3340	2910	3790	1440
27	D10	9.53	350	450	480	620	350	350	450	400
	D13	12.7	560	720	780	1010	560	460	600	530
	D16	15.9	820	1060	1120	1450	820	580	750	660
	D19	19.1	1120	1450	1500	1940	1120	690	900	790
	D22	22.2	1790	2320	2360	3060	1790	1110	1450	920
	D25	25.4	2230	2890	2860	3720	2230	1460	1890	1050
	D29	28.6	2690	3500	3220	4190	2580	1850	2400	1180
	D32	31.8	3180	4130	3590	4660	2870	2280	2970	1310
	D35	34.9	3670	4770	3930	5110	3150	2750	3570	1440

〈표 1.7.9〉 이형철근의 이음길이 : f_y = 500 MPa (계속) (단위 mm)

f_{ck} (MPa)	철근		인장 이음길이 (B급)							압축 이음길이
	호칭	공칭 지름	슬래브, 벽체		보		기둥	기초		
			일반	상부	일반	상부		일반	상부	
30	D10	9.53	330	430	450	590	330	330	430	400
	D13	12.7	530	680	740	960	530	440	570	530
	D16	15.9	780	1010	1060	1380	780	550	710	660
	D19	19.1	1060	1380	1420	1840	1060	660	850	790
	D22	22.2	1700	2210	2240	2900	1700	1060	1370	920
	D25	25.4	2110	2740	2720	3530	2110	1380	1800	1050
	D29	28.6	2550	3320	3060	3980	2450	1750	2280	1180
	D32	31.8	3010	3920	3400	4420	2720	2170	2810	1310
	D35	34.9	3480	4520	3730	4850	2990	2610	3390	1440
35	D10	9.53	310	400	420	550	310	310	400	400
	D13	12.7	490	630	680	880	490	410	530	530
	D16	15.9	720	940	980	1280	720	510	660	660
	D19	19.1	980	1270	1310	1710	980	610	790	790
	D22	22.2	1570	2040	2070	2690	1570	980	1270	920
	D25	25.4	1960	2540	2520	3270	1960	1280	1660	1050
	D29	28.6	2360	3070	2830	3680	2270	1620	2110	1180
	D32	31.8	2790	3630	3150	4090	2520	2000	2600	1310
	D35	34.9	3220	4190	3460	4490	2770	2410	3140	1440
40	D10	9.53	300	370	390	510	300	300	370	400
	D13	12.7	460	590	640	830	460	380	490	530
	D16	15.9	670	880	920	1190	670	480	620	660
	D19	19.1	920	1190	1230	1600	920	570	740	790
	D22	22.2	1470	1910	1940	2520	1470	920	1190	920
	D25	25.4	1830	2380	2350	3060	1830	1200	1560	1050
	D29	28.6	2210	2870	2650	3440	2120	1520	1970	1180
	D32	31.8	2610	3390	2950	3830	2360	1880	2440	1310
	D35	34.9	3010	3920	3230	4200	2590	2260	2930	1440

〈표 1.7.9〉 이형철근의 이음길이 : f_y = 500 MPa (계속)

(단위 mm)

f_{ck} (MPa)	철근		인장 이음길이 (B급)							압축 이음 길이
	호칭	공칭 지름	슬래브, 벽체		보		기둥	기초		
			일반	상부	일반	상부		일반	상부	
45	D10	9.53	300	350	370	480	300	300	350	400
	D13	12.7	430	560	600	780	430	360	470	530
	D16	15.9	640	830	870	1130	640	450	580	660
	D19	19.1	870	1120	1160	1510	870	540	700	790
	D22	22.2	1390	1800	1830	2370	1390	860	1120	920
	D25	25.4	1730	2240	2220	2880	1730	1130	1470	1050
	D29	28.6	2080	2710	2500	3250	2000	1430	1860	1180
	D32	31.8	2460	3200	2780	3610	2220	1770	2300	1310
	D35	34.9	2840	3690	3050	3960	2440	2130	2770	1440
50	D10	9.53	300	330	350	460	300	300	330	400
	D13	12.7	410	530	570	740	410	340	440	530
	D16	15.9	600	780	820	1070	600	430	550	660
	D19	19.1	820	1070	1100	1430	820	510	660	790
	D22	22.2	1320	1710	1730	2250	1320	820	1070	920
	D25	25.4	1640	2130	2110	2740	1640	1070	1390	1050
	D29	28.6	1980	2570	2370	3080	1900	1360	1760	1180
	D32	31.8	2340	3030	2640	3430	2110	1680	2180	1310
	D35	34.9	2700	3500	2890	3760	2310	2020	2620	1440

주 1) A급 인장 이음길이는 $1.0l_d$ (인장 정착길이와 동일), 급 인장 이음길이는 $1.3l_d$.
(A급 조건 : 겹침이음 구간에서 철근량이 소요철근량의 2배 이상 + 겹침이음되는 철근량이 전체 철근량의 1/2 이하)

2) 정착길이는 $l_d = \dfrac{0.90 d_b f_y}{\lambda\sqrt{f_{ck}}} \dfrac{\alpha\beta\gamma}{\left(\dfrac{c+K_{tr}}{d_b}\right)} \geq 300\,\text{mm}$ 적용 적용 (KDS 14 20 52 (식 4.1-2)).

3) 정착길이 l_d 산정 시 d_b는 KS D 3504의 공칭지름을 적용.

4) $\lambda=1$ (일반콘크리트) 적용, $\beta=1$ (철근도막 없음) 적용, 횡방향 철근지수 K_{tr}은 보수적으로 0 적용.

5) 슬래브와 벽체는 피복 20 mm 이상, 철근 중심간격 100 mm 이상 적용.

6) 보는 피복 40 mm 이상, 철근 순간격은 25 mm (또한 $1.0d_b$) 이상 적용.

7) 기둥은 피복 40 mm 이상, 철근 순간격은 40 mm (또한 $1.5d_b$) 이상 적용.

8) 기초는 피복 40 mm 이상, 철근 중심간격 100 mm 이상 적용.

9) 인장 이음길이에서 "상부"는 겹침이음부 아래 300 mm를 초과되게 굳지 않은 콘크리트를 친 수평철근을 의미.

〈표 1.7.10〉 이형철근의 이음길이 : f_y = 500 MPa (단위 d_b)

f_{ck} (MPa)	철근		인장 이음길이 (B급)							압축 이음 길이
	호칭	공칭 지름 (mm)	슬래브, 벽체		보		기둥	기초		
			일반	상부	일반	상부		일반	상부	
	D10	9.53	40.9	53.2	56.4	73.3	40.9	40.9	53.2	
	D13	12.7	49.3	64.0	68.9	89.5	49.3	40.9	53.2	
	D16	15.9	58.1	75.6	79.5	103.3	58.1	40.9	53.2	
	D19	19.1	66.1	85.9	88.5	115.1	66.1	40.9	53.2	
21	D22	22.2	91.2	118.5	120.1	156.2	91.2	56.7	73.7	41.0
	D25	25.4	99.2	129.0	127.7	166.0	99.2	64.9	84.4	
	D29	28.6	106.5	138.4	127.7	166.0	102.2	73.1	95.0	
	D32	31.8	113.1	147.1	127.7	166.0	102.2	81.2	105.6	
	D35	34.9	119.0	154.7	127.7	166.0	102.2	89.2	115.9	
	D10	9.53	38.3	49.7	52.8	68.6	38.3	38.3	49.7	
	D13	12.7	46.1	59.9	64.4	83.7	46.1	38.3	49.7	
	D16	15.9	54.4	70.7	74.3	96.6	54.4	38.3	49.7	
	D19	19.1	61.8	80.3	82.8	107.6	61.8	38.3	49.7	
24	D22	22.2	85.3	110.9	112.4	146.1	85.3	53.1	69.0	41.0
	D25	25.4	92.8	120.6	119.5	155.3	92.8	60.7	78.9	
	D29	28.6	99.6	129.5	119.5	155.3	95.6	68.4	88.8	
	D32	31.8	105.8	137.6	119.5	155.3	95.6	76.0	98.8	
	D35	34.9	111.3	144.7	119.5	155.3	95.6	83.4	108.4	
	D10	9.53	36.1	46.9	49.8	64.7	36.1	36.1	46.9	
	D13	12.7	43.5	56.5	60.7	78.9	43.5	36.1	46.9	
	D16	15.9	51.3	66.7	70.1	91.1	51.3	36.1	46.9	
	D19	19.1	58.3	75.7	78.1	101.5	58.3	36.1	46.9	
27	D22	22.2	80.4	104.5	106.0	137.7	80.4	50.0	65.0	41.0
	D25	25.4	87.5	113.7	112.6	146.4	87.5	57.2	74.4	
	D29	28.6	93.9	122.1	112.6	146.4	90.1	64.4	83.8	
	D32	31.8	99.8	129.7	112.6	146.4	90.1	71.7	93.1	
	D35	34.9	105.0	136.4	112.6	146.4	90.1	78.6	102.2	

〈표 1.7.10〉 이형철근의 이음길이 : f_y = 500 MPa (계속) (단위 d_b)

f_{ck} (MPa)	철근		인장 이음길이 (B급)							압축 이음길이
	호칭	공칭 지름 (mm)	슬래브, 벽체		보		기둥	기초		
			일반	상부	일반	상부		일반	상부	
30	D10	9.53	34.2	44.5	47.2	61.4	34.2	34.2	44.5	41.0
	D13	12.7	41.2	53.6	57.6	74.9	41.2	34.2	44.5	
	D16	15.9	48.7	63.2	66.5	86.4	48.7	34.2	44.5	
	D19	19.1	55.3	71.8	74.1	96.3	55.3	34.2	44.5	
	D22	22.2	76.3	99.2	100.5	130.7	76.3	47.5	61.7	
	D25	25.4	83.0	107.9	106.9	138.9	83.0	54.3	70.6	
	D29	28.6	89.1	115.8	106.9	138.9	85.5	61.1	79.5	
	D32	31.8	94.7	123.0	106.9	138.9	85.5	68.0	88.4	
	D35	34.9	99.6	129.4	106.9	138.9	85.5	74.6	97.0	
35	D10	9.53	31.7	41.2	43.7	56.8	31.7	31.7	41.2	41.0
	D13	12.7	38.2	49.6	53.3	69.3	38.2	31.7	41.2	
	D16	15.9	45.1	58.6	61.6	80.0	45.1	31.7	41.2	
	D19	19.1	51.2	66.5	68.6	89.1	51.2	31.7	41.2	
	D22	22.2	70.6	91.8	93.1	121.0	70.6	44.0	57.1	
	D25	25.4	76.9	99.9	98.9	128.6	76.9	50.3	65.4	
	D29	28.6	82.5	107.2	98.9	128.6	79.2	56.6	73.6	
	D32	31.8	87.6	113.9	98.9	128.6	79.2	62.9	81.8	
	D35	34.9	92.2	119.8	98.9	128.6	79.2	69.1	89.8	
40	D10	9.53	31.5	38.5	40.9	53.1	31.5	31.5	38.5	41.0
	D13	12.7	35.7	46.4	49.9	64.9	35.7	29.6	38.5	
	D16	15.9	42.1	54.8	57.6	74.8	42.1	29.6	38.5	
	D19	19.1	47.9	62.2	64.1	83.4	47.9	29.6	38.5	
	D22	22.2	66.1	85.9	87.1	113.2	66.1	41.1	53.4	
	D25	25.4	71.9	93.5	92.5	120.3	71.9	47.0	61.1	
	D29	28.6	77.2	100.3	92.5	120.3	74.0	53.0	68.8	
	D32	31.8	82.0	106.6	92.5	120.3	74.0	58.9	76.5	
	D35	34.9	86.2	112.1	92.5	120.3	74.0	64.6	84.0	

〈표 1.7.10〉 이형철근의 이음길이 : f_y = 500 MPa (계속) (단위 d_b)

f_{ck} (MPa)	철근		인장 이음길이 (B급)							압축 이음 길이
	호칭	공칭 지름 (mm)	슬래브, 벽체		보		기둥	기초		
			일반	상부	일반	상부		일반	상부	
45	D10	9.53	31.5	36.3	38.6	50.1	31.5	31.5	36.3	41.0
	D13	12.7	33.7	43.8	47.1	61.2	33.7	28.0	36.3	
	D16	15.9	39.7	51.6	54.3	70.6	39.7	28.0	36.3	
	D19	19.1	45.1	58.7	60.5	78.6	45.1	28.0	36.3	
	D22	22.2	62.3	81.0	82.1	106.7	62.3	38.8	50.4	
	D25	25.4	67.8	88.1	87.3	113.4	67.8	44.4	57.6	
	D29	28.6	72.8	94.6	87.3	113.4	69.8	49.9	64.9	
	D32	31.8	77.3	100.5	87.3	113.4	69.8	55.5	72.2	
	D35	34.9	81.3	105.7	87.3	113.4	69.8	60.9	79.2	
50	D10	9.53	31.5	34.5	36.6	47.5	31.5	31.5	34.5	41.0
	D13	12.7	31.9	41.5	44.6	58.0	31.9	26.5	34.5	
	D16	15.9	37.7	49.0	51.5	66.9	37.7	26.5	34.5	
	D19	19.1	42.8	55.7	57.4	74.6	42.8	26.5	34.5	
	D22	22.2	59.1	76.8	77.9	101.2	59.1	36.8	47.8	
	D25	25.4	64.3	83.6	82.8	107.6	64.3	42.1	54.7	
	D29	28.6	69.0	89.7	82.8	107.6	66.2	47.4	61.6	
	D32	31.8	73.3	95.3	82.8	107.6	66.2	52.7	68.5	
	D35	34.9	77.1	100.3	82.8	107.6	66.2	57.8	75.1	

주 1) A급 인장 이음길이는 $1.0l_d$ (인장 정착길이와 동일), 급 인장 이음길이는 $1.3l_d$.
(A급 조건 : 겹침이음 구간에서 철근량이 소요철근량의 2배 이상 + 겹침이음되는 철근량이 전체 철근량의 1/2 이하)

2) 정착길이는 $l_d = \dfrac{0.90 d_b f_y}{\lambda\sqrt{f_{ck}}}\dfrac{\alpha\beta\gamma}{\left(\dfrac{c+K_{tr}}{d_b}\right)} \geq 300$ mm 적용 적용 (KDS 14 20 52 (식 4.1-2)).

3) 정착길이 l_d 산정 시 d_b는 KS D 3504의 공칭지름을 적용.

4) $\lambda=1$ (일반콘크리트) 적용, $\beta=1$ (철근도막 없음) 적용, 횡방향 철근지수 K_{tr}은 보수적으로 0 적용.

5) 슬래브와 벽체는 피복 20 mm 이상, 철근 중심간격 100 mm 이상 적용.

6) 보는 피복 40 mm 이상, 철근 순간격은 25 mm (또한 $1.0d_b$) 이상 적용.

7) 기둥은 피복 40 mm 이상, 철근 순간격은 40 mm (또한 $1.5d_b$) 이상 적용.

8) 기초는 피복 40 mm 이상, 철근 중심간격 100 mm 이상 적용.

9) 인장 이음길이에서 "상부"는 겹침이음부 아래 300 mm를 초과되게 굳지 않은 콘크리트를 친 수평철근을 의미.

1.8 철근의 운반 관련 자료

〈표 1.8.1〉, 〈표 1.8.2〉는 철근운반 시 최대 호 길이와 구부림 길이 등 시공상세도 작성자에게 유용한 자료를 포함하고 있다.

〈표 1.8.1〉 선적용 철근 최대 호 길이 (단위, mm)

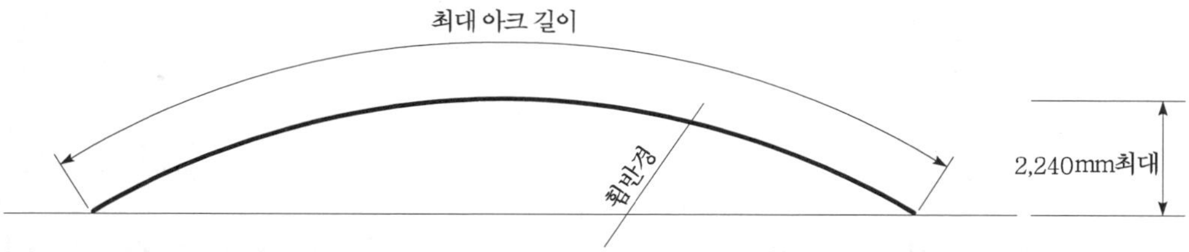

반지름	최대길이	반지름	최대길이	반지름	최대길이	반지름	최대길이	반지름	최대길이	반지름	최대길이
1,220	6,220	4,120	9,020	7,010	11,500	9,910	13,600	12,800	15,400	15,700	17,000
1,370	6,170	4,270	9,170	7,160	11,600	10,100	13,700	13,000	15,400	15,900	17,000
1,520	6,270	4,420	9,320	7,320	11,800	10,200	13,800	13,100	15,500	16,000	17,100
1,680	6,400	4,570	9,450	7,470	11,900	10,400	13,900	13,300	15,600	16,200	17,200
1,830	6,550	4,720	9,600	7,620	12,000	10,500	14,000	13,400	15,700	16,300	17,300
1,980	6,730	4,880	9,730	7,770	12,100	10,700	14,100	13,600	15,800	16,500	17,400
2,130	6,910	5,030	9,880	7,930	12,200	10,800	14,200	13,700	15,900	16,600	17,400
2,290	7,090	5,180	10,000	8,080	12,300	11,000	14,300	13,900	16,000	16,800	17,500
2,440	7,260	5,330	10,100	8,230	12,400	11,100	14,400	14,000	16,100	16,900	17,600
2,590	7,420	5,490	10,300	8,380	12,500	11,300	14,500	14,200	16,100	17,100	17,700
2,740	7,600	5,640	10,400	8,530	12,700	11,400	14,500	14,300	16,200	17,200	17,800
2,900	7,770	5,790	10,500	8,690	12,800	11,600	14,600	14,500	16,300	17,400	17,800
3,050	7,930	5,940	10,700	8,840	12,900	11,700	14,700	14,600	16,400	17,500	17,900
3,200	8,100	6,100	10,800	8,990	13,000	11,900	14,800	14,800	16,500	17,700	18,000
3,350	8,260	6,250	10,900	9,140	13,100	12,000	14,900	14,900	16,600	17,800	18,100
3,510	8,410	6,400	11,000	9,300	13,200	12,200	15,000	15,100	16,600	18,000	18,100
3,660	8,560	6,550	11,200	9,450	13,300	12,300	15,100	15,200	16,700	18,100	18,200
3,810	8,710	6,700	11,300	9,600	13,400	12,500	15,200	15,400	16,800	–	–
3,960	8,870	6,860	11,400	9,750	13,500	12,700	15,300	15,500	16,900	–	–

주 1) 반지름(R)과 높이(H) ① $\phi = \cos^{-1}(1-H/R)$: 아크각도의 1/2 ② $L = 2\phi R$
2) H는 2R을 초과할 수 없다.
3) L은 철근 적재길이를 초과할 수 없다.

〈표 1.8.2〉 선적용 철근 최대 직각 길이 (단위, mm)

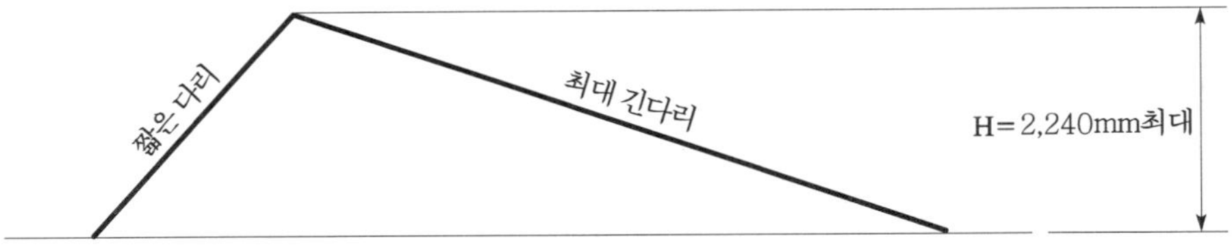

짧은 다리길이	긴 다리 최대길이	짧은 다리길이	긴 다리 최대길이	짧은 다리길이	긴 다리 최대길이
2,260	14,900	2,570	4,550	2,870	3,560
2,290	10,600	2,590	4,420	2,900	3,510
2,310	8,760	2,620	4,290	2,920	3,450
2,340	7,650	2,640	4,190	2,950	3,430
2,360	6,910	2,670	4,090	2,970	3,380
2,390	6,350	2,690	3,990	3,000	3,350
2,410	5,920	2,720	3,910	3,020	3,300
2,440	5,590	2,740	3,840	3,050	3,280
2,460	5,310	2,770	3,780	3,070	3,250
2,490	5,050	2,790	3,710	3,100	3,230
2,510	4,880	2,820	3,660	3,120	3,180
2,540	4,700	2,840	3,610	3,150	3,150

주 1) 짧은 다리(S)와 높이(H) : L = SH / $\sqrt{S^2-H^2}$ (긴 다리 최대길이)
2) (S+L)은 적재길이를 초과하지 못한다.
3) H는 S를 초과할 수 없다.
4) L은 S보다 크다. S의 최대 길이는 $H\sqrt{2}$ 다.

제2장 철선과 용접철망

2.1 일반사항

용접철망이란 철선을 직교하여 배열하고, 그들의 교점을 전기저항용접하여 격자모양으로 만든 철망을 말하며, 여기에는 레귤러용접철망 및 디자인용접철망이 있다.

레귤러용접철망은 망눈 모양이 정해진 정사각형의 것으로 각 세로선·각 가로선이 각각 정해진 동일한 선지름 또는 공칭선지름을 가지며, 나비 1 m × 길이 2 m 및 나비 2 m × 길이 4 m의 용접철망을 의미한다. 디자인용접철망은 레귤러용접철망 이외의 형상을 가진 용접철망을 의미하며 형상은 제조사에 따라 주문 제작이 가능하다.

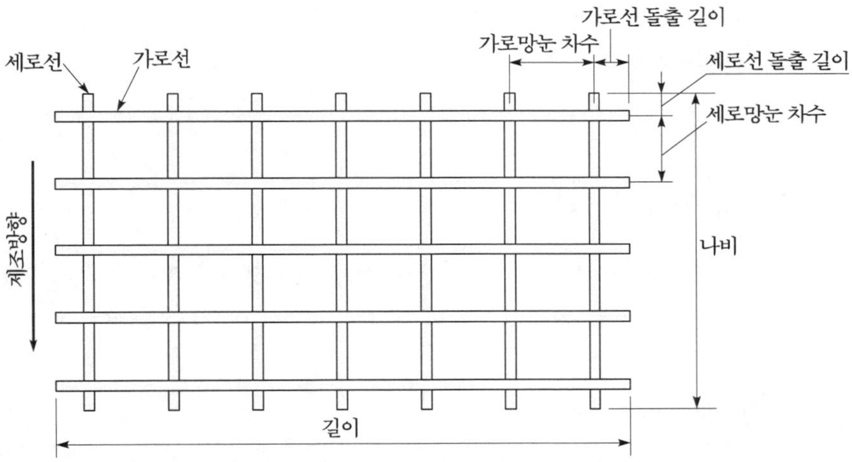

[그림 2.1.1] 용접철망의 명칭

2.2 용어정의

(1) 용접철망의 나비(width of fabric) : 제조방향에 관계없이 용접철망의 짧은 쪽의 치수
(2) 용접철망의 길이(length of fabric) : 제조방향에 관계없이 용접철망의 긴 쪽의 치수
(3) 세로선(longitudinal wire) : 제조방향(기계의 이송방향)의 철선
(4) 가로선(transverse wire) : 제조방향(기계의 이송방향)과 직각방향의 철선
(5) 돌출길이(overhang) : 세로선 또는 가로선의 바깥쪽선의 중심에서 가로선 또는 세로선의 앞 끝까지의 길이. 여기서는 가로선 돌출길이 및 세로선 돌출길이가 있다.

① 가로선 돌출길이 : 세로선의 바깥쪽선의 중심에서 가로선의 앞 끝까지의 길이
② 세로선 돌출길이 : 가로선의 바깥쪽선의 중심에서 세로선의 앞 끝까지의 길이

(6) 망눈치수(spacing) : 인접한 세로선 또는 가로선의 중심에서 중심까지의 거리. 여기서는 가로망눈 치수 및 세로망눈 치수가 있다.
① 가로망눈치수 : 세로선의 중심에서 인접 세로선의 중심까지의 거리
② 세로망눈치수 : 가로선의 중심에서 인접 가로선의 중심까지의 거리

(7) 원형철선 : 단면모양이 원형인 철선

(8) 이형철선 : 콘크리트와의 부착성을 높이기 위하여 KS D 3552에 따라 표면에 2열 이상의 돌기(리브) 또는 압입자국(인덴트)을 불규칙적으로 배열한 철선

(9) 이형봉강 : 콘크리트와의 부착성을 높이기 위하여 KS D 3504에 따라 표면에 종방향 리브 및 횡방향 리브를 규칙적으로 배열한 봉강. 일반적으로 이형철근으로 통칭됨.

(10) 시트 모양 : 평평하고 1매의 판 모양을 하고 있는 것

(11) 롤 모양 : 시트를 원통모양으로 감은 것

2.3 용접철망의 종류와 기계적 성질

〈표 2.3.1〉은 KS D7017 용접철망의 철선의 종류·기호·선지름을 정리한 것이고, 〈표 2.3.2〉는 용접철망의 기계적 성질을 목록으로 정리한 것이다.

〈표 2.3.1〉 용접철망의 종류, 기호, 및 적용선지름 (단위 : mm)

종류의 기호	철선의 종류		적용선지름	적용 재료
WFP	원형철선		2.60 이상 18.00 이하	SWM-P
WFR	이형철선	리브	4.00 이상 16.00 이하[a]	SWM-R
WFI		인덴트		SWM-I

(비고) 기호는 아래 단어의 첫 문자이다.
W: Welded, F: Fabrics, P: Plain, R: Ribbid, I: Indented, S: Structure, B: Bar

[a] 용접철망에 이형철선을 이용하는 경우의 적용선지름은 KS D 3552 표 4의 공칭선 지름으로 한다.

〈표 2.3.2〉 용접철망의 기계적 성질

종류의 기호	적용선지름 (mm)	항복점 또는 0.2% 항복강도 (MPa)	인장강도 (MPa)	연신율 (%)	단면 수축률 (%)	용접점 전단강도 (MPa)
WFP	2.60 이상 18.00 이하	–	490 이상	–	30 이상	250 이상
WFR	4 이상 16 이하	400 이상	490 이상	8.0 이상	–	220 이상
WFI		500 이상	550 이상	8.0 이상	–	220 이상

(비고 1) 위에서 – 는 기계적인 성질을 규정하지 않는다는 것을 나타낸다.
(비고 2) 1MPa = 1N/mm^2

2.4 철선의 치수, 무게 및 그 허용오차

원형철선의 호칭명은 KS D 3552에서 규정하는 호칭명에 따르고, 철선의 적용선지름에 의하여 호칭명을 정한다. 또한 이형철선의 경우 KS D 3552에서 규정하는 호칭명에 따르고, 철선의 표준공칭선지름에 의하여 호칭명을 정한다.

제품의 호칭 시 원형철선의 호칭의 경우 별도의 접두어는 사용하지 않거나 W를 사용하며, 이형철선을 사용하는 경우 접두어 CD를 조합하여 사용한다. 따라서 문자를 따르는 수치는 적용선지름이나 표준공칭선지름을 나타낸다.

원형철선을 이용한 용접철망(WFP)의 세로선 및 가로선의 표준선지름은 〈표 2.4.1〉에 따른다. 또한 선지름의 허용오차는 〈표 2.4.2〉에 따른다. 이형철선을 사용한 용접철망(WFR, WFI)의 세로선 및 가로선의 공칭선지름의 범위는 4.0 ~ 16.0 mm로 하고 표준공칭선지름은 〈표 2.4.3〉에 따른다.

〈표 2.4.1〉에 의하면, W4 또는 4는 표준선지름이 4 mm인 원형철선을 나타내며, 〈표 2.4.3〉에 의하면, CD4 또는 D4는 표준공칭선지름이 4 mm인 이형철선을 나타낸다. 용접철망에 사용되는 철선의 크기는 위와 같은 방식으로 호칭된다.

이형철선을 사용한 용접철망(WFR, WFI, WFR–D 및 WFI–D)의 세로선 및 가로선의 공칭단면적, 단위길이당 무게와 단위길이당 무게의 허용차는 〈표 2.4.4〉에 따른다.

용접철망의 너비 및 길이의 허용오차는 너비에 대해서는 ±5.0 mm 또는 0.3 % 중 큰 쪽 값으로 하고, 길이에 대해서는 ±10.0 mm 또는 0.3 % 중 큰 쪽 값으로 한다.

〈표 2.4.1〉 용접철망용 원형철선의 표준선지름 (단위 : mm)

2.60, 3.20, 4.00, 4.50, 5.00, 5.50, 6.00, 7.00, 8.00, 9.00, 10.0, 12.0, 13.0, 14.0, 15.0, 16.0, 18.0

〈표 2.4.2〉 용접철망용 원형철선의 선지름 허용오차 (단위 : mm)

선지름	허용차
2.90 이하	±0.06
2.90 초과 4.00 이하	±0.08
4.00 초과 6.00 이하	±0.10
6.00을 넘는 것	±0.13

〈표 2.4.3〉 용접철망용 이형철선의 표준공칭선지름 (단위 : mm)

호칭명	표준공칭선지름
CD4	4.0
CD5	5.0
CD5.5	5.5
CD6	6.0
CD7	7.0
CD8	8.0
CD9	9.0
CD10	10.0
CD13	13.0
CD16	16.0

〈표 2.4.4〉 용접철망용 이형철선의 공칭단면적, 단위길이당 무게 및 단위길이당 무게의 허용오차

호칭명	표준공칭선지름 (mm)	공칭단면적 (mm^2)	단위길이당 무게[a] (kg/m)	단위길이당 무게의 허용오차[b] (%)
CD4	4.0	12.6	0.099	±9
CD5	5.0	19.6	0.154	
CD5.5	5.5	23.8	0.187	±8
CD6	6.0	28.3	0.222	
CD7	7.0	38.5	0.302	
CD8	8.0	50.3	0.395	

〈표 2.4.4〉 용접철망용 이형철선의 공칭단면적, 단위길이당 무게와 그 허용오차 (계속)

호칭명	표준공칭선지름 (mm)	공칭단면적 (mm^2)	단위길이당 무게[a] (kg/m)	단위길이당 무게의 허용오차[b] (%)
CD9	9.0	63.6	0.499	±5
CD10	10.0	78.5	0.617	
CD13	13.0	132.7	1.042	
CD16	16.0	201.1	1.579	

[a] 표에 규정되어 있지 않은 공칭선지름의 단위길이당 무게는 다음 식에 따라 산출하고, 유효숫자 4자리로 끝맺음한다.
$d^2 \times 0.7854 \times 7850 \times 1/10^6$
d : 공칭선지름(mm)

[b] 두 개의 표준공칭선지름의 중간에 있는 공칭선지름의 단위길이당 무게의 허용오차는 큰 쪽의 표준공칭선지름에 대응한 값을 사용한다.
보기) 공칭선지름 8.5 mm인 선의 단위길이당 무게의 허용오차는 ±5%로 한다.

2.5 용접철망의 치수

레귤러용접철망의 망눈치수는 〈표 2.5.1〉에 따른다. 또한 표준선지름, 호칭명 또는 표준지름에 대한 망눈 치수는 각각 〈표 2.5.2〉, 〈표 2.5.3〉에 따른다. 또한 망눈치수의 허용차는 망눈치수에 대하여 ±10 mm 또는 7.5 % 중 큰 값으로 한다. 디자인용접철망 망눈치수의 허용오차는 각각 망눈치수에 대하여 ±10 mm 또는 7.5 % 중 큰 값으로 한다.

레귤러용접철망의 돌출길이, 선의 길이 및 개수는 〈표 2.5.4〉에 따른다. 또한 돌출길이의 허용오차는 돌출길이에 대하여 ±10 mm 또는 7.5% 중 큰 값으로 한다.

〈표 2.5.1〉 레귤러용접철망의 망눈치수 (단위 : mm)

50	75	100	150	200	250	300

〈표 2.5.2〉 레귤러용접철망(원형철선)의 표준선지름에 대한 망눈치수 (단위 : mm)

표준선지름	망눈치수						
	50	75	100	150	200	250	300
2.60	○	○	○	–	–	–	–
3.20	○	○	○	○	–	–	–
4.00	○	○	○	○	–	–	–
5.00	○	○	○	○	○	–	–
5.50	○	○	○	○	○	–	–
6.00	○	○	○	○	○	○	–
7.00	–	○	○	○	○	○	–
8.00	–	○	○	○	○	○	○
9.00	–	–	○	○	○	○	○
10.0	–	–	○	○	○	○	○
13.0	–	–	○	○	○	○	○
16.0	–	–	○	○	○	○	○
18.0	–	–	○	○	○	○	○

〈표 2.5.3〉 레귤러용접철망(이형철선)의 호칭이름에 대한 망눈치수 (단위 : mm)

표준선지름	망눈치수						
	50	75	100	150	200	250	300
CD4	○	○	○	○	–	–	–
CD5	○	○	○	○	○	–	–
CD5.5	○	○	○	○	○	–	–
CD6	○	○	○	○	○	○	–
CD7	○	○	○	○	○	○	–
CD8	–	○	○	○	○	○	○
CD9	–	–	○	○	○	○	○
CD10	–	–	○	○	○	○	○
CD13	–	–	○	○	○	○	○
CD16	–	–	○	○	○	○	○

〈표 2.5.4〉 레귤러용접철망의 망눈치수, 돌출길이, 선의 길이 및 개수 (단위 : mm)

나비×길이	망눈치수	돌출길이	선의 길이·개수	
			길이	개수(n)
1000×2000	50	25	1000	40
	50	25	2000	20
	75	12.5	1000	27
	75	25	2000	14
	100	50	1000	20
	100	50	2000	10
	150	50	1000	14
	150	25	2000	7
	200	100	1000	10
	200	100	2000	5
	250	125	1000	8
	250	125	2000	4
	300	50	1000	7
	300	100	2000	4
2000×4000	50	25	2000	80
	50	25	4000	40
	75	25	2000	54
	75	12.5	4000	27
	100	50	2000	40
	100	50	4000	20
	150	25	2000	27
	150	50	4000	14
	200	100	2000	20
	200	100	4000	10
	250	125	2000	16
	250	125	4000	8
	300	100	2000	14
	300	50	4000	7

2.6 용접철망의 설계자료 및 정착 · 이음 길이

〈표 2.6.1〉~〈표 2.6.15〉는 정착, 이음을 포함한 용접철망에 대한 일반적인 설계자료를 나타내고 있다.

〈표 2.6.1〉 용접철망의 단면적

원형철선	공칭직경	공칭단면적	종류별 단위 폭당 단면적(mm^2/m)						
			50	75	100	150	200	250	300
2.6	2.6	5	110	70	50	40	30	20	20
3.2	3.2	8	160	110	80	60	40	30	30
4.0	4.0	13	250	170	130	90	60	50	40
5.0	5.0	20	390	270	200	140	100	80	70
5.5	5.5	24	480	320	240	170	120	100	80
6.0	6.0	28	570	380	280	200	140	110	100
7.0	7.0	38	770	520	380	270	190	150	130
8.0	8.0	50	1,010	680	500	350	250	200	180
9.0	9.0	64	1,270	860	640	450	320	250	220
10.0	10.0	79	1,570	1,060	790	550	390	310	270
13.0	13.0	133	2,650	1,790	1,330	930	660	530	460
16.0	16.0	201	4,020	2,710	2,010	1,410	1,010	800	700
18.0	18.0	254	5,090	3,440	2,540	1,780	1,270	1,020	890

〈표 2.6.2〉 이형철선 단면적 계산

호칭	공칭단면적	종류별 단위 폭당 단면적(mm^2/m)						
		50	75	100	150	200	250	300
CD4	13	250	170	130	90	60	50	40
CD5	20	390	260	200	140	100	80	70
CD5.5	24	480	320	240	170	120	100	80
CD6	28	570	380	280	200	140	110	100
CD7	39	770	520	390	270	190	150	130
CD8	50	1,010	680	500	350	250	200	180
CD9	64	1,270	860	640	450	320	250	220
CD10	79	1,570	1,060	790	550	390	310	270
CD13	133	2,650	1,790	1,330	930	660	530	460
CD16	201	4,020	2,710	2,010	1,410	1,010	800	700

〈표 2.6.3〉 원형용접철망의 정착길이 : f_y = 400 MPa (단위 : mm)

콘크리트 강도 (MPa)	간격 (mm)	철선의 크기												
		2.6	3.2	4.0	5.0	5.5	6.0	7.0	8.0	9.0	10.0	13.0	16.0	18.0
21	50	150	150	150	150	150	160	220	290	370	450	750	1,140	1,440
	75	150	150	150	150	150	150	150	190	250	300	500	760	960
	100	150	150	150	150	150	150	150	150	190	230	380	570	720
	150	150	150	150	150	150	150	150	150	150	150	250	380	480
	200	150	150	150	150	150	150	150	150	150	150	190	290	360
	250	150	150	150	150	150	150	150	150	150	150	150	230	290
	300	150	150	150	150	150	150	150	150	150	150	150	190	240
24	50	150	150	150	150	150	150	210	270	340	420	710	1,070	1,340
	75	150	150	150	150	150	150	150	180	230	280	470	710	900
	100	150	150	150	150	150	150	150	150	170	210	360	540	670
	150	150	150	150	150	150	150	150	150	150	150	240	360	450
	200	150	150	150	150	150	150	150	150	150	150	180	270	340
	250	150	150	150	150	150	150	150	150	150	150	150	220	270
	300	150	150	150	150	150	150	150	150	150	150	150	180	230
27	50	150	150	150	150	150	150	190	250	320	400	670	1,000	1,270
	75	150	150	150	150	150	150	150	170	220	270	450	670	850
	100	150	150	150	150	150	150	150	150	160	200	340	500	640
	150	150	150	150	150	150	150	150	150	150	150	230	340	430
	200	150	150	150	150	150	150	150	150	150	150	170	250	320
	250	150	150	150	150	150	150	150	150	150	150	150	200	260
	300	150	150	150	150	150	150	150	150	150	150	150	170	220
30	50	150	150	150	150	150	150	180	240	310	380	630	950	1,200
	75	150	150	150	150	150	150	150	160	210	250	420	640	800
	100	150	150	150	150	150	150	150	150	160	190	320	480	600
	150	150	150	150	150	150	150	150	150	150	150	210	320	400
	200	150	150	150	150	150	150	150	150	150	150	160	240	300
	250	150	150	150	150	150	150	150	150	150	150	150	190	240
	300	150	150	150	150	150	150	150	150	150	150	150	160	200

주 1) 정착길이 l_d : 위험단면에서부터 가장 바깥에 위치한 교차철선까지의 거리

2) 위험단면에서 50 mm 이상 떨어진 곳에 최소 2개 이상의 교차철선이 정착길이 내에 있어야 함.

3) 철망 아래 300 mm를 초과되게 굳지 않은 콘크리트를 친 수평철망에 대해서는 계수 1.3을 별도로 고려하여야 함.

〈표 2.6.4〉 이형용접철망의 정착길이 : f_y = 400 MPa (교차철선이 있는 경우) (단위 : mm)

콘크리트 강도 (MPa)	간격 (mm)	철선의 크기									
		CD4	CD5	CD5.5	CD6	CD7	CD8	CD9	CD10	CD13	CD16
21	50	300	300	300	300	300	300	300	300	430	650
	75	300	300	300	300	300	300	300	300	350	580
	100	300	300	300	300	300	300	300	300	300	460
	150	300	300	300	300	300	300	300	300	300	310
	200	300	300	300	300	300	300	300	300	300	300
	250	300	300	300	300	300	300	300	300	300	300
	300	300	300	300	300	300	300	300	300	300	300
24	50	300	300	300	300	300	300	300	300	400	610
	75	300	300	300	300	300	300	300	300	330	540
	100	300	300	300	300	300	300	300	300	300	430
	150	300	300	300	300	300	300	300	300	300	300
	200	300	300	300	300	300	300	300	300	300	300
	250	300	300	300	300	300	300	300	300	300	300
	300	300	300	300	300	300	300	300	300	300	300
27	50	300	300	300	300	300	300	300	300	380	570
	75	300	300	300	300	300	300	300	300	310	510
	100	300	300	300	300	300	300	300	300	300	410
	150	300	300	300	300	300	300	300	300	300	300
	200	300	300	300	300	300	300	300	300	300	300
	250	300	300	300	300	300	300	300	300	300	300
	300	300	300	300	300	300	300	300	300	300	300
30	50	300	300	300	300	300	300	300	300	360	540
	75	300	300	300	300	300	300	300	300	300	490
	100	300	300	300	300	300	300	300	300	300	390
	150	300	300	300	300	300	300	300	300	300	300
	200	300	300	300	300	300	300	300	300	300	300
	250	300	300	300	300	300	300	300	300	300	300
	300	300	300	300	300	300	300	300	300	300	300

주 1) 정착길이 내에 1개 이상의 교차철선이 있고 이 교차철선이 위험단면에서 50 mm 이상 떨어져있는 용접이형철망에 적용.
2) 철망 아래 300 mm를 초과되게 굳지 않은 콘크리트를 친 수평철망에 대해서는 계수 1.3을 별도로 고려하여야 함.

〈표 2.6.5〉 이형용접철망의 정착길이 : f_y = 500 MPa (교차철선이 있는 경우) (단위 : mm)

콘크리트 강도 (MPa)	간격 (mm)	철선의 크기									
		CD4	CD5	CD5.5	CD6	CD7	CD8	CD9	CD10	CD13	CD16
21	50	300	300	300	300	300	300	300	320	540	810
	75	300	300	300	300	300	300	300	300	440	720
	100	300	300	300	300	300	300	300	300	330	580
	150	300	300	300	300	300	300	300	300	300	390
	200	300	300	300	300	300	300	300	300	300	370
	250	300	300	300	300	300	300	300	300	300	370
	300	300	300	300	300	300	300	300	300	300	370
24	50	300	300	300	300	300	300	300	300	500	760
	75	300	300	300	300	300	300	300	300	410	680
	100	300	300	300	300	300	300	300	300	310	540
	150	300	300	300	300	300	300	300	300	300	360
	200	300	300	300	300	300	300	300	300	300	350
	250	300	300	300	300	300	300	300	300	300	350
	300	300	300	300	300	300	300	300	300	300	350
27	50	300	300	300	300	300	300	300	300	470	710
	75	300	300	300	300	300	300	300	300	390	640
	100	300	300	300	300	300	300	300	300	300	510
	150	300	300	300	300	300	300	300	300	300	340
	200	300	300	300	300	300	300	300	300	300	330
	250	300	300	300	300	300	300	300	300	300	330
	300	300	300	300	300	300	300	300	300	300	330
30	50	300	300	300	300	300	300	300	300	450	680
	75	300	300	300	300	300	300	300	300	370	610
	100	300	300	300	300	300	300	300	300	300	490
	150	300	300	300	300	300	300	300	300	300	330
	200	300	300	300	300	300	300	300	300	300	310
	250	300	300	300	300	300	300	300	300	300	310
	300	300	300	300	300	300	300	300	300	300	310

주 1) 정착길이 내에 1개 이상의 교차철선이 있고 이 교차철선이 위험단면에서 50 mm 이상 떨어져있는 용접이형철망에 적용.
2) 철망 아래 300 mm를 초과되게 굳지 않은 콘크리트를 친 수평철망에 대해서는 계수 1.3을 별도로 고려하여야 함.

〈표 2.6.6〉 이형용접철망의 정착길이 : f_y = 400 MPa (교차철선이 없는 경우) (단위 : mm)

콘크리트강도 (MPa)	철선의 크기									
	CD4	CD5	CD5.5	CD6	CD7	CD8	CD9	CD10	CD13	CD16
21	300	300	300	300	300	300	300	300	430	650
24	300	300	300	300	300	300	300	300	400	610
27	300	300	300	300	300	300	300	300	380	570
30	300	300	300	300	300	300	300	300	360	540

주 1) 정착길이 내에 교차철선이 없는 경우 적용 (위험단면에서 50mm 이내에만 1개의 교차철선이 있는 경우 포함).
2) 철망 아래 300 mm를 초과되게 굳지 않은 콘크리트를 친 수평철망에 대해서는 계수 1.3을 별도로 고려하여야 함.

〈표 2.6.7〉 이형용접철망의 정착길이 : f_y = 500 MPa (교차철선이 없는 경우) (단위 : mm)

콘크리트강도 (MPa)	철선의 크기									
	CD4	CD5	CD5.5	CD6	CD7	CD8	CD9	CD10	CD13	CD16
21	300	300	300	300	300	300	300	320	540	810
24	300	300	300	300	300	300	300	300	500	760
27	300	300	300	300	300	300	300	300	470	710
30	300	300	300	300	300	300	300	300	450	680

주 1) 정착길이 내에 교차철선이 없는 경우 적용 (위험단면에서 50 mm 이내에만 1개의 교차철선이 있는 경우 포함).
2) 철망 아래 300 mm를 초과되게 굳지 않은 콘크리트를 친 수평철망에 대해서는 계수 1.3을 별도로 고려하여야 함.

〈표 2.6.8〉 원형용접철망의 이음길이 : f_y = 400 MPa (배근량이 소요철근량의 2배 미만인 경우) (단위 : mm)

콘크리트 강도 (MPa)	간격	철선의 크기												
		2.6	3.2	4.0	5.0	5.5	6.0	7.0	8.0	9.0	10.0	13.0	16.0	18.0
21	50	150	150	160	220	260	290	380	480	600	720	1,180	1,760	2,200
	75	150	150	150	170	190	210	270	340	420	500	800	1,190	1,490
	100	150	150	150	150	160	170	220	270	330	390	620	910	1,130
	150	150	150	150	150	150	150	160	200	240	280	430	620	770
	200	150	150	150	150	150	150	150	160	190	220	340	480	590
	250	150	150	150	150	150	150	150	150	160	190	280	400	480
	300	150	150	150	150	150	150	150	150	150	170	240	340	410
24	50	150	150	160	210	240	280	360	450	560	680	1,110	1,650	2,060
	75	150	150	150	160	180	200	260	320	390	470	760	1,120	1,390
	100	150	150	150	150	150	170	210	250	310	370	580	850	1,060
	150	150	150	150	150	150	150	160	190	220	260	410	590	720
	200	150	150	150	150	150	150	150	150	180	210	320	450	560
	250	150	150	150	150	150	150	150	150	160	180	270	370	460
	300	150	150	150	150	150	150	150	150	150	160	230	320	390
27	50	150	150	150	200	230	260	340	430	530	640	1,050	1,550	1,950
	75	150	150	150	150	170	190	240	300	370	450	720	1,050	1,320
	100	150	150	150	150	150	160	200	240	290	350	550	800	1,000
	150	150	150	150	150	150	150	150	180	210	250	390	550	690
	200	150	150	150	150	150	150	150	150	170	200	300	430	530
	250	150	150	150	150	150	150	150	150	150	170	250	350	430
	300	150	150	150	150	150	150	150	150	150	150	220	300	370
30	50	150	150	150	200	220	250	320	410	510	610	1,000	1,480	1,850
	75	150	150	150	150	170	190	230	290	360	430	680	1,000	1,250
	100	150	150	150	150	150	150	190	230	280	330	530	770	950
	150	150	150	150	150	150	150	150	170	210	240	370	530	650
	200	150	150	150	150	150	150	150	150	170	190	290	410	500
	250	150	150	150	150	150	150	150	150	150	170	240	340	410
	300	150	150	150	150	150	150	150	150	150	150	210	290	350

주 1) 이음길이 : 각 철망의 가장 바깥 교차철선 사이의 거리.
2) 철망 아래 300 mm를 초과되게 굳지 않은 콘크리트를 친 수평철망에 대해서는 계수 1.3을 별도로 고려하여야 함.

〈표 2.6.9〉 원형용접철망의 이음길이 : f_y = 500 MPa (배근량이 소요철근량의 2배 미만인 경우) (단위 : mm)

콘크리트 강도 (MPa)	간격	철선의 크기												
		2.6	3.2	4.0	5.0	5.5	6.0	7.0	8.0	9.0	10.0	13.0	16.0	18.0
21	50	150	150	190	270	310	350	460	580	730	890	1,460	2,180	2,740
	75	150	150	150	200	220	250	320	410	510	610	990	1,470	1,850
	100	150	150	150	160	180	200	260	320	390	470	760	1,120	1,400
	150	150	150	150	150	150	150	190	230	280	330	520	760	950
	200	150	150	150	150	150	150	160	190	220	260	410	590	730
	250	150	150	150	150	150	150	150	160	190	220	340	480	590
	300	150	150	150	150	150	150	150	150	170	190	290	410	500
24	50	150	150	180	250	290	330	430	550	690	840	1,370	2,040	2,570
	75	150	150	150	190	210	240	310	380	480	580	930	1,380	1,730
	100	150	150	150	150	170	190	240	300	370	450	710	1,050	1,310
	150	150	150	150	150	150	150	180	220	270	320	490	720	890
	200	150	150	150	150	150	150	150	180	210	250	380	550	680
	250	150	150	150	150	150	150	150	150	180	210	320	450	560
	300	150	150	150	150	150	150	150	150	160	190	270	390	470
27	50	150	150	180	240	280	320	410	520	650	790	1,300	1,930	2,420
	75	150	150	150	180	200	230	290	370	450	550	880	1,300	1,630
	100	150	150	150	150	170	190	230	290	350	420	680	990	1,240
	150	150	150	150	150	150	150	170	210	250	300	470	680	840
	200	150	150	150	150	150	150	150	170	200	240	370	520	650
	250	150	150	150	150	150	150	150	150	170	200	300	430	530
	300	150	150	150	150	150	150	150	150	150	180	260	370	450
30	50	150	150	170	230	270	300	390	500	620	750	1,230	1,830	2,300
	75	150	150	150	170	200	220	280	350	430	520	840	1,240	1,550
	100	150	150	150	150	160	180	220	280	340	400	640	940	1,180
	150	150	150	150	150	150	150	170	200	240	290	450	650	800
	200	150	150	150	150	150	150	150	170	200	230	350	500	620
	250	150	150	150	150	150	150	150	150	170	190	290	410	500
	300	150	150	150	150	150	150	150	150	150	170	250	350	430

주 1) 이음길이 : 각 철망의 가장 바깥 교차철선 사이의 거리.
2) 철망 아래 300 mm를 초과되게 굳지 않은 콘크리트를 친 수평철망에 대해서는 계수 1.3을 별도로 고려하여야 함.

〈표 2.6.10〉 원형용접철망의 이음길이 : f_y = 400 MPa (배근량이 소요철근량의 2배 이상인 경우) (단위 : mm)

콘크리트 강도 (MPa)	간격	철선의 크기												
		2.6	3.2	4.0	5.0	5.5	6.0	7.0	8.0	9.0	10.0	13.0	16.0	18.0
21	50	50	70	110	170	210	240	330	430	550	670	1130	1710	2150
	75	50	50	80	120	140	160	220	290	370	450	750	1140	1440
	100	50	50	60	90	110	120	170	220	280	340	570	860	1080
	150	50	50	50	60	70	80	110	150	190	230	380	570	720
	200	50	50	50	50	60	60	90	110	140	170	290	430	540
	250	50	50	50	50	50	50	70	90	110	140	230	350	430
	300	50	50	50	50	50	50	60	80	100	120	190	290	360
24	50	50	70	110	160	190	230	310	400	510	630	1060	1600	2010
	75	50	50	70	110	130	150	210	270	340	420	710	1070	1340
	100	50	50	60	80	100	120	160	200	260	320	530	800	1010
	150	50	50	50	60	70	80	110	140	170	210	360	540	670
	200	50	50	50	50	50	60	80	100	130	160	270	400	510
	250	50	50	50	50	50	50	70	80	110	130	220	320	410
	300	50	50	50	50	50	50	60	70	90	110	180	270	340
27	50	50	60	100	150	180	210	290	380	480	590	1000	1500	1900
	75	50	50	70	100	120	140	190	250	320	400	670	1000	1270
	100	50	50	50	80	90	110	150	190	240	300	500	750	950
	150	50	50	50	50	60	70	100	130	160	200	340	500	640
	200	50	50	50	50	50	60	80	100	120	150	250	380	480
	250	50	50	50	50	50	50	60	80	100	120	200	300	380
	300	50	50	50	50	50	50	50	70	80	100	170	250	320
30	50	50	60	100	150	170	200	270	360	460	560	950	1430	1800
	75	50	50	70	100	120	140	180	240	310	380	630	950	1200
	100	50	50	50	80	90	100	140	180	230	280	480	720	900
	150	50	50	50	50	60	70	90	120	160	190	320	480	600
	200	50	50	50	50	50	50	70	90	120	140	240	360	450
	250	50	50	50	50	50	50	60	80	100	120	190	290	360
	300	50	50	50	50	50	50	50	60	80	100	160	240	300

주 1) 이음길이 : 각 철망의 가장 바깥 교차철선 사이의 거리.
2) 철망 아래 300 mm를 초과되게 굳지 않은 콘크리트를 친 수평철망에 대해서는 계수 1.3을 별도로 고려하여야 함.

〈표 2.6.11〉 원형용접철망의 이음길이 : f_y = 500 MPa (배근량이 소요철근량의 2배 이상인 경우) (단위 : mm)

콘크리트 강도 (MPa)	간격	철선의 크기												
		2.6	3.2	4.0	5.0	5.5	6.0	7.0	8.0	9.0	10.0	13.0	16.0	18.0
21	50	60	90	140	220	260	300	410	530	680	840	1410	2130	2690
	75	50	60	100	150	170	200	270	360	460	560	940	1420	1800
	100	50	50	70	110	130	150	210	270	340	420	710	1070	1350
	150	50	50	50	80	90	100	140	180	230	280	470	710	900
	200	50	50	50	60	70	80	110	140	170	210	360	540	680
	250	50	50	50	50	60	60	90	110	140	170	290	430	540
	300	50	50	50	50	50	50	70	90	120	140	240	360	450
24	50	50	80	130	200	240	280	380	500	640	790	1320	1990	2520
	75	50	60	90	140	160	190	260	330	430	530	880	1330	1680
	100	50	50	70	100	120	140	190	250	320	400	660	1000	1260
	150	50	50	50	70	80	100	130	170	220	270	440	670	840
	200	50	50	50	50	60	70	100	130	160	200	330	500	630
	250	50	50	50	50	50	60	80	100	130	160	270	400	510
	300	50	50	50	50	50	50	70	90	110	140	220	340	420
27	50	50	80	130	190	230	270	360	470	600	740	1250	1880	2370
	75	50	50	90	130	150	180	240	320	400	500	830	1250	1580
	100	50	50	70	100	120	140	180	240	300	370	630	940	1190
	150	50	50	50	70	80	90	120	160	200	250	420	630	790
	200	50	50	50	50	60	70	90	120	150	190	320	470	600
	250	50	50	50	50	50	60	80	100	120	150	250	380	480
	300	50	50	50	50	50	50	60	80	100	130	210	320	400
30	50	50	80	120	180	220	250	340	450	570	700	1180	1780	2250
	75	50	50	80	120	150	170	230	300	380	470	790	1190	1500
	100	50	50	60	90	110	130	170	230	290	350	590	890	1130
	150	50	50	50	60	80	90	120	150	190	240	400	600	750
	200	50	50	50	50	60	70	90	120	150	180	300	450	570
	250	50	50	50	50	50	50	70	90	120	140	240	360	450
	300	50	50	50	50	50	50	60	80	100	120	200	300	380

주 1) 이음길이 : 각 철망의 가장 바깥 교차철선 사이의 거리.
2) 철망 아래 300 mm를 초과되게 굳지 않은 콘크리트를 친 수평철망에 대해서는 계수 1.3을 별도로 고려하여야 함.

〈표 2.6.12〉 이형용접철망의 이음길이 : f_y = 400 MPa (교차철선이 있는 경우) (단위 : mm)

콘크리트강도 (MPa)	철선의 크기									
	CD4	CD5	CD5.5	CD6	CD7	CD8	CD9	CD10	CD13	CD16
21	200	200	200	200	200	200	200	200	250	370
24	200	200	200	200	200	200	200	200	230	350
27	200	200	200	200	200	200	200	200	220	330
30	200	200	200	200	200	200	200	200	210	310

주 1) 겹침이음길이 내에서 각 철망의 가장 바깥에 있는 교차철선 사이의 간격이 50 mm 이상인 경우의 이음길이.
2) 철망계수 산정 시 철망 간격 Sw = 200 mm 기준임.
3) 철망 아래 300 mm를 초과되게 굳지 않은 콘크리트를 친 수평철망에 대해서는 계수 1.3을 별도로 고려하여야 함.

〈표 2.6.13〉 이형용접철망의 이음길이 : f_y = 500 MPa (교차철선이 있는 경우) (단위 : mm)

콘크리트강도 (MPa)	철선의 크기									
	CD4	CD5	CD5.5	CD6	CD7	CD8	CD9	CD10	CD13	CD16
21	200	200	200	200	200	200	200	200	310	470
24	200	200	200	200	200	200	200	200	290	440
27	200	200	200	200	200	200	200	200	270	410
30	200	200	200	200	200	200	200	200	260	390

주 1) 겹침이음길이 내에서 각 철망의 가장 바깥에 있는 교차철선 사이의 간격이 50 mm 이상인 경우의 이음길이.
2) 철망계수 산정 시 철망 간격 Sw = 200 mm 기준임.
3) 철망 아래 300 mm를 초과되게 굳지 않은 콘크리트를 친 수평철망에 대해서는 계수 1.3을 별도로 고려하여야 함.

〈표 2.6.14〉 이형용접철망의 이음길이 : f_y = 400MPa (교차철선이 없는 경우) (단위 : mm)

콘크리트강도 (MPa)	철선의 크기									
	CD4	CD5	CD5.5	CD6	CD7	CD8	CD9	CD10	CD13	CD16
21	300	300	300	300	300	300	300	330	530	750
24	300	300	300	300	300	300	300	310	490	700
27	300	300	300	300	300	300	300	300	460	660
30	300	300	300	300	300	300	300	300	440	630

주 1) 겹침이음길이 사이에 교차철선이 없는 경우의 이음길이.
(각 철망의 가장 바깥에 있는 교차철선 사이의 간격이 50 mm 미만인 경우 포함)
2) 철망계수 산정 시 철망 간격 Sw = 200 mm 기준임.
3) 철망 아래 300 mm를 초과되게 굳지 않은 콘크리트를 친 수평철망에 대해서는 계수 1.3을 별도로 고려하여야 함.

〈표 2.6.15〉 이형용접철망의 이음길이 : f_y = 500 MPa (교차철선이 없는 경우) (단위 : mm)

콘크리트강도 (MPa)	철선의 크기									
	CD4	CD5	CD5.5	CD6	CD7	CD8	CD9	CD10	CD13	CD16
21	300	300	300	300	300	300	300	320	510	720
24	300	300	300	300	300	300	300	300	470	680
27	300	300	300	300	300	300	300	300	450	640
30	300	300	300	300	300	300	300	300	420	610

주 1) 겹침이음길이 사이에 교차철선이 없는 경우의 이음길이.
(각 철망의 가장 바깥에 있는 교차철선 사이의 간격이 50 mm 미만인 경우 포함)
2) 철망계수 산정 시 철망 간격 Sw = 200 mm 기준임.
3) 철망 아래 300 mm를 초과되게 굳지 않은 콘크리트를 친 수평철망에 대해서는 계수 1.3을 별도로 고려하여야 함.

제3장 기계적이음

3.1 철근이음의 종류

건설현장에서 주로 사용되고 있는 철근의 이음 방법은 겹침이음, 가스압접, 용접이음, 기계적이음 등이 있다.

(1) 겹침이음은 일반적인 이음방법으로 널리 사용되고 있으나 굵은 철근(D35 이상)에 대한 사용 제한과 겹침이음길이에 따른 경제성이 떨어진다.

(2) 가스압접은 2개의 철근단부를 맞대어놓고 산소-아세틸렌가스 화염으로 약 1300℃로 가열하며 철근에 압력을 가하여 접합하는 방법이다. 그러나 압연 후 급속냉각에 의해 제조되는 템프코어(Tempcore) 철근은 강도가 저하되는 현상이 발생하므로 철저한 품질관리가 요구된다.

(3) 용접이음은 열에너지인 아크열로 철근을 녹여서 접합하는 방법으로서 용접봉의 선정, 철근의 탄소당량(CEQ) 및 예열 등에 대한 검토와 적절한 대책을 세워야하며, 용접부 균열 및 철근의 강도와 인성이 떨어지는 문제점 등이 있어 품질관리를 철저히 해야 한다. 특히 현장 적용 시에는 전기를 사용하므로 안전관리에도 유의하여야 한다.

(4) 커플러를 사용한 기계적이음은 편리한 시공성, 일정한 품질, 다양한 적용성 등에 의해 건설현장에서 사용이 급격히 증가하고 있으며, 특히 대형 구조물 및 내진설계 시에 유용하게 사용되고 있다.

3.2 커플러의 종류

일반적인 커플러의 종류는 〈표 3.2.1〉과 같이 분류할 수 있으며, KDS 14 20 52 (4.5.1(3), 4.5.2)를 만족하는 기계적이음의 적용이 가능하다.

〈표 3.2.1〉 커플러의 종류

구분	특징	
나사 가공식	• 이음되는 2개의 이형철근단부에 나사선을 가공한 후 이음장치를 이용하여 연결하는 방식 • 철근단부를 가공하므로 사전계획 및 관리가 필요 • 철근 순간격이 넓어 가장 효과적으로 사용 • 이음체결 시 신축이 없음 • 원추(테이퍼)형, 스웨이징, 부풀림나사 등으로 나뉨	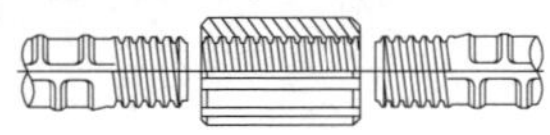 스웨이징 나사 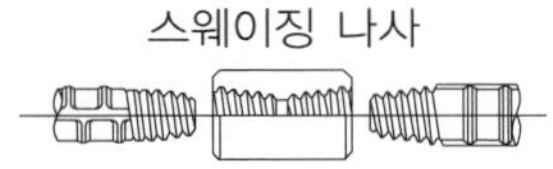 테이퍼 절삭 나사 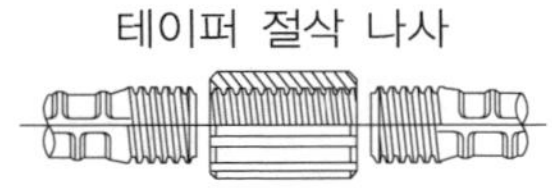 부풀림 나사

〈표 3.2.1〉 커플러의 종류 (계속)

구분	특징	
편체식	• 특수 제작된 고정편을 사용하여 맞댐이음되는 2개의 이형철근 마디에 연결시킨 다음, 나사선이 가공된 이음장치와 외부에 나사선이 미리 가공된 고정편을 연결시키는 방식 • 사용 부속품이 많고 편체 외부를 커플러로 감싸므로 외경 증대 • 인장 시 초기 슬립이 발생하여 KS D 0249 잔류 변형률 조건을 만족하지 못하는 경우에는 적용 불가 • 조임 강도를 육안으로 검측이 어려움 • 철근의 규격이 다른 경우 적용이 어려움 • 내부일체형, 내부분리형, 쐐기편체식 등으로 나뉨	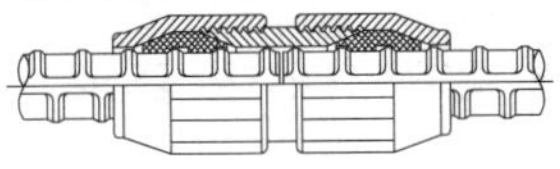 내부분리형 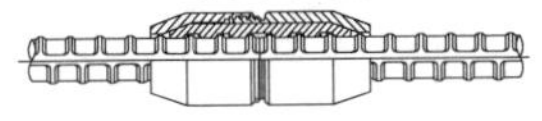 내부일체형 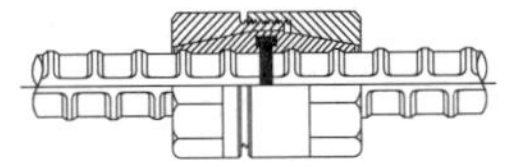 쐐기편체식
강관 압착식	• 이음되는 2개의 이형철근에 스리브를 체결한 후 스리브 표면에 압축력을 가하여 스리브와 철근이 밀착되도록 하는 방식 • 부분 압착과 전체 압착이 있으며, 부분 압착은 시간이 많이 걸림 • 압착기계의 중량이 커 시공성이 떨어짐	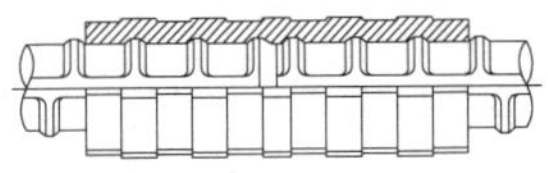
충진식	• 이음되는 2개의 철근사이에 슬리브를 끼운 후 슬리브 내에 충진재료를 채워 넣어 접합하는 방식 • 금속용융용 가열장치 필요 혹은 무수축 고강도모르 타르 필요하며, 가격이 비쌈 • 모르타르 충진이음, 용융금속 충진이음으로 나뉨	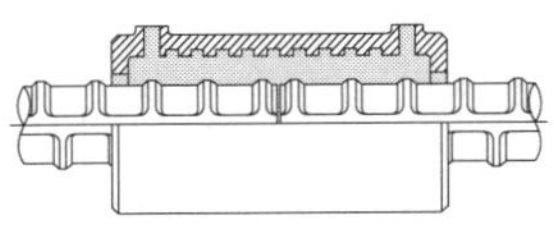

3.3 나사가공방식에 의한 분류

3.3.1 스웨이징(Swaging) 나사식 이음

철근단부의 마디와 리브를 상온(냉간)에서 스웨이징(누름)하여 전조나사를 가공하고, 암나사로 제작한 커플러를 이용하여 연결하는 방법

(장점) : ① 기둥, 보 등의 이음에 적당, ② 안정된 품질 확보 용이, ③ 커플러의 길이와 외경이 작음

(단점) : ① 나선 및 원형 띠철근 적용 시 공장체결, ② 공장가공이 필요함

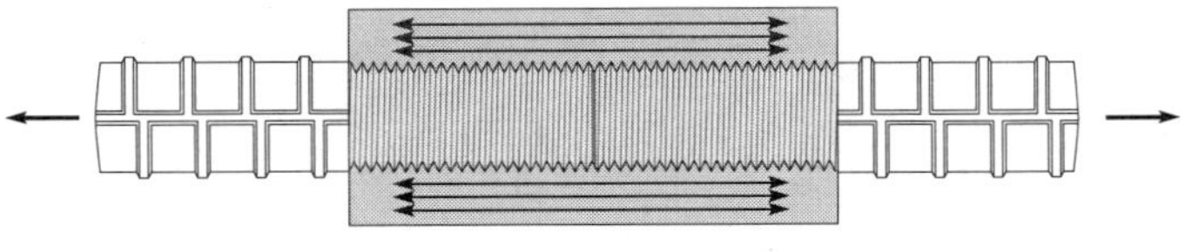

[그림 3.3.1] 스웨이징 나사식 커플러 응력 전달

3.3.2 테이퍼(Tapered) 절삭 나사식 이음

철근단부를 테이퍼 형상으로 나사를 절삭 가공하여 연결하는 방법

(장점): ① 이음체결 시 신축이 없음, ② 현장가공이 용이, ③ 서로 다른 규격의 철근이음 용이

(단점): ① 나선 및 원형 띠철근 시공불가, ② 철근모재를 절삭 가공하므로 이음부 성능이 저하, ③ 철근을 돌려서 시공하므로 장대철근이나 선조립 시공성 저하

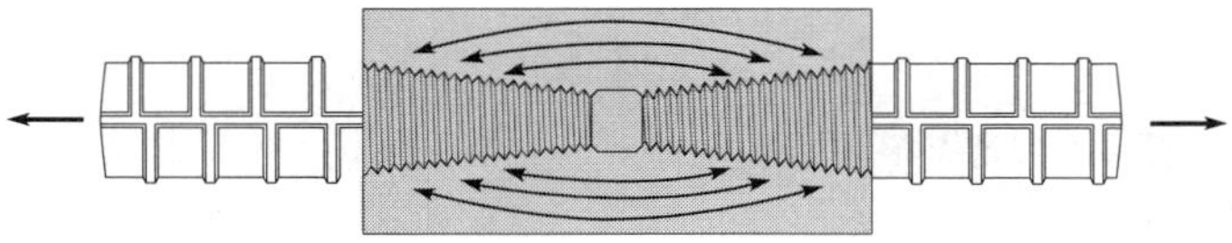

[그림 3.3.2] 테이퍼 절삭 나사식 커플러 응력 전달

3.4 인장철근의 기계적이음

기계적이음은 철근의 설계기준항복강도의 125% 이상을 발휘할 수 있는 기계적이음이어야 한다. 또한, 가능한 경우 이음 위치를 축방향으로 서로 어긋나게 하여 동일 단면에 집중되지 않도록 하여야 하며, 공사감독자 또는 책임기술자는 시공성을 고려하여 엇갈림 길이를 정할 수 있다. (KDS 14 20 52 (4.5.1(3)), KDS 14 20 52 (4.5.2(4)))

125% 이상의 조건을 만족하지 않더라도 이음부에 배치된 철근량이 해석결과 요구되는 소요철근량의 2배 이상이고, 다음의 ①과 ②의 요구조건을 따르는 경우 D16 이하의 철근에 대해서는 기계적이음을 할 수 있다. (KDS 14 20 52 4.5.2(5))

① 각 철근의 이음부는 서로 600mm 이상 엇갈려야 하고, 이음부에서 계산된 인장응력의 2배 이상을 발휘할 수 있어야 한다. 또한 배치된 전체 철근이 140MPa 이상의 응력을 발휘할 수 있어야 한다.

② 각 단면에서 발휘하는 인장력을 계산할 때 이어진 철근은 규정된 이음강도를 발휘하는 것으로 보아야 하나 f_y보다 크지 않아야 한다. 이어지지 않은 연속철근의 인장응력은 설계기준항복강도 f_y를 발휘할 수 있도록 계산된 정착길이 l_d에 대한 짧게 배치된 정착길이의 비에 f_y를 곱하여 사용하여야 하나 f_y보다 크지 않아야 한다.

단면전체가 인장력을 받는 인장연결재의 철근이음은 철근의 설계기준항복강도의 125% 이상을 발휘할 수 있는 기계적이음이어야 하며, 이때 인접철근의 이음은 750mm 이상 떨어져서 서로 엇갈리게 하여야 한다. (KDS 14 20 52 (4.5.2(6)))

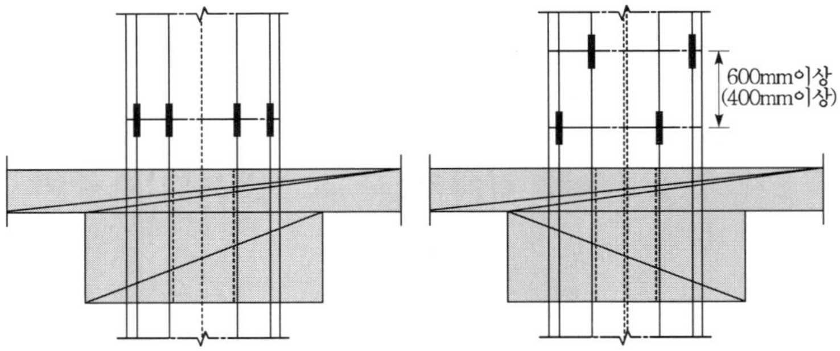

(a) 전수이음 경우　　(b) 반수이음 경우

[그림 3.4.1] 일반부재 경우

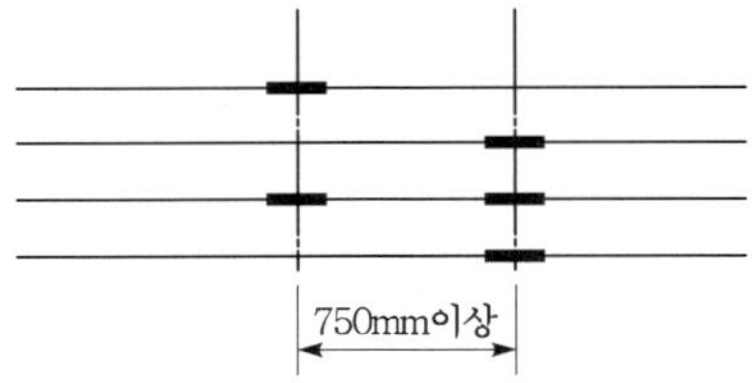

[그림 3.4.2] 인장연결부재

3.5 기계적이음의 품질규정

커플러를 이용한 기계적이음의 품질규정은 〈표 3.5.1〉과 같다.

〈표 3.5.1〉 기계적이음의 품질규정

시험 항목		시험 빈도	시험 방법	비고
외관 검사	커플러	전수검사	가공상태, 이물질 여부	육안검사
	연결철근 단부	전수검사	• 나사산 가공면 Oil 등 부착여부 확인 • 연결된 철근의 수직도	육안검사
기계적 시험	일방향 인장	현장 품질관리 계획에 따라 시험빈도를 정함.	KS B 0802 참조 • 시험편이 철근항복점의 125% 이상 또는 철근의 인장강도 이상	일반목적
	저사이클 반복		KS D 0249 참조 • 100회 반복시험 후 파단시의 인장강도는 철근항복점의 125% 이상 • 반복시험 후 파단위치는 철근에서 발생	일반목적
	정적내력		KS D 0249 참조 • 잔류변형량 0.3mm 이하 • 철근항복점의 70%응력에 대한 기울기가 모재 철근 이상 • 파단강도가 철근항복점의 125% 이상 또는 철근인장강도 이상)	내진설계 성능확인
	고응력 반복내력		KS D 0249 참조 • 30회 반복 시 응력변형곡선 기울기가 첫 번째 재하 시 기울기의 85% 이상 • 30회째 재하에 의한 최대변형량은 0.3mm 이하	내진설계 성능확인

제4장 철근 고임재

4.1 일반

철근 고임재는 금속, 프리캐스트 콘크리트, 플라스틱 및 기타 재료로 이루어져 있으며, 스테인리스 스틸와이어 혹은 일반 와이어로 만들어진 공장생산 철근지지대가 가장 많이 상용된다. 기초와 지중슬래브의 철근지지대에는 프리캐스트 콘크리트 블록이 사용되며, 다우얼 블록이 철근 고임재로 많이 사용되고, 플라스틱고임재는 일반적으로 측면 거푸집 간격재와 수평작업에 사용된다.

일반적으로, 철근 고임재의 설치 사용법의 다양한 상태에서의 최대 간격은 다른 재료로 된 고임재를 사용할 때 따른 권고를 따르며, 철근 고임재의 선택과 사용은 경험이 풍부한 건축가나 엔지니어의 판단을 따라야 한다.

4.2 측면거푸집 간격재

규정된 철근의 측면 피복두께와 철근의 교차위치를 유지하기 위하여 수직 혹은 경사 거푸집에 대해서 측면거푸집 간격재가 설치되며, 일반적으로 더블헤드 네일, 폼타이, 슬래브 및 보 고임재, 프리캐스트 블록, 플라스틱 등 다양한 형태의 측면거푸집 간격재가 사용된다. 측면거푸집 간격재의 종류와 숫자는 거푸집의 형태, 보강재의 배치, 거푸집 재료 그리고 사용되는 거푸집 시스템에 의해 결정하여야 한다. 플라스틱 측면거푸집 간격재는 온도에 영향을 받기 쉽기 때문에 플라스틱과 콘크리트의 열팽창 계수 차이를 고려한 측면거푸집 간격재를 사용하여야 하며, 일반적으로 철근에서 약 25mm 이상 떨어지도록 배치해야 한다.

4.3 특수 용도 철근 고임재

콘크리트 표면의 연마나 모래분사가 필요한 노출상황에는 일반적으로 사용되는 철근 고임재 이외에 아연도금강 및 에폭시, 비닐, 플라스틱 등을 코팅한 철근 고임재를 사용 할 수 있다. 아연도금 철근이 강재의 부식을 일으키는 전기반응을 억제하기 위해 사용될 때 아연도금 철근 고임재가 사용될수 있으며, 철근콘크리트 구조물의 부식방지를 위해 사용되는 에폭시 코팅 철근을 지지하기 위해서는 에폭시, 비닐, 플라스틱 등을 코팅한 철근 고임재가 사용되어야 한다. 이러한 특정 철근 고임재의 목적은 코팅된 철근의 접점이나 부근에서 철근 부식의 잠재적 요인이 일어나지 않도록 철근의 코팅 손상을 최소화하는 것이다.

4.4 철근 고임재 권장사항

철근콘크리트 피복두께 및 구조체 두께의 정확한 유지와 정밀시공을 위해 기성제품을 사용하여야 하며, 철근 고임재의 재질 및 배치 등은 특기시방서를 따라야 하며, 특기시방에 정한 바가 없을 때에는 콘크리트 표준시방서에 준하여야 한다.

제5장 나선철근

5.1 일반사항

이 장에서는 건설산업에 있어서 콘크리트기둥의 보강에 사용되는 나선철근의 실무표준을 제정하기 위해 CRSI의 권고안을 소개한다. 이 권고안은 나선철근으로 사용되는 3가지 표준크기의 철근과 철선(소선, Wire)에 대해 정하고 있으며, 매 50 mm의 증분으로 300 mm에서 1300 mm까지의 기둥지름에 적용되는 나선철근에 대해, 5 mm배수로 된 권장철근 간격에 따른 일람표도 포함하고 있다. 나선철근에 적용될 수 있는 용어정의 또한 함께 소개되고 있다.

5.2 용어정의

(1) 나선철근

강재 간격재(스페이서) 또는 다른 확실한 방법을 통해 제자리에 일직선으로 견고히 고정된, 철근 또는 철선(소선, Wire)으로 된 일정한 직경의 연속된 나선코일

(2) 간격

2개의 인접한 나선철근 중심간 거리

(3) 나선철근 길이(높이)

상하부의 마감돌림을 포함하는 나선코일의 시작부터 끝까지의 거리, 허용오차 ±40mm

(4) 나선철근비

나선철근으로 보강된 콘크리트기둥의 전체 코어(나선철근의 바깥지름) 체적에 대한 나선보강근 체적의 비율

(5) 간격재 (스페이서)

정해진 간격을 유지하기 위해 나선철근 위로 구부러진 갈고리 형태가 되도록 천공된 강재 ㄱ 또는 ㄷ형강

5.3 배근에 대한 권장사항

나선철근으로 사용되는 철근 및 철선(소선, Wire)은 KDS 41 30 00의 3.2 강재의 규정에 따라야 한다.

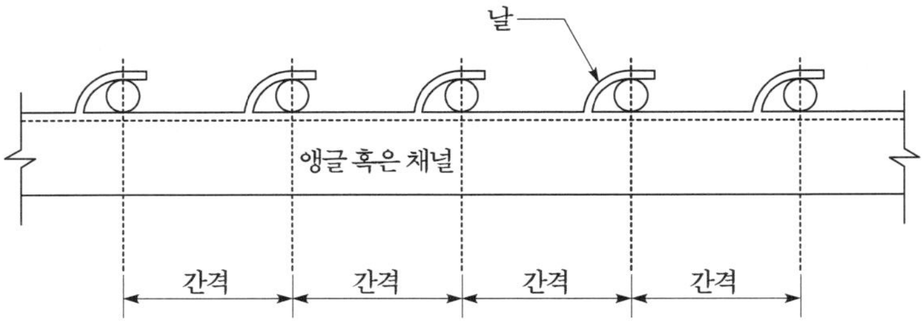

[그림 5.3.1] 대표적인 간격재 (스페이서)

5.4 크기 · 간격에 대한 권장사항

콘크리트압축강도와 지름 300~1300 mm의 원형기둥에 대한, 나선철선(소선, Wire) 또는 철근의 크기 및 철근 간격는 〈표 5.4.1〉에 나타나 있다.

〈표 5.4.1〉 원형기둥을 위한 권장 나선철근

콘크리트 압축강도 (MPa)	기둥직경 (mm)	나선철근 지름과 철근 간격 (mm)
21	300	D10 @65
	350~600	D10 @70
	650~1300	D10 @75
27	300~600	D10 @50
	650~1300	D10 @55
35	300~350	D10 @40
	400~600	D13 @75
	650~1300	D13 @80
42	400~700	D13 @65
	750~1300	D13 @70
56	400	D13 @45
	450~950	D16 @75
	1000~1300	D16 @80

주 1) f_y = 400 MPa
2) 원형철근 혹은 철선(소선, Wire)인 경우임. 같은 지름의 이형철근 또한 사용 가능
3) 피복두께 : 40 mm 기준, 기둥코어지름은 기둥지름보다 80 mm 작음.
4) 기둥직경은 매 50 mm씩 증가
5) 최소비용 기준

5.5 간격재에 대한 권장사항

제자리에 견고히 고정되고 정확히 직선이 되는 나선보강근을 요구한다. 간격재가 사용될 경우, 간격재가 〈표 5.5.1〉에 따라 설치될 것을 제안하고 있다.

〈표 5.5.1〉 나선철근 간격재의 제안치

나선철선(소선) 혹은 철근크기	나선코어지름 (mm)	간격재 최소개수
D10 D13	500 미만	2
	500 ~ 750	3
	750 초과	4
D16	600 이하	3
	600 초과	4

제6장 수학공식

6.1 원의 성질

원의 성질

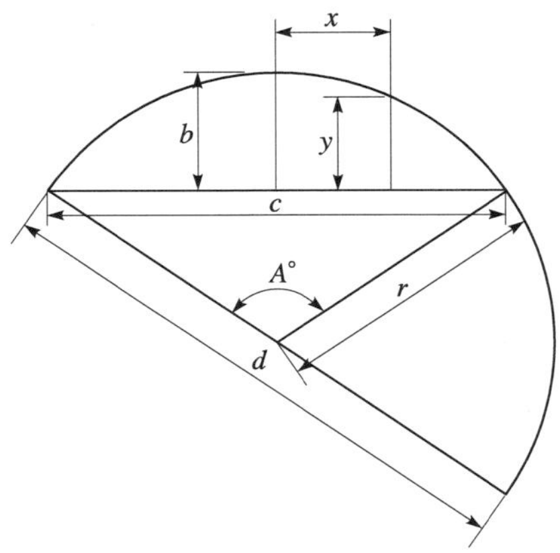

원주 = 6.28318 r = 3.14159 d

지름 = 0.31831 x 원주

면적 = 3.14159 r2

호 a = $\frac{\pi r A^\circ}{180^\circ}$ = 0.017453 rA°

각 A° = $\frac{180^\circ \mathrm{a}}{\pi r}$ = 57.29578 $\frac{\mathrm{a}}{r}$

반지름 r = $\frac{4b^2 + c^2}{8b}$

현 c = $2\sqrt{2br - b^2}$ = $2r\sin\frac{A}{2}$

높이 b = $r - \frac{1}{2}\sqrt{4r^2 - c^2}$

$= \frac{c}{2}\tan\frac{A}{4} = 2r\sin^2\frac{A}{2} = r + y - \sqrt{r^2 - x^2}$

$\gamma = b - r + \sqrt{r^2 - x^2}$

$x = \sqrt{r^2 - (r+y-b)^2}$

정사각형과 동일한 바깥둘레를 가지는 원의 지름 : 1.27324 x 정사각형의 한 면
원과 동일한 바깥둘레를 가지는 정사각형의 한 면 : 0.78540 x 원의 지름
정사각형으로 외접되어지는 원의 지름 : 1.41421 x 정사각형의 한 면
원에 내접되어지는 정사각형의 한 면 : 0.70711 x 원의 지름

부채꼴

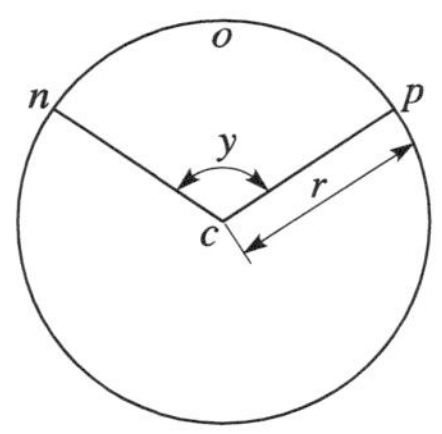

r = 원의 반지름

y = ncp의 각도

부채꼴의 면적 ncpo = 1/2 (호 nop의 길이 x r)

= 원의 면적 x $\frac{y}{360}$

= 0.0087266 x r2 x y

원의 호

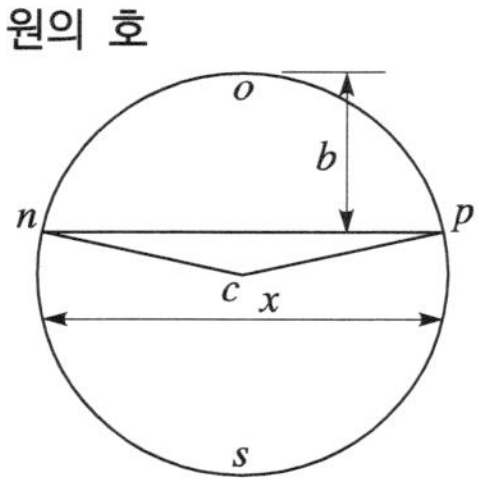

r = 원의 반지름

x = 현

b = 높이

호 nop의 면적

= 부채꼴 ncpo의 면적 - 삼각형 ncp의 면적

= $\frac{(\text{원호 nop의 길이} \times \mathrm{r}) - \mathrm{x}(\mathrm{r} - \mathrm{b})}{2}$

호 nsp 의 면적 = 원의 면적 - 호 nop의 면적

6.2 삼각형 공식

삼각형 공식

삼각함수

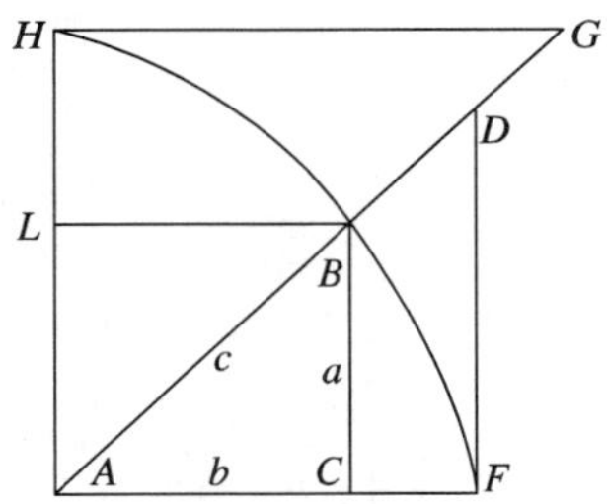

반지름 AF

$= 1 = \sin^2 A + \cos^2 A = \sin A \operatorname{cosec} A = \cos A \sec A = \tan A \cot A$

Sine $A = \dfrac{\cos A}{\cot A} = \dfrac{1}{\operatorname{cosec} A} = \cos A \tan A = \sqrt{1-\cos^2 A} = BC$

Cosin $A = \dfrac{\sin A}{\tan A} = \dfrac{1}{\sec A} = \sin A \cot A = \sqrt{1-\sin^2 A} = AC$

Tangent $A = \dfrac{\sin A}{\cos A} = \dfrac{1}{\cot A} = \sin A \sec A = FD$

Cotangent $A = \dfrac{\cos A}{\sin A} = \dfrac{1}{\tan A} = \cos A \operatorname{cosec} A = HG$

Secant $A = \dfrac{\tan A}{\sin A} = \dfrac{1}{\cos A} = AD$

Cosecant $A = \dfrac{\cot A}{\cos A} = \dfrac{1}{\sin A} = AG$

직각삼각형

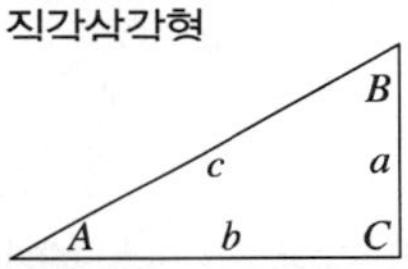

$a^2 = c^2 - b^2$

$b^2 = c^2 - a^2$

$c^2 = a^2 + b^2$

미지수	미지수에 필요한 공식					
	A	B	a	b	c	면적
a, b	$\tan A = \dfrac{a}{b}$	$\tan B = \dfrac{b}{a}$			$\sqrt{a^2 + b^2}$	$\dfrac{ab}{2}$
a, c	$\sin A = \dfrac{a}{c}$	$\cos A = \dfrac{a}{c}$		$\sqrt{c^2 - a^2}$		$\dfrac{a\sqrt{c^2 - a^2}}{2}$
A, a		$90^\circ - A$		$a \cot A$	$\dfrac{a}{\sin A}$	$\dfrac{a^2 \cot A}{2}$
A, b		$90^\circ - A$	$b \tan A$		$\dfrac{b}{\cos A}$	$\dfrac{b^2 \tan A}{2}$
A, c		$90^\circ - A$	$c \sin A$	$c \cos A$		$\dfrac{c^2 \sin 2A}{4}$

비직각 삼각형

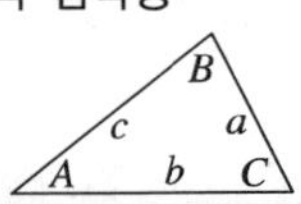

$s = \dfrac{a+b+c}{2}$

$K = \sqrt{\dfrac{(s-a)(s-b)(s-c)}{s}}$

미지수	미지수에 필요한 공식					
	A	B	C	b	c	면적
a,b,c	$\tan\frac{1}{2}A = \dfrac{K}{(s-a)}$	$\tan\frac{1}{2}B = \dfrac{K}{(s-b)}$	$\tan\frac{1}{2}C = \dfrac{K}{(s-c)}$			$\sqrt{s(s-a)(s-b)(s-c)}$
a,A,B			$180^\circ - (A+B)$	$\dfrac{a\sin B}{\sin A}$	$\dfrac{a\sin C}{\sin A}$	
a,b,A		$\sin B = \dfrac{b\sin A}{a}$			$\dfrac{b\sin C}{\sin B}$	
a,b,C	$\tan A = \dfrac{a\sin C}{b - a\cos C}$				$\sqrt{a^2 + b^2 - 2ab\cos C}$	$\dfrac{ab\sin C}{2}$

제7장 기호 및 약어

7.1 관련단체

ISO	International Organization for Standardization (국제표준화기구)
CAK	Construction Association of Korea (대한건설협회)
KIRA	Korean Institute of Registered of Architects (대한건축사협회)
AIK	Architecture Institute of Korea (대한건축학회)
KSCE	Korean Society of Civil Engineers (대한토목학회)
KSSC	Korean Society of Steel Construction (한국강구조학회)
KCEA	Korean Construction Engineers Association (한국건설기술인협회)
KIA	Korean Institute of Architects (한국건축가협회)
KSEA	Korean Structural Engineers Association (한국건축구조기술사회)
KASS	Korean Association for Spatial Structures (한국공간구조학회)
AHS	Korean Society of Architectural Hybrid System (한국복합화건축기술협회)
KS	Korean Industrial Standard (한국산업규격)
HRDS	Human Resources Development Service of Korea (한국산업인력관리공단)
COSEIK	Computational Structural Engineering Institute of Korea (한국전산구조공학회)
KGS	Korean Geotechnical Society (한국지반공학회)
EESK	Earthquake Engineering Society of Korea (한국지진공학회)
KSR	Korean Society for Railway (한국철도학회)
KCI	Korea Concrete Institute (한국콘크리트학회)
WEIK	Wind Engineering Institute of Korea (한국풍공학회)

7.2 응력과 힘의 표기

f_{ck}	콘크리트의 설계기준압축강도, MPa
f_y	인장철근의 설계기준 항복강도, MPa
Pa	단위제곱미터당 뉴튼 (N/m^2)
N	질량 1kg의 물체에 $1m/sec^2$가속도 작용시 걸리는 힘
kN · m	모멘트단위

7.3 구조용 강재 표기

KS D 3503	일반구조용 압연강재 (SS400)
KS D 3515	용접구조용 압연강재 (SM400A, B, C,~)
KS D 3529	용접구조용 내후성 열간압연강재(SMA400AW,~)
KS D 3530	일반구조용 경량형강 (SSC400)
KS D 3566	일반구조용 탄소강관 (STK400,~)
KS D 3558	일반구조용 용접경량 H형강 (SWH400,~)
KS D 3568	일반구조용 각형강관 (SPSR400,~)
KS D 3632	건축구조용 탄소강관 (STKN 400W,~)
KS D 3861	건축구조용 압연강재 (SN400A,~)
KS D 3866	건축구조용 열간압연 H형강 (SHN490,~)
KS D 3632	건축구조용 탄소강관 (STKN 400W,~)
KS D 3864	내진건축구조용냉간성형각형강관(SPAR295,~)
KS B 1010	마찰접합용고장력6각볼트, 6각너트, 평와셔세트

7.4 철근 고임재

B	보배근용 철근받침대
BBU	보배근용 상부철근받침대
BC	단일 철근받침대
CHC	연속 높은철근받침대
CHCM	덱크용 연속 높은철근받침대
CHCU	연속 높은철근받침대
CS	연속 철근받침대
HC	단일 높은철근받침대
HCM	덱크배근용 단일 높은철근받침대
HCP	강판을 붙인 단일 높은철근받침대
JC	장선배근용 받침대
JCU	장선배근용 상부받침대
SB	슬래브배근용 받침대
SBU	슬래브배근용 상부받침대

7.5 구조부재에 사용하는 기호

B	Beams(보)
C	Columns(기둥)
G	Girders(큰보)
J	Joists(장선)
P	Piers(피어), caissons(케이슨), drilled shaft(현장타설말뚝)

R	Roof(지붕)
SW	Shear Walls(전단벽)

7.6 일반 약어

ABT	About(약)
ABUT	Abutment(받침대)
ADDL	Additional(추가의)
ADJ	Adjacents(인접)
ALT	Alternate(번갈아)
APPROX	Approximate(대강)
B,BOT	Bottom(하부)
BAL	Balance(균형)
BDL	Bundle(다발)
BETW	Between(사이)
BLDG	Building(건물)
BM	Beam(보)
BNT	Bent(굽힘)
BOF	Bottom of footing (기초하부)
BP	Bearing plate(지압판)
BSMT	Basement(지하실)
CANT	Cantilever(캔틸레버)
CB	Catch basin(집수구), corner bar(모서리 철근)
CC	Center-to-center(중심간)
CHK	Check(검토)
CIP	Cast-in-place(현장타설)
CJ	Construction joint(시공이음)
CL, CLR	Clear(정미치수)
CMU	Concrete masonry unit (콘크리트블록)
COL(S)	Columns(기둥)
CONC	Concrete(콘크리트)
CONST	Construction(시공)
CONT	Continuous(연속)
CONTR	Contractor(시공자)
CONTR JT	Contraction joint(수축줄눈)
COR	Corner(모서리)
CTRD	Centered(중심에 있는)
CY	Cubic yard(입방야드)
D10	Deformed wire, 0.10in.^{2} area (단면적 0.1in.^{2}의 이형철선)
DBL	Double(2중)
DET	Detail(상세)
DETLR	Detailer(상세도 작성자)
DIA	Diameter(지름)
DIAF	Diaphragm(격막)
DIAG	Diagonal(대각의)
DIR	Direction(방향)
DIST	Distance(거리), distribution(분배)
DWG	Drawing(제도)
DWL	Dowel(다우얼)
E	East(동쪽)
E, EC, EPOX	Epoxy-coated(에폭시 도막)
EA	Each(각각의)
EE	Each end(양단부)
EF	Each face(양면)
EJ, EXP, JT	Expansion joint(익스팬션조인트)
EL, ELEV	Elevation(표고), elevator(엘리베이터)
EQ	Equal(균등), equation(균등화)
EQUIV	Equivalent(동등한)
EST	Estimate(개산)
EW	Each way(양방향)
EXIST	Existing(기존)
EXP	Expansion(팽창)
EXT	Extend(연장하다), exterior(외부)
FDN, FNDN	Foundation(기초)
FF	Far face(먼 쪽 면)
FIG	Figure(그림)
FIN	Finish(마감)
FL	Floor(바닥)
FS	Far side(먼 쪽)
FT	Feet, foot(피트)
FTG	Footing(기초판)
GA	Gage(게이지)
GALV	Galvanized(아연도금한)
GC	General contractor(원도급자)
GR	Grade(등급)
HK	Hook(갈고리)
H, HOR, HORIZ, HZ	Horizontal(수평)
HP	High point(상위점)
HT	Height(높이)
ID	Inside diameter(안지름)
IF	Inside face(내부면)
IN	Inch, inches(인치)
INCL	Include(포함)
INS	Inside(내부)
INT	Interior(내부)
JST	Joist(장선)
JT	Joint(접합부)
KIP	Thousand pounds(1,000파운드)
LB	Pound(파운드)
LF	Linear feet(피트당)

LGTH	Length(길이)
LIN	Linear(길이당)
LOC	Location(위치)
LONGIT	Longitudinal(종방향)
LP	Low point(하위점)
LT	Left(왼쪽)
LW	Long way(긴 방향)
MAX	Maximum(최대)
MH	Manhole(맨홀)
MID	Middle(중간)
MIN	Minimum(최소)
MK	Mark(표시)
MP	Midpoint(중심점)
N	North(북쪽)
NF	Near face(가까운 쪽 면)
NIC	Not in contract(맞닿지 않게)
NO	Number(수)
NOM	Nominal(공칭)
NS	Near side(가까운 쪽)
NTS	Not to scale(비규격 축척)
OC	On center(중심에서)
OD	Outside diameter(바깥지름)
OF	Outside face(외부면)
OPNG	Opening(개구부)
OPP	Opposite(반대쪽)
PC	Precast(프리캐스트)
PCP	Precast-concrete panels(프리캐스트 판)
PCS	Pieces(개)
PI	Point of inflection(반곡점), point of intersection(교차점)
PIP	Poured-in-place(현장타설)
PL	Plain bar(원형철근), plate(강판)
PR	Pair(쌍)
PROJ	Project(사업)
PT	Point(점)
PVMT	Pavement(포장)
QTY	Quantity(수량)
R	Radius(반지름)
RC	Reinforced concrete(철근콘크리트)
RD	Round(원형)
REBAR	Deformed reinforcing bar(이형철근)
REG	Register(등록)
REINF	Reinforcement(철근)
REQ	Require(요구)
RESTEEL	Plain bars used for reinforcement(원형철근), reinforcing bar(철근), wire(철선), welded wire fabric(용접철망)
RET WALL	옹벽
REV	Revision(수정)
RM	Room(방)
RT	Right(오른쪽)
RW	Retaining wall(옹벽)
S	South(남쪽)
SCHED	Schedule(일정)
SD	Storm drain(배수구)
SECT	Section(단면)
S.O.G.	Slab on ground(지면슬래브)
SP	Spiral(나선철근)
SPA	Space(공간)
SPCG	Spacing(간격)
SPCR	Spacer(간격재 또는 스페이서)
SQ	Square(정사각형)
ST	Stair(계단), step(디딤판), stirrup(스터럽), street(거리)
STA	Station(위치)
STD	Standard(표준)
STIR	Stirrup(스터럽)
STR	Straight(직선)
STRUCT	Structural(구조의), structures(구조물)
SUPP	Support(받침대)
SW	Short way(짧은 방향)
SYM	Symmetric(대칭의)
T	Top(상부)
TBL	Table(목록)
TC, TOC	Top of concrete (콘크리트상부), top of curb(연석 상부)
TEMP	Temperature(온도)
TF, TOF	Top of footing(기초판 상부)
TOM	Top of masonry(조적벽 상부)
TOS	Top of slab(슬래브 상부), top of steel(철근 상부)
TOW, TW	Top of wall(벽체 상부)
TRANSV	Transverse(횡방향)
TYP	Typical(일반적인)
UNO, UON	Unless otherwise noted (다르게 언급한 것이 없다면)
V, VERT, VT	Vertical(수직)
W10	Plain wire, 0.10in.^{2} area (단면적 0.1in.^{2}의 원형철선)
W	West(서쪽)
WT	Weight(무게)
WWF	Welded wire fabric (용접철망)
X-SECT	Cross-section(단면도)

제8장 용어풀이

건축주/발주자(Owner) : 설계자・시공자와 설계・공사 계약을 하고 그 용역・공사성과를 제공받는 법인, 협회, 합명회사(partnership), 개인 또는 공공기관이나 당국.

계약도서(Contract documents) : 계약에서 요구되는 공정을 포함하고 있는 공사도면과 공사시방서등의 서류들.

공사(Work) : 계약도서상 제공되어야 할 전체 건설공정 또는 전체 건설공정 중 별개로 구분될 수 있는 부분공정. 공사(Work)는 계약도서에서 요구하는데 따라 용역을 수행하고, 노동력을 제공하며, 건설공사에 재료와 장비를 투입하여 얻은 결과이다.

공사도면(Project drawings) : 공사시방서와 함께 계약도서 상에 필요하거나 언급된 건설공사를 위한 도형적인 정보를 완성하는 도면.

공사시방서(Project specifications) : 공사를 위한 요구사항들을 발주자가 세워놓은 서비스 요소와 그 밖의 다른 규정에 따라 상세히 적어놓은 문서.

구조설계도(Structural drawings) : 책임구조기술자에 의하여 작성되고, 건설공사에 필요한 골조의 평면, 단면, 상세, 입면을 보여주는 도면. 철근콘크리트구조에서의 구조설계도에는 철근가공조립업자의 배근시공도 작성을 위하여 필요한 모든 철근의 크기와 일반적인 배치가 표현되어야 한다.

기계적이음(Mechanical splice) : 단부지압슬리브, 커플러, 커플링 슬리브, 또는 부가적인 재료나 부품 등에 의한 철근의 이음.

맞댐용접이음(Butt-welded splice) : 철근의 끝부분을 서로 맞대어 용접하여 만든 이음.

배근시공도(Placing drawings) : 시공상세도 작성자에 의하여 작성되고, 철근의 크기・위치・간격과 철근을 배치하기 위하여 시공자가 필요한 다른 모든 정보를 나타내는 상세도면 또는 스케치(sketches).

배근하도급자(Bar placing subcontractor) : 철근과 고임재를 취급하고 배치하는 시공자나 하도급자, 일상 대화에서는 종종 배근공(bar placer or placer)이라고 부른다.

슬리브(Sleeve) : 철근, 다우얼(dowel) 또는 앵커볼트(anchor bolt)를 감싸기 위한 관(tube)

시공상세도작성자(Detailer) : 배근시공도와 철근일람표를 작성하는 자.

시공자(Contrator) : 건설공사의 수행을 위해 발주자와 계약을 맺은 개인, 회사 또는 단체.

용접이음(Welded Splice) : 전기아크용접으로 두 철근을 접합하는 방법. 철근은 겹치거나 맞대거나 이음판(plate) 또는 ㄱ형강(angle)과 함께 용접이음할 수 있다.

이음(splice) : 겹침, 기계적 연결재(coupling) 또는 용접에 의한 철근과 철근의 연결. 용접철선망의 겹침도 이음이라 할 수 있다.

일람표(Schedule) : 철근의 크기, 모양, 유사항목의 정리를 보여주기 위한 배근시공도 상의 표.

커플러(Coupler) : 한 철근에서 또 다른 철근으로 압축력, 인장력 혹은 두 응력 모두를 전달하기 위한 목적으로 철근을 결합하기 위해 사용되는 나선형 홈을 갖는 장치.

커플링 슬리브(Coupling sleeves) : 한 철근에서 또 다른 철근으로 압축력, 인장력 혹은 두 응력 모두를 전달하기 위한 최종적인 목적으로 두 철근의 끝부분을 맞추어 덮어 끼우는 나선형 홈을 갖지 않는 장치.

책임구조기술자(Engineer fo record) : 건축구조분야에 대한 전문적인 지식, 풍부한 경험과 식견을 가진 전문가로서 건축구조기준에 따라 건축구조물의 구조에 대한 구조설계 및 구조검토, 구조검사 및 실험, 시공, 구조감리, 안전진단 등 관련업무를 책임지고 수행하는 기술자. (책임구조기술자의 자격은 건축구조기술사를 원칙으로 하되 소규모 건축물의 경우에는 건축사를 포함.)

철근가공자(Fabricator) : 배근시공도와 철근목록의 작성, 철근의 저장, 절단, 구부림, 묶음, 분류표식의 부착, 적재, 그리고 운반을 수행하는 철근회사.

철근 고임재(Bar supports) : 철근을 지지하고, 잡아주고, 간격을 유지하기 위해서 철선, 플라스틱 혹은 콘크리트로 만들어진 장치.

철근콘크리트 배근상세

제IV부
구조도면 작성 예제

제1장 철근콘크리트 구조 일반사항

이 구조 일반사항 도면은 구조 일반사항에 대한 예시를 보여주는 것이다. 따라서 하나의 예시 도면에 불과하므로 실제 현장에 적용하기 위해서는 책임구조기술자가 해당 구조물에 적합한지 여부를 판단한 후 각 구조물에 맞게 적용하여야 한다.

철근콘크리트 구조일반사항

0000 신축공사

2020. 05.

1. 구조 일반사항

1.1 개요

(1) 구조물 개요

항 목	내 용		
공 사 명	0000 신축공사		
건물위치	부산광역시 000		
건물규모	지하0층 / 지상00층		
건물용도	000		
중 요 도	중요도 (1)		
구조방식	구조종별	철근콘크리트구조	
	지진력저항 시 스 템	지상층	벽식구조
		지하층	RC Beam & Girder

(2) 설계적용기준

항 목	적 용 기 준
적용규준	- 국가건설기준 Korean Design Standard (국토교통부 2019) ① 건축구조기준 설계하중 (KDS 41 10 15) ② 건축물 내진설계기준 (KDS 41 17 00) ③ 건축물 기초구조 설계기준 (KDS 41 20 00) ④ 건축물 콘크리트구조 설계기준(KDS 30 00)
참고기준	ACI 318-11(철근콘크리트)

(3) 발주자가 필요하다고 인정하는 경우나 특별한 조사연구에 의할 경우 본 일반사항을 적용하지 않을 수 있다. 다만, 이러한 경우 그 근거를 명시하여 당해 업무별 책임구조기술자의 승인을 득하여야 한다.

1.2 사용재료의 종류 및 설계기준강도

재 료	설 계 기 준 강 도			비 고
콘크리트	KS F 2405 (재령 28일 압축강도)	전 층	fck = 27 MPa	전층 수직/수평재
		기 초	fck = 27 MPa	
철 근	KS D 3504	SD 400 (fy = 400 MPa)		HD16 이하
		SD 500 (fy = 500 MPa)		SHD19 이상
		SD 500S (fy = 500 MPa)		전이보, 전이기둥 주철근

1.3 기초형식 및 설계용 지하수위

기초 형식	지내력 기초	필요 지지력	fe = 350kN/m2 이상
지하수위	지반조사결과 조사심도 이하 (G.L-4.0m 적용하여 설계)		

1) 직접기초 적용시 : 기초공사전에 시공계획면까지 터파기를 완료한 후, 현장 평판재하시험 등의 적절한 방법을 통해 지반의 안정성 및 지반의 장기허용지내력을 확보하는지 여부를 확인하여야 한다.
2) 말뚝기초 적용시 : 기초공사전에 시항타 및 말뚝 재하시험 등의 적절한 방법을 통해 말뚝의 길이에 대한 검토 및 말뚝의 장기 허용지지력을 확보하는지 여부를 확인하여야 한다.
3) 상기 사항이 다를 경우 감독관 및 책임구조기술자의 승인을 얻어 필요한 조치를 하여야 한다.
4) 밑창(버림) 콘크리트
   1) 사용위치 : 기초, 지중보 및 지면에 닿는 슬래브 하부
   2) 설계기준강도 : 별도의 표기가 없는 경우 fck = 15 MPa 이상으로 한다.
   3) 두 께 : 도면에 표기가 없는 경우에는 60mm 이상으로 한다.

1.4 설계하중

(1) 고정하중
건축물 자체의 무게와 생애주기 중 지속적으로 작용하는 수직하중

(2) 활하중
각 실의 실제 사용 용도에 따라 기준의 최소등분포활하중 이상 적용

실 용 도	활 하 중 (kN/m^2)	실 용 도	활 하 중 (kN/m^2)
옥탑지붕	1.0	소화수조(옥탑층)	17.0
옥상조경(지붕층)	3.0	발 코 니	3.0
객 실	2.0	주 방	7.0
구내식당	5.0	램 프	6.0

(3) 풍하중

구 분	적용기준
기본풍속(V0)	38 m/sec
지표면조도구분	D (장애물이 거의 없는 지역)
중요도계수(Iw)	1.0
건물 형상비	H/√(A) = 1.85 < 3.0

(4) 지진하중

구 분		적용기준
유효지반가속도(S)		0.18
지반종류		S2 (얕고 단단한 지반)
반응수정계수(R)	지상층	R = 4.0 (내력벽시스템 - 철.콘 보통전단벽)
	지하층	R = 3.0 (지하외벽에 둘러싸인 지하구조시스템)
내진등급 / 중요도계수(Ie)		중요도(1) / 1.2
내진설계범주		C
내진능력 (MMI등급)		Ⅶ-0.2016g

(5) 적설하중

구 분	적용기준
기본지상적설하중 (Sg)	0.5
중요도계수(Is)	중요도(1) / 1.1
노출계수(Ce)	0.8

* 발주자가 필요하다고 인정하는 경우나 특별한 조사연구에 의할 경우 본 일반사항을 적용하지 않을 수 있다. 다만, 이러한 경우 그 근거를 명시하여 당해 업무별 책임구조기술자의 승인을 득하여야 한다.

1.5 구조안전의 확인

(1) 시공상세도서의 구조안전 확인 - KDS 41 10 6.2 시공상세도서의 구조안전 확인

시공자가 작성한 시공상세도서 중 KDS 41 10 6.2 시공상세도서의 구조안전확인의 규정과 구조설계도서의 의도에 적합한지에 대하여 책임구조기술자로부터 구조적합성과 구조안전의 확인을 받아야 할 도서는 다음과 같다.

a. 구조체 배근시공도
b. 구조체 제작·설치도(강구조 접합부 포함)
c. 구조체 내화상세도
d. 부구조체(커튼월·외장재·유리구조·창호틀·천정틀·돌붙임골조 등) 시공도면과 제작·설치도
e. 건축 비구조요소의 설치상세도(구조적합성과 구조안전의 확인이 필요한 경우만 해당)
f. 건축설비(기계·전기비구조요소)의 설치상세도
g. 가설구조물의 구조체 시공상세도
h. 건설가치공학(V.E.) 구조설계도서
i. 기타 구조안전의 확인이 필요한 도서

(2) 시공 중 구조안전 확인 - KDS 41 10 6.3 시공 중 구조안전 확인

시공과정에서 구조적합성과 구조안전을 확인하기 위하여 책임구조기술자가 KDS 41 10 6.3 시공 중 구조안전 확인에 따라 수행해야 하는 업무의 종류는 다음과 같다.

a. 구조물 규격에 관한 검토·확인
b. 사용구조자재의 적합성 검토·확인
c. 구조재료에 대한 시험성적표 검토
d. 배근의 적정성 및 이음·정착 검토
e. 설계변경에 관한 사항의 구조검토·확인
f. 시공하자에 대한 구조내력검토 및 보강방안
g. 기타 시공과정에서 구조체의 안전이나 품질에 영향을 줄 수 있는 사항에 대한 검토

1.6 구조시공에 대한 일반사항

(1) 시공이음
1) 시공자는 끊어치기 위치, 구획 및 방법, 콘크리트 분할타설 계획에 대하여 사전에 책임기술자의 검토 및 확인 후 담당원의 승인을 받아야 한다.
2) 시공이음은 될 수 있는 대로 전단력이 작은 위치에 설치하고, 부득이 전단력이 큰 위치에 시공이음을 설치할 경우에는 시공이음에 장부 또는 홈을 두거나 적절한 강재를 배치하여 보강하여야 한다.
3) 캔틸레버 구조의 경우는 이어치기를 금한다.
4) 콘크리트 분할타설 구역의 구획 및 이어치기 시점은 콘크리트 건조수축 균열이 방지될 수 있도록 정하여야 한다.

(2) 지연 조인트 (DELAY JOINT)
1) 시공자는 현장여건상 콘크리트 분할타설에 의하여 콘크리트 건조수축 균열을 방지할 수 없는 경우 지연 조인트(Delay Joint)를 설치하여야 한다.
2) 시공자는 지연조인트 위치 및 상세에 대하여 사전에 책임기술자의 검토 및 확인 후 담당원의 승인을 받아야 한다.

(3) 지수판 설치
지하 외부옹벽, 외부에 노출된 옹벽 및 옹벽과 슬래브와의 접합부, 정화조 등 누수의 우려가 있거나, 지하수위 하부의 수압이 발생하는 부위의 이어치기 면에는 지수판을 설치한다.

(4) 기타사항
1) 도면상 표시된 치수와 표고는 특기사항이 없는 한 mm단위로 한다.
2) 다음의 일반사항 및 표준상세도는 철근콘크리트 설계기준에 준하였으며, 구조도면에 특별한 사항이 없는 한 모든 도면에 준한다.
3) 구조도면과 구조일반사항의 내용이 중복될 경우 구조도면을 우선 적용한다.
4) 시공자는 공사에 착수하기 전에 도면상의 모든 치수 및 현장 조건을 확인하여야 하며, 불합리한 부분 및 개선사항은 구조기술사의 승인 후 변경할 수 있다.
5) 시공자는 시공전 구조도면에 오류가 없는지 검토하여야 한다.
6) 도면상의 모든 길이는 표기도나 치수를 기준으로 하며 스케일(축척자)을 사용하여 읽지 않도록 한다.
7) 도면에 표현된 공사관련 사항과 특기시방은 최소 규준이다.
8) 도면들은 모든 해당 건축도면, 설비도면, 시방서와 연계해서 해석되어야 한다.
9) 공사 중 구조안정을 유지하기 위한 동바리와 가설공사 계획 및 설계의 책임은 시공자에게 있다.
10) 도면상에 표기된 모든 부재는 영구상태로 설계된 것이다.
시공시 구조물의 적절함의 판단 및 안전성 확보는 시공자의 책임이다.
특히, 지붕골조 시공시, 파사드 및 판넬 마감 등 타공정 도서를 상호 검토하여 골조 공사중 간섭이 발생하지 않도록 해야 한다.
11) 시공자에 의해 설치된 모든 설비 개구부는 공사 전 해당 기술자의 승인을 받아야 한다.
12) DECK SLAB는 현장에서 DECK 업체를 선정하여 시공할 경우 DECK 업체의 계산서 및 DECK 구조도면을 반드시 원설계자의 승인을 받은후 시공해야 한다.
13) 구조도면과 구조계산서가 상이할 시는 구조계산서의 내용을 우선시하며, 상이한 부분은 구조설계자에게 확인한다.
14) 다음 사항들은 건축도면을 참조한다.
   a. 문이나 창문의 크기와 위치
   b. 건물 실내의 모든 비내력벽의 크기와 위치
   c. 콘크리트 커브, 바닥 드레인(DRAIN), 경사로(SLOPE), 다른 레벨, 모접기(CHAMFER) 그루브(GROOVE), 인서트(INSERT) 등의 크기와 위치
   d. 모든 바닥과 지붕의 개구부
   e. 바닥과 지붕의 마감
   f. 구조 단면에 표시되지 않은 치수
15) 다음 사항들은 기계, 배관, 전기도면들을 참조한다.
   a. 파이프(PIPE), 슬리브(SLEEVE), 행거(HANGER), 트렌치(TRENCH), 벽과 슬래브 개구부 등
   b. 벽이나 슬래브의 전기 도관(CONDUIT), 아우트렛 박스(OUTLET BOX) 등
   c. 전기, 기계나 배관을 위한 콘크리트 인서트(INSERT)
   d. 기계나 장비의 베이스(BASE), 모터를 장착하기 위한 앵커볼트등의 크기와 위치

(5) 시공자는 상기 사항을 확인하고, 만약 현장상황이 상기 사항과 다를 경우나 구조설계를 변경하여 시공하여야 할 상황이 발생할 경우 감독관 및 책임기술자의 승인을 득한후 시공하여야 한다.

NOTE

REVISIONS		
7		
6		
5		
4		
3		
2		
1		
NO.	DATE	DESCRIPTION

PROJECT TITLE

DRAWING TITLE
철근콘크리트구조 일반사항-1

DATE	SCALE	A1	NONE
		A3	NONE
DRAWN BY			
CHECKED BY			
APPROVED BY			
DESIGNED BY			
DRAWING NO.	S - 001		

1. 구조 일반사항

1.7 철근의 간격제한

(1) 동일평면에서 평행하는 철근사이의 수평 순간격은 철근의 공칭지름(db), 25mm, 또한 굵은 골재의 공칭 최대 치수의 4/3이상으로 한다.

(2) 상단과 하단에 2단 이상으로 배근될 때, 상하 철근은 동일 연직면 내에 배근되어야 하며 이때 상하 철근의 순간격은 25mm이상으로 한다.

(3) 나선 철근과 띠철근 기둥에서 종방향 철근사이의 순간격은 40mm 이상, 철근 공칭지름 1.5배(db), 또한 굵은 골재의 공칭 최대 치수의 4/3이상으로 한다.

(4) 철근의 순간격에 대한 규정은 서로 접촉된 겹침이음 철근과 인접된 이음철근 또는 연속철근 사이의 순간격에도 적용하여야 한다.

(5) 휨 주철근의 간격은 슬래브의 경우 슬래브 두께의 2배 이하, 또한 300mm이하. 벽체의 경우 벽체 두께의 3배 이하, 또한 450mm이하로 하여야 한다.
(다만, 콘크리트 장선구조의 경우 이 규정이 적용되지 않는다.)

(a) 보의 경우 (b) 기둥의 경우

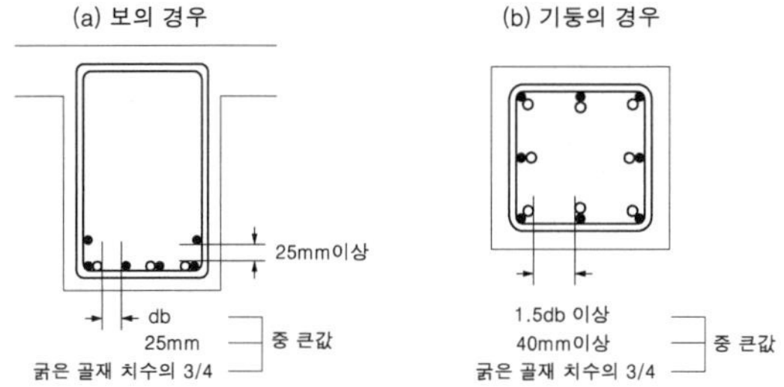

1.8 철근의 피복두께

1) 현장치기 콘크리트

표 면 조 건	부 재	철 근	피복두께(mm)
수중에서 타설하는 콘크리트	모든 부재	모든 철근	100
*흙에 접하여 콘크리트를 친 후 영구히 흙에 묻혀 있는 콘크리트	모든 부재	모든 철근	75
**흙에 접하거나 옥외의 공기에 직접 노출되는 콘크리트	모든 부재	D29 이상	60
		D19 ~ D25	50
		D16 이하 지름 16mm 이하 철선	40
옥외의 공기나 흙에 직접 접하지 않는 콘크리트	슬래브, 벽체, 장선	D35 초과	40
		D35 이하	20
	***보, 기둥	모든 철근	40
	셸, 절판부재	모든 철근	20

* 흙에 접하여 콘크리트를 친 경우란 흙의 표면을 거푸집이나 버림콘크리트 등으로 마감하지 아니하고 콘크리트를 타설한 경우로 본다.
** 옥외의 공기에 직접 노출되는 콘크리트 란 옥외에 직접 노출되는 콘크리트뿐만 아니라 직접적인 누수,누출, 유사한 영향으로 건습상태가 반복적으로 발생하는 옥내의 콘크리트를 포함한다.
*** 콘크리트 강도가 fck= 40MPa 이상이면 규정된 값에서 10mm 저감시킬 수 있다.

2) 다발철근

(1) 다발철근의 피복두께는 다발의 등가지름 이상으로 하여야 한다.
(2) 다음 경우를 제외하고는 60mm 보다 크게 할 필요는 없다.
- 흙에 접하여 콘크리트를 타설하여 영구히 흙에 묻혀있는 경우 : 80 mm
- 수중에서 콘크리트를 타설한 경우 : 100 mm

3) 특수환경에 노출되는 콘크리트 및 철근

- 콘크리트 및 철근이 특수 환경에 노출되는 경우에는 피복두께를 적절히 증가시켜야 하며 구조 기술자와 협의하여 부재크기 및 피복두께를 조정하여야 한다.

1.9 표준갈고리의 구부림과 여장

(1) 주근에 대한 구부림 최소직경과 여장

그 림		90° HOOK 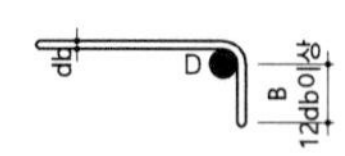		180° HOOK 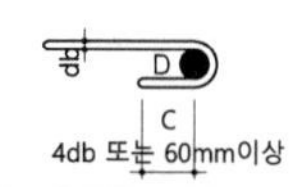				(단위 mm)
철근종류	철근직경	구부림 최소직경		여 장				비 고
		조 건	D	조 건	B	조 건	C	
D10	9.53	6db	60	12db	120	4db or 60mm 이상	60	
D13	12.7		80		160		60	
D16	15.9		100		195		70	
D19	19.1		115		230		80	
D22	22.2		135		270		90	
D25	25.4		155		310		110	
D29	28.6	8db	230		345		120	
D32	31.8		255		385		130	
D35	34.9		280		420		140	
D38	38.1	10db	385		460		155	
D42	41.3		415		500		170	

* 철근의 항복강도와는 무관함 db : 철근의 공칭지름

(2) 스터럽(Stirrup),띠철근(Hoop,Tie)에 대한 구부림과 최소직경과 여장

그 림		90° HOOK 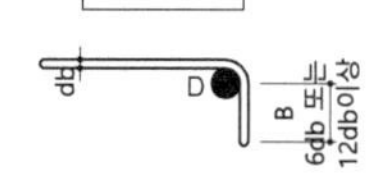		135° HOOK 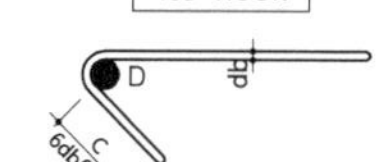				(단위 mm)
철근종류	철근직경	구부림 최소직경		표준갈고리				내진갈고리
		조 건	D	조 건	B	조 건	C	C*
D10	9.53	4db	40	6db	60	6db	60	75
D13	12.7		55		80		80	80
D16	15.9		65		100		100	100
D19	19.1	6db	115	12db	230		115	115
D22	22.2		135		270		135	135
D25	25.4		155		305		155	155

1.10 지하구조물의 연성상세 적용

지상구조와 연결되는 부위는 지상구조와 동일한 연성상세를 적용하여야한다.
(KDS 41 17 00 : 14.3.3)

- CASE1. 저층구조물 지하매입

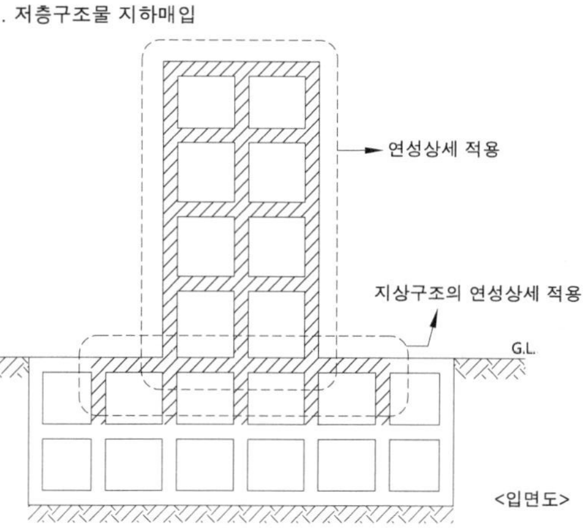

<입면도>

- CASE2. 저층구조물 지상부 노출

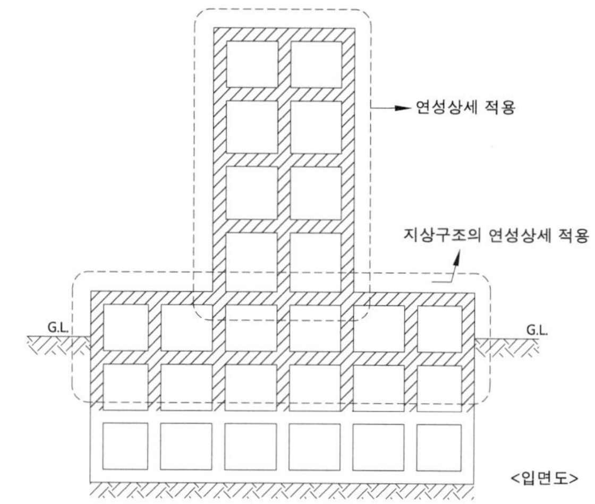

<입면도>

- CASE3. 저층구조물 지상부 편측 노출

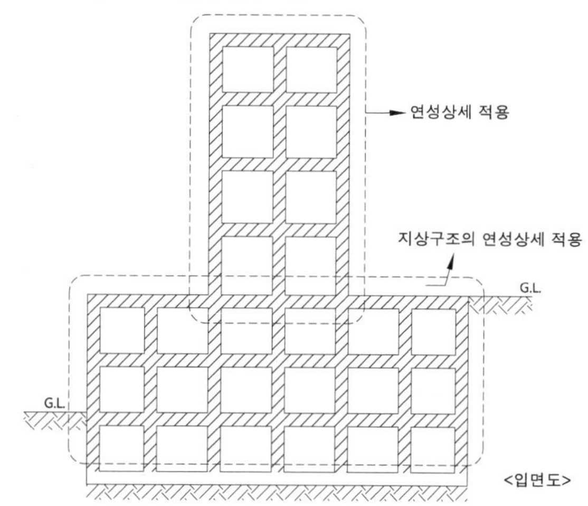

<입면도>

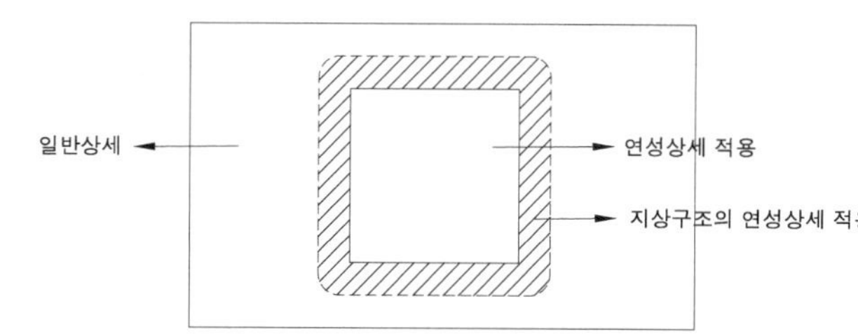

<평면도>

1) 지상구조 영역의 1Span 구간내의 보, 기둥(지하구조물)은 지상구조와 동일한 연성상세를 사용한다.
2) 지하구조물 1Span 구간내의 기둥이 지하외벽에 접할 경우에는 별도의 연성상세를 적용하지 않아도 무방하다.
3) 지하구조물의 지면노출 정도에 따라 연성상세 적용구간을 추가적으로 도면화 한다.
(평면도, 단면도)

NOTE

REVISIONS		
7		
6		
5		
4		
3		
2		
1		
NO.	DATE	DESCRIPTION

PROJECT TITLE

DRAWING TITLE
철근콘크리트구조 일반사항-2

DATE	SCALE	A1	NONE
		A3	NONE
DRAWN BY			
CHECKED BY			
APPROVED BY			
DESIGNED BY			
DRAWING NO.	S - 002		

2. 철근의 정착 및 이음

2.1 철근의 정착길이

1) Ld (이형철근 정착길이) : 위험단면에서 Ld만큼 직선으로 연장하여 정착길이 확보

2) Ldh (표준갈고리를 갖는 인장 이형철근의 정착길이) : 직선으로 Ld가 확보되지 않을 경우 Ldh로 정착길이 확보

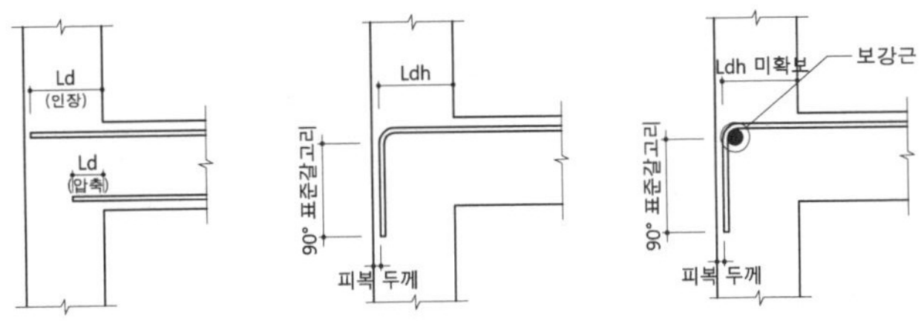

(a) CASE-1 (b) CASE-2 (c) CASE-3

2.2 철근의 정착

1) 인장철근의 정착길이

피복두께나 철근의 순간격이 규정보다 적을 경우는 인장철근 정착길이의 1.5배로 철근을 정착시킨다.

2) 표준갈고리를 갖는 인장이형철근의 정착

(1) 표준 갈고리를 갖는 인장 철근의 최소 정착 길이에 아래 (2)의 적용 가능한 보정계수를 곱하여 구한다.

(2) 보정계수

구 분		보정계수
콘크리트 피복두께	갈고리 평면에 수직방향인 측면피복두께가 70mm 이상이며, 90°갈고리에 대해서는 갈고리를 넘어선 부분의 철근 피복두께가 50mm 이상인 경우	0.7
띠철근, 스터럽	갈고리를 포함한 전체 정착길이 ldh 구간에 3 db 이하 간격으로 띠철근 또는 스터럽이 둘러싼 경우	0.8

3) 다발 철근의 정착

(1) 인장 또는 압축을 받는 다발철근 내에 있는 개개의 철근의 정착길이는, 다발철근이 아닌 경우의 각 철근의 정착길이에 3개의 철근으로 구성된 다발철근에 대해 20%, 4개의 철근으로 구성된 다발철근에 대해서 33%를 증가시켜야 한다.

(2) 다발철근의 정착길이 계산시 보정계수를 적절하게 선택하기 위해서는 다발철근 전체와 동등한 단면적과 도심을 가지는 하나의 철근으로 취급하여야 한다.

2.3 철근의 이음

1) 겹침이음

a. 이음의 위치는 응력이 큰 곳을 피하고 또한 되도록 같은 위치에 집중되지 않도록 한다.

b. HD35를 초과하는 철근은 겹침이음을 하지 않아야 한다.

c. 다발철근에서는 다발내의 개개 철근에 대한 겹침이음길이를 기본으로 하여 결정하며, 각 철근은 다발철근의 정착규정에 따라 겹침이음길이를 증가시켜야 한다.

또한, 한다발내에서 각 철근의 이음은 한군데에서 중복하지 않아야 하고, 두 다발철근을 개개 철근처럼 겹침이음을 하지 않아야 한다.

d. 휨부재에서 서로 직접 접촉되지 않게 겹침이음된 철근은 횡방향으로 소요 겹침이음길이의 1/5 또는150mm중 작은값 이상 떨어지지 않게 한다.

2) 용접이음 및 기계적 이음

a. 용접 이음과 기계적 연결은 철근의 설계기준항복강도 fy의 125% 이상을 발휘할 수 있어야 한다.

b.인장연결재의 철근이음은 750mm 이상 떨어져서 서로 엇갈리게 하여야 한다.

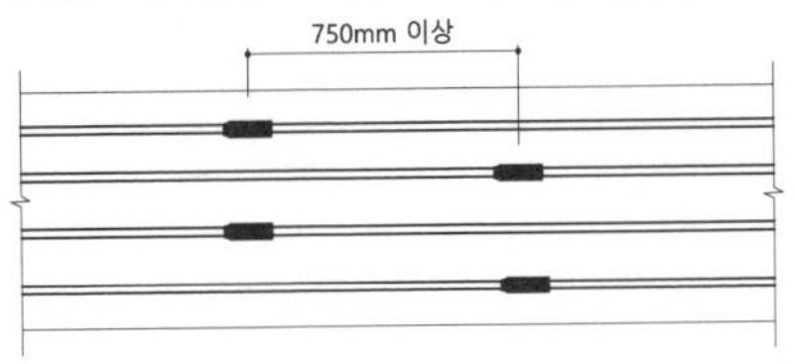

4) 인장철근의 이음길이

인장을 받는 이형철근의 겹침이음길이는 A급, B급으로 분류하며 다음값 이상으로 하여야 하며, 최소 30mm 이상이어야 한다.

- A급 이음 (인장정착길이 Ld)
  배근된 철근량이 이음부 전체 구간에서 해석에 의한 소요철근량의 2배 이상이고, 소요겹침길이 내 철근의 이음량이 50%이하인 경우
- B급 이음 (1.3 Ld)
  A급이음에 해당하지 않는 경우

* 별도의 언급이 없는 한 B급이음을 적용하는 것이 바람직하다.

실제 배근 철근량 / 소요 철근량	겹침이음 길이 내에서 최대이음 비율 ≤ 50%	> 50%
≥ 2	A급 이음	B급 이음
< 2	B급 이음	B급 이음

5) 크기가 다른 철근의 이음길이

서로 다른 크기의 철근을 인장 혹은 압축 겹침이음하는 경우, 이음길이는 크기가 큰 철근의 정착길이와 크기가 작은 철근의 겹침이음길이 중 큰 값 이상이어야 한다.

6) 중간모멘트 골조 및 특별지진하중을 받는 골조의 보와 기둥의 소성힌지구간에서는 겹침이음과 용접이음이 허용되지 않는다. (KDS 41 17 00 : 9.3.2)

7) 특수모멘트 골조와 특수철근콘크리트구조 벽체의 기계식이음 및 용접이음은 KDS 14 20 80 : 4.1.6~7 에 따른다.

2.4 부위별 이음 위치

☐ : 이음갯수가 반수이상 초과하지 않도록 할것.
단, 초과할 경우 「1.7 철근의 간격제한」을 만족하도록 할것.

▨ : 바람직한 이음 위치

(1) 지반력 및 수압을 받지 않는 슬래브 (자중>수압)

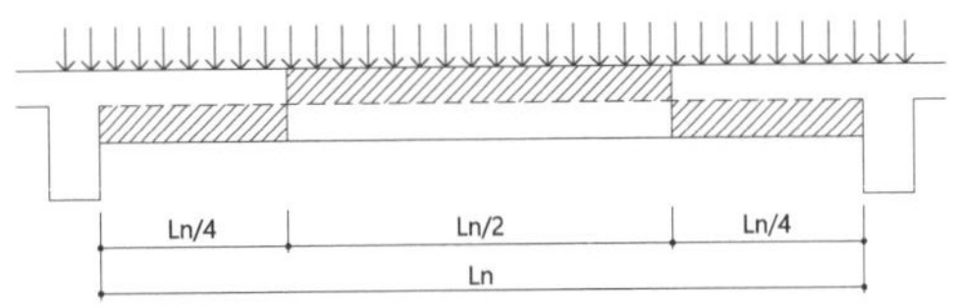

(2) 지반력 및 수압을 받는 슬래브 (자중<수압)

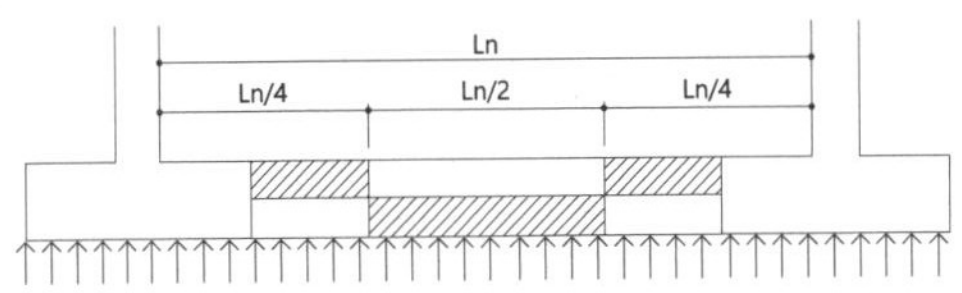

(3) 벽체

(a) 일반 칸막이벽

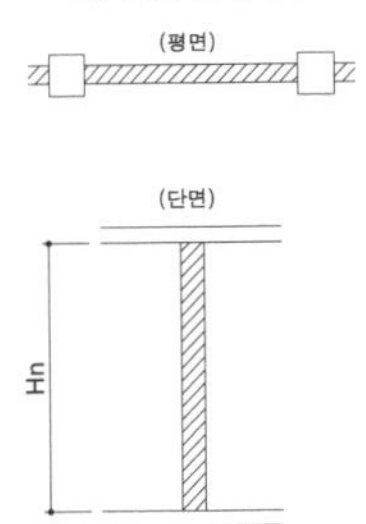

(a) 토압, 수압을 받는 벽

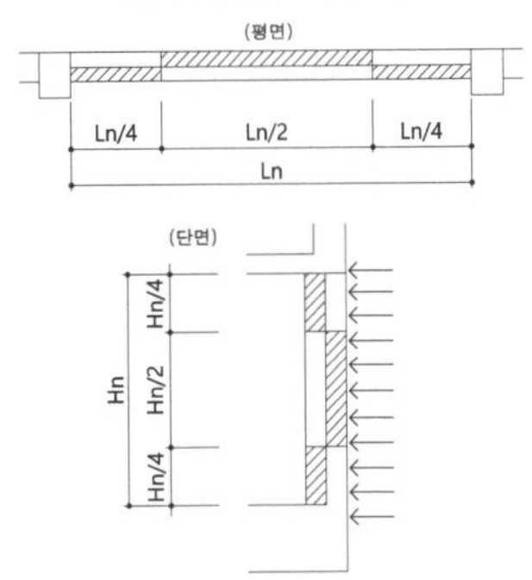

(4) 일반 보 (중간모멘트골조 및 특수모멘트골조 제외)

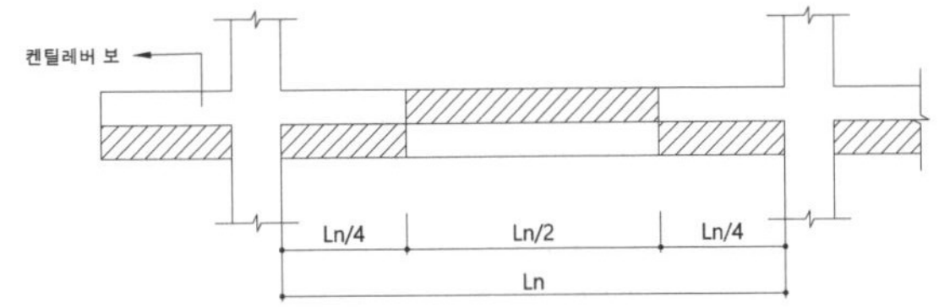

(5) 중간모멘트골조 및 특별지진하중 적용하는 보

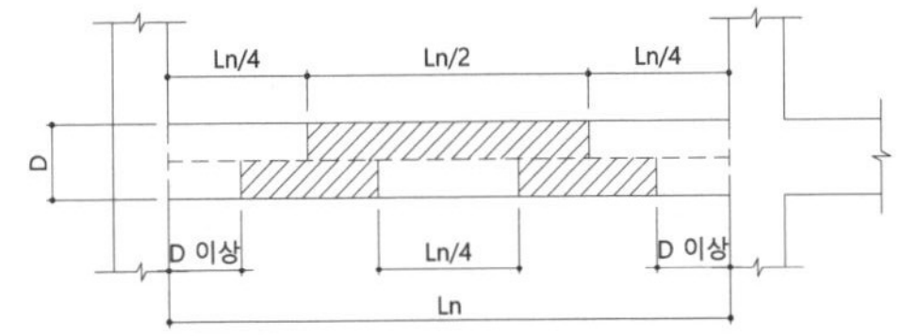

* 철근의 겹침이음은 기둥면에서 보춤(D)이상, 최소 1500mm 떨어진 구간에서 적용한다.

(6) 일반 기둥 (중간모멘트골조 및 특수모멘트골조 제외)

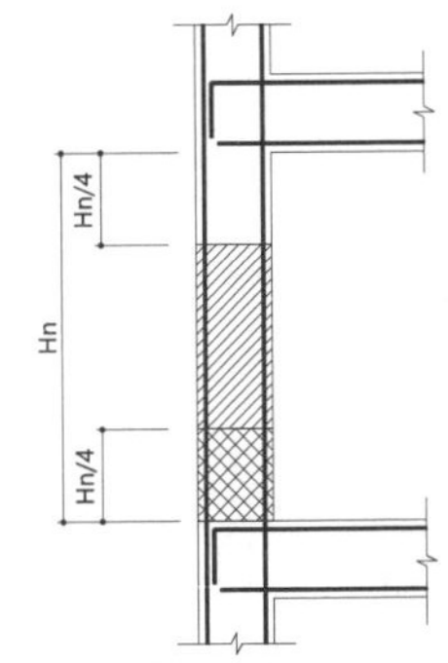

▨ 바람직한 이음 위치

▩ 이음 가능한 위치

☐ 이음갯수가 반수이상 초과하지 않도록 할것. 단, 초과할 경우 「1.7 철근의 간격제한」을 만족하도록 할것.

(7) 중간 및 특별지진하중 적용하는 보

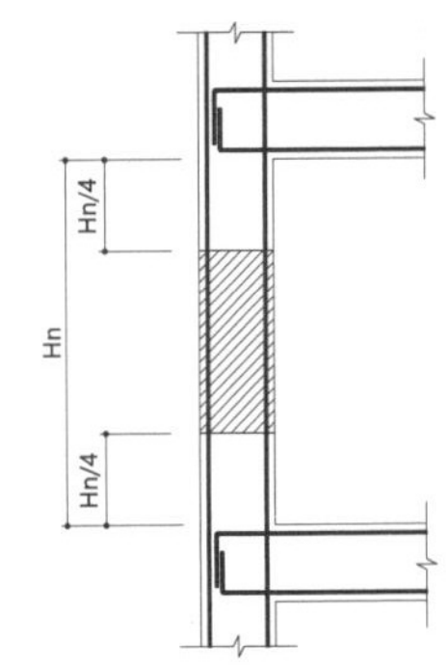

▨ 겹침이음 가능 위치

☐ 기계식이음 가능위치(겹침이음 불가)
(KDS 41 17 9.3.2)
(KDS 14 20 80 4.1.6)

* 기계식 이음
: 커플러 및 유형2의 용접(fy의 125% 이상)

NOTE

REVISIONS		
7		
6		
5		
4		
3		
2		
1		
NO.	DATE	DESCRIPTION

PROJECT TITLE

DRAWING TITLE
철근콘크리트구조 일반사항-3

DATE	SCALE	A1	NONE
		A3	NONE

DRAWN BY

CHECKED BY

APPROVED BY

DESIGNED BY

DRAWING NO. S - 003

2.5.1 철근의 정착 / 이음길이 (fy = 400MPa 인 경우)

콘트리트 강도(MPa)	철근 직경	인장정착길이(fy = 400MPa 인 경우)						B급 인장이음길이(fy = 400MPa 인 경우)						압축정착 압축이음		표준갈고리를 갖는 인장정착	
		기 초		보, 기둥 기타부재		슬래브, 벽체 피복 20mm		기 초		보, 기둥 기타부재		슬래브, 벽체 피복 20mm		압축 정착길이	압축 이음길이	피복두께 미확보시	** 피복두께 확보시
		일반철근	상부철근	일반철근	상부철근	일반철근	상부철근	일반철근	상부철근	일반철근	상부철근	일반철근	상부철근				
21	D10	300	330	420	550	300	330	330	430	550	710	330	430	220	300	210	150
	D13	330	430	550	710	410	530	430	560	710	930	530	680	290	380	280	200
	D16	410	530	680	880	580	750	530	680	880	1140	750	980	350	470	340	240
	D19	480	630	800	1040	770	1000	630	810	1040	1350	1000	1300	420	550	400	280
	D22	770	990	1160	1500	1230	1600	990	1290	1500	1950	1600	2080	490	640	470	330
	D25	990	1280	1310	1710	1520	1970	1280	1660	1710	2220	1970	2560	550	720	530	370
	D29	1330	1720	1520	1980	1920	2490	1720	2240	1980	2570	2490	3240	640	840	610	430
	D32	1610	2100	1680	2180	2240	2910	2100	2720	2180	2840	2910	3780	700	930	680	470
	D35	1930	2510	1840	2390	2570	3340	2510	3260	2390	3100	3340	4340	770	1010	740	520
24	D10	300	310	400	510	300	310	310	400	510	670	310	400	210	300	200	150
	D13	310	400	510	670	380	490	400	520	670	870	490	640	270	380	260	180
	D16	380	490	630	820	540	700	490	640	820	1060	700	910	330	470	320	220
	D19	450	590	750	970	720	940	590	760	970	1260	940	1220	390	550	380	270
	D22	720	930	1080	1410	1150	1500	930	1210	1410	1830	1500	1940	450	640	440	310
	D25	920	1200	1230	1600	1420	1840	1200	1560	1600	2070	1840	2390	520	720	490	350
	D29	1240	1610	1430	1850	1800	2330	1610	2090	1850	2410	2330	3030	600	840	570	400
	D32	1510	1960	1570	2040	2100	2720	1960	2550	2040	2650	2720	3540	660	930	630	440
	D35	1810	2350	1720	2230	2410	3130	2350	3050	2230	2900	3130	4060	720	1010	690	490
27	D10	300	300	370	490	300	300	300	380	490	630	300	380	200	300	190	150
	D13	300	380	490	630	360	460	380	490	630	820	460	600	260	380	250	170
	D16	360	470	600	770	510	660	470	600	770	1000	660	860	310	470	300	210
	D19	430	550	710	920	680	890	550	720	920	1190	890	1150	370	550	360	250
	D22	680	880	1020	1330	1090	1410	880	1140	1330	1720	1410	1830	430	640	410	290
	D25	870	1130	1160	1510	1340	1740	1130	1470	1510	1960	1740	2260	490	720	470	330
	D29	1170	1520	1340	1750	1690	2200	1520	1970	1750	2270	2200	2860	560	840	540	380
	D32	1420	1850	1480	1930	1980	2570	1850	2400	1930	2500	2570	3340	620	930	600	420
	D35	1700	2210	1620	2110	2270	2950	2210	2870	2110	2740	2950	3830	680	1010	650	460
30	D10	300	300	360	460	300	300	300	360	460	600	300	360	200	300	180	150
	D13	300	360	460	600	340	440	360	470	600	780	440	570	240	380	230	160
	D16	340	440	570	730	490	630	440	570	730	950	630	820	300	470	290	200
	D19	400	520	670	870	650	840	520	680	870	1130	840	1090	350	550	340	240
	D22	640	830	970	1260	1030	1340	830	1080	1260	1630	1340	1740	410	640	390	270
	D25	830	1070	1100	1430	1270	1650	1070	1390	1430	1860	1650	2140	460	720	440	310
	D29	1110	1440	1280	1660	1610	2090	1440	1870	1660	2150	2090	2710	530	840	510	360
	D32	1350	1750	1410	1830	1870	2440	1750	2280	1830	2370	2440	3160	590	930	570	400
	D35	1620	2100	1540	2000	2150	2800	2100	2730	2000	2600	2800	3630	640	1010	620	430
35	D10	300	300	330	430	300	300	300	330	430	550	300	330	200	300	170	150
	D13	300	330	430	550	320	410	330	430	550	720	410	530	230	380	220	150
	D16	320	410	520	680	450	580	410	530	680	880	580	760	280	470	260	190
	D19	370	490	620	810	600	780	490	630	810	1050	780	1010	330	550	310	220
	D22	590	770	900	1170	960	1240	770	1000	1170	1510	1240	1610	380	640	360	250
	D25	770	990	1020	1320	1180	1530	990	1290	1320	1720	1530	1980	430	720	410	290
	D29	1030	1340	1180	1530	1490	1930	1340	1730	1530	1990	1930	2510	500	840	480	330
	D32	1250	1630	1300	1690	1740	2260	1630	2110	1690	2200	2260	2930	550	930	520	370
	D35	1500	1940	1420	1850	1990	2590	1940	2520	1850	2400	2590	3360	610	1010	570	400
40	D10	300	300	310	400	300	300	300	310	400	520	300	310	200	300	160	150
	D13	300	310	400	520	300	380	310	410	520	670	380	500	230	380	200	150
	D16	300	380	490	640	420	550	380	500	640	830	550	710	280	470	250	170
	D19	350	450	580	750	560	730	450	590	750	980	730	950	330	550	290	210
	D22	560	720	840	1090	890	1160	720	940	1090	1420	1160	1510	380	640	340	240
	D25	720	930	950	1240	1100	1430	930	1210	1240	1610	1430	1850	430	720	380	270
	D29	960	1250	1110	1440	1390	1810	1250	1620	1440	1860	1810	2350	500	840	450	310
	D32	1170	1520	1220	1580	1620	2110	1520	1980	1580	2060	2110	2740	550	930	490	340
	D35	1400	1820	1330	1730	1860	2420	1820	2360	1730	2250	2420	3150	610	1010	540	380
45	D10	300	300	300	380	300	300	300	300	380	490	300	300	200	300	150	150
	D13	300	300	380	490	300	360	300	380	490	630	360	470	230	380	190	150
	D16	300	360	460	600	400	520	360	470	600	780	520	670	280	470	230	170
	D19	330	430	550	710	530	690	430	560	710	920	690	890	330	550	280	200
	D22	520	680	790	1030	840	1090	680	880	1030	1340	1090	1420	380	640	320	230
	D25	680	880	900	1170	1040	1350	880	1140	1170	1520	1350	1750	430	720	360	260
	D29	910	1180	1040	1350	1310	1710	1180	1530	1350	1760	1710	2220	500	840	420	300
	D32	1100	1430	1150	1490	1530	1990	1430	1860	1490	1940	1990	2580	550	930	460	330
	D35	1320	1710	1260	1630	1760	2280	1710	2230	1630	2120	2280	2970	610	1010	510	360
50	D10	300	300	300	360	300	300	300	300	360	460	300	300	200	300	150	150
	D13	300	300	360	460	300	340	300	360	460	600	340	440	230	360	180	150
	D16	300	340	440	570	380	490	340	450	570	740	490	630	280	440	220	160
	D19	310	410	520	680	500	650	410	530	680	880	650	850	330	520	260	190
	D22	500	650	750	980	800	1040	650	840	980	1270	1040	1350	380	600	300	210
	D25	640	830	850	1110	980	1280	830	1080	1110	1440	1280	1660	430	680	340	240
	D29	860	1120	990	1280	1250	1620	1120	1450	1280	1670	1620	2100	500	790	400	280
	D32	1050	1360	1090	1420	1450	1890	1360	1770	1420	1840	1890	2450	550	860	440	310
	D35	1250	1630	1190	1550	1670	2170	1630	2110	1550	2010	2170	2820	610	960	480	340

* NOTES :

1. 슬래브 , 벽체 및 기초의 배근 간격이 100mm 미만일 경우는
   추가 검토 필요.
2. 이음은 B급 이음을 기준으로 하고,
   A급 이음(1.8.2 참조)을 만족하는 경우 정착길이와 동일하게 이음 적용.
3. 인장정착길이 :
   ① 산정식 : (KDS 14 20 52, 4.1.2의 (4-1-2식) 적용)
   ② 보정계수: (KDS 14 20 52, 4.1.2의 (표4-1-1) 적용)
4. 압축정착길이 :
   ① 산정식 : (KDS 14 20 52, 4.1.3의 (4-1-3식) 적용)
   ② 보정계수: (KDS 14 20 52, 4.1.3의 (3) 규정 적용)
5. 표준갈고리를 갖는 인장정착길이 :
   ① 산정식 : (KDS 14 20 52, 4.1.5의 (4-1-4식) 적용)
   ② 보정계수: (KDS 14 20 52, 4.1.5의 (3) 규정 적용)

** 표준갈고리를 갖는 인장정착길이 중 "피복두께 확보시" 는
갈고리 평면에 수직방향인 측면 피복 두께가 70mm 이상이며, 90°갈고리에
대해서는 갈고리를 넘어선 부분의 철근피복두께가 50mm 이상인 경우에 해당됨.

NOTE

REVISIONS		
7		
6		
5		
4		
3		
2		
1		
NO.	DATE	DESCRIPTION

PROJECT TITLE

DRAWING TITLE

철근콘크리트구조 일반사항-4

DATE	SCALE	A1	NONE
		A3	NONE

DRAWN BY

CHECKED BY

APPROVED BY

DESIGNED BY

DRAWING NO. S - 004

2.5.2 철근의 정착 / 이음길이 (fy = 500MPa 인 경우)

콘트리트 강도(MPa)	철근 직경	인장정착길이(fy = 500MPa 인 경우)						B급 인장이음길이(fy = 500MPa 인 경우)						압축정착 압축이음		표준갈고리를 갖는 인장정착	
		기 초		보, 기둥 기타부재		슬래브, 벽체 피복 20mm		기 초		보, 기둥 기타부재		슬래브, 벽체 피복 20mm		압축 정착길이	압축 이음길이	피복두께 미확보시	** 피복두께 확보시
		일반철근	상부철근	일반철근	상부철근	일반철근	상부철근	일반철근	상부철근	일반철근	상부철근	일반철근	상부철근				
21	D10	320	410	530	690	320	410	410	540	690	890	410	540	280	410	270	190
	D13	410	540	690	890	510	660	540	700	890	1160	660	850	360	540	350	240
	D16	510	660	840	1090	720	940	660	850	1090	1420	940	1220	440	660	420	300
	D19	600	780	1000	1300	970	1250	780	1010	1300	1690	1250	1630	520	780	500	350
	D22	960	1240	1450	1880	1540	2000	1240	1610	1880	2440	2000	2600	610	910	580	410
	D25	1230	1600	1640	2130	1890	2460	1600	2080	2130	2770	2460	3200	690	1030	660	460
	D29	1660	2150	1900	2470	2400	3120	2150	2800	2470	3210	3120	4050	800	1190	760	540
	D32	2020	2620	2100	2730	2800	3640	2620	3400	2730	3550	3640	4730	880	1320	840	590
	D35	2410	3130	2300	2980	3210	4180	3130	4070	2980	3880	4180	5430	960	1440	920	650
24	D10	300	390	490	640	300	390	390	500	640	830	390	500	260	410	250	180
	D13	390	500	640	830	470	610	500	650	830	1080	610	800	340	540	320	230
	D16	480	620	790	1020	680	880	620	800	1020	1330	880	1140	410	660	400	280
	D19	560	730	940	1220	900	1170	730	950	1220	1580	1170	1520	490	780	470	330
	D22	890	1160	1350	1760	1440	1870	1160	1510	1760	2280	1870	2430	570	910	540	380
	D25	1150	1500	1540	2000	1770	2300	1500	1950	2000	2590	2300	2990	640	1030	620	430
	D29	1550	2010	1780	2310	2240	2920	2010	2620	2310	3010	2920	3790	740	1190	720	500
	D32	1890	2450	1960	2550	2620	3400	2450	3180	2550	3320	3400	4420	820	1320	790	550
	D35	2260	2930	2150	2790	3010	3910	2930	3810	2790	3630	3910	5080	900	1440	860	600
27	D10	300	360	470	610	300	370	370	470	610	790	370	470	250	410	240	170
	D13	370	470	610	780	450	580	470	610	790	1020	580	750	320	540	310	210
	D16	450	580	740	970	640	830	580	750	970	1250	830	1080	390	660	370	260
	D19	530	690	880	1150	850	1110	690	890	1150	1490	1110	1440	460	780	440	310
	D22	840	1090	1280	1660	1360	1760	1090	1420	1660	2150	1760	2290	530	910	510	360
	D25	1090	1410	1450	1880	1670	2170	1410	1830	1880	2440	2170	2820	610	1030	580	410
	D29	1460	1900	1680	2180	2120	2750	1900	2470	2180	2830	2750	3570	700	1190	670	470
	D32	1780	2310	1850	2410	2470	3210	2310	3000	2410	3130	3210	4170	770	1320	740	520
	D35	2130	2760	2030	2630	2830	3680	2760	3590	2630	3420	3680	4790	850	1440	810	570
30	D10	300	350	440	570	300	350	350	450	570	750	350	450	230	410	220	160
	D13	350	450	570	750	420	550	450	580	750	970	550	710	300	540	290	200
	D16	430	550	710	920	610	790	550	720	920	1190	790	1020	370	660	360	250
	D19	500	650	840	1090	810	1050	650	850	1090	1410	1050	1360	440	780	420	300
	D22	800	1040	1210	1570	1290	1670	1040	1350	1570	2040	1670	2170	510	910	490	340
	D25	1030	1340	1370	1790	1580	2060	1340	1740	1790	2320	2060	2680	580	1030	550	390
	D29	1390	1800	1590	2070	2010	2610	1800	2340	2070	2690	2610	3390	670	1190	640	450
	D32	1690	2190	1760	2280	2340	3040	2190	2850	2280	2970	3040	3950	740	1320	710	500
	D35	2020	2620	1920	2500	2690	3490	2620	3410	2500	3240	3490	4540	800	1440	770	540
35	D10	300	320	410	530	300	320	320	420	530	690	320	420	220	410	210	150
	D13	320	420	530	690	390	510	420	540	690	900	510	660	280	540	270	190
	D16	390	510	650	850	560	730	510	660	850	1100	730	950	350	660	330	230
	D19	470	610	780	1010	750	970	610	790	1010	1310	970	1260	410	780	390	270
	D22	740	960	1120	1460	1190	1550	960	1250	1460	1890	1550	2010	480	910	450	320
	D25	960	1240	1270	1650	1470	1910	1240	1610	1650	2150	1910	2480	540	1030	510	360
	D29	1280	1670	1480	1920	1860	2420	1670	2170	1920	2490	2420	3140	630	1190	590	420
	D32	1560	2030	1630	2110	2170	2820	2030	2640	2110	2750	2820	3660	690	1320	650	460
	D35	1870	2430	1780	2310	2490	3240	2430	3150	2310	3000	3240	4200	760	1440	710	500
40	D10	300	300	380	500	300	300	300	390	500	650	300	390	220	410	190	150
	D13	300	390	500	650	370	480	390	510	650	840	480	620	280	540	250	180
	D16	370	480	610	790	530	680	480	620	790	1030	680	880	350	660	310	220
	D19	440	570	730	940	700	910	570	740	940	1220	910	1180	410	780	370	260
	D22	690	900	1050	1360	1120	1450	900	1170	1360	1770	1450	1880	480	910	420	300
	D25	890	1160	1190	1550	1370	1780	1160	1510	1550	2010	1780	2320	540	1030	480	340
	D29	1200	1560	1380	1790	1740	2260	1560	2030	1790	2330	2260	2940	630	1190	560	390
	D32	1460	1900	1520	1980	2030	2640	1900	2470	1980	2570	2640	3430	690	1320	610	430
	D35	1750	2270	1670	2160	2330	3030	2270	2950	2160	2810	3030	3930	760	1440	670	470
45	D10	300	300	360	470	300	300	300	370	470	610	300	370	220	410	180	150
	D13	300	370	470	610	350	450	370	480	610	790	450	580	280	540	240	170
	D16	350	450	580	750	500	640	450	590	750	970	640	830	350	660	290	210
	D19	410	530	680	890	660	860	540	690	890	1150	860	1110	410	780	340	240
	D22	650	850	990	1280	1050	1370	850	1100	1280	1670	1370	1780	480	910	400	280
	D25	840	1100	1120	1460	1290	1680	1100	1420	1460	1890	1680	2190	540	1030	450	320
	D29	1130	1470	1300	1690	1640	2130	1470	1910	1690	2200	2130	2770	630	1190	520	370
	D32	1380	1790	1440	1870	1910	2490	1790	2330	1870	2420	2490	3230	690	1320	580	410
	D35	1650	2140	1570	2040	2200	2850	2140	2780	2040	2650	2850	3710	760	1440	630	440
50	D10	300	300	340	450	300	300	300	350	450	580	300	350	220	410	170	150
	D13	300	350	450	580	330	430	350	450	580	750	430	550	280	540	220	160
	D16	330	430	550	710	470	610	430	560	710	920	610	790	350	660	280	200
	D19	390	510	650	840	630	810	510	660	840	1090	810	1060	410	780	330	230
	D22	620	800	940	1220	1000	1300	810	1050	1220	1580	1300	1680	480	910	380	270
	D25	800	1040	1070	1380	1230	1600	1040	1350	1380	1800	1600	2070	540	1030	430	300
	D29	1080	1400	1240	1600	1560	2020	1400	1810	1600	2080	2020	2630	630	1190	500	350
	D32	1310	1700	1360	1770	1820	2360	1700	2210	1770	2300	2360	3060	690	1320	550	390
	D35	1560	2030	1490	1940	2080	2710	2030	2640	1940	2510	2710	3520	760	1440	610	420

* NOTES :

1. 슬래브 , 벽체 및 기초의 배근 간격이 100mm 미만일 경우는 추가 검토 필요.
2. 이음은 B급 이음을 기준으로 하고, A급 이음(1.8.2 참조)을 만족하는 경우 정착길이와 동일하게 이음 적용.
3. 인장정착길이 :
   ① 산정식 : (KDS 14 20 52, 4.1.2의 (4-1-2식) 적용)
   ② 보정계수: (KDS 14 20 52, 4.1.2의 (표4-1-1) 적용)
4. 압축정착길이 :
   ① 산정식 : (KDS 14 20 52, 4.1.3의 (4-1-3식) 적용)
   ② 보정계수: (KDS 14 20 52, 4.1.3의 (3) 규정 적용)
5. 표준갈고리를 갖는 인장정착길이 :
   ① 산정식 : (KDS 14 20 52, 4.1.5의 (4-1-4식) 적용)
   ② 보정계수: (KDS 14 20 52, 4.1.5의 (3) 규정 적용)

** 표준갈고리를 갖는 인장정착길이 중 "피복두께 확보시" 는 갈고리 평면에 수직방향인 측면 피복 두께가 70mm 이상이며, 90°갈고리에 대해서는 갈고리를 넘어선 부분의 철근피복두께가 50mm 이상인 경우에 해당됨.

NOTE

REVISIONS		
7		
6		
5		
4		
3		
2		
1		
NO.	DATE	DESCRIPTION

PROJECT TITLE

DRAWING TITLE

철근콘크리트구조 일반사항-5

DATE	SCALE	A1	NONE
		A3	NONE

DRAWN BY

CHECKED BY

APPROVED BY

DESIGNED BY

DRAWING NO. S - 005

2.5.3 철근의 정착 / 이음길이 (fy = 550MPa 인 경우)

콘트리트 강도(MPa)	철근 직경	인장정착길이(fy = 550MPa 인 경우)						B급 인장이음길이(fy = 550MPa 인 경우)						압축정착 압축이음		표준갈고리를 갖는 인장정착	
		기 초		보, 기둥 기타부재		슬래브, 벽체		기 초		보, 기둥 기타부재		슬래브, 벽체		압축 정착길이	압축 이음길이	피복두께 미확보시	** 피복두께 확보시
		일반철근	상부철근	일반철근	상부철근	일반철근	상부철근	일반철근	상부철근	일반철근	상부철근	일반철근	상부철근				
21	D10	350	450	580	750	350	450	450	590	750	980	450	590	300	480	290	210
	D13	450	590	750	980	560	720	590	760	980	1270	720	940	390	620	380	270
	D16	560	720	930	1200	790	1030	720	940	1200	1560	1030	1340	480	760	470	330
	D19	660	860	1100	1430	1060	1380	860	1110	1430	1850	1380	1790	570	910	550	390
	D22	1050	1360	1590	2060	1690	2200	1360	1770	2060	2680	2200	2860	670	1050	640	450
	D25	1360	1760	1810	2350	2080	2710	1760	2290	2350	3050	2710	3520	760	1190	730	510
	D29	1820	2370	2090	2720	2640	3430	2370	3080	2720	3530	3430	4450	880	1380	840	590
	D32	2220	2880	2310	3000	3080	4000	2880	3740	3000	3900	4000	5200	970	1520	930	650
	D35	2650	3450	2530	3280	3530	4590	3450	4480	3280	4260	4590	5970	1060	1670	1010	710
24	D10	330	430	540	710	330	420	430	550	710	920	430	550	290	480	270	190
	D13	430	550	710	920	520	680	550	720	920	1190	680	880	370	620	360	250
	D16	520	680	870	1130	740	970	680	880	1130	1460	970	1250	450	760	440	310
	D19	620	800	1030	1340	990	1290	800	1040	1340	1740	1290	1680	540	910	520	360
	D22	980	1280	1490	1930	1580	2060	1280	1660	1930	2510	2060	2670	620	1050	600	420
	D25	1270	1650	1690	2190	1950	2530	1650	2140	2190	2850	2530	3290	710	1190	680	480
	D29	1700	2210	1960	2540	2470	3210	2210	2880	2540	3310	3210	4170	820	1380	790	550
	D32	2070	2700	2160	2810	2880	3740	2700	3500	2810	3650	3740	4860	900	1520	870	610
	D35	2480	3220	2360	3070	3310	4300	3220	4190	3070	3390	4300	5580	990	1670	950	670
27	D10	310	400	510	670	310	400	400	520	670	860	400	520	270	480	260	180
	D13	400	520	670	860	490	640	520	670	860	1120	640	830	350	620	340	240
	D16	490	640	820	1060	700	910	640	830	1060	1380	910	1180	430	760	410	290
	D19	580	760	970	1260	940	1220	760	980	1260	1640	1220	1580	510	910	490	340
	D22	930	1200	1400	1820	1490	1940	1200	1560	1820	2370	1940	2520	590	1050	560	400
	D25	1200	1550	1590	2070	1840	2390	1550	2020	2070	2690	2390	3100	670	1190	640	450
	D29	1610	2090	1850	2400	2330	3020	2090	2710	2400	3120	3020	3930	770	1380	740	520
	D32	1960	2540	2040	2650	2710	3530	2540	3300	2650	3440	3530	4580	850	1520	820	570
	D35	2340	3040	2230	2890	3120	4050	3040	3950	2890	3760	4050	5260	930	1670	890	630
30	D10	300	380	490	630	300	380	380	490	630	820	380	490	260	480	250	170
	D13	380	490	630	820	470	600	490	640	820	1060	600	780	330	620	320	220
	D16	470	610	780	1010	670	860	610	790	1010	1310	860	1120	410	760	390	270
	D19	550	720	920	1200	890	1160	720	930	1200	1550	1160	1500	480	910	460	330
	D22	880	1140	1330	1730	1420	1840	1140	1480	1730	2240	1840	2390	560	1050	540	380
	D25	1130	1470	1510	1960	1740	2260	1470	1910	1960	2550	2260	2940	630	1190	610	430
	D29	1520	1980	1750	2280	2210	2870	1980	2570	2280	2960	2870	3730	730	1380	700	490
	D32	1860	2410	1930	2510	2580	3350	2410	3130	2510	3260	3350	4350	810	1520	780	540
	D35	2220	2880	2110	2750	2960	3840	2880	3750	2750	3570	3840	4990	880	1670	850	600
35	D10	300	350	450	590	300	350	350	460	590	760	350	460	240	480	230	160
	D13	350	460	590	760	430	560	460	590	760	990	560	730	310	620	290	210
	D16	430	560	720	930	620	800	560	730	930	1210	800	1040	380	760	360	250
	D19	510	670	850	1110	820	1070	670	860	1110	1440	1070	1390	450	910	430	300
	D22	810	1060	1230	1600	1310	1700	1060	1370	1600	2080	1700	2210	520	1050	500	350
	D25	1050	1360	1400	1820	1610	2100	1360	1770	1820	2360	2100	2720	600	1190	560	400
	D29	1410	1830	1620	2110	2040	2660	1830	2380	2110	2740	2660	3450	690	1380	650	460
	D32	1720	2230	1790	2330	2380	3100	2230	2900	2330	3020	3100	4030	760	1520	720	500
	D35	2050	2670	1960	2540	2740	3560	2670	3470	2540	3300	3560	4620	830	1670	790	550
40	D10	300	330	420	550	300	330	330	430	550	710	330	430	240	480	210	150
	D13	350	430	550	710	400	520	430	560	710	920	520	680	310	620	280	190
	D16	410	530	670	870	580	750	530	680	870	1130	750	970	380	760	340	240
	D19	480	620	800	1040	770	1000	620	810	1040	1350	1000	1300	450	910	400	280
	D22	760	990	1150	1500	1230	1590	990	1290	1500	1940	1590	2070	520	1050	460	330
	D25	980	1280	1310	1700	1510	1960	1280	1660	1700	2210	1960	2550	600	1190	530	370
	D29	1320	1720	1520	1970	1910	2490	1720	2230	1970	2560	2490	3230	690	1380	610	430
	D32	1610	2090	1670	2180	2230	2900	2090	2710	2180	2830	2900	3770	760	1520	670	470
	D35	1920	2500	1830	2380	2560	3330	2500	3250	2380	3090	3330	4330	830	1670	740	520
45	D10	300	310	400	520	300	310	310	400	520	670	310	400	240	480	200	150
	D13	310	400	520	670	380	490	400	520	670	870	490	640	310	620	260	180
	D16	380	500	630	820	540	710	500	640	820	1070	710	920	380	760	320	230
	D19	450	590	750	980	730	940	590	760	980	1270	940	1230	450	910	380	270
	D22	720	930	1090	1410	1160	1500	930	1210	1410	1830	1500	1950	520	1050	440	310
	D25	930	1200	1230	1600	1420	1850	1200	1560	1600	2080	1850	2400	600	1190	500	350
	D29	1250	1620	1430	1860	1800	2340	1620	2100	1860	2420	2340	3040	690	1380	580	400
	D32	1520	1970	1580	2050	2100	2730	1970	2560	2050	2670	2730	3550	760	1520	630	450
	D35	1810	2360	1730	2240	2410	3140	2360	3060	2240	2910	3140	4080	830	1670	690	490
50	D10	300	300	380	490	300	300	300	380	490	640	300	380	240	480	190	150
	D13	300	380	490	640	360	470	380	500	640	830	470	610	310	620	250	170
	D16	360	470	600	780	520	670	470	610	780	1010	670	870	380	760	300	210
	D19	430	560	710	930	690	900	560	720	930	1200	900	1160	450	910	360	250
	D22	680	890	1030	1340	1100	1430	890	1150	1340	1740	1430	1850	520	1050	420	290
	D25	880	1140	1170	1520	1350	1760	1140	1480	1520	1980	1760	2280	600	1190	470	330
	D29	1180	1540	1360	1760	1710	2220	1540	1990	1760	2290	2220	2890	690	1380	550	380
	D32	1440	1870	1500	1950	2000	2590	1870	2430	1950	2530	2590	3370	760	1520	600	420
	D35	1720	2230	1640	2130	2290	2980	2230	2900	2130	2770	2980	3870	830	1670	660	460

* NOTES :

1. 슬래브 , 벽체 및 기초의 배근 간격이 100mm 미만일 경우는 추가 검토 필요.
2. 이음은 B급 이음을 기준으로 하고, A급 이음(1.8.2 참조)을 만족하는 경우 정착길이와 동일하게 이음 적용.
3. 인장정착길이 :
   ① 산정식 : (KDS 14 20 52, 4.1.2의 (4-1-2식) 적용)
   ② 보정계수: (KDS 14 20 52, 4.1.2의 (표4-1-1) 적용)
4. 압축정착길이 :
   ① 산정식 : (KDS 14 20 52, 4.1.3의 (4-1-3식) 적용)
   ② 보정계수: (KDS 14 20 52, 4.1.3의 (3) 규정 적용)
5. 표준갈고리를 갖는 인장정착길이 :
   ① 산정식 : (KDS 14 20 52, 4.1.5의 (4-1-4식) 적용)
   ② 보정계수: (KDS 14 20 52, 4.1.5의 (3) 규정 적용)

** 표준갈고리를 갖는 인장정착길이 중 "피복두께 확보시" 는 갈고리 평면에 수직방향인 측면 피복 두께가 70mm 이상이며, 90°갈고리에 대해서는 갈고리를 넘어선 부분의 철근피복두께가 50mm 이상인 경우에 해당됨.

NOTE

REVISIONS		
7		
6		
5		
4		
3		
2		
1		
NO.	DATE	DESCRIPTION

PROJECT TITLE

DRAWING TITLE

철근콘크리트구조 일반사항-6

DATE		SCALE	A1	NONE
			A3	NONE
DRAWN BY				
CHECKED BY				
APPROVED BY				
DESIGNED BY				
DRAWING NO.	S - 006			

2.5.4 철근의 정착 / 이음길이 (fy = 600MPa 인 경우)

콘트리트 강도(MPa)	철근 직경	인장정착길이(fy = 600MPa 인 경우)						B급 인장이음길이(fy = 600MPa 인 경우)						압축정착 압축이음		표준갈고리를 갖는 인장정착	
		기 초		보, 기둥 기타부재		슬래브, 벽체		기 초		보, 기둥 기타부재		슬래브, 벽체		압축 정착길이	압축 이음길이	피복두께 미확보시	** 피복두께 확보시
		일반철근	상부철근	일반철근	상부철근	일반철근	상부철근	일반철근	상부철근	일반철근	상부철근	일반철근	상부철근				
21	D10	350	450	580	750	350	450	450	590	750	980	450	590	300	480	290	210
	D13	450	590	750	980	560	720	590	760	980	1270	720	940	390	620	380	270
	D16	560	720	930	1200	790	1030	720	940	1200	1560	1030	1340	480	760	470	330
	D19	660	860	1100	1430	1060	1380	860	1110	1430	1850	1380	1790	570	910	550	390
	D22	1050	1360	1590	2060	1690	2200	1360	1770	2060	2680	2200	2860	670	1050	640	450
	D25	1360	1760	1810	2350	2080	2710	1760	2290	2350	3050	2710	3520	760	1190	730	510
	D29	1820	2370	2090	2720	2640	3430	2370	3080	2720	3530	3430	4450	880	1380	840	590
	D32	2220	2880	2310	3000	3080	4000	2880	3740	3000	3900	4000	5200	970	1520	930	650
	D35	2650	3450	2530	3280	3530	4590	3450	4480	3280	4260	4590	5970	1060	1670	1010	710
24	D10	330	430	540	710	330	420	430	550	710	920	430	550	290	480	270	190
	D13	430	550	710	920	520	680	550	720	920	1190	680	880	370	620	360	250
	D16	520	680	870	1130	740	970	680	880	1130	1460	970	1250	450	760	440	310
	D19	620	800	1030	1340	990	1290	800	1040	1340	1740	1290	1680	540	910	520	360
	D22	980	1280	1490	1930	1580	2060	1280	1660	1930	2510	2060	2670	620	1050	600	420
	D25	1270	1650	1690	2190	1950	2530	1650	2140	2190	2850	2530	3290	710	1190	680	480
	D29	1700	2210	1960	2540	2470	3210	2210	2880	2540	3310	3210	4170	820	1380	790	550
	D32	2070	2700	2160	2810	2880	3740	2700	3500	2810	3650	3740	4860	900	1520	870	610
	D35	2480	3220	2360	3070	3310	4300	3220	4190	3070	3390	4300	5580	990	1670	950	670
27	D10	310	400	510	670	310	400	400	520	670	860	400	520	270	480	260	180
	D13	400	520	670	860	490	640	520	670	860	1120	640	830	350	620	340	240
	D16	490	640	820	1060	700	910	640	830	1060	1380	910	1180	430	760	410	290
	D19	580	760	970	1260	940	1220	760	980	1260	1640	1220	1580	510	910	490	340
	D22	930	1200	1400	1820	1490	1940	1200	1560	1820	2370	1940	2520	590	1050	560	400
	D25	1200	1550	1590	2070	1840	2390	1550	2020	2070	2690	2390	3100	670	1190	640	450
	D29	1610	2090	1850	2400	2330	3020	2090	2710	2400	3120	3020	3930	770	1380	740	520
	D32	1960	2540	2040	2650	2710	3530	2540	3300	2650	3440	3530	4580	850	1520	820	570
	D35	2340	3040	2230	2890	3120	4050	3040	3950	2890	3760	4050	5260	930	1670	890	630
30	D10	300	380	490	630	300	380	380	490	630	820	380	490	260	480	250	170
	D13	380	490	630	820	470	600	490	640	820	1060	600	780	330	620	320	220
	D16	470	610	780	1010	670	860	610	790	1010	1310	860	1120	410	760	390	270
	D19	550	720	920	1200	890	1160	720	930	1200	1550	1160	1500	480	910	460	330
	D22	880	1140	1330	1730	1420	1840	1140	1480	1730	2240	1840	2390	560	1050	540	380
	D25	1130	1470	1510	1960	1740	2260	1470	1910	1960	2550	2260	2940	630	1190	610	430
	D29	1520	1980	1750	2280	2210	2870	1980	2570	2280	2960	2870	3730	730	1380	700	490
	D32	1860	2410	1930	2510	2580	3350	2410	3130	2510	3260	3350	4350	810	1520	780	540
	D35	2220	2880	2110	2750	2960	3840	2880	3750	2750	3570	3840	4990	880	1670	850	600
35	D10	300	350	450	590	300	350	350	460	590	760	350	460	240	480	230	160
	D13	350	460	590	760	430	560	460	590	760	990	560	730	310	620	290	210
	D16	430	560	720	930	620	800	560	730	930	1210	800	1040	380	760	360	250
	D19	510	670	850	1110	820	1070	670	860	1110	1440	1070	1390	450	910	430	300
	D22	810	1060	1230	1600	1310	1700	1060	1370	1600	2080	1700	2210	520	1050	500	350
	D25	1050	1360	1400	1820	1610	2100	1360	1770	1820	2360	2100	2720	600	1190	560	400
	D29	1410	1830	1620	2110	2040	2660	1830	2380	2110	2740	2660	3450	690	1380	650	460
	D32	1720	2230	1790	2330	2380	3100	2230	2900	2330	3020	3100	4030	760	1520	720	500
	D35	2050	2670	1960	2540	2740	3560	2670	3470	2540	3300	3560	4620	830	1670	790	550
40	D10	300	330	420	550	300	330	330	430	550	710	330	430	240	480	210	150
	D13	350	430	550	710	400	520	430	560	710	920	520	680	310	620	280	190
	D16	410	530	670	870	580	750	530	680	870	1130	750	970	380	760	340	240
	D19	480	620	800	1040	770	1000	620	810	1040	1350	1000	1300	450	910	400	280
	D22	760	990	1150	1500	1230	1590	990	1290	1500	1940	1590	2070	520	1050	460	330
	D25	980	1280	1310	1700	1510	1960	1280	1660	1700	2210	1960	2550	600	1190	530	370
	D29	1320	1720	1520	1970	1910	2490	1720	2230	1970	2560	2490	3230	690	1380	610	430
	D32	1610	2090	1670	2180	2230	2900	2090	2710	2180	2830	2900	3770	760	1520	670	470
	D35	1920	2500	1830	2380	2560	3330	2500	3250	2380	3090	3330	4330	830	1670	740	520
45	D10	300	310	400	520	300	310	310	400	520	670	310	400	240	480	200	150
	D13	310	400	520	670	380	490	400	520	670	870	490	640	310	620	260	180
	D16	380	500	630	820	540	710	500	640	820	1070	710	920	380	760	320	230
	D19	450	590	750	980	730	940	590	760	980	1270	940	1230	450	910	380	270
	D22	720	930	1090	1410	1160	1500	930	1210	1410	1830	1500	1950	520	1050	440	310
	D25	930	1200	1230	1600	1420	1850	1200	1560	1600	2080	1850	2400	600	1190	500	350
	D29	1250	1620	1430	1860	1800	2340	1620	2100	1860	2420	2340	3040	690	1380	580	400
	D32	1520	1970	1580	2050	2100	2730	1970	2560	2050	2670	2730	3550	760	1520	630	450
	D35	1810	2360	1730	2240	2410	3140	2360	3060	2240	2910	3140	4080	830	1670	690	490
50	D10	300	300	380	490	300	300	300	380	490	640	300	380	240	480	190	150
	D13	300	380	490	640	360	470	380	500	640	830	470	610	310	620	250	170
	D16	360	470	600	780	520	670	470	610	780	1010	670	870	380	760	300	210
	D19	430	560	710	930	690	900	560	720	930	1200	900	1160	450	910	360	250
	D22	680	890	1030	1340	1100	1430	890	1150	1340	1740	1430	1850	520	1050	420	290
	D25	880	1140	1170	1520	1350	1760	1140	1480	1520	1980	1760	2280	600	1190	470	330
	D29	1180	1540	1360	1760	1710	2220	1540	1990	1760	2290	2220	2890	690	1380	550	380
	D32	1440	1870	1500	1950	2000	2590	1870	2430	1950	2530	2590	3370	760	1520	600	420
	D35	1720	2230	1640	2130	2290	2980	2230	2900	2130	2770	2980	3870	830	1670	660	460

* NOTES :

1. 슬래브 , 벽체 및 기초의 배근 간격이 100mm 미만일 경우는 추가 검토 필요.
2. 이음은 B급 이음을 기준으로 하고, A급 이음(1.8.2 참조)을 만족하는 경우 정착길이와 동일하게 이음 적용.
3. 인장정착길이 :
   ① 산정식 : (KDS 14 20 52, 4.1.2의 (4-1-2식) 적용)
   ② 보정계수: (KDS 14 20 52, 4.1.2의 (표4-1-1) 적용)
4. 압축정착길이 :
   ① 산정식 : (KDS 14 20 52, 4.1.3의 (4-1-3식) 적용)
   ② 보정계수: (KDS 14 20 52, 4.1.3의 (3) 규정 적용)
5. 표준갈고리를 갖는 인장정착길이 :
   ① 산정식 : (KDS 14 20 52, 4.1.5의 (4-1-4식) 적용)
   ② 보정계수: (KDS 14 20 52, 4.1.5의 (3) 규정 적용)

** 표준갈고리를 갖는 인장정착길이 중 "피복두께 확보시" 는 갈고리 평면에 수직방향인 측면 피복 두께가 70mm 이상이며, 90°갈고리에 대해서는 갈고리를 넘어선 부분의 철근피복두께가 50mm 이상인 경우에 해당됨.

6. 550MPa를 초과하는 철근 사용 시 피복두께 및 간격 제한

철근 직경	슬래브, 벽체, 기초			기둥, 보	
	피복두께	피복두께-1	철근 중심간 간격	피복두께	철근 중심간 간격
D10	30mm 이상	30mm 이상	100mm 이상		
D13		40mm 이상	100mm 이상		
D16		40mm 이상	100mm 이상	50mm 이상	65mm 이상
D19		50mm 이상	100mm 이상	50mm 이상	80mm 이상
D22	40mm 이상	60mm 이상	120mm 이상	50mm 이상	90mm 이상
D25		70mm 이상	130mm 이상	50mm 이상	100mm 이상
D29	50mm 이상	75mm 이상	150mm 이상	50mm 이상	120mm 이상
D32	60mm 이상	80mm 이상	160mm 이상	50mm 이상	130mm 이상
D35		90mm 이상	180mm 이상	50mm 이상	140mm 이상

* 기둥주근이 D22이상은 커플러 사용 기준.
* 보는 반수교차이음 기준.

[벽체]

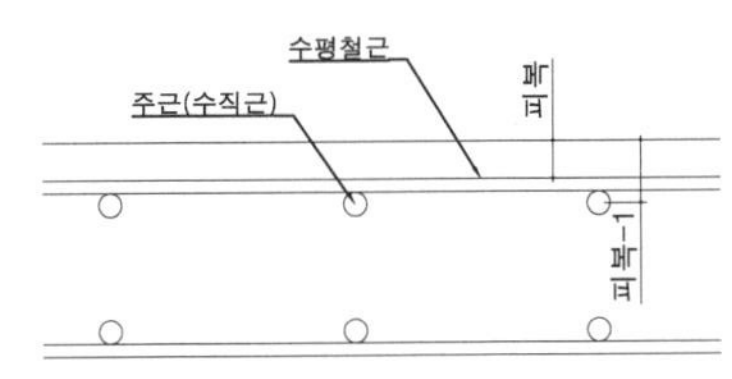

[슬래브, 기초]

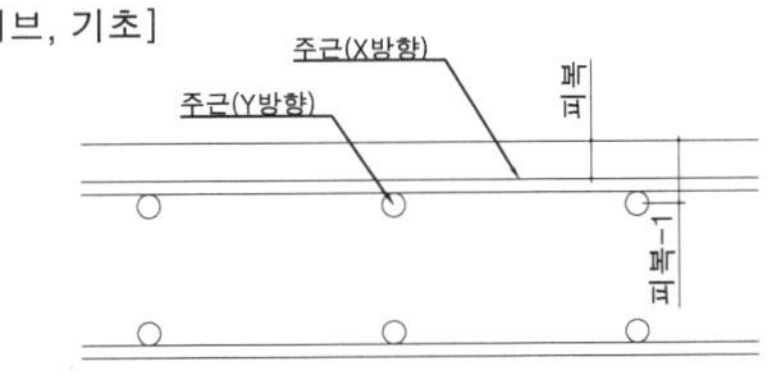

NOTE

REVISIONS		
7		
6		
5		
4		
3		
2		
1		
NO.	DATE	DESCRIPTION

PROJECT TITLE

DRAWING TITLE

철근콘크리트구조 일반사항-7

DATE	SCALE	A1	NONE
		A3	NONE
DRAWN BY			
CHECKED BY			
APPROVED BY			
DESIGNED BY			
DRAWING NO.	S - 007		

3. 슬래브 배근

3.1 보가 있는 슬래브배근

(1) 일방향 슬래브 (Ly/Lx ≥ 2일 경우)

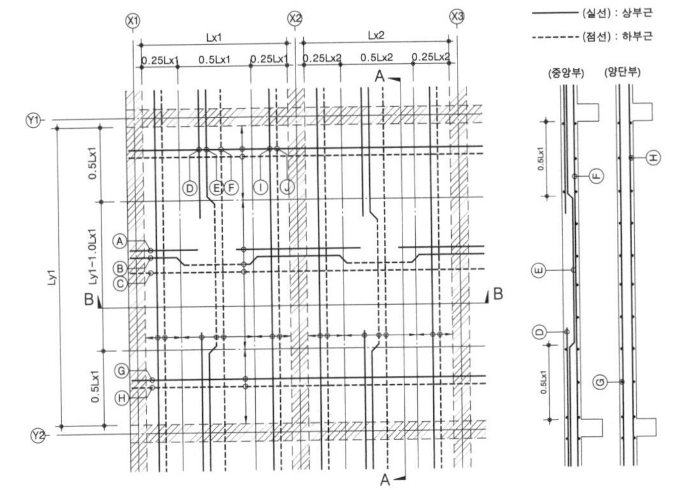

(2) 이방향 슬래브 (Ly/Lx < 2일 경우)

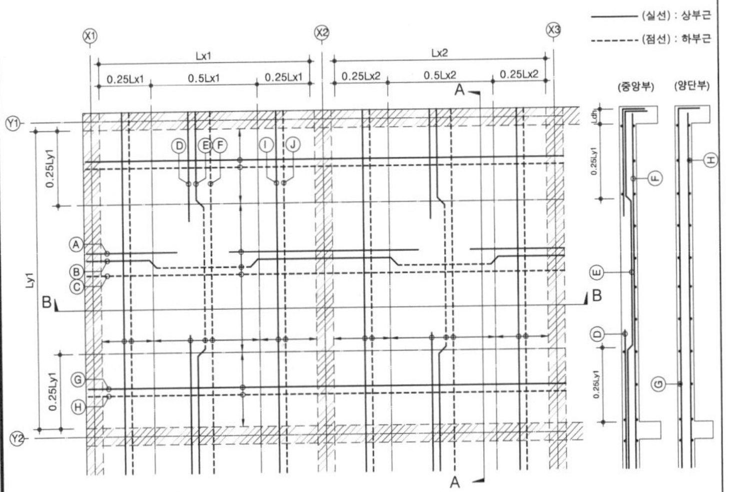

※ 상부 CUT BAR의 배근길이

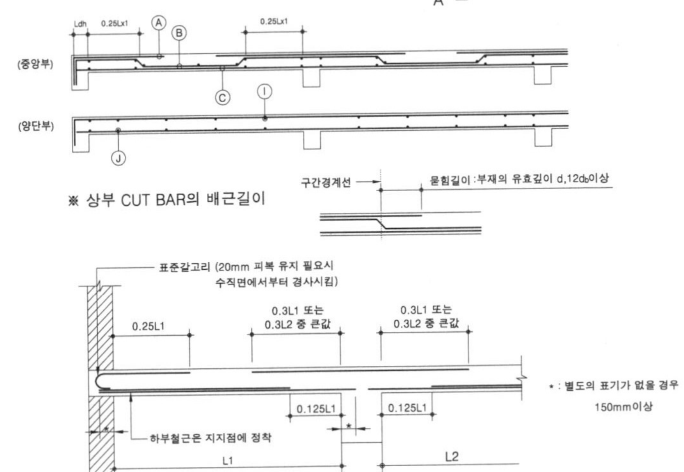

3.2 보가 없는 슬래브 배근(플랫 슬래브& 플랫 플레이트)

(1) 보가 없는 슬래브(플랫 슬래브 & 플랫 플레이트)배근은 구조계산서에 따라 작성된 구조도면을 따른다.

(2) 공사승인원(감독관 및 감리원 등)은 책임구조기술자의 설계요구사항이 구조도면에 정확히 표현되었는지 확인 하여야 한다.

설계대	위치	최소철근량 As(%)	지판(Drop Panel)이 없는 경우	지판(Drop Panel)이 있는 경우
주열대	상단	50 / 나머지		
	하단	100		
중간대	상단	100		
	하단	50 / 나머지		

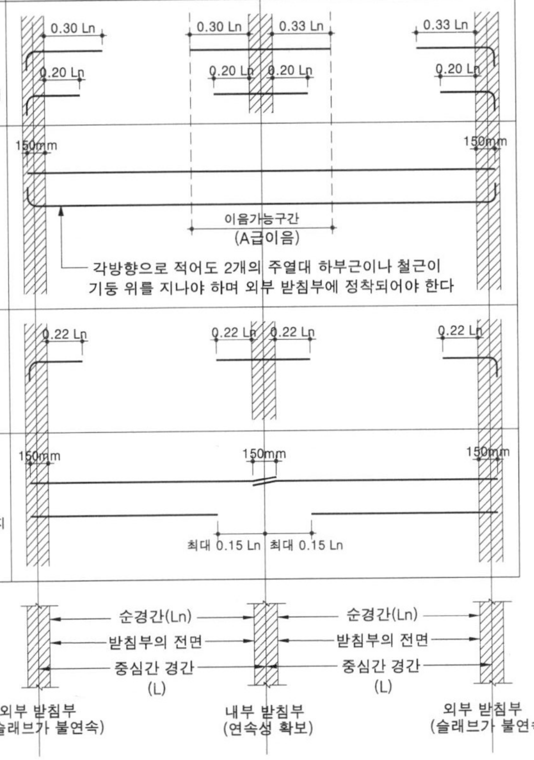

3.3 슬래브 개구부(OPENING)보강

(1) 구조도면상에 개구부 표기가 없는 부분에 대한 개구부 설치, 구조도면상의 개구부 크기와 상이한 개구부 설치 시에는 책임구조기술자와 협의한 후 시공한다.

(2) 개구부에 의해 절단되는 철근과 같은 단면적의 철근을 개구부 양쪽에 보강하여야 한다.

(3) 개구부 크기가 300mm, 슬래브 두께의 2배 이하이고, 주근이 개구부에 의해 절단되지 않을 경우에는 보강하지 않는다.

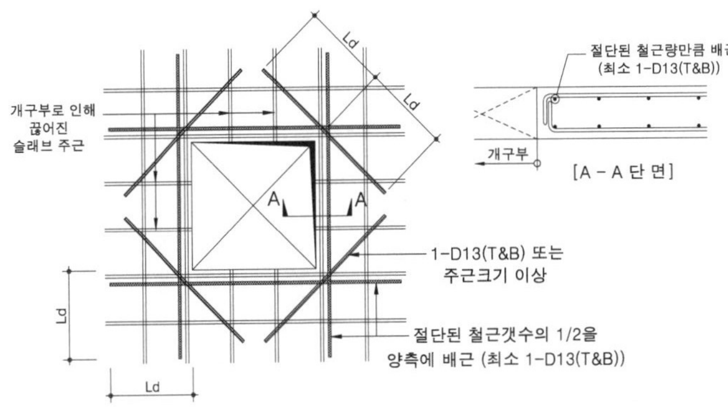

3.4 슬래브 단차상세

1) H ≤ 75mm 또는 t/4인 경우

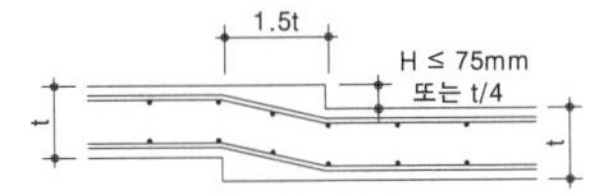

2) t/4 < H ≤ t 이고 75 ≤ H ≤ 150mm

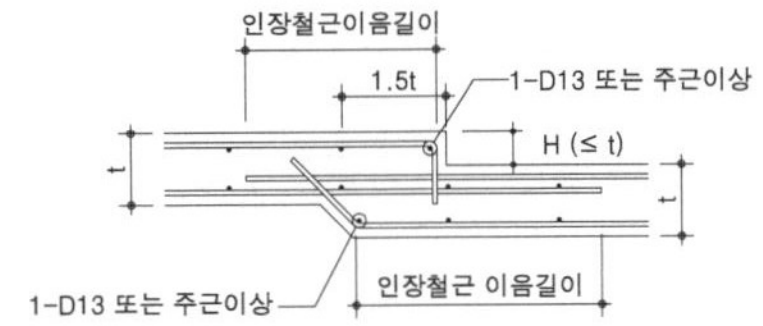

3) t< H ≤ 2t 인 경우

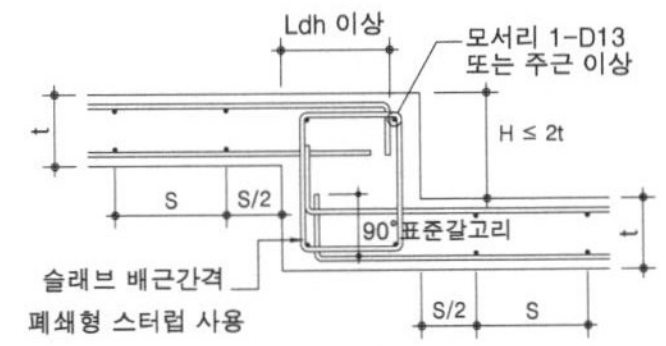

4) t1< t2 슬래브 단차

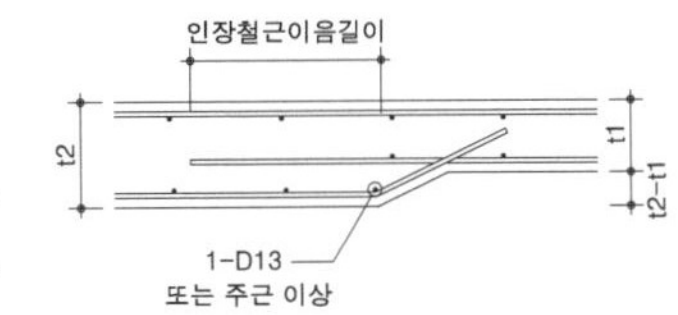

* H > 2t인 경우는 구조설계자와 협의를 하여야 한다.

* 슬래브 중앙부에서 단차가 있을 경우는 슬래브 하부근도 90˚표준갈고리를 사용하여 정착한다.

3.5 슬래브와 보의 접합상세

1) 일반 접합부 상세

1) 외단부

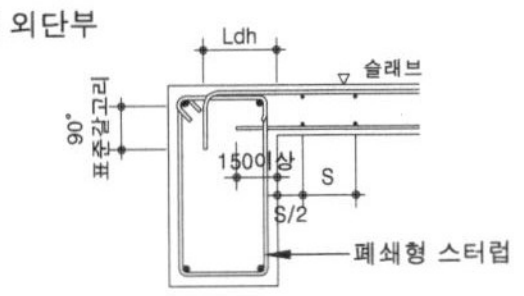

2) 내단부

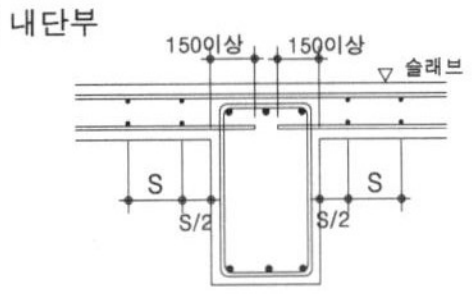

3) 슬래브 단차부

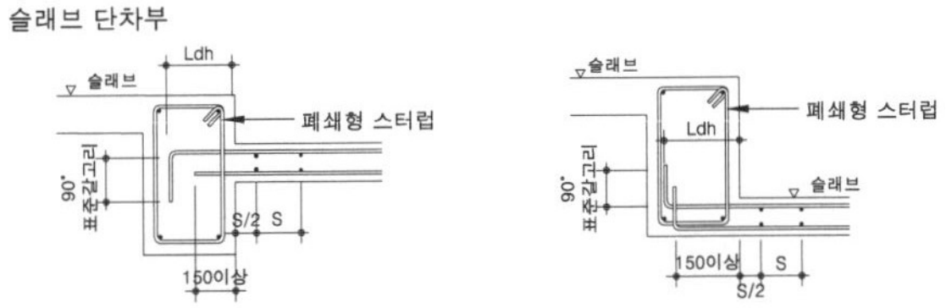

2) 보 상부에서 슬래브 단차가 있는 경우

1) 큰 단차를 만들 경우

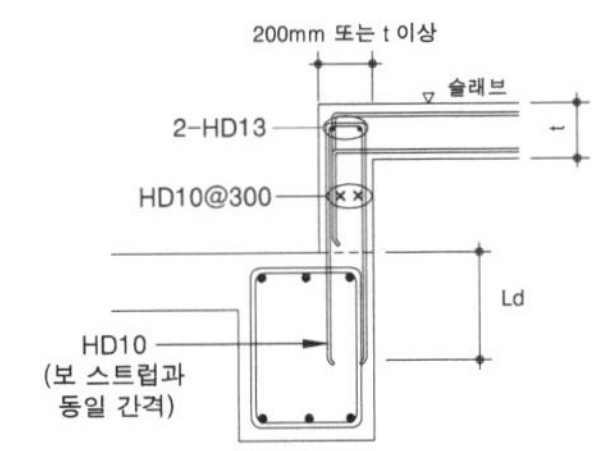

2) 경사 또는 작은 단차를 만들때(H ≤ t)

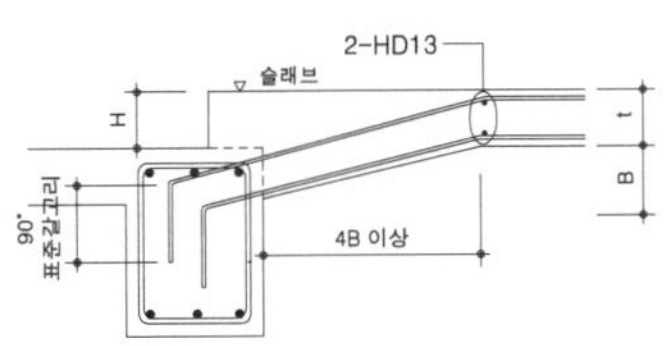

3.6 슬래브 이어치기(Shear Key처리 또는 거친면처리)

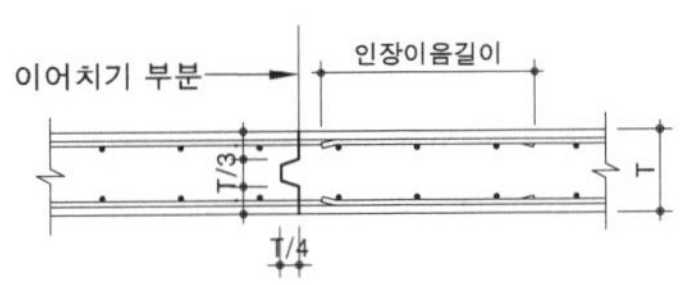

또는

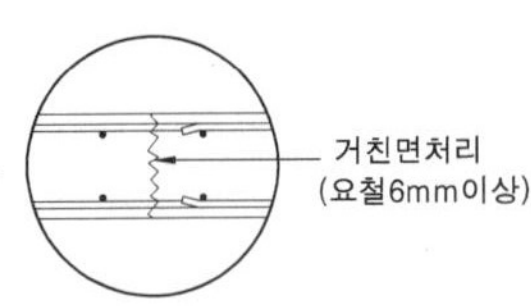

(내수압 슬래브의 경우는 T/4와 50중 큰 값)

[Shear Key 처리]

[거친면 처리]

NOTE

REVISIONS		
7		
6		
5		
4		
3		
2		
1		
NO.	DATE	DESCRIPTION

PROJECT TITLE

DRAWING TITLE
철근콘크리트구조 일반사항-8

DATE	SCALE	A1	NONE
		A3	NONE
DRAWN BY			
CHECKED BY			
APPROVED BY			
DESIGNED BY			
DRAWING NO.	S - 008		

4. 보 배근

4.1 일반 설계(중간모멘트골조 및 특수모멘트골조 제외)

(1) 내부보 - 주철근 배근

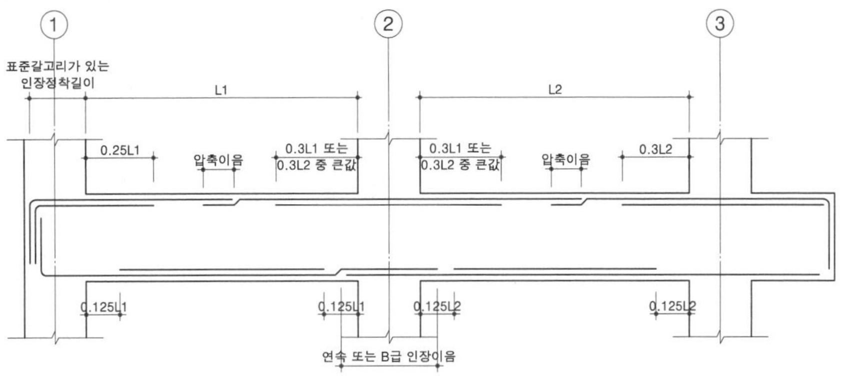

(2) 내부보 - 스터럽 배근

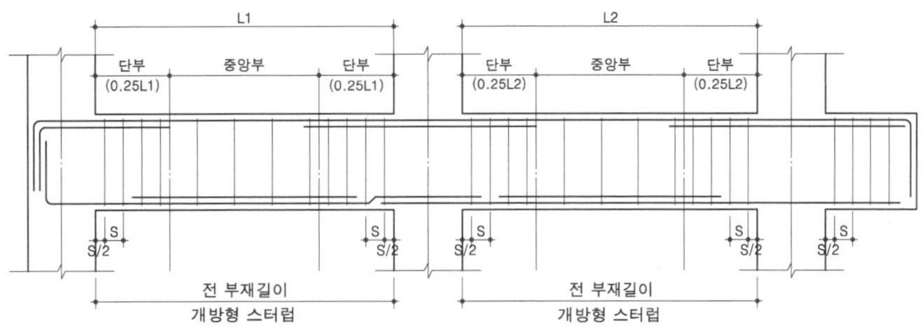

(3) 테두리보 - 주철근 배근

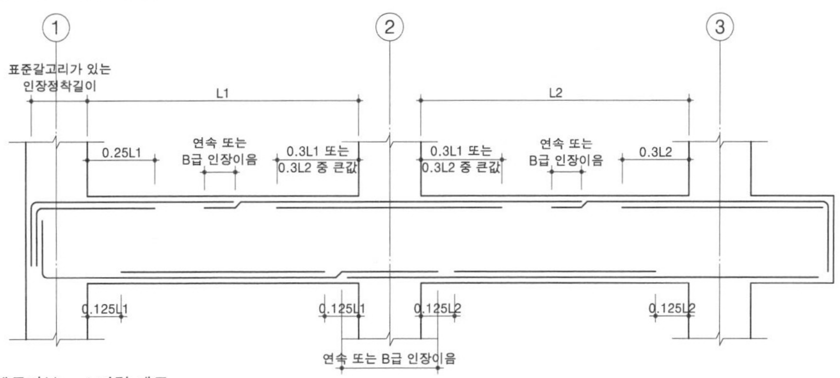

(4) 테두리보 - 스터럽 배근

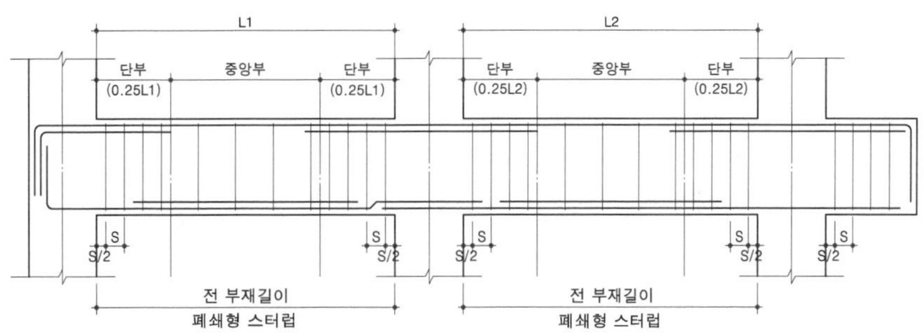

4.2 내진설계 (중간모멘트골조 및 전이보)

* 내부보, 테두리보 동일 적용

1) 보의 소성힌지 구간에서는 주철근의 겹침이음과 용접이음이 허용되지 않는다. (KDS 41 17 00 9.3.2)
2) 주철근의 이음위치는 「2.4.(5) 부위별 이음위치」 를 참조할 것.
3) 모멘트골조, 전이보 부재에 사용되는 주철근은 한국산업규격의 내진용 철근을 사용해야 한다.(KDS 41 17 00 9.3.1)

(1) 중간모멘트 골조 및 특별지진하중을 적용하는 전이보 - 주철근 배근

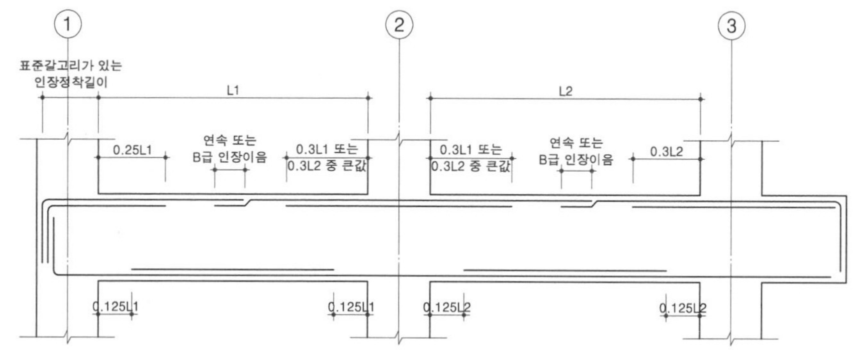

(2) 중간모멘트 골조 - 스터럽 배근

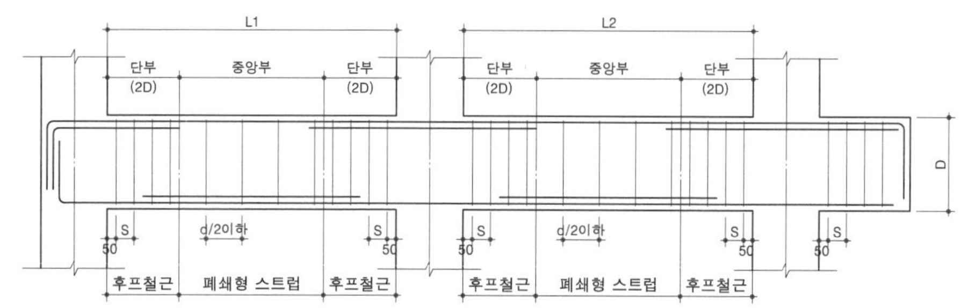

(3) 특별지진하중을 적용하는 전이보 - 스터럽 배근

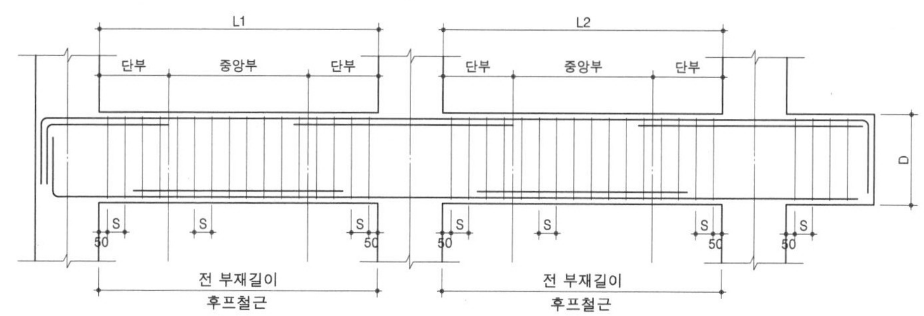

* 보의 배근의 원칙은 압축이 발생하는(응력이 적은) 곳에 이음하고, 이음은 반수이음이 원칙.
* 철근의 순간격 유지 조건 (1.7 철근의 간격제한 참조)
* 위의 조건이 맞지 않을 경우 보의 폭을 증대하거나 이음길이가 증대(압축, A급이음 → B급이음)하므로 구조기술사의 승인이 필요하다.

NOTE

REVISIONS		
7		
6		
5		
4		
3		
2		
1		
NO.	DATE	DESCRIPTION

PROJECT TITLE

DRAWING TITLE

철근콘크리트구조 일반사항-9

DATE	SCALE	A1	NONE
		A3	NONE
DRAWN BY			
CHECKED BY			
APPROVED BY			
DESIGNED BY			
DRAWING NO.	S - 009		

4. 보 배근

4.3 보 스터럽 형태

(1) 후프철근

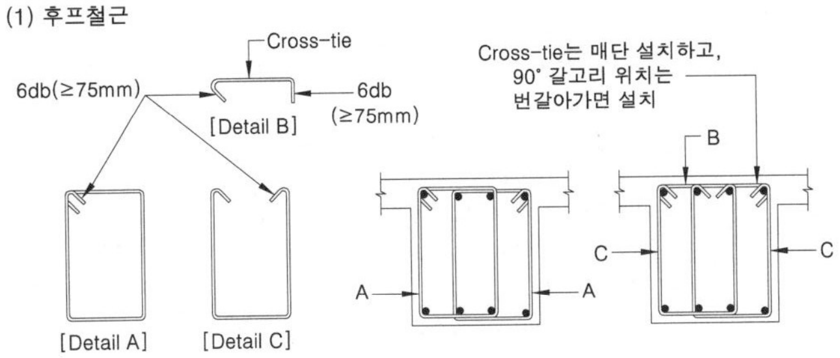

(2) 폐쇄형 스터럽(내부보와 테두리보)

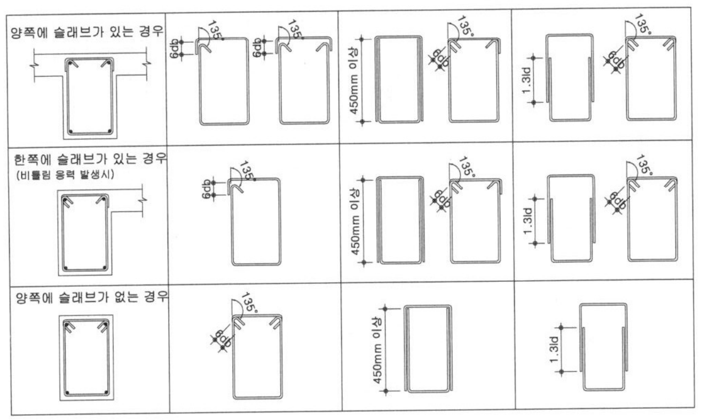

(3) 개방형 스터럽

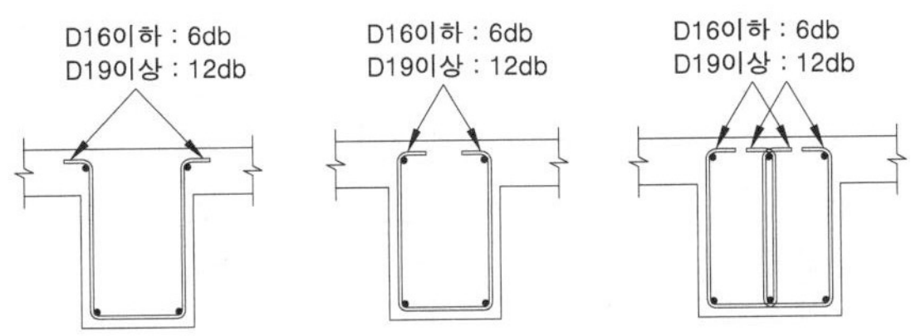

4.4 큰보와 작은보 교차부위 스터럽 상세

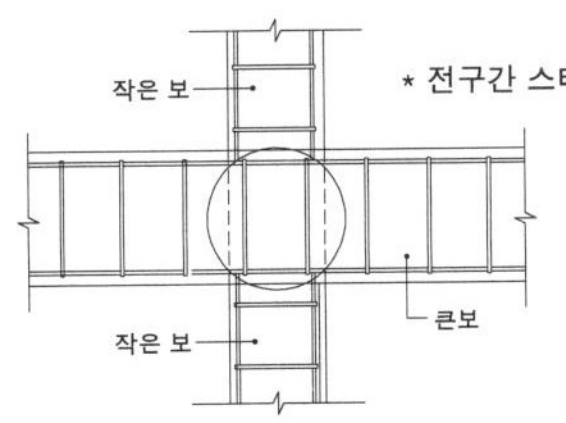

* 전구간 스터럽 배치 하여야 한다.(교차부 포함)

4.5 표피철근

보나 장선의 깊이 h가 900mm를 초과하면 종방향 표피철근을 인장연단으로부터 h/2 받침부까지에 부재 양쪽 측면을 따라 균일하게 배치하여야 한다.

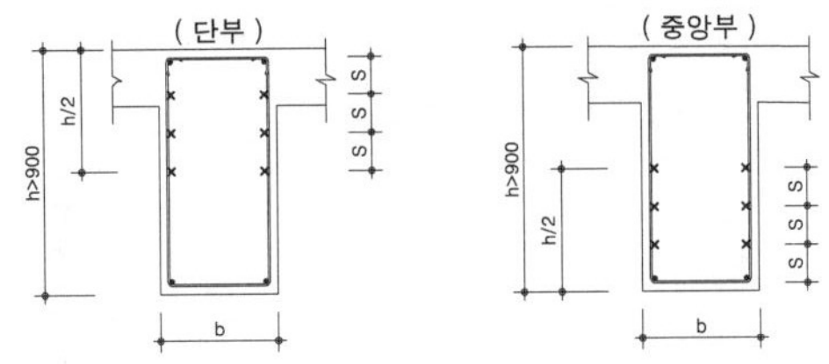

(단부) (중앙부)

4.6 보 철근의 정착

(1) 캔틸레버 보

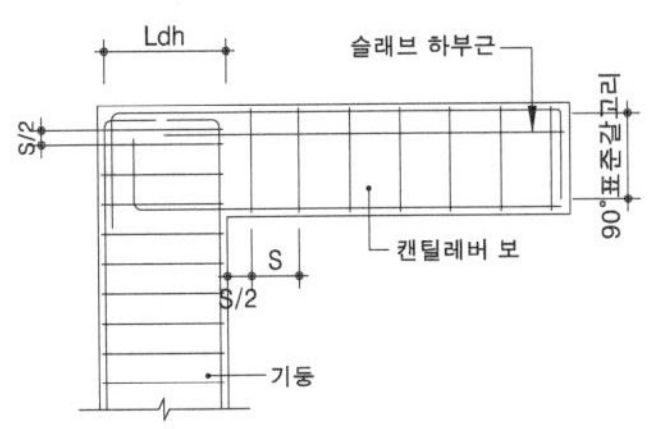

(2) 큰 보 + 작은 보

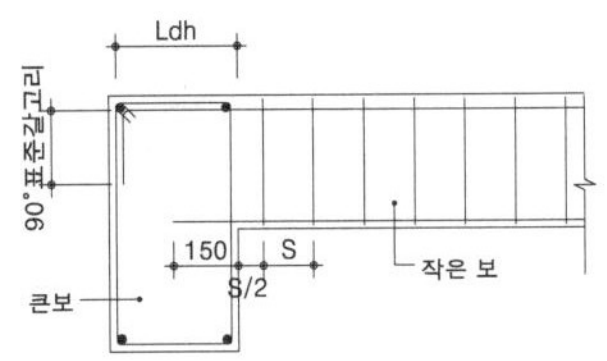

(3) 층 레벨이 다른 보

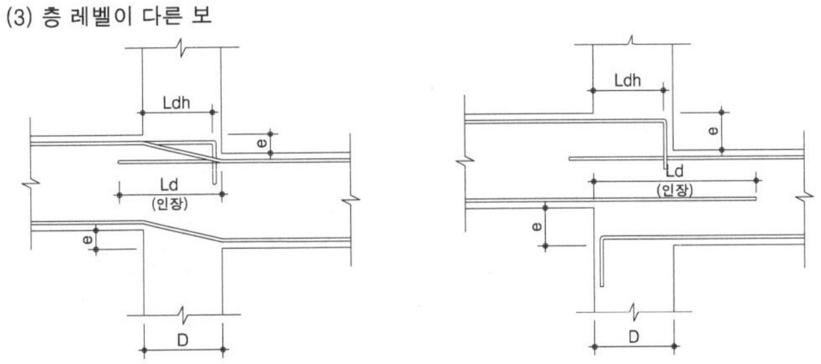

[e/D ≤ 1/6 or e ≤ 75mm일 경우] [e/D > 1/6 or e > 75mm일 경우]

* 좌우 철근의 갯수가 다를 경우 끊어지는 철근은 표준갈고리 정착 또는 인장정착을 한다.

(4) 보 + 기둥

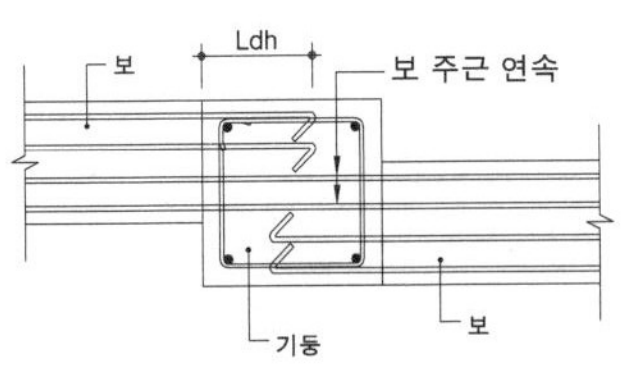

4.7 보 덧살 배근

(1) 보 상단에 덧살을 붙이는 경우

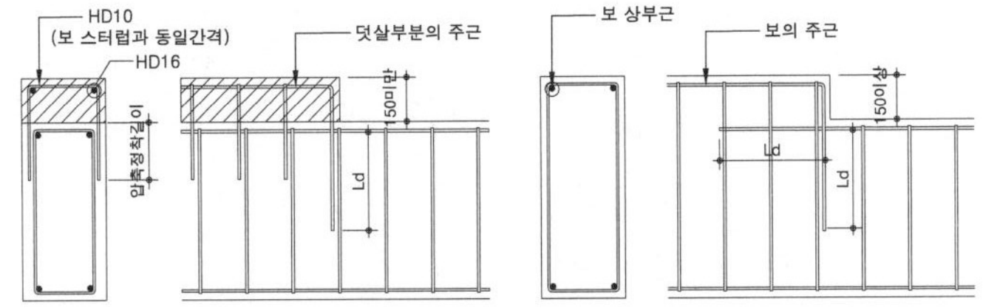

* 보의 양단부에서 덧살을 붙이는 경우에는 인장철근 정착길이를 적용한다.

(2) 보 하단에 덧살을 붙이는 경우

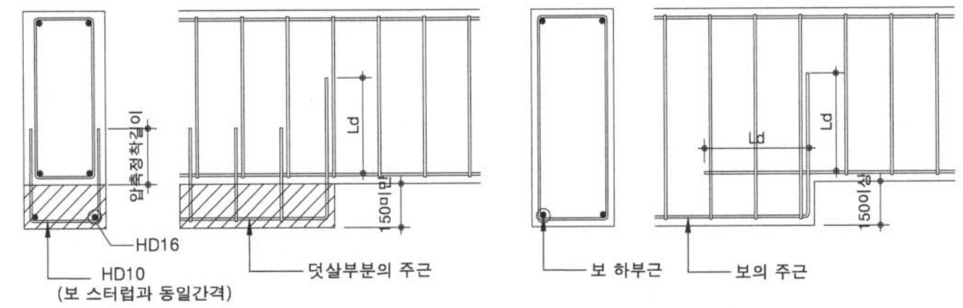

* 보의 중앙부에서 덧살을 붙이는 경우에는 인장철근 정착길이를 적용한다.

(3) 보 측면에 덧살을 붙이는 경우

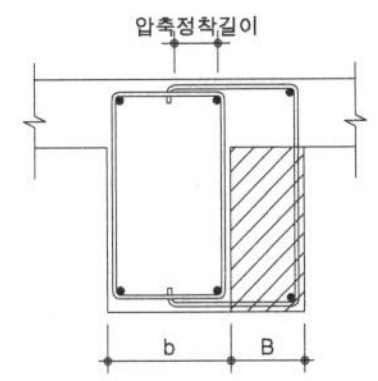

덧살두께	보강철근	스터럽
100 ≤ B < 150	HD16	HD10 (보 스터럽과 동일간격)
150 ≤ B < 200	주근과 동일 철근	HD10 (보 스터럽과 동일간격)
200 ≤ B < 2b/3	주근과 동일 철근	보 스터럽과 동일한 직경과 간격

*덧살 두께가 2b/3 ≤ B 이상인 경우 별도 검토.

4.8 절곡보 배근 상세

1) h ≤ 150mm 인 경우

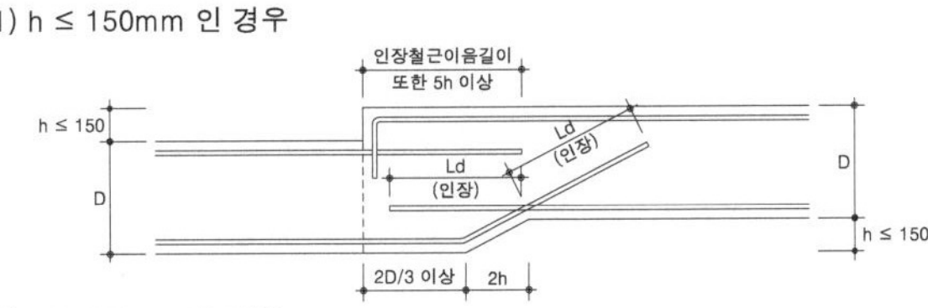

2) h > 150mm 인 경우

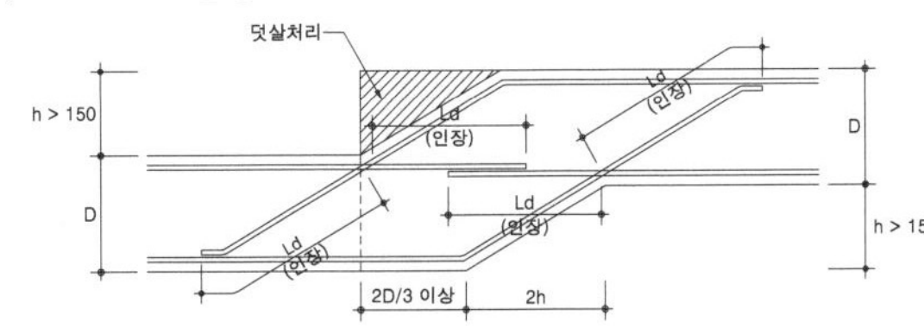

NOTE

REVISIONS		
7		
6		
5		
4		
3		
2		
1		
NO.	DATE	DESCRIPTION

PROJECT TITLE

DRAWING TITLE

철근콘크리트구조 일반사항-10

DATE	SCALE	A1	NONE
		A3	NONE

DRAWN BY

CHECKED BY

APPROVED BY

DESIGNED BY

DRAWING NO. S - 010

4. 보 배근

4.9 보 이어치기 접합부 배근 상세

(1) 보의 수직 이어치기

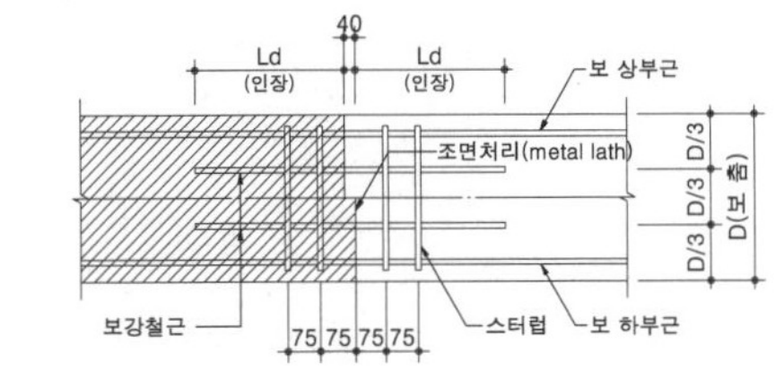

(2) 보의 수평 이어치기

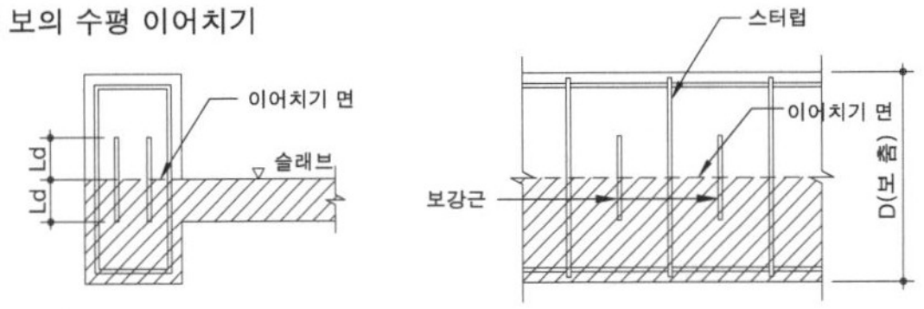

4.10 보를 관통하는 슬래브 보강

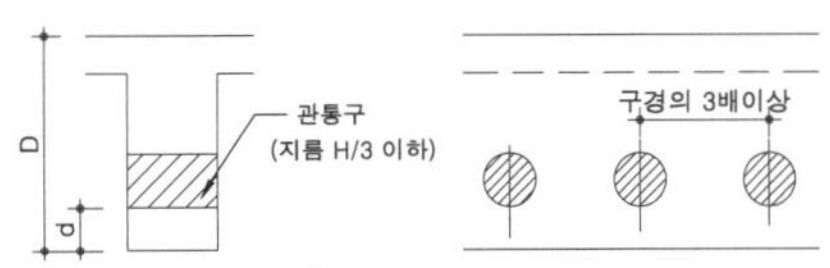

1) 관통구는 보 단부(0.25*순스팬)를 피한다.
2) 관통구의 위치는 보춤의 중심부근으로 하며, 아래값 이상으로 한다.

D	500~700	700~900	900
d	≥ 150	≥ 200	≥ 250

3) 관통구의 지름이 보춤의 1/10 이하 일때는 보강하지 않아도 좋다.
4) 구조설계자와 협의한 후에 위의 사항을 적용할 수 있다.

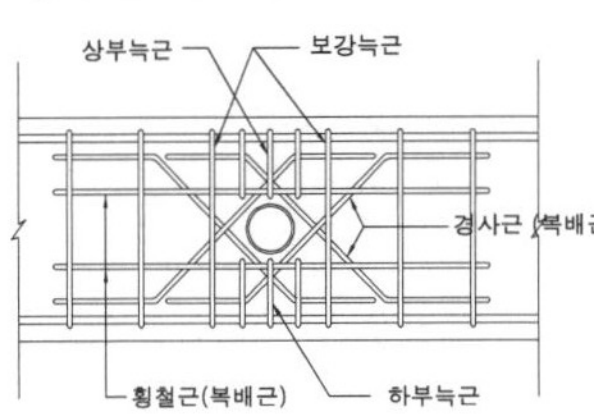

관통구	경사근	보강늑근	횡철근	상하늑근
100미만	2-HD13	2-HD13	2-HD13	
100~199	4-HD13	2-HD13	2-HD13	3-HD13
200~299	4-HD16	2-HD16	2-HD16	4-HD13
300~400	4-HD19	2-HD19	2-HD19	6-HD13

* 횡철근은 개구부가 병렬시 적용

NOTE

REVISIONS		
7		
6		
5		
4		
3		
2		
1		
NO.	DATE	DESCRIPTION

PROJECT TITLE

DRAWING TITLE
철근콘크리트구조 일반사항-11

DATE	SCALE	A1 NONE / A3 NONE
DRAWN BY		
CHECKED BY		
APPROVED BY		
DESIGNED BY		
DRAWING NO.	S - 011	

5. 기둥 배근

5.1 일반 상세(비내진상세) - KDS 14 20 50 : 4.4.2(3)

(1) 외부 띠철근 기둥

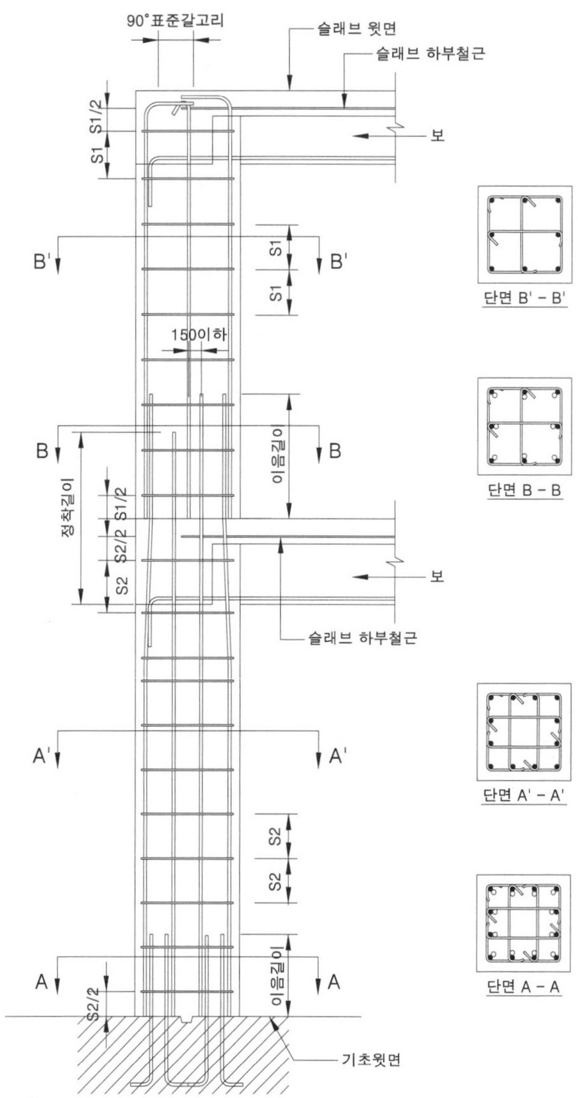

(2) 내부 띠철근 기둥

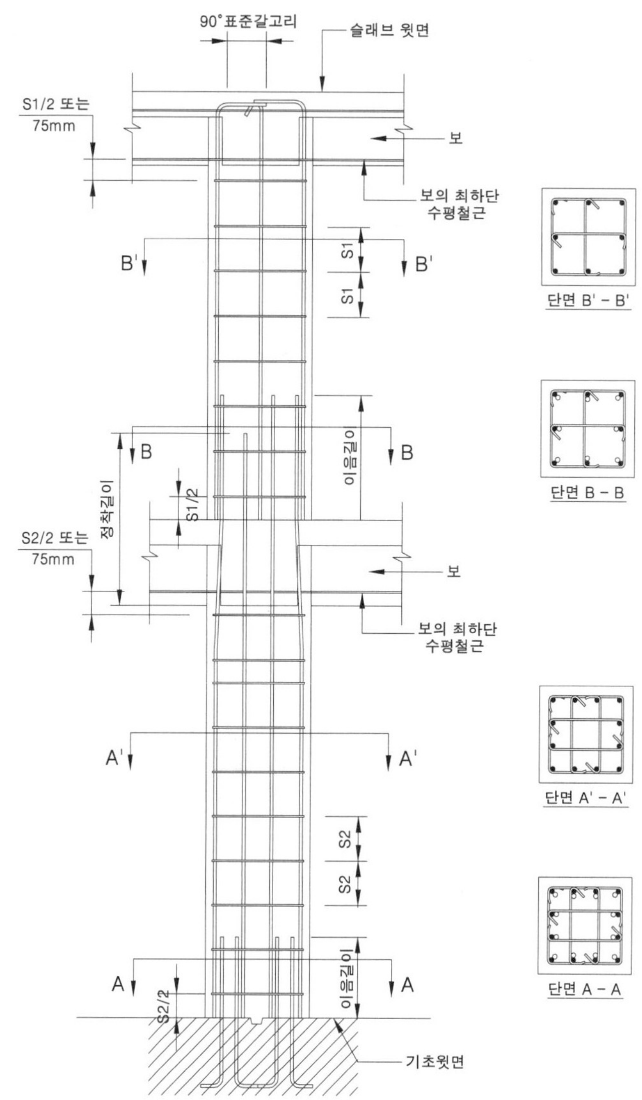

* 주철근의 이음위치는 「2.4.(6) 부위별 이음위치」 를 참조할 것.

[NOTE]

1. S max (띠철근 최대간격 S1, S2) ≤ [16db, 48dc, (b 또는 h)min]
2. 인장 및 압축이음길이 적용 여부는 설계자가 판단한다.
3. 내부 장방형 기둥의 최상층 주근 정착시, 정착길이 이상 확보되면 표준 갈고리를 사용하지 않아도 된다.
4. 내부기둥은 4면에 보가 접합되는 기둥을 말하며, 평면 배치에서 내부에 위치하는 기둥일지라도 4면 중 한면이라도 보가 없으면 외부기둥 배근에 따른다. 또는 책임기술사의 판단에 따른다.
5. 첫번째 띠철근은 접합면으로부터 거리 S/2이내에 있어야 한다.
6. 보 또는 브래킷이 기둥의 4면에 연결되어 있는 경우에 가장 낮은 보 또는 브래킷의 최하단 수평철근 아래에서 75mm 이내에서 띠철근 배치를 끝낼 수 있다. 단, 이때, 보의 폭은 해당 기둥면 폭의 1/2 이상이어야 한다.

* 띠철근 (S1, S2) : 전구간 적용

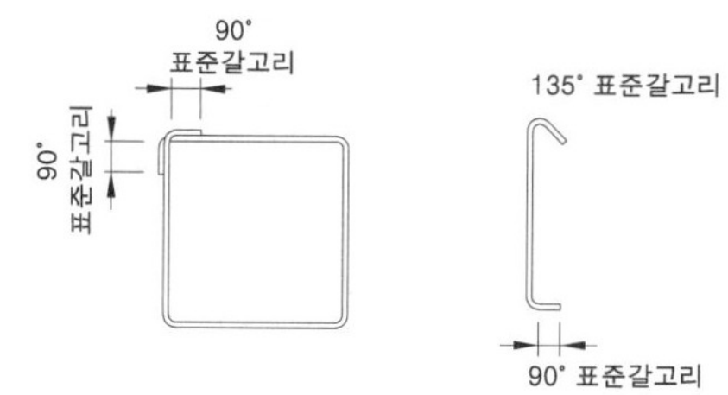

* 연결철근의 끝은 외곽의 축방향 철근에 고정되어야 하고, 연속 연결철근은 축방향 철근을 따라 끝이 교대로 배치되어야한다.
* 외부접합부와 모서리 접합부에서는 90도 갈고리 정착이 건물외면에 위치하지 않아야 한다

NOTE

REVISIONS		
7		
6		
5		
4		
3		
2		
1		
NO.	DATE	DESCRIPTION

PROJECT TITLE

DRAWING TITLE
철근콘크리트구조 일반사항-12

DATE	SCALE	A1 NONE / A3 NONE
DRAWN BY		
CHECKED BY		
APPROVED BY		
DESIGNED BY		
DRAWING NO.	S - 012	

5. 기둥 배근

5.2 중간모멘트 골조 내진상세 - KDS 14 20 80 : 4.9.5

(1) 외부 기둥 (4면보 구속형이 아닌 경우)

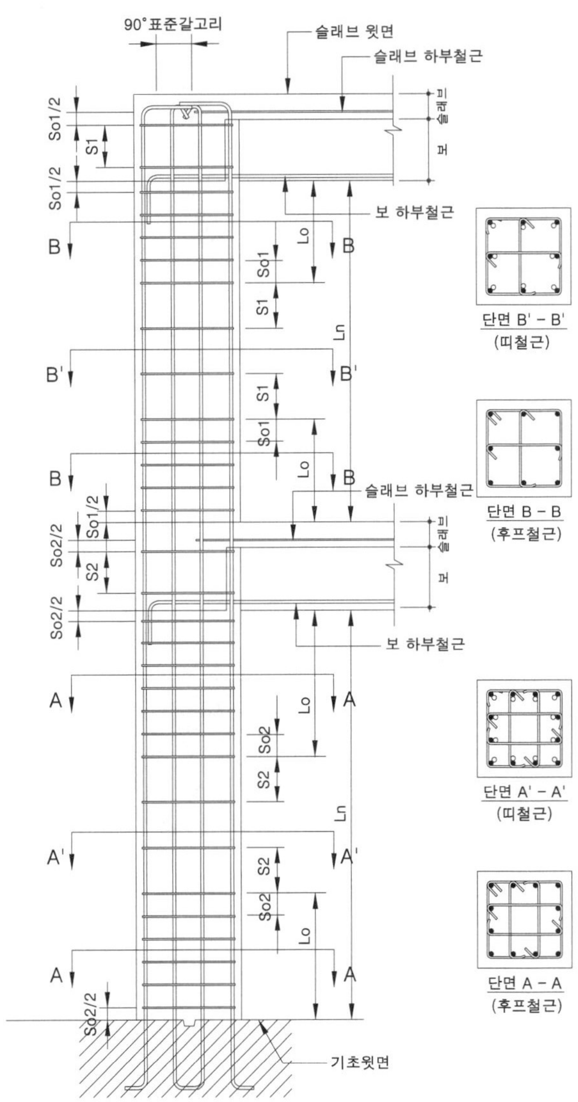

(2) 내부 기둥 (4면보 구속형인 경우)

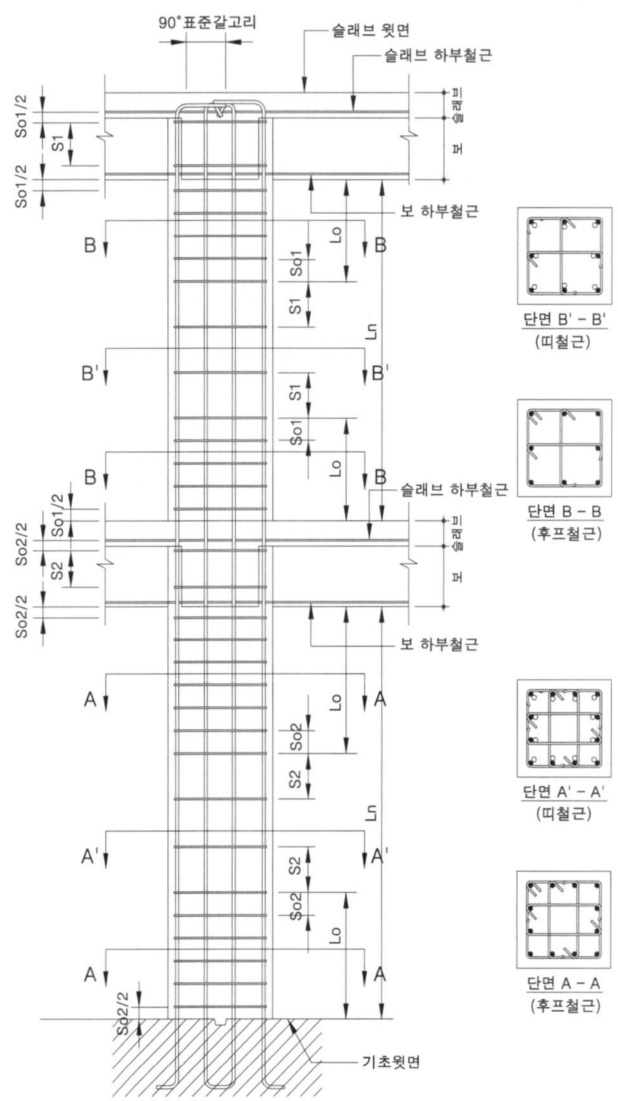

* 주철근의 이음위치는 『2.4.(7) 부위별 이음위치』를 참조할 것.

[NOTE]

1. Lo max (Ln /6 , (b 또는 h)max, 450mm) 이상으로 하여야 한다.
2. So max (후프철근 최대간격 So1, So2) ≤ [8db, 24dbh, (b 또는 h)/2 min]
3. S max (띠철근 최대간격 S1, S2) ≤ [16db, 48dbh, (b 또는 h)min, 2So1, 2So2]
4. 후프철근의 최대간격은 접합면으로부터 길이 Lo구간에 걸쳐서 So를 초과하지 않아야 한다.
5. 내부기둥은 4면에 보가 접합되는 기둥을 말하며, 평면 배치에서 내부에 위치하는 기둥일지라도 4면 중 한면이라도 보가 없으면 외부기둥 배근에 따른다. 또는 책임기술사의 판단에 따른다.
6. 첫번째 띠철근은 접합면으로부터 거리 So/2이내에 있어야 한다.
7. 띠철근 간격 S는 전 구간에서의 So의 2배를 초과하지 않아야 한다.
8. 기둥의 소성힌지 구간에서는 주철근의 겹침이음과 용접이음이 허용되지 않고 기계식이음은 허용한다. (KDS 41 17 00 : 9.3.2)
9. 중간 및 특수모멘트골조부재, 벽체의 경계요소, 연결보에 사용되는 주철근은 한국산업규격의 내진용 철근 (SD400S, SD500S, SD600S)을 사용해야 한다. (KDS 41 17 00:9.3.1)
10. 특수모멘트골조의 횡방향 철근배근은 별도참조 바람.

* 후프철근 (So1, So2) : Lo 구간

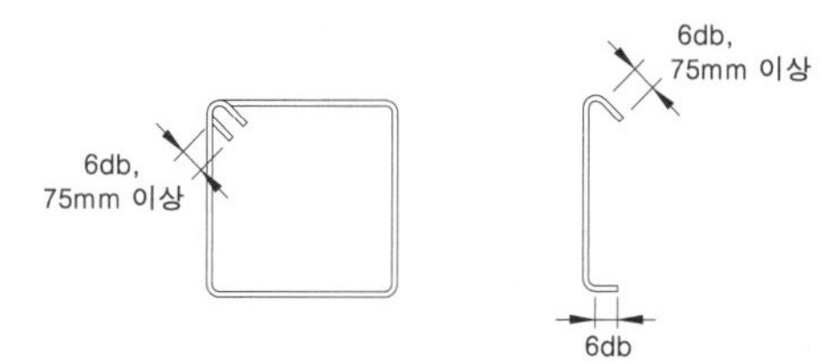

* 띠철근 (S1, S2) : Lo 구간 외

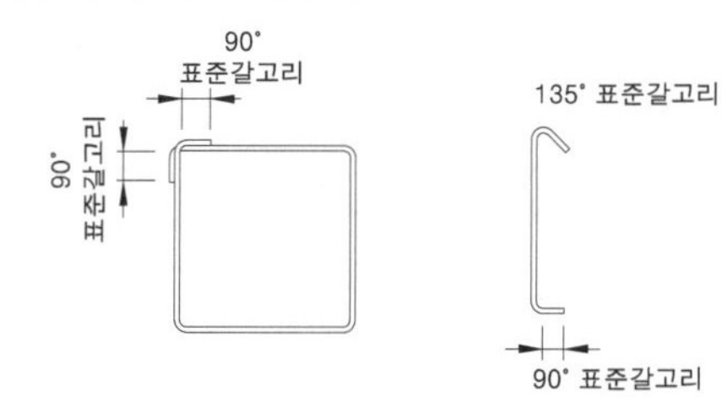

* 연결철근의 끝은 외곽의 축방향 철근에 고정되어야 하고, 연속 연결철근은 축방향 철근을 따라 끝이 교대로 배치되어야한다.
* 외부접합부와 모서리 접합부에서는 90도 갈고리 정착이 건물외면에 위치하지 않아야 한다

NOTE

REVISIONS		
7		
6		
5		
4		
3		
2		
1		
NO.	DATE	DESCRIPTION

PROJECT TITLE

DRAWING TITLE
철근콘크리트구조 일반사항-13

DATE	SCALE	A1	NONE
		A3	NONE
DRAWN BY			
CHECKED BY			
APPROVED BY			
DESIGNED BY			
DRAWING NO.	S - 013		

5. 기둥 배근

5.3 특별지진하중을 적용하는 기둥상세(전이기둥) - KDS 14 20 80 : 4.9.5 - KDS 41 17 00 : 9.8.4

(1) 외부 기둥 (4면보 구속형이 아닌 경우)

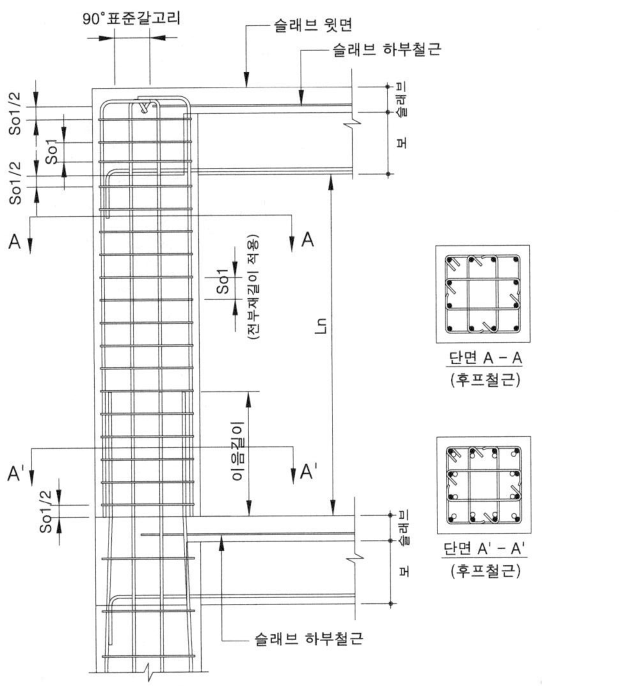

(2) 내부 기둥 (4면보 구속형인 경우)

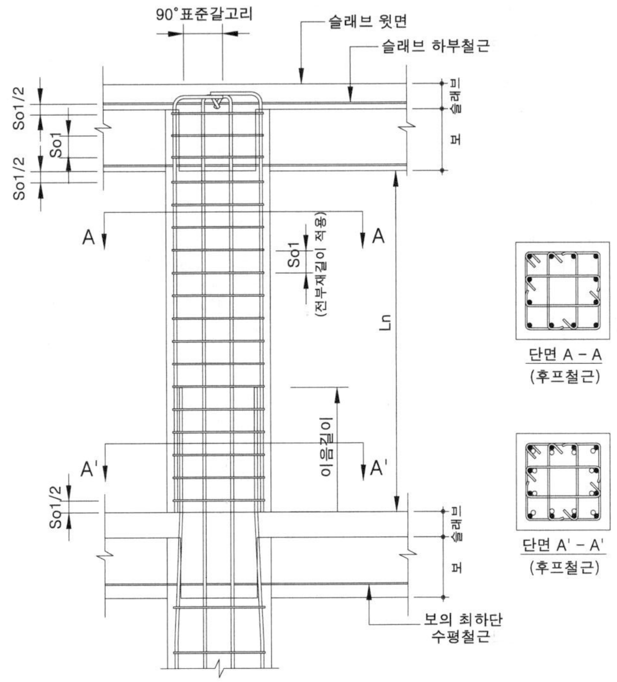

[NOTE]

1. So max (후프철근 최대간격 So1, So2) ≤ [8db, 24dbh, (b 또는 h)/2 min]
2. S max (띠철근 최대간격 S1, S2) = [So1, So2]
3. 내부기둥은 4면에 보가 접합되는 기둥을 말하며, 평면 배치에서 내부에 위치하는 기둥일지라도 4면 중 한면이라도 보가 없으면 외부기둥 배근에 따른다. 또는 책임기술사의 판단에 따른다.
4. 첫번째 띠철근은 접합면으로부터 거리 So/2이내에 있어야 한다.
5. 기둥의 소성힌지 구간에서는 주철근의 겹침이음과 용접이음이 허용되지 않고 기계식이음은 허용한다. (KDS 41 17 00 : 9.3.2)
6. 중간 및 특수모멘트골조부재, 벽체의 경계요소, 연결보에 사용되는 주철근은 한국산업규격의 내진용 철근 (SD400S, SD500S, SD600S)을 사용해야 한다. (KDS 41 17 00:9.3.1)
7. 특수모멘트골조의 횡방향 철근배근은 별도참조 바람.

* 후프철근 (So1, So2) : Ln 구간

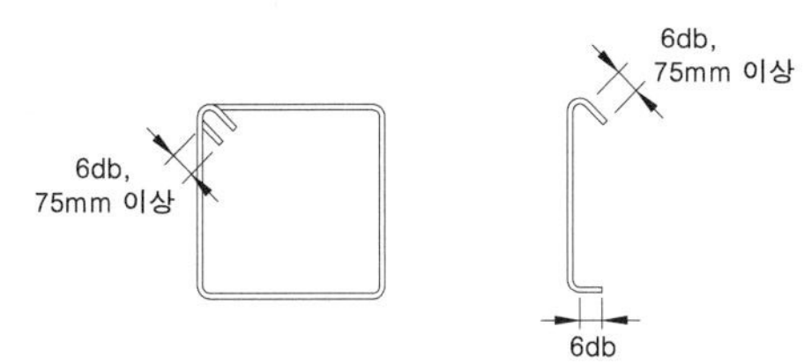

* 띠철근 (S1, S2) : Ln 구간 외

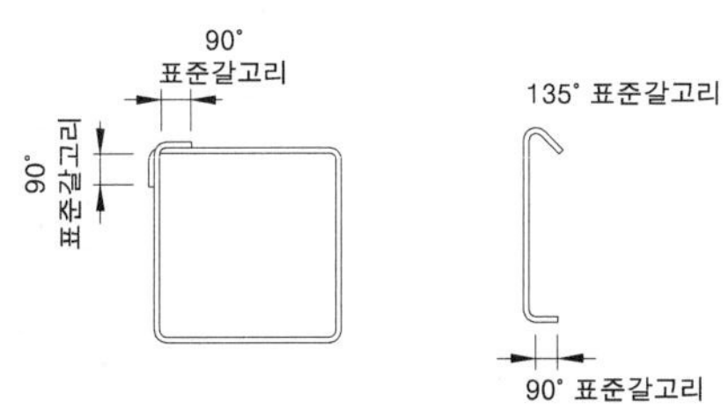

* 연결철근의 끝은 외곽의 축방향 철근에 고정되어야 하고, 연속 연결철근은 축방향 철근을 따라 끝이 교대로 배치되어야한다.
* 외부접합부와 모서리 접합부에서는 90도 갈고리 정착이 건물외면에 위치하지 않아야 한다.

NOTE

REVISIONS		
7		
6		
5		
4		
3		
2		
1		
NO.	DATE	DESCRIPTION

PROJECT TITLE

DRAWING TITLE
철근콘크리트구조 일반사항-14

DATE	SCALE	A1	NONE
		A3	NONE
DRAWN BY			
CHECKED BY			
APPROVED BY			
DESIGNED BY			
DRAWING NO.	S - 014		

5. 기둥 배근

5.4 보와 기둥접합부 철근상세(중간모멘트골조 및 전이구조)

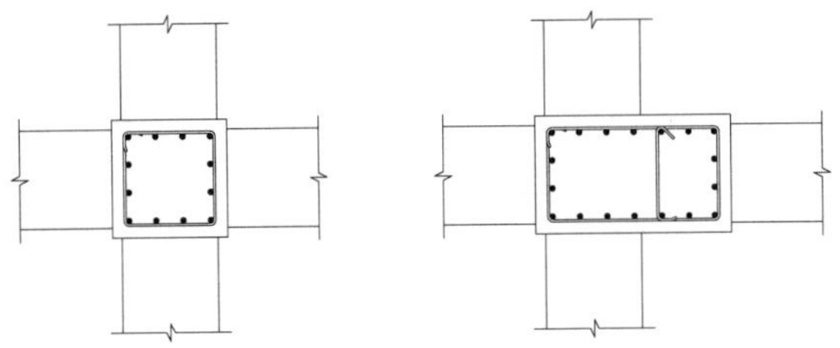

(a) 내부 접합부 상세

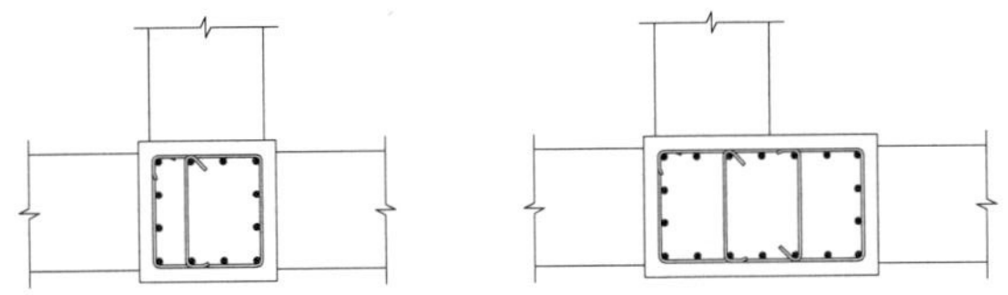

(b) 외부 접합부 상세

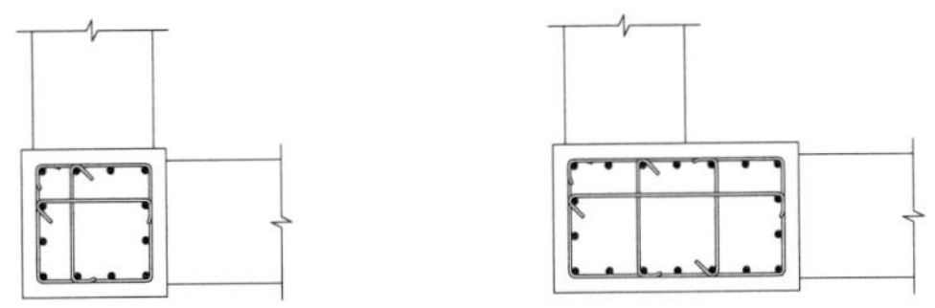

(c) 모서리 접합부 상세

5.5 불연속 강성부재를 지지하는 기둥의 횡방향 철근

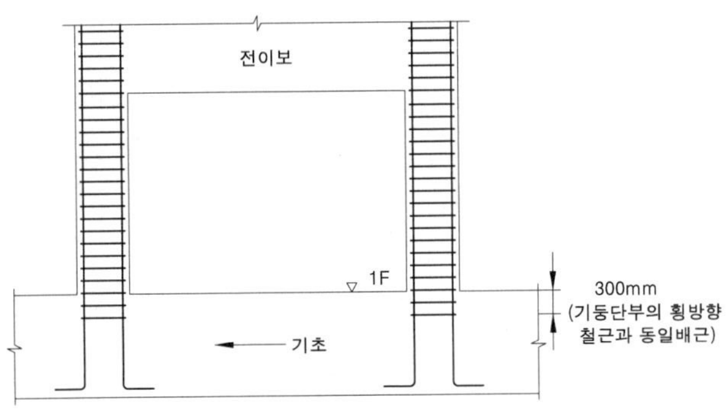

* 기초가 지상1층에서 형성될 경우에는 기둥의 횡방향 철근을 기초 내 최소 300㎜ 구간까지 동일철근, 동일간격으로 배치한다.

5.6 기둥 띠철근 배근 상세

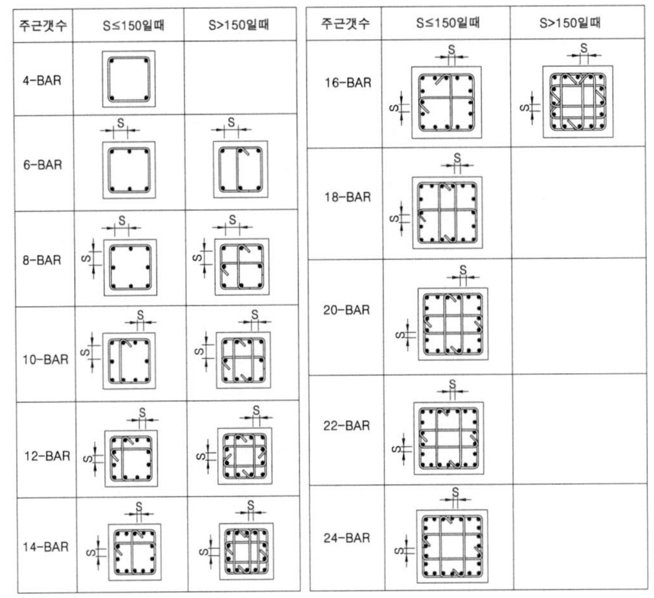

* 모든 모서리에 있는 축방향철근과 하나 건너있는 축방향철근이 135°이하로 구부린 띠철근의 모서리에 의해 횡지지되어야 한다. 또한 띠철근을 따라 횡지지된 인접한 축방향철근이 150mm이상 떨어진 경우에 추가 띠철근을 배치하여야 한다.

5.7 기둥 후프철근 배근 상세

* Layer 1~4의 순서에 따라 기둥 후프철근은 교대 배근한다.

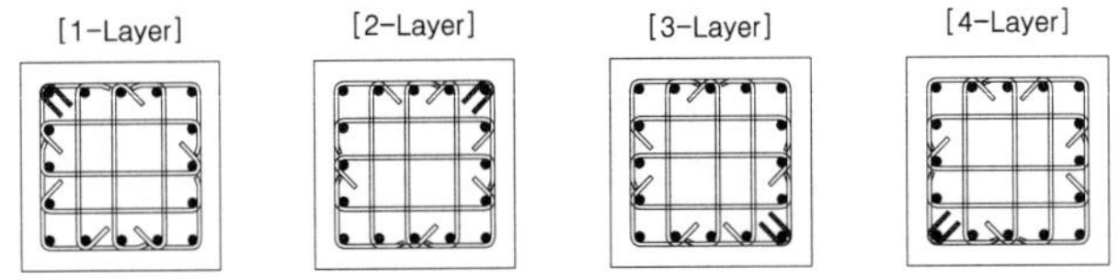

5.8 기둥 단면이 변할 경우 배근 상세

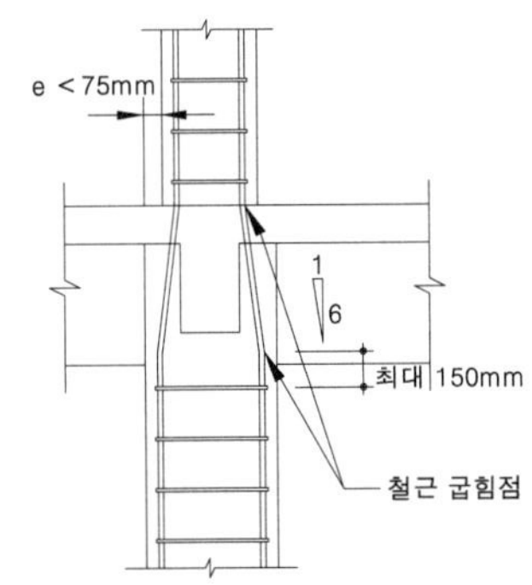

(a) e <75mm인 경우

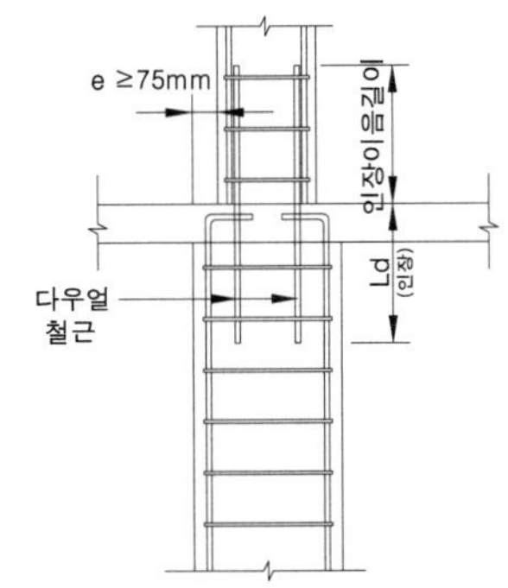

(b) e ≥75mm인 경우

(1) 기둥 연결부에서 단면치수가 변하는 경우 옵셋 굽힘철근을 배근하며, 굽힘부의 경사는 1/6이하로 한다.

(2) 굽힘점으로부터 150mm 이내에 추가 띠철근을 배근하여 굽힘부를 보강한다.

(3) 기둥 연결부에서 상하부의 기둥면이 75mm이상 차이가 나는 경우는 별도의 연결철근(dowel bar)을 사용하여야 한다.

5.9 기둥 덧살 배근

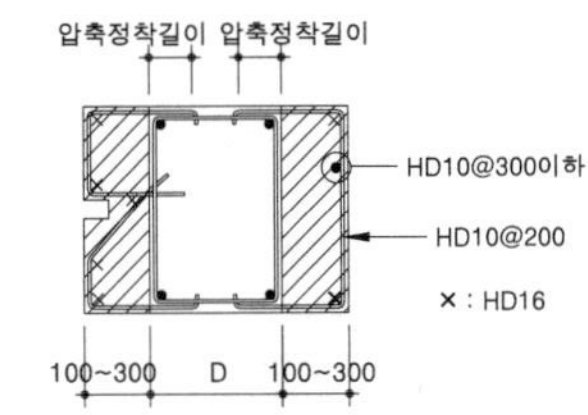

(a) 덧살두께 300 미만인 경우

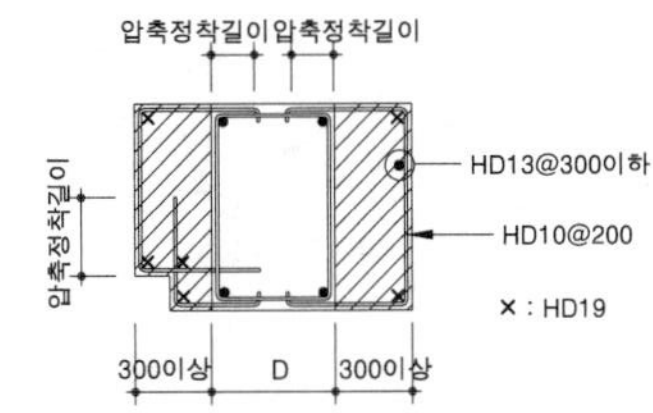

(b) 덧살두께 300 이상인 경우

5.10 나선철근 배근상세 (중간 및 특수모멘트골조 제외)

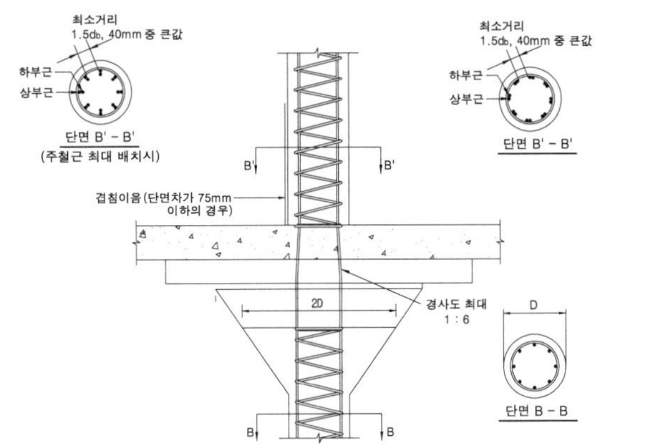

(a) 나선철근의 이음

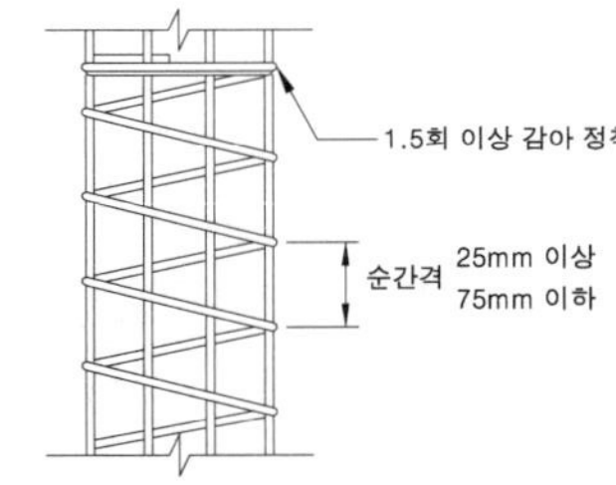

(b) 나선철근의 순간격 및 정착

NOTE

REVISIONS		
7		
6		
5		
4		
3		
2		
1		
NO.	DATE	DESCRIPTION

PROJECT TITLE

DRAWING TITLE
철근콘크리트구조 일반사항-15

DATE	SCALE	A1 NONE / A3 NONE
DRAWN BY		
CHECKED BY		
APPROVED BY		
DESIGNED BY		
DRAWING NO.	S - 015	

6. 벽체 배근

6.1 벽체배근 상세

(1) 최상층 벽체 배근

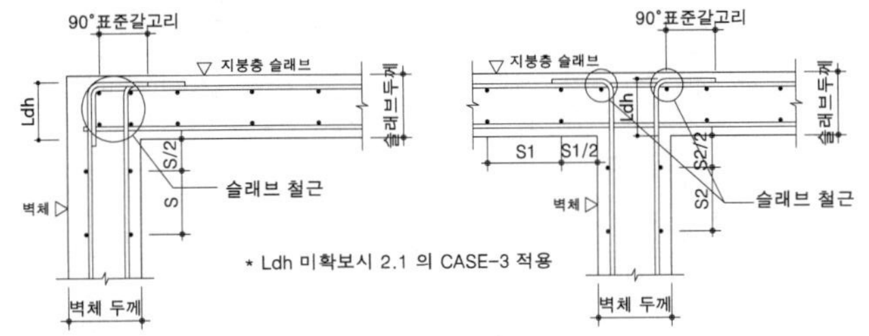

* 최상층 벽체 수직철근의 단부는 90°표준갈고리로 슬래브에 정확히 정착하여 일체성을 확보한다.
* 외측 벽체와 접하는 슬래브의 상부철근은 인장 정착하거나 벽체 외측 수직철근과 인장 겹침이음을 한다.

(2) 일반층 벽체 배근

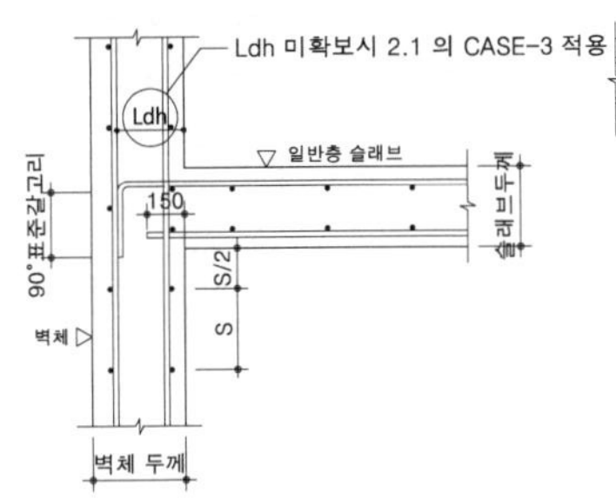

(3) 벽체-보 배근상세

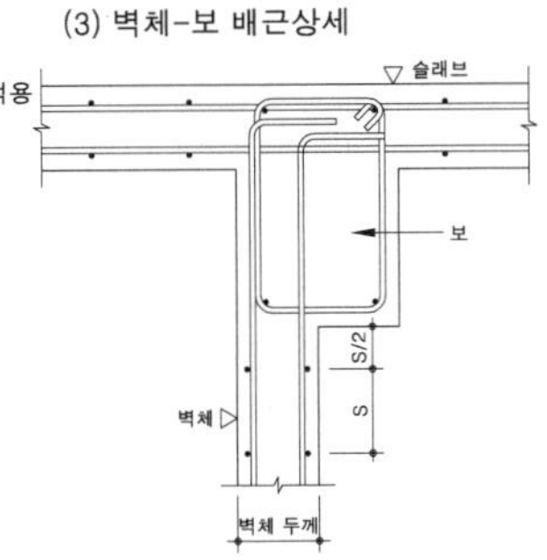

6.2 벽체 단부보강 상세

(1) 일자형 벽체

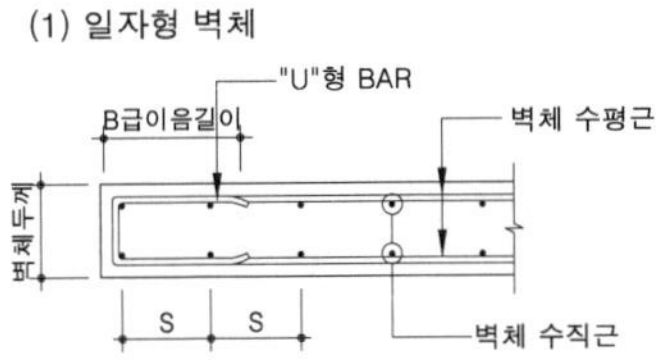

(2) 모서리 벽체

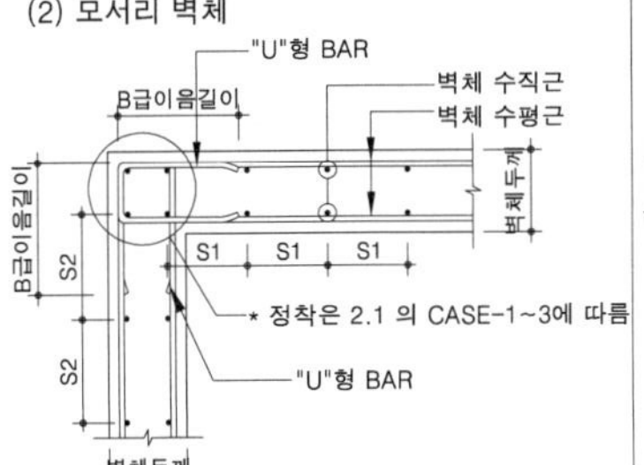

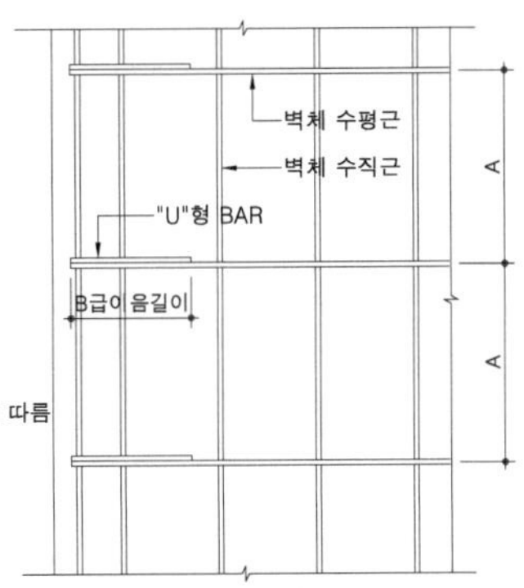

[입 면]

(3) T형 벽체

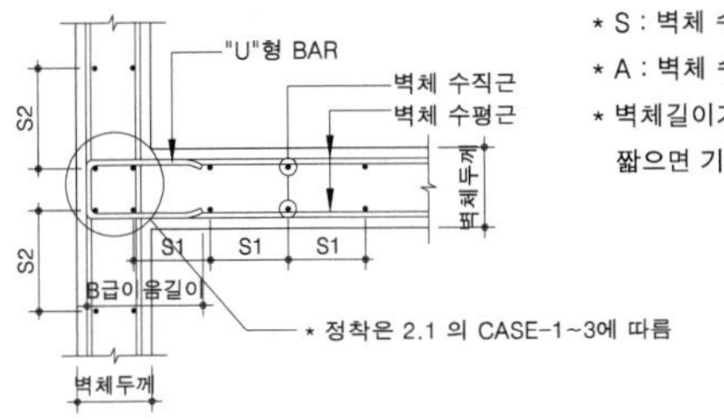

* S : 벽체 수직철근 배근간격
* A : 벽체 수평근, "U"형 BAR 배근간격
* 벽체길이가 수평철근의 B급이음길이보다 짧으면 기둥 후프와 같은 형태로 배근한다.

6.3 벽체 수직철근 이음

(1) 일반적인 경우

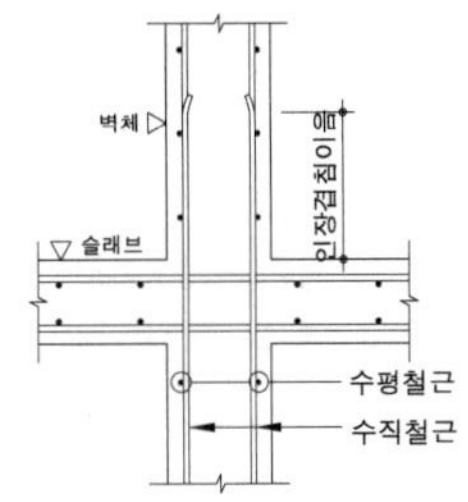

(2) 복배근에서 단배근으로 바뀔 경우

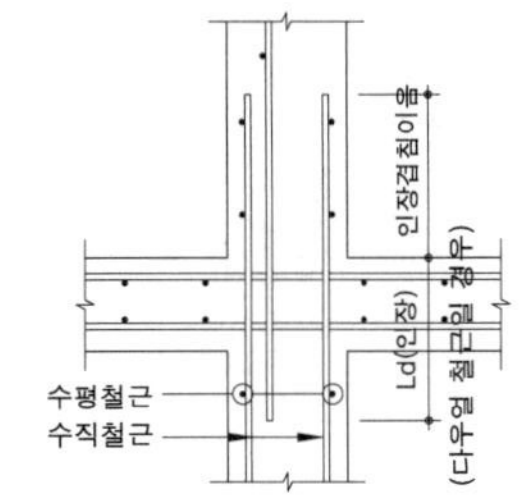

(3) 상하 철근 간격이 다를 경우

1) S ≤ Ls/5 또는 S ≤ 150 일 경우

2) S > Ls/5 또는 S > 150 일 경우

* Ls : 겹침이음길이

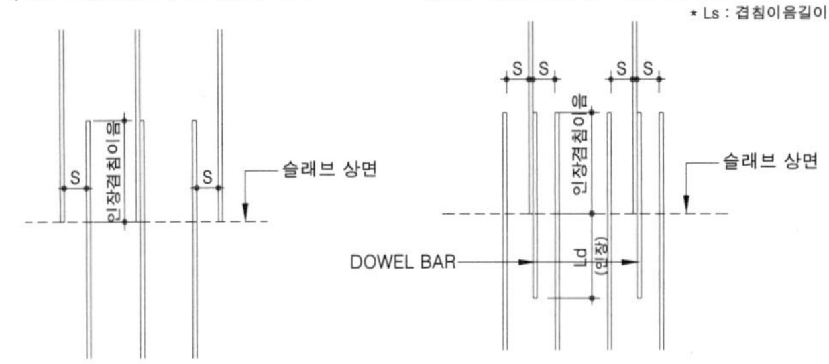

(4) 상하 벽체 두께가 다를 경우

1) e/D ≤ 1/6, e ≤ 75mm일 경우

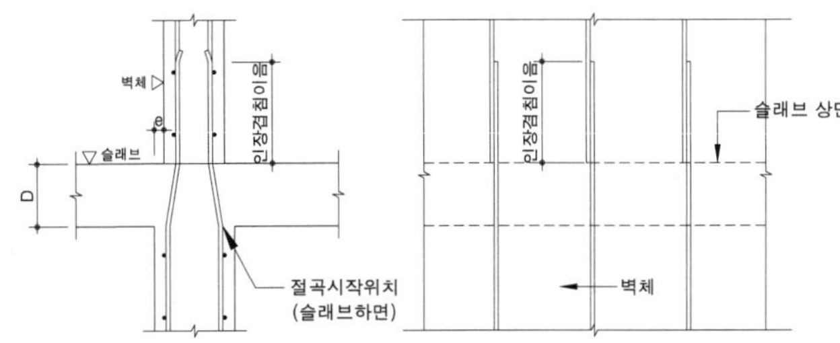

2) e/D > 1/6, e > 75mm일 경우

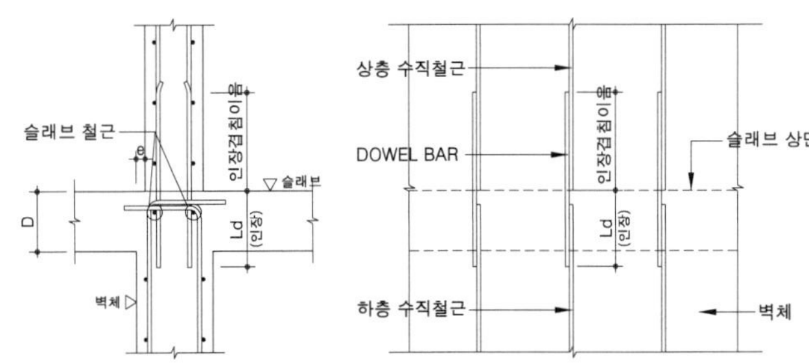

* 내력벽 최소두께는 수직 또는 수평지점간 거리 중에서 작은값의 1/25 이상이어야 한다.
* 비내력벽 최소두께는 100mm 이상이어야 하고, 또한 수평으로 지지하고 있는 부재 간 최소거리의 1/30 이상이어야 한다.
* 지하실 외벽 및 기초벽체의 두께는 200mm 이상으로 하여야 한다.

6.4 최하층 벽체와 기초 접합부

(1) 내부벽체

(2) 외부벽체 (지하외벽)

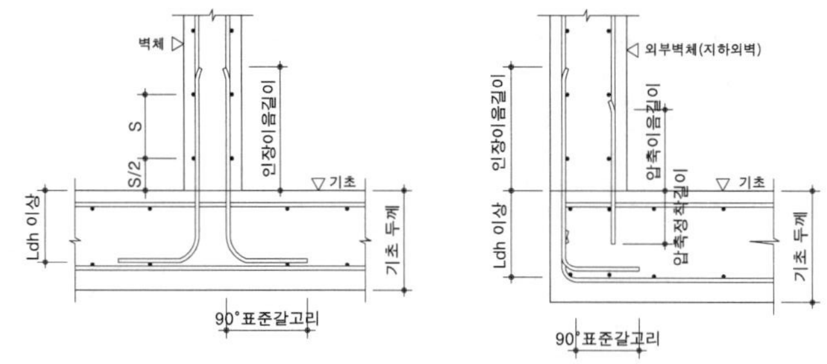

* Ldh는 표준갈고리가 있는 인장철근 정착길이 임.
* 내부벽체의 경우 기초두께가 벽체 수직철근의 정착길이(Ld) 이상 확보되면 표준갈고리를 사용하지 않아도 된다.
* 단, 벽체 외측면에서 기초가 끝나는 경우에는 정착길이(Ld) 확보여부에 관계없이 표준갈고리로 정착한다.

6.5 벽체 개구부 보강

* Ld : 인장철근 정착길이 (600mm이상)

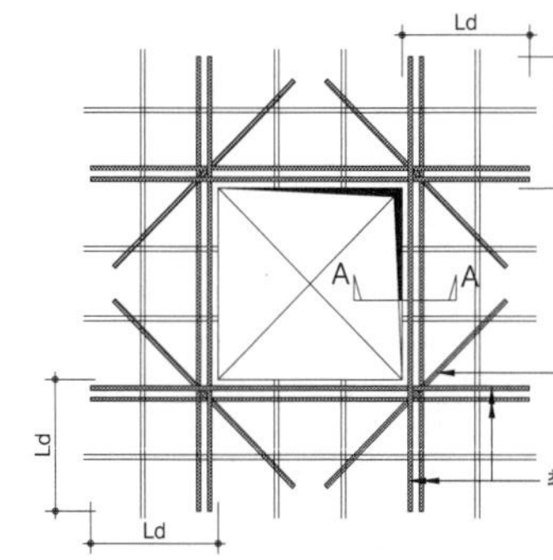

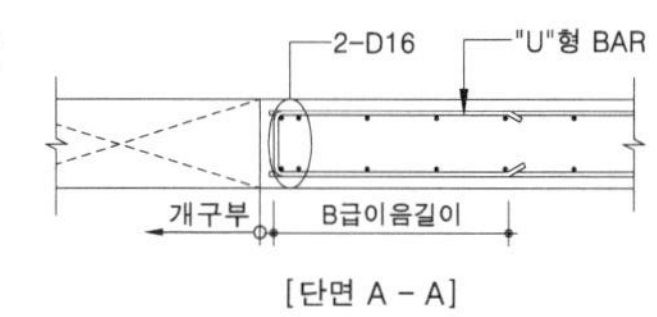

[단면 A - A]

* 개구부의 크기가 300mm이하이고, 주근이 개구부에 의해 끊어지지 않을 경우에는 보강하지 않는다.
* 수직/수평 보강근은 개구부에 의해 절단된 철근 갯수의 1/2씩 양측에 배근한다.
* 단, 수직/수평 보강근은 HD16이상을 사용하되, 벽체에 배근된 철근 규격보다 작지 않도록 한다.
* 개구부가 기둥 및 보에 접하는 부분에는 보강하지 않는다.
* 원형 개구부도 이에 준한다.
* Ld 미확보시 구조기술사의 검토승인이 필요하다.

NOTE

REVISIONS

NO.	DATE	DESCRIPTION
7		
6		
5		
4		
3		
2		
1		

PROJECT TITLE

DRAWING TITLE
철근콘크리트구조 일반사항-16

DATE	SCALE	A1 NONE / A3 NONE
DRAWN BY		
CHECKED BY		
APPROVED BY		
DESIGNED BY		
DRAWING NO.	S - 016	

9. 특수모멘트골조

9.1 보배근 특수모멘트골조 내진상세

- KDS 14 20 80 : 4.2

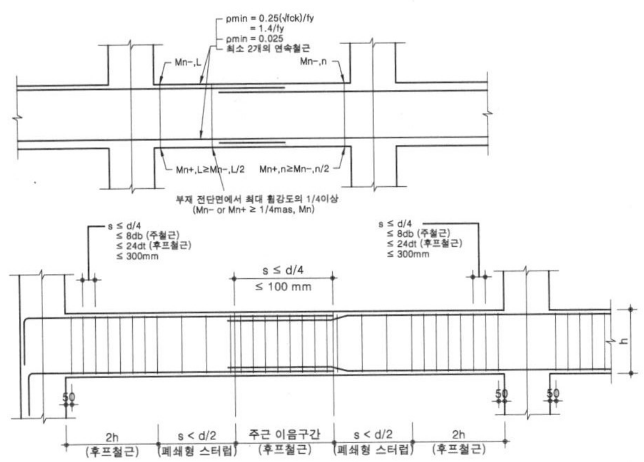

1) 보의 소성힌지 구간에서는 주철근의 겹침이음과 용접이음이 허용되지 않는다. (KDS 41 17 00 : 9.3.2)

(1) 후프철근 상세

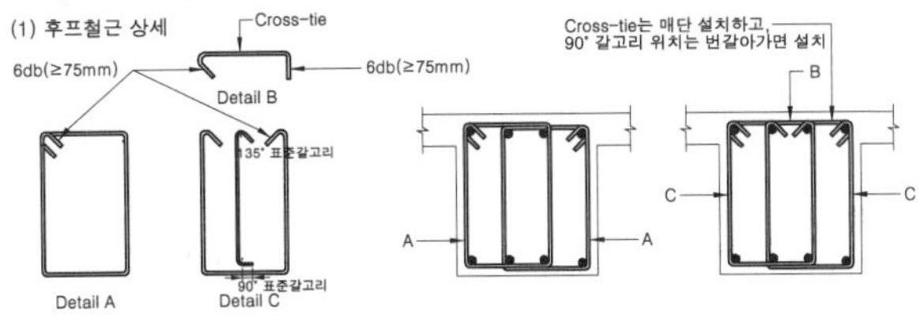

9.2 기둥배근 특수모멘트골조 내진상세

- KDS 14 20 80 : 4.3
- KDS 14 20 80 : 4.4

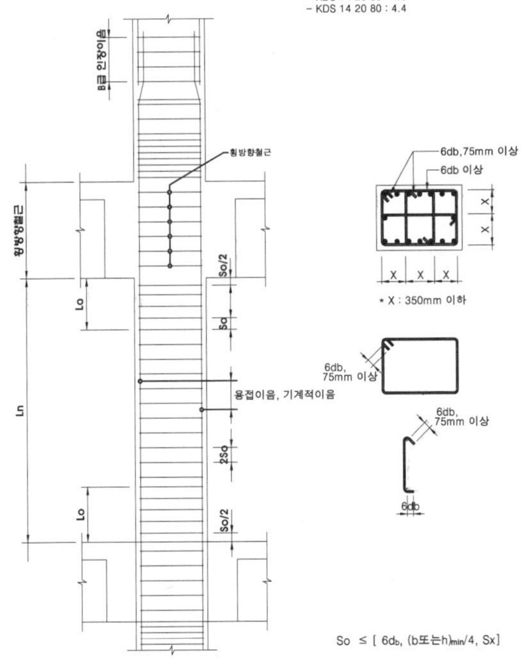

So ≤ [6db, (b또는h)min/4, Sx]

휨항복 발생구간 (Lo)	
부재의 순경간의 1/6	중 최대값
부재단면 최대치수	
450mm	

휨항복 발생구간내의 횡보강철근 (So)	
종방향 철근 최소지름의 6배	중 최소값
부재단면 최소치수의 1/4	
Sx = 100+[(350-hx)/3]	

9.3 특수모멘트골조 기둥철근의 이음위치

- KDS 14 20 80 : 4.3.3

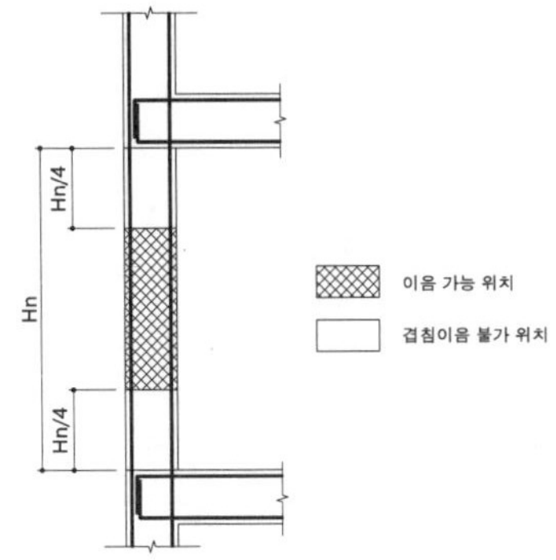

- 겹침이음은 부재의 중앙부에서 부재길이 1/2구역 내에서만 할 수 있고 인장이음으로 설계해야 하며, 또한 횡방향 철근간격과 연결철근이나 겹칩후프철근 간격제한의 규정을 따르는 횡방향철근으로 둘러싸야 한다.
- 특수모멘트 골조와 특수철근콘크리트구조 벽체의 기계식이음 및 용접이음은 KDS 14 20 80 : 4.1.6~7 에 따른다.

9.4 경계요소 부재의 전형적 내진상세

- KDS 14 20 80 : 4.5.6

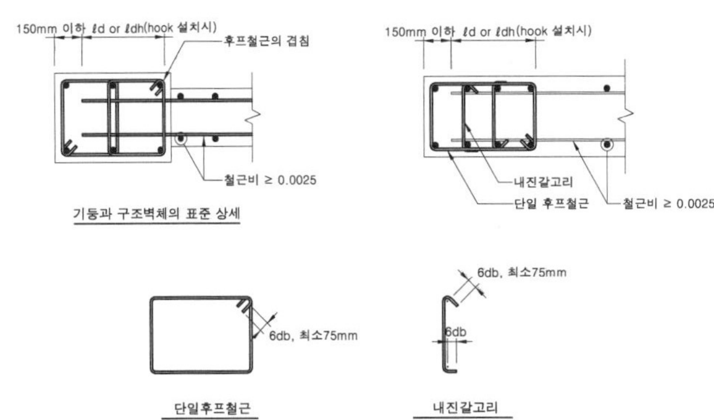

9.5 연결보 대각선 묶음철근 요구상세

- KDS 14 20 80 : 4.5.7

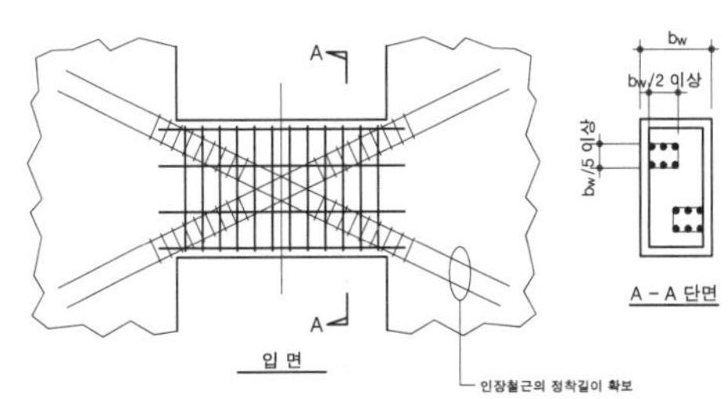

(1) 대각선철근묶음은 최소한 4개의 철근으로 이루어져야 하며 이때 횡철근의 외단에서 외단까지의 거리는 보 면에 수직한 방향으로 bw/2 이상이어야 하고, 보 면내에서는 대각선철근에 대한 수직방향으로 bw/5 이상으로 한다.
(2) 대각선철근은 특수모멘트골조 횡방향철근상세를 만족하는 횡철근으로 감싸주어야 한다.
대각으로 배치된 각 철근묶음의 4개 면은 기준 KDS에서 요구되는 최소 콘크리트 피복으로 가정한다.
(3) 대각선철근은 벽체 안으로 인장에 대해 정착시켜야 한다. 다만, 철근 항복강도에 대한 정착길이의 1.25배 이상이 되도록 한다.

9.6 기초배근 특수골조의 내진상세

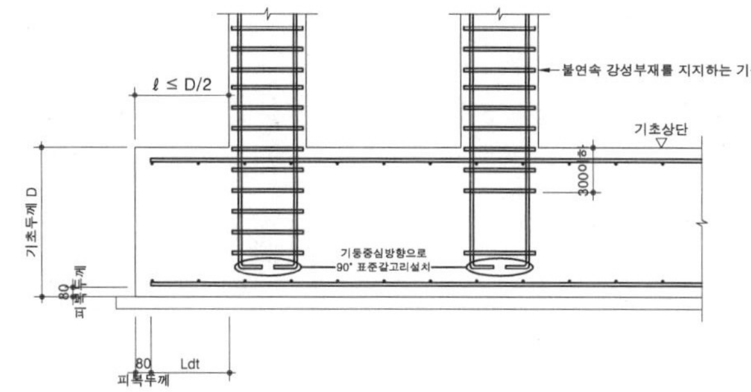

- KDS 14 20 80 : 4.3.4
- KDS 14 20 80 : 4.7

(1) 지진하중에 저항하는 기둥과 구조벽체의 축방향철근은 기초판, 온통기초 또는 파일캡까지 연장되어야 하며, 접합면에서 인장에 대하여 충분하게 정착되어야 한다.
(2) 기초에서 고정단으로 가정되어 설계된 기둥은 (1)을 따라야 한다. 표준갈고리가 필요하면 휨모멘트에 저항하는 종방향철근의 끝단이 기둥의 중심을 향하도록 하여 기초의 저면에서 90° 표준갈고리로 설치하여야 한다.
(3) 기초의 연단으로부터 기초깊이의 1/2 이내에 연단이 있는 특수철근콘크리트구조벽체의 기둥 또는 경계요소는 특수모멘트골조 횡방향철근상세에 따라 기초의 상단 아래로 철근을 설치하여야 한다. 이 철근은 기초판, 온통기초 또는 말뚝캡의 깊이 또는 인장철근의 정착길이 중 작은 값 이상의 거리까지 기초 속으로 연장시켜야 한다.
(4) 불연속 강성부재를 지지하는 기둥이 일반기초나 온통기초위에서 끝날 경우는 특수모멘트골조 횡방향철근 규정에 의해 일반기초나 온통기초 내 최소한 300mm의 구간까지 배치되어야 한다.

NOTE

REVISIONS		
7		
6		
5		
4		
3		
2		
1		
NO.	DATE	DESCRIPTION

PROJECT TITLE

DRAWING TITLE
철근콘크리트구조 일반사항-18

DATE	SCALE	A1	NONE
		A3	NONE
DRAWN BY			
CHECKED BY			
APPROVED BY			
DESIGNED BY			
DRAWING NO.	S - 018		

제2장 철근콘크리트 구조 일반사항 (간략)

이 구조 일반사항 도면 예시는 비교적 규모가 작은 건물들에서 주로 사용되는 일반사항들을 최대한 이해하기 쉽도록 간략하게 작성하였다. 하지만 하나의 예시 도면에 불과하므로 실제 현장에 적용하기 위해서는 책임구조기술자가 해당 구조물에 적합한지 여부를 판단한 후 각 구조물에 맞게 적용하여야 한다.

철근콘크리트 구조일반사항

2021. 12.

** 구조기술사사무소

Ⓐ 철근콘크리트 구조일반사항-1

축척 : NONE

1. 일 반 사 항

1.1 구조물 개요

항 목	내 용
공 사 명	***********
위 치	***********
용 도	***********
규 모	***********
기 타	***********

1.2 구조설계 기준 및 참고문헌

항 목	기 준 및 참 고 문 헌
관련법규	건축법 시행령 - 건축물의 구조기준 등에 관한 규칙
적용기준	건축구조기준 2019 (국토교통부, KDS 41-2019)
적용시방	건축공사 표준시방서 (국가건설기준센터)
	구조재료공사 표준시방서 (국가건설기준센터)
참고기준	건축물 하중기준 및 해설 (2000, 대한건축학회)

1.3 사용재료의 종류 및 설계기준강도

재 료	설 계 기 준 강 도			비 고
콘크리트	KS F 2405 (재령 28일 압축강도)	RF~B2	fck = 24 MPa	모든 수평부재
		RF~3F	fck = 24 MPa	수직부재
		3~1F	fck = 27 MPa	수직부재
		B1~B2	fck = 30 MPa	수직부재
철 근	KS D 3504 SD400	fy = 400 MPa		D16 이하
	KS D 3504 SD500	fy = 500 MPa		D19 이상

1.4 기초형식 및 설계용 지하수위

기초 형식	말뚝 기초	설계허용지지력	fp = 1,200kN/EA 이상 (가정값)
		말뚝 사양	PHC PILE Φ500
	지내력 기초	설계허용지내력	fe = 500kN/m2 이상 (가정값)
설계용 지하수위	설계지하수위	G.L-3.6m	
	내수판 설계용	최하층 바닥 + 1.5 m(DE-WATERING system 적용)	

① 직접기초 적용시 : 기초공사전에 시공계획면까지 터파기를 완료한 후, 현장 평판재하시험 등의 적절한 방법을 통해 지반의 안정성 및 지반의 장기허용지내력을 확보하는지 여부를 확인하여야 하며,
② 말뚝기초 적용시 : 기초공사전에 시항타 및 말뚝 재하시험 등의 적절한 방법을 통해 말뚝의 길이에 대한 검토 및 말뚝의 장기 허용지지력을 확보하는지 여부를 확인하여야 한다.
③ 상기 사항이 다를 경우 감독관 및 책임구조기술자의 승인을 얻어 필요한 조치를 하여야 한다.
④ 밀창(버림) 콘크리트
- 사용위치 : 기초, 지중보 및 지면에 닿는 슬래브 하부
- 설계기준강도 : 별도의 표기가 없는 경우 fck = 15 MPa 이상으로 한다.
- 두 께 : 도면에 표기가 없는 경우에는 60mm 이상으로 한다.

1.5 표준갈고리 및 내진갈고리

1) 주근 표준갈고리

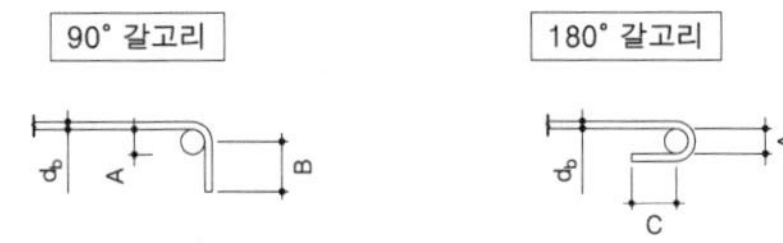

d_b : 철근의 공칭지름 (단위 : mm)

철근종류	철근직경	구부림 최소직경 조건	A	여장 조건	B	조건	C	비 고
D10	9.53	$6d_b$	60	$12d_b$	115	$4d_b$ 또는 60mm 이상	60	
D13	12.7		80		155		60	
D16	15.9		100		195		65	
D19	19.1		115		230		80	
D22	22.2		135		270		90	
D25	25.4		155		305		105	
D29	28.6	$8d_b$	230		345		115	
D32	31.8		255		385		130	
D35	34.9		280		420		140	
D38	38.1	$10d_b$	385		460		155	
D42	41.3		415		500		170	

2) 스터럽,띠철근 표준갈고리 및 내진갈고리

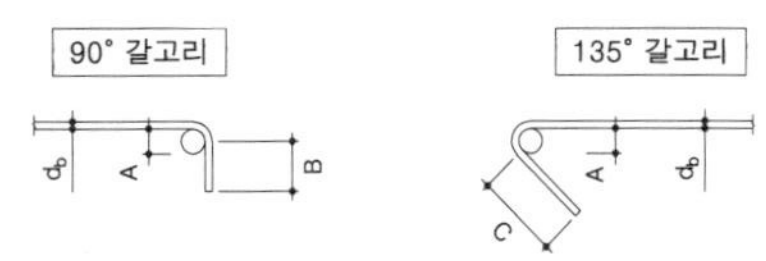

d_b : 철근의 공칭지름 (단위 : mm)

철근종류	철근직경	구부림 최소직경 조건	A	표준갈고리 조건	B	조건	C	내진갈고리 / 연결철근 C*
D10	9.53	$4d_b$	40	$6d_b$	60	$6d_b$	60	75
D13	12.7		55		80		80	80
D16	15.9		65		100		100	100
D19	19.1	$6d_b$	115	$12d_b$	230		115	115
D22	22.2		135		270		135	135
D25	25.4		155		305		155	155

* 조건 : $6d_b$ (또한 75 mm 이상)
* 135° 내진갈고리/연결철근 = 기본적으로 135° 표준갈고리와 동일하나 최소 75 mm 이상

1.6 정착길이를 취하는 방법

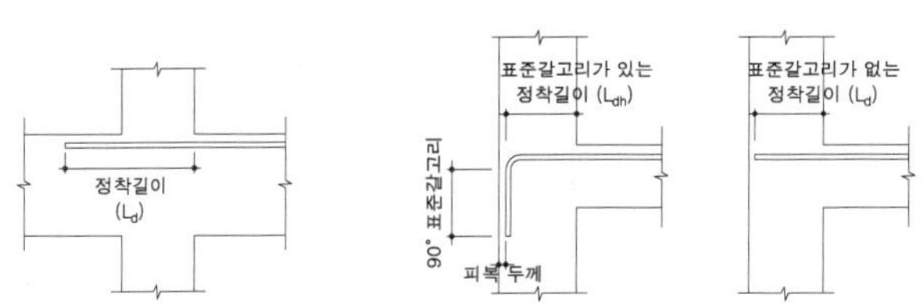

인접보에 정착하는 경우 / 단부기둥에 정착하는 경우

1.7 철근의 피복두께

① 일반 피복두께는 아래 값을 적용하되, 부재 일람표 등에 피복두께가 별도 표기된 경우 별도 표기값을 우선 적용한다.
② 특수 환경(해양환경, 제빙화학제, 동결융해, 황산염 등)에 노출되는 경우에는, 구조기술자와 협의하여 피복두께를 조정하여야 한다.

표면조건	부 재	철 근	피복두께(mm)
수중에서 타설하는 콘크리트	모든 부재	모든 철근	100
흙에 접하여 콘크리트를 친 후 영구히 흙에 묻혀 있는 콘크리트	모든 부재	모든 철근	75*
흙에 접하거나 옥외의 공기에 직접 노출되는 콘크리트	모든 부재	D19 이상의 철근	50
		D16 이하의 철근 지름 16mm 이하 철선	40
옥외의 공기나 흙에 직접 접하지 않는 콘크리트	슬래브, 벽체, 장선	D35 초과하는 철근	40
		D35 이하의 철근	20
	보, 기둥	모든 철근	40
	쉘, 절판부재	모든 철근	20

* 흙에 접하여 콘크리트를 친 경우란 흙의 표면을 거푸집이나 버림콘크리트 등으로 마감하지 아니하고 콘크리트를 타설한 경우로 본다.

1.8 철근의 순간격 제한

* 아래의 철근 순간격 제한은 서로 접촉된 겹침이음 철근과 인접된 이음철근 또는 연속철근 사이의 순간격에도 적용한다.

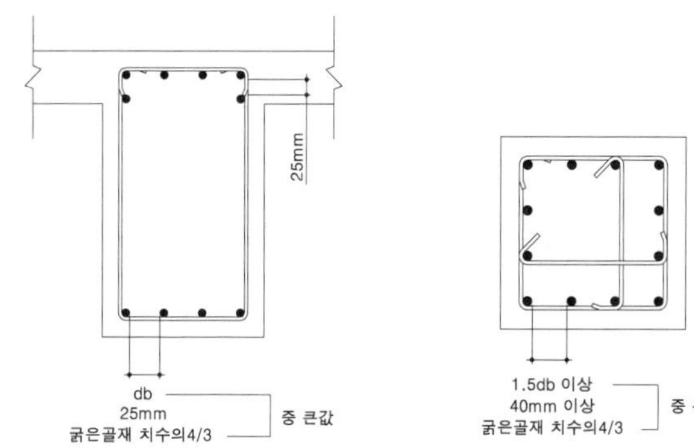

보 철근 순간격 제한 / 기둥 철근 순간격 제한

NOTE

REVISIONS		
7		
6		
5		
4		
3		
2		
1		
NO.	DATE	DESCRIPTION

PROJECT TITLE

PROJECT TITLE

DRAWING TITLE

철근콘크리트구조 일반사항-1

DATE	SCALE	A1 NONE / A3 NONE
DRAWN BY		
CHECKED BY		
APPROVED BY		
DESIGNED BY		
DRAWING NO.	S - 001	

Ⓐ 철근콘크리트 구조일반사항-2

축척 : NONE

2. 철근의 정착 및 이음

2.1 철근의 정착 및 이음 (f_y = 400MPa 인 경우)

(단위 : mm)

콘크리트 강도(MPa)	철근 호칭	철근 공칭지름	인장 표준갈고리 정착길이 피복두께 미확보	인장 표준갈고리 정착길이 피복두께 확보	인장 정착길이 슬래브, 벽체 일반철근	인장 정착길이 슬래브, 벽체 상부철근	인장 정착길이 보 일반철근	인장 정착길이 보 상부철근	인장 정착길이 기둥	인장 정착길이 기초 일반철근	인장 정착길이 기초 상부철근	인장 이음길이 (B급) 슬래브, 벽체 일반철근	인장 이음길이 (B급) 슬래브, 벽체 상부철근	인장 이음길이 (B급) 보 일반철근	인장 이음길이 (B급) 보 상부철근	인장 이음길이 (B급) 기둥	인장 이음길이 (B급) 기초 일반철근	인장 이음길이 (B급) 기초 상부철근	압축 정착길이	압축 이음길이
21	D10	9.53	200	150	300	320	340	430	-	300	320	320	410	430	560	-	320	410	210	300
	D13	12.7	270	190	390	510	540	700	-	320	420	510	660	700	910	-	420	540	280	370
	D16	15.9	340	240	570	740	780	1020	570	400	520	740	970	1020	1320	740	520	680	350	460
	D19	19.1	410	290	780	1010	1040	1360	780	490	630	1010	1320	1360	1760	1010	630	820	420	560
	D22	22.2	470	330	-	-	1650	2140	1250	780	1010	-	-	2140	2780	1620	1010	1310	490	640
	D25	25.4	540	380	-	-	2000	2600	1550	1020	1320	-	-	2600	3380	2020	1320	1720	560	740
	D29	28.6	600	420	-	-	2250	2930	1800	-	-	-	-	2930	3800	2340	-	-	630	830
24	D10	9.53	190	150	300	300	310	410	-	300	300	300	380	410	530	-	300	380	200	300
	D13	12.7	250	180	360	470	510	660	-	300	390	470	610	660	860	-	390	510	260	370
	D16	15.9	320	220	540	700	730	950	540	380	490	700	900	950	1230	700	490	640	330	460
	D19	19.1	380	270	730	950	980	1270	730	450	590	950	1230	1270	1650	950	590	760	390	560
	D22	22.2	440	310	-	-	1540	2000	1170	730	950	-	-	2000	2600	1520	950	1230	460	640
	D25	25.4	500	350	-	-	1870	2430	1450	950	1240	-	-	2430	3160	1890	1240	1610	520	740
	D29	28.6	570	400	-	-	2110	2740	1690	-	-	-	-	2740	3560	2190	-	-	590	830
27	D10	9.53	180	150	300	300	300	380	-	300	300	300	360	380	500	-	300	360	200	300
	D13	12.7	240	170	340	450	480	620	-	300	370	450	580	620	810	-	370	480	250	370
	D16	15.9	300	210	510	660	690	900	510	360	460	660	850	900	1160	660	460	600	310	460
	D19	19.1	360	250	690	890	920	1200	690	430	560	890	1160	1200	1550	890	560	720	370	560
	D22	22.2	420	290	-	-	1450	1890	1100	690	890	-	-	1890	2450	1430	890	1160	430	640
	D25	25.4	470	330	-	-	1760	2290	1370	900	1170	-	-	2290	2980	1780	1170	1520	490	740
	D29	28.6	530	370	-	-	1990	2580	1590	-	-	-	-	2580	3350	2070	-	-	560	830
30	D10	9.53	170	150	300	300	300	360	-	300	300	300	340	360	470	-	300	340	200	300
	D13	12.7	230	160	330	420	450	590	-	300	350	420	550	590	770	-	350	460	240	370
	D16	15.9	280	200	480	620	660	850	480	340	440	620	810	850	1100	620	440	570	300	460
	D19	19.1	340	240	650	850	870	1140	650	410	530	850	1100	1140	1480	850	530	680	350	560
	D22	22.2	390	280	-	-	1380	1790	1050	650	850	-	-	1790	2320	1360	850	1100	410	640
	D25	25.4	450	320	-	-	1670	2180	1300	850	110	-	-	2180	2830	1690	1110	1440	470	740
	D29	28.6	510	360	-	-	1880	2450	1510	-	-	-	-	2450	3180	1960	-	-	530	830

NOTES :

① 피복두께 확보 :
갈고리 평면에 수직방향인 측면피복두께가 70mm 이상이며,
90°갈고리에 대해서는 갈고리를 넘어선 부분의 철근 피복두께가 50mm 이상인 경우

② 상부철근 : 철근 하부에 300mm를 초과하는 콘크리트가 타설된 수평철근을 의미

③ 슬래브와 벽체 : 피복 20 mm 이상, 철근 중심간격 100 mm 이상 적용

④ 보 : 피복 40 mm 이상, 철근 순간격 25 mm (또한 1.0 d_b) 이상 적용

⑤ 기둥 : 피복 40 mm 이상, 철근 순간격 40 mm (또한 1.5 d_b) 이상 적용

⑥ 기초 : 피복 40 mm 이상, 철근 중심간격 100 mm 이상 적용

⑦ 겹침이음되는 철근 간격 : 소요 겹침길이의 1/5 과 150 mm 중 작은 값 이하

⑧ 직경이 다른 철근의 이음 : 큰 직경의 정착길이와 작은 직경의 이음길이 중 작은 값 적용

2.2 철근의 정착 및 이음 (f_y = 500MPa 인 경우)

(단위 : mm)

콘크리트 강도(MPa)	철근 호칭	철근 공칭지름	인장 표준갈고리 정착길이 피복두께 미확보	인장 표준갈고리 정착길이 피복두께 확보	인장 정착길이 슬래브, 벽체 일반철근	인장 정착길이 슬래브, 벽체 상부철근	인장 정착길이 보 일반철근	인장 정착길이 보 상부철근	인장 정착길이 기둥	인장 정착길이 기초 일반철근	인장 정착길이 기초 상부철근	인장 이음길이 (B급) 슬래브, 벽체 일반철근	인장 이음길이 (B급) 슬래브, 벽체 상부철근	인장 이음길이 (B급) 보 일반철근	인장 이음길이 (B급) 보 상부철근	인장 이음길이 (B급) 기둥	인장 이음길이 (B급) 기초 일반철근	인장 이음길이 (B급) 기초 상부철근	압축 정착길이	압축 이음길이
21	D10	9.53	250	180	300	390	420	540	-	300	390	390	510	540	700	-	390	510	260	400
	D13	12.7	340	240	490	630	680	880	-	400	520	630	820	880	1140	-	520	680	350	530
	D16	15.9	420	300	720	930	980	1270	720	500	650	930	1210	1270	1650	930	650	850	440	660
	D19	19.1	510	360	970	1270	1300	1690	970	610	790	1270	1640	1690	2200	1270	790	1020	530	790
	D22	22.2	590	410	-	-	2060	2670	1560	970	1260	-	-	2670	3470	2030	1260	1640	610	920
	D25	25.4	670	470	-	-	2500	3250	1940	1270	1650	-	-	3250	4220	2520	1650	2150	700	1050
	D29	28.6	750	530	-	-	2810	3660	225	-	-	-	-	3660	4750	2930	-	-	790	1180
24	D10	9.53	240	170	300	370	390	510	-	300	370	370	480	510	660	-	370	480	250	400
	D13	12.7	320	220	450	590	630	820	-	380	490	590	770	820	1070	-	490	640	330	530
	D16	15.9	390	280	670	870	910	1190	670	470	610	870	1130	1190	1540	870	610	790	410	660
	D19	19.1	470	330	910	1180	1220	1590	910	570	730	1180	1540	1590	2060	1180	730	950	490	790
	D22	22.2	550	390	-	-	1920	250	1460	910	1180	-	-	2500	3250	1900	1180	1540	570	920
	D25	25.4	630	440	-	-	2340	3040	1820	1190	1550	-	-	3040	3950	2360	1550	2010	650	1050
	D29	28.6	710	500	-	-	2630	3420	2110	-	-	-	-	3420	4440	2740	-	-	730	1180
27	D10	9.53	230	160	300	350	370	480	-	300	350	350	450	480	620	-	350	450	230	400
	D13	12.7	300	210	430	560	600	780	-	360	460	560	720	780	1010	-	460	600	310	530
	D16	15.9	370	260	630	820	860	1120	630	450	580	820	1060	1120	1450	820	580	750	390	660
	D19	19.1	450	310	860	1120	1150	1500	860	530	690	1120	1450	1500	1940	1120	690	900	460	790
	D22	22.2	520	360	-	-	1810	2360	1380	860	1110	-	-	2360	3060	1790	1110	1450	540	920
	D25	25.4	590	420	-	-	2200	2860	1710	1120	1460	-	-	2860	3720	2230	1460	1890	620	1050
	D29	28.6	670	470	-	-	2480	3220	1990	-	-	-	-	3220	4190	2580	-	-	690	1180
30	D10	9.53	210	150	300	330	350	450	-	300	330	330	430	450	590	-	330	430	220	400
	D13	12.7	280	200	410	530	570	740	-	340	440	530	680	740	960	-	440	570	290	530
	D16	15.9	350	250	600	780	820	1060	600	420	550	780	1010	1060	1380	780	550	710	370	660
	D19	19.1	420	300	820	1060	1090	1420	820	510	660	1060	1380	1420	1840	1060	660	850	440	790
	D22	22.2	490	350	-	-	1720	2240	1310	810	1060	-	-	2240	2900	1700	1060	1370	510	920
	D25	25.4	560	390	-	-	2090	2720	1630	1070	1380	-	-	2720	3530	2110	1380	1800	580	1050
	D29	28.6	630	440	-	-	2350	3060	1880	-	-	-	-	3060	3980	2450	-	-	660	1180

NOTES :

① 피복두께 확보 :
갈고리 평면에 수직방향인 측면피복두께가 70mm 이상이며,
90°갈고리에 대해서는 갈고리를 넘어선 부분의 철근 피복두께가 50mm 이상인 경우

② 상부철근 : 철근 하부에 300mm를 초과하는 콘크리트가 타설된 수평철근을 의미

③ 슬래브와 벽체 : 피복 20 mm 이상, 철근 중심간격 100 mm 이상 적용

④ 보 : 피복 40 mm 이상, 철근 순간격 25 mm (또한 1.0 d_b) 이상 적용

⑤ 기둥 : 피복 40 mm 이상, 철근 순간격 40 mm (또한 1.5 d_b) 이상 적용

⑥ 기초 : 피복 40 mm 이상, 철근 중심간격 100 mm 이상 적용

⑦ 겹침이음되는 철근 간격 : 소요 겹침길이의 1/5 과 150 mm 중 작은 값 이하

⑧ 직경이 다른 철근의 이음 : 큰 직경의 정착길이와 작은 직경의 이음길이 중 작은 값 적용

NOTE

REVISIONS		
7		
6		
5		
4		
3		
2		
1		
NO.	DATE	DESCRIPTION

PROJECT TITLE

PROJECT TITLE

DRAWING TITLE

철근콘크리트구조 일반사항-2

DATE	SCALE	A1	NONE
		A3	NONE
DRAWN BY			
CHECKED BY			
APPROVED BY			
DESIGNED BY			
DRAWING NO.	S - 002		

Ⓐ 철근콘크리트 구조일반사항-3

축척 : NONE

3. 슬 래 브 배 근

3.1 슬래브 배근 일반

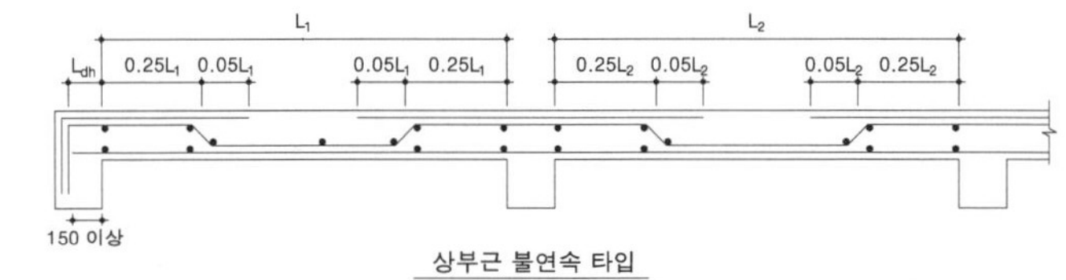

상부근 불연속 타입

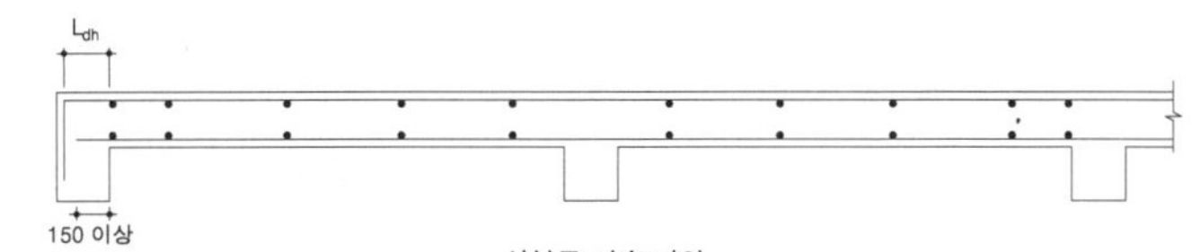

상부근 연속 타입

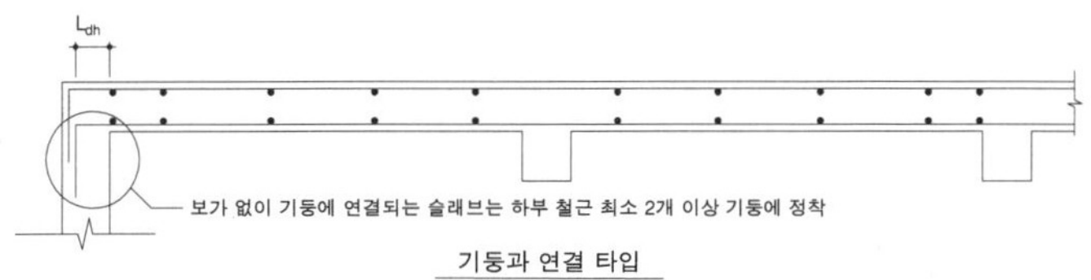

기둥과 연결 타입

3.2 보와의 접합부 슬래브 배근

1) 외단부

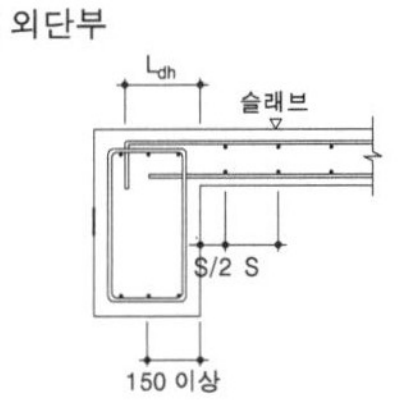

2) 내단부

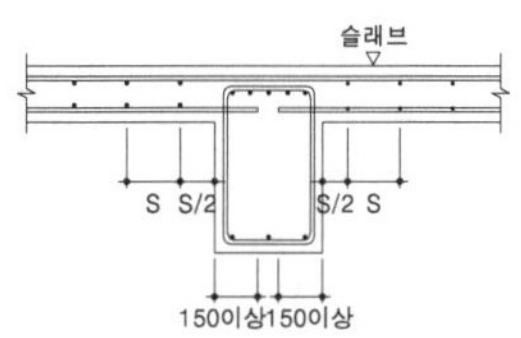

3) 보 상단과 단차가 있는 경우

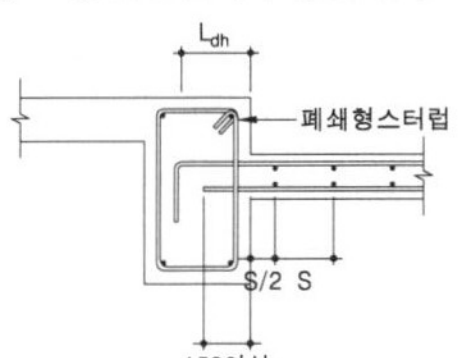

4) 보 하단과 슬래브 하단이 일치하는 경우

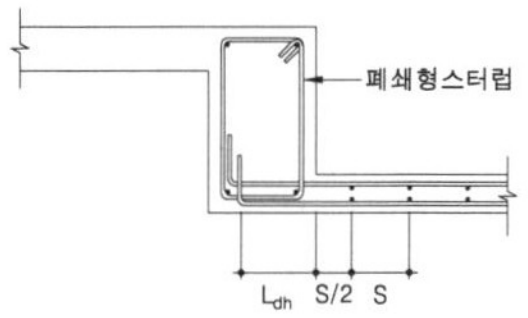

3.3 벽체와의 접합부 슬래브 배근

1) 외단부

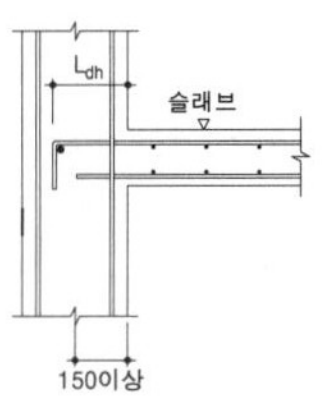

2) 내단부

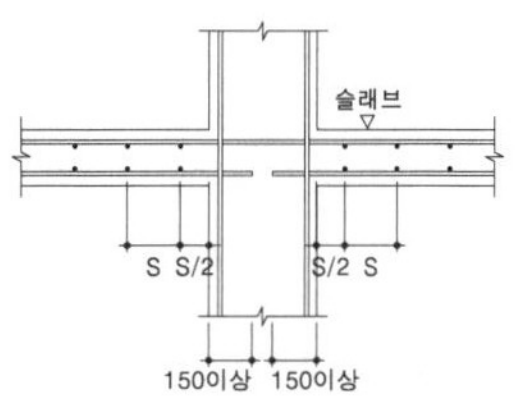

3.4 슬래브 단차

1) H ≤ t/4 이고 H ≤ 75mm 인 경우

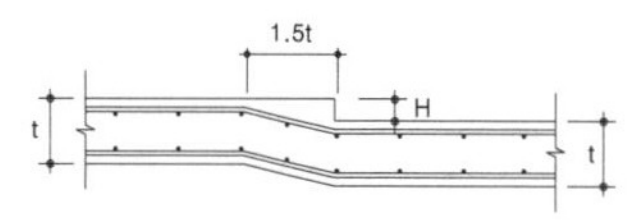

2) H ≤ t 이고 75 ≤H ≤ 150mm 인 경우

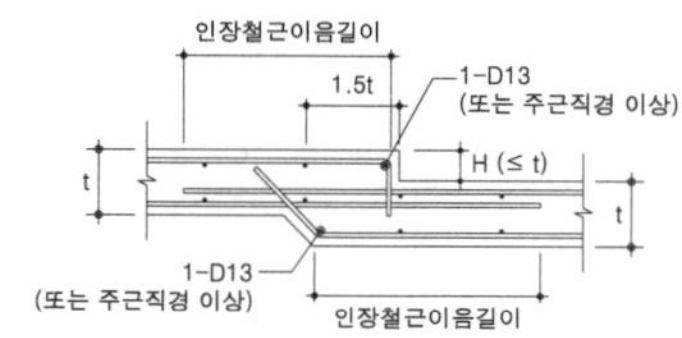

3) H ≤ 2t 인 경우
(2t 초과 시에는 구조설계자와 협의)

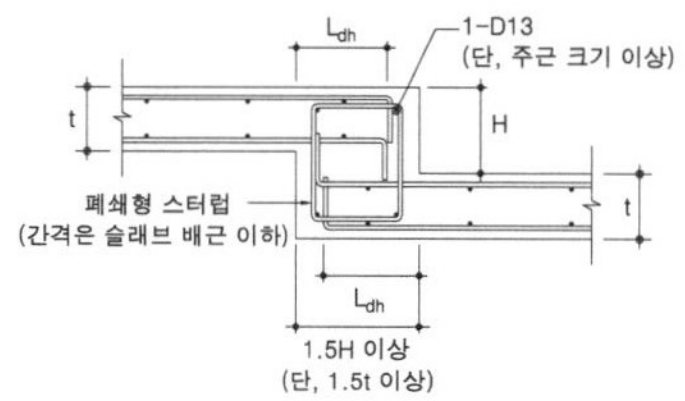

4) $t_1 < t_2$ 인 슬래브 단차

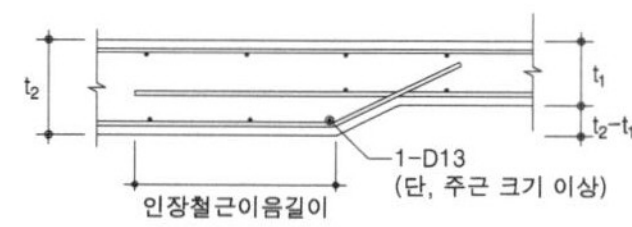

3.5 슬래브 개구부 보강

* 구조도면상에 개구부 표기가 없는 부분에 대한 개구부 설치 및
구조도면상의 개부구와 크기가 상이한 개구부 설치 시에는 책임구조기술자와 협의 후 시공한다.

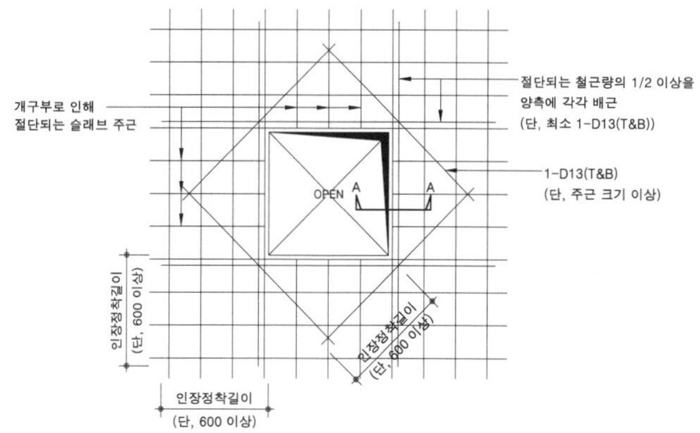

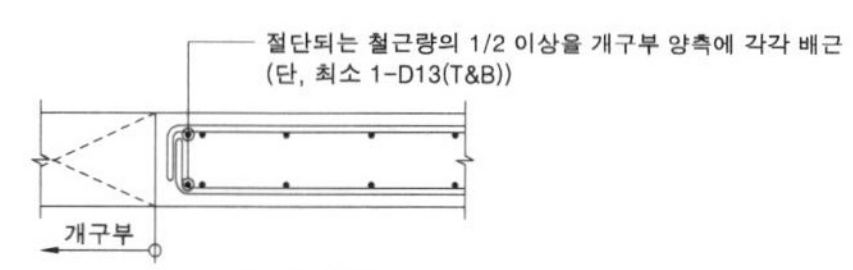

A - A 단 면

3.6 슬래브 ELEV. HOOK 보강

* 슬래브 두께나 HOOK하중에 따라 구조 확인이 필요함.

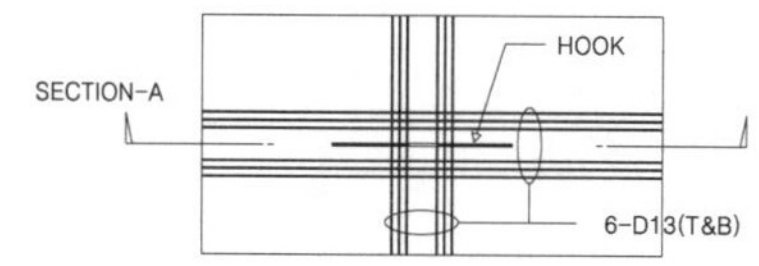

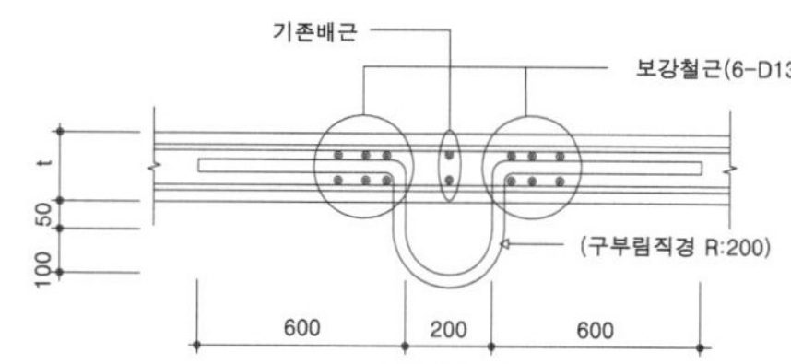

SECTION-A

NOTE

REVISIONS		
7		
6		
5		
4		
3		
2		
1		
NO.	DATE	DESCRIPTION

PROJECT TITLE

PROJECT TITLE

DRAWING TITLE

철근콘크리트구조 일반사항-3

DATE	SCALE	A1	NONE
		A3	NONE
DRAWN BY			
CHECKED BY			
APPROVED BY			
DESIGNED BY			
DRAWING NO.	S - 003		

Ⓐ 철근콘크리트 구조일반사항-4
축척 : NONE

4. 보 배 근

4.1 보 배근 일반 (중간/특수모멘트골조 및 전이보 제외)

1) 주근 배근

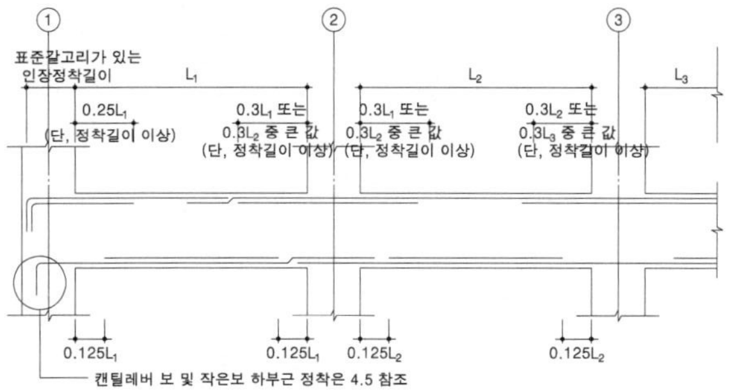

2) 스터럽 배근 - 테두리보, 내부보 (큰보, 거더)

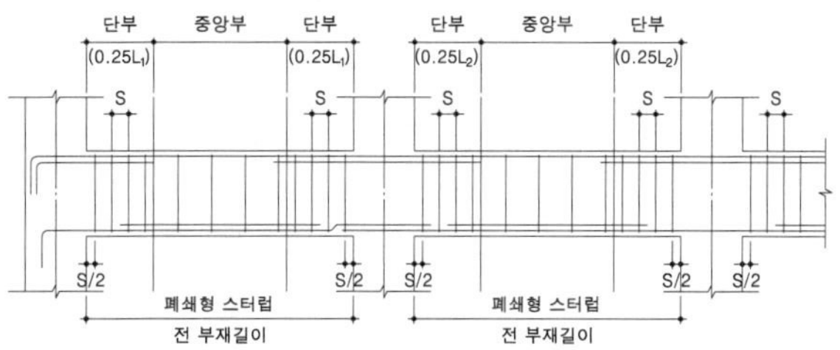

3) 스터럽 배근 - 내부보 (작은보)

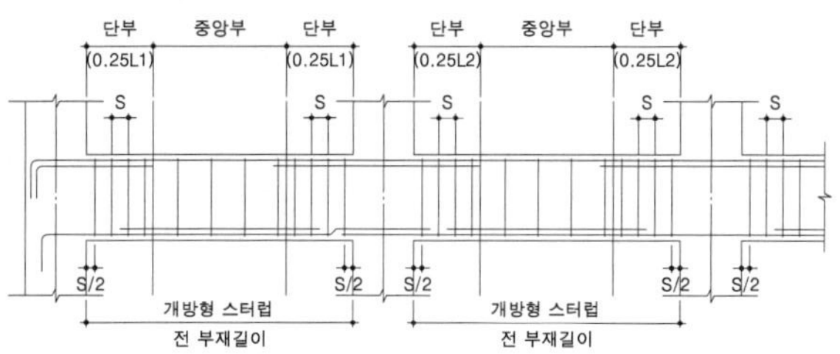

4.2 보 배근 중간모멘트골조 내진상세

1) 주근 배근 : 보 배근 일반상세의 주근 배근과 동일하나 철근은 내진용 철근 적용

2) 스터럽 배근 (내부보 및 테두리보 동일)

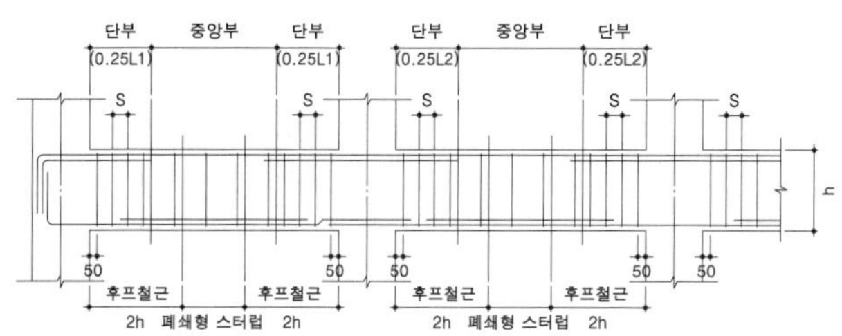

4.3 전이보 내진상세

1) 주근 배근 : 보 배근 일반상세의 주근 배근과 동일
(단, 내진용 철근 미적용 시에는 책임구조기술자의 확인 필요)

2) 스터럽 배근 (내부보 및 테두리보 동일)

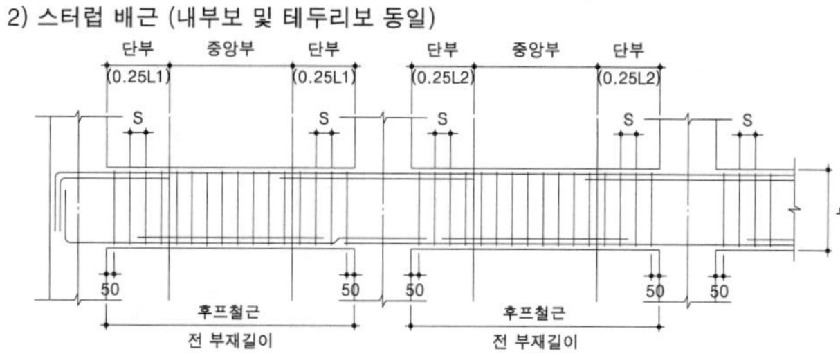

4.4 후프철근 및 스터럽 형태

1) 후프철근 : 135° 갈고리는 모두 내진갈고리 적용에 주의

- 135° 내진갈고리 = 기본적으로 135° 표준갈고리와 동일하나 최소 75 mm 이상

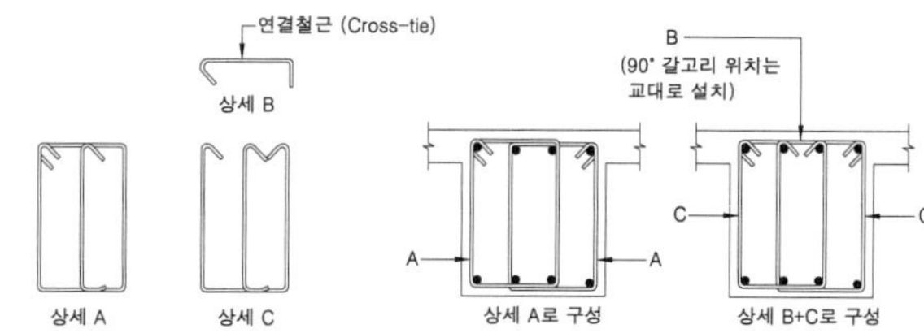

2) 폐쇄형 스터럽 : 표준갈고리 적용

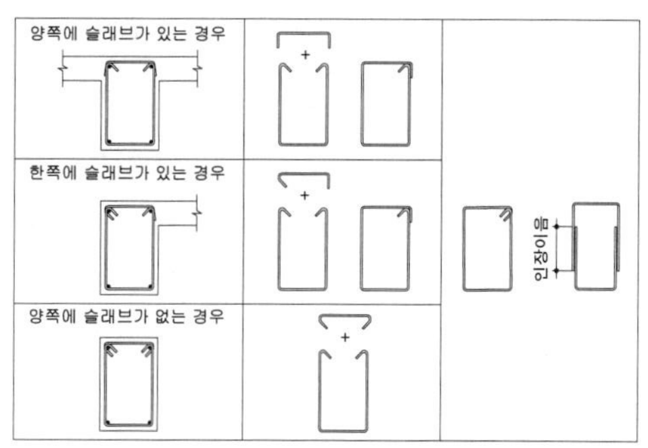

3) 개방형 스터럽 : 표준갈고리 적용

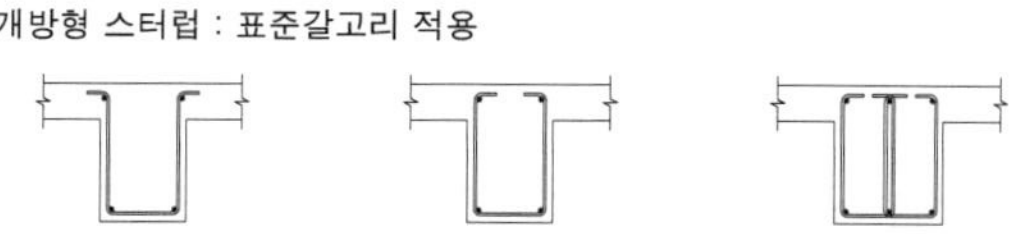

4.5 큰보와 작은보 교차부위 스터럽 상세

- 큰 보는 교차부에서도 스터럽 배치 필요

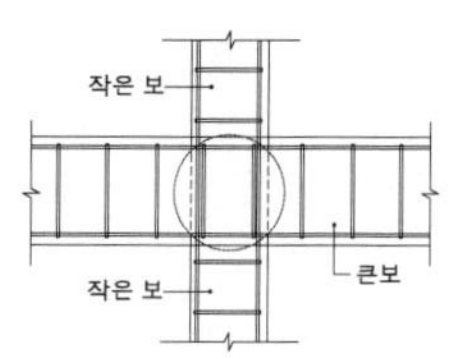

4.6 보 주근의 정착

1) 캔틸레버 보의 정착

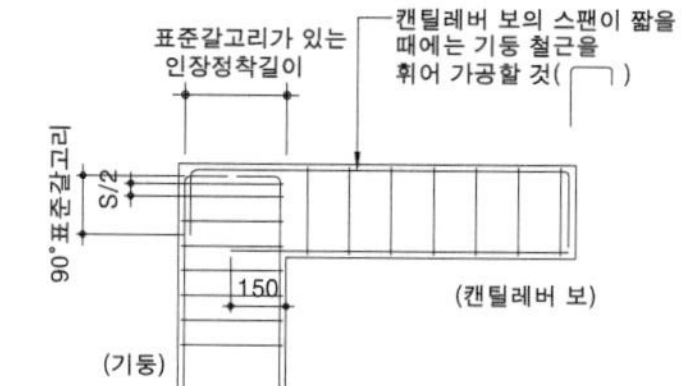

(2) 큰 보에서 작은 보의 정착

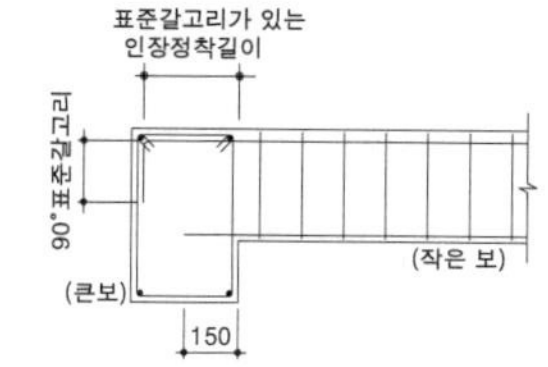

4.7 절곡보, 헌치보 및 보 단차

1) 절곡보

(1) h ≤ 150mm 인 경우

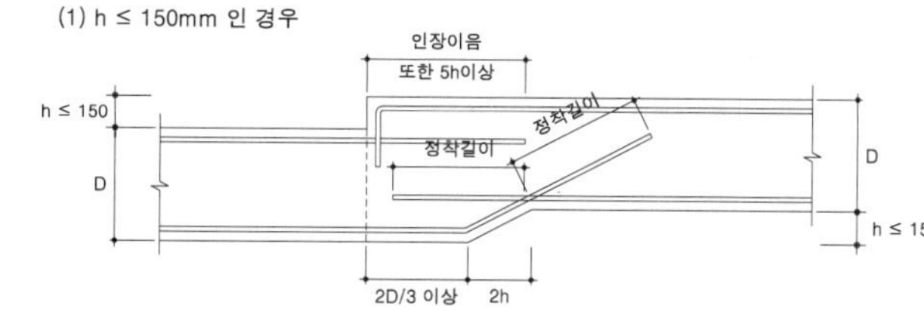

(2) h > 150mm 인 경우

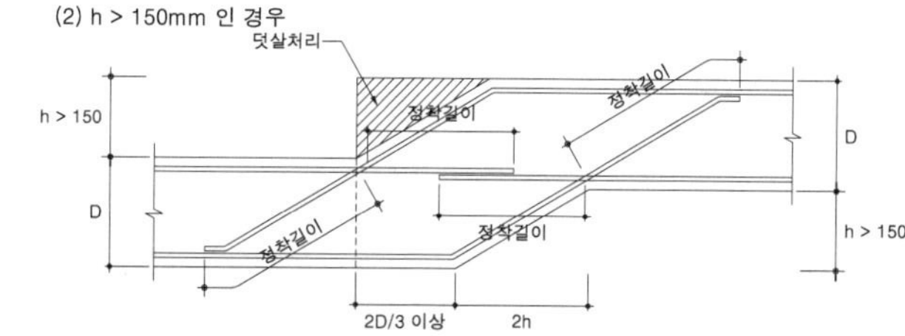

2) 헌치보

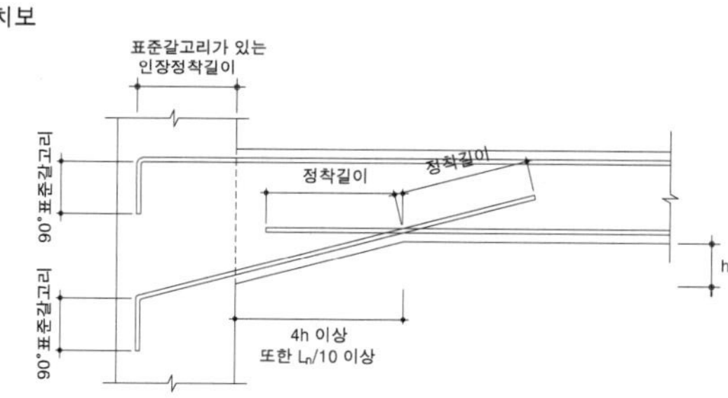

3) 보 단차

- 단차가 150mm 보다 큰 경우에는 절곡보 참조

(1) 보 상단 단차

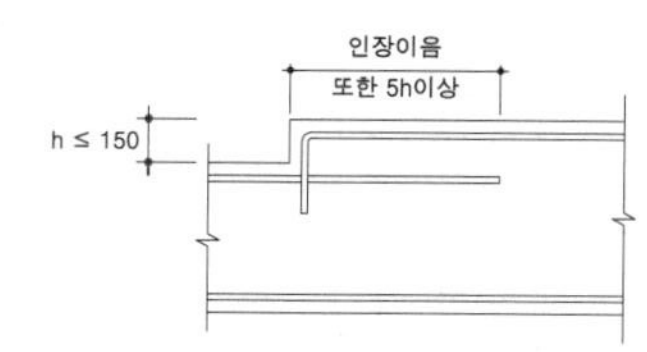

(2) 보 하단 단차

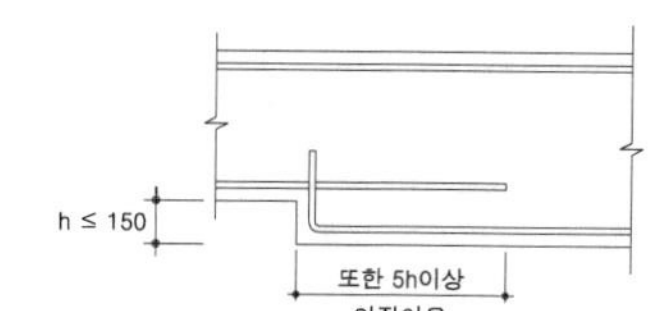

NOTE

REVISIONS		
7		
6		
5		
4		
3		
2		
1		
NO.	DATE	DESCRIPTION

PROJECT TITLE

PROJECT TITLE

DRAWING TITLE

철근콘크리트구조 일반사항-4

DATE	SCALE	A1	NONE
		A3	NONE
DRAWN BY			
CHECKED BY			
APPROVED BY			
DESIGNED BY			
DRAWING NO.	S - 004		

Ⓐ 철근콘크리트 구조일반사항-5

축척 : NONE

4. 보 배 근

4.8 보 덧살 배근

1) 보 상단 덧살

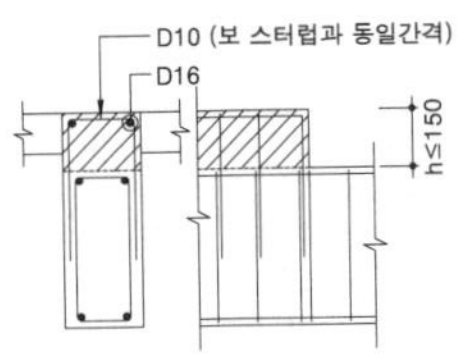

2) 보 하단 덧살

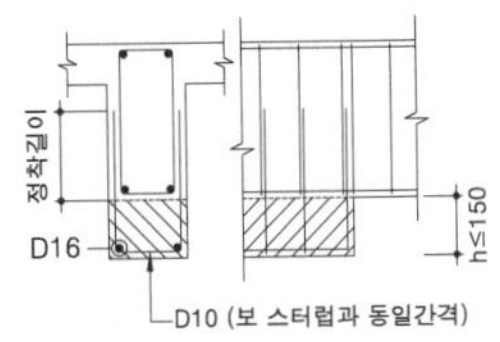

3) 보 측면 덧살

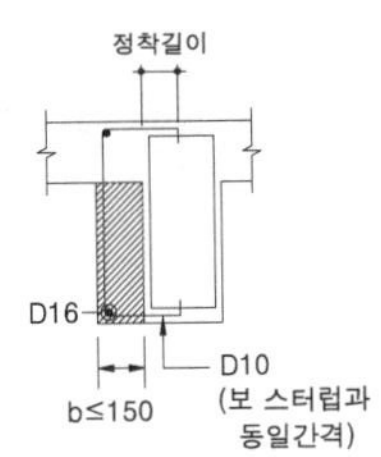

4.9 층 레벨이 다른 보의 배근

1) e < 75mm이고 e/D ≤ 1/6일 경우

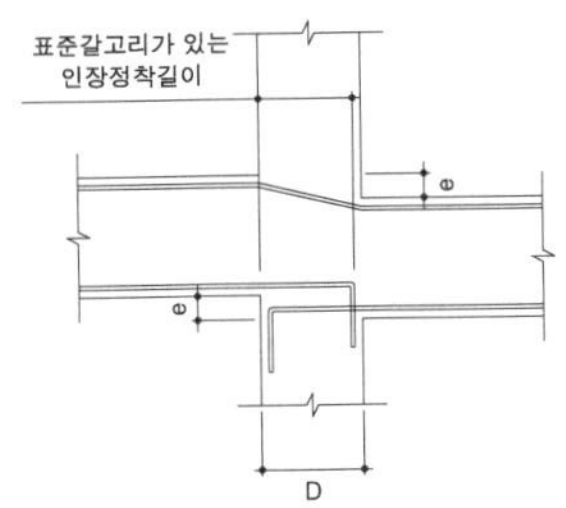

2) e ≥ 75mm이거나 e/D > 1/6일 경우

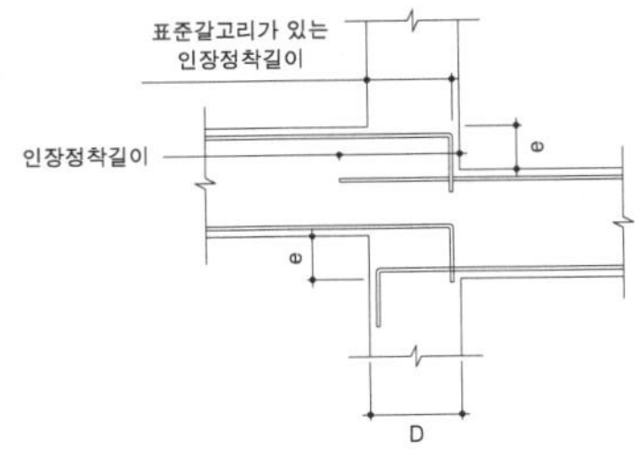

4.10 보 주근의 이음위치

□ 이음갯수 반수 이상 초과 금지

▨ 바람직한 이음 위치

1) 일반보

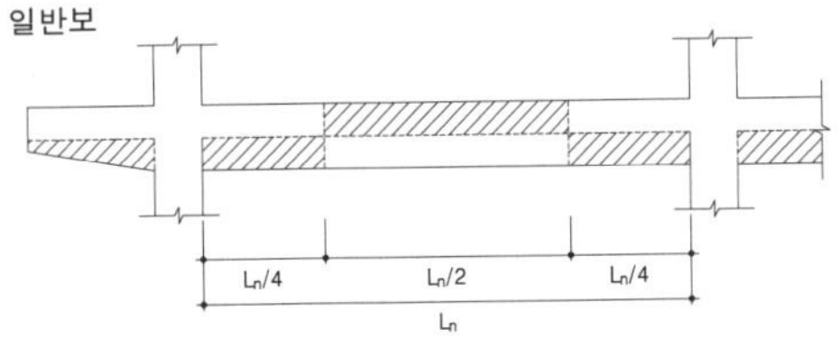

2) 지반력 및 수압을 받지 않는 지중보 (자중>수압)

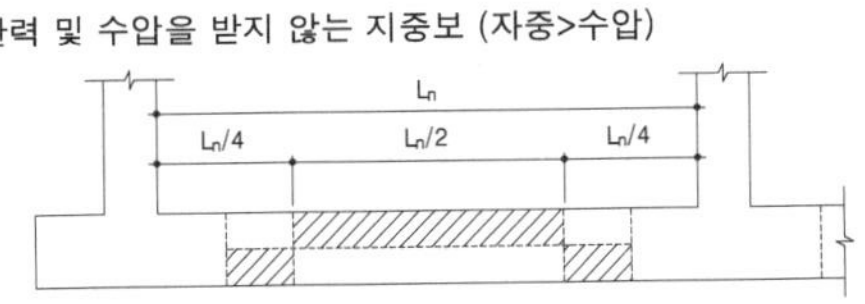

3) 지반력 및 수압을 받는 지중보 (자중<수압)

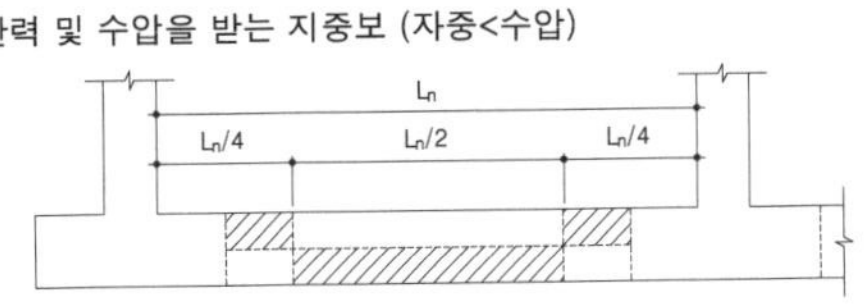

4.11 보를 관통하는 슬리브

1) 보를 관통하는 슬리브의 바람직한 위치

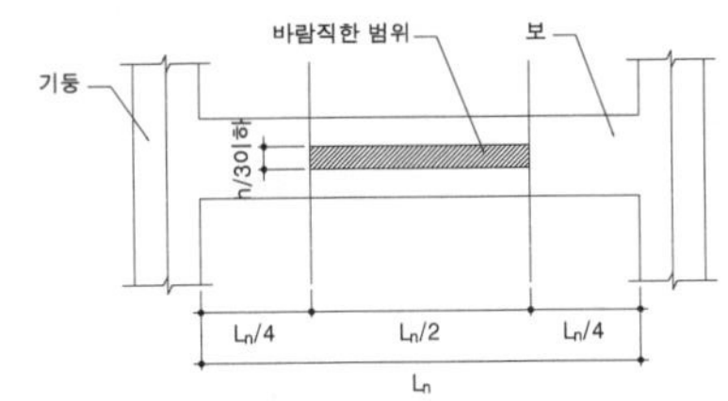

2) 보를 관통하는 슬리브 주변 보강 : 책임구조기술자의 확인 후 시공

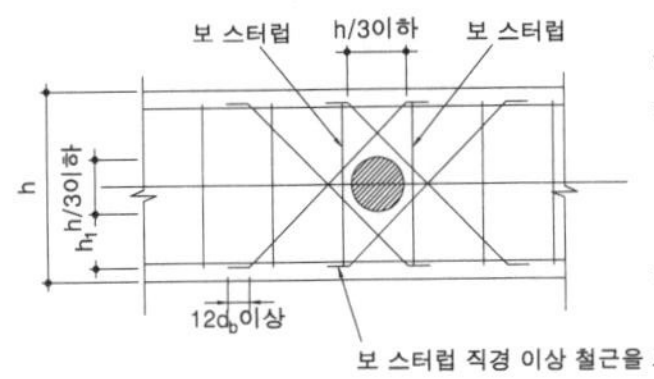

* 슬리브간 간격은 슬리브 직경의 3배 이상으로 한다.
* 슬리브의 위치는 보춤의 중심부근으로 하며, 아래값 이상으로 한다.

h	500~700	700~900	900
h_1	≥ 150	≥ 200	≥ 250

* 슬리브 지름이 보춤의 1/10 이하 일때는 보강을 생략할 수 있다.

4.12 콘크리트 보의 이어치기 접합부

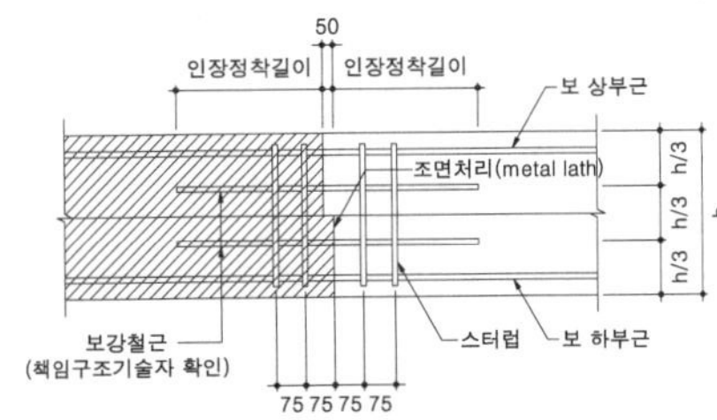

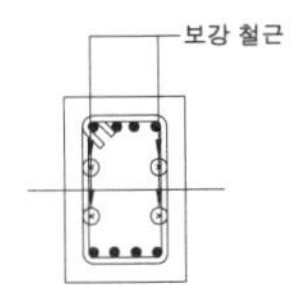

4.13 표피철근

보의 깊이 h가 900mm를 초과하면 부재일람표에 별도의 표시가 없는 경우 종방향 표피철근으로 D10@150 (간격은 수직방향 간격, SD400)을 보 하단부터 상단까지 보춤 전체에 걸쳐 부재 양쪽 측면을 따라 균일하게 배치하여야 한다.

NOTE

REVISIONS		
7		
6		
5		
4		
3		
2		
1		
NO.	DATE	DESCRIPTION

PROJECT TITLE

PROJECT TITLE

DRAWING TITLE

철근콘크리트구조 일반사항-5

DATE	SCALE	A1	NONE
		A3	NONE
DRAWN BY			
CHECKED BY			
APPROVED BY			
DESIGNED BY			
DRAWING NO.	S - 005		

Ⓐ 철근콘크리트 구조일반사항-6

축척 : NONE

5. 기 둥 배 근

5.1 기둥 배근 일반 (특수모멘트 골조 제외)

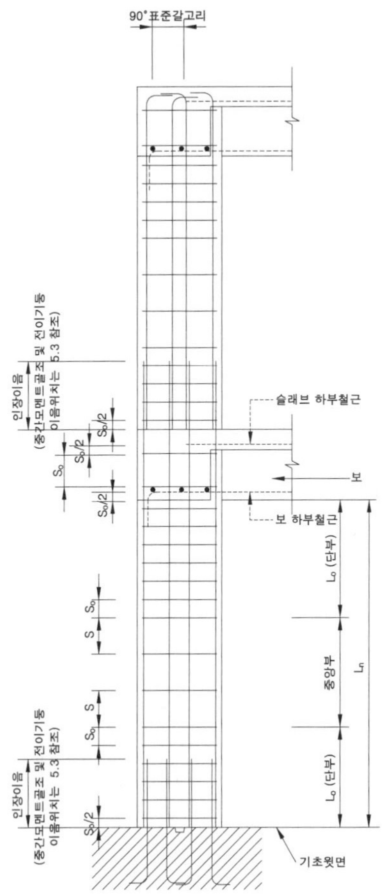

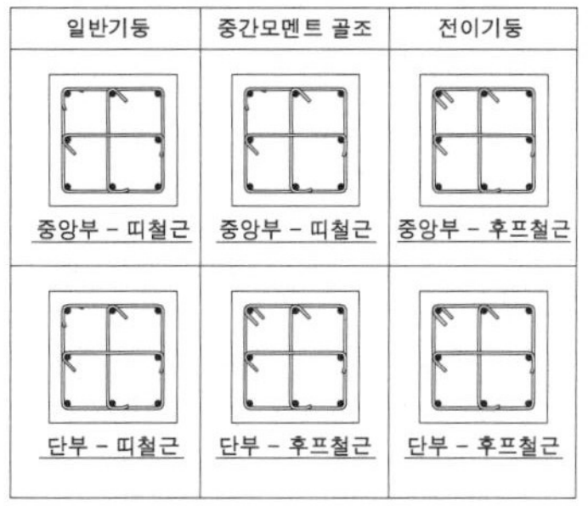

① 중간/특수모멘트골조 및 전이기둥에 사용되는 주근은 내진용 철근을 사용해야 한다.
② L_0 (단부, 횡항복 발생구간)
= [기둥의 순경간(L_n)의 1/6, 기둥단면 최대치수, 450mm] 중 최대값 이상
③ S_0, S_1 (띠철근) : [주근 지름 16배, 띠철근 지름 48배, 기둥단면 최소 치수] 중 최소값 이하
④ S_0, S_1 (후프철근) : [주근 지름 8배, 후프철근 지름 24배, 300 mm] 중 최소값 이하
⑤ 띠철근 구성

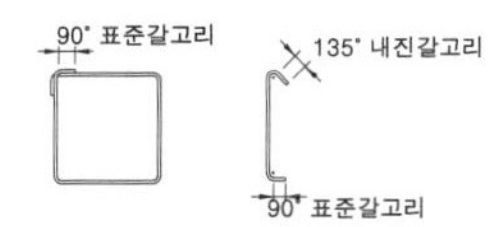

⑥ 후프철근 구성
*135˚ 내진갈고리 = 기본적으로 135˚ 표준갈고리와 동일하나 최소 75mm 이상

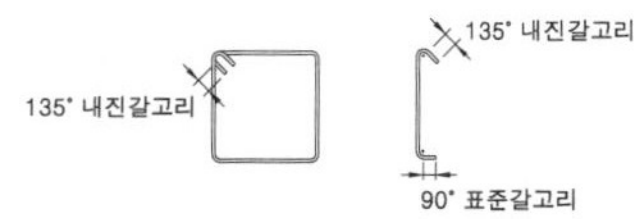

⑦ 원형 띠철근

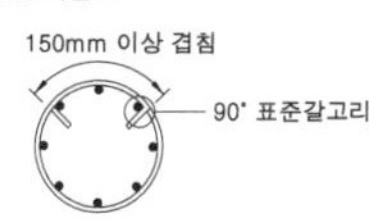

5.2 상하부 기둥 연결

• 기둥 연결부에서 단면치수가 변하는 경우 옵셋 굽힘철근을 배근하며, 굽힘부의 경사는 1/6이하로 한다.
• 기둥 연결부에서 상하부의 기둥면이 75mm이상 차이가 나는 경우는 별도의 연결철근 (다월 철근)을 사용하여야 한다.

1) 기둥 주근의 갯수가 다른 경우

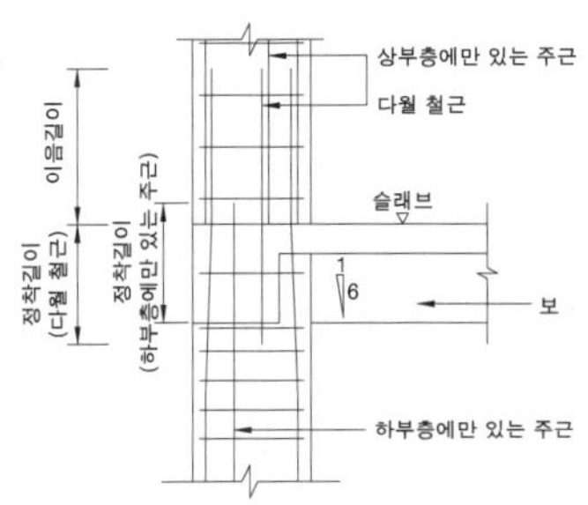

2) 오프셋 1
(e < 75mm이고 e/D ≤ 1/6일 경우)

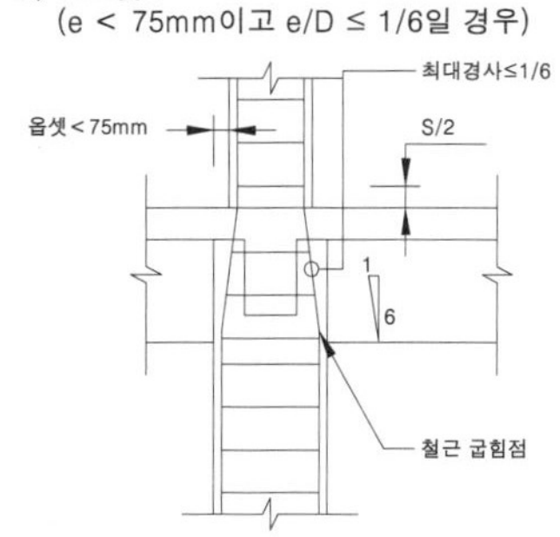

3) 오프셋 2
(e ≥ 75mm이거나 e/D > 1/6일 경우)

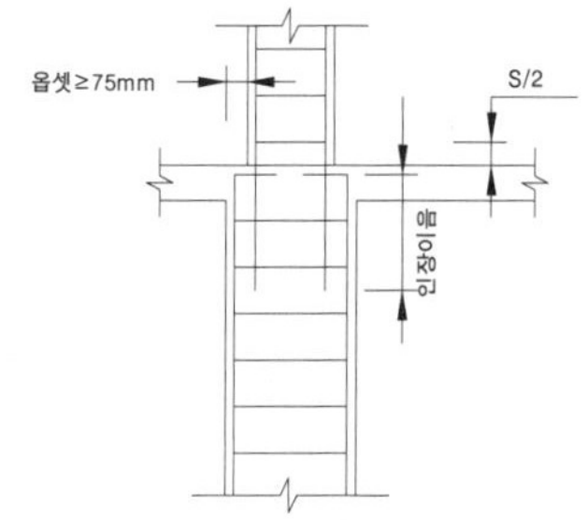

5.3 기둥 주근의 이음위치

1) 일반 기둥(중간/특수모멘트골조 제외)

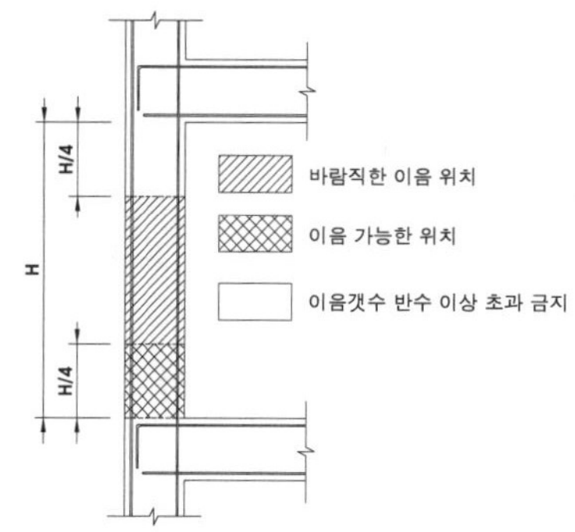

2) 중간모멘트골조

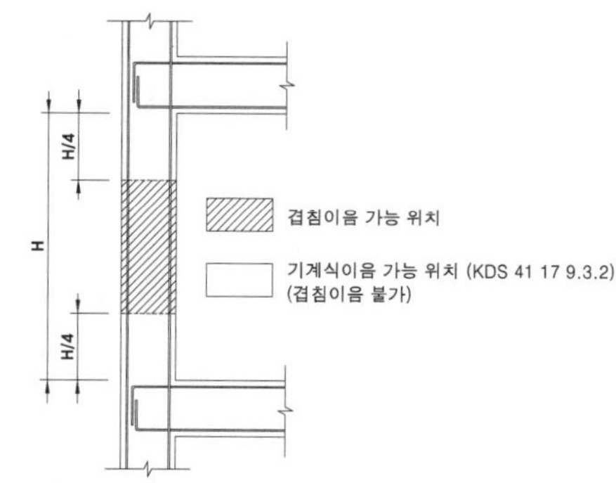

5.4 기둥 띠철근(연결철근)

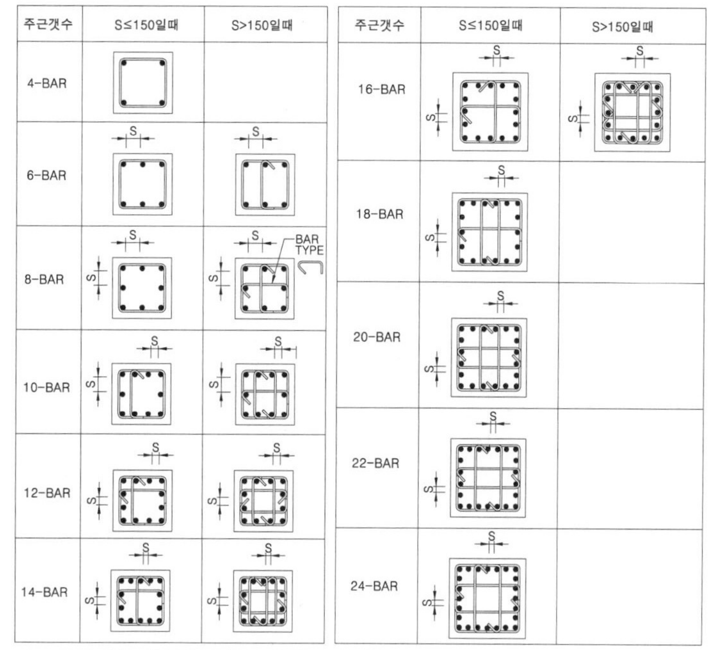

• S : 띠철근에 의해 횡지지된 종방향 철근과 인접철근과의 순간격
• 모든 모서리에 있는 종방향 철근과 하나 건너있는 종방향 철근이 135˚이하로 구부린 띠철근의 모서리에 의해 횡지지되어야 한다. 또한 띠철근을 따라 횡지지된 인접 종방향 철근이 150mm 초과하여 떨어진 경우에는 추가 띠철근을 배치하여야 한다.

5.5 기둥 나선철근

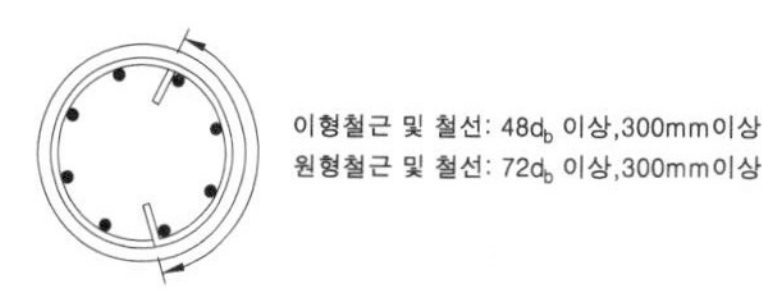

나선철근의 이음

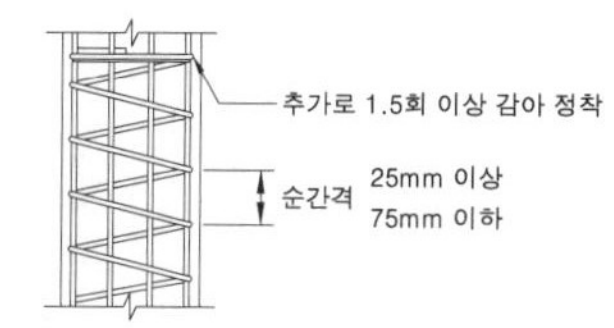

나선철근의 순간격 및 정착

NOTE

REVISIONS		
7		
6		
5		
4		
3		
2		
1		
NO.	DATE	DESCRIPTION

PROJECT TITLE

PROJECT TITLE

DRAWING TITLE

철근콘크리트구조 일반사항-6

DATE	SCALE	A1	NONE
		A3	NONE
DRAWN BY			
CHECKED BY			
APPROVED BY			
DESIGNED BY			
DRAWING NO.	S - 006		

(A) 철근콘크리트 구조일반사항-7

축척 : NONE

6. 벽 체 배 근

6.1 벽체 배근 일반

1) 최상층 벽체 상세-1

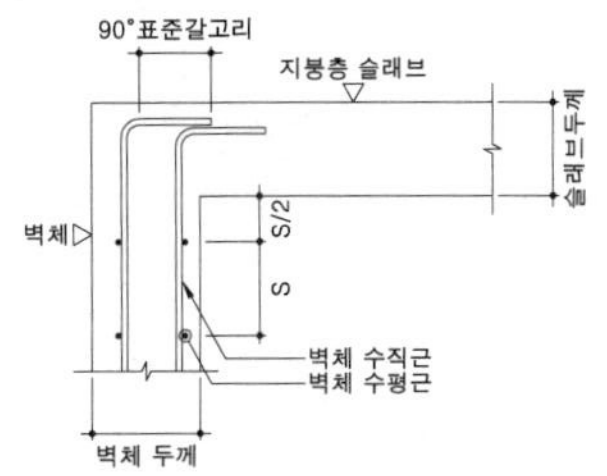

2) 최상층 벽체 상세-2

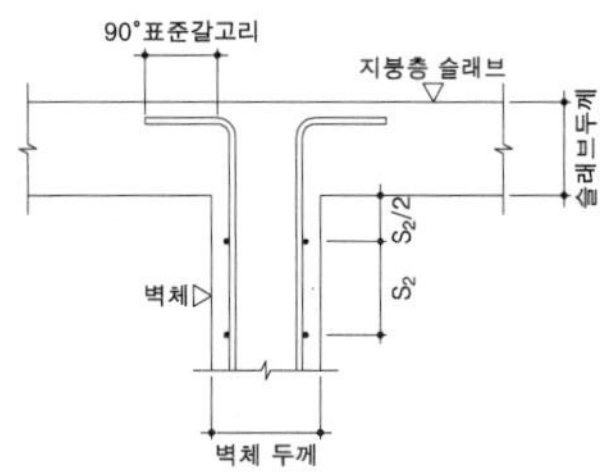

* 최상층 벽체 수직철근의 단부는 90°표준갈고리로 슬래브에 정확히 정착하여 일체성을 갖도록한다.

3) 벽체-기둥 배근 상세

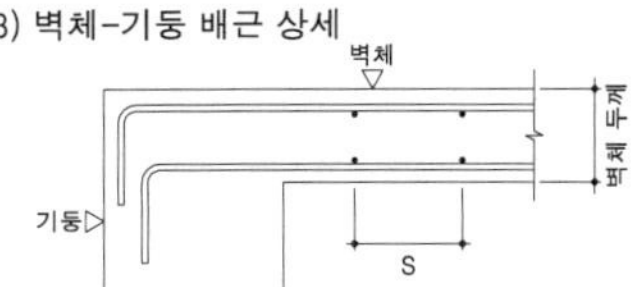

4) 벽체-보 배근상세

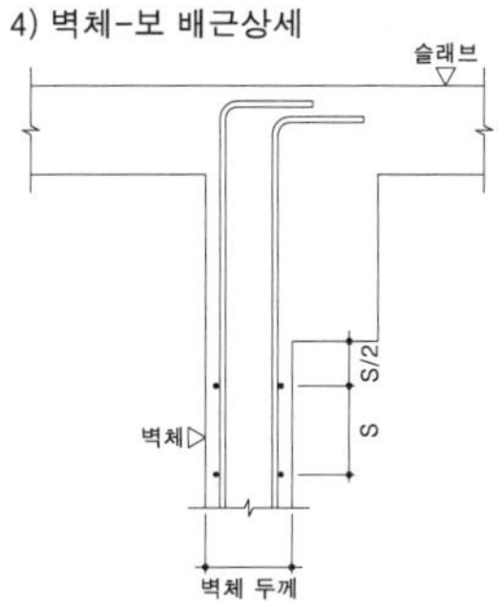

5) 최하층 접합부의 벽체 상세

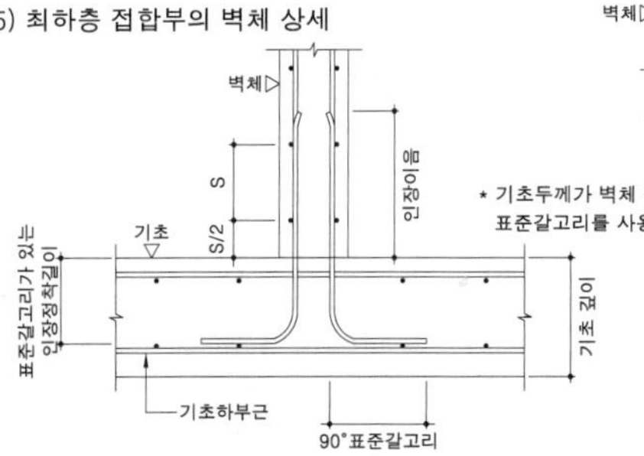

* 기초두께가 벽체 수직철근의 정착길이 이상 확보되면 표준갈고리를 사용치 않아도 된다.

6.2 벽체 단부 보강

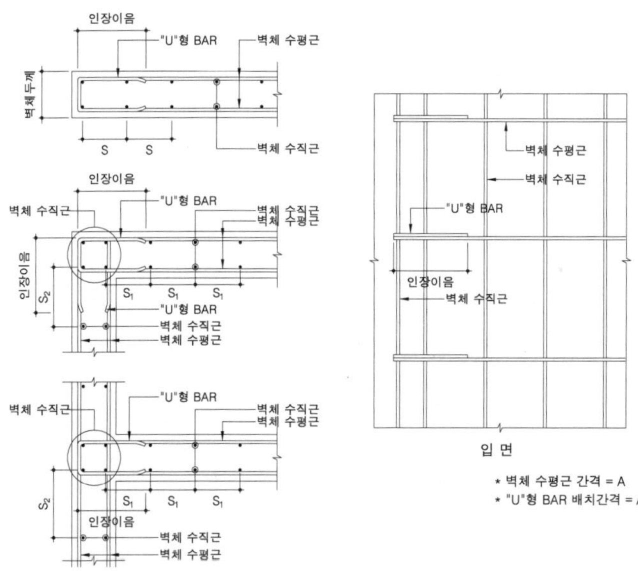

* 벽체 수평근 간격 = A
* "U"형 BAR 배치간격 = A

6.3 내력벽 수직 철근 이음

1) 일반적인 경우

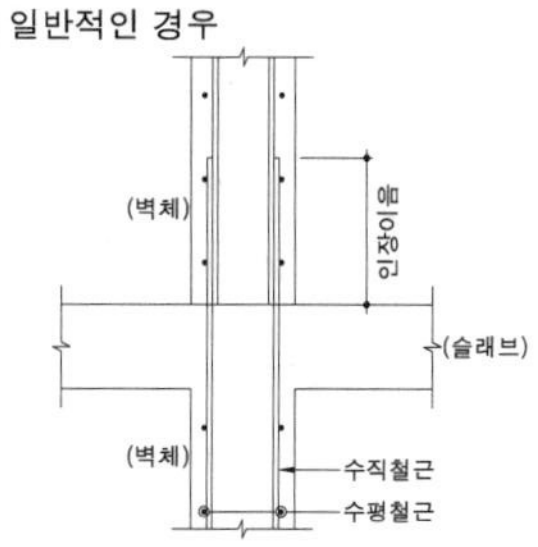

2) 복배근에서 단배근으로 바뀔 경우

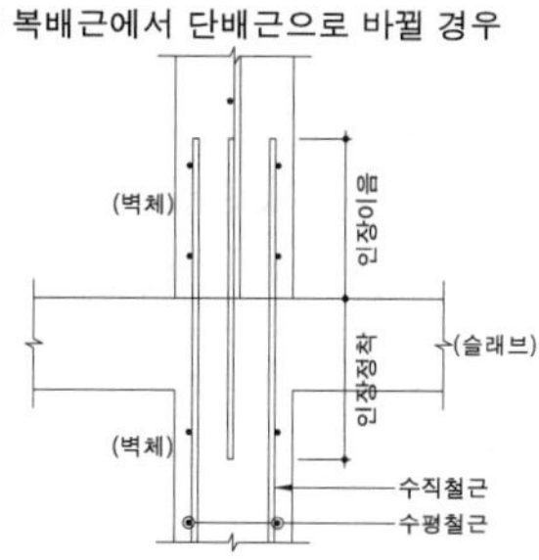

3) 철근 간격이 다를 경우

(1) S<L_s/5 이고 S<150mm 일 경우
L_s : 인장이음길이

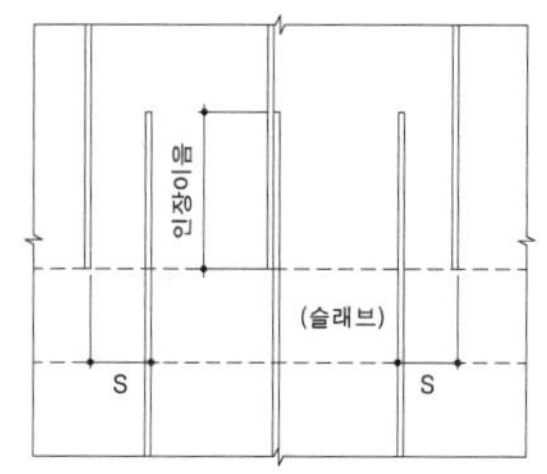

(2) S≥L_s/5 또는 S≥150mm 일 경우
L_s : 인장이음길이

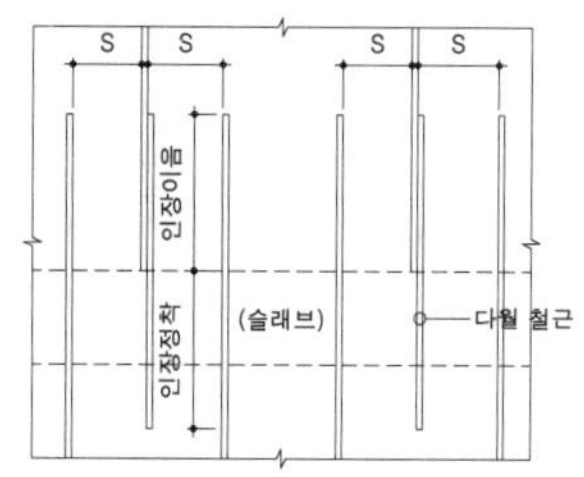

4) 내력벽 두께가 변할 경우

(1) e/D≤1/6 이고 e<75mm일 경우

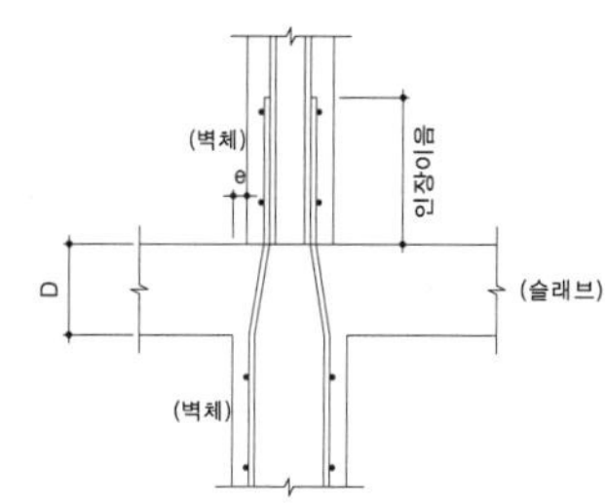

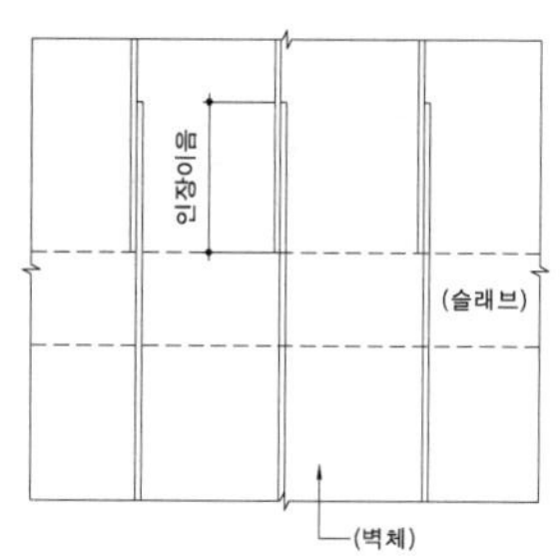

(2) e/D>1/6 또는 e≥75mm일 경우

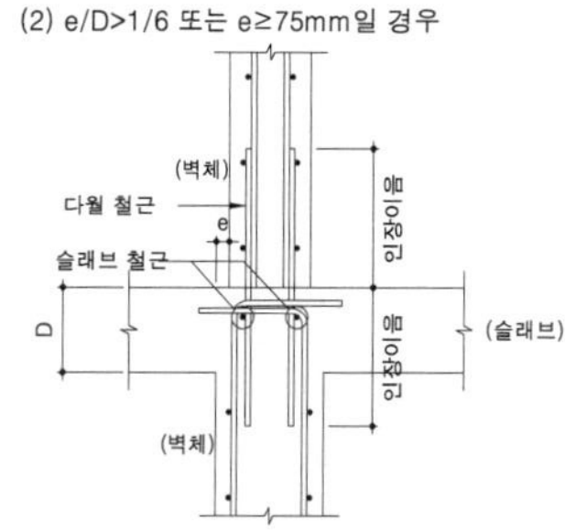

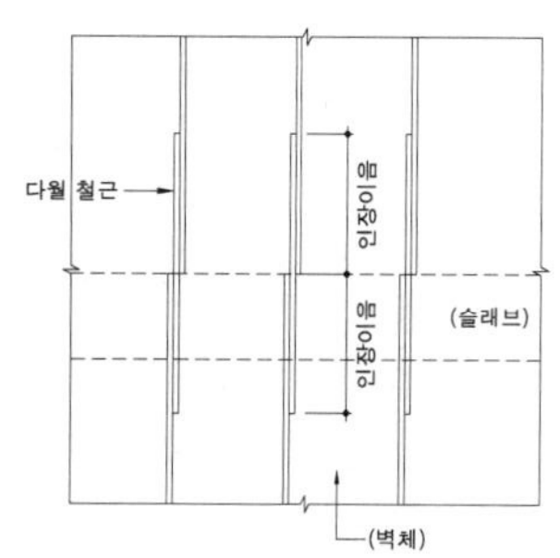

6.4 벽체의 개구부 보강

* L_d : 인장정착길이 (600mm이상)
* 개구부 주위에는 2-D16을 배치
* 개구부에 의해 절단되는 수직철근 및 수평철근
  → 절단되는 철근량의 1/2 이상을 개구부 양측에 각각 배근

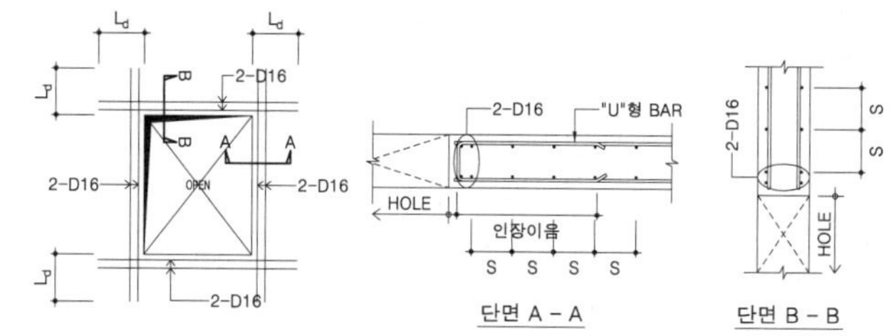

6.5 단배근 벽체

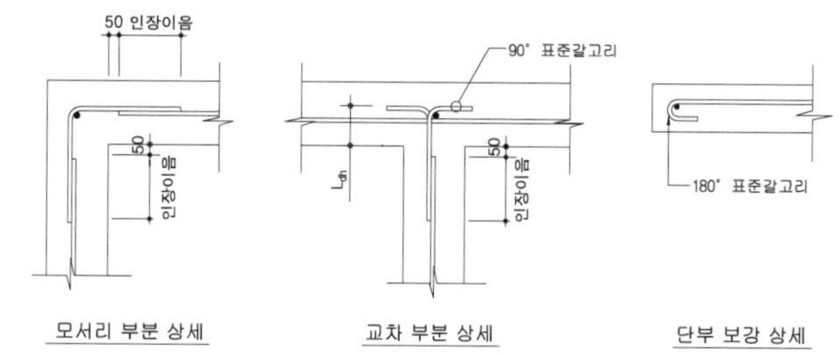

NOTE

REVISIONS		
7		
6		
5		
4		
3		
2		
1		
NO.	DATE	DESCRIPTION

PROJECT TITLE

PROJECT TITLE

DRAWING TITLE

철근콘크리트구조 일반사항-7

DATE	SCALE	A1	NONE
		A3	NONE
DRAWN BY			
CHECKED BY			
APPROVED BY			
DESIGNED BY			
DRAWING NO.	S - 007		

Ⓐ 철근콘크리트 구조일반사항-8
축척 : NONE

7. 기 초 및 기 타 배 근

7.1 직접기초

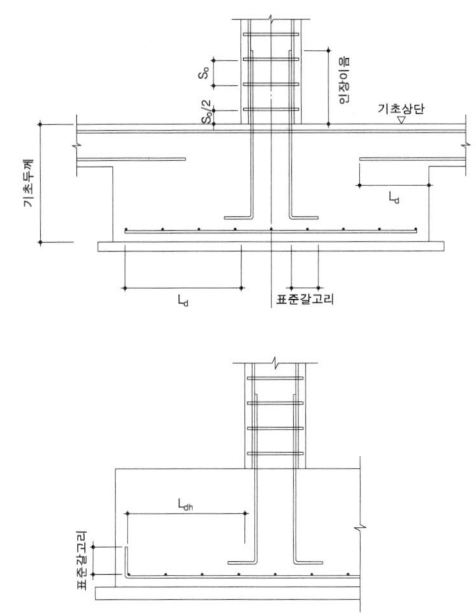

7.2 온통기초 또는 복합기초 단부

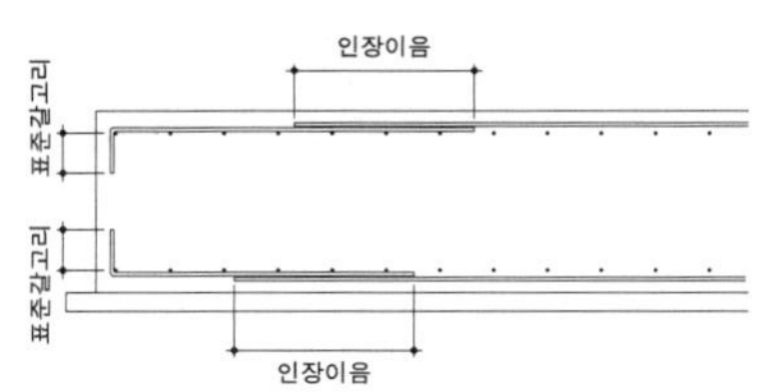

7.3 기초꺾임

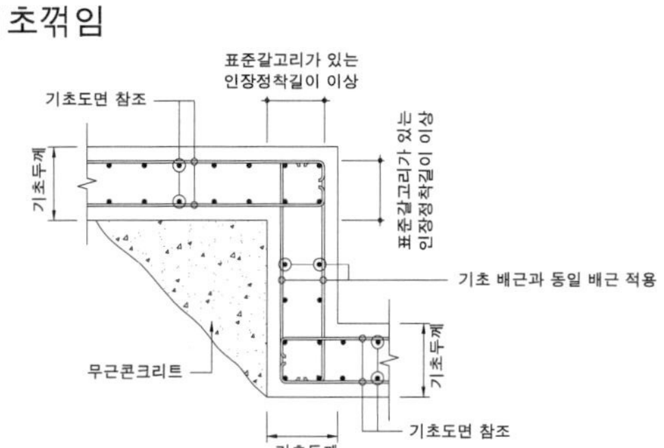

7.4 말뚝 기초 (PHC 말뚝)

① 기초 및 슬래브 배근은 책임구조기술자의 별도 도면을(부재일람표 등) 따른다.
② 말뚝은 재하시험을 실시하여 허용지지력 확인 후 시공한다.
③ 표기되지 않은 중심간격은 타입말뚝의 경우 2.5D 이상 (또한 750mm 이상),
기초측면과 말뚝 중심까지 간격은 1.25D 이상 (또한 375mm 이상)으로 한다.
④ 말뚝두부 상세는 책임구조기술자의 승인을 득한 후 시공한다.

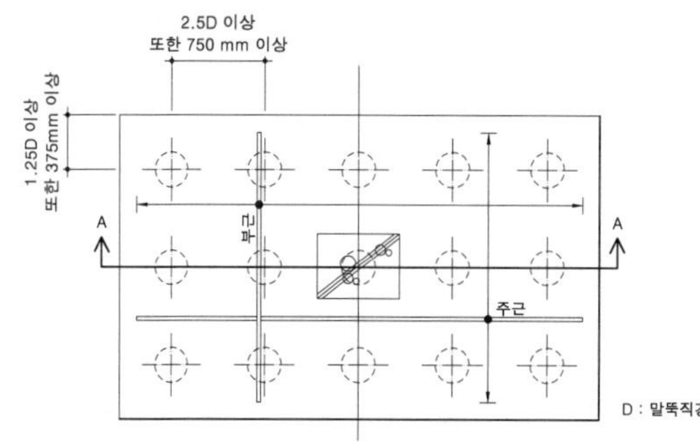

평 면

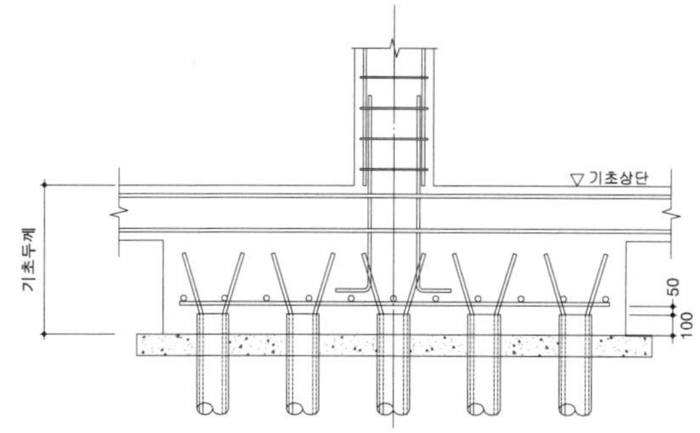

A-A 단 면

7.5 집수정

1) 슬래브에 생기는 경우 : 슬래브 단차 상세 적용
2) 기초에 생기는 경우 : 기초꺾임 상세 적용

7.6 트렌치

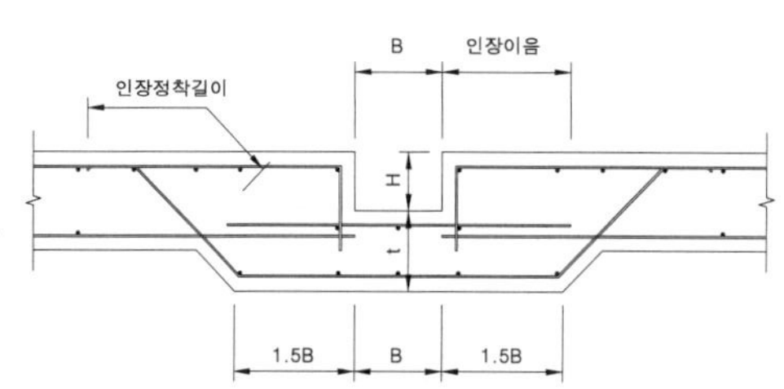

7.7 계단

1) 양단지지 계단

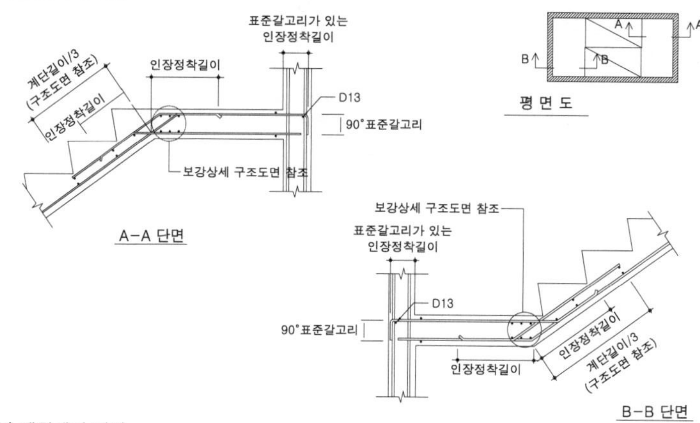

2) 캔틸레버 계단

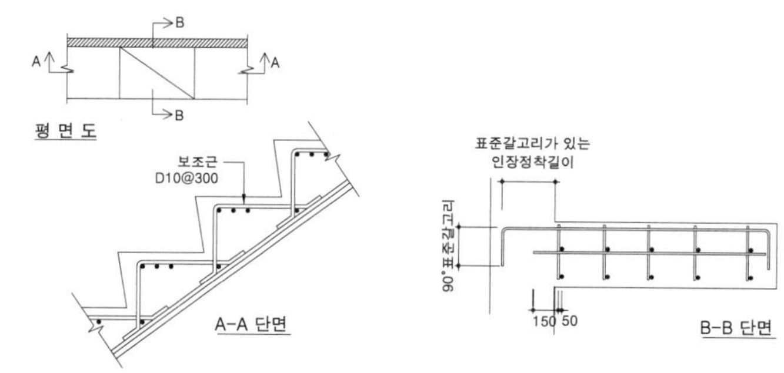

7.8 난간

* 높이는 1200 이하에 적용

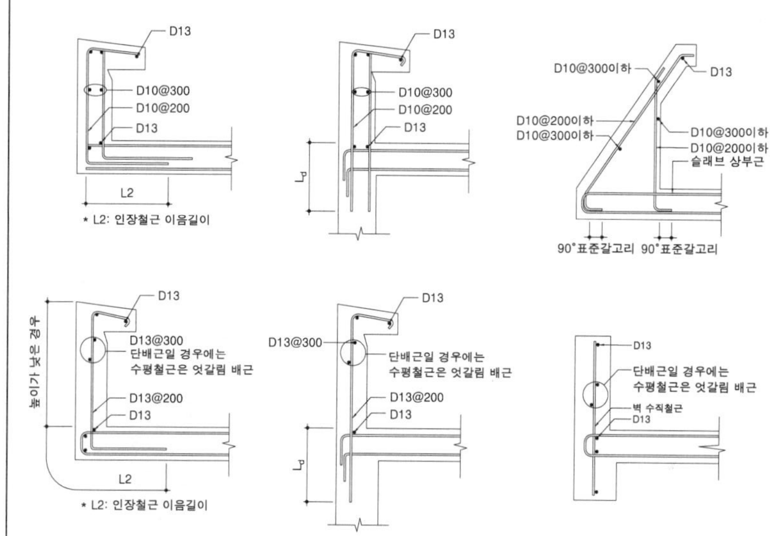

NOTE	
REVISIONS	
7	
6	
5	
4	
3	
2	
1	
NO. DATE	DESCRIPTION
PROJECT TITLE	PROJECT TITLE
DRAWING TITLE	철근콘크리트구조 일반사항-8
DATE	SCALE A1 NONE / A3 NONE
DRAWN BY	
CHECKED BY	
APPROVED BY	
DESIGNED BY	
DRAWING NO.	S - 008

제3장 부재별 구조도면

[S-1] 기초구조설계도

이 도면은 지하주차장의 내수압 슬래브와 독립기초로 이루어진 기초구조설계도이다.

일반적인 철근콘크리트 지하층 구조로 기둥크기는 550mm×550mm, 독립기초 D=650mm이며 내수압판 슬래브두께는 300mm이다.

철근 배근에 대한 정보와 구조재료의 강도, 부위별 철근의 피복두께 등이 표기되어 있다.

이 매뉴얼에 제시된 구조설계도와 배근시공도는 도면의 구성양식 및 표현방법에 대한 예시를 보여준 것이다. 따라서 "KDS 41 10 05 (4.3.4) 구조설계도의 작성" 에 따라 작성된 것이라 하더라도 하나의 예시에 불과하므로 실제 설계용도로 사용할 수 없다. 구조설계도에는 책임구조기술자가 설계요구사항을 정확히 표현하여야 하며 배근시공도에는 철근의 배치 및 이음위치, 철근량 등을 포함한 상세정보를 표현하여야 한다.

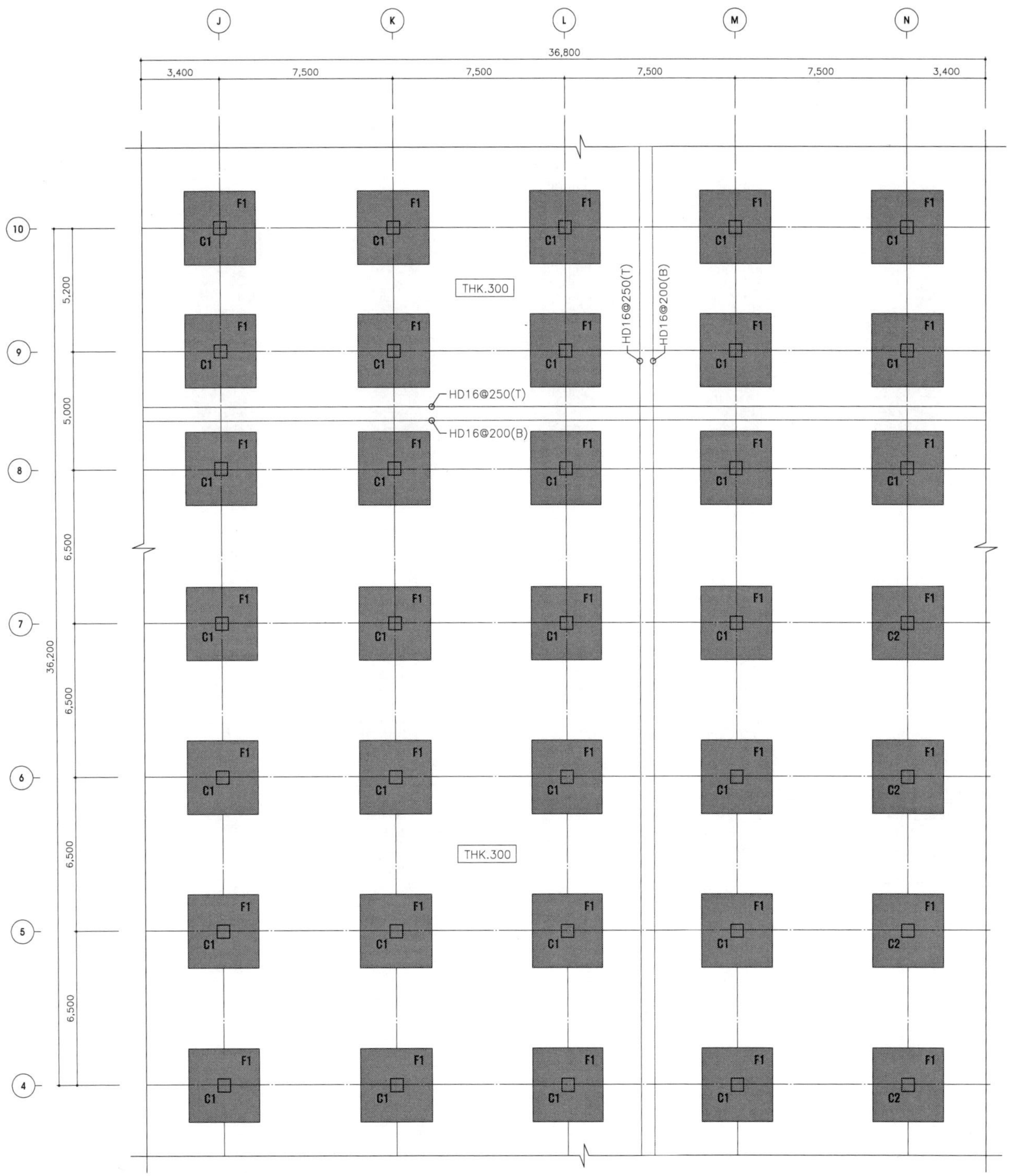

① 주차장 지하2층 구조 평면도
축 척 1/100

□ 기둥 일람표

부 호	C1	C2
단 면	B2~B1층 550 × 550	B2~B1층 550 × 550
주 근	12-D25	8-D25
대근(중앙부)	D10 @300	D10 @300
대근(상,하단부)	D10 @150	D10 @150

② 기둥 일람표

□ 독립기초

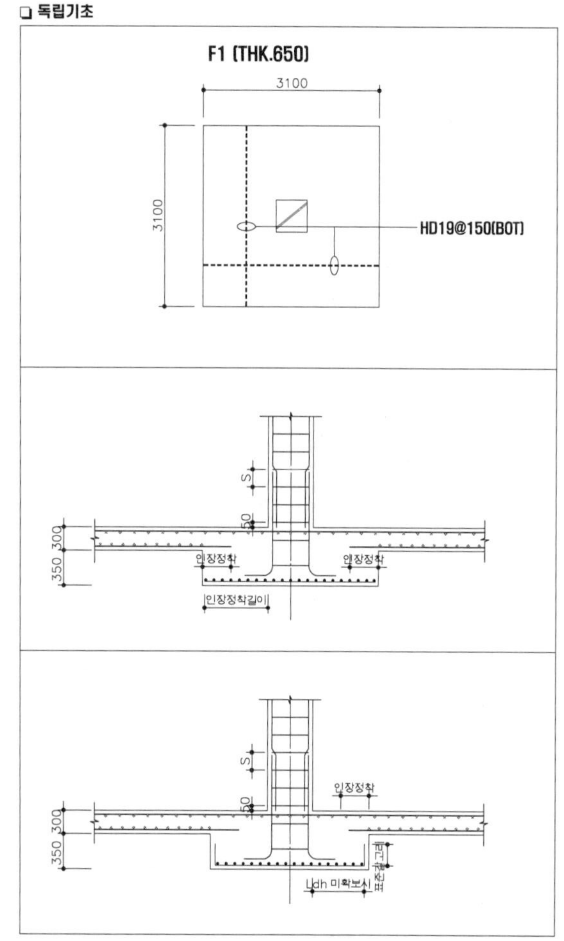

③ 독립기초 배근도

PROJECT TITLE

주기(NOTES)

1. CONC.강도
지하주차장
fck = 24 MPa (기계실, 전기실 포함)

2. 철근강도
주차장 보 주근, TG 주근 : fy=500 MPa
그 외 철근강도 : fy=400 MPa

3. 기둥의 상하단부 ℓ_0구간에서는 S_0간격으로 후프철근을 배치해야 한다.
- ℓ_0 ≥ 부재 순경간의 1/6
≥ 부재 단면의 최대 치수
≥ 450 mm 중 가장 큰 값 이상
- S_0 ≤ 종방향 철근의 최소직경의 8배
≤ 띠철근 직경의 24배
≤ 골조부재 단면의 최소치수의 1/2
≤ 300 mm 중 가장 작은 값 이하

4. 굴토후 토질 및 기초기술사에 의하여 설계에 적용된 허용지내력 및 설계지하수위가 적절한지 확인한 후 후속공정을 진행 하여야 한다.

5. 허용지내력과 설계지하수위가 굴토후 확인한 결과와 다른 경우에는 기초와 수압 및 부력에 대한 구조설계를 재검토하여야 한다.

KEY PLAN

철근의 피복두께 (mm)

조 건	부 위	규 격	피 복
흙에 접하여 콘크리트를 친 후 영구히 흙에 묻혀있는 콘크리트	기 초	-	80
흙에 접하거나 옥외의 공기에 직접 노출되는 콘크리트	기 초 • 지하층 외 벽	D29 이상	60
		D25 이하	50
		D16 이하	40
옥외의 공기나 흙에 직접 접하지 않는 콘크리트	슬래브 벽 체 장 선	D32 초과	40
		D32 이하	20
	보	-	40
	기 둥	-	40
	쉘/절판	-	20

(비내력벽은 20 이상으로 한다)

REV. NO.	내 용	일자	검토
3			
2			
1			

작 성

검 토

승 인

도면명 주차장 지하2층 구조 평면도 및 독립기초 배근도

축척 1/100

도면번호 [S-1]

[P-1] 기초배근시공도

이 도면은 지하주차장의 내수압 슬래브와 독립기초로 이루어진 기초배근시공도이다.

구조설계도의 정보에 따라 철근들을 배치하고 이음위치와 이음길이를 보여주며 철근의 길이 정보와 철근가공형태 및 철근수량 등을 보여주고 있다.

기초 바닥의 하부 철근은 기둥 외 단부에서 인장정착길이를 확보할 수 있어 기초 끝단의 피복두께를 뺀 나머지 길이까지 연장하여 배근하였다.

내수압 슬래브의 하부철근은 독립기초 내부로 인장정착길이로 정착하였으며 독립기초 이외의 구간에서는 시공성을 고려하여 장철근으로 인장이음을 적용하였다.

기초철근을 설치하면서 기둥이나 벽체의 다우얼 철근을 설치하여야 하는데 대부분 축력은 콘크리트 지압강도가 저항하므로 이음길이는 압축이음길이를 적용하였다. 기둥 다우얼철근의 철근량은 인장력이 크지 않고 콘크리트 지압력으로 축력을 저항할 수 있다면 기둥 최소철근량의 1/2 만 설치할 수 있다.

내수압 슬래브의 상부철근은 철근손실을 줄이기 위해 장철근 8.0m로 연속되게 배치하였으며 인장 이음을 적용하였다.

이 매뉴얼에 제시된 구조설계도와 배근시공도는 도면의 구성양식 및 표현방법에 대한 예시를 보여준 것이다. 따라서 "KDS 41 10 05 (4.3.4) 구조설계도의 작성"에 따라 작성된 것이라 하더라도 하나의 예시에 불과하므로 실제 설계용도로 사용할 수 없다. 구조설계도에는 책임구조기술자가 설계 요구사항을 정확히 표현하여야 하며 배근시공도에는 철근의 배치 및 이음위치, 철근량 등을 포함한 상세정보를 표현하여야 한다.

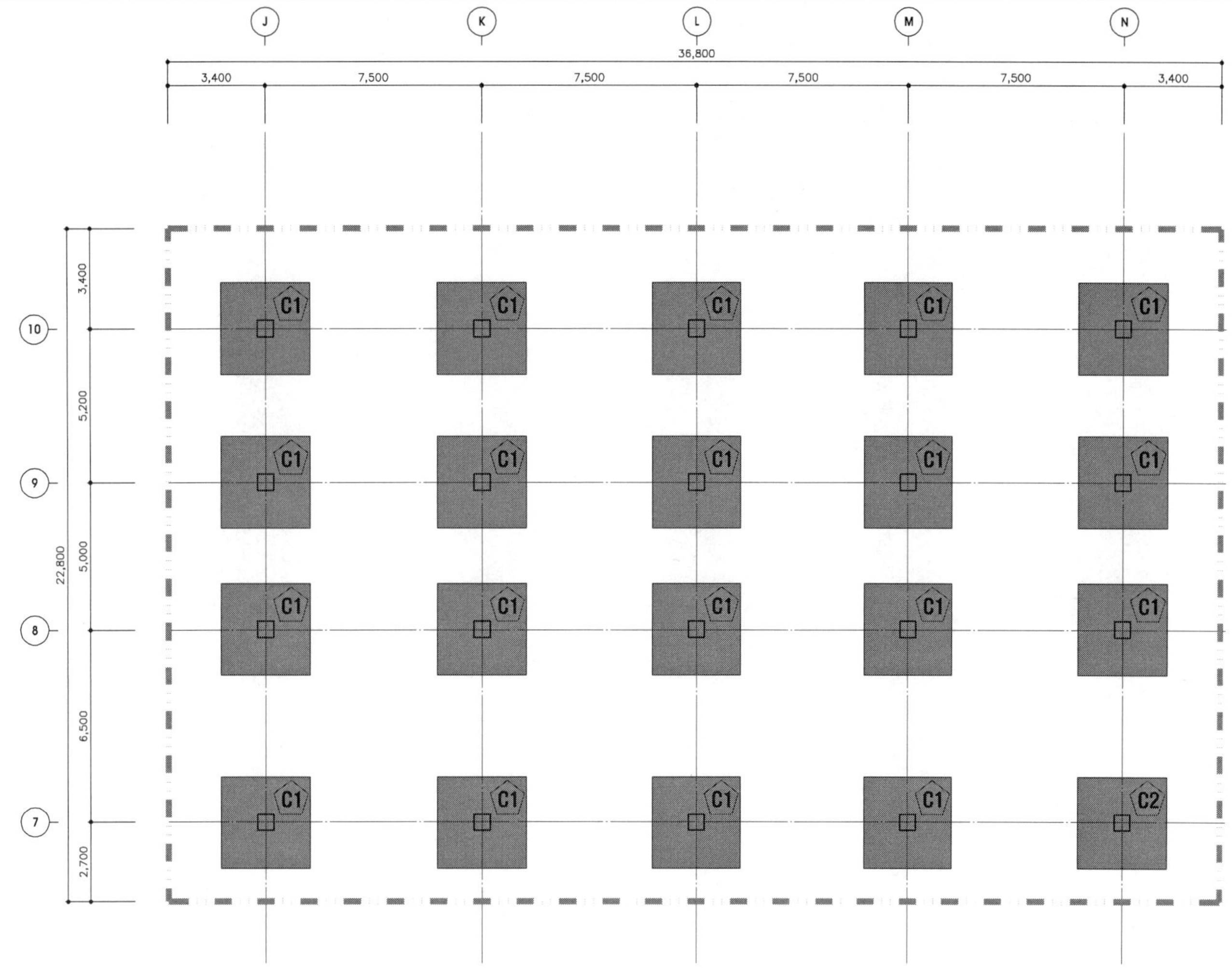

❑ 독립기초

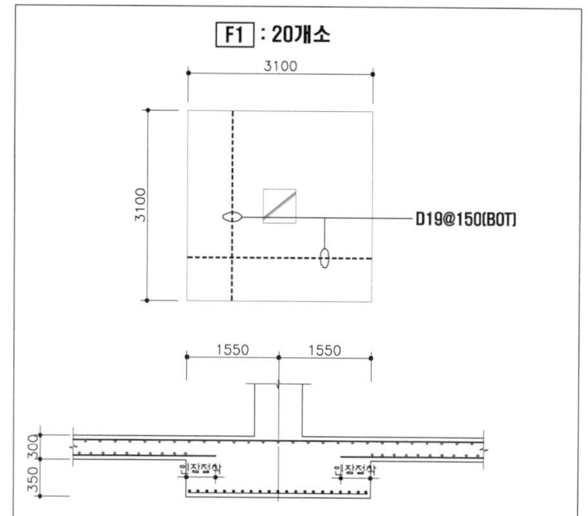

가로근: (16) D19 21EA@150 (L=2940)x20

세로근: (16) D19 21EA@150 (L=2940)x20

· 독립기초 고정용 철근
-개소 : 4EA/독립기초 1개소

(36) D13 4EA (L=4000)x20

❑ 받침철근 (SUPPORT BAR)

개소 : 4EA/독립기초 1개소

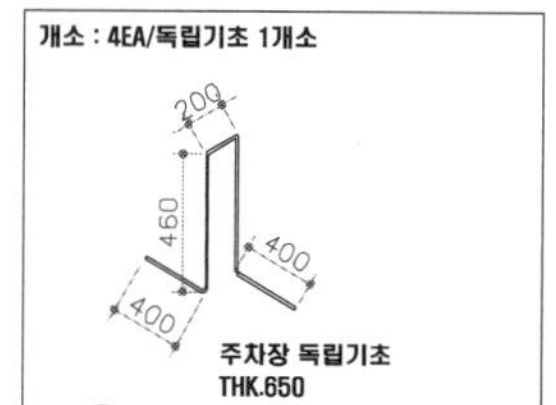

(158) D13 80EA (L=1920)
(2*(400+460)+200)

❑ 이음/정착 길이표 (기초)

• fck = 24MPa • fy = 400MPa

규격	인장이음길이 상부철근		인장이음길이 일반철근	
	A급	B급	A급	B급
D16	510	670	380	490
D19	710	920	450	590
D22	1150	1490	660	850

규격	인장정착길이 상부철근	인장정착길이 일반철근	HOOK정착
D16	510	380	230
D19	710	450	280
D22	1150	660	320

❑ 이음/정착 길이표 (기둥)

• fy = 400MPa

• 이음정착 길이 (fck=24MPa)

규격	기둥 이음, 정착길이				
	B급이음	압축이음	인장정착	압축정착	HOOK정착
D16	810	460	630	330	230
D25	1620	740	1250	520	370

규격	띠철근 이음, 정착길이	
	이음(B급)	정착(인장)
D10	390	300

❑ 기둥 일람표

부 호	C1	C2
단 면	B2~B1층 550 x 550	B2~B1층 550 x 550
주 근	12-D25	8-D25
대근(중앙부)	D10 @300	D10 @300
대근(상,하단부)	D10 @150	D10 @150

❑ 철근가공리스트 (독립기초)

번호	형태	규격	철근 부분 길이(mm) a	b	c	d	e	f	전체길이 (mm)	수량 (개)
16		D19	2,940						2,940	840
36		D13	4,000						4,000	80
158		D13	400	460	200	460	400		1,920	80

❑ 기둥

C1 [14EA]

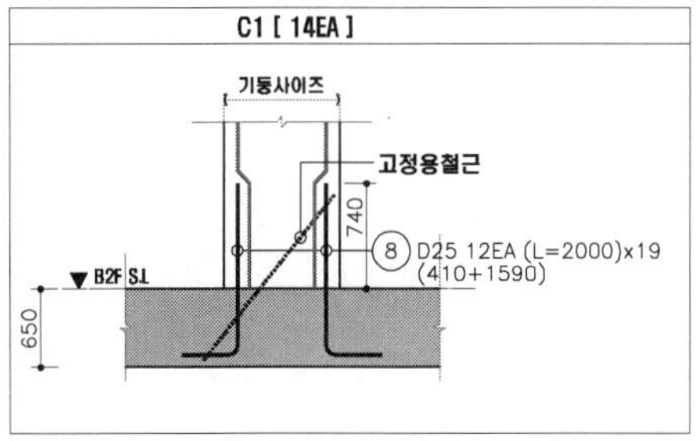

(8) D25 12EA (L=2000)x19
(410+1590)

❑ 기둥

C2 [1EA]

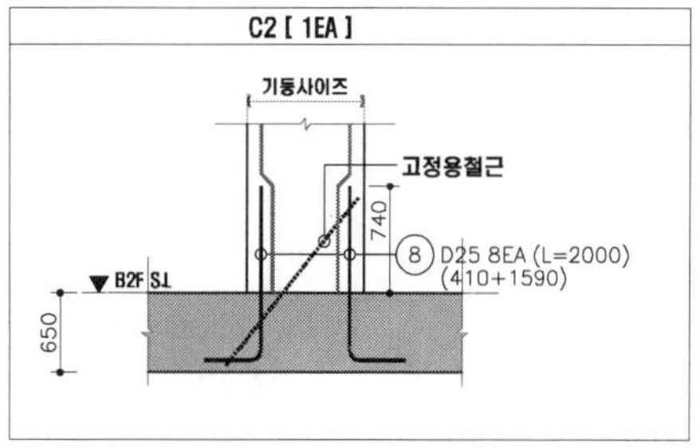

(8) D25 8EA (L=2000)
(410+1590)

❑ 고정용 철근

띠철근	C1, C2 [20개]	(4) D10 4EA (L=2080)x20 (100+(470+470)*2+100)
고정용 철근	20개소	(3) D13 3EA (L=2000)x20

❑ 철근가공리스트 (기둥 다우얼철근)

번호	형태	규격	철근 부분 길이(mm) a	b	c	d	e	f	전체길이 (mm)	수량 (개)
3		D13	2,000						2,000	60
4		D10	100	470	470	470	470	100	2,080	80
8		D25	410	1,590					2,000	236
45		D19	2,600						2,600	30

1 주차장 지하2층 독립기초 및 기둥 다우얼철근 배근도

축 척 1/100

PROJECT TITLE.

주기(NOTES)

1. CONC.강도
지하주차장
fck = 24 MPa (기계실, 전기실 포함)

2. 철근강도
주차장 보 주근, TG 주근 : fy=500 MPa
그 외 철근강도 : fy=400 MPa

3. 표기방법
(N) D16 7EA @200 (L=2000) (400+1600)
철근규격 / 철근대수 / 철근길이 / 철근가공치수 / 철근배근간격 / 철근번호

4. ■ ■ ■ ■ :배근시공도 적용선

KEY PLAN

철근의 피복두께 (mm)

조 건	부 위	규 격	피 복
흙에 접하여 콘크리트를 친 후 영구히 흙에 묻혀있는 콘크리트	기 초	-	80
흙에 접하거나 옥외의 공기에 직접 노출되는 콘크리트	기 초	D29 이상	60
	지하층 외 벽	D25 이하	50
		D16 이하	40
옥외의 공기나 흙에 직접 접하지 않는 콘크리트	슬래브 벽 체 장 선	D32 초과	40
		D32 이하	20
	보	-	40
	기 둥	-	40
	쉘/절판	-	20

(바닥피복은 20 이상으로 한다)

REV. NO.	내 용	일자	검토
3			
2			
1			

작 성

검 토

승 인

도면명: 주차장 지하2층 독립기초 및 기둥 다우얼철근 배근도

축척: 1/100

도면번호: [P-1-1]

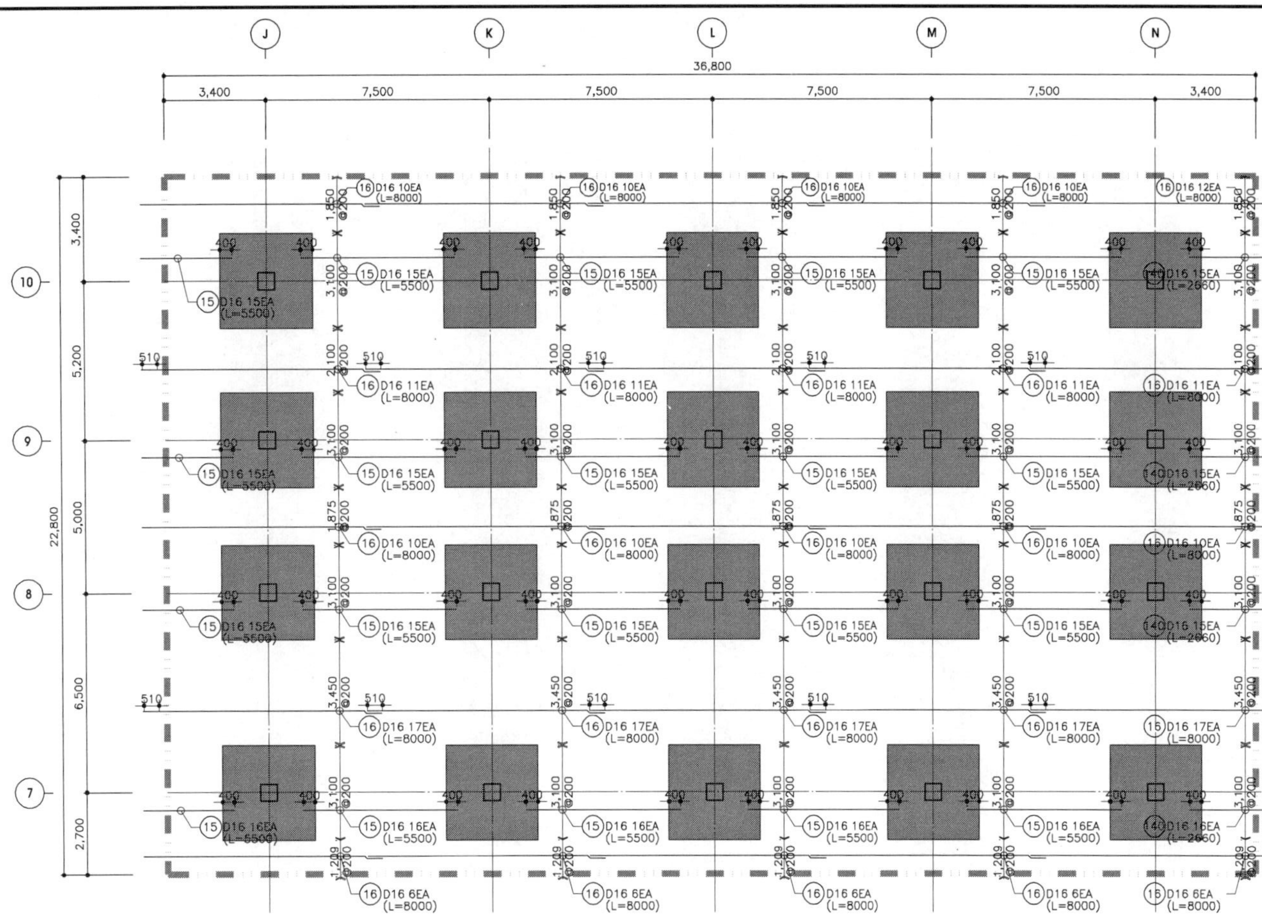

1 주차장 지하2층 내수압 슬래브 X방향 하부근
축 척 1/100

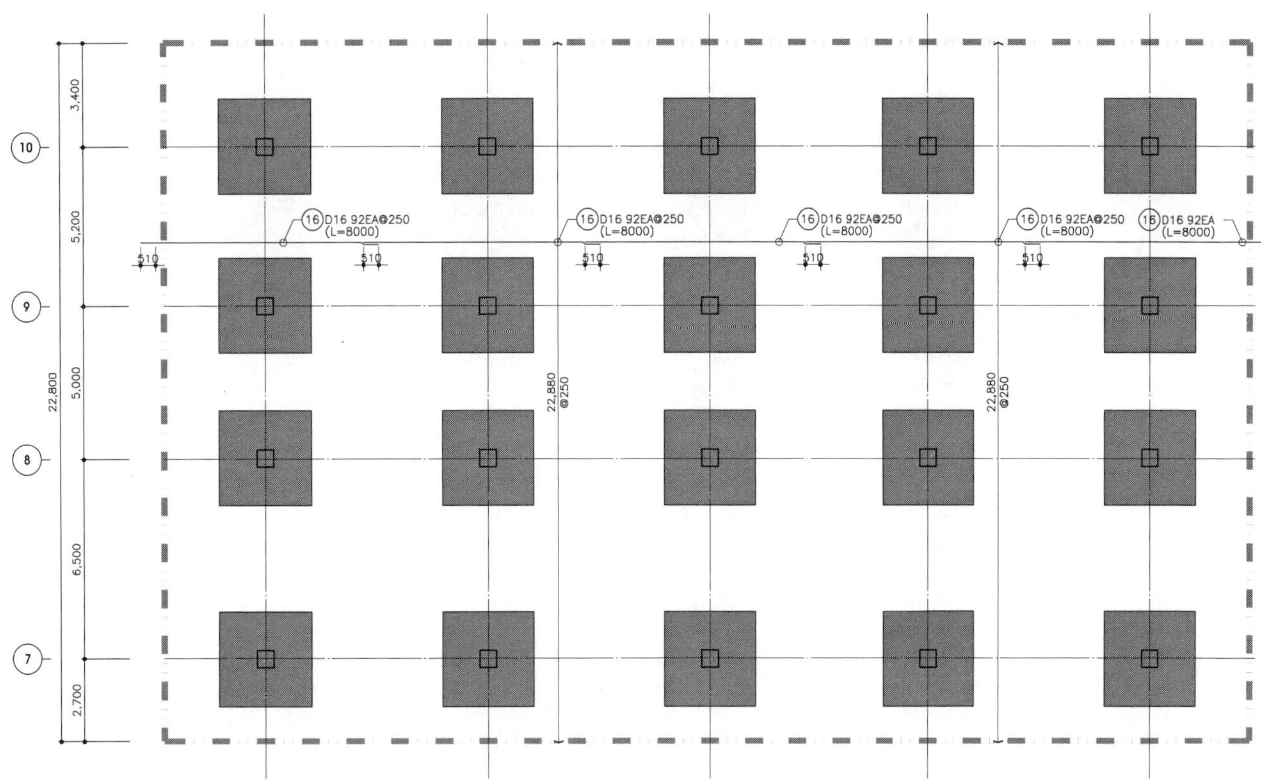

2 주차장 지하2층 내수압 슬래브 X방향 상부근
축 척 1/100

❑ 이음/정착 길이표 [기초]

- fck = 24MPa
- fy = 400MPa

규격	이음길이 B급이음	인장정착	HOOK정착 벽체	보, 기타
D16	510	400	330	230
D19	710	550	390	280
D22	1150	890	460	320

❑ 독립기초 + 내수압슬래브 연결상세

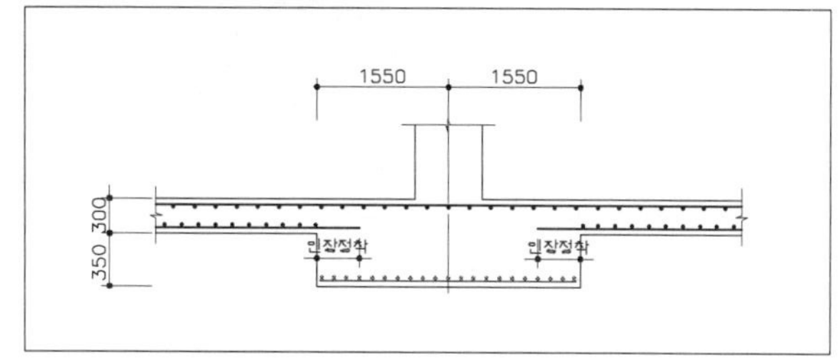

❑ 철근가공리스트 [하부근]

번호	형태	규격	철근 부분 길이(mm) a	b	c	전체길이 (mm)	수량 (개)
15		D16	5,500			5,500	305
16		D16	8,000			8,000	272
140		D16	2,660			2,660	61

❑ 받침철근 [SUPPORT BAR]

주차장 MAT THK.300
@1500x1500

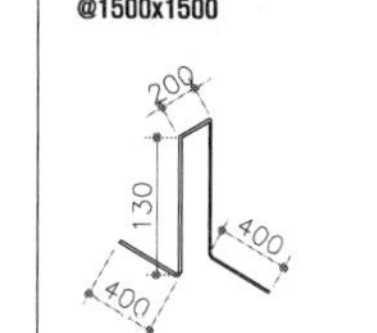

(40) D13 320EA (L=1260)
(2*(400+130)+200)

❑ 철근가공리스트 [상부근 및 받침철근]

번호	형태	규격	철근 부분 길이(mm) a	b	c	d	e	전체길이 (mm)	수량 (개)
16		D16	8,000					8,000	460
40		D13	400	130	200	130	400	1,260	320

PROJECT TITLE

주기(NOTES)

1. CONC.강도
   지하주차장
   fck = 24 MPa (기계실, 전기실 포함)
2. 철근강도
   주차장 보 주근, TG 주근 : fy=500 MPa
   그 외 철근강도 : fy=400 MPa
3. 표기방법
   N D16 7EA @200 (L=2000) (400+1600)
   철근규격 / 철근대수 / 철근길이 / 철근가공치수 / 철근배근간격 / 철근번호
4. ■ ■ ■ ■ :배근시공도 적용선

KEY PLAN

철근의 피복두께 (mm)

조건	부위	규격	피복
흙에 접하여 콘크리트를 친 후 영구히 흙에 묻혀있는 콘크리트	기초	-	80
흙에 접하거나 옥외의 공기에 직접 노출되는 콘크리트	기초	D29 이상	60
	지하층 외벽	D25 이하	50
		D16 이하	40
옥외의 공기나 흙에 직접 접하지 않는 콘크리트	슬래브 벽체 장선	D32 초과	40
		D32 이하	20
	보	-	40
	기둥	-	40
	쉘/절판	-	20

(비내력벽은 20 이상으로 한다)

REV. NO.	내용	일자	검토
3			
2			
1			

작성

검토

승인

도면명 주차장 지하2층
내수압 슬래브 X방향 상,하부근-1

축척 1/100

도면번호 [P-1-2]

[S-2] 기둥구조설계도

이 도면은 지상층 기둥구조설계도이다. 기둥의 크기 및 철근배근에 대한 정보를 표시하였다.

대상 건물 저층부 지상층의 골조 프레임은 중간 모멘트 골조로 설계되었으며, 배근시 이에 대한 상세를 준용하였다.

또한 주기란에는 사용 구조재료의 강도에 대한 정보를 표시하였다.

이 매뉴얼에 제시된 구조설계도와 배근시공도는 도면의 구성양식 및 표현방법에 대한 예시를 보여준 것이다. 따라서 "KDS 41 10 05 (4.3.4) 구조설계도의 작성" 에 따라 작성된 것이라 하더라도 하나의 예시에 불과하므로 실제 설계용도로 사용할 수 없다. 구조설계도에는 책임구조기술자가 설계 요구사항을 정확히 표현하여야 하며 배근시공도에는 철근의 배치 및 이음위치, 철근량 등을 포함한 상세정보를 표현하여야 한다.

---

① 기 둥 일 람 표 -3

축 척 1/40

부 호 \ 층 수	B1	1F	2F	3F	4F	5F
C 105		800 / 700	800 / 700	700 / 700		
주 근		16-D25	16-D25	12-D25		
띠철근		D10@150(상하단부) D10@300(중 앙 부)	D10@150(상하단부) D10@300(중 앙 부)	D10@150(상하단부) D10@300(중 앙 부)		
C 106			800 / 700	700 / 700	700 / 700	
주 근			16-D25	12-D25	12-D25	
띠철근			D10@150(상하단부) D10@300(중 앙 부)	D10@150(상하단부) D10@300(중 앙 부)	D10@150(상하단부) D10@300(중 앙 부)	
C 106A			600 / 1000	600 / 800	600 / 800	
주 근			14-D25	10-D25	10-D25	
띠철근			D10@150(상하단부) D10@300(중 앙 부)	D10@150(상하단부) D10@300(중 앙 부)	D10@150(상하단부) D10@300(중 앙 부)	
C 107			800 / 700	700 / 700	700 / 700	
주 근			18-D25	12-D25	12-D25	
띠철근			D10@150(상하단부) D10@300(중 앙 부)	D10@150(상하단부) D10@300(중 앙 부)	D10@150(상하단부) D10@300(중 앙 부)	
C 108			700 / 700	700 / 700		
주 근			12-D25	12-D25		
띠철근			D10@150(상하단부) D10@300(중앙부)	D10@150(상하단부) D10@300(중앙부)		

PROJECT TITLE.

주기(NOTES)

1. CONC.강도
   fck=24MPa
2. 철근강도
   fy=400MPa
3. 기둥의 상하단부 ℓ_0구간에서는 S_0간격으로 후프철근을 배치해야 한다.
   - ℓ_0 ≥ 부재의 순경간의 1/6
     ≥ 부재 단면의 최대 치수
     ≥ 450 mm 중 가장 큰 값 이상
   - S_0 ≤ 종방향 철근의 최소직경의 8배
     ≤ 띠철근 직경의 24배
     ≤ 골조부재 단면의 최소치수의 1/2
     ≤ 300 mm 중 가장 작은 값 이하

KEY PLAN

철근의 피복두께 (mm)

조 건	부 위	규 격	피 복
흙에 접하여 콘크리트를 친 후 영구히 흙에 묻혀있는 콘크리트	기 초	-	80
흙에 접하거나 옥외의 공기에 직접 노출되는 콘크리트	기 초 • 지하층 외 벽	D29 이상	60
		D25 이하	50
		D16 이하	40
옥외의 공기나 흙에 직접 접하지 않는 콘크리트	슬래브 벽 체 장 선	D32 초과	40
		D32 이하	20
	보	-	40
	기 둥	-	40
	쉘/절판	-	20

(비내력벽은 20 이상으로 한다)

REV. NO.	내 용	일자	검토
3			
2			
1			

작 성

검 토

승 인

도면명: 기둥 일람표 -3

축척: 1/40 | 도면번호: [S-2]

[P-2] 기둥배근시공도

이 도면은 지상층 기둥배근시공도이다.

구조설계도의 정보에 따라 철근들을 배치하고 이음위치와 이음길이를 보여주며 철근의 길이 정보와 철근가공형태 및 철근수량 등을 보여주고 있다.

기둥의 주철근 가공형태 및 길이는 해당층 및 상부층의 기둥크기, 층고, 설치레벨, 이음방법 등을 고려하여 결정하였다.

상부기둥의 크기가 줄어들 경우 편심거리가 75mm이내에서는 주근을 절곡해서 설치하였으며, 75mm 이상일 경우에는 갈고리 정착 후 다우얼철근을 설치하여 이음하였다.

이때 다우얼철근과 패널존에 시공되어야할 후프 철근은 시공상의 편의를 위하여 슬래브 철근배근시 설치하도록 하였다.

띠철근은 구조물의 횡력저항형식에 따른 내진상세를 준수하여 작성되었다.

또한, 부재의 강도에 따른 정착 및 이음길이표를 포함하여 시공시 준수하도록 하였다.

이 매뉴얼에 제시된 구조설계도와 배근시공도는 도면의 구성양식 및 표현방법에 대한 예시를 보여준 것이다. 따라서 "KDS 41 10 05 (4.3.4) 구조설계도의 작성"에 따라 작성된 것이라 하더라도 하나의 예시에 불과하므로 실제 설계용도로 사용할 수 없다. 구조설계도에는 책임구조기술자가 설계 요구사항을 정확히 표현하여야 하며 배근시공도에는 철근의 배치 및 이음위치, 철근량 등을 포함한 상세정보를 표현하여야 한다.

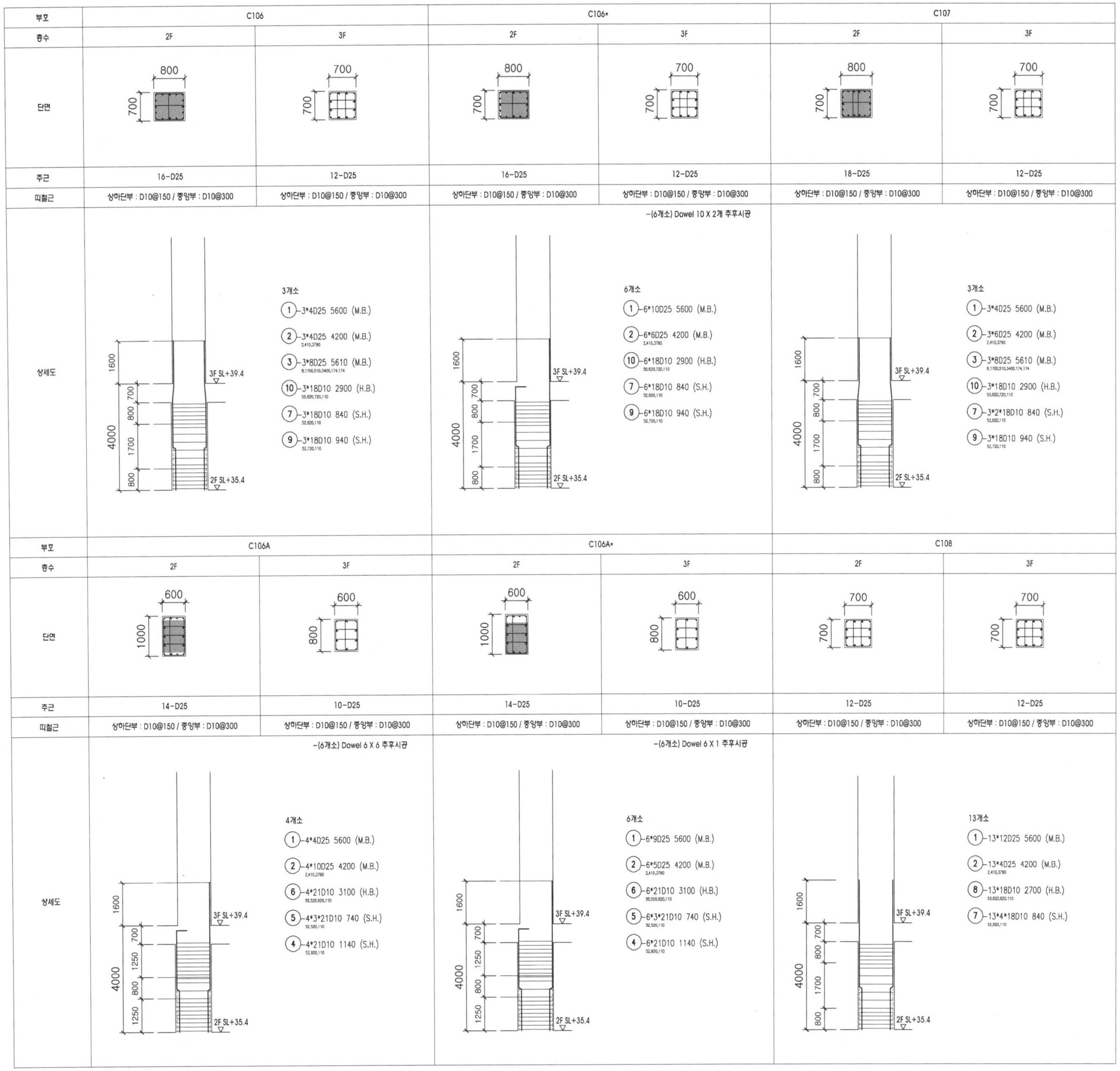

❑ KEY PLAN - 2

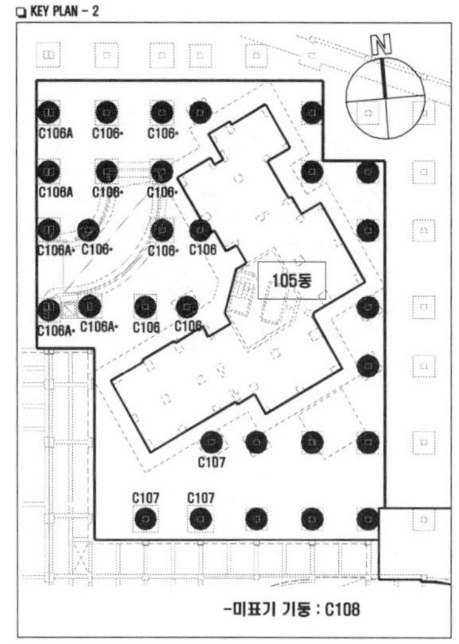

-미표기 기둥 : C108

❑ 약어정리

1. M.B. : MAIN BAR	6.
2. H.B. : HOOP BAR	7.
3. S.H. : SUB HOOP BAR	8.
4.	9.
5.	10.

❑ 철근가공리스트

C01 [1개]

번호	규격	형태	길이	갯수	중량톤
1	D25	5600	5,600	310	6.909
2	D25	410 3790	4,200	188	3.143
3	D25	1700 174 510 3400	5,610	48	1.072
4	D10	110 920 110	1,140	210	0.134
5	D10	110 520 110	740	630	0.261
6	D10	520 920 110	3,100	210	0.365
7	D10	110 620 110	840	1,206	0.567
8	D10	620 620 110	2,700	234	0.354
9	D10	110 720 110	940	216	0.114
10	D10	620 720 110	2,900	216	0.351
합 계		D25	2,794.9M		11.124
		D10	3,830.9M		2.146
총 합 계					13.270

1 PA5-1 구역 2F 기둥

축 척 1/75

PROJECT TITLE.

주기(NOTES)

1. CONC.강도 fck=24MPa
2. 철근강도 fy=400MPa
3. 정착 및 이음(슬래브 이외의 부재)

철근	정착길이 일반	정착길이 상부	이음길이 일반	이음길이 상부
D10	400	510	510	670
D13	510	670	670	870
D16	630	820	820	1070
D19	750	970	970	1260
D22	1080	1410	1410	1830
D25	1230	1600	1600	2080
D29	1430	1850	1850	2410
D32	1570	2050	2050	2660

4. 표준 갈고리를 갖는 인장 이형 철근

철근	길이	길이
D10	200	
D13	260	
D16	320	
D19	380	
D22	440	
D25	500	
D29	580	
D32	630	

5. 90° 표준 갈고리

철근	90° Hook	철근	90° Hook
D10	160	D22	360
D13	210	D25	410
D16	260	D29	490
D19	310	D32	560

6. 스터럽, 띠철근, 보조띠철근

철근	90° Hook	철근	90° Hook
D10	110	D22	230
D13	120	D25	270
D16	140	D29	
D19	200	D32	

KEY PLAN

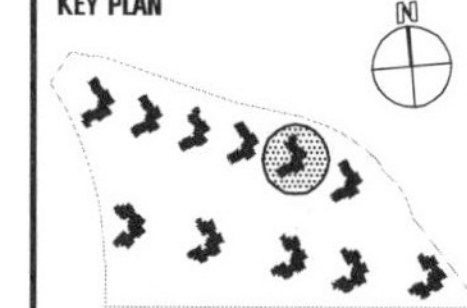

철근의 피복두께 (mm)

조건	부위	규격	피복
흙에 접하여 콘크리트를 친 후 영구히 흙에 묻혀있는 콘크리트	기초	-	80
흙에 접하거나 옥외의 공기에 직접 노출되는 콘크리트	기초 · 지하층 외벽	D29 이상	60
		D25 이하	50
		D16 이하	40
옥외의 공기나 흙에 직접 접하지 않는 콘크리트	슬래브 벽체 장선	D32 초과	40
		D32 이하	20
	보	-	40
	기둥	-	40
	쉘/절판	-	20

(비내력벽은 20 이상으로 한다)

REV. NO.	내용	일자	검토
3			
2			
1			

작 성

검 토

승 인

도면명: PA5-1 구역 2F 기동

축척: 1/75

도면번호: [P-2]

[S-3] 코어벽체구조설계도

이 도면은 기준층 코어벽체구조설계도이다. 벽체의 두께 및 철근배근에 대한 정보와 벽체에 형성되는 개구부에 대한 정보를 표시하였다.

또한 벽체 수직근 및 수평근에 대한 배근기준, 벽체개구부 보강배근 기준 및 단부보강근 배근상세가 표현되어 있으며 주기란에는 구조재료의 강도 및 부위별 철근의 피복두께에 대한 정보를 표현하였다.

이 매뉴얼에 제시된 구조설계도와 배근시공도는 도면의 구성양식 및 표현방법에 대한 예시를 보여준 것이다. 따라서 "KDS 41 10 05 (4.3.4) 구조설계도의 작성" 에 따라 작성된 것이라 하더라도 하나의 예시에 불과하므로 실제 설계용도로 사용할 수 없다. 구조설계도에는 책임구조기술자가 설계 요구사항을 정확히 표현하여야 하며 배근시공도에는 철근의 배치 및 이음위치, 철근량 등을 포함한 상세정보를 표현하여야 한다.

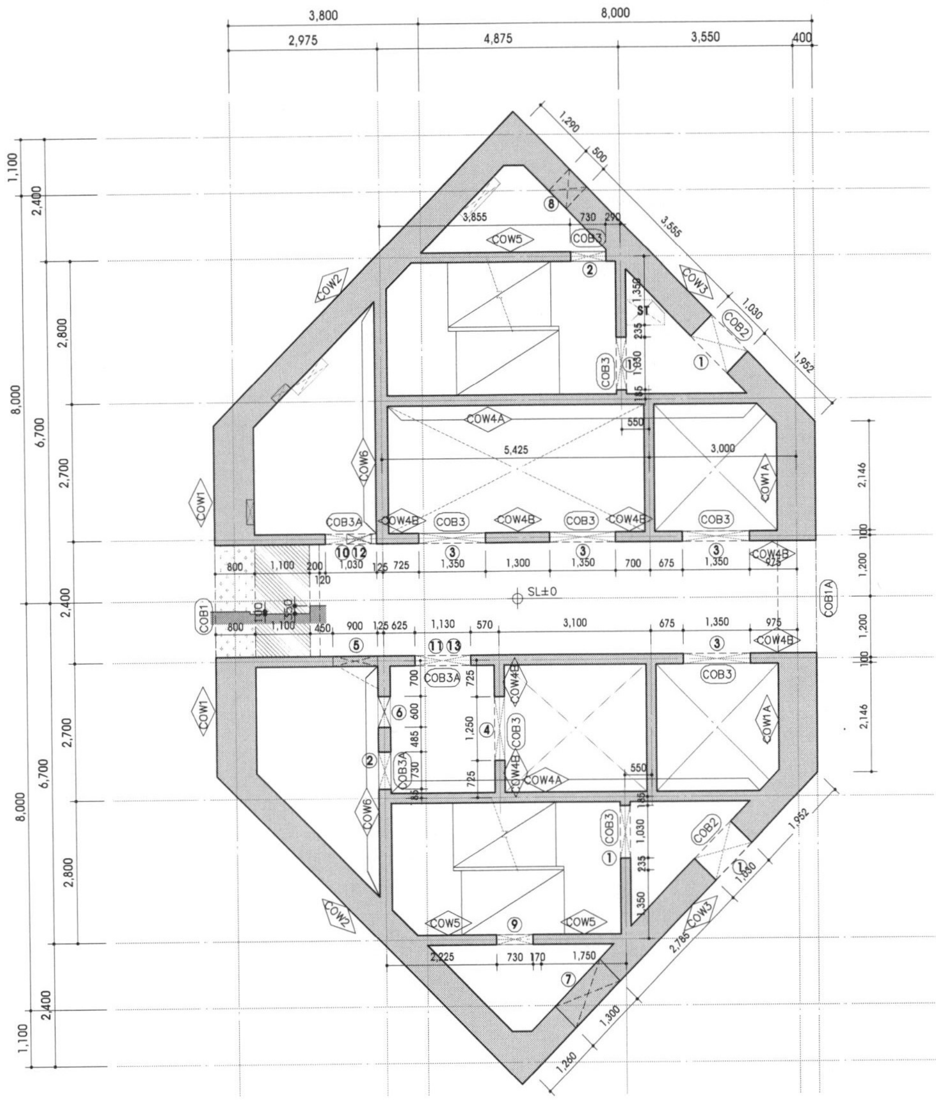

1 501동 기준층 코어벽체 구조평면도

축 척 1/60

❑ 벽체 개구부표

부호	W	H	하단고
①	1030	2200	SL+0
②	730	1830	SL+380
③	1350	2430	SL+0
④	1250	2430	SL+0
⑤	900	300	SL+2550
⑥	600	900	SL+380
⑦	1300	350	SL+2450
⑧	500	200	SL+2500
⑨	730	1320	SL+50
⑩	1030	2200	SL+0
⑪	1130	2200	SL+0
⑫	500	200	SL+2500

❑ 벽체 일람표

부호	두께	수직근(V)	수평근(H)
COW1	800	D22@150	D13@150
COW1A	800	D25@150	D13@150
COW2	600	D25@150	D13@160
COW3	600	D22@100	D13@160
COW4	200	D19@200	D10@120
COW4A	200	D10@300	D10@280
COW4B	200	D16@100	D13@100
COW5	200	D13@200	D10@350
COW6	250	D10@200	D10@220

❑ 이음/정착 길이표

규격	이음길이	정착길이
D10	390	300
D13	390	300
D16	400	310
D19	550	420
D22	890	690
D25	1120	860
D22	1110	860
D25	1400	1080
D29	1710	1320

❑ 벽체 수직근 배근 기준

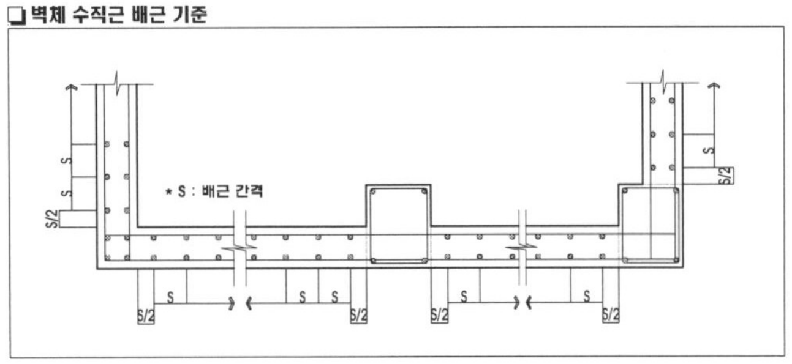

❑ 벽체 수평근 배근 기준

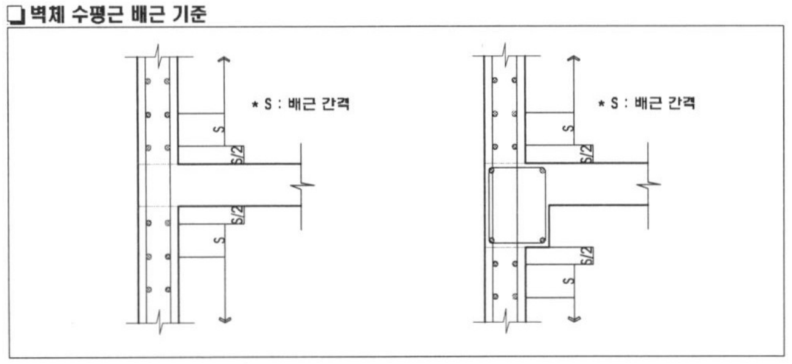

❑ 벽체 개구부 보강근 배근 기준

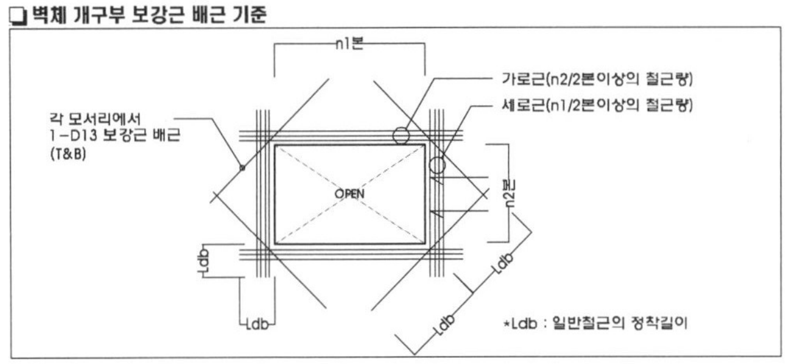

❑ 벽체 단부 보강근&U-BAR 배근상세

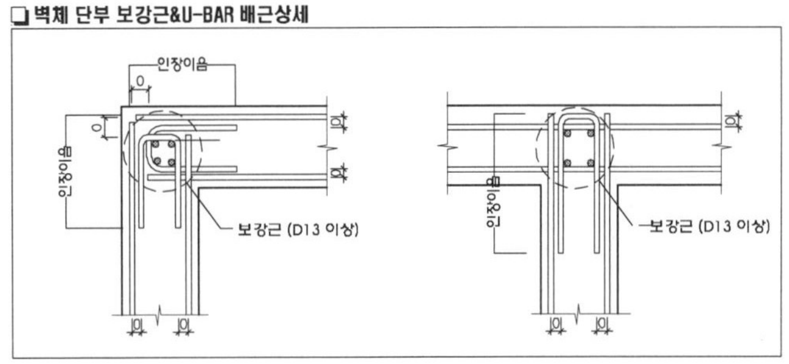

PROJECT TITLE.

주기(NOTES)

1. CONC.강도
   fck=40MPa
2. 철근강도
   fy=400MPa (D19이하)
   fy=500MPa (D22이상)
3. 미표기코어벽체 : COW4

KEY PLAN

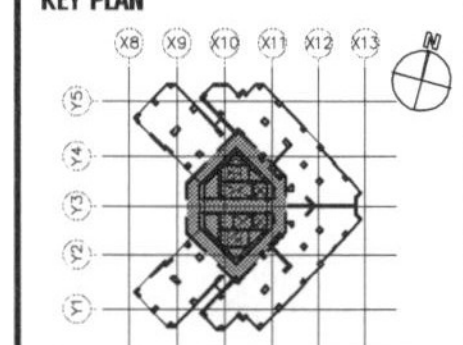

철근의 피복두께 (mm)

조 건	부 위	규 격	피 복
흙에 접하여 콘크리트를 친 후 영구히 흙에 묻혀있는 콘크리트	기 초	-	80
흙에 접하거나 옥외의 공기에 직접 노출되는 콘크리트	기 초 · 지하층 외 벽	D29 이상	60
		D25 이하	50
		D16 이하	40
옥외의 공기나 흙에 직접 접하지 않는 콘크리트	슬래브 벽 체 장 선	D32 초과	40
		D32 이하	20
	보	-	40
	기 둥	-	40
	쉘/절판	-	20

(비내력벽은 20 이상으로 한다)

REV. NO.	내 용	일자	검토
3			
2			
1			

작 성

검 토

승 인

도면명 501동 기준층 코어벽체 구조평면도

축척 1/60

도면번호 [S-3]

[P-3] 코어벽체배근시공도

기준층 코어벽체배근시공도 예제이다. 시공 편의상 대부분 수직철근은 슬래브바닥위치에서 전수 B급 인장이음으로 설치되므로 각 벽체의 수직근 배근시공도를 B급 인장이음으로 표현하였다. COW2 벽체와 같이 하부층 철근과 상부층 철근의 규격이 변경되는 경우에는 안전 측으로 굵은 철근의 인장이음 길이를 적용하였다.

코어벽체에는 벽체 내부에 개구부를 형성하고 있으며 개구부의 주변부 처리와 벽체의 코너부분에 대한 배근상세를 나타내었다. 개구부 주변부는 U형 철근으로 처리하였으며 내부 벽체의 수평근 정착은 비교적 두꺼운 외부벽체에 인장정착길이가 충분히 확보되므로 갈고리 정착없이 직선철근으로 정착하였다.

이 매뉴얼에 제시된 구조설계도와 배근시공도는 도면의 구성양식 및 표현방법에 대한 예시를 보여준 것이다. 따라서 "KDS 41 10 05 (4.3.4) 구조설계도의 작성"에 따라 작성된 것이라 하더라도 하나의 예시에 불과하므로 실제 설계용도로 사용할 수 없다. 구조설계도에는 책임구조기술자가 설계 요구사항을 정확히 표현하여야 하며 배근시공도에는 철근의 배치 및 이음위치, 철근량 등을 포함한 상세정보를 표현하여야 한다.

❏ 벽체 개구부표

부호	W	H	하단고
①	1030	2200	SL+0
②	730	1830	SL+380
③	1350	2430	SL+0
④	1250	2430	SL+0
⑤	900	300	SL+2550
⑥	600	900	SL+380
⑦	1300	350	SL+2450
⑧	500	200	SL+2500
⑨	730	1320	SL+50
⑩	1030	2200	SL+0
⑪	1130	2200	SL+0
⑫	500	200	SL+2500

❏ 벽체 일람표

부호	두께	수직근(V)	수평근(H)
COW1	800	D22@150	D13@150
COW1A	800	D25@150	D13@150
COW2	600	D25@150	D13@160
COW3	600	D22@100	D13@160
COW4	200	D19@200	D10@120
COW4A	200	D10@300	D10@280
COW4B	200	D16@100	D13@100
COW5	200	D13@200	D10@350
COW6	250	D10@200	D10@220

❏ 이음/정착 길이표

규격	이음길이	정착길이
D10	390	300
D13	390	300
D16	400	310
D19	550	420
D22	890	690
D25	1120	860
D22	1110	860
D25	1400	1080
D29	1710	1320

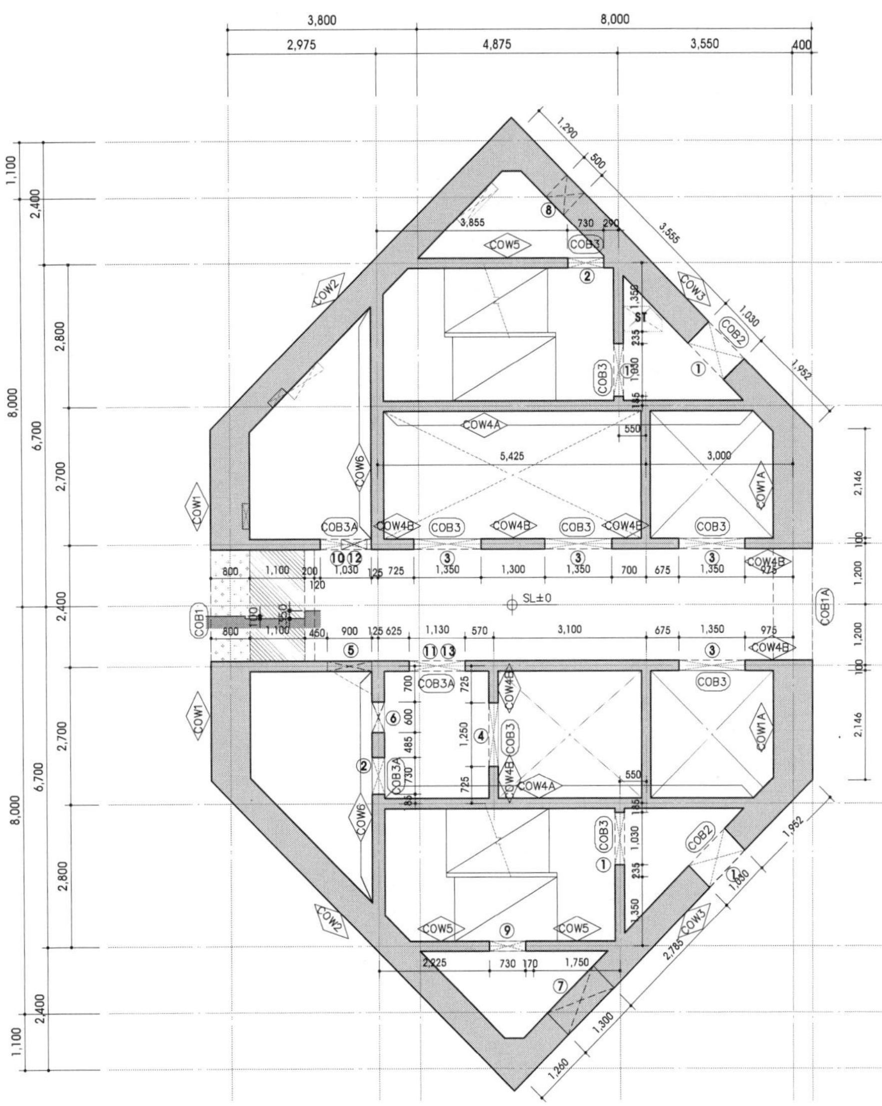

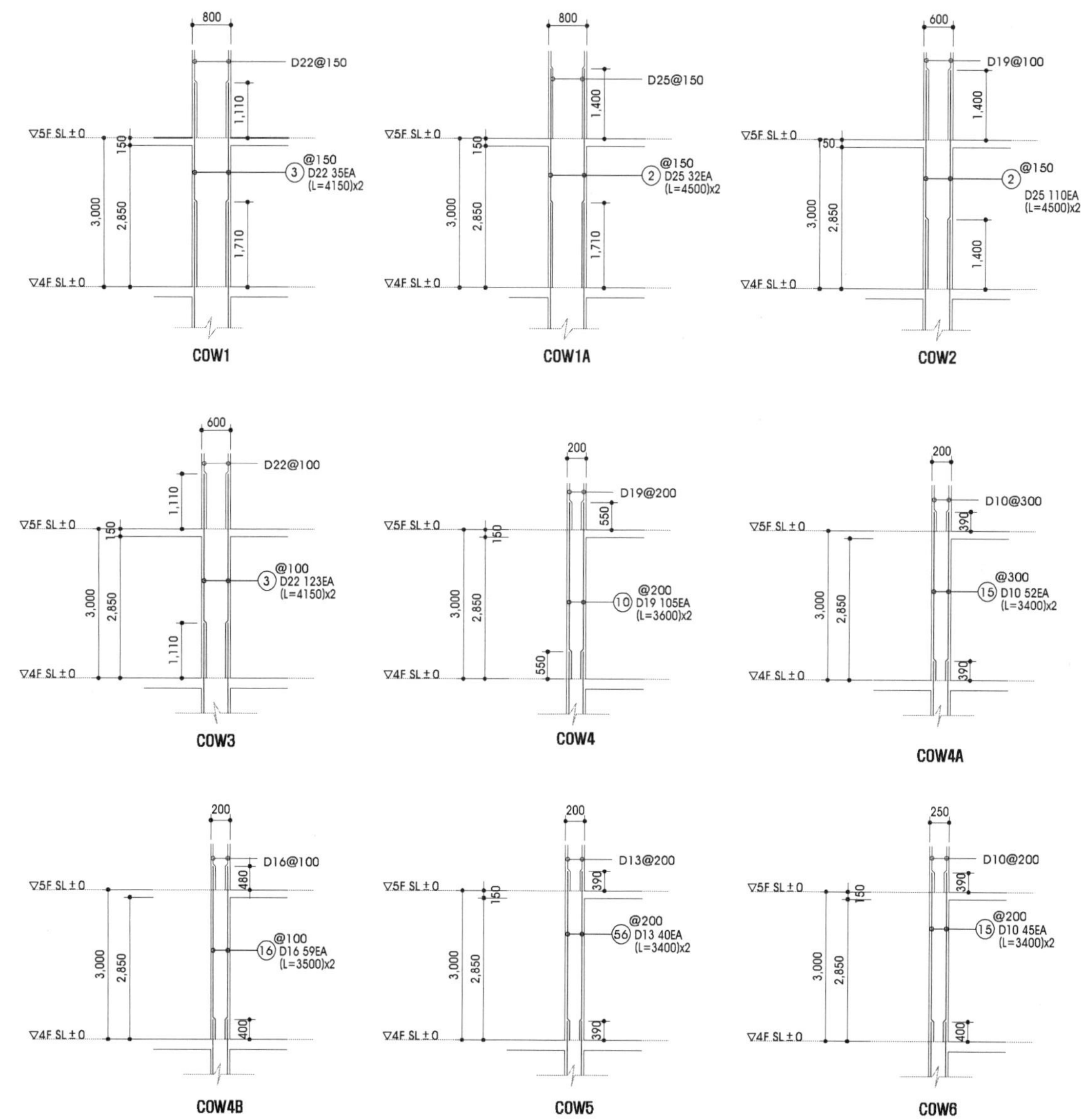

❏ 철근가공리스트

번호	형태	규격	부분 길이(mm) a	부분 길이(mm) b	전체길이 (mm)	수량 (개)	개소
②	—	D25	4,500		4,500	282	1
③	—	D22	4,150		4,150	316	1
⑩	—	D19	3,600		3,600	210	1
⑯	—	D16	3,500		3,500	118	1
(56)	—	D13	3,400		3,400	80	1
⑮	—	D10	3,400		3,400	194	1

① 501동 기준층 코어벽체 수직근 배근도

축 척 1/60

PROJECT TITLE.

주기(NOTES)

1. CONC.강도
   fck=40MPa
2. 철근강도
   fy=400MPa (D19이하)
   fy=500MPa (D22이상)
3. 미표기코어벽체: COW4

KEY PLAN

철근의 피복두께 (mm)

조건	부위	규격	피복
흙에 접하여 콘크리트를 친 후 영구히 흙에 묻혀있는 콘크리트	기초	-	80
흙에 접하거나 옥외의 공기에 직접 노출되는 콘크리트	기초·지하층 외벽	D29 이상	60
		D25 이하	50
		D16 이하	40
옥외의 공기나 흙에 직접 접하지 않는 콘크리트	슬래브 벽체 장선	D32 초과	40
		D32 이하	20
	보	-	40
	기둥	-	40
	쉘/절판	-	20

(비내력벽은 20 이상으로 한다)

REV NO.	내용	일자	검토
3			
2			
1			

작성

검토

승인

도면명: 501동 기준층 코어벽체 수직근 배근도

축척: 1/60

도면번호: [P-3-1]

주기(NOTES)
1. CONC.강도
fck=40MPa
2. 철근강도
fy=400MPa (D19이하)
fy=500MPa (D22이상)
3. 미표기코어벽체 : COW4

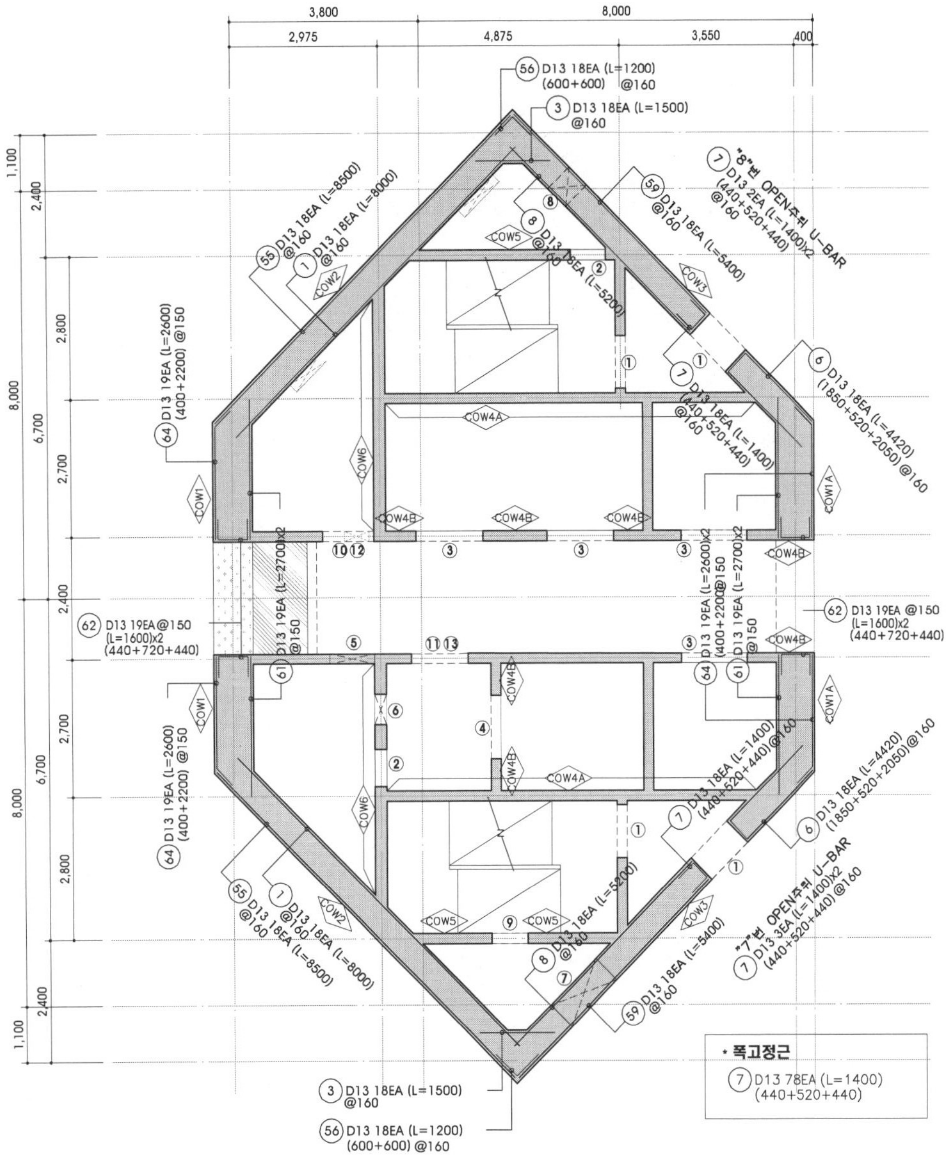

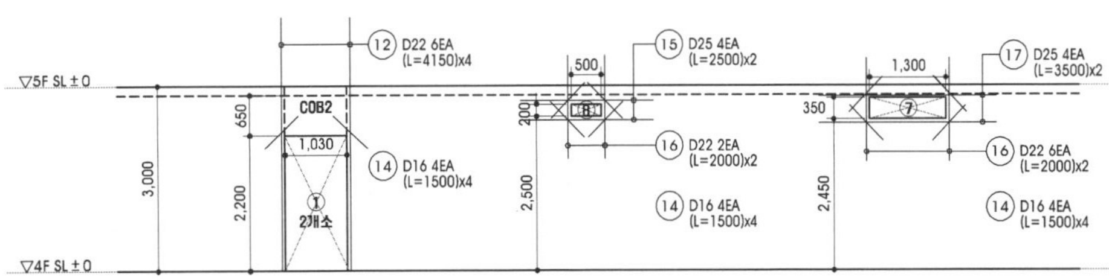

COW3 개구부 상세
축척 1/60

1 501동 기준층 코어벽체 수평근 배근도
축 척 1/60

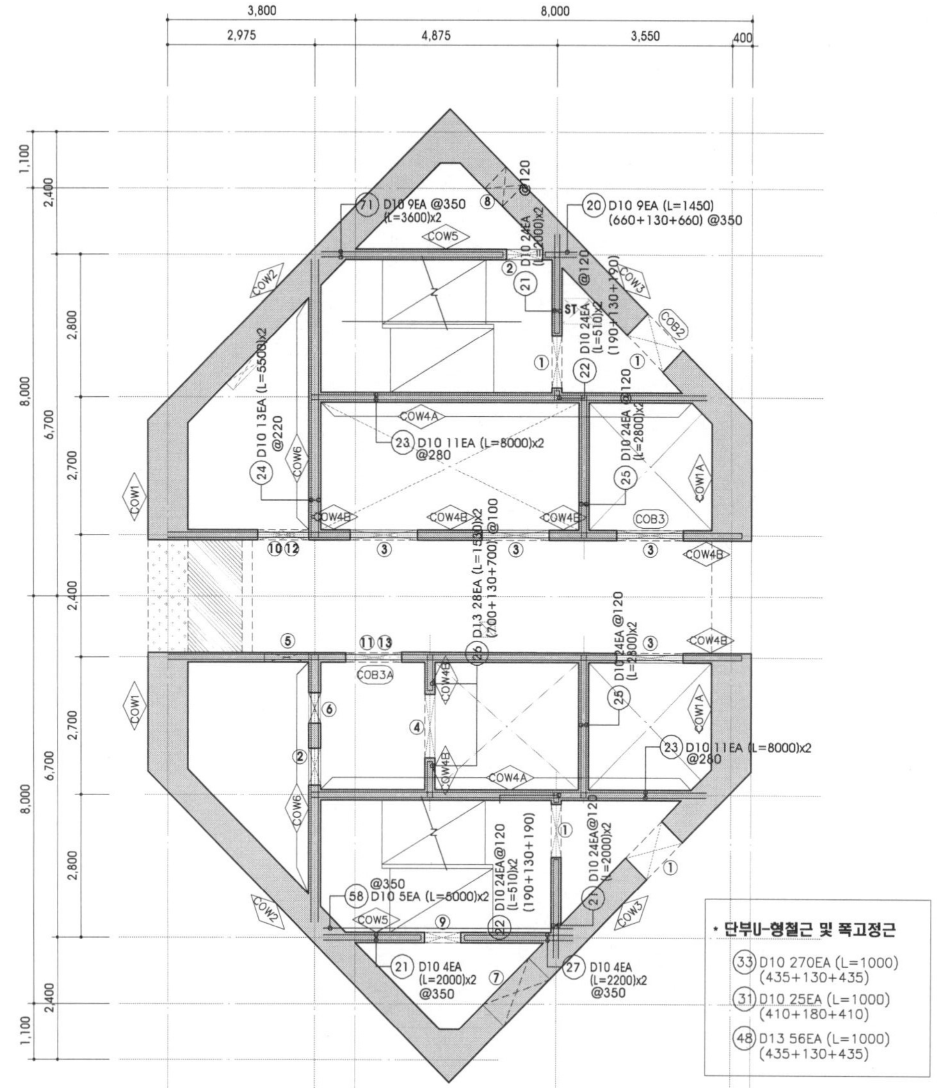

❏ 철근가공리스트

번호	형태	규격	철근 부분 길이(mm) a	b	c	전체길이 (mm)	수량 (개)	개소
1	a	D13	8,000			8,000	36	1
3	a	D13	1,500			1,500	36	1
6	a┌b┐c	D13	1,850	520	2,050	4,420	36	1
7	a┌b┐c	D13	440	520	440	1,400	124	1
8	a	D13	5,200			5,200	36	1
12	a	D22	4,150			4,150	24	1
14	a	D16	1,500			1,500	48	1
15	a	D25	2,500			2,500	8	1
16	a	D22	2,000			2,000	16	1
17	a	D25	3,500			3,500	8	1
20	a┌b┐c	D10	660	130	660	1,450	9	1
21	a	D10	2,000			2,000	104	1
22	a┌b┐c	D10	190	130	190	510	96	1
23	a	D10	8,000			8,000	44	1
24	a	D10	5,500			5,500	26	1

번호	형태	규격	철근 부분 길이(mm) a	b	c	전체길이 (mm)	수량 (개)	개소
25	a	D10	2,800			2,800	96	1
26	a┌b┐c	D13	700	130	700	1,530	56	1
27	a	D10	2,200			2,200	8	1
31	a┌b┐c	D10	410	180	410	1,000	25	1
33	a┌b┐c	D10	435	130	435	1,000	270	1
48	a┌b┐c	D13	435	130	435	1,000	56	1
55	a	D13	8,500			8,500	36	1
56	a┌b	D13	600	600		1,200	36	1
58	a	D10	5,000			5,000	10	1
59	a	D13	5,400			5,400	36	1
61	a	D13	2,700			2,700	76	1
62	a┌b┐c	D13	440	720	440	1,600	76	1
64	a╲╱b	D13	400	2,200		2,600	76	1
71	a	D10	3,600			3,600	18	1

KEY PLAN

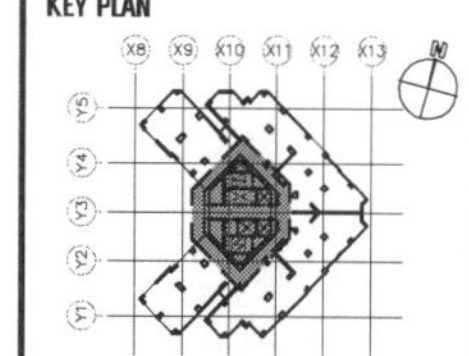

철근의 피복두께 (mm)

조건	부위	규격	피복
흙에 접하여 콘크리트를 친 후 영구히 흙에 묻혀있는 콘크리트	기초	-	80
흙에 접하거나 옥외의 공기에 직접 노출되는 콘크리트	기초 • 지하층 외벽	D29 이상	60
		D25 이하	50
		D16 이하	40
옥외의 공기나 흙에 직접 접하지 않는 콘크리트	슬래브 벽체 장선	D32 초과	40
		D32 이하	20
	보	-	40
	기둥	-	40
	쉘/절판	-	20

(비내력벽은 20 이상으로 한다)

REV. NO.	내용	일자	검토
3			
2			
1			

작 성

검 토

승 인

도면명 501동 기준층 코어벽체 수평근 배근도

축척 1/60 | 도면번호 [P-3-2]

[S-4] 지하외벽구조설계도

이 도면은 지하외벽구조설계도이다. 벽체의 두께 및 철근배근에 대한 정보를 표시하였다.

또한 주기란에는 사용 구조재료의 강도에 대한 정보를 표시하였다.

이 매뉴얼에 제시된 구조설계도와 배근시공도는 도면의 구성양식 및 표현방법에 대한 예시를 보여준 것이다. 따라서 "KDS 41 10 05 (4.3.4) 구조설계도의 작성"에 따라 작성된 것이라 하더라도 하나의 예시에 불과하므로 실제 설계용도로 사용할 수 없다. 구조설계도에는 책임구조기술자가 설계 요구사항을 정확히 표현하여야 하며 배근시공도에는 철근의 배치 및 이음위치, 철근량 등을 포함한 상세정보를 표현하여야 한다.

PROJECT TITLE.

1 지하외벽 구조일람표-1

축 척 1/40

RW1 (fck=36MPa / fy=400MPa)

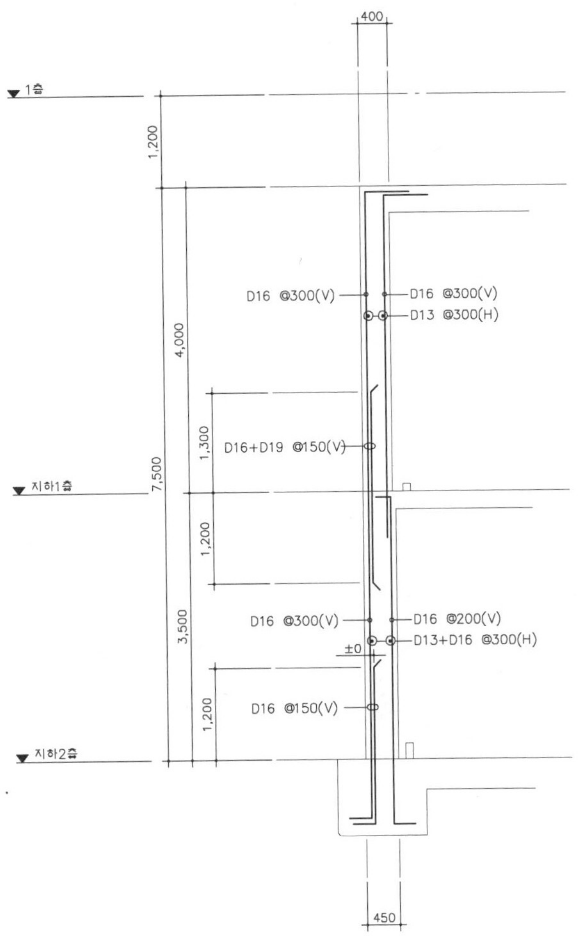

RW1A (fck=36MPa / fy=400MPa)

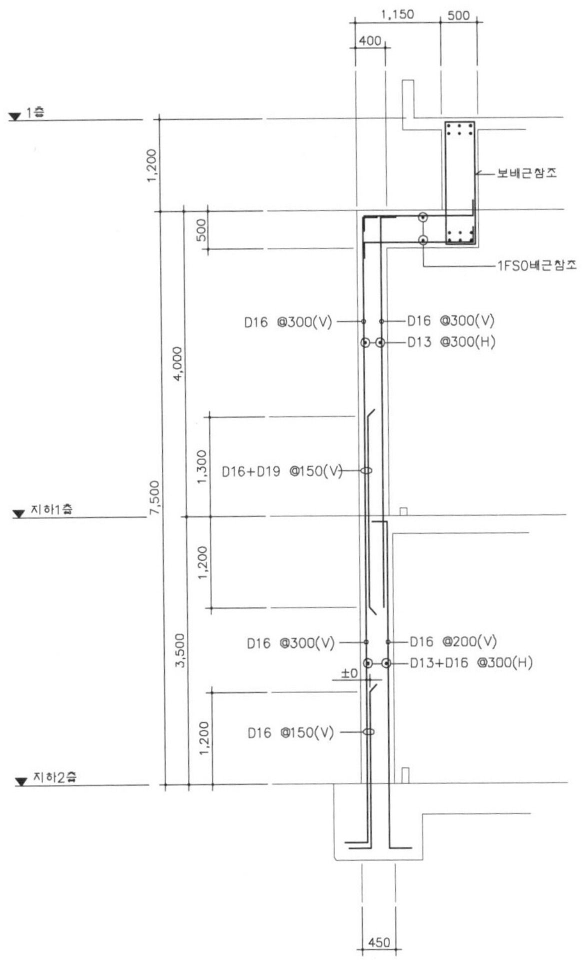

RW1B (fck=36MPa / fy=400MPa)

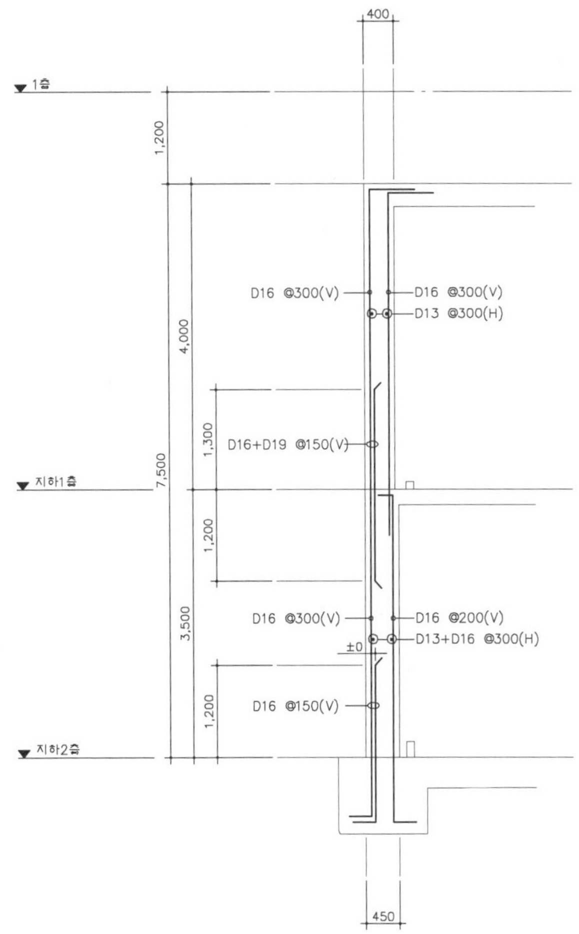

주기(NOTES)

1. CONC.강도 단위 : MPa

층수	기둥	옹벽	보	슬래브
2 ~ 3층	27	27	27	27
1 층	27	27	36	36
지하1층	36	27/외벽36	27	27
지하2층	36	27/외벽36	-	-

2. 철근강도

fy=400 MPa(SD400, D25이하)
fy=500 MPa(SD500, D29이상)

3. 굴토후 토질 및 기초기술사에 의하여 설계에 적용된 허용지내력 및 설계지하수위가 적절한지 확인한 후 후속공정을 진행 하여야 한다.

4. 허용지내력과 설계지하수위가 굴토후 확인한 결과와 다른 경우에는 기초와 수압 및 부력에 대한 구조설계를 재검토 하여야 한다.

KEY PLAN

철근의 피복두께 (mm)

조 건	부 위	규 격	피 복
흙에 접하여 콘크리트를 친 후 영구히 흙에 묻혀있는 콘크리트	기 초	-	80
흙에 접하거나 옥외의 공기에 직접 노출되는 콘크리트	기 초 • 지하층 외 벽	D29 이상	60
		D25 이하	50
		D16 이하	40
옥외의 공기나 흙에 직접 접하지 않는 콘크리트	슬래브 벽 체 장 선	D32 초과	40
		D32 이하	20
	보	-	40
	기 둥	-	40
	쉘/절판	-	20

(비내력벽은 20 이상으로 한다)

REV. NO.	내 용	일자	검토
3			
2			
1			

작 성

검 토

승 인

도면명 지하외벽 구조일람표-1

축척 1/40 도면번호 [S-4]

[P-4] 지하외벽배근시공도

이 도면은 지하외벽배근시공도이다.

구조설계도의 정보에 따라 철근들을 배치하고 이음위치와 이음길이를 보여주며 철근의 길이 정보와 철근가공형태 및 철근수량 등을 보여주고 있다.

상부층의 지하외벽 두께가 다르므로 갈고리 정착 후 다우얼철근을 설치하였으며, 이때 다우얼철근은 시공상의 편의를 위하여 슬래브철근 배근 시 설치하도록 하였다.

도면작성 시에는 구조설계도상에서 외부의 토압 및 수압, 상재하중 등으로 발생하는 휨을 수직, 수평 중 어느 방향으로 분배했느냐를 주의 깊게 살펴, 수직근의 설치위치를 정하도록 하였다.

또한, 부재의 강도에 따른 정착 및 이음길이표를 포함하여 시공 시 준수하도록 하였다.

이 매뉴얼에 제시된 구조설계도와 배근시공도는 도면의 구성양식 및 표현방법에 대한 예시를 보여준 것이다. 따라서 "KDS 41 10 05 (4.3.4) 구조설계도의 작성" 에 따라 작성된 것이라 하더라도 하나의 예시에 불과하므로 실제 설계용도로 사용할 수 없다. 구조설계도에는 책임구조기술자가 설계 요구사항을 정확히 표현하여야 하며 배근시공도에는 철근의 배치 및 이음위치, 철근량 등을 포함한 상세정보를 표현하여야 한다.

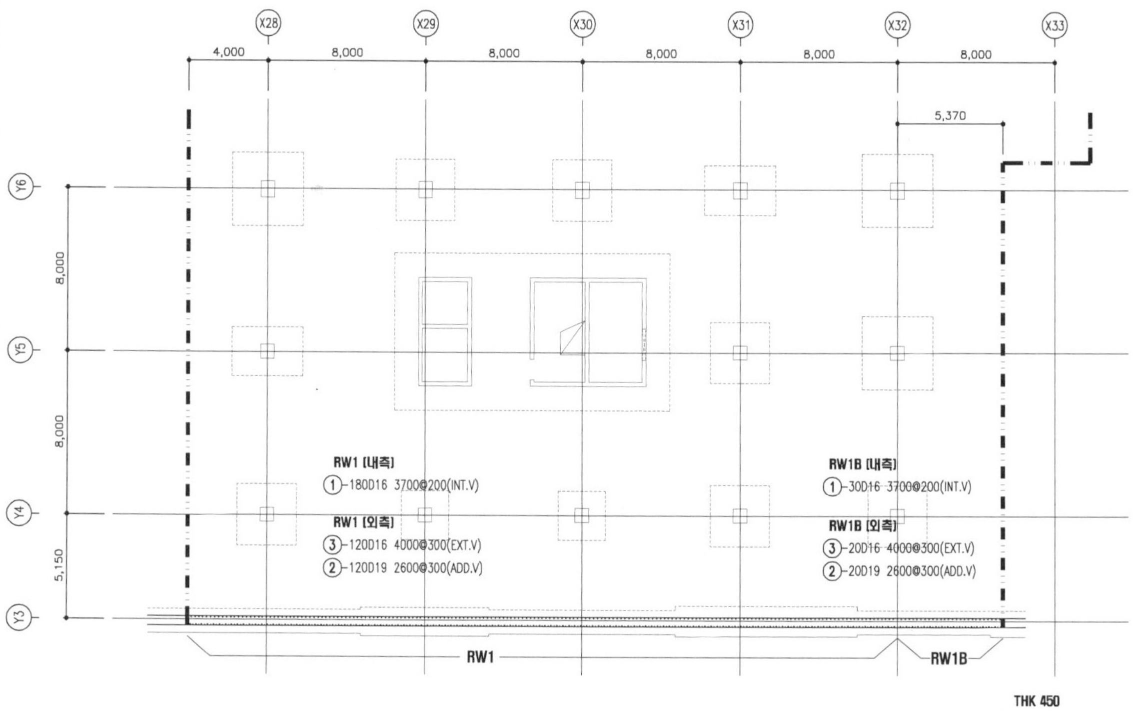

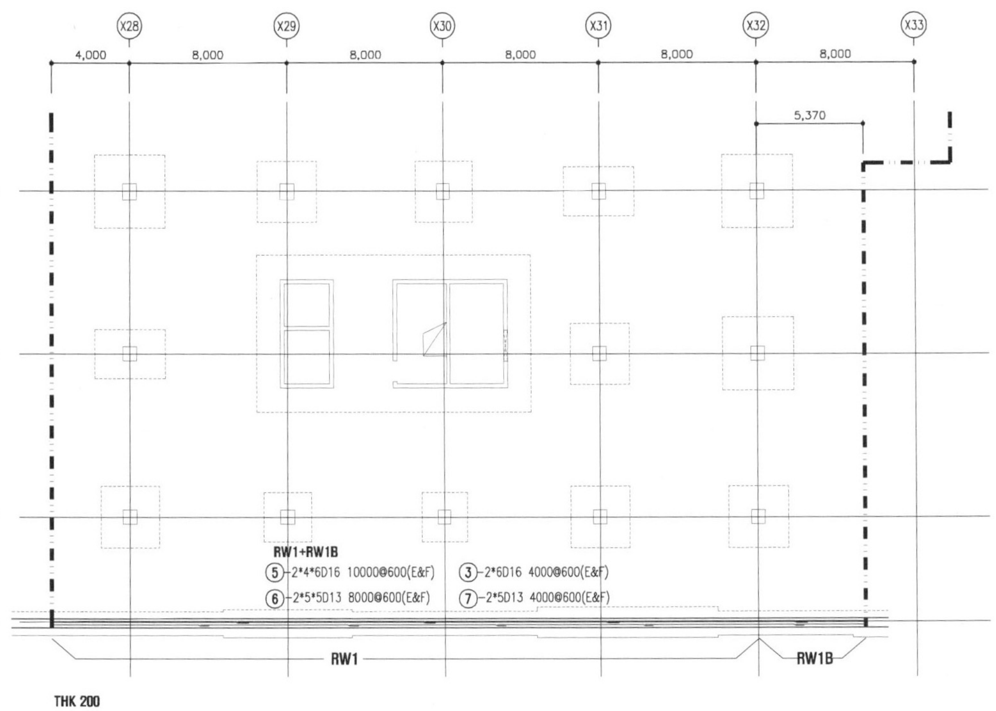

	THK 450	THK 200
벽체 브레이스바	③-2*15D16 4000	⑦-2*15D13 4000
폭고정근	⑨-3*20D13 1000@2000	⑧-3*22D10 1000@2000

① 주차장 지하2층 CJ6 벽체 수직근 배근도

축 척 1/150

① 주차장 지하2층 CJ6 벽체 수평근 배근도

축 척 1/150

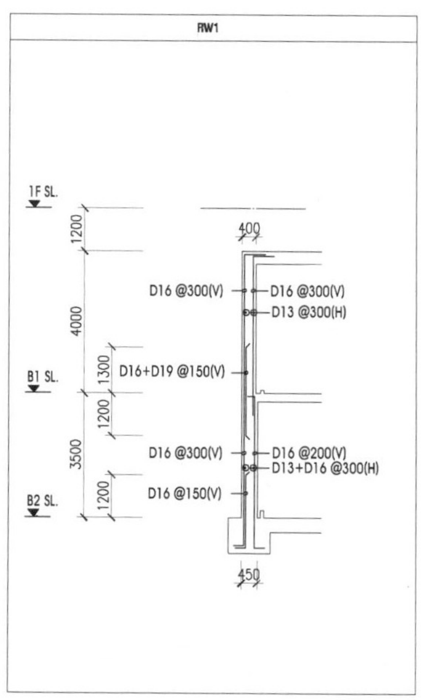

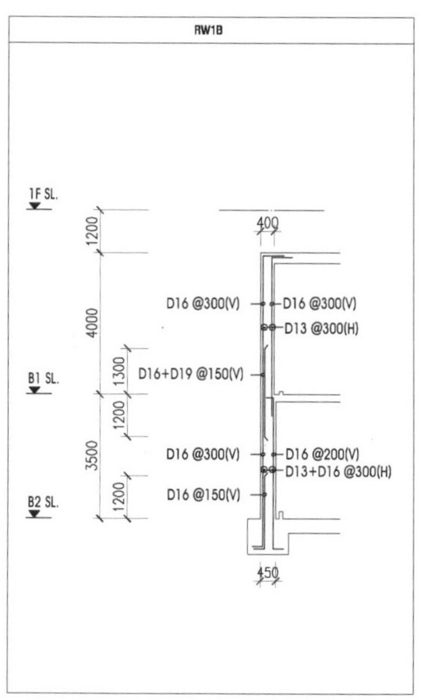

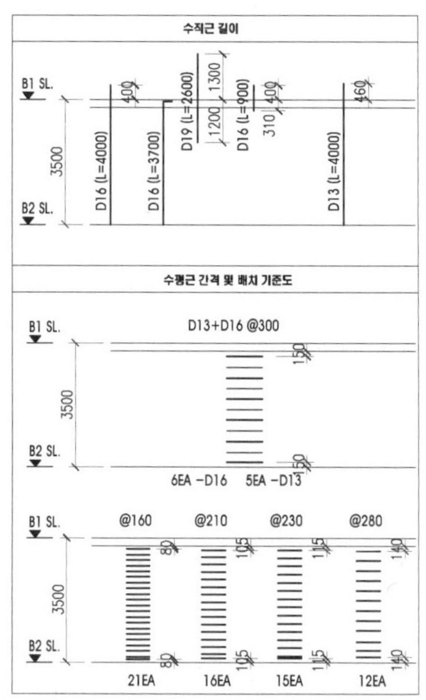

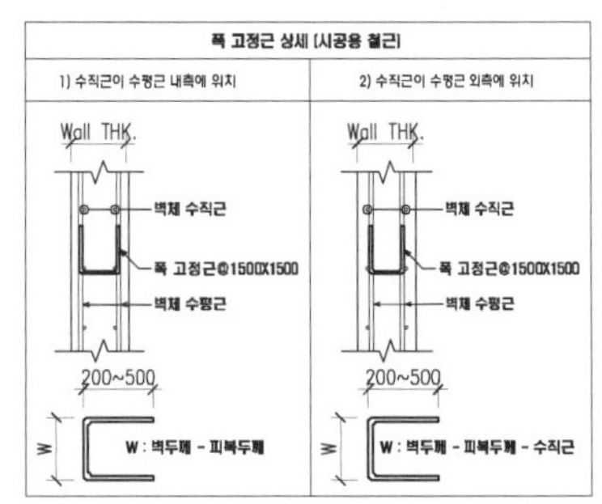

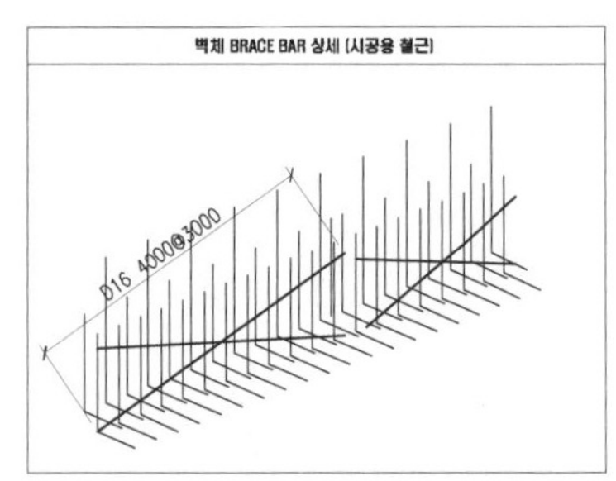

□ 철근가공리스트

번호	규격	형 태	길이	갯수	중량,톤
(RW1) [1개]					
1	D16	260 / 3440	3,700	210	1.212
2	D19	2600	2,600	140	0.819
3	D16	4000	4,000	182	1.136
5	D16	10000	10,000	48	0.749
6	D13	8000	8,000	50	0.398
7	D13	4000	4,000	40	0.159
8	D10	430 / 140 / 430	1,000	66	0.037
9	D13	331 / 338 / 331	1,000	60	0.06
합 계	D19		404M		0.819
	D16		1,985M		3.097
	D13		620M		0.617
	D10		66M		0.037
총 합 계					4.570

PROJECT TITLE.

주기(NOTES)

1. CONC.강도 단위 : MPa

-상가동 및 지하주차장 콘크리트 강도

수직부재			
층수	기둥	벽체	지하외벽
1F~RF	27	27	36
PIT~B1F	36		
수평부재			
2F~RF	27	27	
1F	36		
B1F	27	27	
MAT	36		

2. 철근강도

fy=400 MPa(SD400, D25이하)
fy=500 MPa(SD500, D29이상)

3. 이음/정착 길이표 (지하외벽)

fck=36MPa, fy=400MPa				
철 근	정착길이		이음길이	
	수직	수평	수직	수평
D10	300	300	300	330
D13	300	330	330	420
D16	310	400	400	520

4. 이음/정착 길이표 (벽체)

fy=400MPa				
철 근	정착길이 (fck=36MPa)		이음길이 (fck=27MPa)	
	수직	수평	수직	수평
D10	300	300	300	380
D13	310	400	460	600
D16	440	570	660	860

5. 90° 표준갈고리

철근	90° Hook	철근	90° Hook
D10	160	D22	360
D13	210	D25	410
D16	260	D29	490
D19	310	D32	560

6. 스터럽, 띠철근, 보조띠철근

철근	90° Hook	철근	90° Hook
D10	110	D16	140
D13	120	D19	200

KEY PLAN

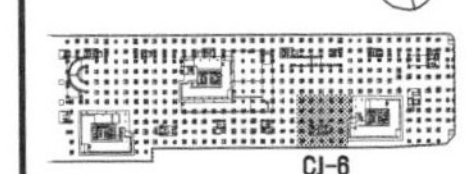

철근의 피복두께 (mm)

조 건	부 위	규 격	피 복
흙에 접하여 콘크리트를 친 후 영구히 흙에 묻혀있는 콘크리트	기 초	-	80
흙에 접하거나 옥외의 공기에 직접 노출되는 콘크리트	기 초 • 지하층 외 벽	D29 이상	60
		D25 이하	50
		D16 이하	40
옥외의 공기나 흙에 직접 접하지 않는 콘크리트	슬래브 벽 체 장 선	D32 초과	40
		D32 이하	20
	보	-	40
	기 둥	-	40
	쉘/절판	-	20

(비내력벽은 20 이상으로 한다)

REV. NO.	내 용	일자	검토
3			
2			
1			

작 성

검 토

승 인

도면명

주차장 지하2층 CJ6 지하외벽 벽체

축척 1/150 | 도면번호 [P-4]

[S-5] 1방향 슬래브구조설계도

이 도면은 1방향슬래브구조설계도이다. 슬래브 주근은 굽힘철근 형태로 되어 있으며 슬래브 배근은 일람표로 표현되어 있다. 주기란에는 구조재료의 강도와 부위별 철근피복두께에 정보가 표현되어 있다.

이 매뉴얼에 제시된 구조설계도와 배근시공도는 도면의 구성양식 및 표현방법에 대한 예시를 보여준 것이다. 따라서 "KDS 41 10 05 (4.3.4) 구조설계도의 작성" 에 따라 작성된 것이라 하더라도 하나의 예시에 불과하므로 실제 설계용도로 사용할 수 없다. 구조설계도에는 책임구조기술자가 설계 요구사항을 정확히 표현하여야 하며 배근시공도에는 철근의 배치 및 이음위치, 철근량 등을 포함한 상세정보를 표현하여야 한다.

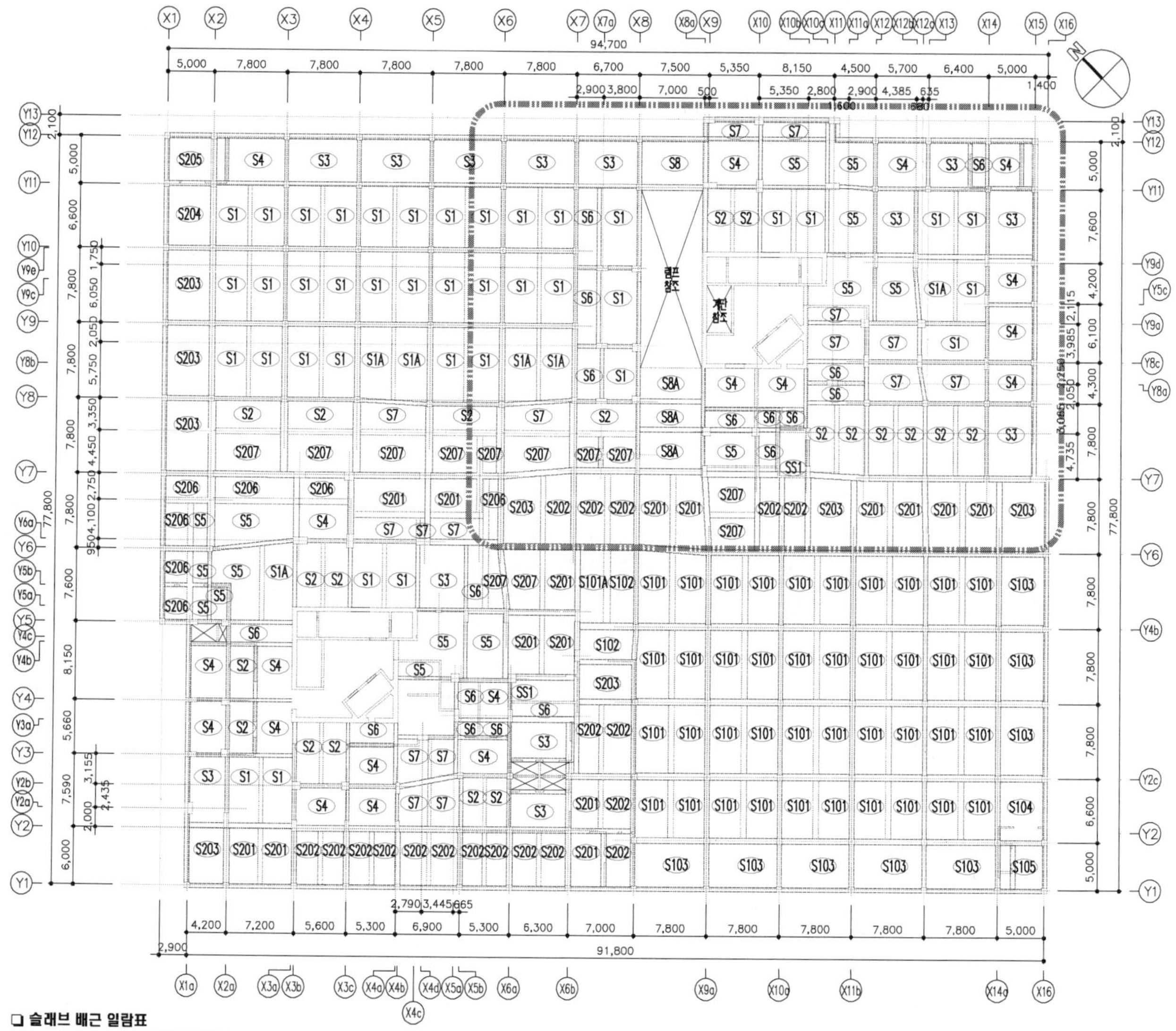

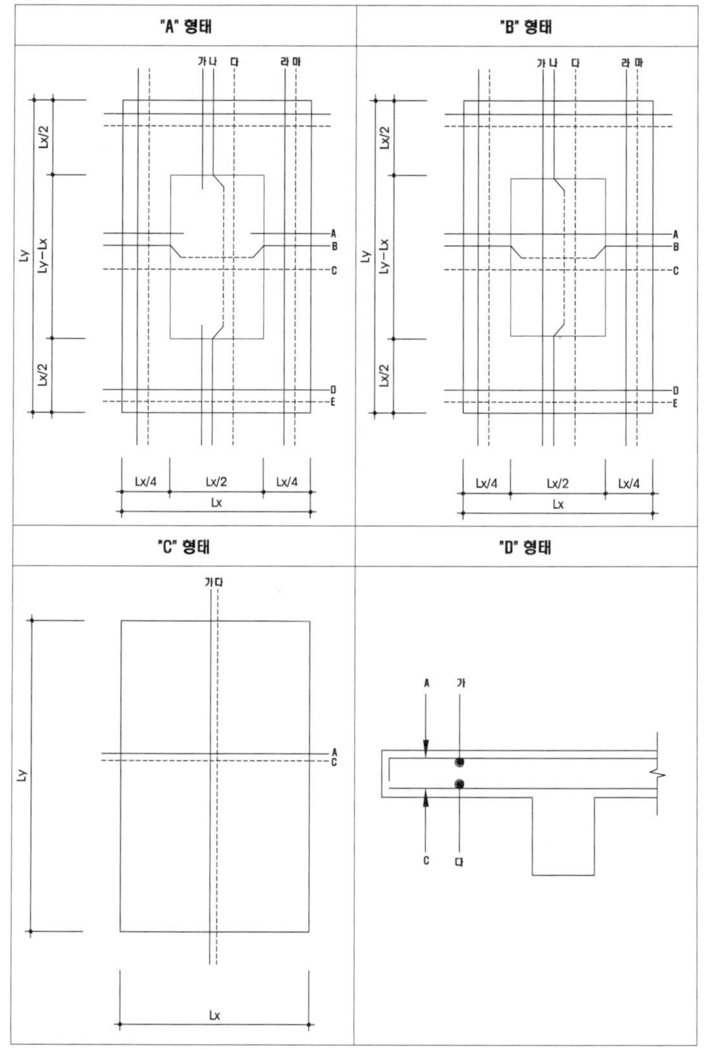

□ 슬래브 배근 일람표

부 호 (SLABs)	형태	두께 (mm)	주 근 (Lx) 중앙부 Ⓐ	Ⓑ	Ⓒ	Ⓓ	Ⓔ	부 근 (Ly) 중앙부 ㉮	㉯	㉰	㉱	㉲	비 고
(1F)S1	A	150	D10@300	D10@300	D10@300	D10@200	D10@200	D10@500	D10@500	D10@500	D10@300	D10@300	3.5m
(1F)S1A	C	150	D10@150		D10@150			D10@300		D10@300			3.5m
(1F)S2	A	150	D10@400	D10@400	D10@400	D10@300	D10@300	D10@500	D10@500	D10@500	D10@300	D10@300	2.8m
(1F)S3	A	150	D10@300	D13@300	D10@300	D13@200	D10@200	D10@400	D10@400	D10@400	D10@300	D10@300	5.0*7.8m
(1F)S4	A	150	D10@300	D13@300	D10@300	D13@200	D10@200	D10@300	D13@300	D10@300	D13@200	D10@200	5.0*6.5m
(1F)S5	C	150	D13@200		D10@200			D13@200		D10@200			
(1F)S6	C	150	D10@300		D10@300			D10@300		D10@300			
(1F)S7	C	150	D10@200		D10@200			D10@300		D10@300			
(1F)S8	B	200	D10@300	D13@300	D10 @300	D13 @200	D10@200	D10 @300	D10 @300	D10 @300	D10@200	D10@200	
(1F)S8A	C	150	D13@150		D13 @150					D13 @150			
(1F)S101	B	300	D10@200	D13@200	D10@200	D10@150	D10@150	D10@400	D10@400	D10@400	D10@200	D10@200	3.5m
(1F)S101A	C	300	D13@100		D13@100			D10@200		D10@200			3.5m
(1F)S102	B	300	D10@300	D13@300	D10@300	D13@200	D10@200	D10@400	D10@400	D10@400	D10@200	D10@200	2.8m
(1F)S103	B	300	D16@200	D13@200	D13@200	D13@150	D13@150	D13@300	D13@300	D10@300	D13@200	D10@200	5.0*7.8m
(1F)S104	B	300	D13@200	D13@200	D10@200	D13@200	D10@200	D13@300	D13@300	D10@300	D13@200	D10@200	5.0*6.6m
(1F)S105	C	300	D13@150		D10@150			D13@150		D10@150			
(1F)S201	B	200	D13@200	D13@200	D10@200	D13@150	D10@150	D10@400	D10@400	D10@400	D10@200	D10@200	3.5m
(1F)S202	B	200	D10@300	D13@300	D10@300	D13@200	D10@200	D10@500	D10@500	D10@500	D10@300	D10@300	2.8m
(1F)S203	B	200	D16@200	D16@200	D13@200	D16@150	D13@150	D13@300	D13@300	D10@300	D13@200	D10@200	5.0*7.8m

PROJECT TITLE.

주기(NOTES)

1. CONC.강도 단위: MPa

주거동		
층 별	수직재	수평재
옥탑 HOR ~ 6F VER	24	24
6F HOR ~ 2F VER	27	27
PIT HOR ~ B2F VER	27	21
기초	21	

※ 비주거부 수직재, 수평재 Fck=21MPa

2. 철근강도

D22 이하 : Fy=400 MPa

D25 이상 : Fy=500 MPa

3. 표기방법

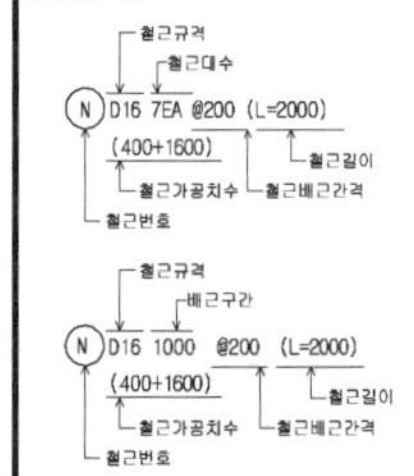

KEY PLAN

철근의 피복두께 (mm)			
조 건	부 위	규 격	피 복
흙에 접하여 콘크리트를 친 후 영구히 흙에 묻혀있는 콘크리트	기 초	-	80
흙에 접하거나 옥외의 공기에 직접 노출되는 콘크리트	기 초 • 지하층 외 벽	D29 이상	60
		D25 이하	50
		D16 이하	40
옥외의 공기나 흙에 직접 접하지 않는 콘크리트	슬래브 벽 체 장 선	D32 초과	40
		D32 이하	20
	보	-	40
	기 둥	-	40
	쉘/절판	-	20

(비내력벽은 20 이상으로 한다)

REV. NO.	내 용	일자	검토
3			
2			
1			

작 성

검 토

승 인

도면명

지하1층 슬래브 통합도면

축척 1/300

도면번호 [S-5]

[P-5] 1방향슬래브배근시공도

슬래브 철근배치는 하부근 주근방향을 슬래브 최 하단에 설치하며 배근이 일정한 경우는 장철근으로 인장이음을 하며, 철근배근이 바뀌는 부분은 보 폭 내부에서 압축정착 한다.

1방향슬래브의 상부근도 하부근과 마찬가지로 배근이 일정한 경우는 보 폭을 무시하고 전 구간에 배치하며 D10 또는 D13의 가는 철근을 사용하므로 이음길이가 길지 않아 장철근으로 인장이음 하는 것이 일반적이다. 철근배근이 바뀌는 부분은 보 폭 내부에서 인장정착을 하며 외부 테두리보와 만나는 부분은 갈고리정착을 하여 골조일체성을 확보하도록 하였다.

이 매뉴얼에 제시된 구조설계도와 배근시공도는 도면의 구성양식 및 표현방법에 대한 예시를 보여준 것이다. 따라서 "KDS 41 10 05 (4.3.4) 구조설계도의 작성" 에 따라 작성된 것이라 하더라도 하나의 예시에 불과하므로 실제 설계용도로 사용할 수 없다. 구조설계도에는 책임구조기술자가 설계 요구사항을 정확히 표현하여야 하며 배근시공도에는 철근의 배치 및 이음위치, 철근량 등을 포함한 상세정보를 표현하여야 한다.

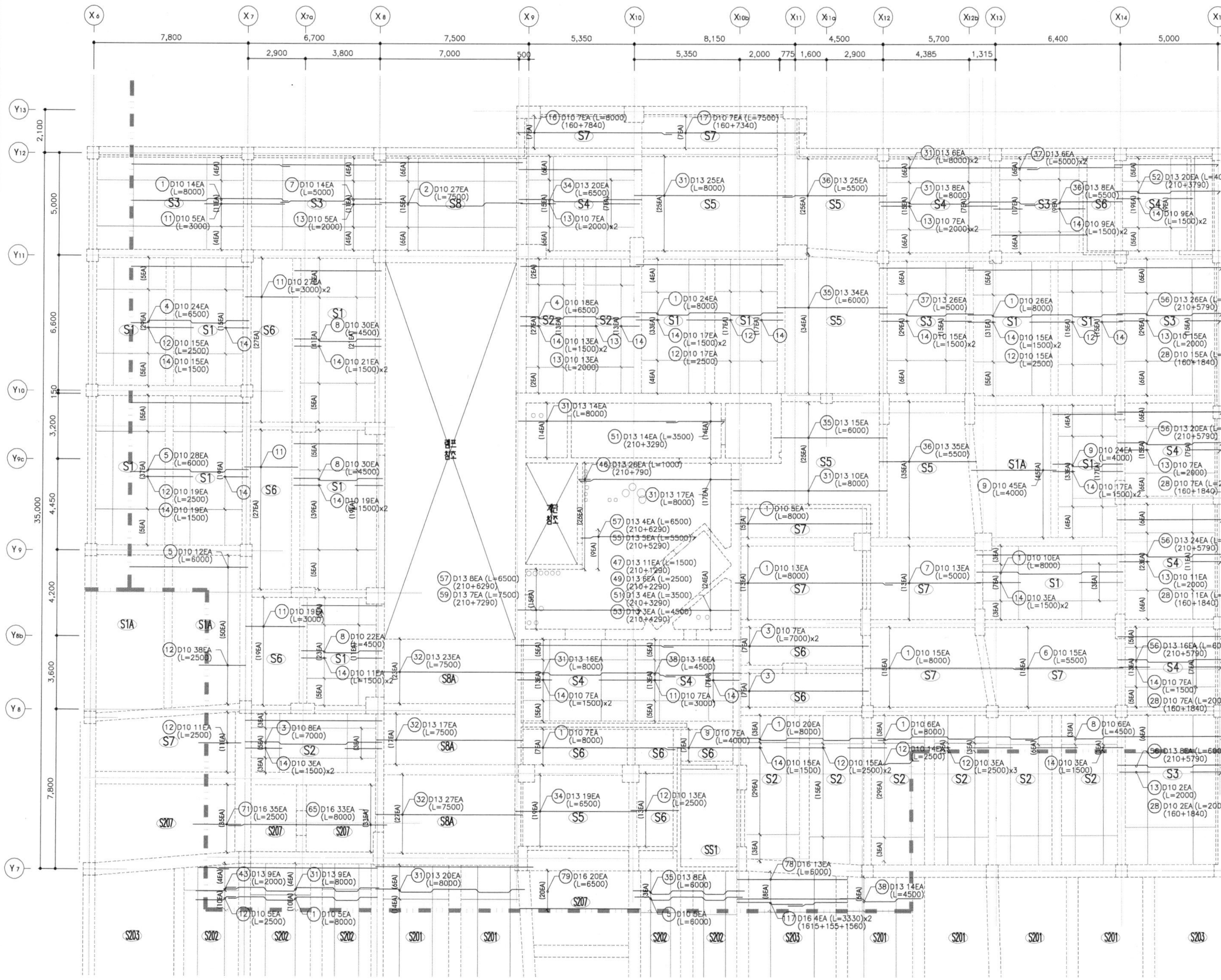

① 주차장 C'Z 지상1층 슬래브 배근도-1 (X방향 상부근)

축척 1/100

❑ 이음/정착 길이표

fck=21MPa

	이음길이		정착길이		
	B급이음	압축이음	인장정착	압축정착	HOOK정착
D10	390	300	300	210	210
D13	500	370	390	280	280
D16	740	460	570	350	350

❑ 철근가공리스트

번호	형태	규격	철근 부분 길이(mm) a	b	c	전체길이 (mm)	수량 (개)
①	a	D10	8,000			8,000	191
②	a	D10	7,500			7,500	57
③	a	D10	7,000			7,000	30
④	a	D10	6,500			6,500	61
⑤	a	D10	6,000			6,000	121
⑥	a	D10	5,500			5,500	201
⑦	a	D10	5,000			5,000	89
⑧	a	D10	4,500			4,500	135
⑨	a	D10	4,000			4,000	60
⑪	a	D10	3,000			3,000	73
⑫	a	D10	2,500			2,500	62
⑬	a	D10	2,000			2,000	10
⑭	a	D10	1,500			1,500	15
㉛	a	D13	8,000			8,000	64
㉜	a	D13	7,500			7,500	67
㉟	a	D13	6,000			6,000	20
㊱	a	D13	5,500			5,500	13
㊵	a	D13	3,000			3,000	39
㊸	a	D13	2,000			2,000	33
㊻	a b	D13	210	790		1,000	26
㊼	a b	D13	210	1,290		1,500	11
㊾	a b	D13	210	2,290		2,500	6
(51)	a b	D13	210	3,290		3,500	18
(53)	a b	D13	210	4,290		4,500	3
(55)	a b	D13	210	5,290		5,500	5
(57)	a b	D13	210	6,290		6,500	12
(59)	a b	D13	210	7,290		7,500	7
D10						3.417	
D13						1.673	
Total						5.090	

PROJECT TITLE.

주기(NOTES)

1. CONC.강도 단위: MPa

주거동		
층 별	수직재	수평재
옥탑 HOR ~ 6F VER	24	24
6F HOR ~ 2F VER	27	27
PIT HOR ~ B2F VER	27	21
기초	21	

※ 비주거부 수직재, 수평재 Fck=21MPa

2. 철근강도
   D22 이하 : Fy=400 MPa
   D25 이상 : Fy=500 MPa

3. 표기방법
   (N) D16 7EA @200 (L=2000) (400+1600) — 철근번호, 철근규격, 철근대수, 철근배근간격, 철근길이, 철근가공치수
   (N) D16 1000 @200 (L=2000) (400+1600) — 철근번호, 철근규격, 배근구간, 철근배근간격, 철근길이, 철근가공치수

4. ▓ ▓ ▓ ▓ :배근시공도 적용선

KEY PLAN

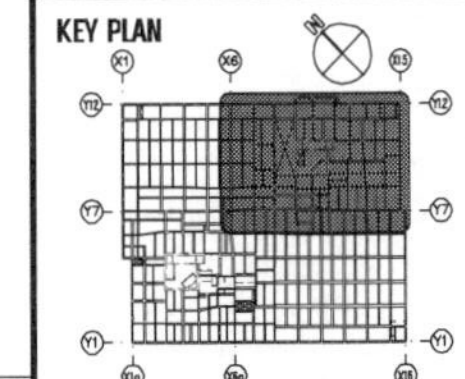

철근의 피복두께 (mm)

조 건	부 위	규 격	피 복
흙에 접하여 콘크리트를 친 후 영구히 흙에 묻혀있는 콘크리트	기 초	-	80
흙에 접하거나 옥외의 공기에 직접 노출되는 콘크리트	기 초 • 지하층 외 벽	D29 이상	60
		D25 이하	50
		D16 이하	40
옥외의 공기나 흙에 직접 접하지 않는 콘크리트	슬래브 벽 체 장 선	D32 초과	40
		D32 이하	20
	보	-	40
	기 둥	-	40
	쉘/절판	-	20

(비내력벽은 20 이상으로 한다)

REV. NO.	내 용	일자	검토
3			
2			
1			

작 성

검 토

승 인

도면명 지상1층 슬래브 배근도-01 (X방향 상부근)

축척 1/100

도면번호 [P-5-1]

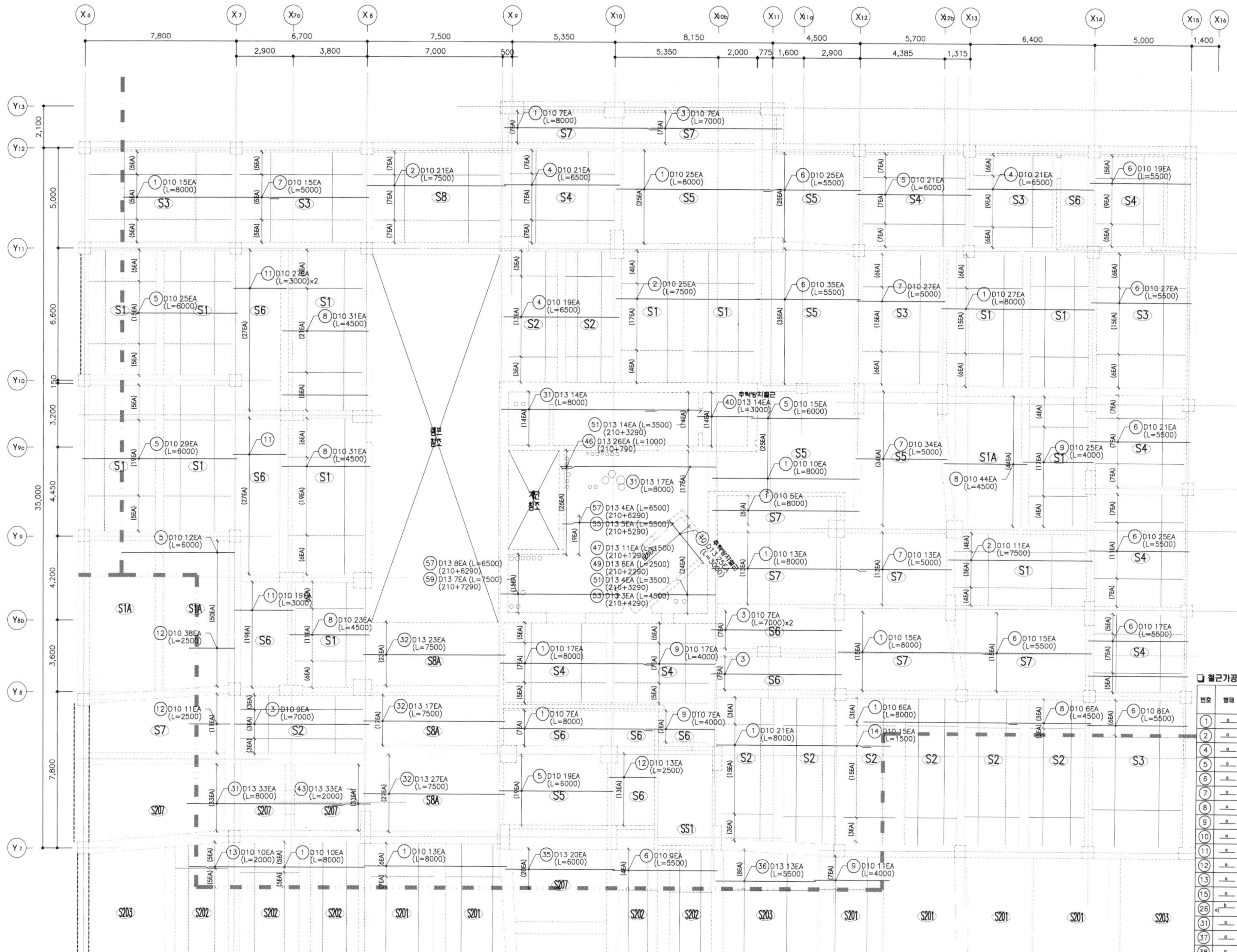

1 주차장 C'Z 지상1층 슬래브 배근도-2 (X방향 하부근)

축 척 1/100

□ 이음/정착 길이표 fck=21MPa

	이음길이		정착길이		
	B급이음	압축이음	인장정착	압축정착	HOOK정착
D10	390	300	300	210	210
D13	500	370	390	280	280
D16	740	460	570	350	350

□ 철근가공리스트

번호	형태	규격	철근 부분 길이(mm) a	b	c	전체길이 (mm)	수량 (개)
1	a	D10	8,000			8,000	177
2	a	D10	7,500			7,500	134
4	a	D10	6,500			6,500	16
5	a	D10	6,000			6,000	78
6	a	D10	5,500			5,500	195
7	a	D10	5,000			5,000	44
8	a	D10	4,500			4,500	175
9	a	D10	4,000			4,000	8
10	a	D10	3,500			3,500	19
11	a	D10	3,000			3,000	61
12	a	D10	2,500			2,500	162
13	a	D10	2,000			2,000	22
15	a	D10	1,000			1,000	31
26	a b	D10	160	2,840		3,000	11
31	a	D13	8,000			8,000	72
37	a	D13	5,000			5,000	53
38	a	D13	4,500			4,500	77
39	a	D13	4,000			4,000	45
40	a	D13	3,000			3,000	72
48	a b	D13	210	1,790		2,000	12
50	a b	D13	210	2,790		3,000	12
52	a b	D13	210	3,790		4,000	16
54	a b	D13	210	4,790		5,000	7
56	a b	D13	210	5,790		6,000	5
D10						3.286	
D13						1.764	
Total						5.049	

PROJECT TITLE.

주기(NOTES)

1. CONC.강도 단위: MPa

주거동		
층 별	수직재	수평재
옥탑 HOR ~ 6F VER	24	24
6F HOR ~ 2F VER	27	27
PIT HOR ~ B2F VER	27	21
기초	21	

※ 비주거부 수직재, 수평재 Fck=21MPa

2. 철근강도
   D22 이하 : Fy=400 MPa
   D25 이상 : Fy=500 MPa
3. 표기방법
   (N) D16 7EA @200 (L=2000) (400+1600) — 철근규격, 철근대수, 철근길이, 철근가공치수, 철근배근간격, 철근번호
   (N) D16 1000 @200 (L=2000) (400+1600) — 철근규격, 배근구간, 철근길이, 철근가공치수, 철근배근간격, 철근번호
4. ■ ■ ■ ■:배근시공도 적용선

KEY PLAN

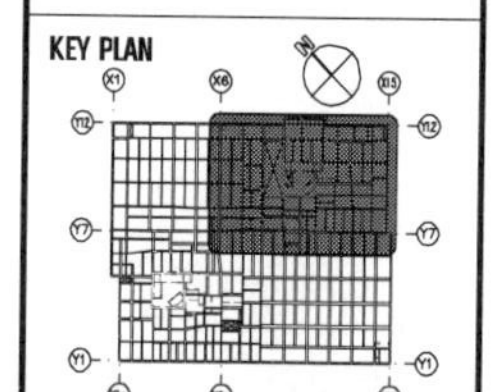

철근의 피복두께 (mm)

조 건	부 위	규 격	피 복
흙에 접하여 콘크리트를 친 후 영구히 흙에 묻혀있는 콘크리트	기 초	-	80
흙에 접하거나 옥외의 공기에 직접 노출되는 콘크리트	기 초 • 지하층 외 벽	D29 이상	60
		D25 이하	50
		D16 이하	40
옥외의 공기나 흙에 직접 접하지 않는 콘크리트	슬래브 벽 체 장 선	D32 초과	40
		D32 이하	20
	보	-	40
	기 둥	-	40
	쉘/절판	-	20

(비내력벽은 20 이상으로 한다)

REV. NO.	내 용	일자	검토
3			
2			
1			

작 성

검 토

승 인

도면명 지상1층 슬래브 배근도-02 (X방향 하부근)

축척 1/100 도면번호 [P-5-2]

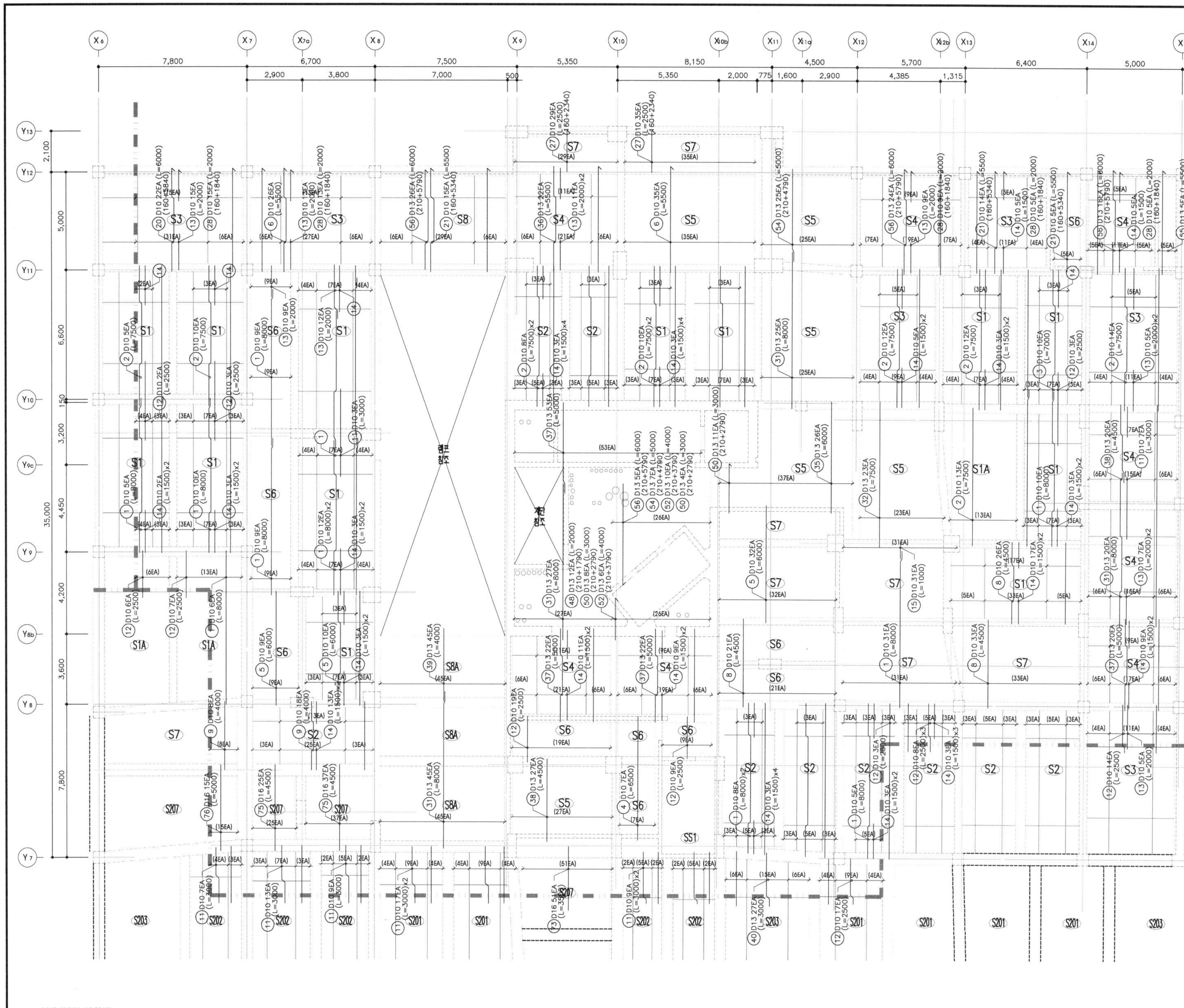

□ 이음/정착 길이표

fck=21MPa

	이음길이		정착길이		
	B급이음	압축이음	인장정착	압축정착	HOOK정착
D10	390	300	300	210	210
D13	500	370	390	280	280
D16	740	460	570	350	350

① 주차장 C'Z 지상1층 슬래브 배근도-3 (Y방향 상부근)

축 척 1/100

□ 철근가공리스트

번호	형태	규격	철근 부분 길이(mm) a	b	c	전체길이 (mm)	수량 (개)
1	a	D10	8,000			8,000	125
2	a	D10	7,500			7,500	102
3	a	D10	7,000			7,000	10
4	a	D10	6,500			6,500	7
5	a	D10	6,000			6,000	51
6	a	D10	5,500			5,500	61
8	a	D10	4,500			4,500	80
9	a	D10	4,000			4,000	26
11	a	D10	3,000			3,000	91
12	a	D10	2,500			2,500	107
13	a	D10	2,000			2,000	109
14	a	D10	1,500			1,500	223
15	a	D10	1,000			1,000	31
20	a b	D10	160	5,840		6,000	22
21	a b	D10	160	5,340		5,500	34
27	a b	D10	160	2,340		2,500	64
28	a b	D10	160	1,840		2,000	47
31	a	D13	8,000			8,000	117
32	a	D13	7,500			7,500	23
35	a	D13	6,000			6,000	26
36	a	D13	5,500			5,500	22
37	a	D13	5,000			5,000	117
38	a	D13	4,500			4,500	47
39	a	D13	4,000			4,000	45
40	a	D13	3,000			3,000	27
48	a b	D13	210	1,790		2,000	12
50	a b	D13	210	2,790		3,000	23
52	a b	D13	210	3,790		4,000	16
54	a b	D13	210	4,790		5,000	32
55	a b	D13	210	5,290		5,500	5
56	a b	D13	210	5,790		6,000	71
73	a	D16	3,500			3,500	51
75	a	D16	4,500			4,500	62
76	a	D16	5,000			5,000	15

D10	2.622
D13	3.197
D16	0.831
Total	6.651

PROJECT TITLE.

주기(NOTES)

1. CONC.강도 단위: MPa

주거동		
층 별	수직재	수평재
옥탑 HOR ~ 6F VER	24	24
6F HOR ~ 2F VER	27	27
PIT HOR ~ B2F VER	27	21
기초	21	

※ 비주거부 수직재, 수평재 Fck=21MPa

2. 철근강도
   D22 이하 : Fy=400 MPa
   D25 이상 : Fy=500 MPa
3. 표기방법

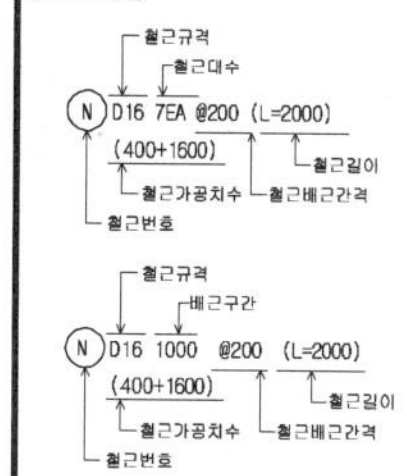

4. ▓▓▓▓:배근시공도 적용선

KEY PLAN

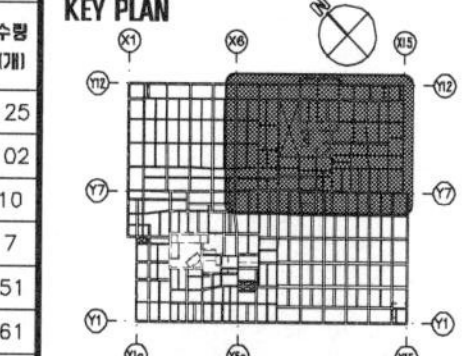

철근의 피복두께 (mm)

조 건	부 위	규 격	피 복
흙에 접하여 콘크리트를 친 후 영구히 흙에 묻혀있는 콘크리트	기 초	-	80
흙에 접하거나 옥외의 공기에 직접 노출되는 콘크리트	기초 • 지하층 외벽	D29 이상	60
		D25 이하	50
		D16 이하	40
옥외의 공기나 흙에 직접 접하지 않는 콘크리트	슬래브 벽체 장선	D32 초과	40
		D32 이하	20
	보	-	40
	기 둥	-	40
	쉘/절판	-	20

(비내력벽은 20 이상으로 한다)

REV. NO.	내 용	일자	검토
3			
2			
1			

작 성

검 토

승 인

도면명 지상1층 슬래브 배근도-03 (Y방향 상부근)

축척 1/100

도면번호 [P-5-3]

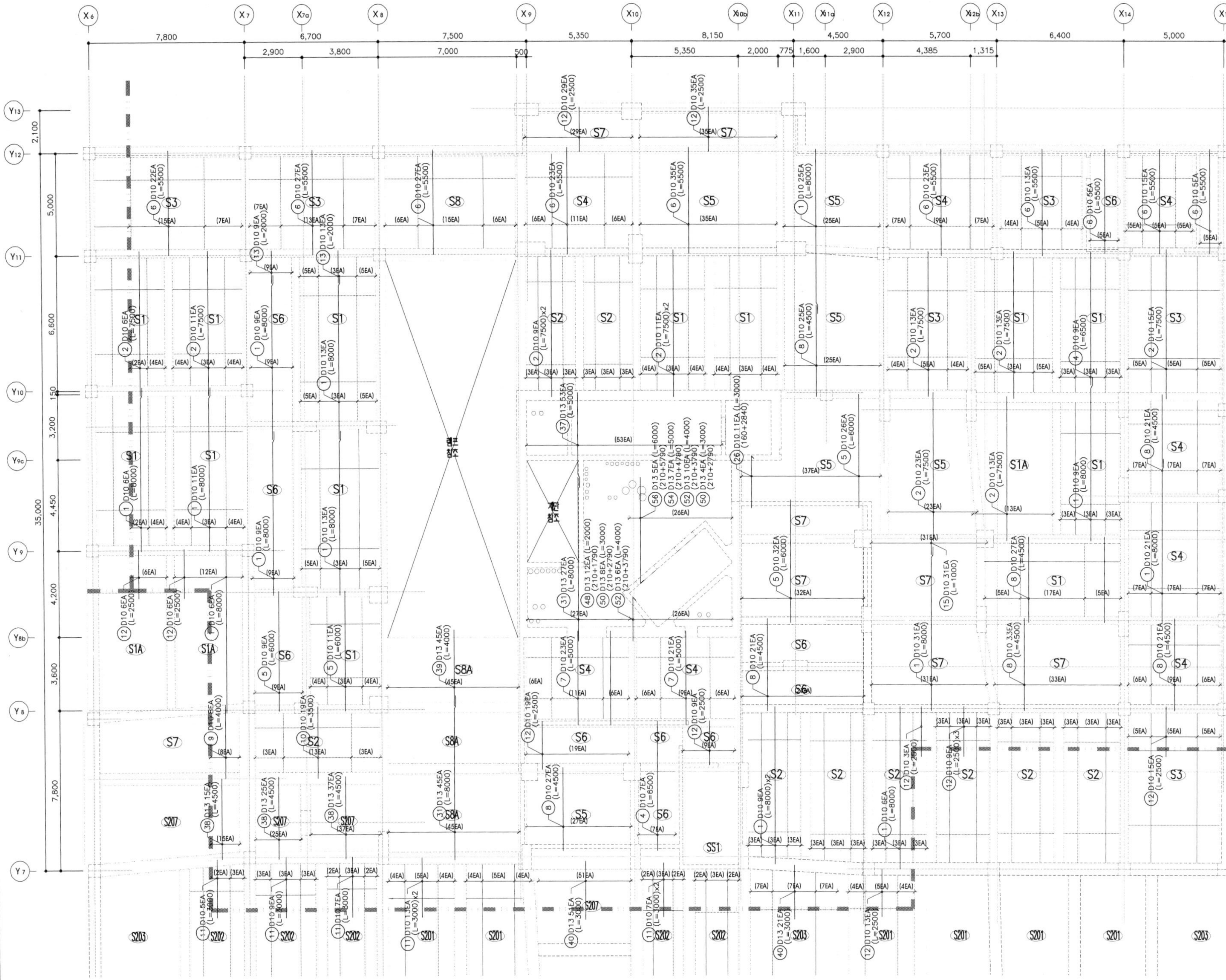

❑ 이음/정착 길이표

fck=21MPa

	이음길이		정착길이		
	B급이음	압축이음	인장정착	압축정착	HOOK정착
D10	390	300	300	210	210
D13	500	370	390	280	280
D16	740	460	570	350	350

① 주차장 C'Z 지상1층 슬래브 배근도-4 (Y방향 하부근)

축 척 1/100

❑ 철근가공리스트

번호	형태	규격	철근 부분 길이(mm) a	b	c	전체길이 (mm)	수량 (개)
①	a	D10	8,000			8,000	145
②	a	D10	7,500			7,500	27
③	a	D10	7,000			7,000	22
④	a	D10	6,500			6,500	42
⑤	a	D10	6,000			6,000	45
⑥	a	D10	5,500			5,500	15
⑦	a	D10	5,000			5,000	27
⑧	a	D10	4,500			4,500	88
⑨	a	D10	4,000			4,000	76
⑪	a	D10	3,000			3,000	85
⑫	a	D10	2,500			2,500	186
⑬	a	D10	2,000			2,000	81
⑭	a	D10	1,500			1,500	377
⑯	a b	D10	160	7,840		8,000	7
⑰	a b	D10	160	7,340		7,500	7
㉘	a b	D10	160	1,840		2,000	42
㉛	a	D13	8,000			8,000	131
㉜	a	D13	7,500			7,500	67
㉞	a	D13	6,500			6,500	39
㉟	a	D13	6,000			6,000	57
36	a	D13	5,500			5,500	68
37	a	D13	5,000			5,000	38
38	a	D13	4,500			4,500	30
43	a	D13	2,000			2,000	9
46	a b	D13	210	790		1,000	26
47	a b	D13	210	1,290		1,500	11
49	a b	D13	210	2,290		2,500	6
51	a b	D13	210	3,290		3,500	18
52	a b	D13	210	3,790		4,000	20
53	a b	D13	210	4,290		4,500	3
55	a b	D13	210	5,290		5,500	5
56	a b	D13	210	5,790		6,000	94
57	a b	D13	210	6,290		6,500	12
59	a b	D13	210	7,290		7,500	7
65	a	D16	8,000			8,000	33
71	a	D16	2,500			2,500	35
78	a	D16	6,000			6,000	13
79	a	D16	6,500			6,500	20
117	a b c	D16	1,615	155	1,560	3,330	8

D10	2.586
D13	3.780
D16	0.914
Total	7.280

PROJECT TITLE.

주기(NOTES)

1. CONC.강도 단위: MPa

주거동		
층 별	수직재	수평재
옥탑 HOR ~ 6F VER	24	24
6F HOR ~ 2F VER	27	27
PIT HOR ~ B2F VER	27	21
기초	21	

※ 비주거부 수직재, 수평재 Fck=21MPa

2. 철근강도
   D22 이하 : Fy=400 MPa
   D25 이상 : Fy=500 MPa
3. 표기방법
   Ⓝ D16 7EA @200 (L=2000) (400+1600) — 철근규격, 철근대수, 철근길이, 철근가공치수, 철근배근간격, 철근번호
   Ⓝ D16 1000 @200 (L=2000) (400+1600) — 철근규격, 배근구간, 철근길이, 철근가공치수, 철근배근간격, 철근번호
4. ▒ ▒ ▒ ▒:배근시공도 적용선

KEY PLAN

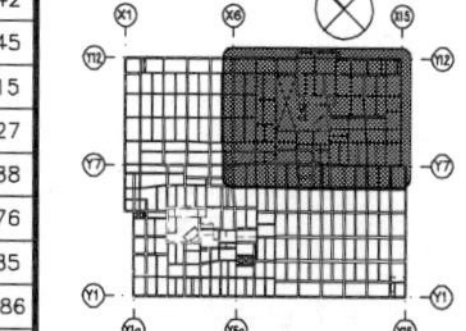

철근의 피복두께 (mm)

조 건	부 위	규 격	피 복
흙에 접하여 콘크리트를 친 후 영구히 흙에 묻혀있는 콘크리트	기 초	-	80
흙에 접하거나 옥외의 공기에 직접 노출되는 콘크리트	기초 · 지하층 외벽	D29 이상	60
		D25 이하	50
		D16 이하	40
옥외의 공기나 흙에 직접 접하지 않는 콘크리트	슬래브 벽체 장선	D32 초과	40
		D32 이하	20
	보	-	40
	기 둥	-	40
	쉘/절판	-	20

(비내력벽은 20 이상으로 한다)

REV. NO.	내 용	일자	검토
△3			
△2			
△1			

작 성

검 토

승 인

도면명 지상1층 슬래브 배근도-04 (Y방향 하부근)

축척 1/100

도면번호 [P-5-4]

[S-6] 플랫슬래브구조설계도

이 도면은 보가 없이 지판을 갖는 플랫슬래브구조설계도이다. 슬래브 및 지판의 두께 및 크기, 철근배근에 대한 정보를 표시하였다.

주열대 및 중간대를 나누어 표기하고, 각각의 철근배근을 표시하였다.

이 매뉴얼에 제시된 구조설계도와 배근시공도는 도면의 구성양식 및 표현방법에 대한 예시를 보여준 것이다. 따라서 "KDS 41 10 05 (4.3.4) 구조설계도의 작성" 에 따라 작성된 것이라 하더라도 하나의 예시에 불과하므로 실제 설계용도로 사용할 수 없다. 구조설계도에는 책임구조기술자가 설계 요구사항을 정확히 표현하여야 하며 배근시공도에는 철근의 배치 및 이음위치, 철근량 등을 포함한 상세정보를 표현하여야 한다.

---

① 지하1층 주차장 슬라브 배근도(상부근) - 1

축척 1/200

A X열 - 경간 10.8m 구간 Y방향 상부근

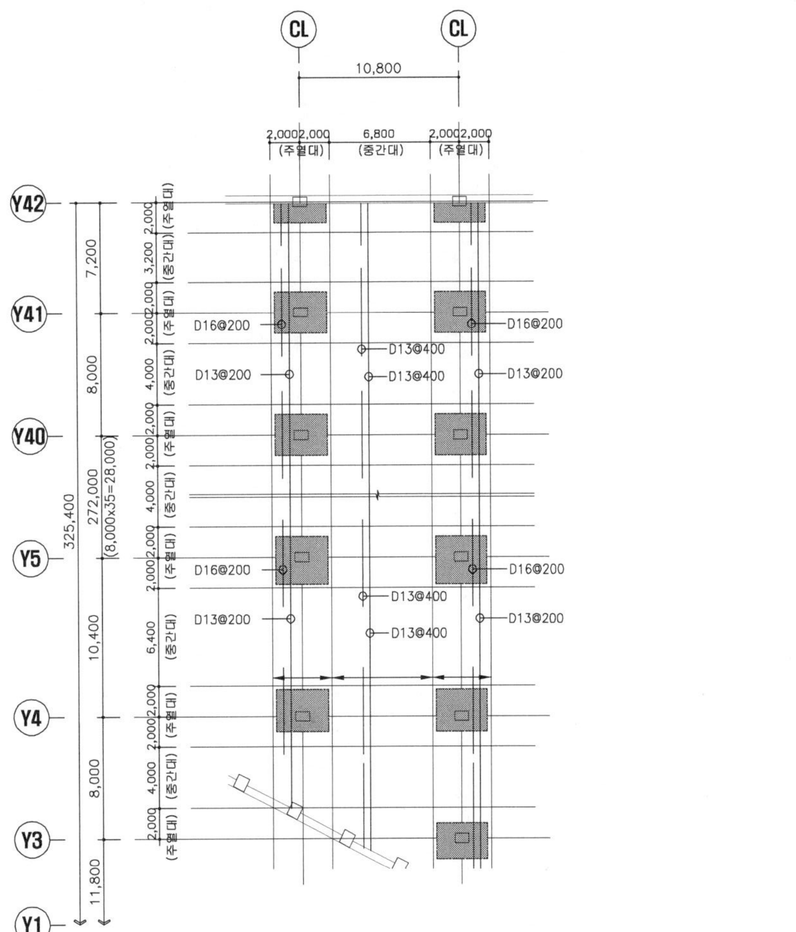

B X열 - 경간 9.9m 이하 구간 Y방향 상부근

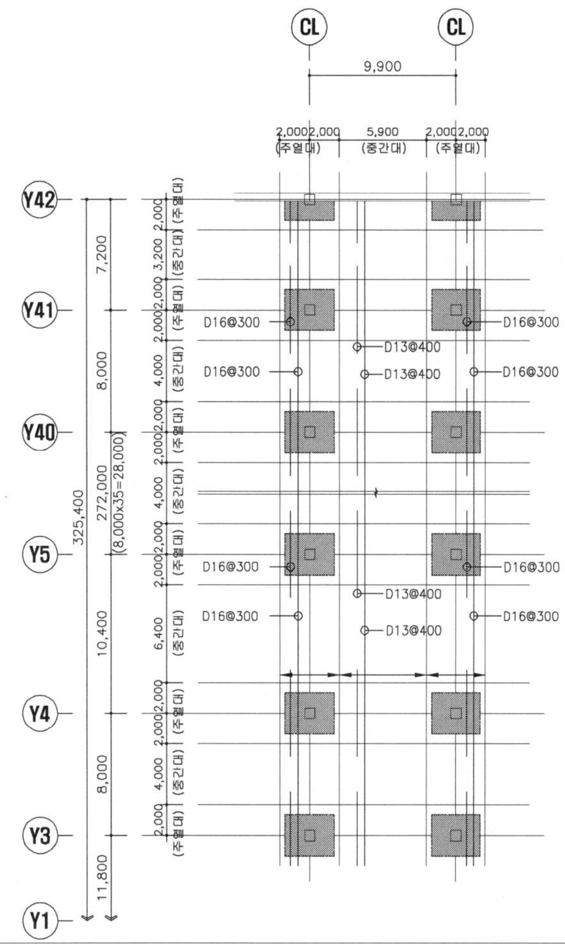

C Y열 - 구간 X방향 상부근

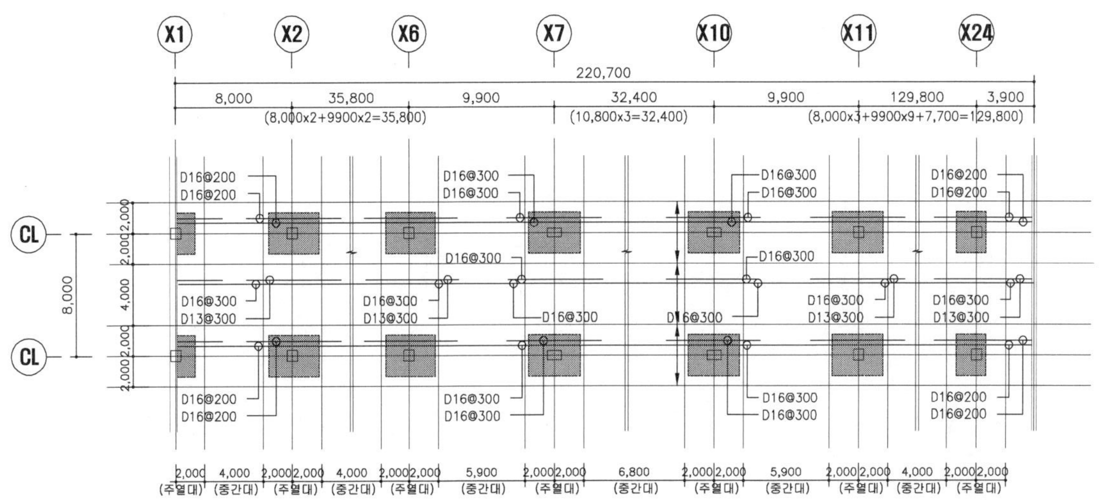

PROJECT TITLE:

주기(NOTES)

1. CONC.강도
   1) 기초
      : fck=27 MPa
   2) 기둥, 벽체, 인방보
      : fck=27 MPa
   3) 슬래브
      : fck=27 MPa
2. 철근강도
   : fy=400 MPa
3. 지하 1층 S.L = E.L -4,300
4. 슬래브 두께
   - : THK 270
   - : THK 450 (DROP 판넬)

KEY PLAN

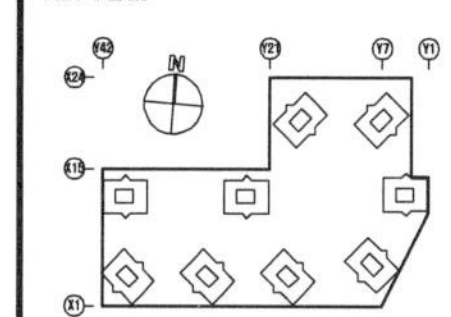

철근의 피복두께 (mm)

조 건	부 위	규 격	피 복
흙에 접하여 콘크리트를 친 후 영구히 흙에 묻혀있는 콘크리트	기 초	-	80
흙에 접하거나 옥외의 공기에 직접 노출되는 콘크리트	기 초 · 지하층 외 벽	D29 이상	60
		D25 이하	50
		D16 이하	40
옥외의 공기나 흙에 직접 접하지 않는 콘크리트	슬래브 벽 체 장 선	D32 초과	40
		D32 이하	20
	보	-	40
	기 둥	-	40
	쉘/절판	-	20

(비내력벽은 20 이상으로 한다)

REV. NO.	내 용	일자	검토
3			
2			
1			

작 성

검 토

승 인

도면명 지하1층 주차장 슬라브 배근도(상부근)-1

축척 1/200

도면번호 [S-6-1]

1 지하1층 주차장 슬라브 배근도(하부근) - 2

축 척 1/200

A X열 - 경간 10.8m 구간 Y방향 하부근

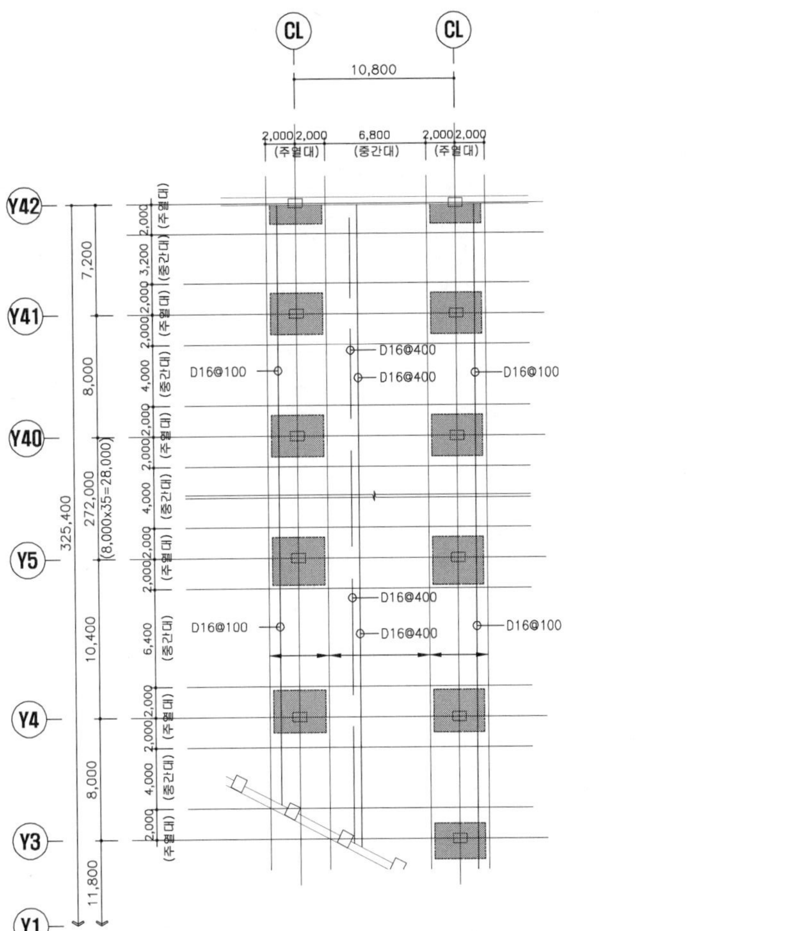

B X열 - 경간 9.9m 이하 구간 Y방향 하부근

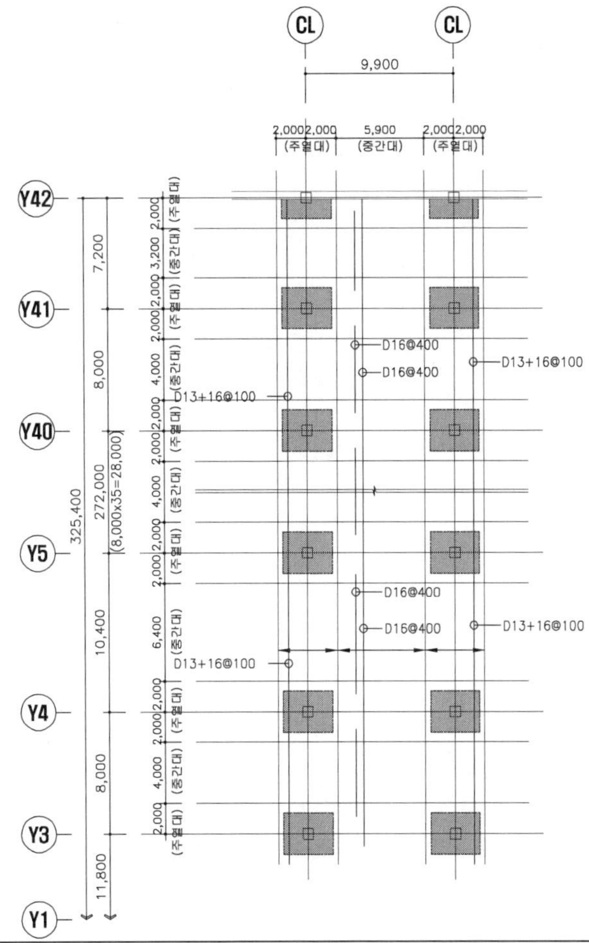

C Y열 - 구간 X방향 하부근

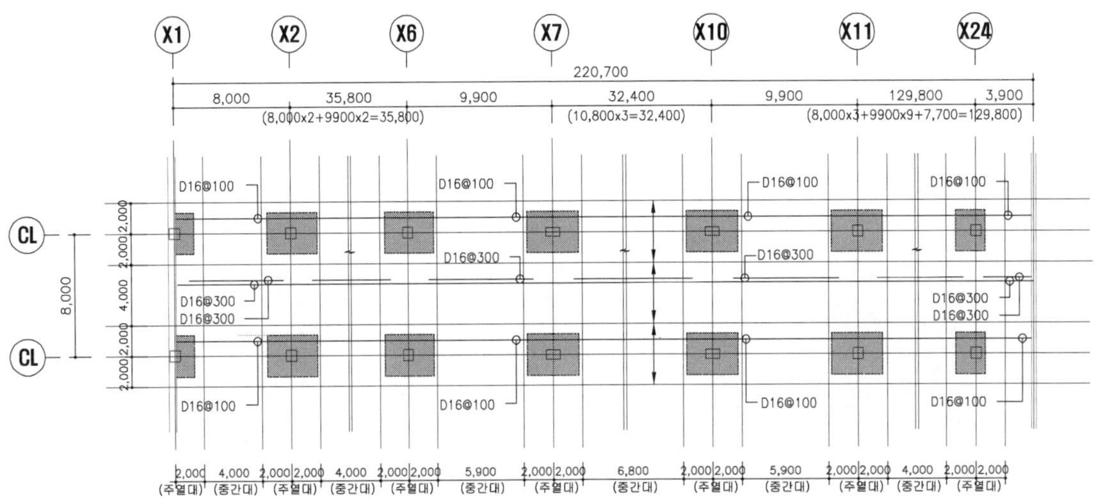

PROJECT TITLE.

주기(NOTES)

1. CONC.강도
   1) 기초
      : fck=27 MPa
   2) 기둥, 벽체, 인방보
      : fck=27 MPa
   3) 슬래브
      : fck=27 MPa
2. 철근강도
      : fy=400 MPa
3. 지하 1층 S.L = E.L -4,300
4. 정착/이음길이 (슬라브)

fck=27MPa, fy= 400MPa				
철 근	정착길이		이음길이	
	안	밖	안	밖
D10	300	300	300	390
D13	300	360	380	460
D16	360	510	460	660
D19	420	680	550	880
D22	670	1080	870	1400

5. 표준 갈고리 (Ldh) (표준 hook 길이)

철 근	일반철근(90˚) 표준후크 길이
D10	160
D13	220
D16	260
D19	310
D22	370
D25	420
D29	500
D32	560

6. SLAB 두께
   : THK 270
   : THK 450 (DROP 판넬)
7. : DELAY JOINT (W :1,000)
8. : CJ LINE

KEY PLAN

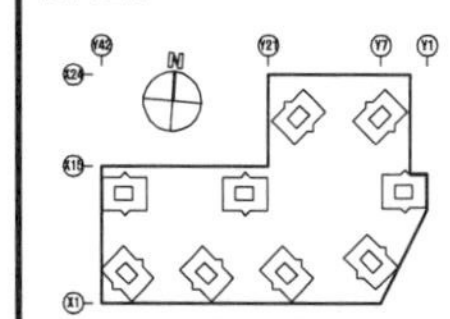

철근의 피복두께 (mm)

조 건	부 위	규 격	피 복
흙에 접하여 콘크리트를 친 후 영구히 흙에 묻혀있는 콘크리트	기 초	-	80
흙에 접하거나 옥외의 공기에 직접 노출되는 콘크리트	기 초 · 지하층 외 벽	D29 이상	60
		D25 이하	50
		D16 이하	40
옥외의 공기나 흙에 직접 접하지 않는 콘크리트	슬래브 벽 체 장 선	D32 초과	40
		D32 이하	20
	보	-	40
	기 둥	-	40
	쉘/절판	-	20

(비내력벽은 20 이상으로 한다)

REV. NO.	내 용	일자	검토
3			
2			
1			

작 성

검 토

승 인

도면명 지하1층 주차장

슬라브 배근도(하부근)-2

축척 1/200

도면번호 [S-6-2]

[P-6] 플랫슬래브배근시공도

이 도면은 플랫슬래브배근시공도이다.

배근시공도 작성시 해당 공사구간의 C.J.(Construction Joint), D.J.(Delay joint)등의 각종 조인트를 고려하여, 후속 공정이 이루어져야 하는 부분에는 이음길이 만큼 철근을 연장배근 하였다.

주열대 및 중간대의 너비를 파악하기 쉽도록 도면에 명기하여 작성하였다.

또한, 부재의 강도에 따른 정착 및 이음길이표는 구조일반사항을 준수하여 작성하였고, 도면에 표기하여 시공시 준수하도록 하였다.

이 매뉴얼에 제시된 구조설계도와 배근시공도는 도면의 구성양식 및 표현방법에 대한 예시를 보여준 것이다. 따라서 "KDS 41 10 05 (4.3.4) 구조설계도의 작성" 에 따라 작성된 것이라 하더라도 하나의 예시에 불과하므로 실제 설계용도로 사용할 수 없다. 구조설계도에는 책임구조기술자가 설계 요구사항을 정확히 표현하여야 하며 배근시공도에는 철근의 배치 및 이음위치, 철근량 등을 포함한 상세정보를 표현하여야 한다.

PROJECT TITLE.

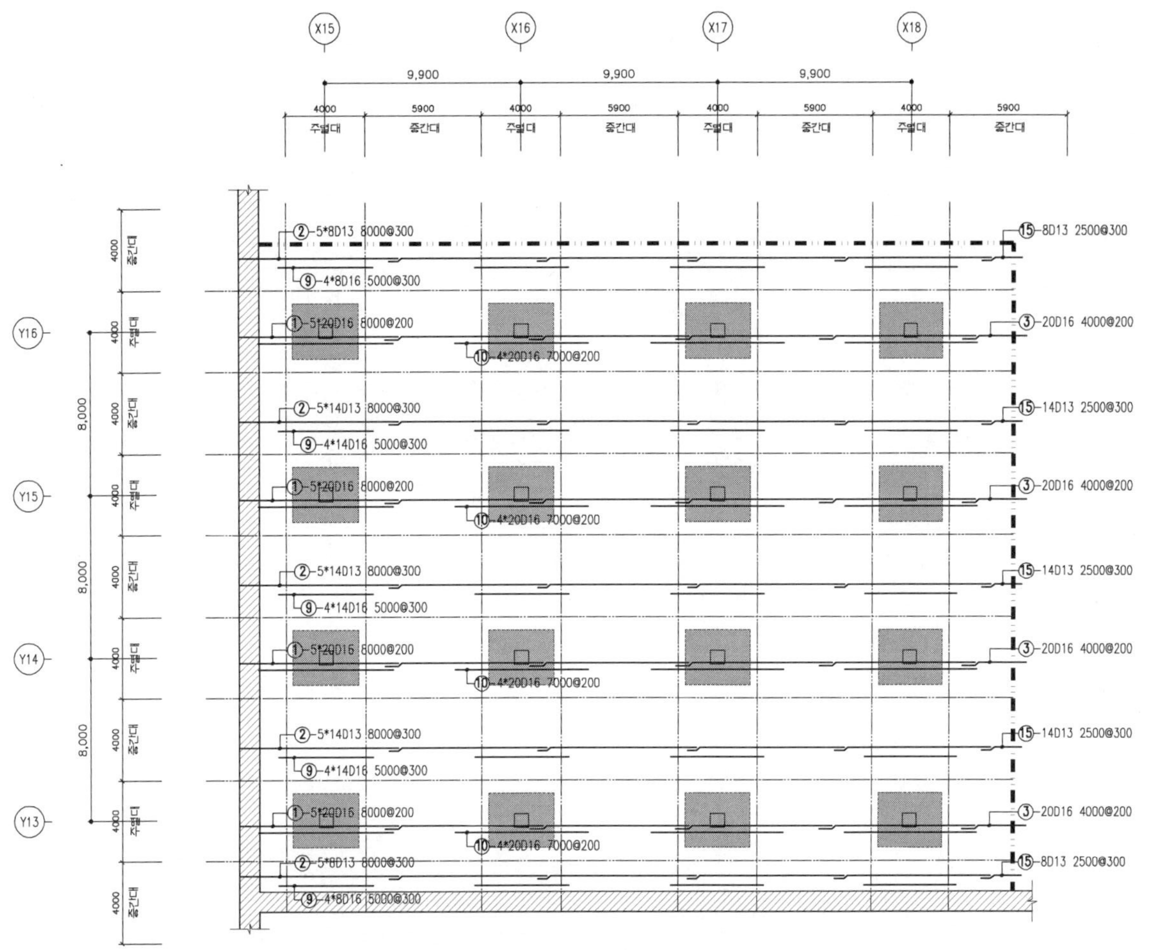

1 주차장 지하1층 바닥 CJ1 X 방향 상부근 배근도

축 척 1/150

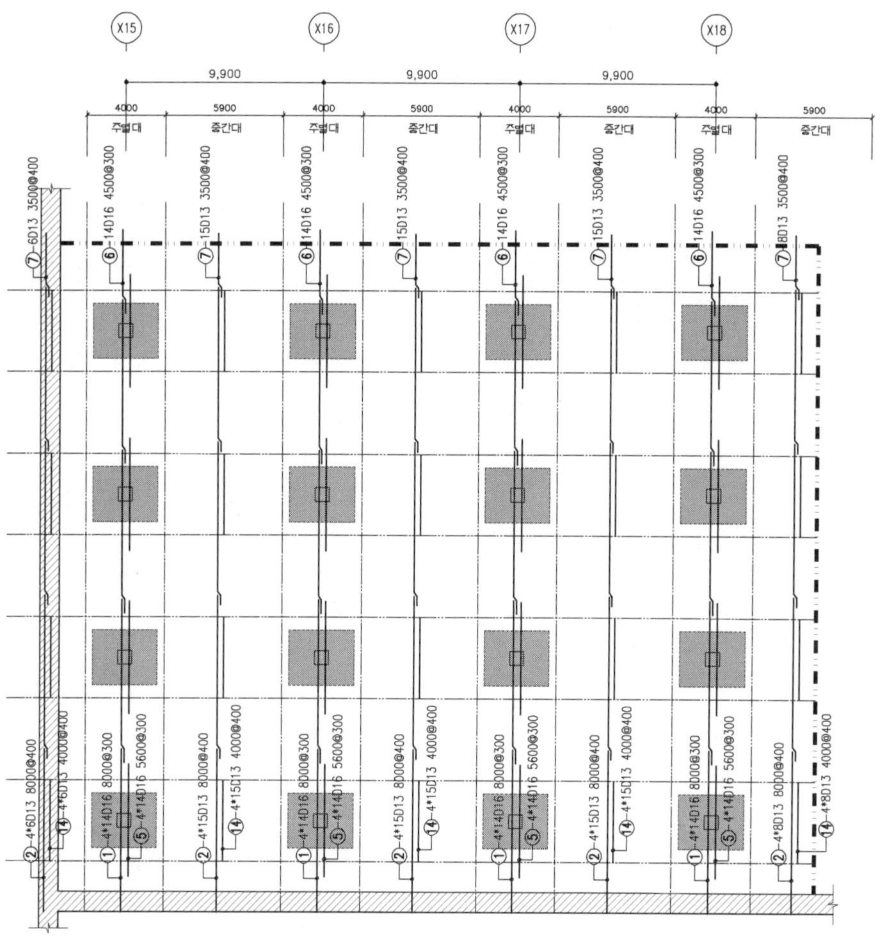

1 주차장 지하1층 바닥 CJ1 Y 방향 상부근 배근도

축 척 1/150

❑ 철근가공리스트 (플랫 슬래브 상부근)

	번호	규격	형 태	길이	갯수	중량톤
S02 [1개]	1	D16	8000	8,000	624	7.788
	2	D13	8000	8,000	526	4.187
	3	D16	4000	4,000	80	0.499
	5	D16	5600	5,600	224	1.957
	6	D16	4500	4,500	56	0.393
	7	D13	3500	3,500	59	0.205
	9	D16	5000	5,000	232	1.81
	10	D16	7000	7,000	320	3.494
	14	D13	4000	4,000	236	0.939
	15	D13	2500	2,500	58	0.144
합 계		D16		10,218.4M		15.941
		D13		5,503.5M		5.475
총 합 계						21.416

주기(NOTES)

1. CONC.강도
   1) 기초
      : fck=27 MPa
   2) 기둥, 벽체, 인방보
      : fck=27 MPa
   3) 슬래브
      : fck=27 MPa
2. 철근강도
   : fy=400 MPa
3. 지하 1층 S.L = E.L -4,300
4. 정착/이음길이 (슬라브)

fck=27MPa, fy= 400MPa				
철 근	정착길이		이음길이	
	안	밖	안	밖
D10	300	300	300	390
D13	300	360	380	460
D16	360	510	460	660
D19	420	680	550	880
D22	670	1080	870	1400

5. 표준 갈고리 (Ldh) (표준 hook 길이)

철 근	일반철근(90°) 표준후크 길이
D10	160
D13	220
D16	260
D19	310
D22	370
D25	420
D29	500
D32	560

6. SLAB 두께
   : THK 450 (DROP 판넬)
   : THK 270
7. : DELAY JOINT (W :1,000)
8. : 배근시공도 적용선

KEY PLAN

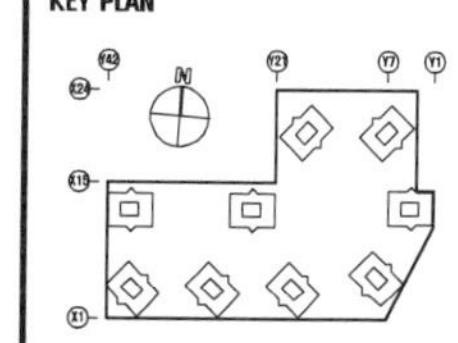

철근의 피복두께 (mm)

조 건	부 위	규 격	피 복
흙에 접하여 콘크리트를 친 후 영구히 흙에 묻혀있는 콘크리트	기 초	-	80
흙에 접하거나 옥외의 공기에 직접 노출되는 콘크리트	기초 · 지하층 외벽	D29 이상	60
		D25 이하	50
		D16 이하	40
옥외의 공기나 흙에 직접 접하지 않는 콘크리트	슬래브 벽체 장선	D32 초과	40
		D32 이하	20
	보	-	40
	기 둥	-	40
	쉘/절판	-	20

(비내력벽은 20 이상으로 한다)

REV. NO.	내 용	일자	검토
3			
2			
1			

작 성

검 토

승 인

도면명 주차장 지하1층 바닥 CJ1 상부근 배근도

축척 1/150

도면번호 [P-6-1]

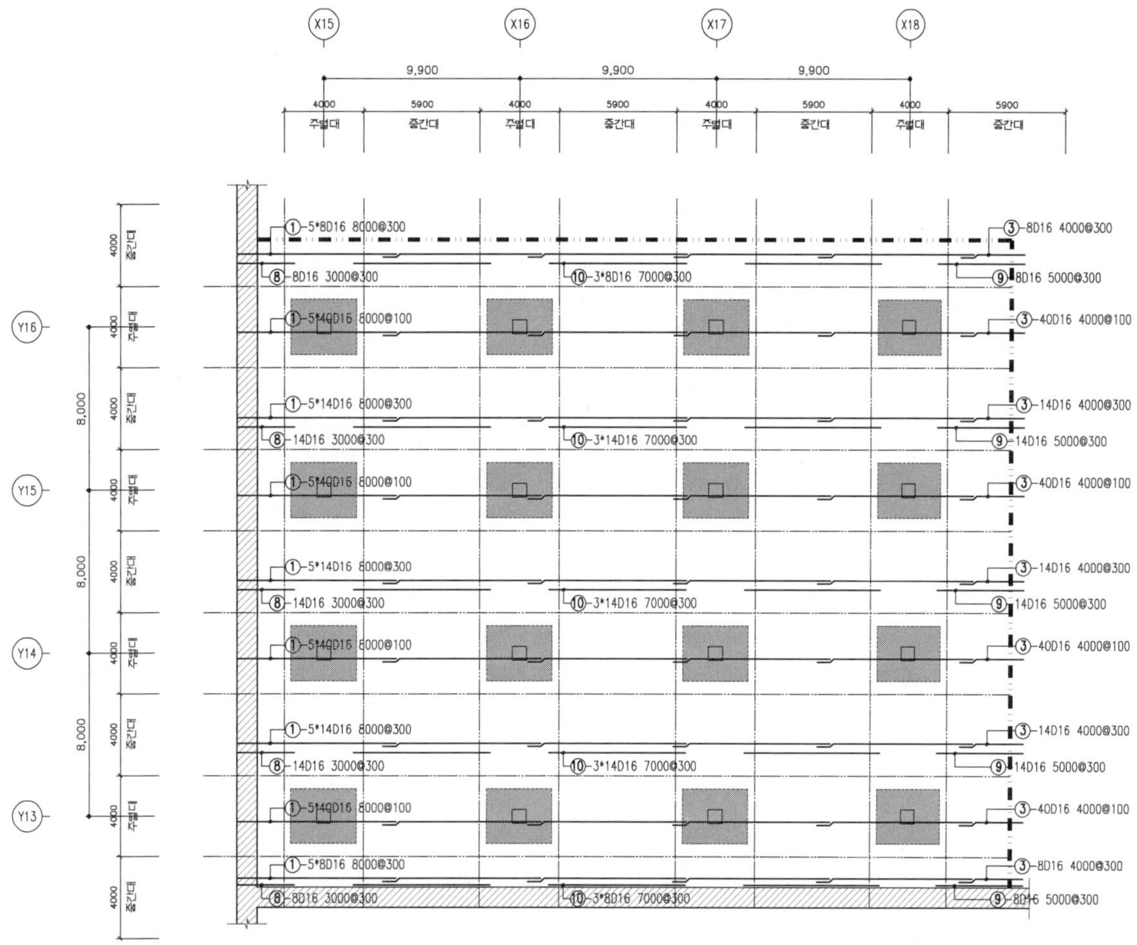

1 주차장 지하1층 바닥 CJ1 X 방향 하부근 배근도

축 척 1/150

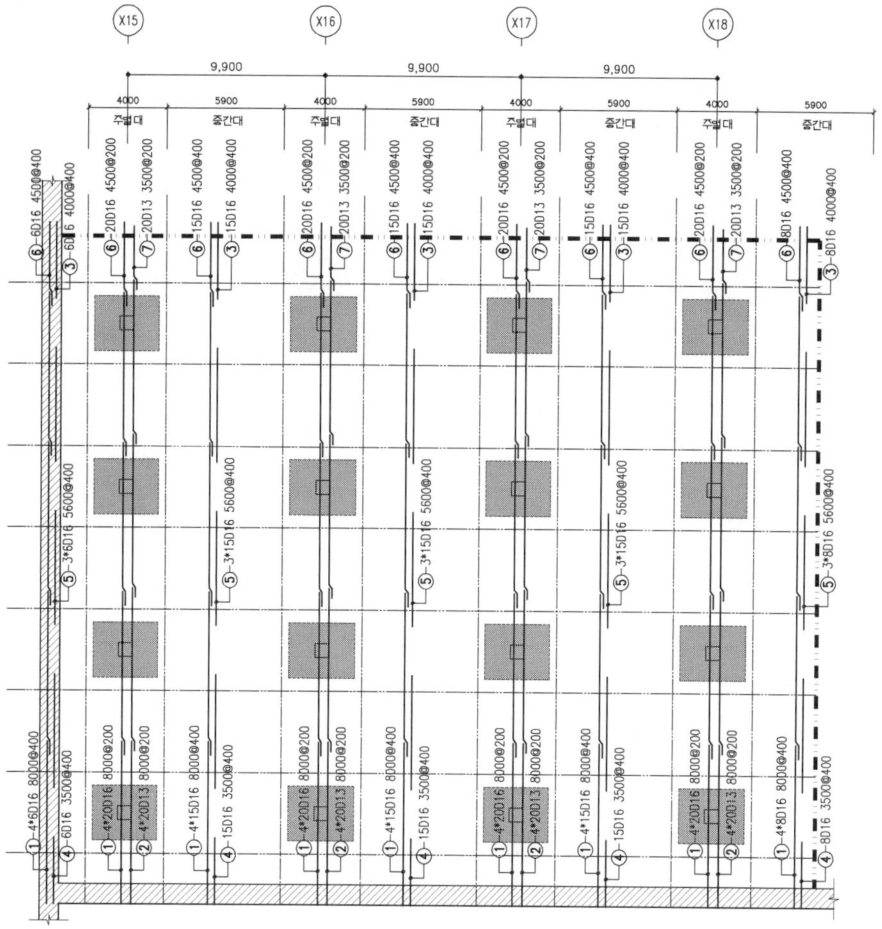

1 주차장 지하1층 바닥 CJ1 Y 방향 하부근 배근도

축 척 1/150

❏ 드롭패널(DROP PANEL) 배근도

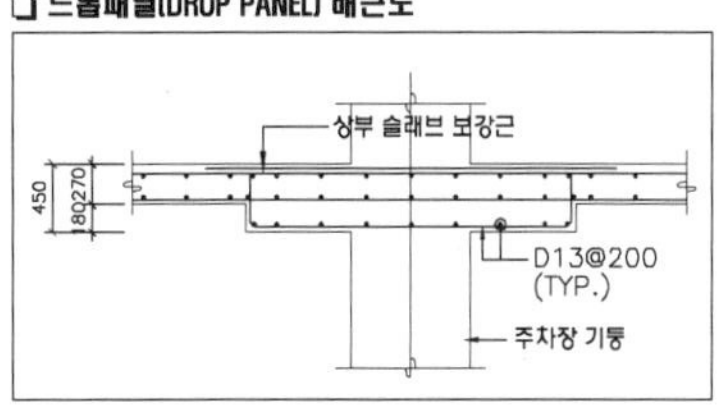

❏ 드롭패널(DROP PANEL) 철근 설치도

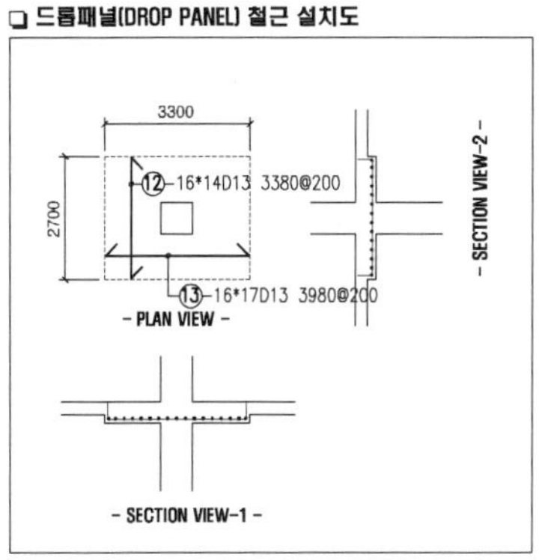

❏ 받침철근 (SUPPORT BAR)

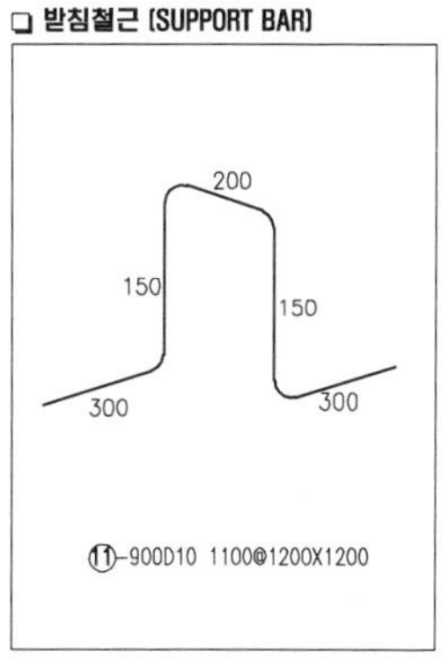

❏ 철근가공리스트 (드롭팬널)

번호	규격	형 태	길이	갯수	중량,톤
D01 (1개) 12	D13	370 2640 370	3,380	224	0.753
13	D13	370 3240 370	3,980	272	1.077
합 계		D13	1,839.7M		1.83
총 합 계					1.83

❏ 철근가공리스트 (받침철근)

번호	규격	형 태	길이	갯수	중량,톤
CH01 (1개) 11	D10	150 200 150 300 300	1,100	900	0.554
합 계		D10	990M		0.554
총 합 계					0.554

❏ 철근가공리스트 (플랫 슬래브 하부근)

번호	규격	형 태	길이	갯수	중량,톤
S01 (1개) 1	D16	8000	8,000	1,646	20.542
2	D13	8000	8,000	320	2.547
3	D16	4000	4,000	277	1.728
4	D16	3500	3,500	59	0.322
5	D16	5600	5,600	177	1.546
6	D16	4500	4,500	139	0.976
7	D13	3500	3,500	80	0.279
8	D16	3000	3,000	58	0.271
9	D16	5000	5,000	58	0.452
10	D16	7000	7,000	174	1.9
합 계		D16	17,781.2M		27.737
		D13	2,840M		2.826
총 합 계					30.563

PROJECT TITLE.

주기(NOTES)

1. CONC.강도
   1) 기초
      : fck=27 MPa
   2) 기둥, 벽체, 인방보
      : fck=27 MPa
   3) 슬래브
      : fck=27 MPa
2. 철근강도
   : fy=400 MPa
3. 지하 1층 S.L = E.L -4,300
4. 정착/이음길이 (슬라브)

fck=27MPa, fy= 400MPa				
철 근	정착길이		이음길이	
	안	밖	안	밖
D10	300	300	300	390
D13	300	360	380	460
D16	360	510	460	660
D19	420	680	550	880
D22	670	1080	870	1400

5. 표준 갈고리 (Ldh) (표준 hook 길이)

철 근	일반철근(90°) 표준후크 길이
D10	160
D13	220
D16	260
D19	310
D22	370
D25	420
D29	500
D32	560

6. SLAB 두께
   : THK 450 (DROP 판넬)
   : THK 270
7. : DELAY JOINT (W :1,000)
8. ▪▪▪▪▪ : 배근시공도 적용선

KEY PLAN

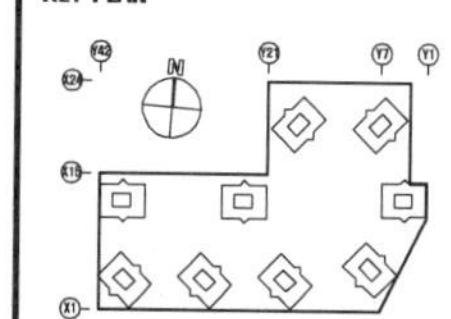

철근의 피복두께 (mm)

조 건	부 위	규 격	피 복
흙에 접하여 콘크리트를 친 후 영구히 흙에 묻혀있는 콘크리트	기 초	-	80
흙에 접하거나 옥외의 공기에 직접 노출되는 콘크리트	기 초 • 지하층 외 벽	D29 이상	60
		D25 이하	50
		D16 이하	40
옥외의 공기나 흙에 직접 접하지 않는 콘크리트	슬래브 벽 체 장 선	D32 초과	40
		D32 이하	20
	보	-	40
	기 둥	-	40
	쉘/절판	-	20

(비내력벽은 20 이상으로 한다)

REV. NO.	내 용	일자	검토
3			
2			
1			

작 성

검 토

승 인

도면명 주차장 지하1층 바닥 CJ1 하부근 배근도

축척 1/150 | 도면번호 [P-6-2]

[S-7] 플랫플레이트슬래브구조설계도

이 예제는 기둥 주위에 드롭판넬이나 주두가 없이 바닥 전체가 일정한 두께를 가진 특별한 형태의 플랫슬래브이다.

슬래브는 대략 너비의 1/2경간에 각각 주열대, 중간대와 같이 상세히 구간을 표시하였다. 주열대 부분 중에서 기둥 주변으로 보강이 더 필요한 부분은 부분적으로 구간을 상세히 나누어 보강하였다.

슬래브 배근은 주열대와 중간대 구간을 나누어 표기하고 철근치수와 철근간격을 일일이 표현하기 어려워 기호로 단순하게 표기하였다. 기둥과 벽체 주변의 보강근은 별도로 표현하여 쉽게 알아볼 수 있도록 하였다.

주기란에는 슬래브두께, 구조재료의 설계강도, 부위별 철근의 피복두께를 명기하였다.

이 매뉴얼에 제시된 구조설계도와 배근시공도는 도면의 구성양식 및 표현방법에 대한 예시를 보여준 것이다. 따라서 "KDS 41 10 05 (4.3.4) 구조설계도의 작성" 에 따라 작성된 것이라 하더라도 하나의 예시에 불과하므로 실제 설계용도로 사용할 수 없다. 구조설계도에는 책임구조기술자가 설계 요구사항을 정확히 표현하여야 하며 배근시공도에는 철근의 배치 및 이음위치, 철근량 등을 포함한 상세정보를 표현하여야 한다.

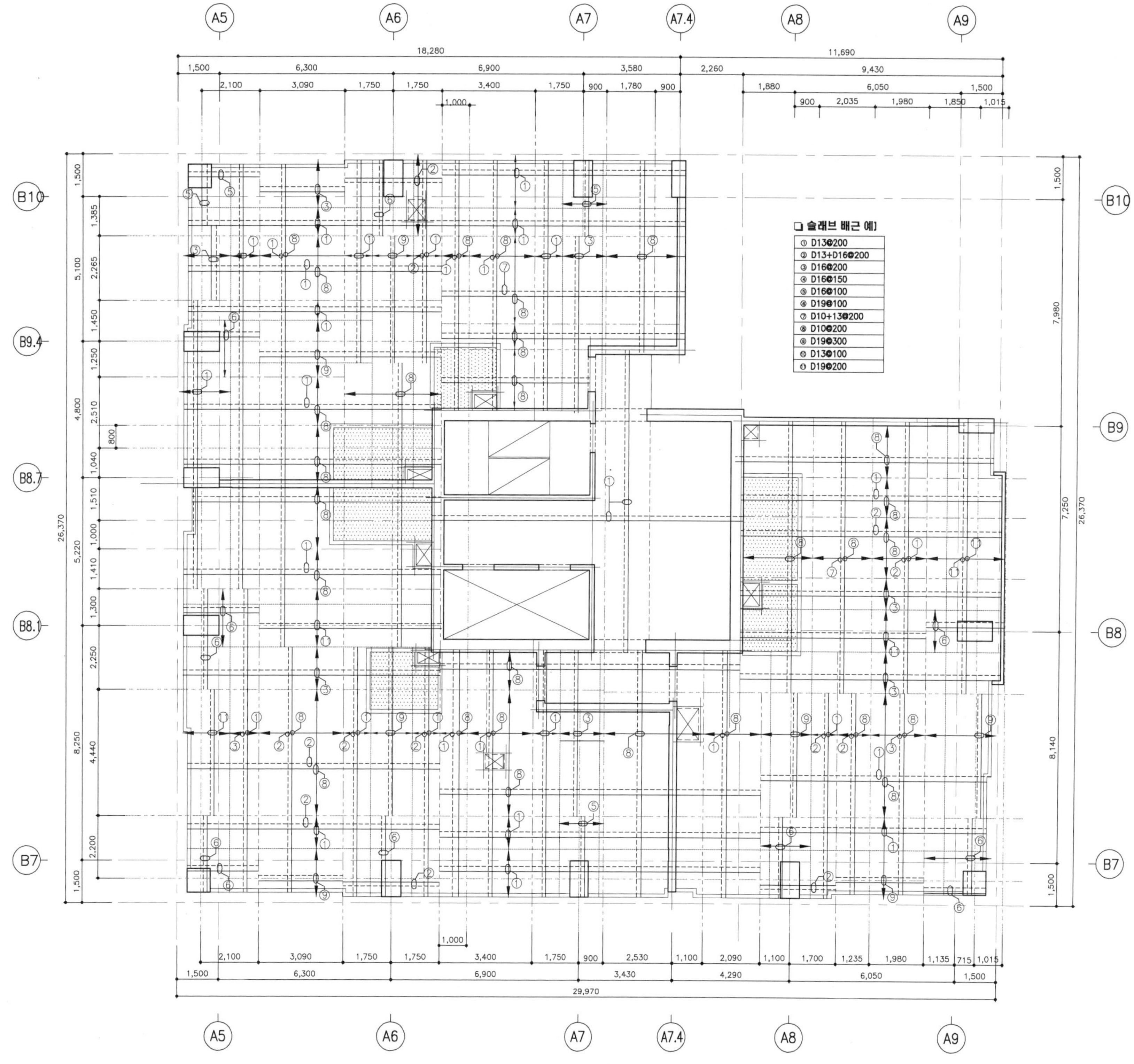

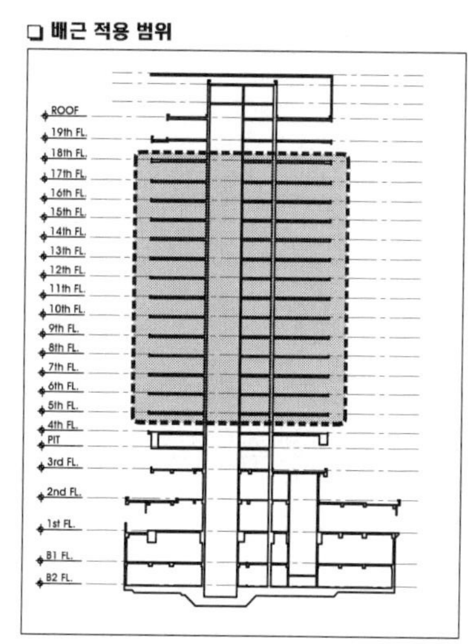

1 **202동 기준층 슬래브 배근도-1**

축 척 1/75

PROJECT TITLE.

주기(NOTES)

1. CONC.강도
   fck=27MPa
2. 철근강도
   fy=400MPa (D16이하)
   fy=500MPa (D19이상)
3. E.V 홀 SLAB THK = 250 mm
4. 계단실 SLAB THK = 150 mm
5. (점선 해치) : SLAB THK=220 mm
6. 그 외 SLAB THK = 250 mm
7. 범례
   (흰색) : FL-50
   (점선 해치) : SLAB THK=기준 SLAB THK-30
   (회색) : FL-50
8. 상부근 : ———————
   하부근 : - - - - - - -

KEY PLAN

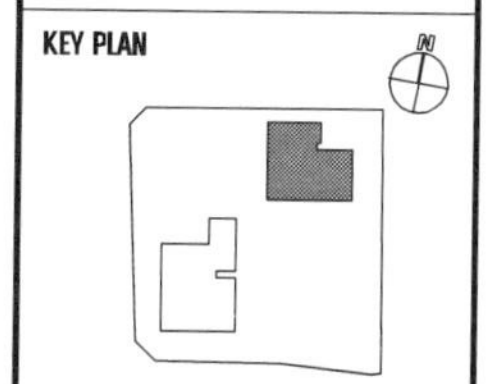

철근의 피복두께 (mm)

조 건	부 위	규 격	피 복
흙에 접하여 콘크리트를 친 후 영구히 흙에 묻혀있는 콘크리트	기 초	-	80
흙에 접하거나 옥외의 공기에 직접 노출되는 콘크리트	기 초 • 지하층 외 벽	D29 이상	60
		D25 이하	50
		D16 이하	40
옥외의 공기나 흙에 직접 접하지 않는 콘크리트	슬래브 벽 체 장 선	D32 초과	40
		D32 이하	20
	보	-	40
	기 둥	-	40
	쉘/절판	-	20

(비내력벽은 20 이상으로 한다)

REV. NO.	내 용	일자	검토
3			
2			
1			

작 성

검 토

승 인

도면명: 2단지 202동 기준층 슬래브 배근도-1

축척: 1/75

도면번호: [S-7-1]

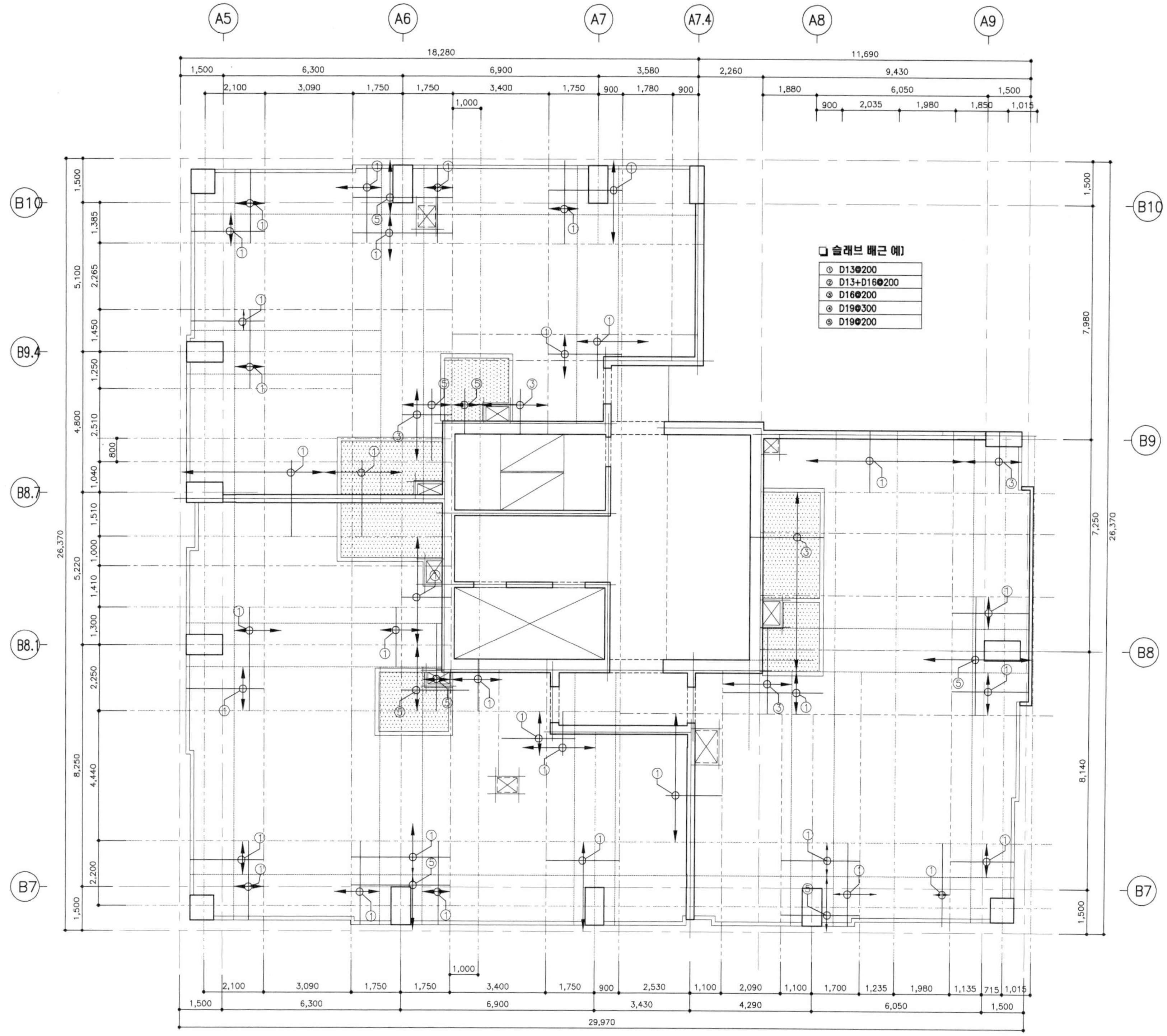

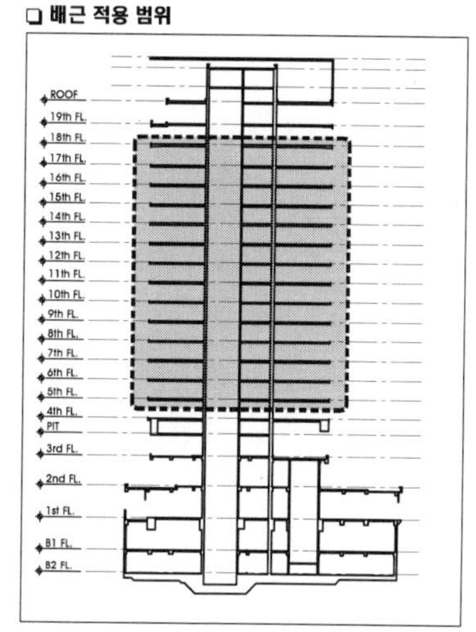

1 202동 기준층 슬래브 배근도-2 (보강배근)

(보강배근) 축 척 1/75

PROJECT TITLE.

주기(NOTES)
1. CONC.강도
fck=27MPa
2. 철근강도
fy=400MPa (D16이하)
fy=500MPa (D19이상)
3. E.V 홀 SLAB THK = 250 mm
4. 계단실 SLAB THK = 150 mm
5. : SLAB THK=220 mm
6. 그 외 SLAB THK = 250 mm
7. 범례
: FL-50
: SLAB THK=기존 SLAB THK-30
: FL-50
8. 상부근 : ————
하부근 : - - - - -

KEY PLAN

철근의 피복두께 (mm)

조 건	부 위	규 격	피 복
흙에 접하여 콘크리트를 친 후 영구히 흙에 묻혀있는 콘크리트	기 초	-	80
흙에 접하거나 옥외의 공기에 직접 노출되는 콘크리트	기 초 · 지하층 외 벽	D29 이상	60
		D25 이하	50
		D16 이하	40
옥외의 공기나 흙에 직접 접하지 않는 콘크리트	슬래브 벽 체 장 선	D32 초과	40
		D32 이하	20
	보	-	40
	기 둥	-	40
	벨/쉘판	-	20

(바닥목벽은 20 이상으로 한다)

REV. NO.	내 용	일자	검토
3			
2			
1			

작 성

검 토

승 인

도면명 2단지 202동 기준층 슬래브 배근도-2 (보강배근)

축척 1/75 도면번호 [S-7-2]

[P-7] 플랫플레이트슬래브배근시공도

이 예제는 기둥 주위에 드롭판넬이나 주두가 없이 바닥 전체가 일정한 두께를 가진 특별한 형태의 플랫슬래브이다.

슬래브는 대략 너비의 1/2경간에 각각 주열대, 중간대와 같이 상세히 구간을 표시하였다. 주열대 부분 중에서 기둥 주변으로 보강이 더 필요한 부분은 부분적으로 구간을 상세히 나누어 보강하였다.

플랫플레이트슬래브의 단부상세는 상,하부근 모두 표준갈고리 정착을 하였으며 D19의 표준갈고리 길이가 300mm로 슬래브두께 250mm를 초과하는 경우는 슬래브 내부에 표준갈고리를 경사지게 배치하였다.

이 매뉴얼에 제시된 구조설계도와 배근시공도는 도면의 구성양식 및 표현방법에 대한 예시를 보여준 것이다. 따라서 "KDS 41 10 05 (4.3.4) 구조설계도의 작성"에 따라 작성된 것이라 하더라도 하나의 예시에 불과하므로 실제 설계용도로 사용할 수 없다. 구조설계도에는 책임구조기술자가 설계 요구사항을 정확히 표현하여야 하며 배근시공도에는 철근의 배치 및 이음위치, 철근량 등을 포함한 상세정보를 표현하여야 한다.

PROJECT TITLE.

주기(NOTES)

1. CONC.강도
   fck=27MPa
2. 철근강도
   fy=400MPa (D16이하)
   fy=500MPa (D19이상)
3. E.V 홀 SLAB THK = 250 mm
4. 계단실 SLAB THK = 150 mm
5. (망점) : SLAB THK=220 mm
6. 그 외 SLAB THK = 250 mm
7. 범례
   (빈칸) : FL-50
   (망점) : SLAB THK=기존 SLAB THK-30
   (진한 망점) : FL-50
8. 상부근 : ————
   하부근 : – – – – –

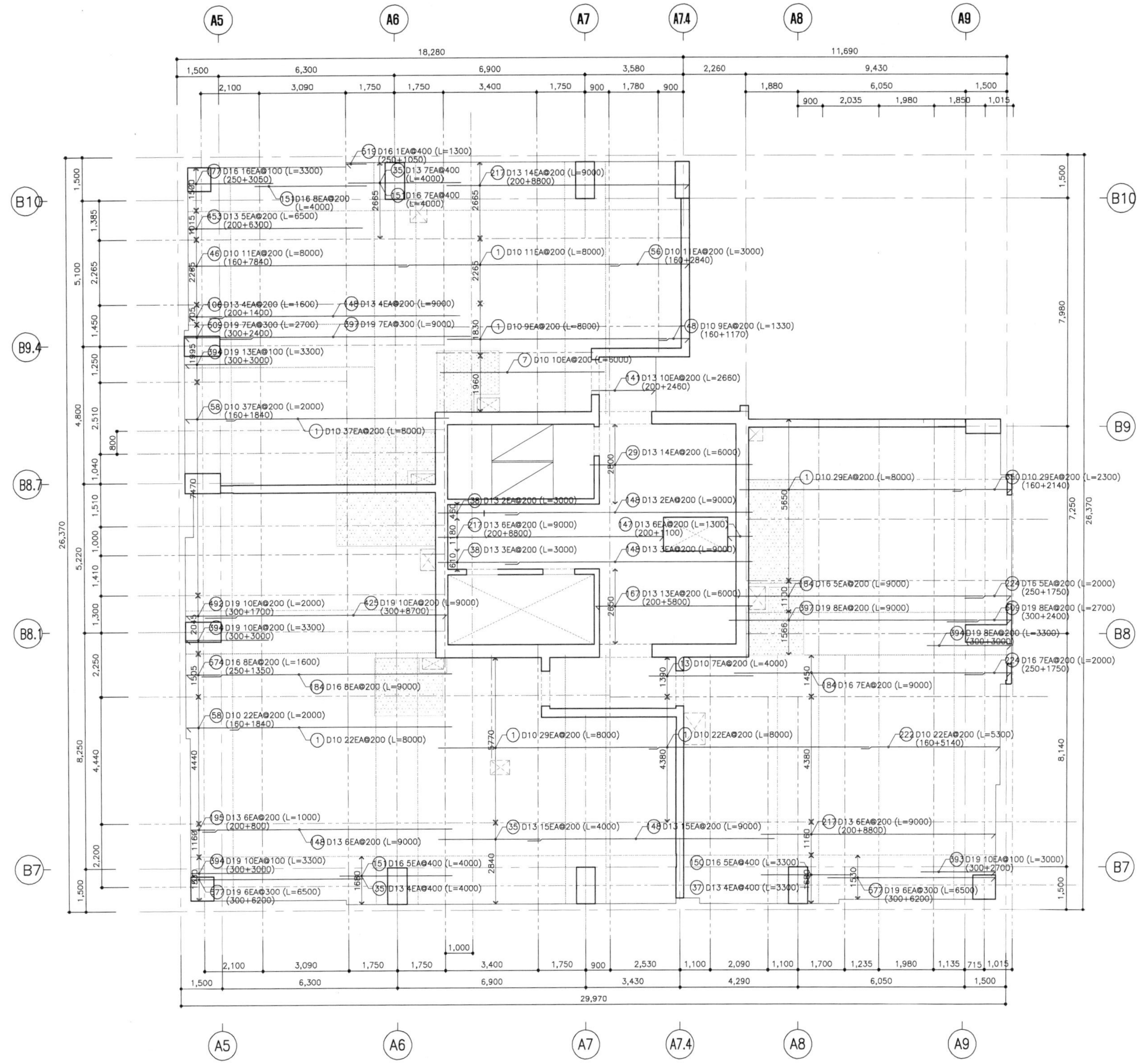

1 202동 기준층 배근도-1 (X방향 상부근)

축 척 1/75

❑ 이음/정착 길이표

SLAB	B급이음	인장정착	압축정착
D10	300	300	200
D13	460	360	260
D16	660	510	300
D19	1110	850	460

❑ 플랫 플레이트 단부상세

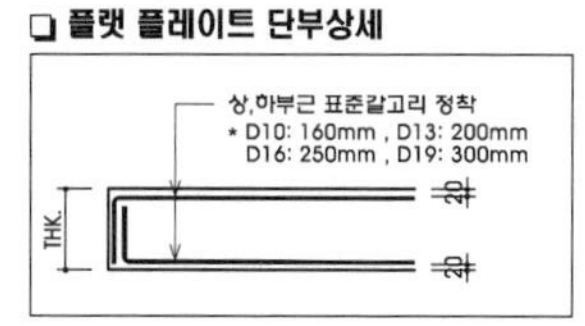

❑ 철근가공리스트

번호	형태	규격	철근 부분 길이(mm)			전체길이 (mm)	수량 (개)
			a	b	c		
1	a	D10	8,000			8,000	159
7	a	D10	6,000			6,000	10
13	a	D10	4,000			4,000	7
29	a	D13	6,000			6,000	14
35	a	D13	4,000			4,000	26
37	a	D13	3,300			3,300	4
38	a	D13	3,000			3,000	5
46	a-b	D10	160	7,840		8,000	11
48	a-b	D10	160	1,170		1,330	9
56	a-b	D10	160	2,840		3,000	11
58	a-b	D10	160	1,840		2,000	59
106	a-b	D13	200	1,400		1,600	4
141	a-b	D13	200	2,460		2,660	10
147	a-b	D13	200	1,100		1,300	6
148	a	D13	9,000			9,000	30
150	a	D16	3,300			3,300	5
151	a	D16	4,000			4,000	20
167	a-b	D13	200	5,800		6,000	13
177	a-b	D16	250	3,050		3,300	16
184	a	D16	9,000			9,000	20
195	a-b	D13	200	800		1,000	6
217	a-b	D13	200	8,800		9,000	26
222	a-b	D10	160	5,140		5,300	22
224	a-b	D16	250	1,750		2,000	12
350	a-b	D10	160	2,140		2,300	29
393	a-b	D19	300	2,700		3,000	10
394	a-b	D19	300	3,000		3,300	41
397	a	D19	9,000			9,000	15
425	a-b	D19	300	8,700		9,000	10
453	a-b	D13	200	6,300		6,500	5
492	a-b	D19	300	1,700		2,000	10
509	a-b	D19	300	2,400		2,700	15
519	a-b	D16	250	1,050		1,300	1
574	a-b	D16	250	1,350		1,600	8
577	a-b	D19	300	6,200		6,500	12

KEY PLAN

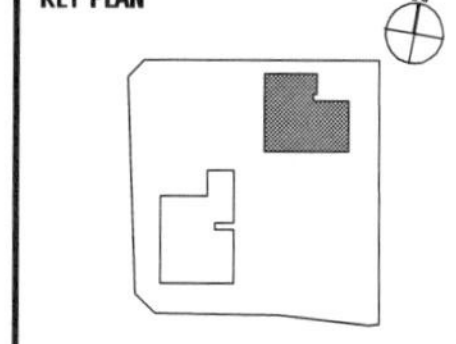

철근의 피복두께 (mm)

조 건	부 위	규 격	피 복
흙에 접하여 콘크리트를 친 후 영구히 흙에 묻혀있는 콘크리트	기 초	-	80
흙에 접하거나 옥외의 공기에 직접 노출되는 콘크리트	기 초 • 지하층 외 벽	D29 이상	60
		D25 이하	50
		D16 이하	40
옥외의 공기나 흙에 직접 접하지 않는 콘크리트	슬래브 벽 체 장 선	D32 초과	40
		D32 이하	20
	보	-	40
	기 둥	-	40
	쉘/절판	-	20

(비내력벽은 20 이상으로 한다)

REV. NO.	내 용	일자	검토
3			
2			
1			

작 성

검 토

승 인

도면명 2단지 202동 기준층 슬래브 배근도-1 (X방향 상부근)

축척 1/75

도면번호 [P-7-1]

PROJECT TITLE

주기(NOTES)

1. CONC.강도
   fck=27MPa
2. 철근강도
   fy=400MPa (D16이하)
   fy=500MPa (D19이상)
3. E.V 홀 SLAB THK = 250 mm
4. 계단실 SLAB THK = 150 mm
5. (음영) : SLAB THK=220 mm
6. 그 외 SLAB THK = 250 mm
7. 범례
   (빈칸) : FL-50
   (음영) : SLAB THK=기준 SLAB THK-30
   (진한 음영) : FL-50
8. 상부근 : ————
   하부근 : - - - - -

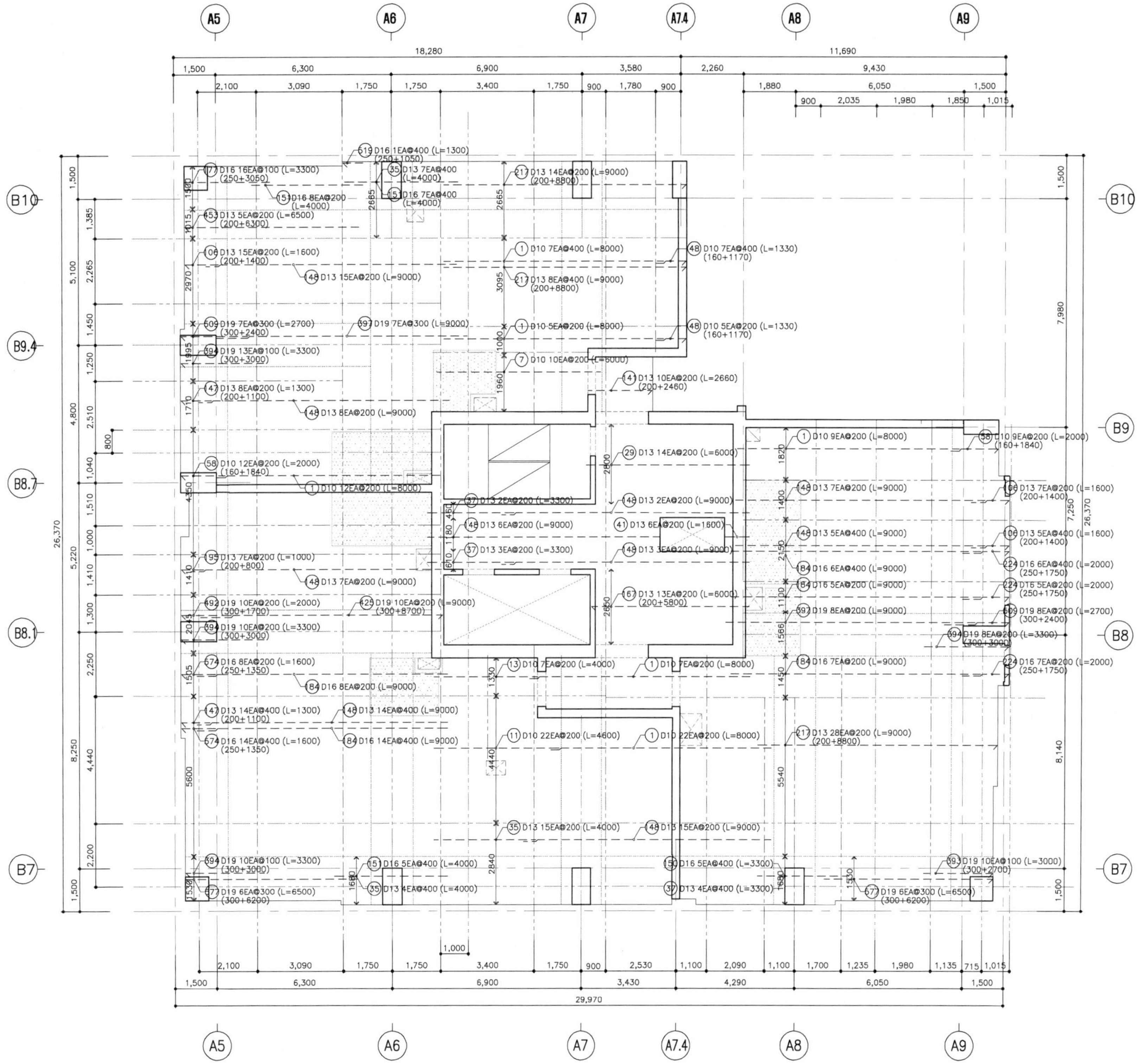

1 202동 기준층 슬래브 배근도-2 (X방향 하부근)

축 척 1/75

❑ 이음/정착 길이표

fck=27MPa

SLAB	B급이음	인장정착	압축정착
D10	300	300	200
D13	460	360	260
D16	660	510	300
D19	1110	850	460

❑ 플랫 플레이트 단부상세

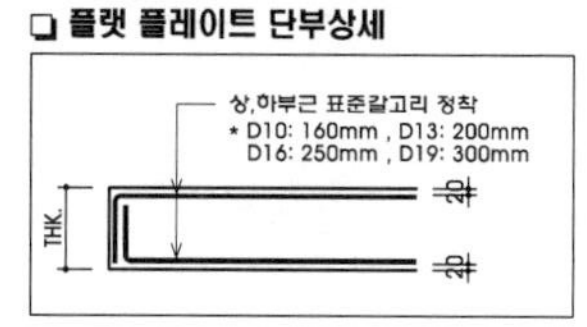

❑ 철근가공리스트

번호	형태	규격	철근 부분 길이(mm) a	b	c	전체길이 (mm)	수량 (개)
1	a	D10	8,000			8,000	62
7	a	D10	6,000			6,000	10
11	a	D10	4,600			4,600	22
13	a	D10	4,000			4,000	7
29	a	D13	6,000			6,000	14
35	a	D13	4,000			4,000	26
37	a	D13	3,300			3,300	9
41	a	D13	1,600			1,600	6
48	a b	D10	160	1,170		1,330	12
58	a b	D10	160	1,840		2,000	21
106	a b	D13	200	1,400		1,600	27
141	a b	D13	200	2,460		2,660	10
147	a b	D13	200	1,100		1,300	22
148	a	D13	9,000			9,000	82
150	a	D16	3,300			3,300	5
151	a	D16	4,000			4,000	20
167	a b	D13	200	5,800		6,000	13
177	a b	D16	250	3,050		3,300	16
184	a	D16	9,000			9,000	40
195	a b	D13	200	800		1,000	7
217	a b	D13	200	8,800		9,000	50
224	a b	D16	250	1,750		2,000	18
393	a b	D19	300	2,700		3,000	10
394	a b	D19	300	3,000		3,300	41
397	a	D19	9,000			9,000	15
425	a b	D19	300	8,700		9,000	10
453	a b	D13	200	6,300		6,500	5
492	a b	D19	300	1,700		2,000	10
509	a b	D19	300	2,400		2,700	15
519	a b	D16	250	1,050		1,300	1
574	a b	D16	250	1,350		1,600	22
577	a b	D19	300	6,200		6,500	12

KEY PLAN

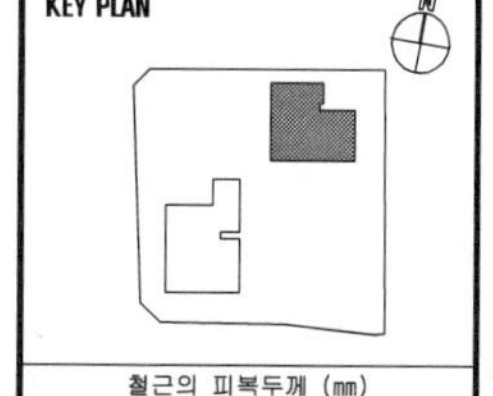

철근의 피복두께 (mm)

조 건	부 위	규 격	피 복
흙에 접하여 콘크리트를 친 후 영구히 흙에 묻혀있는 콘크리트	기 초	-	80
흙에 접하거나 옥외의 공기에 직접 노출되는 콘크리트	기 초 • 지하층 외 벽	D29 이상	60
		D25 이하	50
		D16 이하	40
옥외의 공기나 흙에 직접 접하지 않는 콘크리트	슬래브 벽 체 장 선	D32 초과	40
		D32 이하	20
	보	-	40
	기 둥	-	40
	쉘/절판	-	20

(비내력벽은 20 이상으로 한다)

REV. NO.	내 용	일자	검토
3			
2			
1			

작 성

검 토

승 인

도면명 2단지 202동 기준층 슬래브 배근도-2 (X방향 하부근)

축척 1/75

도면번호 [P-7-2]

PROJECT TITLE.

주기(NOTES)

1. CONC.강도
   fck=27MPa
2. 철근강도
   fy=400MPa (D16이하)
   fy=500MPa (D19이상)
3. E.V 홀 SLAB THK = 250 mm
4. 계단실 SLAB THK = 150 mm
5. [hatched] : SLAB THK=220 mm
6. 그 외 SLAB THK = 250 mm
7. 범례
   [ ] : FL-50
   [hatched] : SLAB THK=기존 SLAB THK-30
   [shaded] : FL-50
8. 상부근 : ————
   하부근 : - - - - -

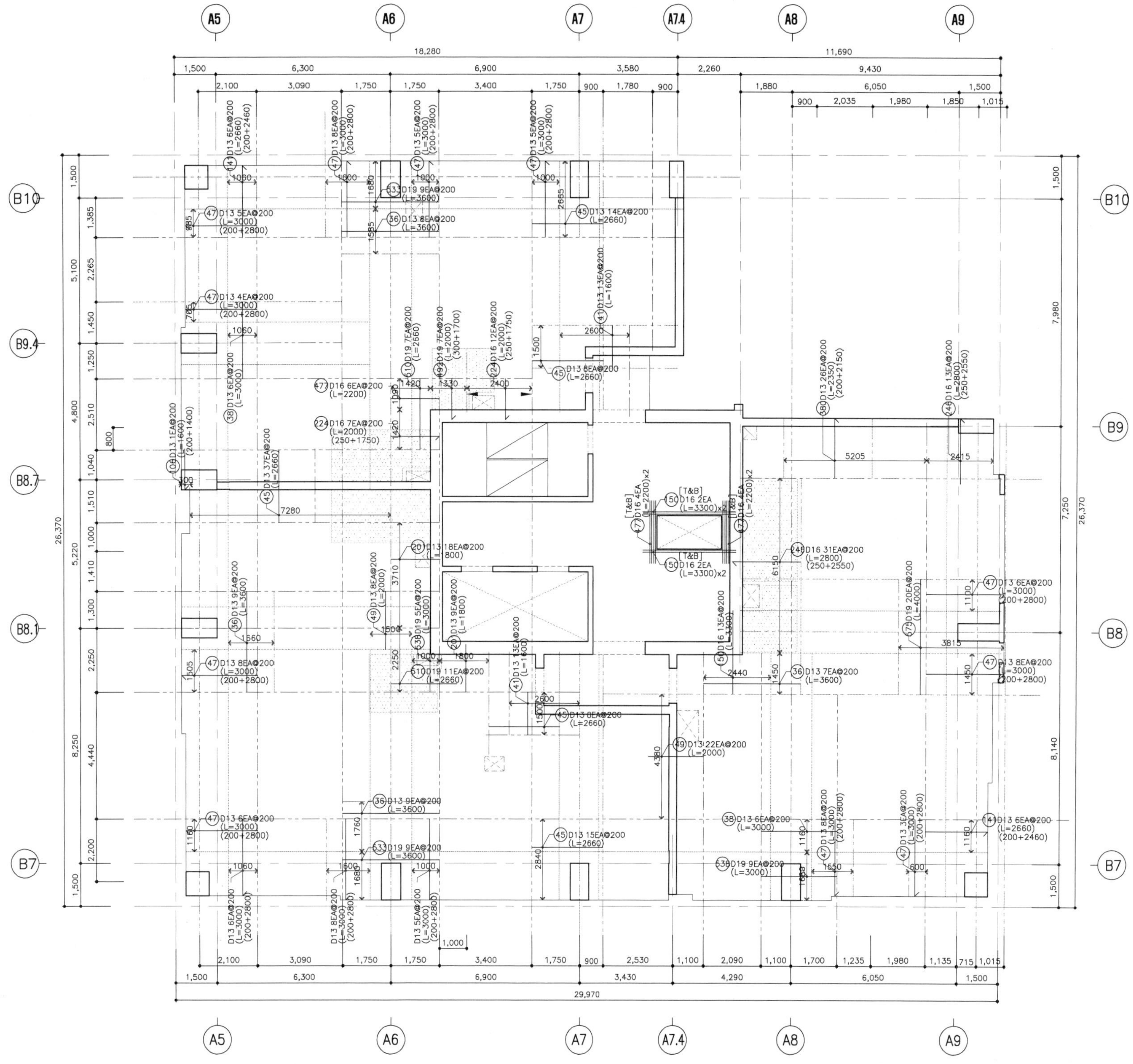

1 202동 기준층 슬래브 배근도-3 (보강근)

축 척 1/75

❏ 이음/정착 길이표

SLAB	B급이음	인장정착	압축정착
D10	300	300	200
D13	460	360	260
D16	660	510	300
D19	1110	850	460

❏ 플랫 플레이트 단부상세

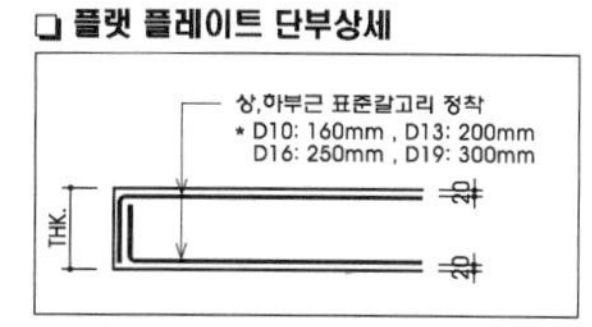

❏ 철근가공리스트

번호	형태	규격	철근 부분 길이(mm) a	b	c	전체길이 (mm)	수량 (개)
36	a	D13	3,600			3,600	33
38	a	D13	3,000			3,000	12
41	a	D13	1,600			1,600	26
45	a	D13	2,660			2,660	82
47	a┌ b	D13	200	2,800		3,000	85
49	a	D13	2,000			2,000	30
106	a┌ b	D13	200	1,400		1,600	1
141	a┌ b	D13	200	2,460		2,660	12
150	a	D16	3,300			3,300	21
201	a	D13	1,800			1,800	27
224	a┌ b	D16	250	1,750		2,000	19
246	a┌ b	D16	250	2,550		2,800	44
380	a┌ b	D13	200	2,150		2,350	26
477	a	D16	2,200			2,200	22
492	a┌ b	D19	300	1,700		2,000	7
510	a	D19	2,660			2,660	18
533	a	D19	3,600			3,600	18
538	a	D19	3,000			3,000	14
575	a	D19	4,000			4,000	20

KEY PLAN

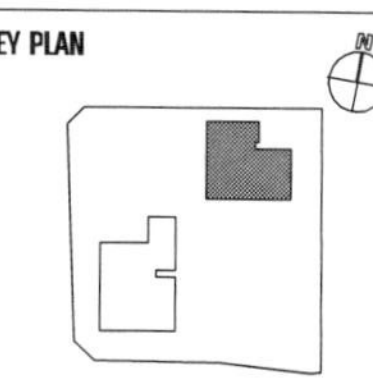

철근의 피복두께 (mm)

조 건	부 위	규 격	피 복
흙에 접하여 콘크리트를 친 후 영구히 흙에 묻혀있는 콘크리트	기 초	-	80
흙에 접하거나 옥외의 공기에 직접 노출되는 콘크리트	기 초 • 지하층 외 벽	D29 이상	60
		D25 이하	50
		D16 이하	40
옥외의 공기나 흙에 직접 접하지 않는 콘크리트	슬래브 벽 체 장 선	D32 초과	40
		D32 이하	20
	보	-	40
	기 둥	-	40
	쉘/절판	-	20

(비내력벽은 20 이상으로 한다)

REV. NO.	내 용	일자	검토
3			
2			
1			

작 성

검 토

승 인

도면명 2단지 202동 기준층 슬래브 배근도-3 (보강근)

축척 1/75 | 도면번호 [P-7-3]

[S-8] 작은보-큰보 골조구조설계도

이 도면은 지상층 작은보-큰보 골조구조설계도이다. 보의 크기 및 철근배근에 대한 정보를 표시하였다.

또한 주기란에는 사용 구조재료의 강도에 대한 정보를 표시하였다.

이 매뉴얼에 제시된 구조설계도와 배근시공도는 도면의 구성양식 및 표현방법에 대한 예시를 보여준 것이다. 따라서 "KDS 41 10 05 (4.3.4) 구조설계도의 작성"에 따라 작성된 것이라 하더라도 하나의 예시에 불과하므로 실제 설계용도로 사용할 수 없다. 구조설계도에는 책임구조기술자가 설계 요구사항을 정확히 표현하여야 하며 배근시공도에는 철근의 배치 및 이음위치, 철근량 등을 포함한 상세정보를 표현하여야 한다.

---

① 보 일람표

축 척 1/30

부 호	3PB1			3PB1A			3PB1B	3PB2		3PB2A		
단 면	내단부 (PB1연속단) 500 / 700	중앙부 500 / 700	내단부 (PB1A연속단) 500 / 700	내단부 500 / 700	중앙부 500 / 700	외단부 500 / 700	전체 500 / 700	단부 400 / 700	중앙부 400 / 700	내단부 400 / 700	중앙부 400 / 700	외단부 400 / 700
상부근	10 - D25	3 - D25	14 - D25	14 - D25	3- D25	3 - D25	12 - D25	8 - D25	3 - D25	8 - D25	3 - D25	3 - D25
하부근	3 - D25	8 - D25	3 - D25	3 - D25	8 - D25	6 - D25	4 - D25	2 - D25	4 - D25	2 - D25	4 - D25	4 - D25
늑 근	D13@200	D13@300	D13@200	D13@200	D13@300	D13@200	D13@100	D13@150	D13@300	D13@150	D13@300	D13@150

부 호	3PB3	3PB4		3PB4A			3PB5	3PB8	3PCB1	3PLB1		
단 면	전체 500 / 700	단부 400 / 700	중앙부 400 / 700	내단부 (연속) 400 / 700	중앙부 400 / 700	외단부 (불연속) 400 / 700	전체 300 / 700	전체 400 / 700	전체 500 / 700	전체 500 / 700		
상부근	5 - D25	7 - D25	2 - D25	7 - D25	2 - D25	3 - D25	3 - D25	4 - D25	10 - D25	5 - D25		
하부근	5 - D25	2 - D25	4 - D25	2 - D25	4 - D25	4 - D25	3 - D25	4 - D25	3 - D25	5 - D25		
늑 근	D13@300	D10@200	D10@300	D10@200	D10@300	D10@200	D10@300	D10@300	D13@200	D13@200		

부 호	3PG1		3PG1A			3PG2		3PG2A				
단 면	BOTH 500 / 700	중앙부 500 / 700	내단부 (기둥) 500 / 700	중앙부 500 / 700	외단부 (보) 500 / 700	단부 500 / 1,000 X:D13@150	중앙부 500 / 1,000 X:D13@150	내단부 (기둥) 500 / 1,000 X:D13@150	중앙부 500 / 1,000 X:D13@150	외단부 (보) 500 / 1,000 X:D13@150		
상부근	8 - D25	3 - D25	12 - D25	6 - D25	3 - D25	9 - D25	3 - D25	8 - D25	2 - D25	2 - D25		
하부근	3 - D25	6 - D25	3 - D25	8 - D25	6 - D25	2 - D25	5 - D25	2 - D25	5 - D25	5 - D25		
늑 근	D13@200	D13@300	D13@200	D13@200	D13@200	D13@200	D13@300	D13@200	D13@300	D13@200		

부 호	3PG3			3PG4	3PG4A	3PG21		3PG21A			3PG22	
단 면	내단부 (기둥) 500 / 1,000 X:D13@150	중앙부 500 / 1,000 X:D13@150	외단부 (보) 500 / 1,000 X:D13@150	전체 400 / 700	전체 400 / 700	단부 600 / 700	중앙부 600 / 700	내단부 (기둥) 600 / 700	중앙부 600 / 700	외단부 (보) 600 / 700	단부 700 / 700	중앙부 700 / 700
상부근	9 - D25	3 - D25	3 - D25	4 - D25	4 - D25	12 - D25	3 - D25	14 - D25	5 - D25	3 - D25	14 - D25	3 - D25
하부근	3 - D25	5 - D25	5 - D25	4 - D25	4 - D25	3 - D25	9 - D25	4 - D25	12 - D25	9 - D25	4 - D25	11 - D25
늑 근	D13@300	D13@300	D13@300	D10@300	D10@300	3-D13@200	3-D13@250	3-D13@200	3-D13@250	3-D13@200	3-D13@200	3-D13@300

PROJECT TITLE.

주기(NOTES)
1. CONC.강도
fck = 24MPa
2. 철근강도
D25 이하 : fy=400 MPa
D29 이상 : fy=500 MPa

KEY PLAN

철근의 피복두께 (mm)

조 건	부 위	규 격	피 복
흙에 접하여 콘크리트를 친 후 영구히 흙에 묻혀있는 콘크리트	기 초	-	80
흙에 접하거나 옥외의 공기에 직접 노출되는 콘크리트	기 초 • 지하층 외 벽	D29 이상	60
		D25 이하	50
		D16 이하	40
옥외의 공기나 흙에 직접 접하지 않는 콘크리트	슬래브 벽 체 장 선	D32 초과	40
		D32 이하	20
	보	-	40
	기 둥	-	40
	쉘/절판	-	20

(비내력벽은 20 이상으로 한다)

REV. NO.	내 용	일자	검토
3			
2			
1			

작 성

검 토

승 인

도면명: 보 일람표

축척: 1/30

도면번호: [S-8]

[P-8] 작은보-큰보 골조 배근시공도

이 도면은 지상층 작은보-큰보 골조배근시공도이다.

배근시공도 작성시 해당 공사구간의 C.J.(Construction Joint), D.J.(Delay joint)등의 각종 조인트를 고려하여, 후속 공정이 이루어져야 하는 부분에는 이음길이 만큼 철근을 연장배근 하였다.

도면 작성시에는 보단면의 한 열에 배치되는 주철근의 개수가 반수이음을 기준으로 했는지를 파악하여, 한 구간내에서 전수이음의 가능여부를 고려하였다.

상부근은 스팬의 중앙부, 하부근은 스팬의 단부에서 이음위치가 생기도록 작성하였으며, A급 이음길이를 적용하여 경제성을 확보하도록 하였다.

스터럽은 구조물의 횡력저항형식에 따른 내진상세를 준수하여 작성되었다.

또한, 부재의 강도에 따른 정착 및 이음길이표를 포함하여 시공시 준수하도록 하였다.

이 매뉴얼에 제시된 구조설계도와 배근시공도는 도면의 구성양식 및 표현방법에 대한 예시를 보여준 것이다. 따라서 "KDS 41 10 05 (4.3.4) 구조설계도의 작성"에 따라 작성된 것이라 하더라도 하나의 예시에 불과하므로 실제 설계용도로 사용할 수 없다. 구조설계도에는 책임구조기술자가 설계 요구사항을 정확히 표현하여야 하며 배근시공도에는 철근의 배치 및 이음위치, 철근량 등을 포함한 상세정보를 표현하여야 한다.

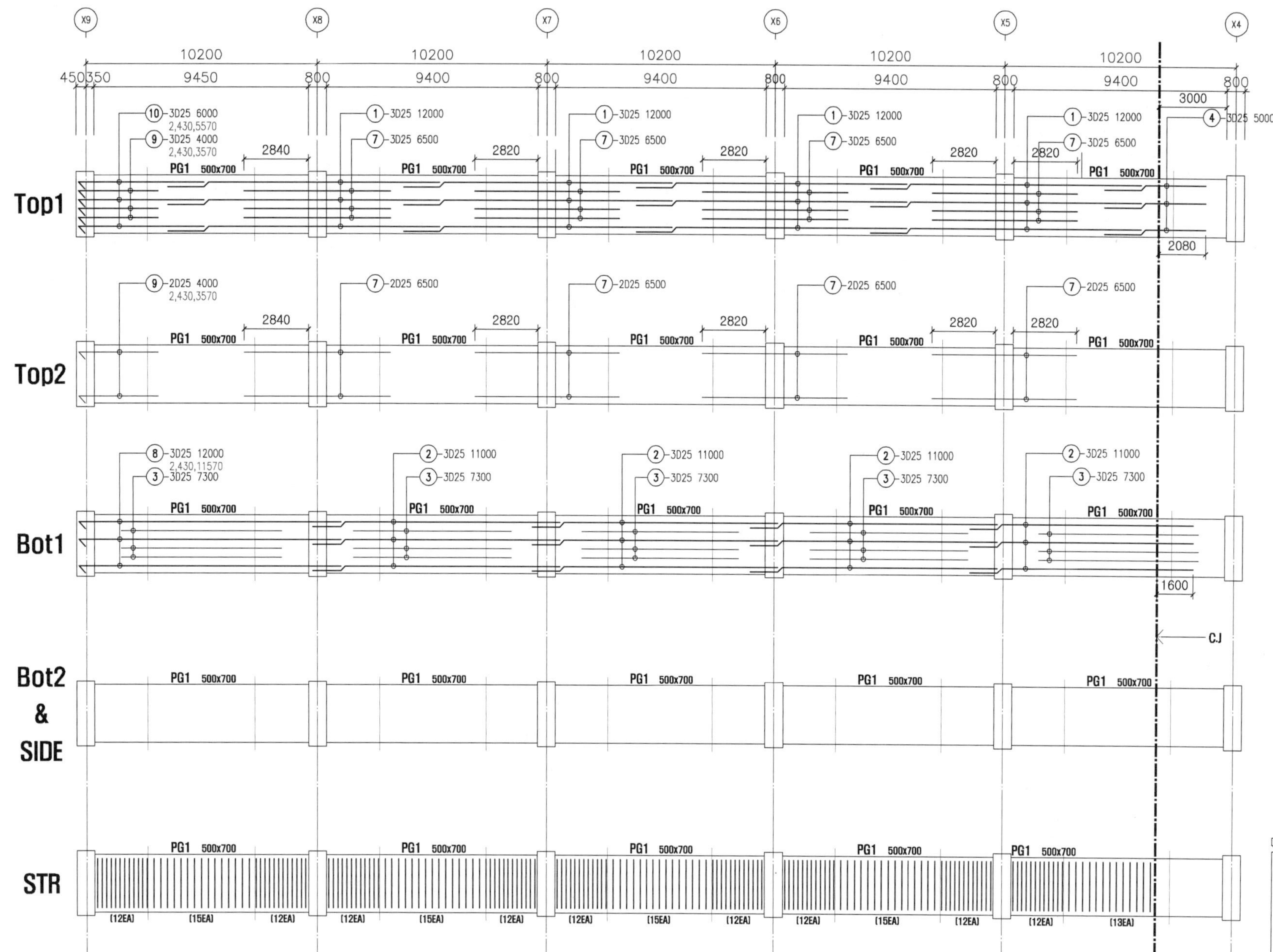

❑ 보 일람표

부 호	3PG1	
크 기	500 X 700	
단 면	B. END	CEN
상부근	8 - D25	3 - D25
하부근	3 - D25	6 - D25
늑 근	D13@200	D13@300

❑ 스터럽 상세

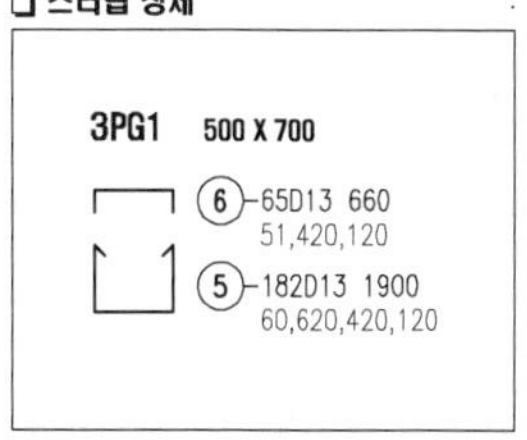

미표기 Girder 이음길이(상부) : 1600
(하부) : 1230

❑ 보열 위치도

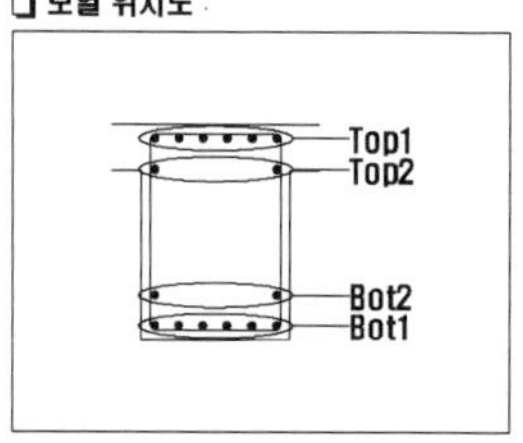

1 P02-1 구역 3층 Y11열 보 배근도

축 척 1/100

❑ 철근가공리스트

G01 (1개)

번호	규격	형 태	길이	갯수	중량,톤
1	D25	12000	12,000	12	0.573
2	D25	11000	11,000	12	0.525
3	D25	7300	7,300	15	0.436
4	D25	5000	5,000	3	0.06
5	D13	620, 420, 120	1,900	182	0.344
6	D13	120, 420, 120	660	65	0.043
7	D25	6500	6,500	20	0.517
8	D25	430, 11570	12,000	3	0.143
9	D25	430, 3570	4,000	5	0.08
10	D25	430, 5570	6,000	3	0.072
합 계	D25		604.5M		2.406
	D13		388.7M		0.387
총 합 계					2.793

PROJECT TITLE.

주기(NOTES)
1. CONC.강도
1) 기초
: fck=24 MPa
2) 기둥, 벽체
- B5-1ST : fck=30 MPa
- 2ND-RF : fck=24 MPa
3) 슬래브, 보
- B5-2FL : fck=24 MPa
- 3RD-RF : fck=24 MPa
2. 철근강도
D25 이하 : fy=400 MPa
D29 이상 : fy=500 MPa
3. 이음/정착길이
- 보 (fck=24MPa)

철 근	A급 이음길이 상부근	A급 이음길이 하부근	압 축 이음길이
D16	700	540	470
D19	940	720	550
D22	1410	1080	640
D25	1600	1230	720

4. 표준 갈고리 a(Ldh) b(표준 hook 길이)

철 근	일반철근(90°)	표준갈고리 길이
D10	150	160
D13	180	200
D16	230	250
D19	270	300
D22	310	380
D25	350	430
D29	500	480
D32	560	550

5. 표준 갈고리
WG1 550X700 (32EA) — 구간내 스터럽 개수 — 보 부호 및 치수

KEY PLAN

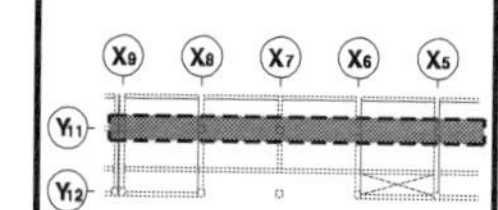

철근의 피복두께 (mm)

조 건	부 위	규 격	피 복
흙에 접하여 콘크리트를 친 후 영구히 흙에 묻혀있는 콘크리트	기 초	-	80
흙에 접하거나 옥외의 공기에 직접 노출되는 콘크리트	기 초 · 지하층 외 벽	D29 이상	60
		D25 이하	50
		D16 이하	40
옥외의 공기나 흙에 직접 접하지 않는 콘크리트	슬래브 벽 체 장 선	D32 초과	40
		D32 이하	20
	보	-	40
	기 둥	-	40
	벽/플린	-	20

(비내력벽은 20 이상으로 한다)

REV. NO.	내 용	일자	검토
3			
2			
1			

작 성

검 토

승 인

도면명: P02-1 구역 3층 Y11열 보 배근도

축척: 1/100

도면번호: [P-8]

[S-9] 아파트 슬래브 구조설계도

벽식아파트의 단위세대 슬래브를 예제로 나타내고 있다. 일반적인 4세대 아파트 동평면도를 절반만 표현하였다. 아파트 슬래브의 주근방향 배근은 굽힘철근으로 배치하였으며 부근방향배근은 직선철근으로 배치하였다.

기준층 내부 슬래브이기 때문에 벽체와 벽체 사이의 중앙부에서는 상부철근이 없이 하부철근만 있도록 배치하였다. 그러나 어느 단면에서도 슬래브의 최소철근 및 최소간격을 지키도록 되어있다.

주기란에는 슬래브두께, 구조재료강도, 부위별 철근의 피복두께에 대한 정보를 표현하였다.

이 매뉴얼에 제시된 구조설계도와 배근시공도는 도면의 구성양식 및 표현방법에 대한 예시를 보여준 것이다. 따라서 "KDS 41 10 05 (4.3.4) 구조설계도의 작성" 에 따라 작성된 것이라 하더라도 하나의 예시에 불과하므로 실제 설계용도로 사용할 수 없다. 구조설계도에는 책임구조기술자가 설계 요구사항을 정확히 표현하여야 하며 배근시공도에는 철근의 배치 및 이음위치, 철근량 등을 포함한 상세정보를 표현하여야 한다.

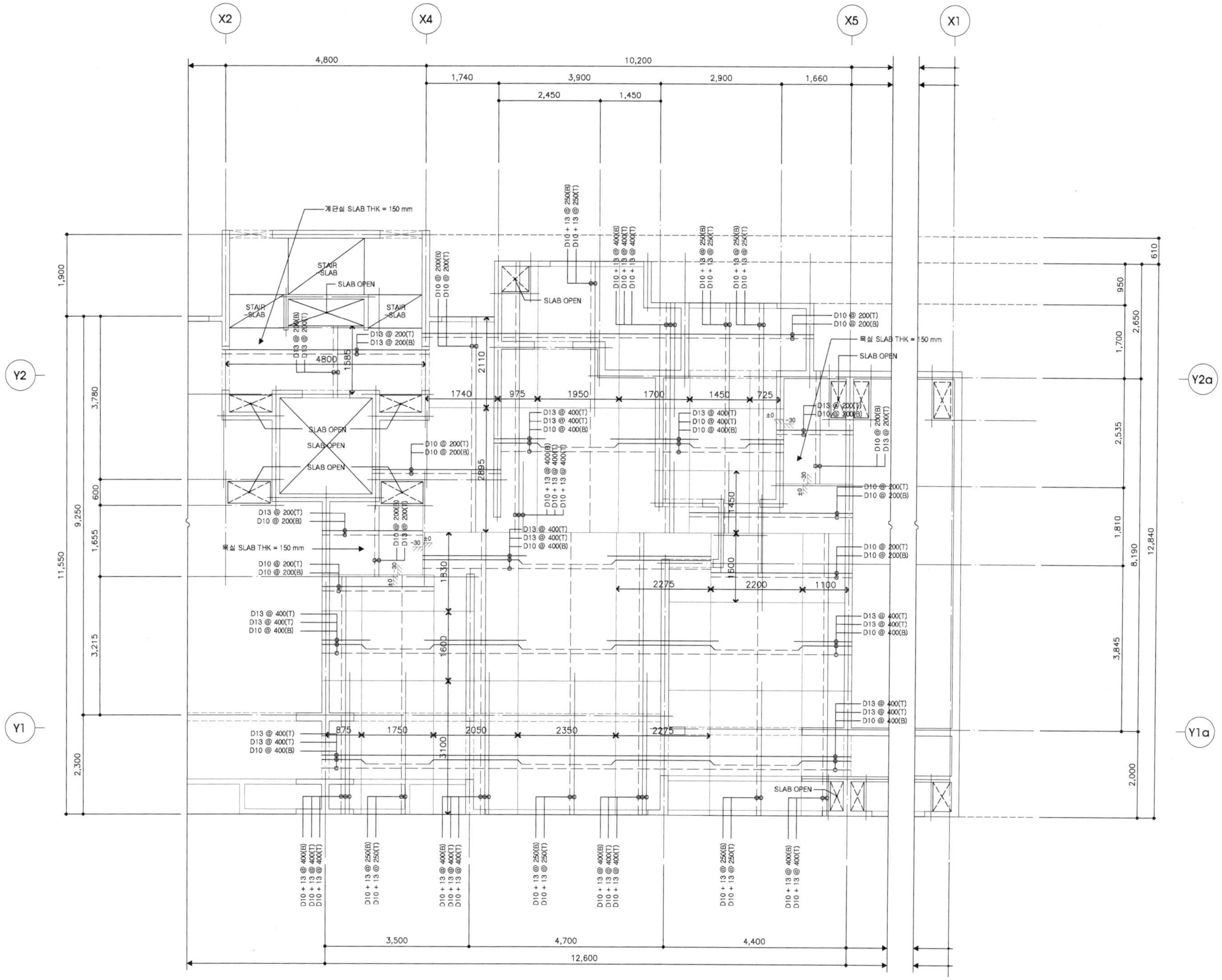

1 **35평형 단위세대 슬래브 배근도(15층이하)**
축 척 1/50

PROJECT TITLE.

주기(NOTES)

1. CONC.강도
   fck=21MPa (현장타설)
   fck=27MPa (PC부재)
2. 철근강도
   fy=400MPa (D25미만)
   fy=500MPa (D25이상)
3. 슬라브 배근 : 단위세대 기준층 배근에 준함
4. SLAB THK = 180mm
   상부근 : ————
   하부근 : — — — —
5. 계단실 슬래브 배근 : 아파트 잡배근도 참조 (THK = 150mm)
5. [빗금] : PW3
6. 표기방법
   (N) D16 7EA @200 (L=2000) (400+1600) — 철근번호, 철근규격, 철근대수, 철근배근간격, 철근길이, 철근가공치수
   (N) D16 1000 @200 (L=2000) (400+1600) — 철근번호, 철근규격, 배근구간, 철근배근간격, 철근길이, 철근가공치수

KEY PLAN

철근의 피복두께 (mm)

조 건	부 위	규 격	피 복
흙에 접하여 콘크리트를 친 후 영구히 흙에 묻혀있는 콘크리트	기 초	-	80
흙에 접하거나 옥외의 공기에 직접 노출되는 콘크리트	기 초 • 지하층 외 벽	D29 이상	60
		D25 이하	50
		D16 이하	40
옥외의 공기나 흙에 직접 접하지 않는 콘크리트	슬래브 벽 체 장 선	D32 초과	40
		D32 이하	20
	보	-	40
	기 둥	-	40
	쉘/절판	-	20

(비내력벽은 20 이상으로 한다)

REV. NO.	내 용	일자	검토
3			
2			
1			

작 성

검 토

승 인

도면명: 지상3층 슬래브 배근도

축척: 1/50

도면번호: [S-9]

[P-9] 아파트 슬래브배근시공도

벽식아파트의 단위세대 슬래브를 예제로 나타내고 있다. 벽식아파트에서는 슬래브가 휨재 역할을 하며 두께가 얇으므로 유효두께를 확보하기 위해서는 철근의 설치순서가 중요하다. 철근을 설치하는 순서에 따라 배근시공도를 작성하며 슬래브 주근방향의 하부근을 제일 먼저, 그 다음에 부근방향 하부근을 배치하고, 그 다음에 부근방향 상부근을 배치하고 최종적으로 주근방향의 상부근을 설치하는 순서로 작성하였다.

아파트 슬래브의 주근방향 배근은 굽힘철근으로 배치하였으며 부근방향배근은 직선철근으로 배치하였다. 슬래브의 외부 단부에서는 주근방향 철근은 상,하부 철근 모두 표준갈고리로 정착하였으며 부근방향 철근은 상부철근만 표준갈고리로 정착하였다.

이 매뉴얼에 제시된 구조설계도와 배근시공도는 도면의 구성양식 및 표현방법에 대한 예시를 보여준 것이다. 따라서 "KDS 41 10 05 (4.3.4) 구조설계도의 작성" 에 따라 작성된 것이라 하더라도 하나의 예시에 불과하므로 실제 설계용도로 사용할 수 없다. 구조설계도에는 책임구조기술자가 설계 요구사항을 정확히 표현하여야 하며 배근시공도에는 철근의 배치 및 이음위치, 철근량 등을 포함한 상세정보를 표현하여야 한다.

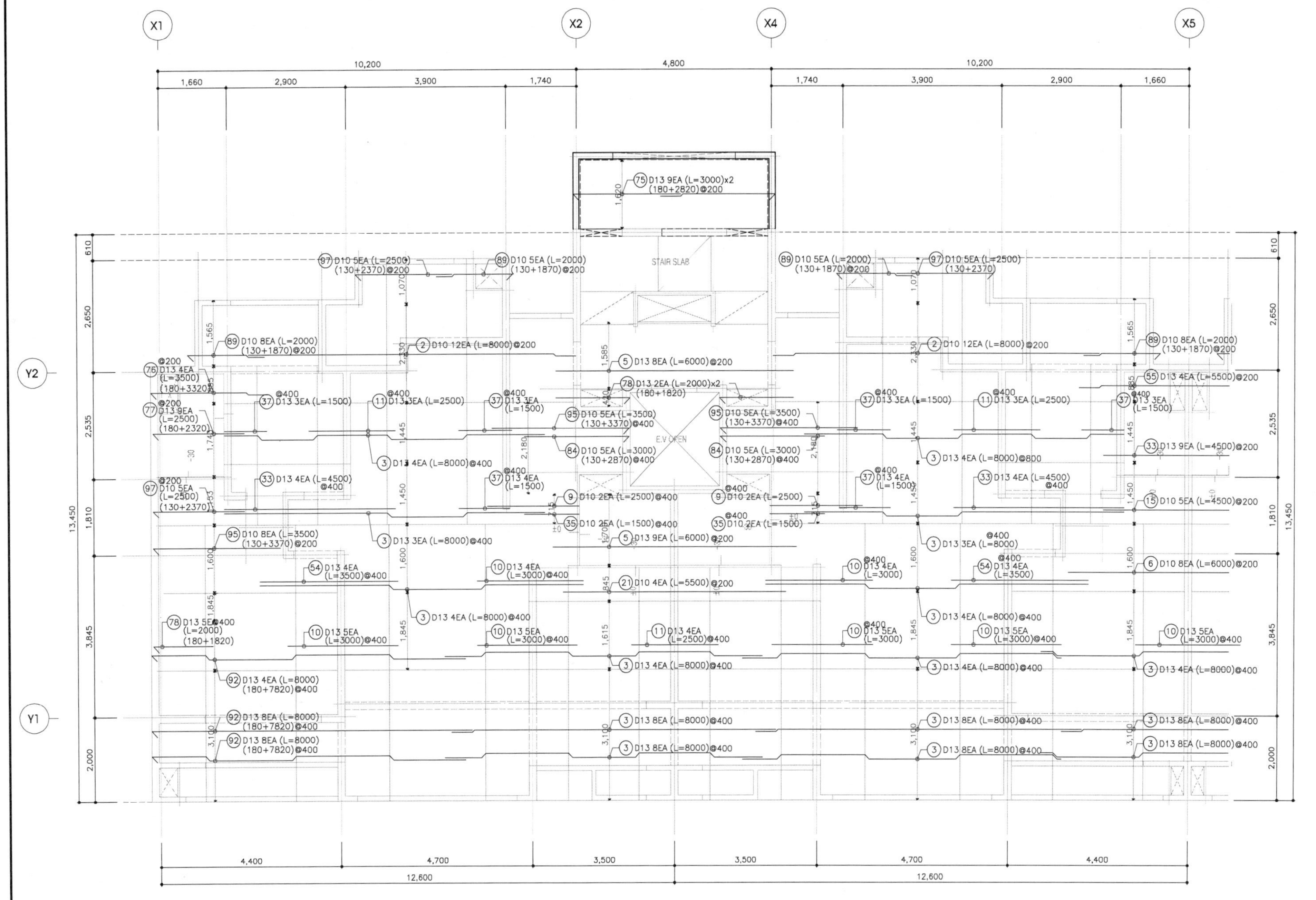

1 105동 지상3층 슬래브 X방향 상부근 배근도

축 척 1/50

❏ 이음/정착 길이표

fck=21MPa

	이음길이		정착길이		
	B급이음	압축이음	인장정착	압축정착	HOOK정착
D10	390	300	300	210	210
D13	500	370	390	280	280
D16	740	460	570	350	350

❏ 철근가공리스트 (X방향 상부근)

번호	형태	규격	철근 부분 길이(m/m) a	b	c	전체길이 (m/m)	수량 (개)	개소
②	a	D10	8,000			8,000	72	1
③	a	D13	8,000			8,000	246	1
⑤	a	D13	6,000			6,000	51	1
⑥	a	D10	6,000			6,000	16	1
⑨	a	D10	2,500			2,500	12	1
⑩	a	D13	3,000			3,000	94	1
⑪	a	D13	2,500			2,500	30	1
⑮	a	D10	4,500			4,500	10	1
(77)	a b	D13	180	2,320		2,500	18	1

번호	형태	규격	철근 부분 길이(m/m) a	b	c	전체길이 (m/m)	수량 (개)	개소
(78)	a b	D13	180	1,820		2,000	22	1
(84)	a b	D10	130	2,870		3,000	30	1
(89)	a b	D10	130	1,870		2,000	78	1
(92)	a b	D13	180	7,820		8,000	20	1
(95)	a b	D10	130	3,370		3,500	26	1
(97)	a b	D10	130	2,370		2,500	40	1
(107)	a b	D10	130	3,870		4,000	20	1

D10	1.689
Total	1.689

PROJECT TITLE.

주기(NOTES)

1. CONC.강도
   fck=21MPa (현장타설)
   fck=27MPa (PC부재)
2. 철근강도
   fy=400MPa (D25미만)
   fy=500MPa (D25이상)
3. 슬라브 배근 : 단위세대 기준층 배근에 준함
4. SLAB THK = 180mm
   상부근 : ————
   하부근 : — — — —
5. 계단실 슬래브 배근 : 아파트 잡배근도 참조 (THK = 150mm)
5. ▨ : PW3
6. 표기방법

   철근규격 / 철근대수
   (N) D16 7EA @200 (L=2000)
   (400+1600)
   철근번호 / 철근가공치수 / 철근배근간격 / 철근길이

   철근규격 / 배근구간
   (N) D16 1000 @200 (L=2000)
   (400+1600)
   철근번호 / 철근가공치수 / 철근배근간격 / 철근길이

KEY PLAN

철근의 피복두께 (mm)

조 건	부 위	규 격	피 복
흙에 접하여 콘크리트를 친 후 영구히 흙에 묻혀있는 콘크리트	기 초	-	80
흙에 접하거나 옥외의 공기에 직접 노출되는 콘크리트	기 초 · 지하층 외 벽	D29 이상	60
		D25 이하	50
		D16 이하	40
옥외의 공기나 흙에 직접 접하지 않는 콘크리트	슬래브 벽 체 장 선	D32 초과	40
		D32 이하	20
	보	-	40
	기 둥	-	40
	쉘/절판	-	20

(비내력벽은 20 이상으로 한다)

REV. NO.	내 용	일자	검토
△3			
△2			
△1			

작 성

검 토

승 인

도면명: 지상3층 슬래브 X방향 상부근 배근도

축척: 1/50

도면번호: [P-9-1]

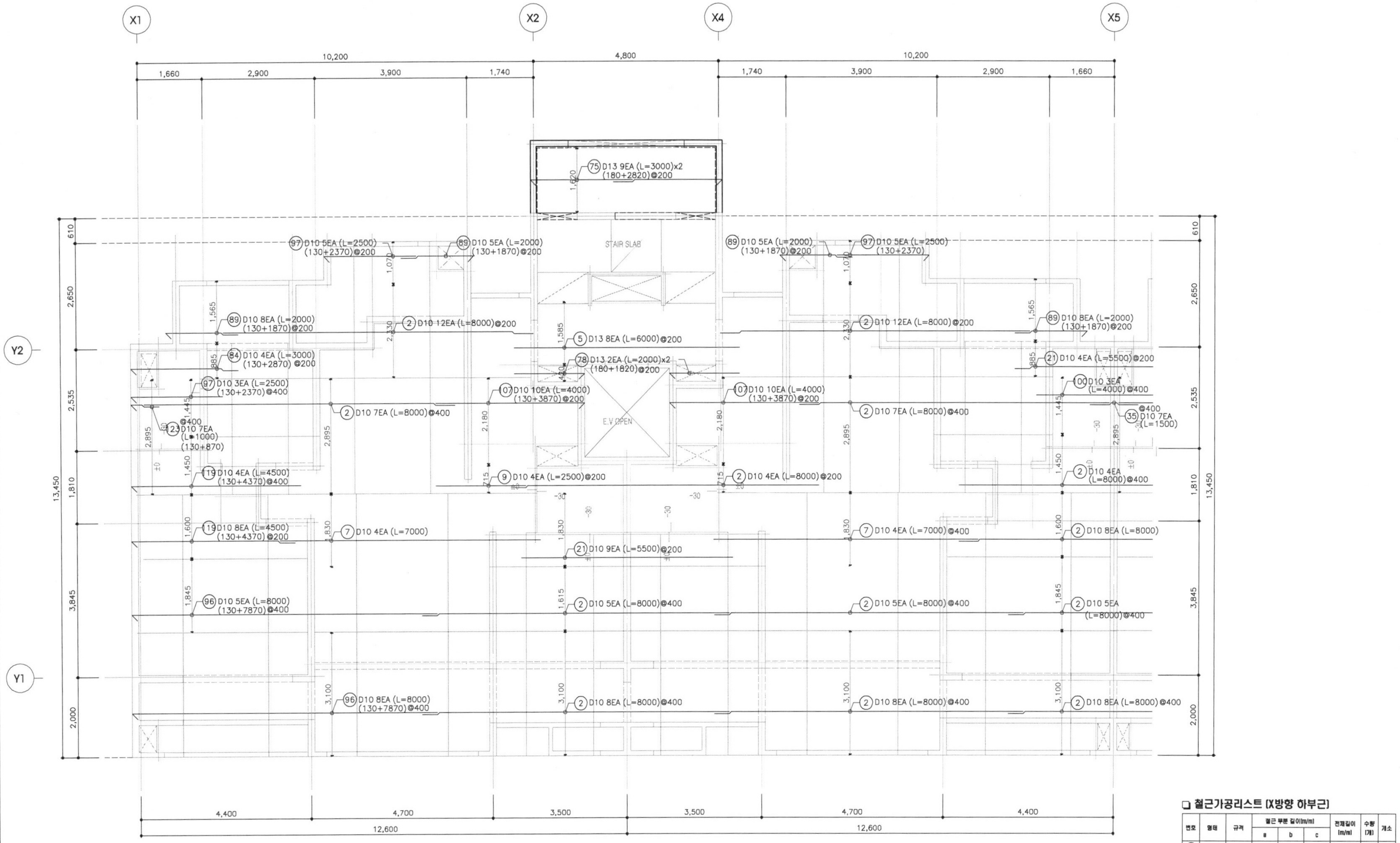

1 105동 지상3층 슬래브 X방향 하부근 배근도

축 척 1/50

❑ 이음/정착 길이표

fck=21MPa

	이음길이		정착길이		
	B급이음	압축이음	인장정착	압축정착	HOOK정착
D10	390	300	300	210	210
D13	500	370	390	280	280
D16	740	460	570	350	350

❑ 철근가공리스트 (X방향 하부근)

번호	형태	규격	철근 부분 길이(m/m) a	b	c	전체길이 (m/m)	수량 (개)	개소
2	a	D10	8,000			8,000	254	1
5	a	D13	6,000			6,000	24	1
7	a	D10	7,000			7,000	24	1
9	a	D10	2,500			2,500	12	1
21	a	D10	5,500			5,500	35	1
35	a	D10	1,500			1,500	14	1
75	a b	D13	180	2,820		3,000	54	1
78	a b	D13	180	1,820		2,000	12	1
84	a b	D10	130	2,870		3,000	8	1
89	a b	D10	130	1,870		2,000	78	1
96	a b	D10	130	7,870		8,000	26	1
97	a b	D10	130	2,370		2,500	36	1
100	a	D10	4,000			4,000	6	1
107	a b	D10	130	3,870		4,000	60	1
119	a b	D10	130	4,370		4,500	24	1
123	a b	D10	130	870		1,000	14	1

D10	1.689
Total	1.689

PROJECT TITLE.

주기(NOTES)

1. CONC.강도
   fck=21MPa (현장타설)
   fck=27MPa (PC부재)
2. 철근강도
   fy=400MPa (D25미만)
   fy=500MPa (D25이상)
3. 슬라브 배근 : 단위세대 기준층 배근에 준함
4. SLAB THK = 180mm
   상부근 : ————
   하부근 : — — — —
5. 계단실 슬래브 배근 : 아파트 잡배근도 참조 (THK = 150mm)
5. [빗금] : PW3
6. 표기방법
   N D16 7EA @200 (L=2000) (400+1600) — 철근규격, 철근대수, 철근배근간격, 철근길이, 철근가공치수, 철근번호
   N D16 1000 @200 (L=2000) (400+1600) — 철근규격, 배근구간, 철근배근간격, 철근길이, 철근가공치수, 철근번호

KEY PLAN

철근의 피복두께 (mm)

조 건	부 위	규 격	피 복
흙에 접하여 콘크리트를 친 후 영구히 흙에 묻혀있는 콘크리트	기 초	-	80
흙에 접하거나 옥외의 공기에 직접 노출되는 콘크리트	기 초 · 지하층 외 벽	D29 이상	60
		D25 이하	50
		D16 이하	40
옥외의 공기나 흙에 직접 접하지 않는 콘크리트	슬래브 벽 체 장 선	D32 초과	40
		D32 이하	20
	보	-	40
	기 둥	-	40
	쉘/절판	-	20

(비내력벽은 20 이상으로 한다)

REV. NO.	내 용	일자	검토
3			
2			
1			

작 성

검 토

승 인

도면명: 지상3층 슬래브 X방향 하부근 배근도

축척: 1/50

도면번호: [P-9-2]

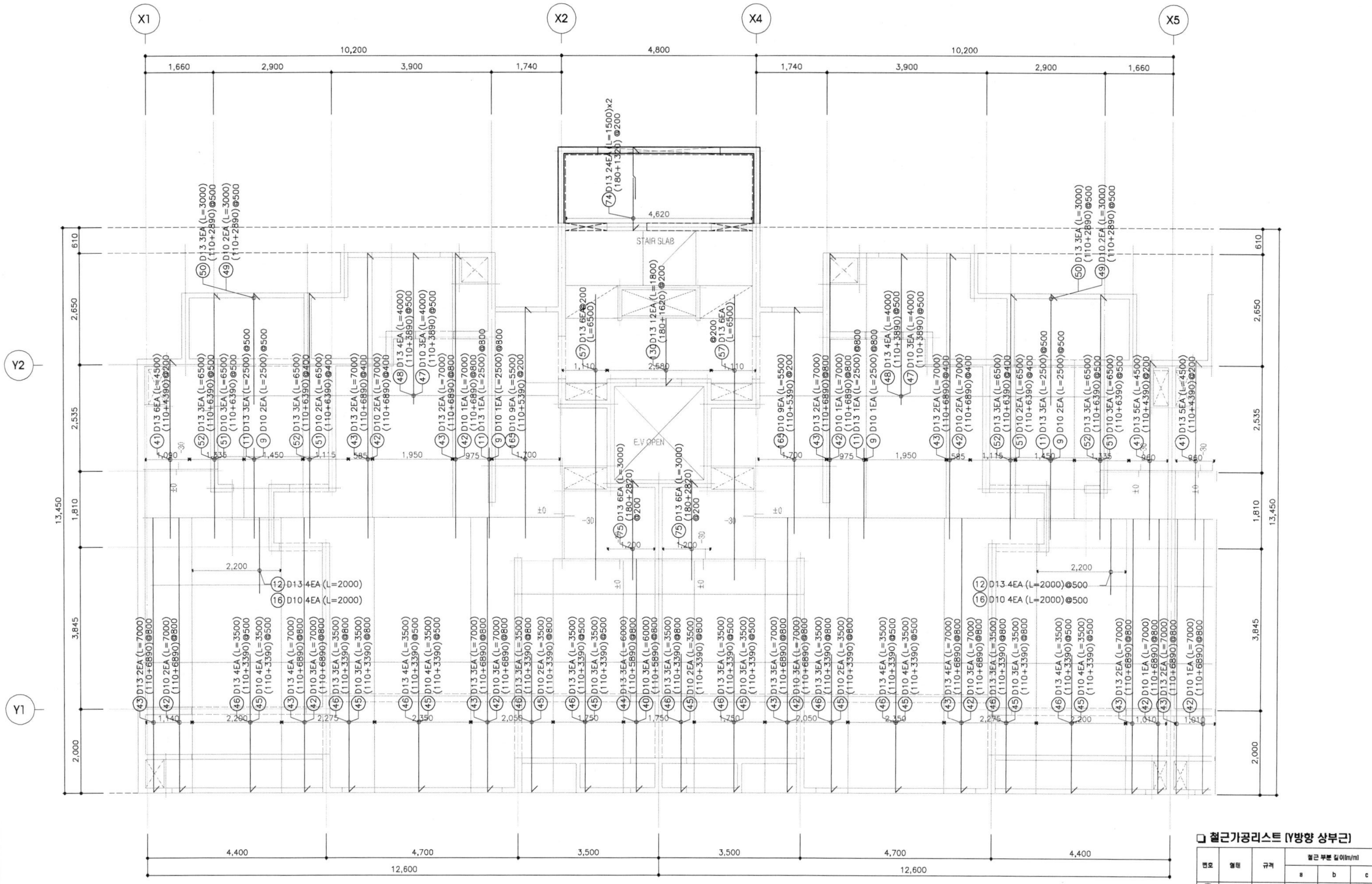

1 105동 지상3층 슬래브 Y방향 상부근 배근도

축 척 1/50

□ 이음/정착 길이표

fck=21MPa

	이음길이		정착길이		
	B급이음	압축이음	인장정착	압축정착	HOOK정착
D10	390	300	300	210	210
D13	500	370	390	280	280
D16	740	460	570	350	350

□ 철근가공리스트 (Y방향 상부근)

번호	형태	규격	철근 부분 길이(m/m) a	b	c	전체길이 (m/m)	수량 (개)	개소
9	a	D10	2,500			2,500	18	1
11	a	D13	2,500			2,500	24	1
12	a	D13	2,000			2,000	24	1
16	a	D10	2,000			2,000	24	1
40	a b	D10	110	5,890		6,000	9	1
41	a b	D13	110	4,390		4,500	32	1
42	a b	D10	110	6,890		7,000	62	1
43	a b	D13	110	6,890		7,000	78	1
44	a b	D13	110	5,890		6,000	9	1
45	a b	D10	110	3,390		3,500	102	1
46	a b	D13	110	3,390		3,500	111	1
130	a b	D13	180	1,620		1,800	36	1
165	a b	D10	110	5,390		5,500	54	1
D10						1.689		
Total						1.689		

PROJECT TITLE.

주기(NOTES)

1. CONC.강도
   fck=21MPa (현장타설)
   fck=27MPa (PC부재)
2. 철근강도
   fy=400MPa (D25미만)
   fy=500MPa (D25이상)
3. 슬라브 배근 : 단위세대 기준층 배근에 준함
4. SLAB THK = 180mm
   상부근 : ————
   하부근 : — — — —
5. 계단실 슬래브 배근 : 아파트 잡배근도 참조 (THK = 150mm)
5. (빗금) : PW3
6. 표기방법

   (N) D16 7EA @200 (L=2000) (400+1600)
   철근규격 / 철근대수 / 철근배근간격 / 철근길이 / 철근가공치수 / 철근번호

   (N) D16 1000 @200 (L=2000) (400+1600)
   철근규격 / 배근구간 / 철근배근간격 / 철근길이 / 철근가공치수 / 철근번호

KEY PLAN

철근의 피복두께 (mm)

조 건	부 위	규 격	피 복
흙에 접하여 콘크리트를 친 후 영구히 흙에 묻혀있는 콘크리트	기 초	-	80
흙에 접하거나 옥외의 공기에 직접 노출되는 콘크리트	기 초 · 지하층 외 벽	D29 이상	60
		D25 이하	50
		D16 이하	40
옥외의 공기나 흙에 직접 접하지 않는 콘크리트	슬래브 벽 체 장 선	D32 초과	40
		D32 이하	20
	보	-	40
	기 둥	-	40
	쉘/절판	-	20

(비내력벽은 20 이상으로 한다)

REV. NO.	내 용	일자	검토
3			
2			
1			

작 성

검 토

승 인

도면명: 지상3층 슬래브 Y방향 상부근 배근도

축척: 1/50

도면번호: [P-9-3]

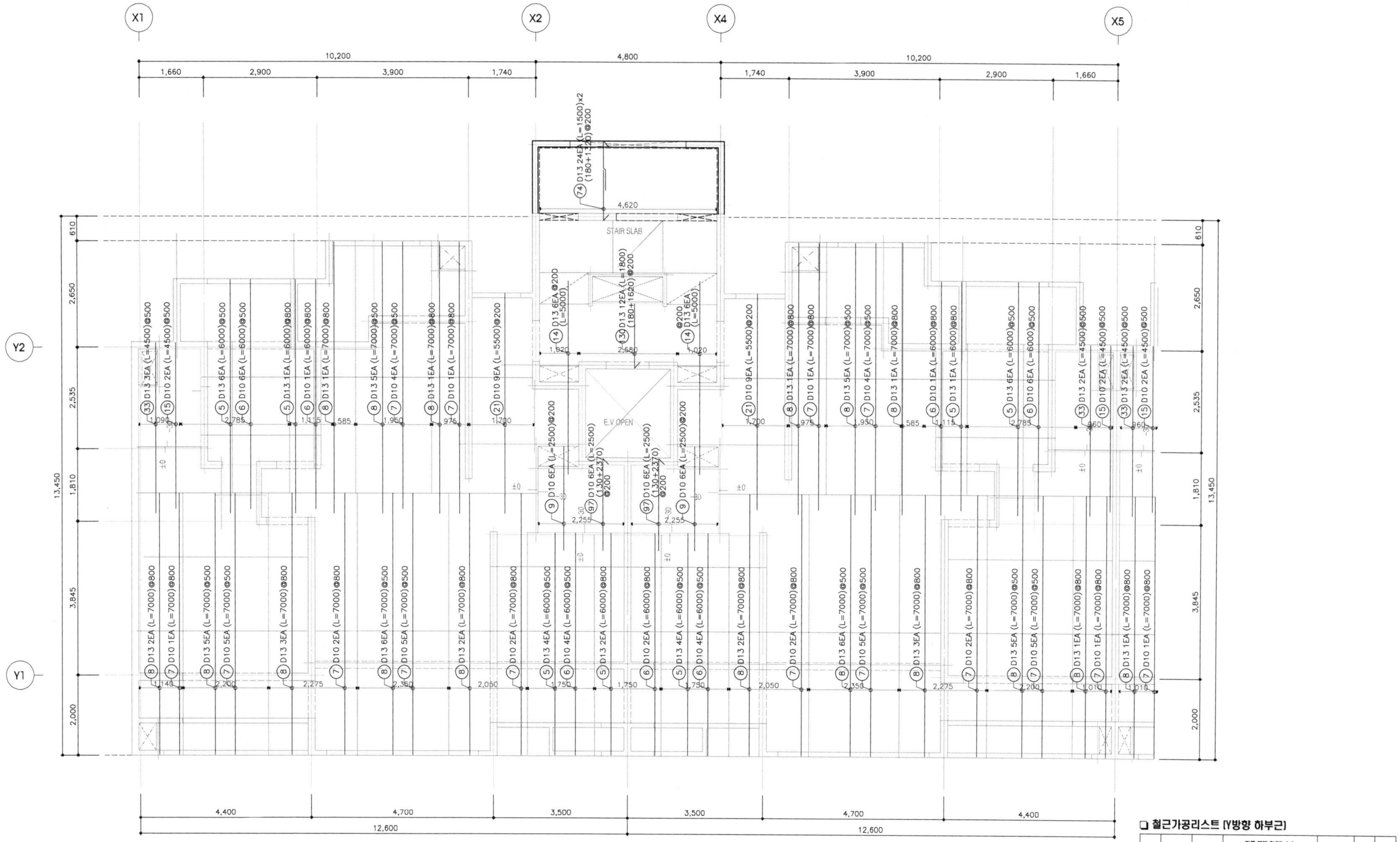

1 105동 지상3층 슬래브 Y방향 하부근 배근도

축 척 1/50

❑ 이음/정착 길이표

fck=21MPa

	이음길이		정착길이		
	B급이음	압축이음	인장정착	압축정착	HOOK정착
D10	390	300	300	210	210
D13	500	370	390	280	280
D16	740	460	570	350	350

❑ 철근가공리스트 (Y방향 하부근)

번호	형태	규격	철근 부분 길이(m/m)			전체길이 (m/m)	수량 (개)	개소
			a	b	c			
5	a	D13	6,000			6,000	72	1
6	a	D10	6,000			6,000	72	1
7	a	D10	7,000			7,000	120	1
8	a	D13	7,000			7,000	146	1
9	a	D10	2,500			2,500	36	1
14	a	D13	5,000			5,000	36	1
15	a	D10	4,500			4,500	12	1
21	a	D10	5,500			5,500	54	1
33	a	D13	4,500			4,500	14	1
74	a b	D13	180	1,320		1,500	144	1
97	a b	D10	130	2,370		2,500	36	1
130	a b	D13	180	1,620		1,800	36	1
D10						1.689		
Total						1.689		

PROJECT TITLE.

주기(NOTES)

1. CONC.강도
   fck=21MPa (현장타설)
   fck=27MPa (PC부재)
2. 철근강도
   fy=400MPa (D25미만)
   fy=500MPa (D25이상)
3. 슬라브 배근 : 단위세대 기준층 배근에 준함
4. SLAB THK = 180mm
   상부근 : ————
   하부근 : — — — —
5. 계단실 슬래브 배근 : 아파트 잡배근도 참조 (THK = 150mm)
5. [빗금] : PW3
6. 표기방법

(N) D16 7EA @200 (L=2000) (400+1600) — 철근규격, 철근대수, 철근길이, 철근가공치수, 철근배근간격, 철근번호

(N) D16 1000 @200 (L=2000) (400+1600) — 철근규격, 배근구간, 철근길이, 철근가공치수, 철근배근간격, 철근번호

KEY PLAN

철근의 피복두께 (mm)

조 건	부 위	규 격	피 복
흙에 접하여 콘크리트를 친 후 영구히 흙에 묻혀있는 콘크리트	기 초	-	80
흙에 접하거나 옥외의 공기에 직접 노출되는 콘크리트	기 초 • 지하층 외 벽	D29 이상	60
		D25 이하	50
		D16 이하	40
옥외의 공기나 흙에 직접 접하지 않는 콘크리트	슬래브 벽 체 장 선	D32 초과	40
		D32 이하	20
	보	-	40
	기 둥	-	40
	쉘/절판	-	20

(비내력벽은 20 이상으로 한다)

REV. NO.	내 용	일자	검토
3			
2			
1			

작 성

검 토

승 인

도면명: 지상3층 슬래브 Y방향 하부근 배근도

축척: 1/50

도면번호: [P-9-4]

[S-10] 아파트 벽체구조설계도

이 도면은 기준층 아파트 벽체구조설계도이다. 벽체의 두께 및 철근배근에 대한 정보를 표시하였다.

또한 주기란에는 사용 구조재료의 강도에 대한 정보를 표시하였다.

이 매뉴얼에 제시된 구조설계도와 배근시공도는 도면의 구성양식 및 표현방법에 대한 예시를 보여준 것이다. 따라서 "KDS 41 10 05 (4.3.4) 구조설계도의 작성"에 따라 작성된 것이라 하더라도 하나의 예시에 불과하므로 실제 설계용도로 사용할 수 없다. 구조설계도에는 책임구조기술자가 설계 요구사항을 정확히 표현하여야 하며 배근시공도에는 철근의 배치 및 이음위치, 철근량 등을 포함한 상세정보를 표현하여야 한다.

101,102 동
24평형: 'B' 형태

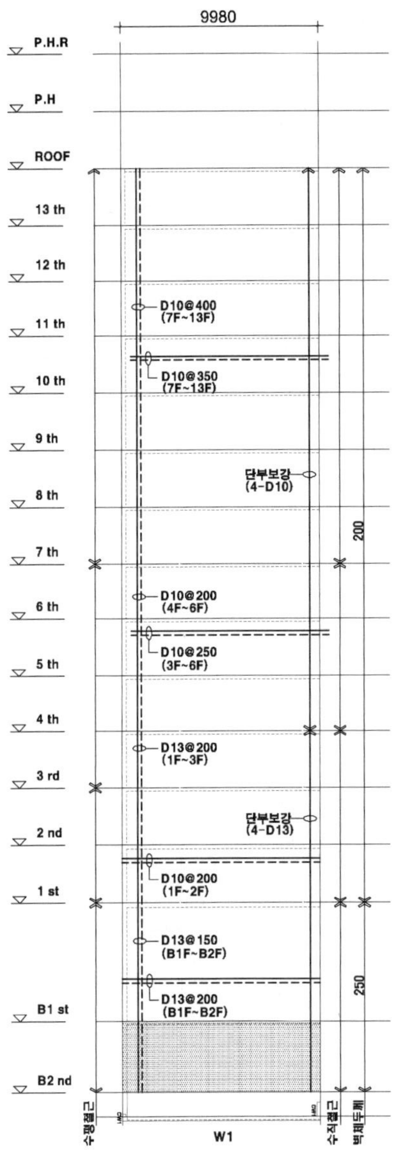

① W1 벽체 배근도
축척 1/150

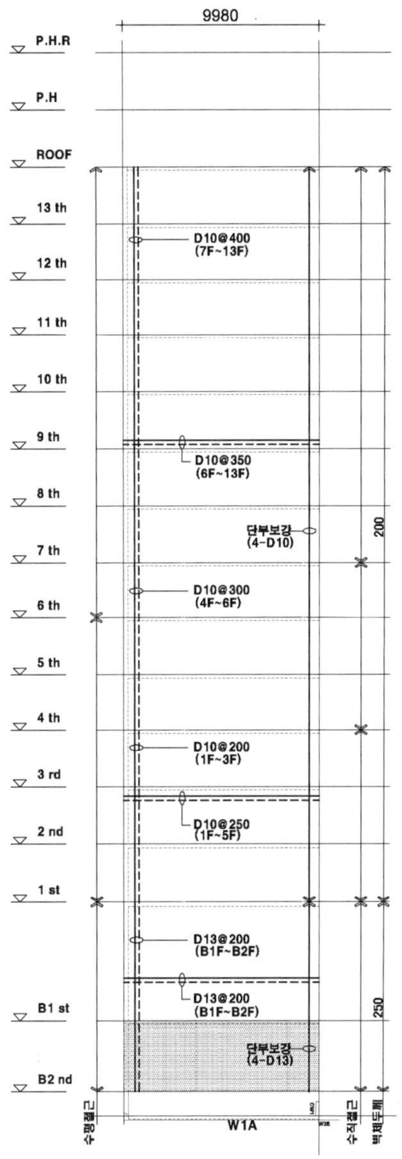

② W1A 벽체 배근도
축척 1/150

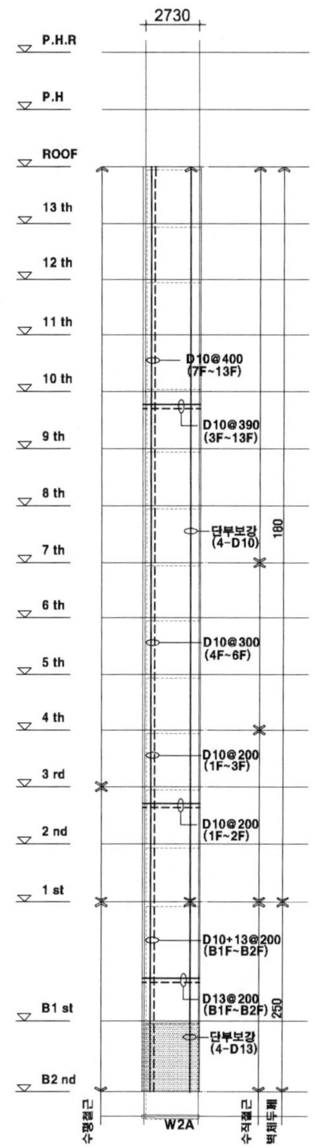

③ W2A~W2B 벽체 배근도
축척 1/150

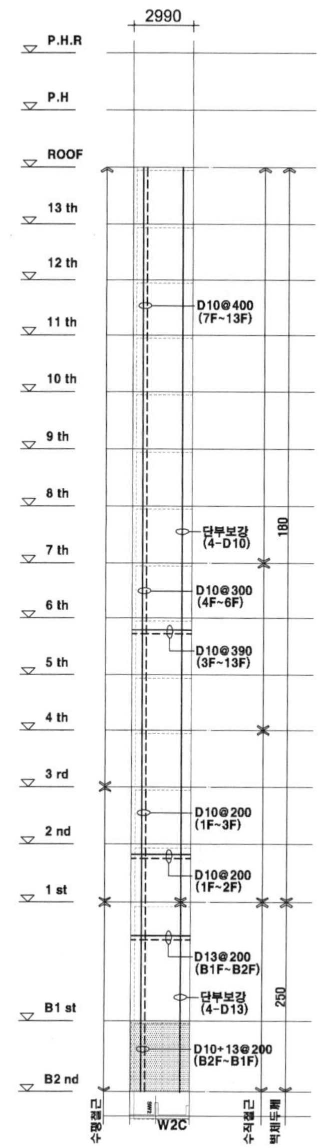

④ W2C 벽체 배근도
축척 1/150

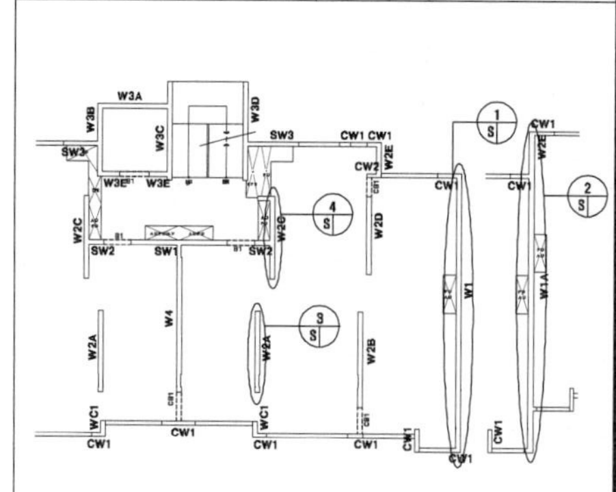

KEY PLAN

범례	
외부근	————
내부근	- - - - - -

PROJECT TITLE.

주기(NOTES)

1. CONC.강도
   101,102동 : B2F~2F - 24MPa
   3F~13F - 21MPa
   103~112동 : B2F~5F - 24MPa
   6F~PH - 21MPa
2. 철근강도
   fy = 400MPa(SD40) : D10이상, 전층동일
   - 전이층 보, 기둥
   fy = 500MPa(SD50) : D25
3. 벽체 배근은 2단 배근임.
4. 단부 "U"형 BAR는 수평근 간격과 동일.
5. ▒▒ : 지하벽체

KEY PLAN

철근의 피복두께 (mm)

조 건	부 위	규 격	피 복
흙에 접하여 콘크리트를 친 후 영구히 흙에 묻혀있는 콘크리트	기 초	-	80
흙에 접하거나 옥외의 공기에 직접 노출되는 콘크리트	기 초 · 지하층 외 벽	D29 이상	60
		D25 이하	50
		D16 이하	40
옥외의 공기나 흙에 직접 접하지 않는 콘크리트	슬래브 벽 체 장 선	D32 초과	40
		D32 이하	20
	보	-	40
	기 둥	-	40
	쉘/절판	-	20

(비내력벽은 20 이상으로 한다)

REV. NO.	내 용	일자	검토
3			
2			
1			

작 성

검 토

승 인

도면명: 101,102동 24평 B형 벽체 배근도-21

축척: 1/150

도면번호: [S-10-1]

101,102 동
24평형: 'B' 형태

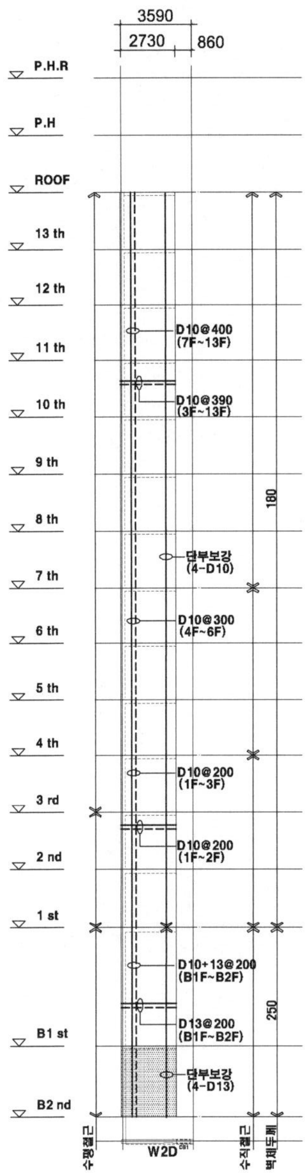

1 W1D 벽체 배근도
축 척 1/150

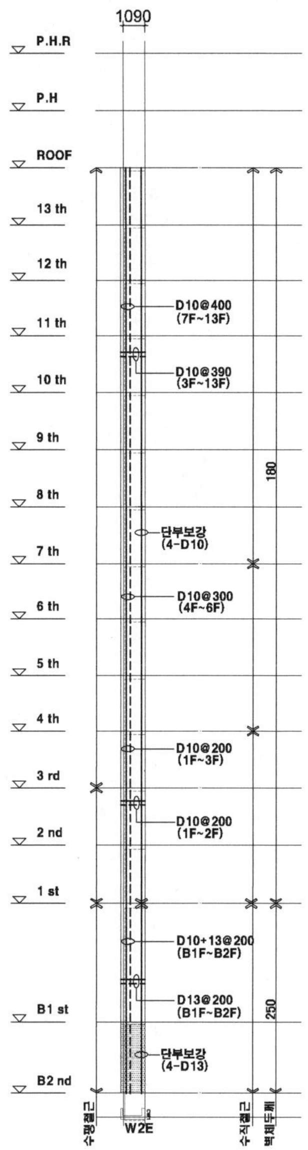

2 W2E 벽체 배근도
축 척 1/150

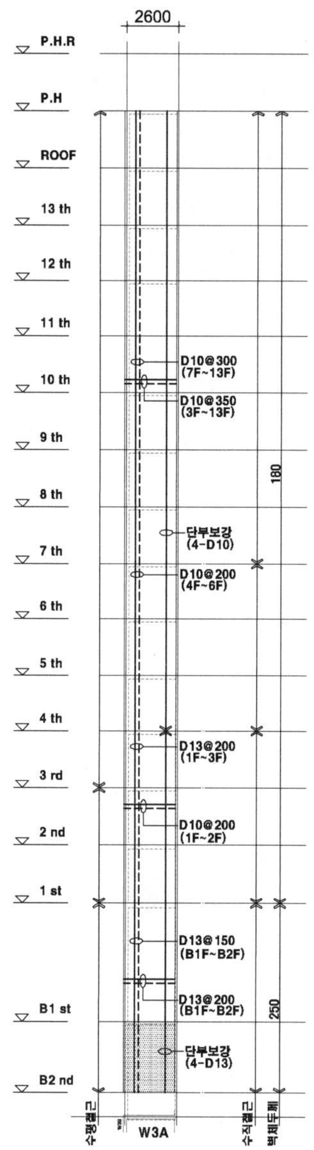

3 W3A 벽체 배근도
축 척 1/150

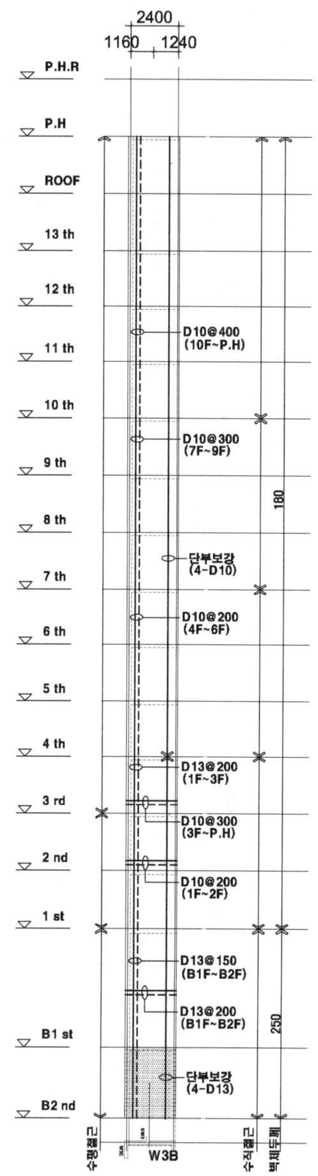

4 W3B 벽체 배근도
축 척 1/150

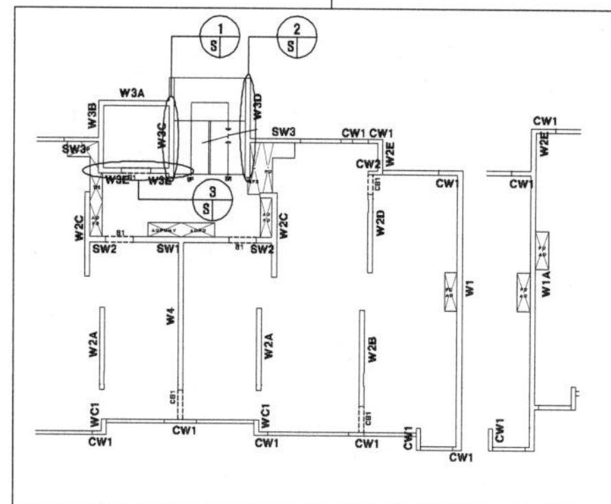

KEY PLAN

범 례	
외 부 근	————————
내 부 근	- - - - - - - - -

PROJECT TITLE.

주기(NOTES)

1. CONC.강도
   101,102동 : B2F~2F - 24MPa
   3F~13F - 21MPa
   103~112동 : B2F~5F - 24MPa
   6F~PH - 21MPa
2. 철근강도
   fy = 400MPa(SD40) : D10이상, 전층동일
   - 전이층 보, 기둥
   fy = 500MPa(SD50) : D25
3. 벽체 배근은 2단 배근임.
4. 단부 "U"형 BAR는 수평근 간격과 동일.
5. ▒ : 지하벽체

KEY PLAN

철근의 피복두께 (mm)

조 건	부 위	규 격	피 복
흙에 접하여 콘크리트를 친 후 영구히 흙에 묻혀있는 콘크리트	기 초	-	80
흙에 접하거나 옥외의 공기에 직접 노출되는 콘크리트	기 초 • 지하층 외 벽	D29 이상	60
		D25 이하	50
		D16 이하	40
옥외의 공기나 흙에 직접 접하지 않는 콘크리트	슬래브 벽 체 장 선	D32 초과	40
		D32 이하	20
	보	-	40
	기 둥	-	40
	쉘/절판	-	20

(비내력벽은 20 이상으로 한다)

REV. NO.	내 용	일자	검토
3			
2			
1			

작 성

검 토

승 인

도면명: 101,102동 24평 B형 벽체 배근도-22

축척: 1/150

도면번호: [S-10-2]

101,102 동

24평형: 'B' 형태

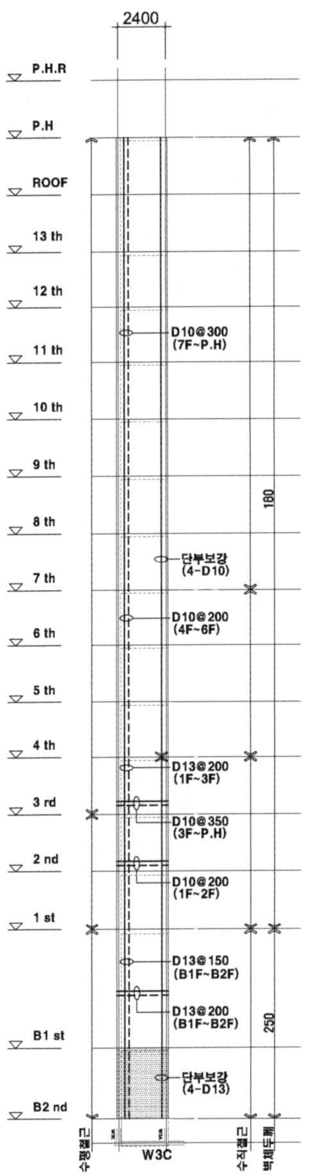

① W3C 벽체 배근도 축 척 1/150

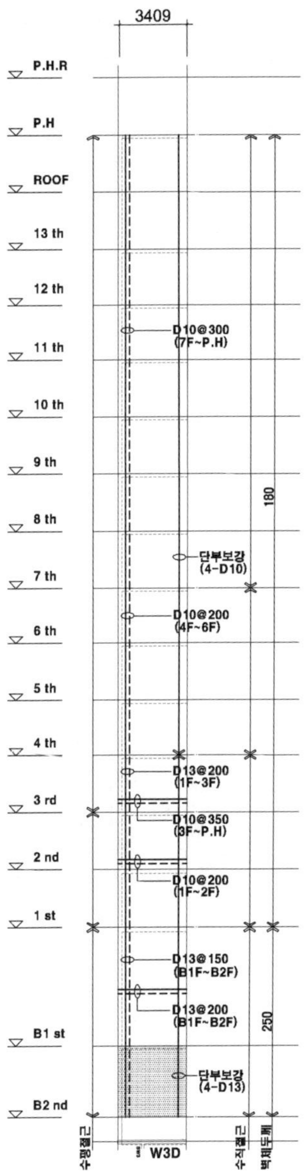

② W3D 벽체 배근도 축 척 1/150

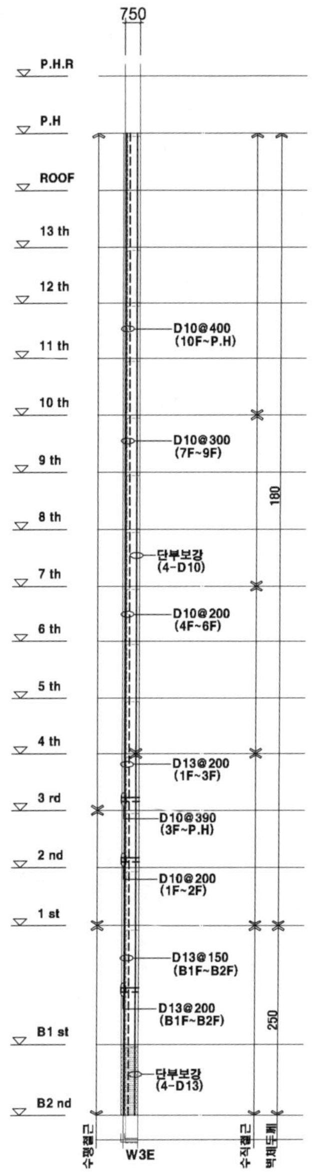

③ W3E 벽체 배근도 축 척 1/150

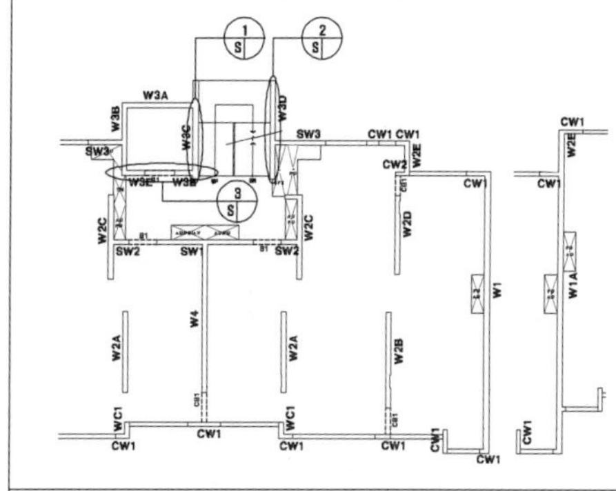

KEY PLAN

범 례	
외 부 근	————————
내 부 근	- - - - - - - -

PROJECT TITLE.

주기(NOTES)

1. CONC.강도
   101,102동 : B2F~2F - 24MPa
   3F~13F - 21MPa
   103~112동 : B2F~5F - 24MPa
   6F~PH - 21MPa
2. 철근강도
   fy = 400MPa(SD40) : D10이상, 전층동일
   - 전이층 보, 기둥
   fy = 500MPa(SD50) : D25
3. 벽체 배근은 2단 배근임.
4. 단부 "U"형 BAR는 수평근 간격과 동일.
5. [음영] : 지하벽체

KEY PLAN

철근의 피복두께 (mm)

조 건	부 위	규 격	피 복
흙에 접하여 콘크리트를 친 후 영구히 흙에 묻혀있는 콘크리트	기 초	-	80
흙에 접하거나 옥외의 공기에 직접 노출되는 콘크리트	기 초 • 지하층 외 벽	D29 이상	60
		D25 이하	50
		D16 이하	40
옥외의 공기나 흙에 직접 접하지 않는 콘크리트	슬래브 벽 체 장 선	D32 초과	40
		D32 이하	20
	보	-	40
	기 둥	-	40
	쉘/절판	-	20

(비내력벽은 20 이상으로 한다)

REV. NO.	내 용	일자	검토
3			
2			
1			

작 성

검 토

승 인

도면명: 101,102동 24평 B형 벽체 배근도-23

축척: 1/150

도면번호: [S-10-3]

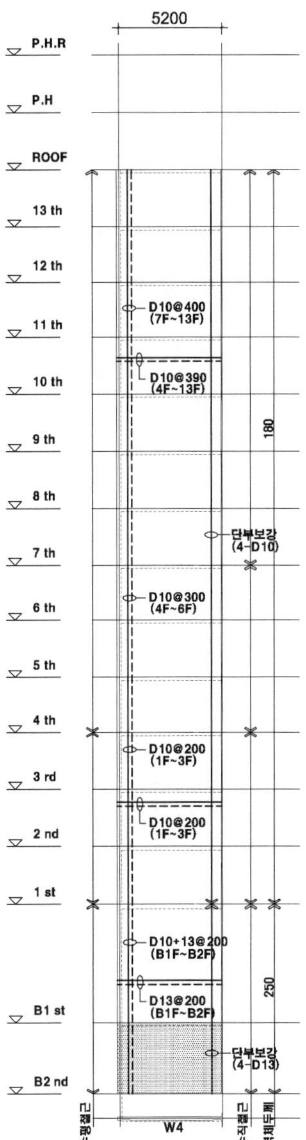

1 W4 벽체 배근도
축 척 1/150

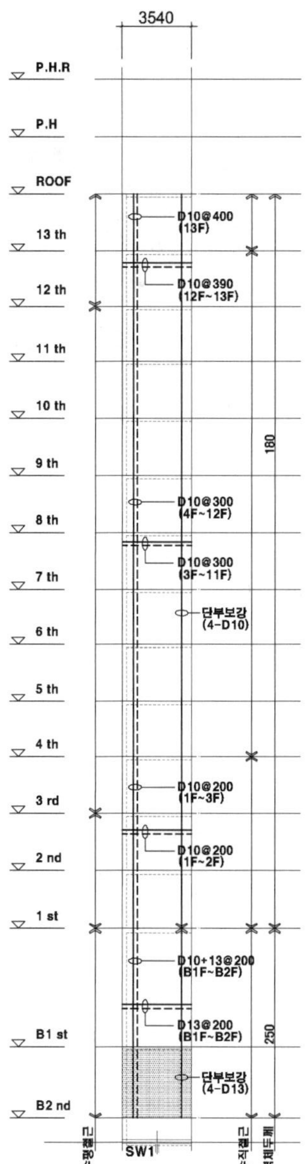

2 SW1 벽체 배근도
축 척 1/150

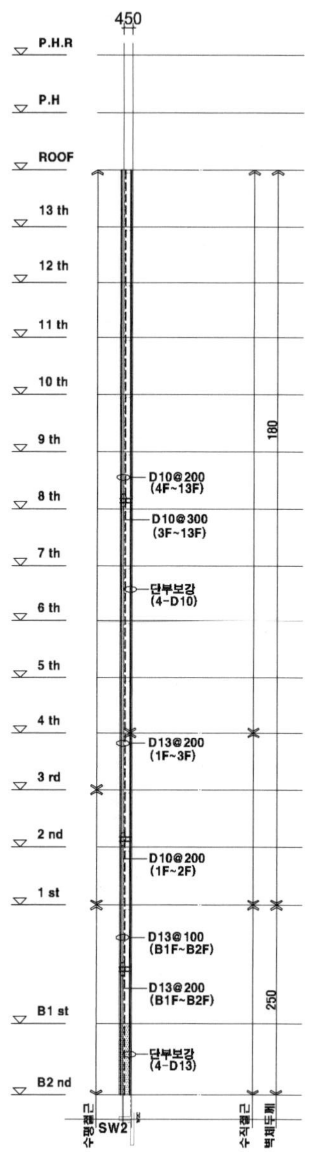

3 SW2 벽체 배근도
축 척 1/150

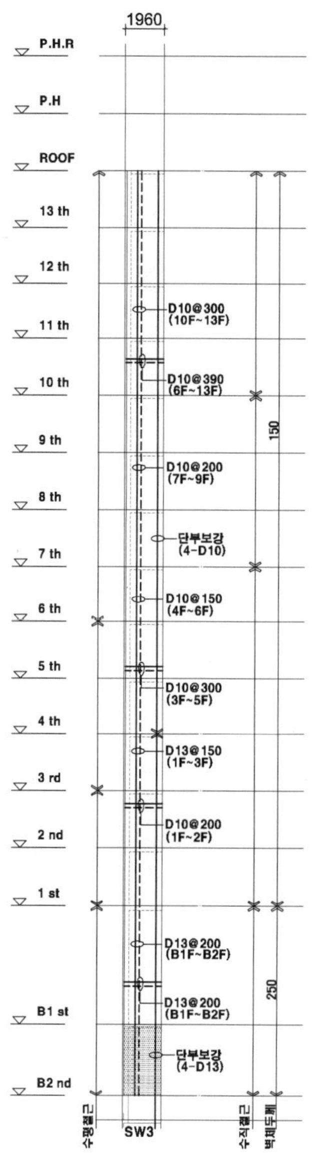

4 SW3 벽체 배근도
축 척 1/150

101,102 동

24평형: 'B' 형태

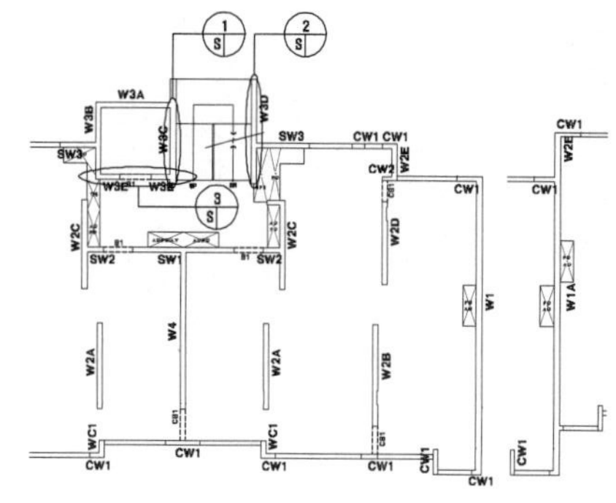

KEY PLAN

범 례	
외 부 근	————————
내 부 근	- - - - - - - - -

PROJECT TITLE.

주기(NOTES)

1. CONC.강도
   101,102동 : B2F~2F - 24MPa
   3F~13F - 21MPa
   103~112동 : B2F~5F - 24MPa
   6F~PH - 21MPa
2. 철근강도
   fy = 400MPa(SD40) : D10이상, 전층동일
   - 전이층 보, 기둥
   fy = 500MPa(SD50) : D25
3. 벽체 배근은 2단 배근임.
4. 단부 "U"형 BAR는 수평근 간격과 동일.
5. [hatched box] : 지하벽체

KEY PLAN

철근의 피복두께 (mm)

조 건	부 위	규 격	피 복
흙에 접하여 콘크리트를 친 후 영구히 흙에 묻혀있는 콘크리트	기 초	-	80
흙에 접하거나 옥외의 공기에 직접 노출되는 콘크리트	기 초 • 지하층 외 벽	D29 이상	60
		D25 이하	50
		D16 이하	40
옥외의 공기나 흙에 직접 접하지 않는 콘크리트	슬래브 벽 체 장 선	D32 초과	40
		D32 이하	20
	보	-	40
	기 둥	-	40
	쉘/절판	-	20

(비내력벽은 20 이상으로 한다)

REV. NO.	내 용	일자	검토
3			
2			
1			

작 성

검 토

승 인

도면명: 101,102동 24평 B형 벽체 배근도-24

축척: 1/150

도면번호: [S-10-4]

101,102 동

24평형: 'B' 형태

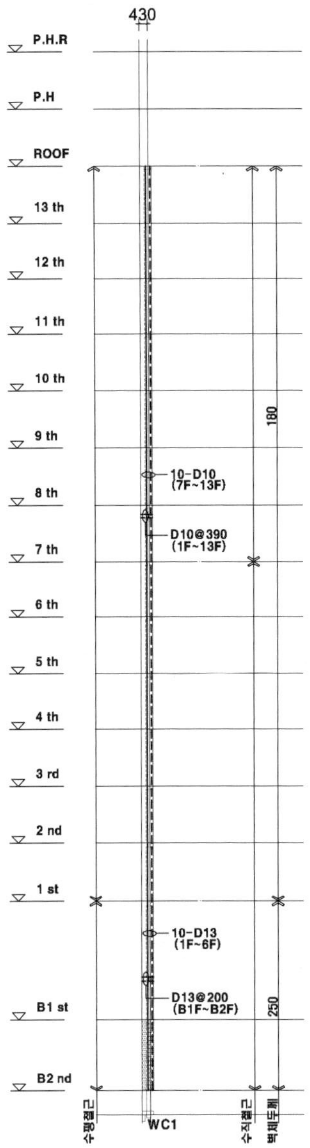

1 WC1 벽체 배근도

축 척 1/150

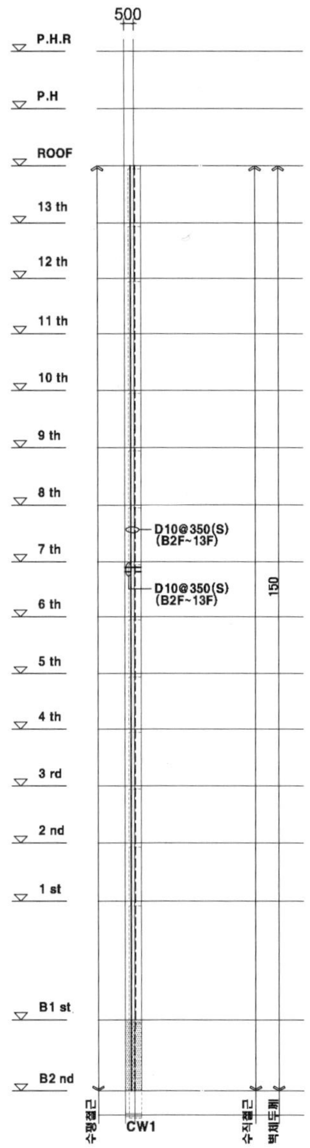

2 CW1 벽체 배근도

축 척 1/150

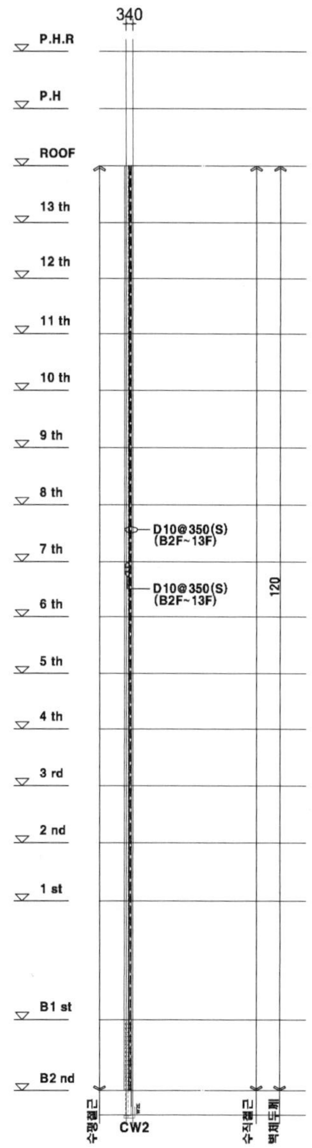

3 CW2 벽체 배근도

축 척 1/150

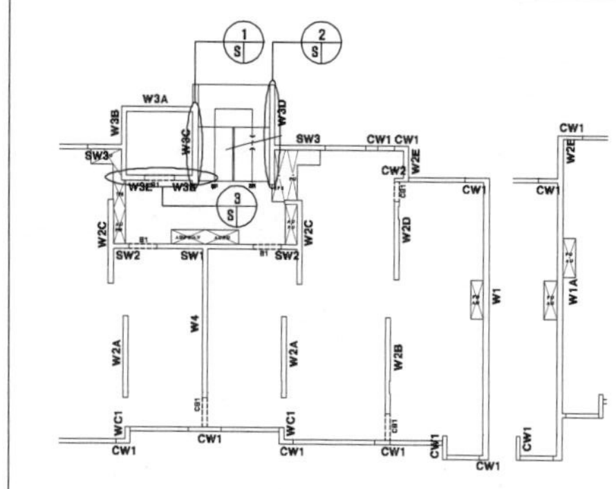

KEY PLAN

범 례	
외 부 근	————
내 부 근	- - - - - -

PROJECT TITLE.

주기(NOTES)

1. CONC.강도
   101,102동 : B2F~2F - 24MPa
   3F~13F - 21MPa
   103~112동 : B2F~5F - 24MPa
   6F~PH - 21MPa
2. 철근강도
   fy = 400MPa(SD40) : D10이상, 전층동일
   - 전이층 보, 기둥
   fy = 500MPa(SD50) : D25
3. 벽체 배근은 2단 배근임.
4. 단부 "U"형 BAR는 수평근 간격과 동일.
5. ▒ : 지하벽체

KEY PLAN

철근의 피복두께 (mm)

조 건	부 위	규 격	피 복
흙에 접하여 콘크리트를 친 후 영구히 흙에 묻혀있는 콘크리트	기 초	-	80
흙에 접하거나 옥외의 공기에 직접 노출되는 콘크리트	기 초 • 지하층 외 벽	D29 이상	60
		D25 이하	50
		D16 이하	40
옥외의 공기나 흙에 직접 접하지 않는 콘크리트	슬래브 벽 체 장 선	D32 초과	40
		D32 이하	20
	보	-	40
	기 둥	-	40
	쉘/절판	-	20

(비내력벽은 20 이상으로 한다)

REV. NO.	내 용	일자	검토
3			
2			
1			

작 성

검 토

승 인

도면명: 101,102동 24평 B형 벽체 배근도-25

축척: 1/150

도면번호: [S-10-5]

[P-10] 아파트 벽체배근시공도

이 도면은 기준층 아파트 벽체배근시공도이다.

시공 편의상 대부분 수직철근은 슬래브 바닥위치에서 전수 B급 인장이음으로 설치되므로 각 벽체의 수직근을 B급 인장이음으로 표현하였다.

벽체단부와 개구부의 단부에는 U형 철근을 설치하여 폐쇄형 단면이 만들어지도록 하였다.

또한, 부재의 강도에 따른 정착 및 이음길이표를 포함하여 시공시 준수하도록 하였다.

이 매뉴얼에 제시된 구조설계도와 배근시공도는 도면의 구성양식 및 표현방법에 대한 예시를 보여준 것이다. 따라서 "KDS 41 10 05 (4.3.4) 구조설계도의 작성" 에 따라 작성된 것이라 하더라도 하나의 예시에 불과하므로 실제 설계용도로 사용할 수 없다. 구조설계도에는 책임구조기술자가 설계 요구사항을 정확히 표현하여야 하며 배근시공도에는 철근의 배치 및 이음위치, 철근량 등을 포함한 상세정보를 표현하여야 한다.

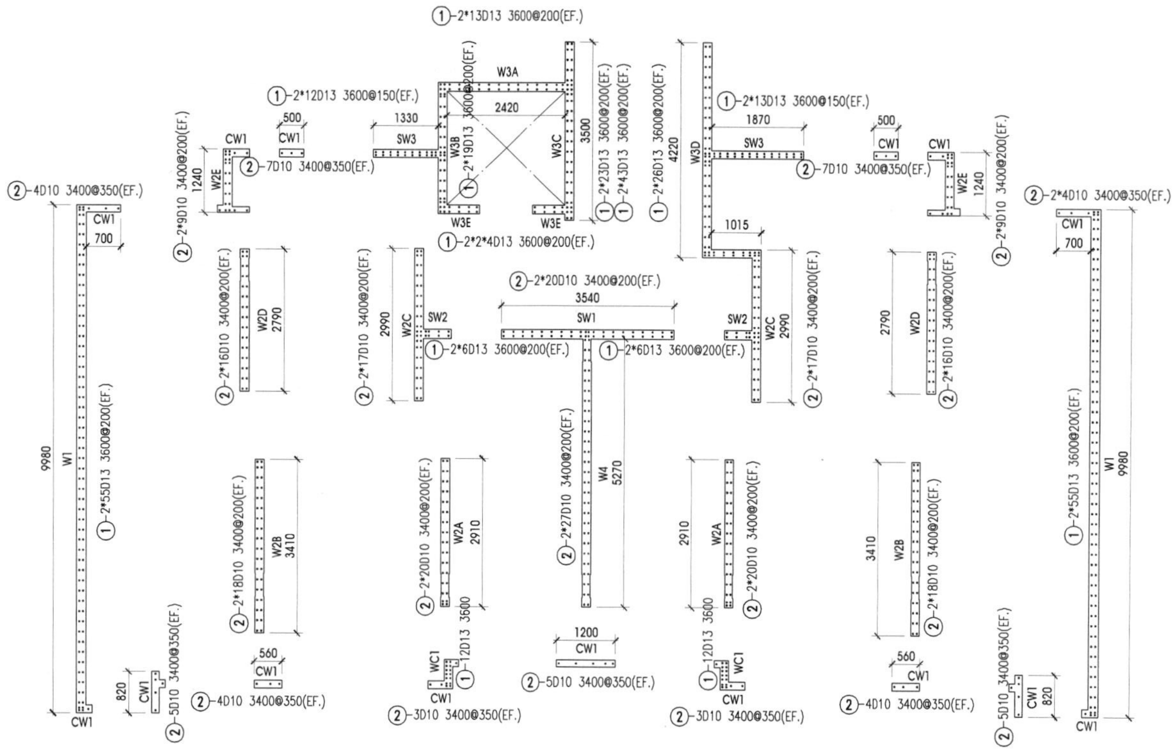

① 101동 아파트 3층 벽체 수직근 배근도

축 척 1/60

❏ 수직근 겹침이음위치 및 길이

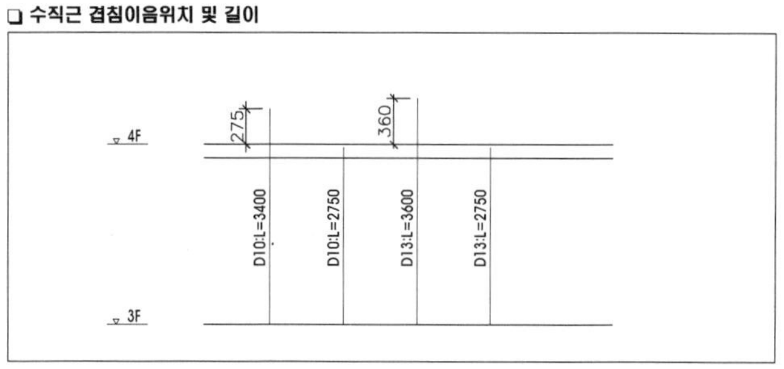

❏ 단부 보강 상세도

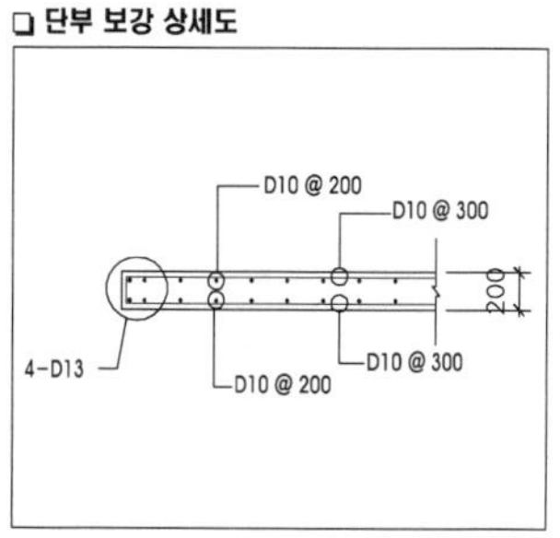

❏ 철근가공리스트

	번호	규격	형 태	길이	갯수	중량,톤
W01 (1개)	1	D13	3600	3,600	582	2.085
	2	D10	3400	3,400	469	0.893
합 계			D13	2,095.2M		2.085
			D10	1,594.6M		0.893
총 합 계						2.978

❏ 벽체 일람표 [24평 B형]

부 호	두께	층	수 직 근	수 평 근	단부보강
W1	200	3F	D13@200	D10@250	4-D13
W1A	200	3F	D10@200	D10@250	4-D10
W2A,W2B	180	3F	D10@200	D10@390	4-D10
W2C	180	3F	D10@200	D10@390	4-D10
W2D	180	3F	D10@200	D10@300	4-D10
W2E	180	3F	D10@200	D10@390	4-D10
W3A	180	3F	D13@200	D10@350	4-D10
W3B	180	3F	D13@200	D10@300	4-D10
W3C	180	3F	D13@200	D10@350	4-D13
W3D	180	3F	D13@200	D10@350	4-D13
W3E	180	3F	D13@200	D10@390	4-D13
W4	180	3F	D10@200	D10@200	4-D10
SW1	180	3F	D10@200	D10@300	4-D10
SW2	180	3F	D13@200	D10@300	4-D13
SW3	150	3F	D13@150	D10@300	4-D13
WC1	180	1F~6F	10-D13	D10@390	-
CW1(S)	150	전층	D10@350	D10@350	-
CW2(S)	120	전층	D10@350	D10@350	-

PROJECT TITLE.

주기(NOTES)

1. 아파트
- CONC.강도
  강도가 변경되는 층에서는 벽체이상부터 적용
  (기초 콘크리트 강도는 fck = 21 MPa)
  - 101~102동 : fck = 24 MPa (B2F~2F)
    fck = 21 MPa (3F~13F)
  - 103~111동 : fck = 24 MPa (B2~5F)
    fck = 21 MPa(6F~PHROOF)
- 철근강도
  D10 이상 : fy=400 MPa (전층동일)
  D25 이상 : fy=500 MPa (전이층 보, 기둥)

2. 주차장, 근린생활시설
- CONC.강도
  - 기둥, 벽체, 보 : fck = 24 MPa
  - 기초 : fck = 21 MPa
- 철근강도
  - 기둥, 벽체, 기초 : fy = 400 MPa
  - 보 : fy = 500 MPa (SD25)

3. 정착 및 이음(슬래브 이외의 부재)

철근	정착길이		이음길이	
	일반	상부	일반	상부
D10	420	550	550	720
D13	550	710	720	940
D16	680	890	890	1160
D19	800	1040	1040	1360
D22	1160	1500	1510	1950
D25	1320	1710	1720	2230
D29	1530	1990	1980	2570

4. 90° 표준 갈고리

철근	90° Hook	철근	90° Hook
D10	160	D22	360
D13	210	D25	410
D16	260	D29	490
D19	310	D32	560

5. 스터럽,띠철근, 보조 띠철근

철근	90° Hook	철근	135° Hook
D10	110	D10	110
D13	120	D13	120
D16	160	D16	140

KEY PLAN

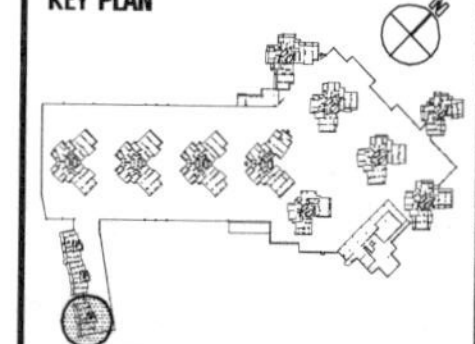

철근의 피복두께 (mm)

조 건	부 위	규 격	피 복
흙에 접하여 콘크리트를 친 후 영구히 흙에 묻혀있는 콘크리트	기 초	-	80
흙에 접하거나 옥외의 공기에 직접 노출되는 콘크리트	기 초 • 지하층 외 벽	D29 이상	60
		D25 이하	50
		D16 이하	40
옥외의 공기나 흙에 직접 접하지 않는 콘크리트	슬래브 벽 체 장 선	D32 초과	40
		D32 이하	20
	보	-	40
	기 둥	-	40
	쉘/절판	-	20

(비내력벽은 20 이상으로 한다)

REV. NO.	내 용	일자	검도
3			
2			
1			

작 성

검 토

승 인

도면명

101동 아파트 3F 벽체 수직 배근도

축척	도면번호
1/60	[P-10-1]

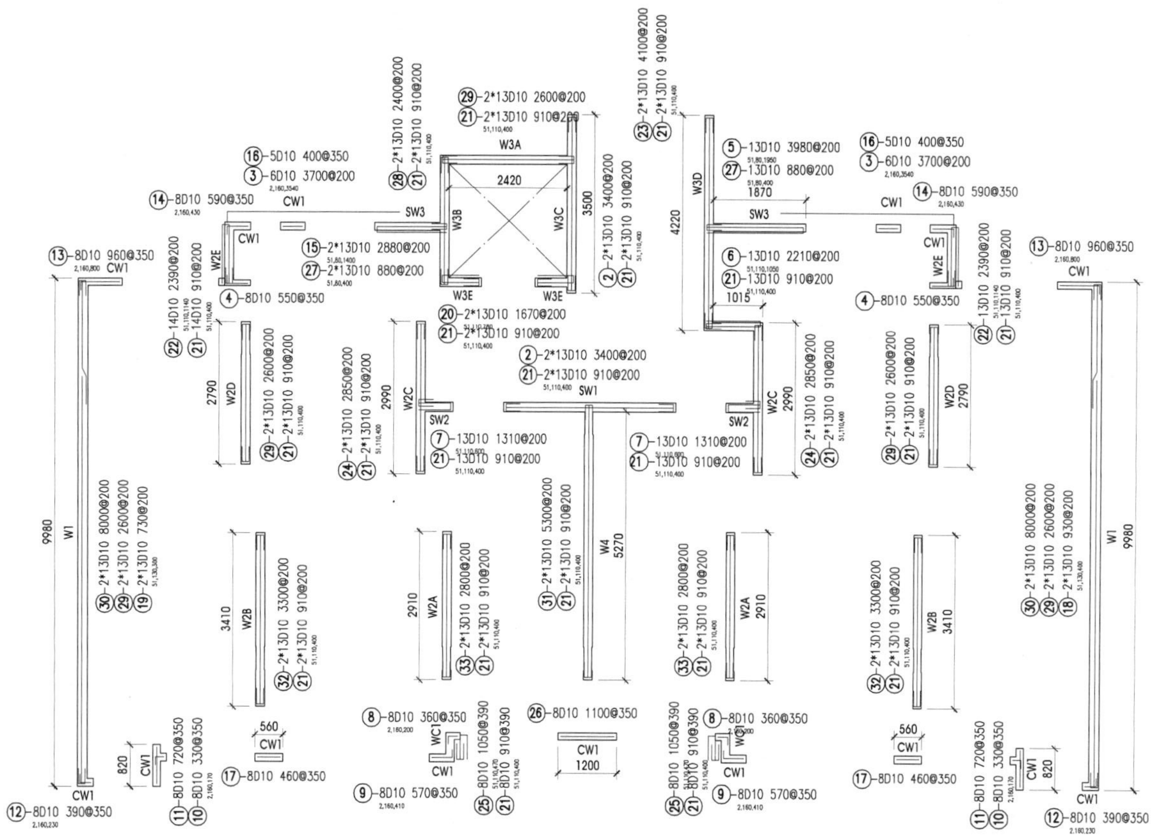

1 101동 아파트 3층 벽체 수평근 배근도

축 척 1/60

□ 단부 보강 상세도

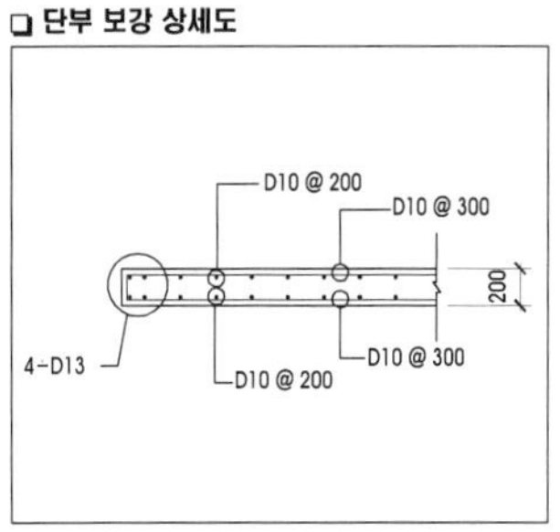

□ 수평근 간격 및 배치 기준도

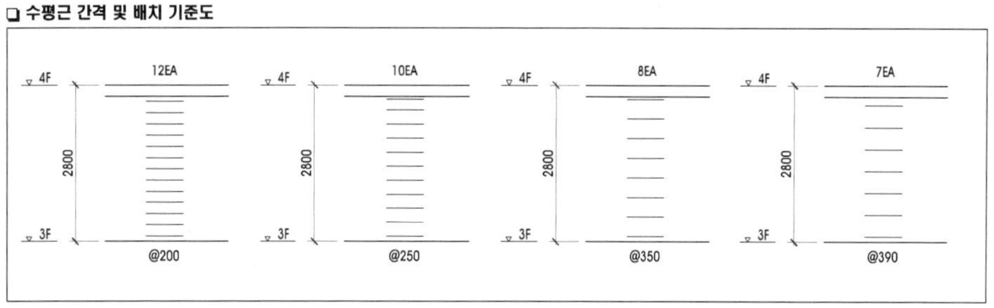

□ 폭고정근

(21)-3*30D10 910

(18)-3*20D10 930

(27)-3*1D10 880

□ 철근가공리스트

W02 [1개]

번호	규격	형 태	길이	갯수	중량,톤
30	D10	8000	8,000	52	0.233
31	D10	5300	5,300	26	0.077
23	D10	4100	4,100	26	0.060
5	D10	1950 80 1950	3,980	13	0.029
3	D10	160 3540	3,700	12	0.025
2	D10	3400	3,400	52	0.099
32	D10	3300	3,300	52	0.096
15	D10	1400 80 1400	2,880	26	0.042
24	D10	2850	2,850	52	0.083
33	D10	2800	2,800	52	0.082
29	D10	2600	2,600	130	0.189
28	D10	2400	2,400	26	0.035
22	D10	1140 110 1140	2,390	27	0.036
6	D10	1050 110 1050	2,210	13	0.016
20	D10	780 110 780	1,670	26	0.024
7	D10	600 110 600	1,310	26	0.019
26	D10	1100	1,100	8	0.005
25	D10	470 110 470	1,050	16	0.009
13	D10	160 800	960	16	0.009
18	D10	400 130 400	930	86	0.045
21	D10	400 110 400	910	562	0.286
27	D10	400 80 400	880	42	0.021
19	D10	300 130 300	730	26	0.011
11	D10	720	720	16	0.006
14	D10	160 430	590	16	0.005
9	D10	160 410	570	16	0.005
4	D10	550	550	16	0.005
17	D10	460	460	16	0.004
16	D10	400	400	10	0.002
12	D10	160 230	390	16	0.003
8	D10	160 200	360	16	0.003
10	D10	160 170	330	16	0.003
합 계		D10	2,800.6M		1.567
총 합 계					1.567

□ 벽체 일람표 (24평 B형)

부 호	두께	층	수 직 근	수 평 근	단부보강
W1	200	3F	D13@200	D10@250	4-D13
W1A	200	3F	D10@200	D10@250	4-D10
W2A,W2B	180	3F	D10@200	D10@390	4-D10
W2C	180	3F	D10@200	D10@390	4-D10
W2D	180	3F	D10@200	D10@300	4-D10
W2E	180	3F	D10@200	D10@390	4-D10
W3A	180	3F	D13@200	D10@350	4-D10
W3B	180	3F	D13@200	D10@300	4-D10
W3C	180	3F	D13@200	D10@350	4-D13
W3D	180	3F	D13@200	D10@350	4-D13
W3E	180	3F	D13@200	D10@390	4-D13
W4	180	3F	D10@200	D10@200	4-D10
SW1	180	3F	D10@200	D10@300	4-D10
SW2	180	3F	D13@200	D10@300	4-D13
SW3	150	3F	D13@150	D10@300	4-D13
WC1	180	1F~6F	10-D13	D10@390	-
CW1(S)	150	전층	D10@350	D10@350	-
CW2(S)	120	전층	D10@350	D10@350	-

PROJECT TITLE.

주기(NOTES)

1. 아파트
- CONC.강도
  강도가 변경되는 층에서는 벽체이상부터 적용
  (기초 콘크리트 강도는 fck = 21 MPa)
  - 101~102동 : fck = 24 MPa (B2F~2F)
    fck = 21 MPa (3F~13F)
  - 103~111동 : fck = 24 MPa (B2~5F)
    fck = 21 MPa(6F~PHROOF)
- 철근강도
  D10 이상 : fy=400 MPa (전층동일)
  D25 이상 : fy=500 MPa (전이층 보, 기둥)

2. 주차장, 근린생활시설
- CONC.강도
  - 기둥, 벽체, 보 : fck = 24 MPa
  - 기초 : fck = 21 MPa
- 철근강도
  - 기둥, 벽체, 기초 : fy = 400 MPa
  - 보 : fy = 500 MPa (SD25)

3. 정착 및 이음(슬래브 이외의 부재)

철근	정착길이		이음길이	
	일반	상부	일반	상부
D10	420	550	550	720
D13	550	710	720	940
D16	680	890	890	1160
D19	800	1040	1040	1360
D22	1160	1500	1510	1950
D25	1320	1710	1720	2230
D29	1530	1990	1980	2570

4. 90° 표준 갈고리

철근	90° Hook	철근	90° Hook
D10	160	D22	360
D13	210	D25	410
D16	260	D29	490
D19	310	D32	560

5. 스터럽,띠철근, 보조 띠철근

철근	90° Hook	철근	135° Hook
D10	110	D10	110
D13	120	D13	120
D16	160	D16	140

KEY PLAN

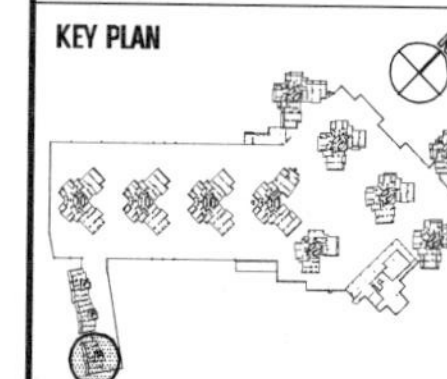

철근의 피복두께 (mm)

조 건	부 위	규 격	피 복
흙에 접하여 콘크리트를 친 후 영구히 흙에 묻혀있는 콘크리트	기 초	-	80
흙에 접하거나 옥외의 공기에 직접 노출되는 콘크리트	기 초 · 지하층 외 벽	D29 이상	60
		D25 이하	50
		D16 이하	40
옥외의 공기나 흙에 직접 접하지 않는 콘크리트	슬래브 벽 체 장 선	D32 초과	40
		D32 이하	20
	보	-	40
	기 둥	-	40
	쉘/절판	-	20

(비내력벽은 20 이상으로 한다)

REV NO.	내 용	일자	검토
3			
2			
1			

작 성

검 토

승 인

도면명

101동 아파트 3F 벽체 수평 배근도

축척	도면번호
1/60	[P-10-2]

찾아보기

Index

2009

〈2009 집필진〉

집 필 위 원 장 : 이인영 (주)오푸스펄구조기술사사무소·대표·건축구조기술사
집 필 간 사 : 김점한 (주)크로스구조연구소기술사사무소·대표·건축구조기술사

대표집필위원 : 김석구 (주)쓰리디구조·대표·건축구조기술사·공학박사
김점한 (주)크로스구조연구소기술사사무소·대표·건축구조기술사
박정민 (주)티섹구조·대표·건축구조기술사
서규석 (주)선구조엔지니어링·대표·건축구조기술사
서현주 (주)바로건설기술·대표·건축구조기술사·공학박사
이재훈 (주)도화구조·대표·건축구조기술사
최선규 선영구조기술사건축사사무소·대표·건축구조기술사·건축사·공학박사
최준식 (주)단구조·소장·건축구조기술사

집 필 위 원 : 강도안 (주)티섹구조엔지니어링·대표·건축구조기술사·공학박사
강석규 (주)상원구조기술사사무소·대표·건축구조기술사
강창선 (주)에센에스엔지니어링·대표·건축구조기술사
구평식 (주)광림구조ENG·대표·건축구조기술사
김대호 (주)한울구조안전 기술사사무소·대표·건축구조기술사·공학박사
김상식 (주)티섹구조·대표·건축구조기술사·공학박사
김용남 삼성물산(주) 건설부문·차장·건축구조기술사
동근욱 (주)은구조기술사사무소·대표·건축구조기술사
박무용 (주)한국건설공법·대표·건축구조기술사
윤광섭 (주)미래ISE·대표·건축구조기술사·공학박사
정채명 (주)토담하이텍구조·대표·건축구조기술사·공학박사
최일섭 (주)연우건축구조기술사사무소·대표·건축구조기술사
한덕희 (주)계명구조엔지니어링·대표·건축구조기술사

〈2009 집필참여〉

검토 · 자문위원 : 홍성목 서울대학교 건축학부·교수·건축구조기술사·공학박사
김상식 인하대학교 건축공학과·교수·건축구조기술사·공학박사
허명재 인천대학교 건축공학과·교수·건축구조기술사·공학박사
김진근 한국콘크리트학회 회장/카이스트·교수·건축구조기술사·공학박사
박영호 (주)동양구조안전기술·대표·건축구조기술사·공학박사
하영배 한국토지주택공사 구조설계팀·부장·건축사
김대중 삼성물산(주) 건설부문·부장·건축구조기술사
이도범 대림산업(주) 기술연구소·부장·건축구조기술사·공학박사
이왕희 현대산업개발(주) 기술연구소·상무·건축구조기술사

집필참여 대표회원 :

성명	소속	성명	소속
금동성	(주)삼우구조컨설턴트	기희서	(주)기건축구조안전기술사사무소
김성호	(주)티섹구조	김승철	(주)다원구조안전기술사사무소
김정선	(주)크로스구조연구소기술사사무소	김종수	(주)C.S구조엔지니어링
김종호	(주)창민우구조컨설탄트	김창호	(주)CH엔지니어링
김치경	선문대학교 건축공학과	김형균	(주)세진구조이앤씨
문종기	(주)에센엔지니어링기술사사무소	박준범	(주)한구조엔지니어링
서형석	(주)형상엔지니어링	송동범	(주)일구조
송형선	(주)원우구조기술사사무소	송현수	(주)건양구조
신순호	우람구조기술사사무소	오창학	태산구조안전(주)
오현학	(주)비젼구조기술사사무소	윤성호	(주)광장구조기술사사무소
이경섭	(주)디엔엠엔지니어링	이동우	(주)아이스트
이문곤	(주)티섹구조	이성재	(주)단구조
이 양	(주)토담구조안전기술사사무소	이호찬	(주)MCS구조기술사사무소
전영복	(주)바른구조기술사사무소	정광량	(주)동양구조안전기술
정석재	(주)쓰리디구조	정회용	(주)계명구조엔지니어링
차광찬	(주)건우씨엔씨	차승렬	(주)동양구조엔지니어링
황보석	(주)ES건축구조엔지니어링		

2016

〈2016 집필진〉

집 필 위 원 장 : 최준식 (주)단이엔씨·대표·구조기술사
집 필 간 사 : 박칠성 (주)산아구조기술사사무소·대표·구조기술사

집 필 위 원 : 곽동삼 (주)원우구조기술사사무소·소장·구조기술사
금동성 (주)삼우구조컨설턴트·대표·건축구조기술사
김대호 (주)한울구조기술사사무소·대표·건축구조기술사·공학박사
김점한 (주)크로스구조연구소기술사사무소·대표·건축구조기술사·공학박사
김지상 (주)한구조엔지니어링·대표·건축구조기술사
서현주 (주)바로건설기술·대표·건축구조기술사·공학박사
양영태 (주)건우기술·대표·건축구조기술사
이승일 (주)린텍·대표·건축구조기술사·공학박사
이영인 (주)가온구조엔지니어링·대표·건축구조기술사
정봉호 (주)신화에스디지·소장·건축구조기술사
정채명 (주)토담하이텍구조·대표·건축구조기술사·공학박사

〈2020 집필진〉

집 필 위 원 장 : 최준식 (주)단이엔씨·대표·건축구조기술사

집 필 위 원 : 집필위원 제16대 회원권익위원회

박칠성 (주)산아구조기술사사무소·대표·건축구조기술사

이영인 (주)가온구조엔지니어링·대표·건축구조기술사

김진기 건축구조기술사사무소 에이스·대표·건축구조기술사

김건수 (주)TS구조엔지니어링·대표·건축구조기술사

박우철 (주)찬구조엔지니어링·대표·건축구조기술사

이성모 (주)에스엠구조컨설턴트·대표·건축구조기술사

황정섭 (주)센텀구조기술사사무소·대표·건축구조기술사

2022

〈2022 집필진〉

집필위원장 :	윤병익	(주)아이맥스트럭처·대표·건축구조기술사	건축구조기술사회
	이수권	동양미래대학교 건축과·교수·건축구조기술사·공학박사	콘크리트학회
집 필 간 사 :	조성우	조 구조기술사사무소·대표·건축구조기술사·공학박사	건축구조기술사회
	김철구	이화여자대학교 건축도시시스템공학과·교수·공학박사	콘크리트학회
집 필 위 원 :	곽동삼	(주)원우구조기술자사무소·대표·건축구조기술사	콘크리트학회
	김길희	공주대학교 건축학과·교수·공학박사	콘크리트학회
	김창혁	인하대학교 건축공학과·교수·공학박사	콘크리트학회
	선우원일	더블유구조이앤씨·대표·건축구조기술사	건축구조기술사회
	유진오	(주)유진구조이앤씨·대표·건축구조기술사	건축구조기술사회
	이공우	(주)상우구조엔지니어링·대표·건축구조기술사	건축구조기술사회
	이영학	경희대학교 건축공학과·교수·건축구조기술사·공학박사	콘크리트학회
	이희석	(주)다스구조엔지니어링·대표·건축구조기술사	콘크리트학회
	최석동	(주)연우건축구조기술사사무소·대표·건축구조기술사	건축구조기술사회
	최성훈	GS건설·책임·건축구조기술사	건축구조기술사회

제4판 철근콘크리트 배근상세 **정가 42,000원**

저자 : (사)한국건축구조기술사회
(사)한국콘크리트학회

발행인 : 임해진
발행처 : 도서출판 구미서관

발행 : 2010년 6월 22일 초 판
2018년 1월 24일 제2판
2020년 1월 22일 제3판
2022년 12월 31일 제4판 1쇄
2023년 7월 13일 제4판 2쇄

등록 : 1979년 6월 29일 No.9-6호
주소 : 서울시 마포구 신촌로 2길 5-15 구미빌딩
전화 : 02-333-1101
팩스 : 02-335-2201
http://www.goomibook.com

ISBN 979-11-6257-257-3 (93540)
